高等学校电子信息类精品教材

# 移动通信原理
## （第 3 版·下册）

牛 凯 吴伟陵 编著

电子工业出版社

**Publishing House of Electronics Industry**

北京·BEIJING

# 内 容 简 介

本书以 2G、3G、4G 与 5G 移动通信系统为背景,总结移动通信中共同的客观规律、基本理论和核心技术。从移动通信技术的 3 项主要技术指标——有效性(数量)、可靠性(质量)和安全性出发,从物理层和网络层两个层次,全面系统介绍移动通信原理。本书分为上、下两册,上册重点介绍传输技术,包括两个方面:基本物理层技术(第 2～7 章),介绍较成熟的物理层技术,包括无线传播与移动信道、双工与多址技术、信源编码与数据压缩、信道编码、调制理论、分集与均衡;高级物理层技术(第 8～12 章),阐述高速宽带移动通信中的物理层关键技术,包括多用户检测技术、多载波传输技术、MIMO 空时处理技术、链路自适应技术及移动通信中的智能信号处理技术。下册重点介绍移动通信系统与网络,也分为两个方面:移动通信系统(第 13～15 章),包括移动通信系统与网络概述、3G 与 TDD 移动通信系统、4G 与 5G 移动通信系统;移动通信网络(第 16～20 章),包括移动网络结构与组成、新型无线通信网络、移动网络运行、移动信息安全、移动网络规划、设计与优化。本书每章后面都附有习题,供读者练习和自我检查。

本书可作为高等学校信息、通信及相关领域硕士研究生的教材,也可作为本科生的教材(书中定性分析内容),还可以作为博士研究生的参考教材(书中定量分析内容和新技术内容),同时可供从事移动通信研究、开发和维护的专业技术人员参考。

**图书在版编目(CIP)数据**

移动通信原理 . 下册/牛凯,吴伟陵编著 . —3 版 . —北京:电子工业出版社,2022.1
ISBN 978-7-121-36667-3

Ⅰ.①移… Ⅱ.①牛… ②吴… Ⅲ.①移动通信－通信理论－高等学校－教材 Ⅳ.①TN929.5

中国版本图书馆 CIP 数据核字(2021)第 265593 号

责任编辑:窦　昊
印　　刷:三河市华成印务有限公司
装　　订:三河市华成印务有限公司
出版发行:电子工业出版社
　　　　　北京市海淀区万寿路 173 信箱　邮编:100036
开　　本:787×1 092　1/16　印张:25.5　字数:685 千字
版　　次:2005 年 1 月第 1 版
　　　　　2022 年 1 月第 3 版
印　　次:2022 年 1 月第 1 次印刷
定　　价:79.00 元

凡所购买电子工业出版社图书有缺损问题,请向购买书店调换。若书店售缺,请与本社发行部联系。联系及邮购电话:(010)88254888,88258888。

质量投诉请发邮件至 zlts@phei.com.cn,盗版侵权举报请发邮件至 dbqq@phei.com.cn。

本书咨询联系方式:(010)88254528,lingyi@phei.com.cn。

# 第 3 版前言

自 20 世纪 60 年代末蜂窝式移动通信问世以来,特别是近 20 年移动通信技术的发展,移动通信给人类社会带来了深刻的信息化变革,已成为最受青睐的通信手段。社会的需求、现代化的需求是大学人才培养的导向,而教材又是人才培养的主要基础,其重要性不言自明。

随着移动通信技术的飞速发展,国内外介绍这方面的书籍也层出不穷,但纵观这些书籍,绝大多数是属于跟踪技术发展,重点介绍某种移动通信系统、某代产品等工程技术背景很强的专著和技术著作,它们不大适合作为大学教材。

作者以信息论为指导,从近 20 年移动通信的发展中总结客观规律,提炼具有共性的基本理论与核心技术。依据这一想法,作者于 2005 年出版了《移动通信原理》(第 1 版),2009 年出版了《移动通信原理》(第 2 版)。截至 2020 年年底,本书两个版本先后印刷 15 次。多年的实践表明,学界与社会对该书的反映良好。

自第 2 版出版以来,移动通信技术又经历了日新月异的发展。以 OFDMA 为核心技术的 4G 网络已在我国普遍商用,5G 网络正在大规模建设。以华为、中国移动为代表的中国移动通信设备商与运营商在 5G 标准方面获得了整体突破。目前,科技部、工业和信息化部已经启动了 6G 的研究。面对移动通信迅猛的发展形势,作者力图对移动通信技术的最新进展进行重新梳理,在本次修订中系统反映移动通信发展的脉络与前沿。

本书按照信息论对通信系统的 3 个主要技术指标要求——有效性(数量)、可靠性(质量)和安全性,从两个不同方面(物理层和网络层)全面介绍移动通信发展的客观规律、基本理论和核心技术。传统的移动通信书籍仅侧重介绍物理层的可靠性,即抗干扰、抗衰落技术,而较少关注有效性(数量)和安全性问题,并且对网络层技术涉及不多。随着移动通信的发展和普及,以及数据业务的迅速增长和移动业务多媒体化、高速率与宽带化的发展,移动通信中的有效性(数量)和安全性问题日益突出。另外,保证不同业务的 QoS 问题、无线资源管理、移动性管理、蜂窝网络与无线自组织网络的融合问题及网络跨层优化问题也日益重要。人工智能近些年的异军突起,机器学习和深度学习技术越来越广泛而深刻地改变着移动通信的研究面貌。因此,本书增加了一些与上述内容有关的章节。同时考虑到未来移动通信的发展,本书还更新与补充了高级物理层技术、移动通信系统两部分,并增加了有关章节,重点介绍以 LTE 和 5G 为代表的宽带移动通信系统。

本书分为上、下两册。上册重点介绍传输技术,包括一般物理层技术和高级物理层技术。其中,基本物理层技术(第 2~7 章)主要介绍移动通信中比较成熟的物理层技术,包括对无线传播和移动信道的分析;各代移动通信的双工与多址技术;提高系统有效性的信源编码与数据压缩技术;提高系统可靠性的以抗白噪声为主的信道编码与调制、抗空间选择性衰落的分集技术、抗频率选择性衰落和多径干扰的 Rake 接收与均衡技术等。高级物理层技术(第 8~12 章)主要介绍高速率、宽带多媒体移动业务所需求的有效性、并行传输(时域、空域),抗衰落、抗多用户干扰等关键性技术,包括多用户检测技术、多载波传输技术(OFDM 与各种滤波器组技术)、MIMO 空时处理技术(包括大规模 MIMO 技术)、链路自适应技术,以及基于机器学习的智能信号处理技术等。

下册重点介绍移动通信系统与网络。移动通信系统(第 13~15 章)主要面向宽带高速无线数据传输，介绍移动通信系统与网络的基本概念，WCDMA、CDMA2000、HSPA、CDMA2000-1X EV-DO、LTE、WiMAX 及 5G NR 等宽带移动通信系统，TDD 移动通信系统等。移动通信网络（第 16～20 章）主要介绍蜂窝移动通信网络的结构与组成，各种新型无线通信网络（包括物联网、车联网、无人机网络）的结构与特点，移动网络运行，移动信息安全，以及移动网络的规划、设计与优化技术等。

本书的内容和素材除来自引用的参考文献外，还要归功于下列几个方面的研究工作：首先是25 年来，作者所在教研中心和学术梯队承担的几十个移动通信方面的国家级科研项目及成果；其次是作者 25 年来指导的百余名移动通信领域的博士研究生及其博士学位论文，以及近些年作者评阅的近千篇本校及外校的移动通信研究方向的博士学位论文。这些就不一一列举到参考文献中，谨在此对他们为本书所做的贡献表示真诚的感谢！另外，本书的部分素材还取自作者对校内外本科生、硕士研究生、博士研究生所做的前沿技术讲座的资料，以及为中国移动、中国联通和中国电信等公司所做讲座的培训教材。

本书共 20 章，由牛凯和吴伟陵共同编著，修订工作主要由牛凯执笔。本书内容由浅入深、定性分析与定量分析并举，以适应不同层次的教学需求。本书内容及读者对象主要定位于硕士研究生，但是仍可向下兼容大学本科生（书中定性分析内容），向上兼容博士研究生（书中定量分析内容和新技术内容），同时还可供从事移动通信研究、开发和维护的专业技术人员参考。

以本书作为教材的"移动通信原理"线上课程已在"学堂在线"网站发布，手机版用户可以搜索 Bilibili 网站或者微信小程序"学堂在线"。线上课程配备了**教学视频、习题解答与在线考试**，欢迎广大读者加入学习。

本次修订得到国家自然科学基金重点项目（编号：92067202）与面上项目（编号：61171099、61671080、62071058）、国家重点研发项目（编号：2018YFE0205501）的大力支持。由于作者才疏学浅，书中不当和错误之处在所难免，热切希望读者多提出宝贵意见。

牛凯、吴伟陵于北京邮电大学

2021 年 9 月

# 目　　录

**第 13 章　移动通信系统与网络概述**……… 1

13.1　无线射频系统 ……………………… 1

　13.1.1　模拟射频架构 ……………… 1

　13.1.2　数字射频架构 ……………… 2

　13.1.3　数字发射机 ………………… 3

　13.1.4　数字接收机 ………………… 3

　13.1.5　常用射频参数 ……………… 6

　13.1.6　电磁波频谱 ………………… 8

13.2　功放线性化 ………………………… 9

　13.2.1　功率放大器 ………………… 10

　13.2.2　功放线性化技术分类 ……… 13

　13.2.3　数字预畸变技术 …………… 16

13.3　系统同步技术 ……………………… 18

　13.3.1　下行同步 …………………… 18

　13.3.2　上行同步 …………………… 19

　13.3.3　小区间同步 ………………… 20

13.4　移动网络的概念与特点 …………… 20

　13.4.1　信令与协议 ………………… 21

　13.4.2　路由与交换 ………………… 26

13.5　蜂窝网的结构 ……………………… 27

13.6　网络容量与服务质量 ……………… 29

　13.6.1　小区容量 …………………… 30

　13.6.2　服务质量 …………………… 31

　13.6.3　业务交换模型 ……………… 32

　13.6.4　业务容量 …………………… 34

13.7　本章小结 …………………………… 36

参考文献 …………………………………… 36

习题 ………………………………………… 36

**第 14 章　3G 与 TDD 移动通信系统** …… 38

14.1　标准化进程 ………………………… 38

　14.1.1　概述 ………………………… 38

　14.1.2　3GPP 标准演进 …………… 39

　14.1.3　3GPP2 标准演进 ………… 42

14.2　3G 移动通信系统 ………………… 44

　14.2.1　WCDMA 系统 ……………… 44

　14.2.2　CDMA2000 系统 ………… 48

14.3　HSPA 系统 ………………………… 51

　14.3.1　HSDPA ……………………… 51

　14.3.2　HSUPA ……………………… 56

　14.3.3　MBMS ……………………… 62

　14.3.4　HSPA+ ……………………… 63

14.4　EV-DO 系统 ……………………… 64

　14.4.1　EV-DO Rel 0 ……………… 64

　14.4.2　EV-DO Rev A ……………… 66

　14.4.3　EV-DO Rev B ……………… 67

　14.4.4　UMB ………………………… 67

14.5　TDD 原理 ………………………… 68

　14.5.1　技术特点 …………………… 68

　14.5.2　信道互易 …………………… 69

　14.5.3　信道非对称 ………………… 70

　14.5.4　同步发送 …………………… 71

　14.5.5　系统干扰 …………………… 72

14.6　TD-SCDMA ……………………… 73

　14.6.1　概述 ………………………… 73

　14.6.2　物理层技术 ………………… 73

　14.6.3　网络层的主要特色 ………… 79

14.7　UTRA TDD ……………………… 81

　14.7.1　概述 ………………………… 82

　14.7.2　系统参数 …………………… 82

　14.7.3　TDD 制式比较 …………… 82

　14.7.4　TDD 与 FDD 系统的比较 … 83

14.8　TD-HSPA ………………………… 84

　14.8.1　概述 ………………………… 84

　14.8.2　TD-HSDPA ………………… 84

　14.8.3　TD-HSUPA ………………… 85

　14.8.4　TD-HSPA+ ………………… 85

　14.8.5　TD-HSPA 与 FDD HSPA 的

　　　　　比较 ……………………… 85

14.9　本章小结 …………………………… 86

参考文献 …………………………………… 86

习题 ·················· 87

# 第 15 章　4G 与 5G 移动通信系统 ·········· 89

## 15.1 标准化进程 ·················· 89
### 15.1.1 IMT-Advanced ············· 90
### 15.1.2 WiMAX 标准演进 ········· 93
### 15.1.3 IMT-2020 ··············· 96
## 15.2 LTE 系统 ··················· 101
### 15.2.1 LTE 概述 ··············· 101
### 15.2.2 下行链路 ··············· 110
### 15.2.3 上行链路 ··············· 118
### 15.2.4 物理层处理 ············· 122
### 15.2.5 LTE-Advanced ········· 126
## 15.3 WiMAX 系统 ··············· 129
### 15.3.1 系统特征 ··············· 129
### 15.3.2 帧结构 ················· 130
### 15.3.3 关键技术 ··············· 131
### 15.3.4 IEEE 802.16m 系统 ····· 133
## 15.4 5G NR 系统 ················ 134
### 15.4.1 5G NR 概述 ············ 134
### 15.4.2 下行链路 ··············· 144
### 15.4.3 上行链路 ··············· 153
### 15.4.4 多天线发送与管理 ······· 155
### 15.4.5 物理层处理 ············· 159
## 15.5 本章小结 ·················· 162
参考文献 ·················· 162
习题 ··················· 163

# 第 16 章　移动网络的结构与组成 ········· 164

## 16.1 从 GSM 网络到 GSM/GPRS
网络 ··················· 164
### 16.1.1 GSM 网络结构 ········· 164
### 16.1.2 GSM/GPRS 网络 ······· 170
## 16.2 3G 与 3GPP 网络 ········· 177
### 16.2.1 WCDMA 的网络结构 ···· 177
### 16.2.2 从 2G 网络向 3G 网络的平滑
过渡与演进 ········· 181
## 16.3 从 IS-95 到 CDMA2000 ···· 187
### 16.3.1 系统网络结构 ········· 187
### 16.3.2 CDMA2000 中的分组数据
业务与移动 IP ····· 191
### 16.3.3 CDMA2000-1X EV-DO 的

网络协议 ·················· 195
## 16.4 B3G 与 4G 移动网络 ······ 197
### 16.4.1 E-UTRAN 接入网 ····· 197
### 16.4.2 EPC 核心网络 ········· 200
### 16.4.3 移动 WiMAX 网络 ····· 202
### 16.4.4 网络互操作 ··········· 204
## 16.5 5G 移动网络 ·············· 208
### 16.5.1 5G-RAN ·············· 208
### 16.5.2 5G 核心网 ············· 210
## 16.6 本章小结 ················· 214
参考文献 ·················· 214
习题 ··················· 215

# 第 17 章　新型无线通信网络 ············ 216

## 17.1 分布式无线网络容量 ······· 216
### 17.1.1 无线自组网概念 ······· 217
### 17.1.2 输运容量分析 ········· 217
### 17.1.3 发送容量分析 ········· 224
### 17.1.4 两种容量分析比较 ····· 227
## 17.2 新型无线网络架构 ········· 228
### 17.2.1 云计算架构 ··········· 228
### 17.2.2 边缘计算架构 ········· 233
### 17.2.3 认知无线网络 ········· 236
## 17.3 物联网 ···················· 239
### 17.3.1 信息物理系统与物联网 ···· 240
### 17.3.2 IoT 网络架构 ·········· 241
### 17.3.3 典型实现方案 ········· 242
## 17.4 VANET ··················· 246
### 17.4.1 车联网概述 ··········· 246
### 17.4.2 最短路由算法 ········· 248
### 17.4.3 MANET 中的经典路由
算法 ··············· 251
### 17.4.4 多跳广播路由算法 ······· 260
## 17.5 UAV 网络 ················ 265
### 17.5.1 UAV 应用场景 ········· 265
### 17.5.2 UAV 网络架构 ········· 267
### 17.5.3 UAV 信道特征 ········· 268
### 17.5.4 UAV 关键技术 ········· 268
## 17.6 绿色无线网络 ············· 269
### 17.6.1 基本折中 ············· 269
### 17.6.2 无线充电 ············· 272

　　　17.6.3　环境后向散射通信 ……… 272
　　　17.6.4　无线能量收集技术 ……… 273
　17.7　本章小结 ……………………… 274
　参考文献 ……………………………… 274
　习题 …………………………………… 278

# 第18章　移动网络运行 …………… 279

　18.1　移动通信中的业务类型 ……… 279
　　　18.1.1　2G 中的 GSM 业务 …… 279
　　　18.1.2　2.5G 中的 GPRS 业务 … 280
　　　18.1.3　WCDMA 的业务 ……… 281
　18.2　呼叫建立与接续 ……………… 284
　　　18.2.1　呼叫建立与接续的基本
　　　　　　　原理 ……………………… 284
　　　18.2.2　GSM 系统的呼叫建立与
　　　　　　　接续 ……………………… 285
　　　18.2.3　IS-95/CDMA2000 系统的
　　　　　　　呼叫与接续 …………… 287
　18.3　移动性管理 …………………… 289
　　　18.3.1　位置登记 ……………… 290
　　　18.3.2　越区切换 ……………… 292
　18.4　无线资源管理 ………………… 302
　　　18.4.1　资源管理的基本概念 … 302
　　　18.4.2　无线资源管理的特点 … 303
　　　18.4.3　无线资源管理的主要方法
　　　　　　　与算法 ………………… 305
　18.5　跨层优化 ……………………… 318
　　　18.5.1　协作平面 ……………… 318
　　　18.5.2　跨层接口 ……………… 320
　　　18.5.3　通信机制与优化方法 … 322
　18.6　无线定位 ……………………… 324
　　　18.6.1　无线定位原理 ………… 325
　　　18.6.2　定位技术的演进 ……… 326
　18.7　本章小结 ……………………… 327
　参考文献 ……………………………… 328
　习题 …………………………………… 328

# 第19章　移动信息安全 …………… 330

　19.1　概述 …………………………… 330
　　　19.1.1　移动通信的安全需求 … 330
　　　19.1.2　移动安全体系结构 …… 330
　19.2　保密学的基本原理 …………… 332

　　　19.2.1　引言 ………………… 332
　　　19.2.2　广义保密系统的物理、
　　　　　　　数学模型 ……………… 332
　　　19.2.3　序列密码 ……………… 333
　　　19.2.4　分组密码 ……………… 334
　　　19.2.5　公开密钥密码 ………… 337
　　　19.2.6　认证系统 ……………… 338
　19.3　GSM 系统的鉴权与加密 …… 340
　　　19.3.1　防止未授权非法用户接入
　　　　　　　的鉴权(认证)技术 …… 340
　　　19.3.2　防止空中接口窃听的加、
　　　　　　　解密技术 ……………… 341
　　　19.3.3　临时移动用户身份码(TMSI)
　　　　　　　更新技术 ……………… 342
　　　19.3.4　防止非法或过期设备接入的
　　　　　　　用户识别寄存器(EIR) … 343
　　　19.3.5　GSM 安全性能分析 …… 343
　19.4　IS-95 系统的鉴权与加密 …… 344
　　　19.4.1　鉴权认证技术 ………… 344
　　　19.4.2　加密技术 ……………… 346
　19.5　3G 系统的信息安全 ………… 348
　　　19.5.1　WCDMA 系统的鉴权
　　　　　　　与加密 ………………… 348
　　　19.5.2　CDMA2000 系统的鉴权
　　　　　　　与加密 ………………… 352
　19.6　4G 与 5G 系统的信息安全 … 354
　　　19.6.1　LTE 系统的信息安全 … 354
　　　19.6.2　WLAN 系统安全缺陷 … 358
　　　19.6.3　WiMAX 系统的鉴权
　　　　　　　与加密 ………………… 359
　　　19.6.4　5G NR 系统的信息安全 … 359
　19.7　本章小结 ……………………… 360
　参考文献 ……………………………… 360
　习题 …………………………………… 361

# 第20章　移动网络规划、设计与优化 … 363

　20.1　引言 …………………………… 363
　　　20.1.1　必要性与基本内容 …… 363
　　　20.1.2　移动通信中的频率规划 … 363
　　　20.1.3　CDMA 中导频偏移量
　　　　　　　规划 …………………… 366
　20.2　网络规划、设计与优化的

　　　基本原理 ···················· 370
　20.2.1　规化、设计与优化三者
　　　　　之间的分工 ············ 370
　20.2.2　网络规划与设计的
　　　　　基本原理 ·············· 371
20.3　从覆盖角度进行小区
　　　规划与设计 ················ 373
　20.3.1　无线传播方程 ········· 373
　20.3.2　上行/下行链路传输方程
　　　　　及其平衡方程 ·········· 374
20.4　从容量角度的规划与设计 ···· 376
　20.4.1　通信容量的概念 ········ 376
　20.4.2　不同多址方式的蜂窝网
　　　　　通信容量 ·············· 376
20.5　网络设计的系统仿真 ········ 379
20.6　室内规划与设计 ············ 381
　20.6.1　室内网络规划的必要性
　　　　　与复杂性 ·············· 381
　20.6.2　室内覆盖设计 ·········· 382
　20.6.3　室内分布系统需解决的主要

　　　问题及其解决方法 ········· 383
　20.6.4　室内覆盖系统的规划、设计的
　　　　　主要步骤 ·············· 384
20.7　GSM 系统的网络优化 ········ 385
　20.7.1　GSM 网络优化概述 ····· 385
　20.7.2　GSM 系统网络测试 ····· 385
　20.7.3　GSM 系统的网络分析、
　　　　　仿真与优化 ············ 387
20.8　3G 移动通信的网络规划与设计 ··· 389
　20.8.1　基本要求与实现方法 ····· 389
　20.8.2　多层次、重叠式立体
　　　　　网络规划 ·············· 390
20.9　多制式网络规划与设计 ······ 391
　20.9.1　网络规划子系统 ········ 392
　20.9.2　网络优化子系统 ········ 395
20.10　本章小结 ················ 397
参考文献 ······················ 397
习题 ·························· 397

# 第13章　移动通信系统与网络概述

在上册中,我们详细介绍了移动通信的基本物理层技术与高级信号处理技术。作为下册的开篇,本章介绍移动通信系统与网络的基本技术概念。本章分为两部分,第一部分介绍移动通信系统的基本概念,包括无线射频系统、功放线性化、系统同步技术;第二部分介绍移动通信网络的概念与特点、移动通信的信令与协议、路由与交换、蜂窝网络结构、网络容量与业务质量等。

## 13.1　无线射频系统

移动通信系统是无线信号处理的物理载体,狭义理解,主要包括移动通信的基站与移动台。按照无线信号的处理环节,可以将移动通信系统分为基带处理子系统与无线射频子系统。基带处理子系统,主要完成数字信号发送与接收的各种复杂变换和处理,对于基站,主要采用FPGA+DSP芯片实现,而对于移动台,一般采用高集成度的 ASIC 芯片实现。无线射频子系统,主要完成模拟信号的发送与接收,在 20 世纪主要采用模拟电路实现射频收发,而进入 21 世纪以来,数字化的射频架构越来越受到人们重视,成为 3G 以后基站与移动台前端信号处理的主流方案。

### 13.1.1　模拟射频架构

传统的模拟射频收发信机结构如图 13.1 所示,包括发送链路与接收链路。

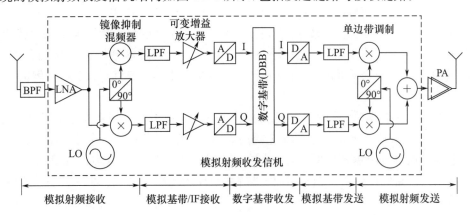

图 13.1　模拟射频收发信机

由图可知,数字基带(DBB)单元产生 I/Q 两路发送信号,分别经过数模转换器(DAC)转换为模拟基带信号。这两路信号经过低通滤波(LPF),送入两路中射频正交调制器,将基带信号搬移到中频,进而搬移到射频。这一操作称为上变频。需要注意,为提高频谱效率,一般采用单边带调制。然后将两路调制信号进行模拟相加,得到一路发送信号。最后,将这路信号送入功率放大器(PA),按比例放大后耦合到天馈单元,在开放空间进行电磁波辐射。

图的左侧是接收链路。从天馈单元耦合接收的射频信号,首先通过带通滤波器(BPF)送入低噪声放大器(LNA),经过放大送入模拟解调器,与本地振荡器(LO)相乘,进行下变频,这个过程需要考虑镜像抑制。经过下变频的两路信号分别经过低通滤波(LPF),可变增益放大[也就是模拟端的自动增益控制(AGC)]与调整信号电平,送入两路模数转换器(ADC),得到 I/Q 两路数字信号,送入数字基带单元,完成基带信号处理。

## 13.1.2 数字射频架构

在 2000 年前后,无线射频系统的结构设计经历了一次革新,逐步从模拟架构向数字密集的射频架构演进,如图 13.2 所示。这场从模拟到数字的革命构成了软件无线电(SDR)的核心技术,其背后的主要推动力就是摩尔定律驱动下的 CMOS 工艺革命。

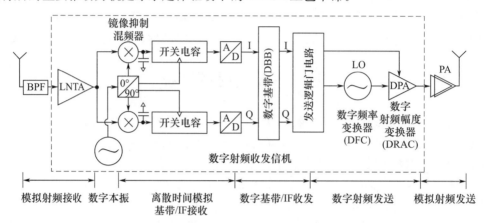

图 13.2  数字射频收发信机

如图所示,数字射频收发信机也分为发送链路与接收链路,对比图 13.1 的模拟射频收发信机结构,发送链路包括了多个数字处理模块。例如,采用逻辑门电路实现数字中频调制,采用数字频率变换器(DFC)产生本地振荡(LO)信号,采用数字射频幅度变换器(DRAC)控制射频调制信号,最终经过 PA 放大信号,送入天馈单元。

在接收链路中也引入了多个数字信号控制模块。例如,低噪声放大器(LNA)替代为低噪声跨导放大器(Low-Noise Transconductance Amplifier, LNTA),本地振荡器采用数控方式,下变频电路采用开关电容(Switched Capacity, SC),将模拟电压比较信号转换为离散时间控制信号。

将数字处理引入射频单元的根本原因是模拟电路中普遍引入了深亚微米 CMOS 工艺(晶体管线宽小于 $0.025\mu m$ 或 25nm)。这种工艺提高了 IC 集成度、降低了芯片成本,但导致的重要改变是模拟电路的供电电压越来越低。在早期的模拟 IC 设计中,电源电压一般都在 2.5V 以上,因此可以利用三极管的线性区,进行电压信号的精密比较与跟踪处理。但采用深亚微米 CMOS 工艺后,电源电压低至 1.1~1.4V,对于 NMOS 与 PMOS 晶体管,电压比较门限只有 500~600mV,有限的电压余量难以完成复杂的模拟电路处理。并且,MOS 管在地与电源之间切换的速度极快,几乎没有给模拟处理留出时间。

因此,深亚微米工艺下的射频架构设计原则,就是通过高速采样将模拟信号离散化,用数字信号的沿变化代替模拟信号的电压变化,从而获得稳定可靠的处理结果。这一点是现代无线射频系统中广泛引入数字处理模块的根本原因。

数字射频架构相比传统的模拟射频架构有如下优势:

(1) 在发送链路中引入数字处理,可以获得更高质量的模拟信号,有效降低相位噪声与杂散干扰。

(2) 在接收链路中引入数字处理,可以大幅度提高接收信号质量,抑制相位噪声,减小信号畸变。

（3）数字射频架构是高度可重构的,通过软件配置的方式可以精细控制与调整模拟电路模块,保证最佳的链路信号质量。

### 13.1.3 数字发射机

目前,常用的数字发射机实现结构有两种:极坐标调制发射机与I/Q直角坐标调制发射机,如图13.3所示。

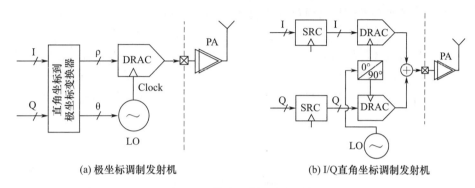

(a) 极坐标调制发射机    (b) I/Q直角坐标调制发射机

图13.3 数字发射机实现结构

**1. 极坐标调制发射机**

这种全数字发射机结构如图13.3(a)所示,从2005年左右开始大规模普及。如图中所示,它的核心结构是将基带的I/Q两路信号转换为极坐标信号,即幅度 $\rho$ 与相位 $\theta$ 信号。其中,本振采用全数字锁相环（ADPLL）产生时钟信号,送入数字到射频幅度转换器（DRAC）单元。DRAC单元功能等价于数控功率放大器（DPA）。DRAC单元输出的RF信号包络依据幅度控制字(即信号幅度 $\rho$)进行比例变化。因此,我们称这样的结构为数控极坐标发射机。

在DRAC单元中,射频信号幅度的变化是通过高速 $\Sigma\Delta$ 晶体管开关抖动电路实现的,这种方法将模拟电压信号控制转变为离散时间的数字信号控制,虽然数字逻辑操作速度很高,但与模拟实现方案相比,整个发射机的功耗很小。

一般地,极坐标发射机适合于窄带RF信号调制,如2G(GSM、IS-95)与3G(WCDMA、CDMA2000)等系统,如果推广到宽带信号调制,由于幅度与相位会有带宽扩展效应,则不太适用。

**2. I/Q直角坐标调制发射机**

对于4G与5G等宽带移动通信系统,更适合的发射机结构是直角坐标调制,如图13.3(b)所示。与极坐标调制发射机相比,这种发射机增加了采样速率变换器（Sample-Rate Converter,SRC）。SRC单元将低速的基带I/Q信号转换为超高速的信号,提升采样速率可以降低量化噪声的功率谱。

单纯从电路结构看,直角坐标调制发射机比极坐标调制发射机更复杂,引入的电路噪声更多,因而没有更多的优势。但前者没有信号展宽效应,更适合移动宽带调制,在4G/5G系统中应用广泛。

### 13.1.4 数字接收机

20世纪90年代以来,软件无线电成为无线接收机的流行设计思想。人们希望能够设计一套通用的数字无线接收机架构,通过软件编程可重构配置的方式,工作在任意移动通信标准与任意无线频段,支持所有的数据速率。但是,这种理想化的软件无线电方案还没有完全实现。目前主流的设计思想是在射频信号的接收处理中,尽可能引入数字信号处理技术,增强接收机的灵活性。其中,代表性方案包括高中频离散时间接收机与全数字前端接收机。

**1. 高中频离散时间接收机**

高中频离散时间接收机的结构如图 13.4 所示。在接收机前端,要进行直接射频(RF)采样,在混频器之后进行复杂的滤波操作。

如图所示,具体而言,RF 输入信号以载波频率的 2 倍进行奈奎斯特采样,然后下变频、下采样、滤波,采用 ΣΔ ADC 模块,将模拟信号变为数字信号。通过调整本地振荡器频率与电容比,这种方法可以在混频级获得信号通道更好的选择性。

在信号处理的每一级,数字接收机采用开关电容电路以及采样抽取操作,降低电路功耗。这种处理方式依赖于对电容数量的调整,改变滤波器的频域响应,从而适应信号带宽的动态变化。采用这样的前端处理,可以极大放松对基带放大器与 ADC 的指标要求,降低整个接收机实现的难度。但是,由于仍然采用模拟电路调节,因此难以在性能与面积上匹配先进 CMOS 工艺,有一定的局限性。

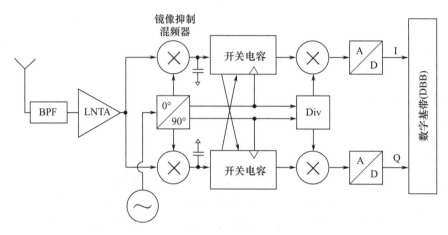

图 13.4　高中频离散时间接收机的结构

**2. 数字前端接收机**

数字前端(Digital Front-End,DFE)接收机的结构如图 13.5 所示,它的基本特征是在 LNA 单元后直接送入高速 ADC 器件,将 RF 信号数字化,然后采用数字信号处理(DSP)模块完成后续的所有信号处理操作,因此是一种全数字化的接收机。

如图所示,DFE 接收机需要完成 3 个步骤的基本操作:数字下变频、采样率变换与信道化操作。首先是数字下变频,将高速 ADC 输出的信号与本地的 RF 载波信号混频。其次是采样率变换,将混频后的信号从高采样率 $f_{s1}$(GHz 量级)抽取到基带调制解调器(Modem)需要的采样率 $f_{s2}$(MHz 量级)。再次是信道化操作,指的是通过数字滤波方法抑制接收信号中的噪声与干扰。

一般地,数字前端要求灵活适配 RF 载波、Modem 采样率以及干扰信号强度的任意变化。为了满足这一要求,通常采用可编程的混频器、低通滤波器与采样率变换器。

(1) ADC 与混频器设计

下变频操作中,ADC 的采样频率选择非常关键。假设采样率为 $f_{s1}$,射频频率为 $f_{RF}$,信号带宽为 $f_{BW}$。我们可以有两种选择:①超奈奎斯特采样,即采样率 $f_{s1} > 2f_{RF}$;②欠奈奎斯特采样,即满足带通采样定理,亦即 $f_{s1} = 2f_{RF} - W < 2f_{RF}$,其中 $W$ 表示相对奈奎斯特采样率的偏

移量。

对于第一种情况,采样后 RF 信号频谱位于 $f_{RF}$,而对于第二种情况,采样后频域产生原始 RF 信号位于 $(f_{s1}-W)/2$ 的镜像。对于前者,RF 信号分别与 $\cos(2\pi f_{RF}t)$ 和 $\sin(2\pi f_{RF}t)$ 两路正交载波相乘,得到下变频信号。而对于后者,RF 信号需要与 $\cos(\pi(f_{s1}-W)t)$ 和 $\sin(\pi(f_{s1}-W)t)$ 两路正交载波相乘,完成下变频。

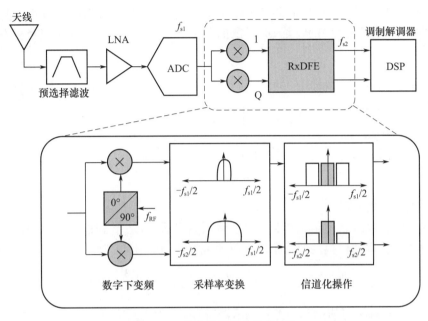

图 13.5　数字前端接收机的结构

上述两种混频方案原理上都可行,但从硬件实现角度看,第一种方案采样频率太高,对于 ADC 器件的时间或功率要求过于苛刻,很难实现。而第二种欠采样方案,可以通过调整偏移频率,降低实现难度。下面讨论一些特例。

例 13.1:$f_{s1}=W=f_{RF}$

此时,通过采样直接得到基带信号,省去了混频器、节省了硬件资源。但是,由于没有混频,因此需要用两个 ADC 对 RF 信号采样,ADC 的采样时钟有 90° 的相差。但这种方式会引起 I/Q 两路信号的不匹配,恶化信号 EVM 性能。因此需要专门的信号处理算法,补偿 I/Q 信号的不匹配。

例 13.2:$f_{s1}=4f_{RF}/3$ 且 $W=2f_{RF}/3$

对于这种配置,信号镜像位于 $f_{RF}/3$。在数字域,频率 $f_{RF}/3$ 对应 $\pi/2$ 的位置,因此 ADC 的输出需要与 $\cos(n\pi/2)$ 以及 $\sin(n\pi/2)$ 相乘进行下变频。对应的载波信号实际上是 $\{1,0,-1,0\}$ 的双极性方波脉冲,非常容易实现。这种方式只需要一个 ADC,避免了 I/Q 不匹配的问题。

上述两种配置在实际系统中都有应用,通常第二种配置应用更多。

为了满足信噪比动态范围要求,ADC 采样率的选择依赖于 ADC 架构与过采样比 $f_{RF}/f_{BW}$。通常,过采样比越大,量化噪声越小,动态范围越大。例如,LTE 要求在 RF 频率 $f_{RF}=2.7\text{GHz}$、带宽 $f_{BW}=20\text{MHz}$ 配置下,信号动态范围达到 70dB。

单纯采用过采样不能完全满足高动态范围要求,还需要与其他技术配合。例如,多比特量化以及 $\Sigma\Delta$ 调制,这些模块都集成在 ADC 中。

(2)采样率变换与滤波器设计

DFE 架构需要采用顺序的样值抽取与低通滤波,对抗带宽 $f_{s1}$ 中的噪声与干扰,防止它们混叠影响基带信号。通常,滤波器设计需要组合 3 种滤波器结构,分别是级联积分梳状(Cascade Integrated Comb,CIC)滤波器、多项式插值滤波器和有限冲激响应(FIR)滤波器。

● 级联积分梳状滤波器

CIC 滤波器主要用于整数倍样值抽取,通常抽取倍数很大。CIC 滤波器非常简单,其结构如图 13.6 所示,由 $N$ 个积分器、$N$ 个差分器及下采样单元构成,将输入信号的采样率从 $f_{s1}$ 转换到 $f_{s1}/D$,其中 $D$ 是抽取因子。CIC 滤波器响应由 3 个参数控制:积分器与差分器数目,即滤波器阶数 $N$,在积分与差分环路中的时延 $M$,以及抽取因子 $D$。CIC 滤波器的频域响应为 sinc 函数,即梳状形式。

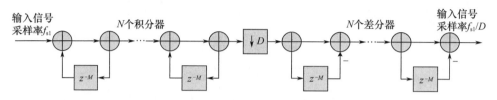

图 13.6 级联积分梳状滤波器结构

● 多项式插值滤波器

多项式插值滤波器,采用泰勒级数估计从输入信号采样率 $f_{s1}$ 到输出信号采样率 $f_{s2}$ 的精细变化,完成分数采样率的转换。通常采用三阶插值滤波,其表达式为

$$f(t+\phi)=f(t)+\phi f'(t)+\frac{\phi^2}{2!}f''(t)+\frac{\phi^3}{3!}f'''(t) \qquad (13.1.1)$$

其中,$\phi$ 表示输入与输出样值的相位差。插值器对应的样值速率抽取因子为 $1+\alpha$。

● 有限冲激响应(FIR)滤波器

FIR 滤波器通过配置抽头系数产生不同的频域响应,满足信号滤波要求。一般地,FIR 抽头系数设计与阶数选择要满足如下 3 个条件:

➢ 滤波器的通带在信号带宽内尽量平坦;
➢ 滤波器的截止频率要大于信号带宽;
➢ 滤波器带外能够抑制信号抽取后混叠的任意噪声与干扰,带内信噪比要高于系统最低要求。

与 CIC 滤波器相比,FIR 滤波器可以精细与灵活地调整频率响应,但需要乘法运算,实现复杂度较高。为了降低功耗,一般 FIR 滤波器在低采样频率工作。

一个可调 DFE 结构的示例可参考图 13.7。配置一个 ADC,采样率为 $f_{s1}=4/3f_{RF}$,经过混频后,信号先经过固定抽取因子 $D=16$ 的 CIC 滤波,然后送入可配置抽取因子 $R$ 的 CIC 滤波器组。抽取后的信号送入多项式插值滤波器,完成采样率从 $f_{s1}$ 到 $f_{s2}$ 倍数的转换。接着送入增益调整模块,以 6dB 步长调整信号幅度。最后送入 FIR 滤波器,清除残余的噪声与干扰,并进行下采样。

### 13.1.5 常用射频参数

下面介绍无线射频系统中的一些常用参数定义。

**定义 13.1**:信噪比

信噪比定义为信号功率 $S$ 与噪声功率 $N$ 的比值,即

$$SNR=\frac{S}{N} \qquad (13.1.2)$$

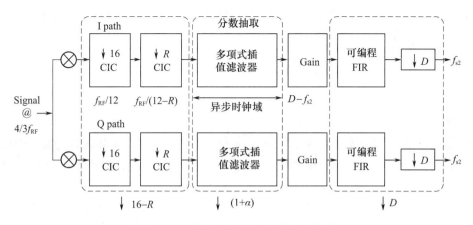

图 13.7 采样率变换与滤波器级联结构

工程上常用对数表示,即

$$\mathrm{SNR} = 10\lg\frac{S}{N}\,\mathrm{dB} \tag{13.1.3}$$

**定义 13.2:**信道功率与邻道功率

现代移动通信系统中,例如,GSM、WCDMA、LTE 与 5G NR,存在多个信道。为避免干扰,确保自身信道的发射准确,降低相邻信道功率电平很重要。有用信道的功率 $L_{\mathrm{ch}}$ 以 dBm 为单位,表示为

$$L_{\mathrm{ch}} = 10\lg\left(\frac{P_{\mathrm{ch}}}{1\mathrm{mW}}\right)\mathrm{dBm} \tag{13.1.4}$$

在相邻信道,功率通常不超过 $P_{\mathrm{adj}}$。通常用邻道功率比 $L_{\mathrm{ACPR}}$ 表示两个相邻信道的功率大小关系,以 dB 为单位,表示为

$$L_{\mathrm{ACPR}} = 10\lg\left(\frac{P_{\mathrm{adj}}}{P_{\mathrm{ch}}}\right)\mathrm{dB} \tag{13.1.5}$$

例如,在 WCDMA 系统中,邻道功率比在 $-40\mathrm{dB}$(对移动终端)$\sim -70\mathrm{dB}$(对 NodeB 基站)之间。

**定义 13.3:**噪声功率

一般地,移动通信设备中的噪声功率 $N$ 取决于温度 $T$、系统带宽 $B$,以 dBm 为单位,表示为

$$N = 10\lg\left(\frac{kTB}{1\mathrm{mW}}\right)\mathrm{dBm} \tag{13.1.6}$$

其中,$k = 1.38\times10^{-23}\mathrm{J/K}$(焦耳/开,1J 等于 1W·s),$T$ 表示开尔文温度($0\mathrm{K} = -273.15\,^{\circ}\mathrm{C}$),$B$ 的单位是 Hz。

在室温($20\,^{\circ}\mathrm{C}$)下,热噪声功率谱为

$$N_0 = 10\lg\left(\frac{1.38\times10^{-23}\mathrm{J/K}\times293.15\mathrm{K}\times1\mathrm{Hz}}{1\mathrm{mW}}\right)\mathrm{dBm} = -174\mathrm{dBm/Hz} \tag{13.1.7}$$

因此,给定系统带宽 $B$,热噪声功率可以表示为

$$N = (-174 + 10\lg B)\mathrm{dBm} \tag{13.1.8}$$

**定义 13.4:**相位噪声

一个理想的振荡器有带宽无限窄的频谱,而实际的振荡器,由于信号相角微小变化而导致频谱展宽,这就是相位噪声。为了测量相位噪声功率,首先采用带宽为 $B$ 的窄带接收机测量振荡

器相对载波频率偏移 $f_{\text{offset}}$ 下的噪声功率 $P_{\text{R}}$，然后将接收机中心频率调整为载波频率，带宽减小到 1Hz，测量载波功率 $P_{\text{C}}$，则相位噪声表示为

$$L=10\lg\left(\frac{P_{\text{R}}}{P_{\text{C}}}\times\frac{1}{B}\right)\text{dBc} \qquad (13.1.9)$$

注意，工程上常用 dBc 表示相对于载波的功率比。

**定义 13.5：天线增益**

大线的功能是将电磁波辐射到某一个特定方向。天线增益是指实际天线与参考天线的功率比。常见的参考天线为等方位辐射体与半波长偶极子天线，天线增益单位分别定义为 dBi 与 dBD。

**定义 13.6：误差向量幅度（EVM）**

3GPP 引入误差向量幅度（EVM）指标，衡量发射机产生的调制信号质量。EVM 是指实际发送信号波形与理想波形之间的向量差，定义为误差向量功率与参考信号功率的均方根，即

$$\text{EVM}_{\text{rms}}=\sqrt{\frac{\mathbb{E}(\parallel x(t)-s(t)\parallel^{2})}{\mathbb{E}(\parallel s(t)\parallel^{2})}}\times100\% \qquad (13.1.10)$$

其中，$s(t)$ 是参考信号波形，$x(t)$ 是发送信号波形，$\mathbb{E}()$ 是数学期望。

**定义 13.7：ADC 与 DAC 动态范围**

在 ADC 与 DAC 器件中，通常采用均匀量化器，假设量化比特数为 $n$，每增加 1bit，量化信噪比增加 6dB，同时考虑正弦信号的系统增益 1.76dB，则 ADC 的动态范围为

$$D=20\lg(2^{n})+1.76\text{dB} \qquad (13.1.11)$$

### 13.1.6  电磁波频谱

电磁波是频率分布非常宽广的信号，其波长与频率之间满足

$$\lambda=\frac{c}{f} \qquad (13.1.12)$$

其中，$c=3\times10^{8}\,\text{m/s}$ 是常量，光与其他电磁波都以光速传播，$\lambda$ 是电磁波波长，$f$ 是频率。显然，由于光速恒定，电磁波的波长与频率成反比关系，波长越长，频率越低；反之，波长越短，频率越高。

电磁波包含各种类型的电磁信号，其频谱如图 13.8 所示。在 10kHz 附近的是无线电广播信号，波长可达 1000m，在 300MHz～300GHz 频段的信号是微波。频率在 $10^{12}$ Hz 附近的信号进入红外波段，频率范围在 $3.8\times10^{14}\sim7.5\times10^{14}$ Hz（380～750THz）之间的信号为可见光，频率在 $10^{16}$ Hz 附近的信号为紫外线。$10^{18}$ Hz 附近的信号为 X 射线，$10^{20}$ Hz 附近的信号为 $\gamma$ 射线。

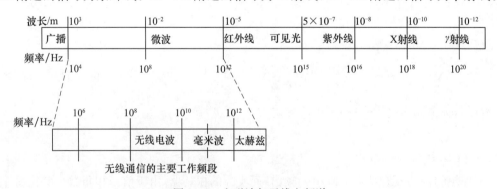

图 13.8  电磁波与无线电频谱

国际电信联盟(ITU,也简称为国际电联)对无线电频谱进行了统一划分,包括 14 个频段,如表 13.1 所示,其表达方式如下:

- 3000kHz 及以下频率,以 kHz(千赫兹)表示;
- 3~3000MHz(包括 3000MHz),以 MHz(兆赫兹)表示;
- 3~3000GHz(包括 3000GHz),以 GHz(吉赫兹)表示。

表 13.1  ITU 无线电频谱划分

| 频段序号 | 频段名称 | 频率范围 | 波段名称 | 波长范围 |
|---|---|---|---|---|
| -1 | 至低频(TLF) | 0.03~0.3Hz | 至长波/千兆米波 | $10^9$~$10^{10}$m |
| 0 | 至低频(TLF) | 0.3~3Hz | 至长波/百兆米波 | $10^8$~$10^9$m |
| 1 | 极低频(ELF) | 3~30Hz | 极长波 | $10^7$~$10^8$m |
| 2 | 超低频(SLF) | 30~300Hz | 超长波 | $10^6$~$10^7$m |
| 3 | 特低频(ULF) | 300~3000Hz | 特长波 | 1000~100km |
| 4 | 甚低频(VLF) | 3~30kHz | 甚长波 | 100~10km |
| 5 | 低频(LF) | 30~300kHz | 长波 | 10~1km |
| 6 | 中频(MF) | 300~3000kHz | 中波 | 1000~100m |
| 7 | 高频(HF) | 3~30MHz | 短波 | 100~10m |
| 8 | 甚高频(VHF) | 30~300MHz | 米波 | 10~1m |
| 9 | 特高频(UHF) | 300~3000MHz | 分米波 | 10~1dm |
| 10 | 超高频(SHF) | 3~30GHz | 厘米波 | 10~1cm |
| 11 | 极高频(EHF) | 30~300GHz | 毫米波 | 10~1mm |
| 12 | 至高频(THF) | 300~3000GHz | 丝米波/亚毫米波 | 10~1dmm |

其中,无线通信的主要工作频段在 1MHz~100GHz 之间。现在也有学者探索 THz 频段,即太赫兹频段。

ITU 每 3 到 4 年召开一次世界无线电通信大会(WRC),负责审议并修订《无线电规则》。最近一次世界无线电通信大会是 2019 年召开的,确定了 5G 的全球频谱划分。我国无线电频谱由工业和信息化部下属的无线电管理局负责管理与分配。

一般地,无线通信频谱分为非授权频谱和授权频谱两类。

(1) 非授权频谱:顾名思义,就是不需要经过行政主管部门同意,只要遵守相关法规的要求就可以直接使用的频谱。例如,WiFi 就工作在非授权频谱上,使用 2.4GHz 和 5.8GHz 这两个频段。

(2) 授权频谱:就是得到行政主管部门授权之后才能使用的频谱,使用中也要严格遵守相关法规。移动通信系统从 1G 到 5G,移动运营商使用的频段都是授权频谱。

## 13.2  功放线性化

功率放大器(Power Amplifier,PA,也称为功放)是现代无线射频系统中的重要部件,完成无线信号放大与远距离发送。一般地,基站采用大功率功放,而移动台采用小微功放,它们都利用了三极管的放大特性。由于三极管的非线性效应,功放的线性度与效率只能进行折中。在现代移动通信系统中,这两个指标都很重要,良好的功放线性度对于发送高质量信号非常关键,而功放效率对于提高系统能效非常重要。本节首先介绍功率放大器的基本分类与产生的信号畸变,然后简要介绍功放线性化原理,最后详细介绍数字预畸变技术。

### 13.2.1 功率放大器

**1. 功率放大器主要类型**

按照功率放大器中功放管导电方式的不同,可将功率放大器分为 A 类功放、B 类功放、AB 类功放、C 类功放等,它们有着不同的特征和效率。

(1) A 类功放

A 类功放也称为甲类功放,其输出级中两个(或两组)晶体管永远处于导电状态。也就是说,不管有无信号输入,它们都保持传导电流,并使这两个电流等于交流电的峰值。当无信号时,两个晶体管各流通等量电流,因此在输出中心点上没有不平衡的电流或电压。

A 类功放的工作方式具有最佳的线性度,每个输出晶体管均进行信号全波放大,不存在交越失真(Switching Distortion),即使不采用负反馈,开环路失真也非常低。但这种设计导致的问题是效率降低,因为无信号时仍流入满电流,电能全部转为热量。当信号电平增加时,输入功率进入负载,但许多仍转变为热量。

A 类功放发热量惊人,为了处理散热问题,必须采用大型散热器。因为效率低,只能达到50%,供电器一定要提供充足电流。一部 25W 的 A 类功放,供电能力至少能够满足 100W 的 AB 类功放的使用要求。所以,A 类功放的体积和重量都比 AB 类功放大,制造成本很高,主要应用在高保真音响中,在移动通信中不常用。

(2) B 类功放

B 类功放也称为乙类功放,其工作原理与 A 类功放不同。B 类功放的晶体管正负通道通常处于关闭状态,除非有信号输入。也就是说,正向信号进入时只有正向通道工作,而负向通道关闭,反之亦然,两个通道不会同时工作。因此,当没有信号输入时,完全没有功率损失。但在正负通道开启关闭时常常会产生交越失真,特别是在低电平情况下,所以 B 类功放的线性度不够好。但是它的效率较高,可以达到78%,产生的热量较 A 类功放少。

(3) AB 类功放

AB 类功放又称甲乙类功放,是前两类功放的折中设计。AB 类功放通常有两个偏压,在无信号时也有少量电流通过输出晶体管。当输入小信号时,采用 A 类工作模式,获得最佳线性度,当信号提高到某一电平时,自动转为 B 类工作模式以获得较高效率。AB 类功放的缺陷在于会产生交越失真,但其效率和线性度位于 A 类和 B 类功放之间,具有较好的折中性能,在移动通信系统中得到广泛应用。

(4) C 类功放

C 类功放也称丁类功放,它是一种数字式放大器,利用极高频率的转换开关电路来放大信号。其特点是效率高,几乎能达到100%。但这类放大器的线性度很差,不适用于宽带无线信号放大,在有源超低音音箱中有较多的应用。

**2. 功率放大器产生的信号畸变**

功率放大器实质上是输入输出信号的非线性变换系统。功放的输出响应包括 AM-AM 响应、AM-PM 响应。

AM-AM 和 AM-PM 特性是功放最基本的特性,可以直接通过测量功放的输入信号电压 $V_i(t)$ 和输出信号电压 $V_o(t)$ 得到。对于一个复信号,AM-AM 特性定义为输出信号复包络的幅度相对于输入信号复包络的变化特性。同样,AM-PM 特性定义为相移($p(t)=\arg V_o(t)-\arg V_i(t)$,即输出信号相角减去输入信号相角)随输入信号幅度变化的特性。图 13.9 给出了 AB 类功放的无记忆输出响应的示意。

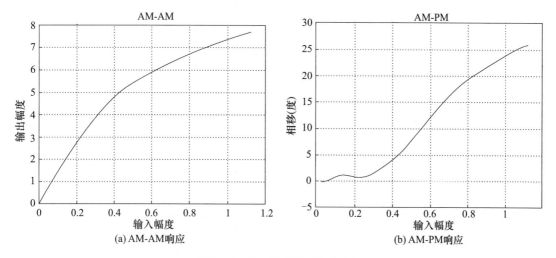

(a) AM-AM响应  (b) AM-PM响应

图 13.9  AB类功放的输出响应

（1）AM-AM 畸变

功放非线性对不同输入功率有不同增益，小信号被线性放大，大信号因接近饱和区而放大比例下降，因此导致信号畸变，称为 AM-AM 畸变。

对于 16QAM 调制信号，图 13.10 与图 13.11 分别给出了 AM-AM 畸变后的星座图与信号功率谱。由图可知，由于功放饱和点的影响，16QAM 星座外围的大信号幅度减小，星座形状产生了收缩，信号带宽也有展宽。

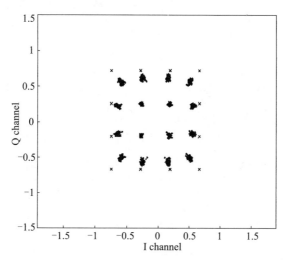

图 13.10  AM-AM 畸变后的 16QAM 星座

（2）AM-PM 畸变

AM-PM 畸变是指因输出信号与输入信号在相位上的不一致而产生的畸变。通常，AM-AM 与 AM-PM 畸变同时产生。

对于 16QAM 调制信号，图 13.12 与图 13.13 分别给出了 AM-AM 与 AM-PM 联合畸变后的星座图与信号功率谱。由图可知，由于幅度畸变影响，16QAM 星座形状收缩，同时由于相位畸变影响，星座还发生了旋转。另外，从信号功率谱来看，信号带宽明显展宽，带外衰减特性变差。

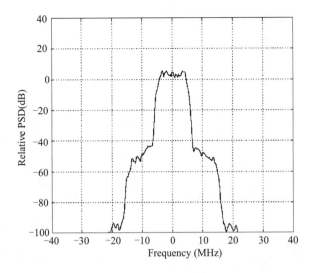

图 13.11　AM-AM 畸变后的 16QAM 信号功率谱

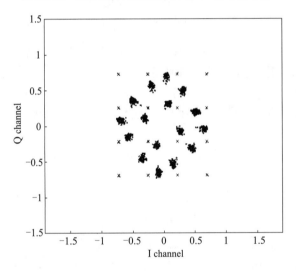

图 13.12　AM-AM 与 AM-PM 联合畸变后的 16QAM 星座

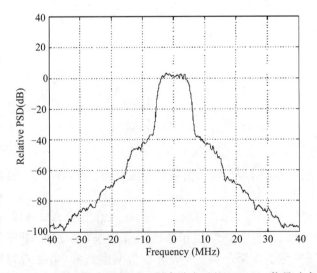

图 13.13　AM-AM 与 AM-PM 联合畸变后的 16QAM 信号功率谱

### 13.2.2　功放线性化技术分类

移动通信基站一般采用 AB 类功放,为了克服非线性畸变、解决信号频谱展宽与 EVM 恶化问题,必须采用功放线性化技术。功放器件约占基站设备成本的 50%,如何有效、低成本地解决功放的线性化问题就显得非常重要。

线性度是功放重要的性能指标之一,直接影响到功放的最大平均输出功率、功放的效率、带外特性、交/互调的程度等,直至影响到整个系统的性能。尤其是在现代移动通信中,如在 3G、4G 与 5G 系统中,传输的都是数字多电平信号,对射频功放的线性度提出了更高要求。因此,提高射频功放的线性度技术受到人们普遍关注。

传统上,解决功放线性化问题多数采用功率回退(backoff)方法,通过抑制功放互调分量保证其工作在线性范围,不影响信号覆盖及通信质量。所谓回退就是降低输入功率,使放大器工作点远离饱和点,用降低输出功率的方法减少非线性失真。这种方法操作简单,能使放大器维持较高线性度,但是,由于放大器直流工作状态不变,功率效率相应降低,浪费了有用功率,显著增加了基站功耗。由于回退技术的这些缺点,一般只应用于早期的 1G、2G 移动通信系统中。

概括起来,提高功放的线性度技术主要分为如下 3 类。

**1. 负反馈技术**

负反馈技术用来提高射频功放的线性度,包括射频负反馈、中频负反馈技术等。射频负反馈是在预功放和末级功放中采用负反馈技术,中频负反馈是在中频调制到末级功放中采用负反馈技术。负反馈技术能够抑制放大器的非线性失真,可以提高射频功放的线性度。

但是,由于负反馈环的稳定性较差,尤其对于宽带和大功率射频功放的线性改善程度不够理想,此项技术常用于音频功放的非线性抑制,在通信系统的大功率功放中很少采用。

**2. 前馈技术**

前馈式射频功放包括一主一辅两个功放,辅功放输出的是与主功放所产生杂散信号相同的信号,在馈入天线之前,将主、辅两个功放的输出进行反相耦合,达到消除主功放所产生杂散信号从而改善射频功放线性度的目的。前馈技术不受信号带宽的限制,对于宽带大功率功放的线性化,前馈技术是基本方案。

前馈技术需要采用双功放,也可以分为模拟和数字前馈技术。模拟前馈技术对于环境参数敏感,不同的功放需分别进行校准,且工作量很大,费时费力。而数字前馈技术可以灵活跟踪环境的变化,自适应地调整环路参数,不需要分别校准每一个功放,降低了研制成本,目前在工业界应用得越来越广泛。

典型前馈功放结构采用干扰抵消方法实现,分别引入信号抵消和误差抵消两个环路,其等效基带模型如图 13.14 所示。

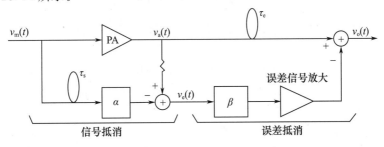

图 13.14　前馈功放结构

图中,复增益 $\alpha,\beta$ 表示两个干扰抵消环路引入的幅度、相位变化。假设主功放是无记忆非线性功放,对应的复增益函数为 $G(x)$,其中 $x$ 表示输入信号的瞬时功率,则主功放的输出 $v_a(t)$ 可以表示为

$$v_a(t) = G(|v_m(t)|^2) \qquad (13.2.1)$$

在输出信号中,含有输入信号的线性放大部分 $c_0 v_m(t)$,也含有非线性畸变部分 $v_d(t)$。复增益系数 $c_0$ 实际上是 $G(x)$ 级数展开式的第一项的系数。为了分析方便,假设两个环路的时延完全匹配,辅功放是理想线性的。

两个环路的信号可以表示为

$$\begin{cases} v_a(t) = c_0 v_m(t) + v_d(t) \\ v_e(t) = v_a(t) - \alpha v_m(t) \\ v_o(t) = v_a(t) - \beta v_e(t) \end{cases} \qquad (13.2.2)$$

信号抵消环路中复增益 $\alpha$ 自适应调整的目的是最小化误差信号的功率 $P_e$,它是基于输入信号 $v_m(t)$ 对主功放输出信号 $v_a(t)$ 进行的线性估计。当 $P_e$ 最小时,输入信号的线性放大部分被完全抵消,误差信号就只包含主功放引入的交调畸变(IMD)。即需要让式(13.2.3)取值最小:

$$\min_\alpha P_e(\alpha) = \min |v_e(t)|^2 = \min |v_a(t) - \alpha v_m(t)|^2 = \min_\alpha |(c_0 - \alpha)v_m(t) + v_d(t)|^2$$

$$(13.2.3)$$

由于 $P_e$ 是 $\alpha$ 的二次函数,因此式(13.2.3)有全局最小值,一般地,可以采用梯度算法对式(13.2.3)求解,即

$$\begin{aligned} \nabla_\alpha P_e(\alpha) &= \frac{\partial P_e(\alpha)}{\partial \alpha} = \frac{\partial}{\partial \alpha}[v_a(t) - \alpha v_m(t)][v_a(t) - \alpha v_m(t)]^* \\ &= \frac{\partial}{\partial \alpha}\{|v_a(t)|^2 - 2\mathrm{Re}[\alpha v_m(t)v_a^*(t)] + |\alpha|^2 |v_m(t)|^2\} \\ &= -2v_m(t)v_a^*(t) + 2\alpha^* v_m(t)v_m^*(t) \\ &= -2v_m(t)[v_a^*(t) - \alpha^* v_m^*(t)] \\ &= -2v_m(t)v_e^*(t) \end{aligned} \qquad (13.2.4)$$

因此,合适的梯度估计是输入信号和误差信号的相关,即

$$-\nabla_\alpha^* P_e(\alpha) \propto D_\alpha(t) = v_e(t)v_m^*(t) \qquad (13.2.5)$$

当 $\alpha$ 调整正确时,上述估计是无偏的,即 $E[D_\alpha(t)] = 0$。复增益 $\alpha$ 可以用一阶积分电路实现:

$$\alpha(t) = K_\alpha \int_0^t D_\alpha(s)\mathrm{d}s = K_\alpha \int_0^t v_e(s)v_m^*(s)\mathrm{d}s \qquad (13.2.6)$$

误差抵消环路中复增益 $\beta$ 的调整与 $\alpha$ 类似,但它基于误差信号 $v_e(t)$ 对主功放输出信号 $v_a(t)$ 进行非线性估计,得到的估计误差信号为 $v_o(t)$,目的是希望输出信号功率 $P_o$ 最小,即

$$\min_{\beta} P_o(\beta) = \min |v_o(t)|^2 = \min |v_a(t) - \beta v_e(t)|^2 = \min_{\beta} |c_o v_m(t) + [v_d(t) - \beta v_e(t)]|^2$$

$$(13.2.7)$$

类似地,由于 $P_o$ 是 $\beta$ 的二次函数,因此式(13.2.7)有全局最小值,也可以采用梯度算法对式(13.2.7)求解,即

$$\nabla_\beta P_o(\beta) = \frac{\partial P_o(\beta)}{\partial \beta} = \frac{\partial}{\partial \beta} [v_a(t) - \beta v_e(t)][v_a(t) - \beta v_e(t)]^*$$

$$= \frac{\partial}{\partial \beta} \{|v_a(t)|^2 - 2\mathrm{Re}[\beta v_e(t) v_a^*(t)] + |\beta|^2 |v_e(t)|^2\}$$

$$= -2v_e(t) v_a^*(t) + 2\beta^* v_e(t) v_e^*(t)$$

$$= -2v_e(t)[v_a^*(t) - \beta^* v_m^*(t)]$$

$$= -2v_e(t) v_o^*(t) \qquad (13.2.8)$$

因此,合适的梯度估计是输出信号和误差信号的相关,即

$$-\nabla_\beta^* P_o(\alpha) \propto D_\beta(t) = v_o(t) v_e^*(t) \qquad (13.2.9)$$

当 $\beta$ 调整正确时,上述估计是无偏的,即 $E[D_\beta(t)] = 0$。复增益 $\beta$ 也可以用一阶积分电路实现:

$$\beta(t) = K_\beta \int_0^t D_\beta(s)\mathrm{d}s = K_\beta \int_0^t v_o(s) v_e^*(s)\mathrm{d}s \qquad (13.2.10)$$

上述经典的梯度自适应收敛算法构成了前馈功放的基本原理。但如果上述自适应过程采用模拟带通信号相关方法实现,则存在两个问题,即:

(1) 梯度公式(13.2.5)、公式(13.2.9)如果采用带通信号相关实现,即两路 RF 信号进行模拟相乘,由于模拟器件性能的不理想,往往引入直流偏置和 $1/f$ 噪声,造成环路收敛于不正确的值,降低了 IMD 的抑制性能。

(2) 公式(13.2.9)实际上是误差信号 $v_e(t)$ 和输出信号 $v_a(t)$ 中的极弱交调 IM 分量的相关,由于强信号 $v_a(t)$ 的干扰,将会造成误差抵消环路的收敛速度非常慢,降低收敛性能。

如果采用 DSP 进行自适应算法的数字处理,则可有效避免上述问题,这也就是现在数字前馈自适应功放技术比较流行的原因。

**3. 线性预畸变技术**

线性预畸变功率放大器是在末级功放前将输入信号进行预处理,使输入信号产生畸变,其畸变特性与末级功放的(非线性)特性相反,即对末级功放的非线性进行补偿,达到末级功放输出线性的目的。线性预畸变功率放大器可提高功放的效率,目前国内外采用较多。

从原理上来说,预畸变是线性化功率放大器最简单的一种办法。它在放大器前构造功放非线性特性的逆特性,如图 13.15 所示,通过预畸变模块的补偿,使整个系统的联合特性表现为线性。

线性预畸变功率放大器又可分为两类:数字预畸变(DLP)功放和模拟预畸变(RLP)功放。

数字预畸变(DLP)功放在基带数字信号上产生预畸变,提高末级功放输出的线性度。模拟预畸变功放又可分为中频(模拟信号)预畸变功放和射频(模拟信号)预畸变功放。中频预畸变是与中频调制相结合,将中频已调信号进行线性预畸变。射频(模拟信号)线性预畸变(RLP)在末级功放前进行预畸变。

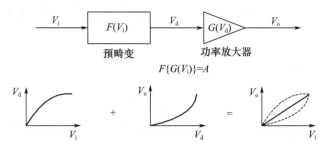

图 13.15　功放预畸变示意

### 13.2.3　数字预畸变技术

数字线性预畸变技术的本质是在 PA 前面串联一个函数模块,该模块能补偿 PA 的压缩特性。在理想情况下,DLP 单元和 PA 组成的系统输入输出关系在很大范围内是线性的。图 13.16给出了 DLP 系统的基本结构,包括预畸变训练和预畸变处理两个子模块,它们的结构完全相同。但要进行训练才能实现预畸变处理。预畸变器的训练过程称为间接学习过程,由于功放的非线性是慢时变的,因此可以在收敛后将得到的系数复制到预畸变处理器中,完成对非线性功放的补偿。

如图中所示,功放输入端信号为 $z(n)$,利用功放的输出信号 $y(n)$ 作为参考,训练得到功放的输入估计信号 $\hat{z}(n)$,二者相减得到误差信号 $e(n)$,采用最小二乘法调整预畸变处理器的抽头系数,直至收敛。

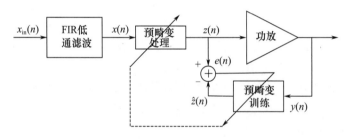

图 13.16　DLP 系统基本结构

如前所述,求得预畸变处理器的抽头系数是训练算法的最终目标。对于宽带功放,假设采用有记忆的多项式预畸变模型,即

$$z(n) = \sum_{k=1}^{K} \sum_{q=0}^{Q} a_{kq} y(n-q) \left| y(n-q) \right|^{k-1} \tag{13.2.11}$$

其中,$y(n)$ 和 $z(n)$ 分别为预畸变处理器的输入和输出,$Q$ 为最大延迟,$a_{kq}$ 为预畸变处理器的系数。定义

$$r_{kq}(n) = y(n-q) \left| y(n-q) \right|^{k-1} \tag{13.2.12}$$

则式(13.2.11)可以写为

$$z = Ra \tag{13.2.13}$$

其中 $R = [r_{kq}], k = 1, 2, \cdots, K, q = 0, 1, \cdots, Q$。

利用最小二乘算法,可求得上式的解为

$$\hat{a} = (R^{H}R)^{-1}R^{H}z \tag{13.2.14}$$

非线性多项式如 $y,y|y|,y|y|^2$ 是高度相关的,这会影响 $\hat{a}$ 的准确性。而使用正交多项式可以减小这一相关性,把式(13.2.11)改写为

$$z(n) = \sum_{k=1}^{K} \sum_{q=0}^{Q} b_{kq}\psi_k\left[y(n-q)\right] \tag{13.2.15}$$

其中,

$$\psi_k(y) = \sum_{l=1}^{k} U_{lk}y|y|^{l-1} \tag{13.2.16}$$

$$U_{lk} = \frac{(-1)^{l+k}(k+l)!}{(l-1)!\ (l+1)!\ (k-l)!} \tag{13.2.17}$$

则

$$z = Fb \tag{13.2.18}$$

这里

$$F = \left[R_0 U, \cdots, R_Q U\right] \tag{13.2.19}$$

同样,利用最小二乘算法可以得到预畸变器系数

$$\hat{b} = (F^{\mathrm{H}}F)^{-1}F^{\mathrm{H}}z \tag{13.2.20}$$

需要注意的是,为了充分利用正交多项式的优点,在利用 $\psi_k(\cdot)$ 之前,要将输入 $y(n)$ 归一化到 $[0,1]$ 之间。由于 $F^{\mathrm{H}}F$ 是 Hermitian 矩阵,为了提高运算效率,采取 Cholesky 分解产生下三角矩阵 $L$,满足

$$LL^{\mathrm{H}} = F^{\mathrm{H}}F \tag{13.2.21}$$

将式(13.2.21)代入式(13.2.20),得

$$LL^{\mathrm{H}}\hat{b} = F^{\mathrm{H}}z \tag{13.2.22}$$

由于 $L$ 是下三角矩阵,通过简单的置换就可以得到所需系数 $\hat{b}$。

3 载波 WCDMA 发送信号源的功率谱密度(PSD)如图 13.17 所示,信号带宽为 15MHz,带外衰减为 50dB。没有数字预畸变,直接经过功放输出的功率谱密度如图 13.18 所示,带外衰减严重恶化,大约为 20dB。而经过数字预畸变补偿后输出的功率谱密度图 13.19 所示,带外衰减得到了显著改善,可以降低到 30dB 以下,甚至到 35dB。

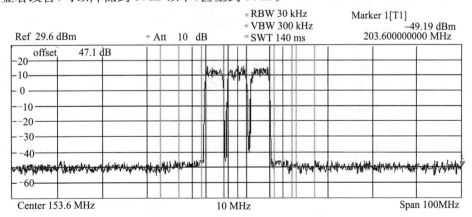

图 13.17　3 载波 WCDMA 发送信号源的 PSD

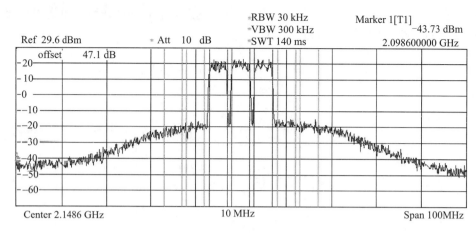

图 13.18　3 载波 WCDMA 功放输出 PSD(无 DLP)

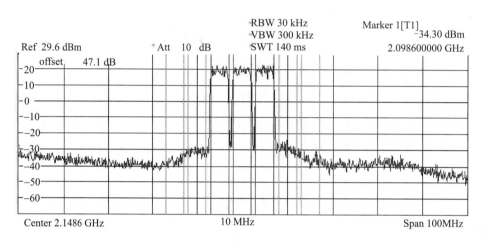

图 13.19　3 载波 WCDMA 功放输出 PSD(有 DLP)

## 13.3　系统同步技术

同步是移动通信中非常关键的基础技术,它为移动通信系统正常工作提供了时间与频率的基准参考。一般地,可以把移动通信系统中的同步划分为下行同步、上行同步与小区间同步 3 类。

### 13.3.1　下行同步

下行同步是移动通信系统的基准同步,主要功能是移动台建立与基站的时频同步。图 13.20 给出了小区内下行同步的示意。移动通信是集中式网络,以网络为中心。具体到一个服务小区,则所有移动台的时频基准都以所在小区的基站为参考。如图中所示,虽然移动台在小区中位置不同,与基站的距离有远有近,但都必须以基站发送的同步信号为参考,建立自己本地的时钟与频率同步。由此,一个服务小区中的所有移动台,都能够建立同步于基站的时钟与载波参考。

下行同步过程通常是移动通信系统中小区搜索(Cell Search)的一部分。在 2G 的 GSM 系统中,基站广播同步信道,移动台通过捕获同步信道建立时频同步。在 3G WCDMA 系统中,基站广播主同步与辅同步码序列信号,移动台采用相关器捕获同步序列的峰值位置,建立时频同步。在 LTE 与 5G NR 系统中,基站在特定时频位置上广播主同步(PSS)与辅同步(SSS)信号,移动台也采用相关方法捕获峰值位置建立同步。因此,下行同步是移动台能够接入小区、正常工作的前提与基础。

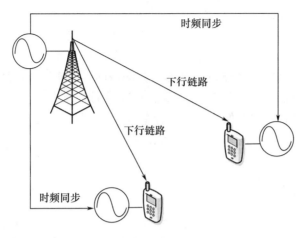

图 13.20　小区内下行同步示意

下行同步本质上采用的是数字通信的链路同步技术,它实现的是基站与移动台之间的点对点时频同步。对于频率同步,一般基于同步信号,采用频偏估计算法完成。对于时域同步,一般采用序列相关方法实现定时捕获,采用超前-滞后跟踪环路,或者迟-早门跟踪环路实现定时跟踪。具体细节参见相关书籍,此处不再赘述。

### 13.3.2　上行同步

上行同步是指服务小区中所有移动台相互之间保持时间同步关系。注意,由于下行同步已经建立了移动台与基站之间的频率同步,而移动台以自己的本振为参考发送上行信号,因此不同移动台发送的上行信号载波已经同步。但由于移动台距离基站有远有近,虽然频率同步,基站接收到的信号时延不同,因此,上行同步就是要调整移动台的发送延时以保证时间同步。图 13.21 给出了小区内上行同步时序调整示意。

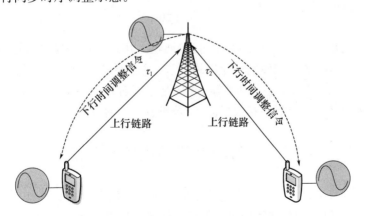

图 13.21　小区内上行同步时序调整示意

如图中所示,假设两个移动台到基站的上行链路时延分别为 $\tau_1$ 与 $\tau_2$。基站基于导频或探测信号,测量与估计不同用户的上行链路传输延迟,然后在下行链路分别向各用户发送时间调整信令。对于距离近、时延小的用户,要求延迟发送,对于距离远、时延大的用户,要求提前发送。这样,无论距离远近,保证不同用户到达基站的接收信号都能对齐到时隙或帧边界,从而实现上行同步。

大多数移动通信系统都要求实现上行同步。如 2G GSM 系统,基站通过发送时间提前 (TA) 信令,保持移动台之间的相互同步,类似的技术也在 3G TD-SCDMA、LTE 与 5G NR 系统中采用。这些系统必须实现上行用户之间严格的时间同步,才能保证用户信号在时间、频率上严格正交,消除相互之间的干扰。因此,对于 TDMA、OFDMA 以及 TD-SCDMA 系统而言,上行同步是必不可少的基础技术。

需要注意的是,对于 CDMA 系统,上行同步不是必需的。例如,在 3G WCDMA 与 CDMA2000 系统中,上行用户之间可以是异步时序关系,我们称这样的系统为异步 CDMA 系统。基站不必发送同步调整信令,移动台不需要保持严格的时序同步。这样做的主要原因是 CDMA 技术采用扩频方法,将用户间的多址干扰随机化,从而降低了上行异步带来的干扰影响。而取消下行时频调整过程,可以降低开销、简化处理。

### 13.3.3　小区间同步

通过上行与下行同步,一个小区内的用户之间保持了时频同步关系,对于正交多址接入方式,能够基本消除同一小区内用户间的相互干扰。如果扩大视野,还需要考虑小区之间的时频同步,即蜂窝网络同步。一般地,网络同步有两种方式,分别是主从时钟同步与外部时钟同步,如图 13.22 所示。

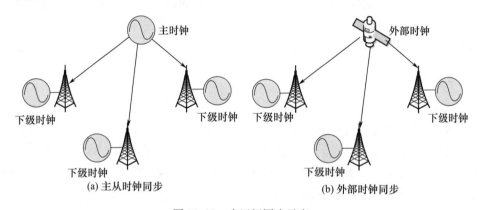

图 13.22　小区间同步示意

所谓主从时钟同步,是指移动网络有主时钟,通过专用通道向各基站发送时钟参考,各基站都同步到主时钟上。这种方式能够实现全网络同步,但需要专用的时钟线缆。另一种方式是采用外部时钟参考,如 GPS 卫星、北斗卫星等,这些卫星导航系统能够提供高精度的定时参考信号。每个基站只需要装配卫星导航接收模块,就能够获得时钟基准。

## 13.4　移动网络的概念与特点

移动通信网是现代通信网中的一个重要组成部分。现代通信网由 4 个主要部分组成。

(1) 终端机:其主要功能是将待传送的信息转换成电信号并送入网内,同时从网上提取所需的信息。比如,电话机、手机、传真机、数传机、视频终端摄像机与显示器等。

(2) 信道:它是载荷信息的信号传送的通道,主要包含固体介质的传输线、电缆、光缆,空气介质的无线信道等。从特性上可以分为恒参量的非时变信道与变参量的时变信道,移动信道属于后者。

（3）变换设施：要将简单的点对点的通信组成多点对多点的通信网就必须有交换设备。比如，电话网是通过电路交换转接的交换机来实现的；数据网可以采用电路转接的交换机，但采用分组信息包转接即包交换方式效率更高；在移动通信中，还采用一种无须将信息送至转接站或交换点上进行交换，而是利用用户的地址信息直接送至线路或传输链路进行交换的技术，一般称它为多址接入技术。

（4）信令与协议：构成一个完整的通信网，除上述的信道、终端与交换的硬件设备外，还必须有与硬件配套的软件。这也就是说，仅有硬件设备还不能在通信网内高效地交换信息，尤其是在自动化程度高、使用的环境条件（信源、业务、信道、用户等方面）复杂时，必须有一些规范性的约定。它在电话网中被称为信令，而在计算机与数据网中则被称为协议。其实就是在网内使用专用"语言"来协调网内、网间运行以达到互通互控的目的。

现代电信网一般是指全局性核心、干线网络，其最大特性是静态固定的网络。现代电信网（如PSTN）一般是由陆地干线包含光缆、电缆、微波接力、卫星等构成全国、全地区的核心干线网络。

相对于公共电话交换网络（PSTN），移动通信网属于接入网，即核心网外围面向移动用户的接入网络。移动通信网不同于静态的 PSTN 网，其网络配置是动态的。比如在电话通信时，手机随着用户的动态而移动，传输链路则通过呼叫临时动态搭建，用户间的信息交换则主要通过不同方式的动态多址接入方式进行交换。可见，在移动通信网中，一切都是动态的。

在移动通信网中，小范围的动态移动可以通过移动蜂窝网构成的小区覆盖连接，并利用小区蜂窝网间的切换，实现小范围内动态的不间断通信。

用户在大范围动态移动，则通过移动蜂窝网的用户实时重新配置，实现在不同覆盖区间的漫游和自动的越区切换。

固定网使用的资源，如最典型的带宽是可以通过增加设备而不断增大的，即可通过增加光纤线数量和电缆芯线而增大；但是，移动网中带宽与功率都受到明显的严格限制。

## 13.4.1 信令与协议

上面已指出，信令与协议就是网内统一使用的通信规程和专用语言，用它来协调网内、网间的正常运行，以实现互通互控的目的。这里简要介绍移动通信网中主要的信令与协议。

### 1. 通信信令

在话音通信中，人们将统一使用的通信规程和专用语言称为信令。在移动通信的话音通信中，也与固网中一样使用这些信令。

在移动通信中，手机拨号就是产生一种寻址信令，要求连接到目的用户，振铃则是识别对方呼叫的信令，而发送键和结束键则分别给出开始寻呼和通话结束的信令。

20 世纪 80 年代初期，即第一代模拟移动通信时期，话音与信令同时使用一个传输信道，即带内传输，称为随路信令。由于信令速率远低于话音，而且当此信道不通话时，为了随时呼叫还必须保证信令通信而占用该信道，大大降低了信道的利用率。同时，还必须不断处理（不是同时）信令和用户数据。

典型的随路电话信令原理示例如图 13.23 所示，描述了电话信号从呼叫开始到拆线为止的情况。

电话信令主要包括用户线信令和中继线信令两大类型。其中，用户线信令主要包括主叫端到交换局、交换局到被叫端之间的信号规范。最常用的有摘机、拨号音、忙音、拨号、振铃、挂机等。中继线信令是交换局之间联系的语言，也称为局间信令，其信号形式因中继线类型而异。最常用的有起动、准备好、地址、应答、通话、话终止、拆线、复原等。

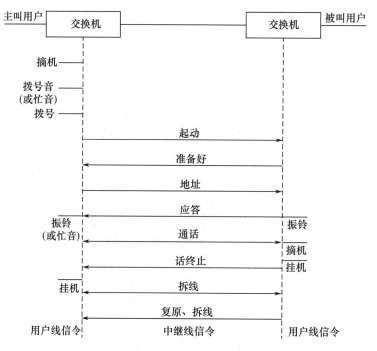

图 13.23 典型的随路电话信令原理示例

20 世纪 80 年代,电信网(PSTN)和移动电话网开始使用公共信道信令 CCS 系统。CCS 是一种数字通信技术,它将同一信道中的用户数据(含话音和数据)和控制用的信令等网络数据分离开来,让 CCS 占用一个独立的信道与用户数据信息同时传送。显然,CCS 是一种带外信令传送技术,因此它支持的信令速率不再受话音带宽的限制,可以将很多用户信道控制信令以及网络数据集中起来以允许更高的传输速率,即从 56kbps 一直到数兆比特每秒。

在第二代移动通信网络中,CCS 用来在用户与基站、基站与 MSC 以及 MSC 与 MSC 之间传递用户数据信息和信令控制信息。在 GSM 系统中,CCS 的用户数据信息和信令控制信息的分离是通过时分多路 TDM 方式来实现的。由于网络信令是突发而短暂的,所以它可以工作在无连接方式,因此很适合于分组交换(包交换)技术。

**2. 七号信令(SS7)**

SS7 来源于 CCITT(ITU-T 的前身)基于公共信道信令标准 CCS No.6 开发的带外信令系统,后来又沿着 ISO 7 层体系结构的思路发展,如图 13.24 所示。其中,OMAP 为操作维护和管理部分,ASE 为业务应用单元。

在第二代移动通信系统中,GSM 与 IS-95 的 IS-41 均使用 SS7 规定的信令协议,SS7 是在网络实体之间传送控制信息的信令系统。信令连接控制部分(SCCP)和消息传递部分(MTP)用在 GSM 的 A 接口以及 IS-95 的相应 A 接口。GSM 和 IS-95 的移动应用部分(MAP)协议采用事务处理部分(TCAP)进行网络控制。SS7 的 ISDN 用户部分(ISUP)包含从 ISDN 标准承载的消息,如 GSM 的呼叫相关信令采用 ISUP 连接至外部网络。

**3. 网络协议**

协议这个词来源于计算机技术与数据通信,其含义与话音通信中的信令基本类似。在现代通信中,传送的是多媒体业务,既含有话音也含有数据与图像等综合业务。因此,既需要信令也需要协议,而且两者互相渗透,有时几乎不加区分,这一点在前面我们介绍 SS7 信令时,对照 OSI 计算机与数据的 7 层协议模型就不难看出。在此,我们重点介绍网络协议。

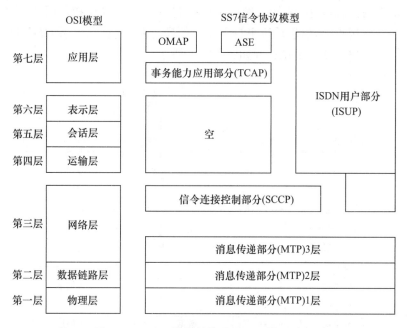

图 13.24　SS7 协议结构以及 OSI 模型对照

　　计算机中的网络协议是指计算机网络中互相通信的对等实体间交换信息时所必须遵守的规程。所谓对等实体,是指计算机网络体系结构中处于相同层次的通信进程。

　　OSI 网络体系结构是由国际标准化组织(ISO)提出和定义的计算机和数据通信的网络分层模型,如图 13.25 所示。

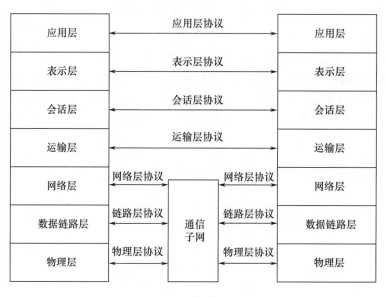

图 13.25　OSI 网络体系结构示意

　　由图可见,OSI 网络体系结构共分为 7 个层次:物理层、数据链路层、网络层、运输层、会话层、表示层、应用层,每层之间有相应的协议。对通信子网而言,主要是下 3 层,即物理层、数据链路层和网络层,而上面的 4 层可统一看作高层即网络应用高层。

　　使用 OSI 网络体系结构时,除物理层外,网络中数据的实际传输方向是垂直的。用户发送数据时,自上而下,首先在发送端由发送进程把数据交给应用层,而应用层在数据前面加上该层的有关控制和识别的信息,再把它交给表示层,这一过程一直重复至物理层,并由传输媒介将数据传送至接收端。在接收端,信息反过来自下而上传递,并逐层拆除该层的控制和识别信息,最后将数据送至接收进程。整个变化过程如图13.26所示。

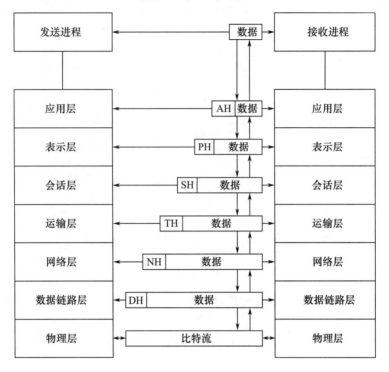

图 13.26　OSI 网络体系结构中数据传输时的数据变化过程

### 4. TCP/IP 协议

TCP/IP 协议(Transmission Control Protocol/Internet Protocol)是网络中提供可靠数据传输和无连接数据服务的一组协议。提供可靠数据传输的协议称为传输控制协议(TCP),提供无连接数据报服务的协议称为网际协议(IP)。TCP/IP 协议的层次划分不同于 OSI 协议,它分为4层:网络层、网际层、运输层和应用层。它与 OSI 协议各层次的对应关系如图13.27所示。

| | OSI协议 | | TCP/IP协议 |
|---|---|---|---|
| 7 | 应用层 | 4 | 应用层 |
| 6 | 表示层 | | |
| 5 | 会话层 | 3 | 运输层 |
| 4 | 运输层 | 2 | 网际层 |
| 3 | 网络层 | 1 | 网络层 |
| 2 | 数据链路层 | | |
| 1 | 物理层 | | |

图 13.27　TCP/IP 协议与 OSI 协议的对应关系

基于 TCP/IP 协议的网络体系结构如图 13.28 所示。

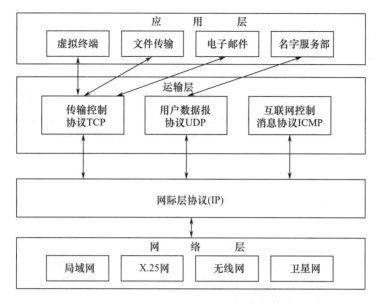

图 13.28 基于 TCP/IP 协议的网络体系结构

（1）网络层：它对应 OSI 协议中的物理层、数据链路层以及网络层中的一部分，该层中所使用的协议为各个通信子网本身固有的协议，如分组交换的 X.25 协议、以太网的 8802-3 协议等。网络层的作用是传输经网际层处理过的信号。

（2）网际层：网际层所使用的协议是 IP 协议，它将运输层送来的信号组装成 IP 数据包并将它送至网络层。IP 协议提供了统一的 IP 数据包格式以消除各通信子网的差异，并为信号的收/发提供透明信道。

网际层的主要功能包括 Internet 全网地址的识别与管理功能、IP 数据包路由功能、发送与接收时使 IP 数据包长度与通信子网所允许的数据包长度相匹配。

（3）运输层：它为应用程序提供端到端的通信功能，有 3 个主要协议，即传输控制协议（TCP）、用户数据报协议（UDP）和互联网控制消息协议（ICMP）。TCP 协议以建立高可靠性信号传输为目的，将用户数据按一定长度组成多个数据包进行发送和接收，该协议具有数据包顺序控制、差错检测以及再发送控制等功能。UDP 协议提供无连接数据包服务，也将用户数据分解为多个数据包发送、接收，但与 TCP 不同的是，UDP 协议没有建立连接、数据包顺序控制、再发送以及流量控制的功能，其可靠性由用户程序保证。UDP 协议具有执行代码小、系统开销小和处理速率快的优点。ICMP 协议主要用于端主机、网关和互联网管理中心，实现控制、管理网络运行。

（4）应用层：它为用户提供所需要的各种服务，主要包含远程登录、文件传输、电子邮件等。

**5. 移动应用协议（MAP）**

移动应用协议（MAP）是专门用于移动通信网（如 GSM 与 IS-41）等的协议。GSM 与 IS-95 均定义了相应的 MAP，而 MAP 又定义了交换机 MSC 与数据库 HLR、VLR 之间的应用协议，以支持呼叫管理、短消息传送、位置管理、安全管理、无线资源管理和移动设备管理等一系列的功能。

从原理和功能上看，GSM 与 IS-95 各自定义的 MAP 是完全类似的，在具体实现和协议方式上有所不同。

### 13.4.2 路由与交换

**1. 无线网络中的业务路由选择**

在无线网络中传输的业务类型决定了其网络路由选择的策略、所采用的协议和呼叫处理技术。网络常用的路由选择机制有如下两种：

（1）面向连接的选择机制，又称为虚电路路由选择机制，在整个传输过程中通信路由是不改变的。即当呼叫建立以后，网络资源将被信源和信宿独占，由于传输线路固定，到达信宿的消息顺序与传输顺序完全一样。为了保证传输的可靠性，面向连接业务主要依靠信道编码技术。

（2）虚连接选择机制，又称为数据包选择机制。其路由选择不用建立一个固定的连接，而采用分组（包）交换方式，即由若干个数据包组成一个消息，而每个数据包独立选择路由。因此，一个消息中的若干个数据包可能经过不同的路由传输，所用的时间也不相等。这时数据包不需要按发送顺序到达接收端，但在接收端要按发送顺序重新排序。由于路由不同，各个数据包可能因故障或超过时延而被丢弃。虚连接路由选择可以避免重新传送整个消息，但每个数据包需要附加更多的信头，包含信源/信宿地址、路由信息，以及用于接收端排序的信息。虚连接路由也无须在呼叫开始时进行呼叫建立，而且每个消息突发是在网络中独立处理的。

**2. 电路交换**

电路交换就是把两个用户终端通过局站的交换机接通一条专用的通道，使它们之间能相互通信直至通信结束，而且只有在通信结束后该信道才能供其他用户终端使用。其提供的是面向连接的业务。电路交换最典型的是电话业务。

在移动通信中，基站和 PSTN 间的话音信道由移动交换中心（MSC）分配给特定的用户，即用户通过呼叫建立起信源与信宿间的连接，这时无线信道已被移动用户与 MSC 间双向通信所独占直至通信结束，因而它是通过电路交换实现面向连接的话音业务。

电路交换机在整个呼叫与通信过程中占用了一条固定的线路，包括基站与移动用户间的无线信道以及 MSC 与 PSTN 间的独占电话线路。在占用过程中，即使用户可能越区切换至其他基站，也始终有一条向移动用户提供服务的专用无线信道，甚至 MSC 也同时独占一条至 PSTN 的固定的、全双工的电话连接。

事实上，电路交换只适用于话音传输或者持续时间长的数据业务，而不大适用于突发且短暂的数据业务。

**3. 分组交换**

分组交换将一个消息分解为若干个数据分组（包），每个分组（包）中由目的（宿）地址、编号和各种控制比特等组成一个包头，有点像邮政信封按地址在各交换点的转接与交换。每份消息的各个分组（包）可以在同一路由上传送，称为虚电路方式，也可以经过不同路由传送，称为虚连接的数据包，它可以在接收端收到后按发送编号重新组装成这个消息。每个消息包可进行差错控制；收端可以根据数据分组（包）的编号检测信息包有无丢失。这里，我们主要介绍虚连接的数据包形式。典型分组数据格式如图 13.29 所示。

由图可见，一个分组数据一般含有 5 个字段：帧标志、地址段、控制段、用户信息段以及帧序号。帧标志是一个特殊的顺序号，代表一帧的开始和结束；地址段包含用于传输消息与接收应答的信源和信宿地址；控制段含有传输的确认信息、自动请求重发（ARQ）及分组排序的功能；用户信息段包含用户信息且其长度是不确定的；帧序号包含帧段校验字段或 CRC（循环冗余校验），用于校验错误。

分组交换是无连接(或虚连接)业务中最常用的技术,它允许许多数据用户使用同一物理信道进行虚电路连接,用户可随时接入网中,无须通过呼叫建立专用的独占线路。

与电路交换相比,分组交换只有在发送和接收信息包分组(包)时信道才被占用,虽然每个分组(包)要占用一定比例的信息头,但对于突发性强的较短数据信息的传输,它仍具有更高的信道利用率。

数据传输中,采用分组交换的比较多,最主要的有 X.25、帧中继、ATM 和 IP;在移动通信中,采用分组交换的有蜂窝数字分组数据(CDPD)、通用无线分组业务 GPRS,以及 CDMA2000 1x 数据业务与 CDMA2000 1x EV-DO 等。

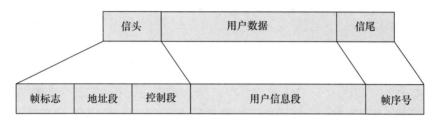

图 13.29　典型分组数据格式

# 13.5　蜂窝网的结构

20 世纪 70 年代,美国贝尔实验室提出了蜂窝网的概念[13.7],使移动通信正式走向商用化。移动通信网利用蜂窝小区结构实现了频率的空间复用,大大提高了系统的容量。蜂窝的概念真正解决了公用移动通信系统容量要求大与有限的无线频率资源之间的矛盾。蜂窝网不仅成功用于第一代模拟移动通信系统,第二代、第三代也继续使用蜂窝网的概念,并在原有基本蜂窝网基础上进一步改进和优化,如多层次的蜂窝网结构等。

蜂窝式六边形结构是最佳形式的小区形状。众所周知,全向天线辐射的覆盖区在理想的平面上应该是以天线辐射源为中心的圆形,为实现无缝隙覆盖,一个个天线辐射源产生的圆形覆盖必然产生重叠。在通信中重叠区就是干扰区。那么,在理论上采用什么样的多边形无缝隙结构才能使实际的天线圆形覆盖重叠最小呢? 换句话说,采用什么样的正多边形的无缝隙覆盖才能最接近实际的圆形覆盖呢?

下面我们给出用无缝隙的正多边形来逼近圆形覆盖小区的一些例子与参数,见表 13.2。

表 13.2　3 种小区形状的比较

| 小区形状 | 正三角形 | 正方形 | 正六边形(蜂窝) |
|---|---|---|---|
| 邻区距离 | $r$ | $\sqrt{2}r$ | $\sqrt{3}r$ |
| 小区面积 | $1.3r^2$ | $2r^2$ | $2.6r^2$ |
| 重叠区面积 | $1.2\pi r^2$ | $0.73r^2$ | $0.35\pi r^2$ |

由表可见,在服务区面积一定的情况下,蜂窝式的正六边形重叠面积最小,最接近理想的天线圆形覆盖区。因此,人们选用无缝隙的正六边形蜂窝作为移动通信的小区,并称它为蜂窝网。

(1) 移动通信网中蜂窝区群结构与组成:在蜂窝移动通信系统中,为了避免干扰,显然相邻小区不能采用相同的信道,要实现同一信道在服务区内重复使用,同信道小区之间应有足够的空间隔离距离。满足空间隔离距离的区域称为空间复用区,同一个空间复用区内的小区组成一个蜂窝区群,且只有在不同区群间的小区中才能实现信道再用。

（2）区群组成的基本条件:区群之间可以互相邻接,且无缝隙、无重叠地进行覆盖;相互邻接的区群应保证各个相邻同信道小区之间的距离相等。

在上述正六边形蜂窝小区结构下,可以证明区群内的小区数目应满足

$$N = a^2 + ab + b^2 \tag{13.5.1}$$

其中,$a \geqslant 0, b > 0$,且均为整数。

表 13.3 给出了不同 $a, b$ 值时区群内小区数 $N$ 的取值。

表 13.3 区群内小区数 $N$ 的取值

|  | 0 | 1 | 2 | 3 | 4 |
|---|---|---|---|---|---|
| 1 | 1 | 3 | 7 | 13 | 21 |
| 2 | 4 | 7 | 12 | 19 | 28 |
| 3 | 9 | 13 | 19 | 27 | 37 |
| 4 | 16 | 21 | 28 | 37 | 48 |

图 13.30 给出几种简单区群的结构与组成。

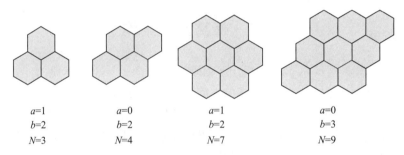

$a=1$     $a=0$     $a=1$     $a=0$
$b=2$     $b=2$     $b=2$     $b=3$
$N=3$     $N=4$     $N=7$     $N=9$

图 13.30　区群的结构与组成

基于区群结构,可以实现有限的频率资源在空间上的多次重复使用。例如,图 13.31 给出了 $N=4$ 的区群中的频率复用的示意。

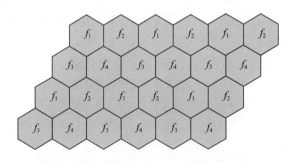

图 13.31　$N=4$ 的区群中的频率复用

由图可知,$N=4$ 的区群对应的频率组合为 $\{f_1, f_2, f_3, f_4\}$,在空间上隔开一段距离后,可以有规则地重复使用这 4 个频率。

在第一代模拟移动通信网中经常采用 7 基站/21 扇区模式,即每个区群中包含 7 个基站,而每个基站覆盖 3 个小区,每个频率只用一次。如图 13.32 所示。

在第二代移动通信系统 GSM 中,经常采用 4 基站/12 扇区模式。其结构如图 13.33 所示。

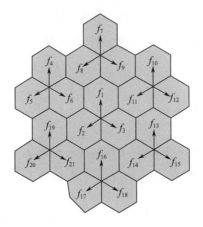

图 13.32 7 基站/21 扇区模式

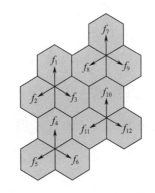

图 13.33 4 基站/12 扇区模式

与蜂窝小区相关的另一个重要概念是小区分裂,是指随着网络业务量的增长,一些业务负载重的小区缩小半径,变为面积更小的小区结构。如图 13.34 所示,中间的宏蜂窝小区进一步分裂为多个小区。

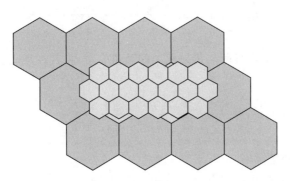

图 13.34 小区分裂示意

蜂窝网的概念实质上是一种系统级的概念,它采用由许多小功率发射机形成的小覆盖区,代替采用大功率发射机形成的大覆盖区,并将大覆盖区内较多的用户分配给不同蜂窝小区的小覆盖区以减少用户间和基站间的干扰,再通过区群间空间复用的概念满足用户数量不断增长的需求。

## 13.6 网络容量与服务质量

在移动通信网络中,小区容量与业务容量是最常用的网络性能度量指标。前者主要刻画网络无线传输的性能,后者主要刻画网络业务服务的性能。本节首先介绍小区容量的特征,然后简要说明服务质量(QoS)的概念,接着给出业务交换模型,最后简要说明经典的爱尔兰业务容量。

### 13.6.1　小区容量

小区容量包括上行小区容量与下行小区容量,它反映的是存在同频干扰(也称为共道干扰 CCI)与多址干扰(MAI)的情况下,单个小区传输信息的能力。

假设基站发射功率为 $P_\mathrm{D}$,移动台发射功率为 $P_\mathrm{M}$,服务小区用户集合为 $S=\{i:i=1,2,\cdots,K\}$,小区外同频干扰基站集合为 $B=\{b\}$,每个干扰基站的服务用户集合为 $T_b=\{b_l,l=1,2,\cdots,K\}$。

不失一般性,下行情况下,第一个基站、第一个用户的接收信号表示为

$$y_1 = \sqrt{\beta_1 P_\mathrm{B}}\, h_1 r_1^{-\alpha} s_1 + \sum_{b\in B, b\neq 1}\sqrt{P_\mathrm{B}}\, h_{1b} r_{1b}^{-\alpha} s_b + n \tag{13.6.1}$$

其中,$h_1$ 是信道小尺度衰落系数,$r_1^{-\alpha}$ 是大尺度与阴影衰落,$\alpha$ 是衰落因子,$r_1$ 是第一个基站到第一个用户的距离,$r_{1b}$ 是第 $b$ 个干扰基站到第一个用户的距离,$\beta_i$ 是功率分配因子,如果是 CDMA 系统,则满足按比例分配 $\sum_{i=1}^{K}\beta_i=1$,如果是其他正交多址接入系统,则采用独占式分配,即 $\beta_1=1$,$\forall i, i\neq 1, \beta_i=0$。$n$ 是加性噪声,服从均值为 0、方差为 $\sigma^2$ 的高斯分布。

由此可见,在式(13.6.1)中,$\sum_{b\in\beta, b\neq 1} P_\mathrm{B} h_{1b} r_{1b}^{-\alpha} s_b$ 表示邻小区的同频干扰。接收信干噪比可以表示为

$$\mathrm{SINR} = \frac{\beta_1 P_\mathrm{B} \parallel h_1 \parallel^2 \parallel r_1 \parallel^{-2\alpha}}{\sum_{b\in B, b\neq 1} P_\mathrm{B} \parallel h_{1b} \parallel^2 \parallel r_{1b} \parallel^{-2\alpha} + \sigma^2} \tag{13.6.2}$$

相应地,下行链路的信道容量表示为

$$C = \log_2\left[1 + \frac{\beta_1 P_\mathrm{B} \parallel h_1 \parallel^2 \parallel r_1 \parallel^{-2\alpha}}{\sum_{b\in B, b\neq 1} P_\mathrm{B} \parallel h_{1b} \parallel^2 \parallel r_{1b} \parallel^{-2\alpha} + \sigma^2}\right] \tag{13.6.3}$$

由于信道容量是依赖信道衰落与传播距离的随机变量,将其在空间与时间上求数学期望,可得下行平均小区容量为

$$C_\mathrm{DL} = \int_A \int_{\mathbb{R}^+} \log_2\left[1 + \frac{\beta_1 P_\mathrm{B} \parallel h_1 \parallel^2 \parallel r_1 \parallel^{-2\alpha}}{\sum_{b\in B, b\neq 1} P_\mathrm{B} \parallel h_{1b} \parallel^2 \parallel r_{1b} \parallel^{-2\alpha} + \sigma^2}\right] p(r_1)p(h_1)\mathrm{d}r_1\mathrm{d}h_1 \tag{13.6.4}$$

其中,$A$ 是网络覆盖的地理区域。

类似地,对于上行情况,也考虑第一个基站、第一个用户的接收信号

$$y_{11} = \sqrt{P_\mathrm{M}}\, h_1 r_1^{-\alpha} s_1 + \sum_{i\in S, i\neq 1}\sqrt{P_\mathrm{M}}\, h_i r_i^{-\alpha} s_i + \sum_{\substack{b_l \\ b\in B, b\neq 1}}\sqrt{P_\mathrm{M}}\, h_{1b_l} r_{1b_l}^{-\alpha} s_{b_l} + n \tag{13.6.5}$$

其中,$\sum_{i\in S, i\neq 1}\sqrt{P_\mathrm{M}}\, h_i r_i^{-\alpha} s_i$ 是小区内多用户干扰,$\sum_{\substack{b_l \\ b\in B, b\neq 1}}\sqrt{P_\mathrm{M}}\, h_{1b_l} r_{1b_l}^{-\alpha} s_{b_l}$ 是小区间共道干扰。对于 CDMA 系统,MAI 与 CCI 需要同时考虑,而对于 TDMA、FDMA/OFDMA 等正交多址接入系统,则不用考虑小区内干扰,只需要考虑共道干扰即可。

因此,接收信干噪比可以表示为

$$\text{SINR} = \frac{P_M \parallel h_1 \parallel^2 \parallel r_1 \parallel^{-2a}}{\displaystyle\sum_{i \in S, i \neq 1} P_M \parallel h_i \parallel^2 \parallel r_i \parallel^{-2a} + \sum_{\substack{b_l \\ b \in B, b \neq 1}} P_M \parallel h_{1b_l} \parallel^2 \parallel r_{1b_l} \parallel^{-2a} + \sigma^2} \tag{13.6.6}$$

对应的上行链路信道容量表示为

$$C = \log_2 \left[ 1 + \frac{P_M \parallel h_1 \parallel^2 \parallel r_1 \parallel^{-2a}}{\displaystyle\sum_{i \in S, i \neq 1} P_M \parallel h_i \parallel^2 \parallel r_i \parallel^{-2a} + \sum_{\substack{b_l \\ b \in B, b \neq 1}} P_M \parallel h_{1b_l} \parallel^2 \parallel r_{1b_l} \parallel^{-2a} + \sigma^2} \right]$$

$$\tag{13.6.7}$$

采用同样的方法,在空间与时间上求数学期望,可得上行平均小区容量:

$$C_{\text{UL}} = \int_A \int_{\mathbb{R}^+} \log_2 \left[ 1 + \frac{P_M \parallel h_1 \parallel^2 \parallel r_1 \parallel^{-2a}}{\displaystyle\sum_{i \in S, i \neq 1} P_M \parallel h_i \parallel^2 \parallel r_i \parallel^{-2a} + \sum_{\substack{b_l \\ b \in B, b \neq 1}} P_M \parallel h_{1b_l} \parallel^2 \parallel r_{1b_l} \parallel^{-2a} + \sigma^2} \right] p(r_1) p(h_1) \mathrm{d}r_1 \mathrm{d}h_1$$

$$\tag{13.6.8}$$

由式(13.6.4)与式(13.6.8)给出的小区容量计算公式可知,移动通信网络实际上是干扰受限网络,小区容量直接由信干噪比的分布即式(13.6.2)或式(13.6.6)决定,或者等价地,由网络内的干扰信号分布决定。

从干扰信号的一般表达式来看,蜂窝网络中的干扰主要包括小区内干扰与小区间干扰。对于 FDMA、TDMA、OFDMA 及同步 CDMA 系统,由于同一个小区内的用户信号相互正交,因此小区内干扰可以忽略,主要的干扰来自小区间的同频干扰。而对于异步 CDMA 系统,如 WCDMA 或 CDMA2000,由于小区内各用户信号不正交,因此既存在小区内干扰,又存在小区间干扰。

理论上,当用户数充分多时,干扰分量满足独立同分布叠加,似乎可以应用中心极限定理,分析干扰信号分布,或等价地,分析 SINR 分布。但需要注意,干扰信号的强度受距离影响很大,基本上由几个距离较近的干扰决定,实际上并不满足中心极限定理。这个问题增加了容量分析的复杂度。

为了分析小区容量,对于非 CDMA 网络的容量,传统方法主要依赖于蒙特卡洛方法,通过撒点仿真,评估小区容量。对 CDMA 网络,由于小区内干扰占主体,近似满足中心极限定理,可以用解析方法推导上行小区容量。

近年来,人们应用随机几何理论,推导了蜂窝网络下干扰信号分布的解析表达式[13.8],进一步建立了小区容量分析的一般性理论框架,这是蜂窝网络容量分析的新进展。

## 13.6.2 服务质量

ITU-T 建议 E-800 对通信服务质量(QoS)定义如下:"通信性能的综合效果,决定了用户对其服务的满意程度"。

QoS 主要取决于下列 4 个因素:业务支撑,主要指通过辅助性服务——信息、供应和收费等反映出来;使用便利性;传输的完整性;适用性,指网络在需要时建立呼叫和维持通信的能力。以上 4 个因素中适用性最为重要。

在移动话音通信网络中,QoS 参数主要与话音呼叫过程和通话质量密切相关,它通常与下列 4 个阶段有关:

(1)在开始呼叫阶段,与网络能否提供服务有关。或者称为拒呼率,即移动台始终处于"网络寻找"模式,寻找不到登记注册的网络。它与网络覆盖质量和业务容量有关。

（2）在网络可用时呼叫失败，或称为呼损率。当移动台开始呼叫并拨号以后，该移动台返回至空闲状态或网络搜索模式，而被叫移动台接收到一个忙音信号。这个参数也与网络覆盖有关。

（3）呼叫成功建立后发生中断，话音通信中断并收到忙音或没有声音。这个参数一般与切换和每个小区的容量有关。

（4）一次通话完成，但通话质量低劣。

在数字与数据通信系统中，一般采用平均误码率 BER（或 $\overline{P_e}$）来描述 QoS 性能，可分为平均误码率 BER、平均误帧率 FER 和平均误包（分组）率 PER。

若为数字话音，按前面呼叫通话的 4 个阶段又可细分为：多信道冲突概率（一般小于 20%），虚、假呼叫（告警）概率，呼叫失败（呼损）概率，错误呼叫（同步丢失）概率，平均误帧率，信号处理时延（一般小于 1～10ms）。

除上述数字化传送过程的以客观测试指标为主的一系列指标，话音的 QoS 还与人的主观感受有关。话音的最终评判准则一般采用与主观用户评估的 MoS 得分来度量。对于移动通信，话音业务一般要求信干比 $C/I > 25$dB 且 MoS $= 4$。在移动通信中，QoS 的需求对网络规划设计以及网络成本均具有很大影响。

若覆盖率为 95%，则每个小区覆盖面积大约 39.4km²。若覆盖率提高至 97%，则每个小区覆盖面积将缩小至 31km²。若进一步考虑到室内在窗口附近（需留有 15dB 余量弥补建筑物穿透损耗）的覆盖率为 90%，则每个小区面积将缩小至 8km²。小区数量的减少意味着覆盖区内小区数量的增加，也意味着网络成本的增大。

### 13.6.3 业务交换模型

如 13.4 节所述，移动通信中的业务交换分为电路交换与分组交换两种形式。当业务呼叫遇到无可用资源时，电路交换业务立即拒绝该呼叫，而分组交换业务则进行排队，直到有可用资源时再接受服务。下面简要介绍这两类交换方式的排队系统模型。

**1. 电路交换系统模型**

电路交换系统模型如图 13.35 所示，交换系统有 $s$ 条中继线，业务呼叫流的到达率为 $\lambda$。每到达一个呼叫，如果有任何一条中继线空闲，这个呼叫就可以占用这条中继线，并完成接续。当系统中的 $s$ 条中继线全部繁忙时，该呼叫被拒绝。

图 13.35　电路交换系统模型

**定义 13.8（业务量）**：业务量描述了在一定时间内 $s$ 条线路被占用的总时间。如果第 $r$ 条信道被占用 $Q_r$ 秒，则 $s$ 条信道上的业务量为

$$Q = \sum_{r=1}^{s} Q_r \qquad (13.6.9)$$

如果换一种角度，那么上述业务量 $Q$ 的计算可表示为

$$Q = \int_{t_0}^{t_0+T} R(t)\,\mathrm{d}t \qquad (13.6.10)$$

其中，$t_0$ 为观察起点，$T$ 为观察时长，$R(t)$ 为时刻 $t$ 被占用的信道数，这是一个在 0 到 $s$ 之间取值的随机变量。

**定义 13.9(呼叫量)**：呼叫量一般用来近似表达电话呼叫流的大小。

$$呼叫量 = \frac{业务量}{观察时间} = \frac{Q}{T} \qquad (13.6.11)$$

呼叫量的单位为 erl，这是一个无量纲的单位。

实际上，在图 13.35 中，一段时间 $T$ 内通过的呼叫量就是该时段内被占用的平均中继线数。

**定义 13.10(时间阻塞率)**：当图 13.35 中的 $s$ 条中继线全部繁忙时，系统处于阻塞状态的时间和观察时间的比例称为时间阻塞率，即

$$p_s = \frac{阻塞时间}{观察时间} \qquad (13.6.12)$$

**定义 13.11(呼叫阻塞率(呼损))**：拒绝呼叫的次数占总呼叫次数的比例定义为呼叫阻塞率，即

$$p_c = \frac{被拒绝的呼叫次数}{总呼叫次数} \qquad (13.6.13)$$

**2. 分组交换系统**

分组交换系统模型如图 13.36 所示，有 $p$ 条入线和 $q$ 条出线。在移动数据网络中，信息一般被分割为变长分组，在每条入线 $i$ 上有不同的到达率 $\lambda_i$。分组包在到达交换系统后，根据路由表完成交换并送到相应的端口 $j$。因为难以避免的出线冲突，会有不同输入端口信息包同时竞争同一输出端口，这些包将在相应输出端口排成队列，依照次序轮流得到服务。

图 13.36　分组交换系统模型

数据包在穿越路由器时将经历一段延迟，其中包含交换时延、排队时延和服务时延。在这些时延中，交换时延一般固定且较小，排队时延可变，排队时延和服务时延是时延中最重要的部分，它们的和称为系统时间。对于移动数据网络，首先需要分析数据包穿越一个交换机的系统时间。

**定义 13.12(全网平均呼损)**：如果移动网络中任意两点之间的呼叫量为 $a_{i,j}(1 \leqslant i,j \leqslant n)$，它们之间的呼损为 $p_{i,j}(1 \leqslant i,j \leqslant n)$，则

$$全网平均呼损 = \frac{\sum\limits_{i < j} a_{i,j} p_{i,j}}{\sum\limits_{i < j} a_{i,j}} \qquad (13.6.14)$$

**定义 13.13(全网平均延迟)**：如果移动网络中任意两点之间信息包的到达率为 $\lambda_{i,j}(1 \leqslant i,j \leqslant n)$，它们之间的延迟为 $T_{i,j}(1 \leqslant i,j \leqslant n)$，则

$$全网平均延迟 = \frac{\sum\limits_{i \neq j} \lambda_{i,j} T_{i,j}}{\sum\limits_{i \neq j} \lambda_{i,j}} \qquad (13.6.15)$$

### 13.6.4 业务容量

下面针对外界到达移动交换/路由系统的呼叫流模型,分析拒绝系统与等待系统的业务容量,即经典的爱尔兰容量。

**1. 拒绝系统与爱尔兰 B 公式**

对于图 13.35 的电路交换系统,假设 $\lambda$ 为呼叫到达率,每个呼叫可以到达任意一个空闲的中继线。现在假设业务呼叫流服从泊松过程,每个呼叫持续时间服从参数 $\mu$ 的负指数分布。系统有 $s$ 条中继线,如果没有空闲中继线,就拒绝新来的呼叫,并且被拒绝的呼叫不再进入系统。在这样的情况下,该系统的排队系统模型为 $M/M/s(s)$。

这个排队系统是一个特殊的生灭过程,其状态转移图如图 13.37 所示。

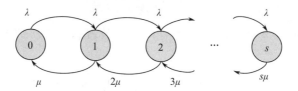

图 13.37 $M/M/s(s)$状态转移图

如图 13.37 所示的状态转移图,该生灭过程的到达率和离去率分别为

$$\lambda_k = \begin{cases} \lambda & k=0,1,\cdots,s-1 \\ 0 & k \geqslant s \end{cases} \tag{13.6.16}$$

$$\mu_k = \begin{cases} k\mu & k=1,2,\cdots,s \\ 0 & k>s \end{cases} \tag{13.6.17}$$

根据生灭过程的稳态分布,得

$$p_k = \frac{1}{k!}\left(\frac{\lambda}{\mu}\right)^k p_0, \quad k=1,2,\cdots,s \tag{13.6.18}$$

令 $a=\lambda/\mu$,代入上面的稳态分布,得

$$p_k = \frac{a^k}{k!} p_0, \quad k=0,1,2,\cdots,s \tag{13.6.19}$$

根据概率归一性,$\sum_{k=0}^{s} p_k = 1$,解得

$$p_0 = \frac{1}{\sum_{r=0}^{s} \dfrac{a^r}{r!}} \tag{13.6.20}$$

从而稳态分布为

$$p_k = \frac{a^k/k!}{\sum_{r=0}^{s} \dfrac{a^r}{r!}}, \quad k=0,1,2,\cdots,s \tag{13.6.21}$$

特别地,当 $k=s$ 时,$p_s$ 表达了中继线全忙的概率,这个概率为系统的时间阻塞率

$$p_s = \frac{a^s/s!}{\sum_{r=0}^{s} \dfrac{a^r}{r!}}, \quad a=\frac{\lambda}{\mu} \tag{13.6.22}$$

有时为了强调 $a,s$,公式中的 $p_s$ 也用 $B(s,a)$ 表达。

$$B(s,a) = \frac{a^s/s!}{\sum_{r=0}^{s} \dfrac{a^r}{r!}}, \quad a = \frac{\lambda}{\mu} \tag{13.6.23}$$

式(13.6.23)就是著名的爱尔兰 B 公式。公式中 $a = \lambda/\mu$ 的意义是到达交换机的总呼叫量。虽然这个公式的推导需要假设呼叫持续时间服从负指数分布,但后人证明了这个公式对服务时间的分布没有要求,对任意分布都成立。

**2. 等待系统与爱尔兰 C 公式**

等待系统是指系统有 $s$ 条中继线,如果呼叫到来时没有空闲的中继线,该呼叫并不被拒绝,而是等待。如果这个等待时间可以是 $\infty$,则该系统的模型为 $M/M/s$。

对于这个系统的分析,首先需要计算稳态分布,然后计算一个呼叫到来时需要等待的概率,其次需要了解等待时间的分布、均值等。这个系统是一个生灭过程,状态转移图如图 13.38 所示,其中 $k \leqslant s, k^* \leqslant s$。

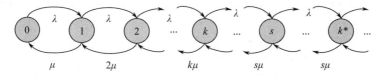

图 13.38　$M/M/s$ 状态转移图

如图 13.38 所示的状态转移图,该生灭过程的到达率和离去率分别为

$$\lambda_k = \lambda, \quad k = 0, 1, 2, \cdots \tag{13.6.24}$$

$$\mu_k = \begin{cases} k\mu & k = 1, 2, \cdots, s-1 \\ s\mu & k \geqslant s \end{cases} \tag{13.6.25}$$

假设 $\{p_k\}$ 为稳态分布,$a = \dfrac{\lambda}{\mu}$,则

$$p_k = \begin{cases} \dfrac{a^k}{k!} p_0, & 0 \leqslant k < s \\ \dfrac{a^k}{s!\, s^{k-s}} p_0, & k \geqslant s \end{cases} \tag{13.6.26}$$

根据概率归一性,$\sum_{k=0}^{\infty} p_k = 1$,则

$$\frac{1}{p_0} = \sum_{k=0}^{s-1} \frac{a^k}{k!} + \frac{a^s}{s!} \sum_{k=s}^{\infty} \left(\frac{a}{s}\right)^{k-s} \tag{13.6.27}$$

在 $a < s$ 的条件下,该系统有稳态解,并且

$$p_0 = \frac{1}{\sum_{k=0}^{s-1} \dfrac{a^k}{k!} + \dfrac{a^s}{s!} \dfrac{1}{1-a/s}} \tag{13.6.28}$$

式(13.6.26)和式(13.6.28)给出了 $M/M/s$ 系统的稳态分布。

如果 $w$ 为呼叫需要等待的时间,需要等待的概率为

$$P\{w > 0\} = \sum_{k=s}^{\infty} p_k = \frac{a^s}{s!} p_0 \sum_{k=s}^{\infty} \left(\frac{a}{s}\right)^{k-s} = \frac{a^s}{s!} \frac{p_0}{1-a/s}, \quad a < s \tag{13.6.29}$$

其中,$p_0$ 由式(13.6.28)给出。

这个公式一般称为爱尔兰 C 公式,用来计算一个呼叫需要等待的概率。

爱尔兰容量公式都是针对经典排队模型给出的业务容量结果,并不适合移动数据业务的动态时变特性。为了表征业务 QoS 与无线链路的动态适配过程,Wu 与 Negi 提出了有效容量的概念[13.9],是移动网络业务容量分析的新方向,具有重要的工程指导意义。

## 13.7  本章小结

本章介绍了移动通信系统与网络的基本概念。主要内容有两个方面,首先介绍移动通信系统的结构与组成,包括无线射频系统、功放线性化、系统同步技术等,然后介绍移动网络的概念和特点,包括移动网的信令和协议、路由和交换、蜂窝网结构、网络容量与服务质量 QoS 等。

## 参 考 文 献

[13.1] R. B. Staszewski. Digitally Intensive wireless transceivers. IEEE Design and Test of Computers. Vol. 29, No. 6, pp. 7-18, Dec. 2012.

[13.2] R. Nanda and D. Markovi. Digitally intensive receiver design: opportunities and challenges. IEEE Design and Test of Computers. Vol. 29, No. 6, pp. 19-26, Dec. 2012.

[13.3] L. Larson. RF and Microwave Hardware Challenges for Future Radio Spectrum Access. Proceedings of the IEEE, Vol. 102, No. 3, pp. 321-333, Mar. 2014.

[13.4] A. Giry, A. Serhan, D. Parat et al. , Linear Power Amplifiers for Sub-6GHz Mobile Applications : Progress and Trends. IEEE International New Circuits and Systems Conference(NEWCAS), pp. 226-229, 2020.

[13.5] X. Y. Zhou, W. S. Chan, S. Chen, et al. , Broadband Highly Efficient Doherty Power Amplifiers. IEEE Circuits and Systems Magazine, Vol. 20, No. 4, pp. 47-64, Q4 2020.

[13.6] S. Shakib, J. Dunworth, V. Aparin, et al. , mmWave CMOS Power Amplifiers for 5G Cellular Communication. IEEE Communications Magazine, Vol. 57, No. 1, pp. 98-105, Jan. 2019.

[13.7] V. H. Macdonald. Advanced mobile phone service: The cellular concept. The Bell System Technical Journal, Vol. 58, No. 1, pp. 15-41, Jan. 1979.

[13.8] H. ElSawy and A. S. Salem. "Modeling and Analysis of Cellular Networks Using Stochastic Geometry: A Tutorial," IEEE Communications Surveys and Tutorials, Vol. 19, No. 1, pp. 167-203, Q1 2017.

[13.9] D. Wu and R. Negi. "Effective capacity: A wireless link model for support of quality of service," IEEE Trans. Wireless Commun. , vol. 2, no. 4, pp. 630-643, Jul. 2003.

[13.10] M. Amjad, L. Musavian, M. H. Rehmani. Effective Capacity in Wireless Networks: A Comprehensive Survey. IEEE Communications Surveys and Tutorials, Vol. 21, No. 4, pp. 3007-30 38, Q4 2019.

[13.11] 孙立新,尤肖虎,张平. 第三代移动通信技术. 北京:人民邮电出版社,2000.

[13.12] 张平等. 第三代蜂窝移动通信系统——WCDMA. 北京:北京邮电大学出版社,2000.

[13.13] 杨大成. CDMA2000 1X 移动通信系统. 北京:机械工业出版社,2003.

[13.14] J. W. Mark, W. H. Zhang. Wireless Communications and Networking. Prentice Hall, 2003.

## 习    题

13.1  简述无线射频系统的分类。对比分析模拟射频架构与数字射频架构的优缺点。

13.2  简述数字前端接收机的基本结构与各个模块的功能。

13.3  列举主要的功率放大器类型,并描述各自的特点。

13.4  简述功放线性化技术的类型,并总结各自的技术特点。

13.5  简要说明数字预畸变技术的原理,并用 MATLAB 编程实现。

13.6　总结移动通信系统中的同步技术，并分析各自特点与处理过程。

13.7　什么叫随路信令？它存在什么主要问题？什么叫公共信道信令CCS？它有什么特点？这两种信令各自应用于哪些移动通信系统中？

13.8　什么叫电路交换？什么叫分组交换？它们各自适合于移动通信中哪些业务？为什么？

13.9　移动通信中话音业务的QoS主要取决于哪些因素？最终采用什么准则来评估？数据业务又采用什么标准来评估？

13.10　用MATLAB编程计算爱尔兰B公式与C公式。

# 第 14 章　3G 与 TDD 移动通信系统

本章主要介绍 3G 和 TDD 移动通信系统。首先简要介绍宽带移动通信标准化进程,其次简要介绍 WCDMA、CDMA2000 等 3G 移动通信系统,然后介绍 HSPA、CDMA2000 EV-DO 等 B3G 宽带移动通信系统的空中接口与关键技术,最后介绍 TDD 移动通信系统的关键技术与演进。

## 14.1　标准化进程

国际电信联盟(ITU,国际电联)为第三代移动通信制定了技术指标需求,称为 IMT-2000。1999 年 10 月,3GPP 发布了第一版的 3G 移动通信标准。2001 年以来,3G 移动通信技术逐步在全球得到大规模商用,2008 年后,B3G 宽带移动通信技术得到普及与商用。3G 移动通信技术的标准化与应用,有力推动了移动通信技术的快速发展,满足了用户对无线数据业务,尤其是移动多媒体业务的需求。本节概要介绍移动通信的标准化进程,梳理 3G 移动通信标准化的工作脉络。

### 14.1.1　概述

IMT-2000 指的是 International Mobile Telecommunications,工作于 2000MHz 频段,大约于 2000 年开始商用。IMT-2000 的目标与要求是,全球同一频段、统一体制标准、无缝隙覆盖,并至少可实现全球漫游,提供以下不同环境下的多媒体业务:车速环境,144kbps;步行环境,384kbps;室内环境,2Mbps。具有接近固定网络业务的服务质量,与原有移动通信系统相比,具有更高的视频利用率,可以很灵活地引入新业务,易于从第二代平滑过渡和演变,具有更高的保密性能。

国际电联 ITU-R WP5D[①] 工作组负责 IMT-2000 的标准化工作,该工作组主要负责 3G 标准系列的定义与建议,并不负责具体的技术规范。IMT-2000 的建议标准称为 ITU-R M.1457,包括 6 个无线接口标准,如图 14.1 所示。

(1) IMT-2000 CDMA Direct Spread

包括 UTRA FDD 及其增强性标准 HSPA,并且包括 E-UTRA FDD/LTE 标准等,由 3GPP 完成标准化工作。

(2) IMT-2000 CDMA Multi-Carrier

包括 CDMA2000-1X 及其增强性标准 EV-DO,并且包括 UMB 标准等,由 3GPP2 完成标准化工作。

(3) IMT-2000 CDMA TDD

包括 UTRA-TDD、我国提出的 TD-SCDMA 及其增强性标准 HSPA,并且包括 E-UTRA TDD/TD-LTE 标准等,由 3GPP 完成标准化工作。

(4) IMT-2000 TDMA Single-Carrier

包括 UWC 136,由 ATIS/TIA 负责标准化工作。

(5) IMT-2000 FDMA/TDMA

包括 DECT,由 ETSI 负责标准化工作。

---

① 2008 年,IMT-2000 标准化工作由 WP8F 工作组转移到 WP5D 工作组。

（6）IMT-2000 OFDMA TDD WMAN

包括 WiMAX TDD,由 IEEE 组织负责标准化工作。

其中前 5 项标准于 1999 年 10 月被接纳为 3G 国际标准,第 6 项标准于 2007 年 10 月被 ITU 接纳为 3G 标准。这些标准中,UWC 136 与 DECT 是地区性标准,只有 WCDMA、CDMA2000、TD-SCDMA 与 TDD WiMAX 等 4 项标准是具有全球推广能力的 3G 标准。

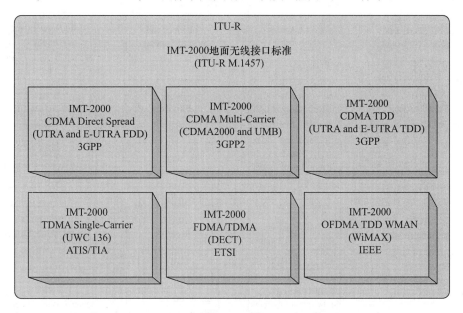

图 14.1　IMT-2000 标准系列

## 14.1.2　3GPP 标准演进

### 1. 3GPP 组织结构

3GPP(the Third Generation Partnership Project)成立于 1998 年 12 月,由 ETSI、ARIB、TTC、TTA、CCSA 和 ATIS 等标准化组织构成,负责 3G UTRA 和 GSM 系统标准化。其组织结构如图 14.2 所示。

如图所示,3GPP 项目协调委员会(PCG)由 4 个技术规范组(TSG)构成,TSG GERAN 负责 GSM/EDGE 接入网标准化;TSG RAN 负责 UTRAN 接入网标准化;TSG SA 负责业务与系统标准化;TSG CT 负责核心网和终端标准化。

其中,TSG RAN 主要负责 WCDMA/HSPA/LTE 等宽带无线接入网的标准化,分为 5 个工作组(WG),包括:

（1）RAN WG1,完成物理层规范。

（2）RAN WG2,完成层 2 和层 3 无线接口规范。

（3）RAN WG3,完成无线接入网各固定节点间的接口规范,以及 RAN 和 CN 之间的接口规范。

（4）RAN WG4,完成射频(RF)和无线资源管理(RRM)性能需求规范。

（5）RAN WG5,完成终端兼容性测试规范。

### 2. 3GPP 版本演进

3GPP 发布了 14 个标准版本,各个技术规范组(TSG)每年开 4 次工作会议,各个版本在 TSG 会议后发布和更新,其主要特征示于图 14.3 中。

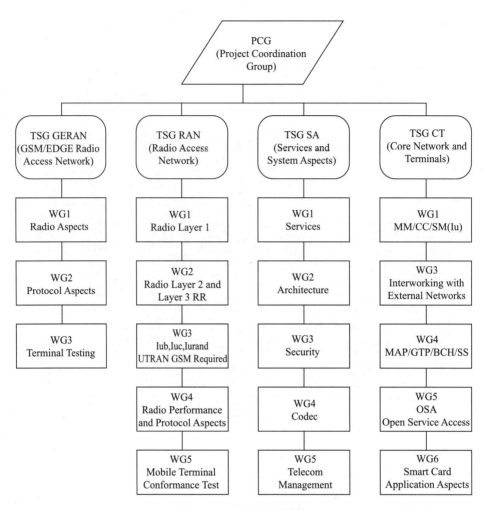

图 14.2  3GPP 组织结构

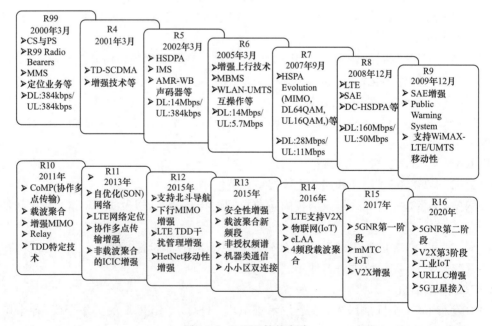

图 14.3  3GPP 协议版本

第一个版本 R99 原计划于 1999 年 11 月冻结,但正式发布是在 2000 年 3 月。其技术指标满足 IMT-2000 的系统需求。中国的 TD-SCDMA 技术在 R4 版本中被 3GPP 正式接纳。2002 年 3 月发布的 R5 版本引入了下行增强技术 HSDPA,下行链路峰值速率可以达到 14Mbps。2005 年 3 月发布的 R6 版本引入了上行增强技术 HSUPA,上行链路峰值速率可以达到 5.7Mbps。R5 与 R6 版本合称 HSPA,在此基础上,R7 版本引入 MIMO 技术,上行速率提高到 28Mbps,下行速率提高到 11Mbps,称为 HSPA+。这些版本的技术指标已经超越了 IMT-2000 的系统要求,因此称为 B3G 标准。

为了进一步提升系统性能,3GPP 启动了长期演进(LTE)计划。2008 年 12 月发布的 R8 LTE 版本,引入了 OFDMA/SC-FDMA 多址接入方式,峰值速率提升为 DL:160Mbps/UL:50Mbps。后续标准化的 R9 版本对 LTE/HSPA+ 进一步增强。

从 R10 LTE-Advanced 的标准化工作开始,3GPP 力图全面满足 IMT-Advanced 系统需求,先后经历了 4 个版本的改进与增强。其中,R11 版本引入了网络自优化(SON)技术,增强了 LTE 的定位业务,协作多点传输以及 ICIC 技术。R12 版本开始支持中国北斗卫星导航技术,增强了异构网络(HetNet)的移动性管理,TDD 干扰管理与下行 MIMO。R13 版本进一步增强了网络安全性,引入了机器类通信、小小区双连接、支持非授权频谱等新功能。R14 版本 LTE 开始支持 V2X、物联网(IoT),引入 eLAA 以及 4 频段载波聚合等功能。

从 2016 年开始,3GPP 启动了 5G NR 的标准化工作,2017 年 11 月分布的 R15 版本是 NR 第一阶段协议。2020 年发布的 R16 版本是 5G NR 的第二阶段协议,包括了 URLLC、卫星接入等场景。目前 3GPP 正在标准化 R17 版本,预计 2022 年发布。

**3. 频谱分配**

3G 频段最早是在世界无线电管理大会(WARC-92)上经各成员协调划分的。其中 1885～2025MHz、2110～2200MHz 这 230MHz 的对称频段称为 IMT-2000 核心频段。在 WRC'2000 大会上,为 3G 分配了 2500～2690MHz 的新频段。在 WRC'07 大会上,为 IMT-2000 与 IMT-Advanced 分配了额外的频段,包括 450～470MHz、698～806MHz、2300～2400MHz 以及 3400～3600MHz 频段。这些频段分配在不同的国家(地区)有所变化。UTRA 与 E-UTRA 的频谱分配情况如表 14.1 所示。

**表 14.1 UTRA 与 E-UTRA 的频谱分配**

| 频段 | 上行频段范围 | 下行频段范围 | 双工模式 | 应用系统 | 适用区域 |
|---|---|---|---|---|---|
| 1 | 1920～1980MHz | 2110～2170MHz | FDD | UTRA/E-UTRA | 欧洲、亚洲 |
| 2 | 1850～1910MHz | 1930～1990MHz | FDD | UTRA/E-UTRA | 美洲(亚洲) |
| 3 | 1710～1785MHz | 1805～1880MHz | FDD | UTRA/E-UTRA | 欧洲、亚洲(美洲) |
| 4 | 1710～1755MHz | 2110～2155MHz | FDD | UTRA/E-UTRA | 美洲 |
| 5 | 824～849MHz | 869～894MHz | FDD | UTRA/E-UTRA | 美洲 |
| 6 | 830～840MHz | 875～885MHz | FDD | UTRA/E-UTRA | 日本 |
| 7 | 2500～2570MHz | 2620～2690MHz | FDD | UTRA/E-UTRA | 欧洲、亚洲 |
| 8 | 880～15MHz | 925～960MHz | FDD | UTRA/E-UTRA | 欧洲、亚洲 |
| 9 | 1749.9～1784.9MHz | 1844.9～1879.9MHz | FDD | UTRA/E-UTRA | 日本 |
| 10 | 1710～770MHz | 2110～2170MHz | FDD | UTRA/E-UTRA | 美洲 |
| 11 | 1427.9～1452.9MHz | 1475.9～1500.9MHz | FDD | UTRA/E-UTRA | 日本 |
| 12 | 698～716MHz | 728～746MHz | FDD | UTRA/E-UTRA | 美洲 |

| 频段 | 上行频段范围 | 下行频段范围 | 双工模式 | 应用系统 | 适用区域 |
|---|---|---|---|---|---|
| 13 | 777~787MHz | 746~756MHz | FDD | UTRA/E-UTRA | 美洲 |
| 14 | 788~798MHz | 758~768MHz | FDD | UTRA/E-UTRA | 美洲 |
| 17 | 704~716MHz | 734~746MHz | FDD | E-UTRA | — |
| 33 | 1900~1920MHz | 1900~1920MHz | TDD | UTRA/E-UTRA | 欧洲、美洲(不包括日本) |
| 34 | 2010~2025MHz | 2010~2025MHz | TDD | UTRA/E-UTRA | 欧洲,亚洲 |
| 35 | 1850~1910MHz | 1850~1910MHz | TDD | UTRA/E-UTRA | — |
| 36 | 1930~1990MHz | 1930~1990MHz | TDD | UTRA/E-UTRA | — |
| 37 | 1910~1930MHz | 1910~1930MHz | TDD | UTRA/E-UTRA | — |
| 38 | 2570~2620MHz | 2570~2620MHz | TDD | UTRA/E-UTRA | 欧洲 |
| 39 | 1880~1920MHz | 1880~1920MHz | TDD | UTRA/E-UTRA | 中国 |
| 40 | 2300~2400MHz | 2300~2400MHz | TDD | UTRA/E-UTRA | 欧洲、亚洲 |

## 14.1.3  3GPP2 标准演进

### 1. 3GPP2 组织结构

3GPP2(the Third Generation Partnership Project 2)组织成立于 1999 年 1 月,由 ARIB、CCSA、TTC、TTA、和 TIA 等标准化组织构成,负责 CDMA2000 系统标准化。其组织结构如图 14.4所示。

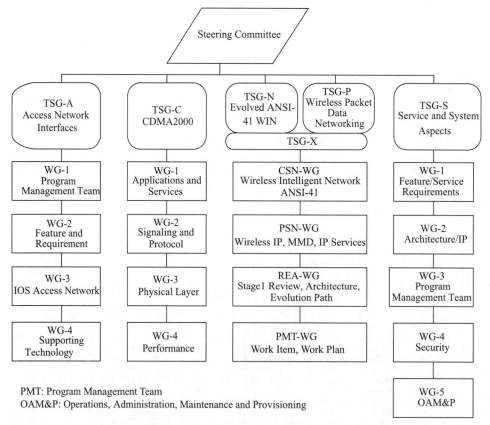

图 14.4  3GPP2 组织结构

如图所示,3GPP2 筹划指导委员会(Steering Committee)由 4 个技术规范组(TSG)构成,TSG-A 负责核心网与接入网接口的标准化;TSG-C 负责 CDMA2000 家族空中接口标准化;TSG-S 负责业务与系统标准化;TSG-X 由 TSG-N 和 TSG-P 合并而成,负责核心网标准化,包括电路交换核心网络与全 IP 核心网标准化。

其中,TSG-C 主要负责 CDMA2000 系列标准化,分为 4 个工作组(WG),包括:

(1) WG-1,完成应用与业务规范,包括话音业务与多媒体业务等。

(2) WG-2,完成信令与控制协议规范,包括 MAC、链路管理协议、呼叫处理协议等。

(3) WG-3,完成物理层传输规范。

(4) WG-4,完成性能测试规范。

**2. 3GPP2 版本演进**

3GPP2 发布了 7 个标准版本,其主要特征如图 14.5 所示。

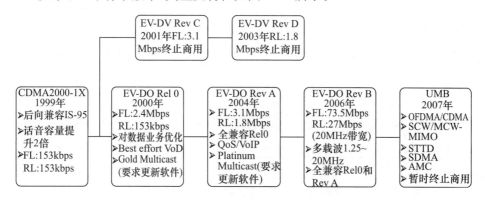

图 14.5　3GPP2 协议版本

发布于 1999 年的 CDMA2000-1X 版本,其技术指标满足 IMT-2000 的系统需求。此后版本演进分为两条路线:EV-DO(Evolution Data Optimization)和 EV-DV(Evolution Data and Voice)。EV-DV Rev C 和 Rev D 版本能够提升数据速率为:前向 3.1Mbps、反向 1.8Mbps,但目前已经终止商用。

2000 年发布的 EV-DO Rel 0 版本引入了前向链路增强性技术,包括 TDM、AMC、HARQ 等,使得前向链路峰值速率达到 2.4Mbps,对数据业务进行了优化。2004 年发布的 EV-DO Rev A 版本增强了反向链路吞吐率,峰值速率可以达到 1.8Mbps,对分组长度进行了等级划分,对多播数据业务进行了优化。在此基础上,EV-DO 引入了灵活带宽技术,信号带宽可以在 1～16 个 1.25MHz 带宽中变化,采用高阶调制等技术,峰值速率可以达到前向 73.5Mbps、反向 27Mbps。这些版本的技术指标已经超越了 IMT-2000 的系统要求,因此称为 B3G 标准。

为了进一步提升系统性能,3GPP2 启动了空中接口演进(AIE)计划。2007 年发布的 UMB 版本,引入了 OFDMA/CDMA 多址接入方式,峰值速率提升为前向 288Mbps、反向 75Mbps。但由于产业链与市场需求的原因,已经宣布终止商用。

**3. 频谱分配**

3GPP2 为 CDMA2000 与 EV-DO 划分了 18 个工作频段,如表 14.2 所示。

表 14.2　CDMA2000 与 EV-DO 的频谱分配

| 频段 | 前向频段范围/MHz | 反向频段范围/MHz | 应用系统 | 适用系统 |
|---|---|---|---|---|
| 0 | 824～849 | 869～894 | CDMA2000/EV-DO | 北美蜂窝网 |
| 1 | 1850～1910 | 1930～1990 | CDMA2000/EV-DO | 北美 PCS |

| 频段 | 前向频段范围/MHz | 反向频段范围/MHz | 应用系统 | 适用系统 |
|---|---|---|---|---|
| 2 | 872～915 | 917～960 | CDMA2000/EV-DO | TACS |
| 3 | 887～925 | 832～870 | CDMA2000/EV-DO | 日本 TACS |
| 4 | 1750～1780 | 1840～1870 | CDMA2000/EV-DO | 韩国 PCS |
| 5 | 450MHz 频段 | | CDMA2000/EV-DO | NMT |
| 6 | 1920～1980 | 2110～2170 | CDMA2000/EV-DO | IMT-2000 频段 |
| 7 | 776～794 | 746～764 | CDMA2000/EV-DO | 700MHz 频段 |
| 8 | 1710～1785 | 1805～1880 | CDMA2000/EV-DO | 1800MHz 频段 |
| 9 | 880～915 | 925～960 | CDMA2000/EV-DO | 900MHz 频段 |
| 10 | 806～901 | 851～940 | CDMA2000/EV-DO | 800MHz 第二频段 |
| 11 | 400MHz 频段 | | CDMA2000/EV-DO | 欧洲 400MHz PAMR 频段 |
| 12 | 870～876 | 915～921 | CDMA2000/EV-DO | 欧洲 800MHz PAMR 频段 |
| 13 | 2500～2570 | 2620～2690 | CDMA2000/EV-DO | IMT-2000 扩展频段 |
| 14 | 1850～1915 | 1930～1995 | CDMA2000/EV-DO | 北美 PCS 频段 |
| 15 | 1710～1755 | 2110～2155 | CDMA2000/EV-DO | AWS 频段 |
| 16 | 2502～2568 | 2624～2690 | CDMA2000/EV-DO | 北美 2.5GHz 频段 |
| 17 | 2624～2690 | N/A | EV-DO | 北美 2.5GHz 频段(前向有效) |

我国早在 2002 年就公布了第三代公众移动通信系统频率规划,不但规划了较充足的 3G FDD 系统频谱总量,更为 3G TDD 系统提供了非常充足的频谱空间。

在 3G 频率规划的基础上,我国为中国电信 CDMA2000 分配的频率是 1920～1935MHz(上行)/2110～2125MHz(下行),共 15MHz×2;为中国联通 WCDMA 分配的频率是 1940～1955MHz(上行)/2130～2145MHz(下行),共 15MHz×2;为中国移动 TD-SCDMA 分配的频率是 1880～1900MHz 及 2010～2025MHz,共 35MHz。

# 14.2　3G 移动通信系统

3G 移动通信的代表性标准包括 WCDMA 与 CDMA2000 两种,下面简要介绍这两种方案的基本特征。

## 14.2.1　WCDMA 系统

3GPP 的 WCDMA 方案分为 UTRA-FDD 和 UTRA-TDD 方式。R99 版本的主要参数如表 14.3所示。

表 14.3　WCDMA R99 的主要参数

| 信道带宽 | 5MHz |
|---|---|
| 双工方式 | FDD 或 TDD |
| 码元速率 | 3.84Mcps |
| 帧长 | 10ms |
| 下行链路和 RF 信道结构 | 直扩 |

| 信道带宽 | 5MHz |
|---|---|
| 调制<br>扩频方式 | 上行:双信道 QPSK;<br>下行:平衡 QPSK<br>复扩频 |
| 数据调制方式 | 上行:BPSK;<br>下行:QPSK |
| 信道编码 | 交织或 Turbo 码 |
| 相干检测 | 上行/下行:用户专用的时间复用导频;<br>下行:共用导频 |
| 上行信道复用 | 控制和导频信道时分复用;<br>数据和控制信道 I&Q 复用 |
| 下行信道复用 | 数据和控制信道时分复用 |
| 多速率 | 可变扩频和多码 |
| 扩频因子 | 4~256 |
| 功率控制 | 开环和快速闭环(1.5kHz) |
| 下行扩频码 | 可变长度的正交序列码(OVSF)划分信道,<br>$2^{18}-1$ 的 Gold 序列码区分小区和用户(周期 10ms) |
| 上行扩频码 | 可变长度的正交序列码(OVSF)划分信道,<br>$2^{25}-1$ 的 Gold 序列区分用户(I/Q 时间偏移不同,周期 10ms) |
| 切换 | 软切换、频率间切换 |

　　WCDMA 信道可以划分为物理信道、传输信道和逻辑信道。其中,物理信道是以物理承载特性定义的,如占用频带、时隙、码资源等,而传输信道则以数据通过空中接口的方式和特征来定义,逻辑信道则是按信道的功能来划分的。下面分别给予介绍。

　　WCDMA 系统采用码分为主体,码分、频分相结合的方式来实现。WCDMA 上行/下行在 IMT-2000 占用一定频段,然后将这一频段分配给不同的 5MHz 的信道,即每个码分信道只占用 5MHz,而且在组网时,不仅可以在使用频段中占用不同的 5MHz 信道,而且可以类似于 GSM 进行空间小区群复用。不过复用的不是频率,而是导频主扰码(Gold 码)的编号(移位寄存器初始相位)。

**1. 物理信道与帧结构**

　　物理信道主要是以物理承载特性加以区分的,在 WCDMA 中,业务与控制类型都很复杂,所以物理信道也比较复杂。WCDMA 中基本物理资源是每个频点(载波频率)上的码字数,还包括无线帧结构、时隙结构和符号速率等。传输信道经过信道编码,并且与物理信道提供的数据速率相一致,这样传输信道和物理信道就可以对应起来。WCDMA 的物理信道结构如图 14.6 所示。

　　WCDMA 系统的上行链路 DPDCH/DPCCH 信道的帧结构如图 14.7 所示。

　　在上行数据链路中,仅以 DPCH 信道为例给出帧结构。其中一个无线帧长 10ms,含有 15 个时隙,每个时隙含有 2560 个码片(chip)且与一个功控周期相同。DPDCH 与 DPCCH 信道采用码分复用方式。DPDCH 信道每个时隙的数据比特个数与物理信道的扩频因子有关,即 SF= $256/2^k$,它可以取 256~4。而 DPCCH 控制信道的扩频因子固定为 256,含有导频、功控、反馈和传输格式组合指示。上行物理信道 PRACH 与 PCPCH 的帧结构不再赘述。

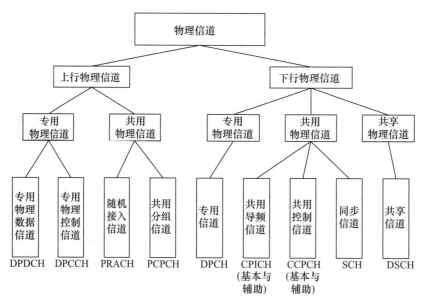

图 14.6  WCDMA 的物理信道结构

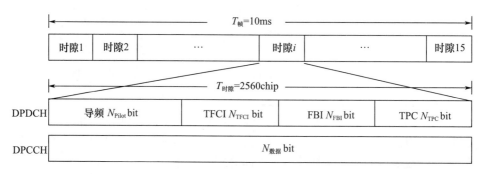

图 14.7  上行链路 DPDCH/DPCCH 信道的帧结构

WCDMA 系统下行链路 DPCH 信道的帧结构如图 14.8 所示。

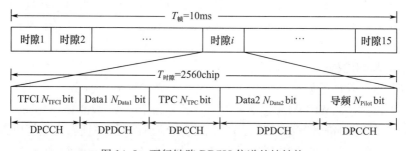

图 14.8  下行链路 DPCH 信道的帧结构

与上行一样,下行链路中仅以 DPCH 信道为例给出帧结构。同样一个无线帧长 10ms,含有 15 个时隙,每个时隙含有 2560 个码片(chip)。DPDCH 与 DPCCH 信道采用时分复用方式传输,其中,DPDCH 的数据分为两段,而 DPCCH 包括三段信令,一组发送功率控制 TPC 命令,另一组发送传输格式组合指示信息 TFCI,第三组发送导频。下行其他类型信道帧结构这里不再赘述。

**2. 传输信道**

WCDMA 的传输信道结构如图 14.9 所示。

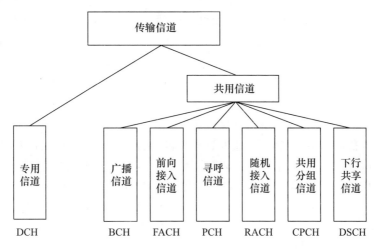

图 14.9 WCDMA 的传输信道结构

由图可见,传输信道可分为专用信道和共用信道两类,是以其数据通过空中接口的方式和特征来定义的,共用信道又包括广播信道 BCH、前向接入信道 FACH、寻呼信道 PCH、随机接入信道 RACH、共用分组信道 CPCH、下行共享信道 DSCH 等。下面分别介绍各个信道的功能。

● 专用信道 DCH,在整个小区中上行/下行传送,若采用波束成形天线则可在部分小区中传送,具有快速速率变化(每 10ms)、快速功控等特点。

● 广播信道 BCH,供下行广播小区和系统详细信息,且传播给整个小区。

● 前向接入信道 FACH,下行对整个小区传送,对波束成行天线小区仅在部分小区传送,且 FACH 使用慢速的功控。

● 寻呼信道 PCH,下行对整个小区传送,承载寻呼移动台的信令。

● 随机接入信道 RACH,上行在整个小区内接收,有碰撞危险,并有开环功控。

● 共用分组信道 CPCH,上行按竞争方式随机接入,用来传送突发分组业务,且与下行专用信道相关联(为 CPCH 提供功控)。

● 下行共享信道 DSCH,下行为多个移动台共享。

**3. 逻辑信道**

WCDMA 系统的逻辑信道结构如图 14.10 所示。

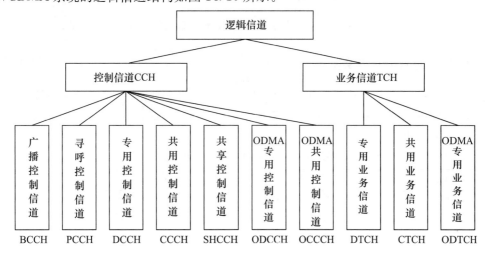

图 14.10 WCDMA 系统的逻辑信道结构

由图可知，WCDMA 的逻辑信道包括控制信道与业务信道两类。在 WCDMA 系统的控制信道中：

- BCCH 信道，下行，广播系统控制信息。
- PCCH 信道，下行，传送寻呼信息，用于如下情况：网络无法识别移动台所在小区，移动台在小区连接状态（利用休眠模式程序）。
- CCCH 信道，上行/下行，传递网络与移动台间控制信息。用于以下情况：移动台没有和网络端建立无线资源控制 RRC 的连接。重新选择小区，接入新小区后，移动台使用共用传送信道。
- DCCH 信道，点对点双向信道，传递移动台与网络间的专用控制信息。通过 RRC 连接建立过程建立这个信道。OCCCH，双向信道，移动台之间传输控制信息。
- ODCCH 信道，点对点双向通道，传送移动台之间的专用控制信息。通过 RRC 连接建立过程建立这个信道。

在 WCDMA 系统的业务信道中：

- DTCH 信道，点对点信道，由一个移动台专用，传送用户信息，一个 DTCH 既可在上行链路中存在，亦可在下行链路中存在。
- ODTCH 信道，点对点信道，由一个移动台专用，在移动台之间传送用户信息。ODTCH 信道存在于中继链路中。一个点对多点单向信道用于为一组指定移动台传送专用用户信息。

WCDMA 逻辑信道与传输信道间的映射关系如图 14.11 所示。

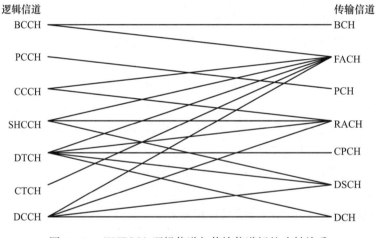

图 14.11　WCDMA 逻辑信道与传输信道间的映射关系

## 14.2.2　CDMA2000 系统

美国高通（Qualcomm）公司于 1990 年提出了基于直扩码分的数字蜂窝通信系统，1993 年正式成为北美数字蜂窝通信标准。IS-95 是第一个码分多址（CDMA）的空中接口标准。IS-95 空中接口主要参数如表 14.4 所示。

表 14.4　IS-95 空中接口主要参数

| 参数 | 说明 |
| --- | --- |
| 频段 | 下行：（基站→移动终端）：869～894MHz，25MHz 带宽；<br>上行：（移动终端→基站）：824～849MHz，25MHz 带宽 |
| 信道数 | 64 个码分信道/一个载频 |
| 射频带宽 | 2×1.23MHz（其中第一频道为 2×1.77MHz） |

| 参数 | 说明 |
| --- | --- |
| 调制方式 | 基站:QPSK;移动台:OQPSK |
| 扩频方式 | 直接序列扩频:DS-CDMA |
| 话音编码 | 可变速率 CELP,最大速率 8kbps,最大数据率 9.6kbps |
| 信道编码 | 卷积编码:下行,码率 $R=1/2$,约束长度 $K=9$;<br>上行,码率 $R=1/3$,约束长度 $K=9$;<br>交织编码:交织间距 20ms(话音帧周期) |
| 地址码 | 信道地址码(下行):64 阶沃尔什正交码;<br>基站地址码(下行):$m=2^{15}-1$,$m$ 序列短码;<br>用户地址码(上行):$m=2^{42}-1$,$m$ 序列长码截短 |
| 功控 | 800Hz,周期 1.25ms |

**1. CDMA ONE 标准系列简介**

CDMA ONE 是以 IS-95 标准为核心的系列标准总称,包含 IS-95、IS-95A、TSB74、STD-008、IS-95B 等。IS-95 是 CDMA ONE 系列标准中最先发布的标准,而 IS-95A 则是第一个商用化标准,它是 IS-95 的改进版本。TSB-74 标准在 IS-95A 基础上将其中支持 8kbps 的话音升级为能支持 13kbps 话音,可以看作 IS-95A 话音升级后的标准。STD-008 标准是为了将 IS-95A 从 800MHz 频段扩展至 1.9GHz 的 PCS 系统而发布的新标准。为了支持较高速率的数据通信,TIA 于 1999 年又制定了 IS-95B 标准,可以将 IS-95A 的低速率 8kbps 提高到 $8\times8\text{kbps}=64\text{kbps}$(或 $8\times9.6\text{kbps}=76.8\text{kbps}$,$8\times14.4\text{kbps}=115.2\text{kbps}$)。

**2. CDMA2000 标准系列简介**

CDMA2000-1X 是 3GPP2 制定的第一个 3G CDMA 标准。由于其单个载波带宽为 1.25MHz,因此有些观点认为其属于 2.5G 技术。CDMA2000-1X 可提供 144kbps 以上速率的电路或分组数据业务,而且增加了补充信道,可以对一个用户同时承载多个数据流信息,它提供的业务比 IS-95A 有很大提高,并为支持未来多种媒体和多媒体分组业务打下了基础。CDMA2000 系统主要参数如表 14.5 所示。

**表 14.5 CDMA2000 系统主要参数**

| 参数 | 说明 |
| --- | --- |
| 信号带宽 | 1.25MHz |
| 下行链路 RF 信道结构 | 直接扩频 |
| 码片速率 | 上行/下行:1.2288Mcps |
| 定时 | 同步(定时驱动,如依据 GPS 参考时钟定时) |
| 帧长 | 20ms/5ms 可选 |
| 扩频调制 | 下行:平衡 QPSK;上行:具有混合相移键控的双信道 QPSK |
| 数据调制 | 下行:QPSK;上行:BPSK |
| 相干检测 | 下行:公共连续导频信道和辅助导频;<br>上行:导频符号,即导频和功控及 EIB 时分复用 |
| 上行信道复用 | 控制、导频、基本和辅助码复用,I 和 Q 复用数据与控制信道 |
| 多速率 | 可变扩频增益和多码 |
| 扩频因子 | 4～256 |

| 参数 | 说明 |
|---|---|
| 功率控制 | 开环和快速闭环(800Hz,1.25ms) |
| 扩频码(下行) | 信道扩频码:可变长度沃尔什正交码,且I与Q用不同序列① |
| | 基站(小区)扩频码:$m=2^{15}-1,m$ 序列 |
| 扩频码(上行) | 用户扩频码:$m=2^{42}-1$(不同时间偏移并截短用于用户) |
| 切换 | 扇区间、小区间软切换,频段间硬切换 |
| 发分集 | 正交发分集,空时扩展发分集 |

图 14.12 和图 14.13 给出了 CDMA2000 前向信道和反向信道的结构。如图所示,前向信道包括 9 类信道,其中业务信道又由多个信道构成,包括 0～1 个基本信道和 0～7 个补充信道。而导频信道有 4 类,包括前向导频信道、发分集导频信道、辅助导频信道和辅助发分集导频信道。

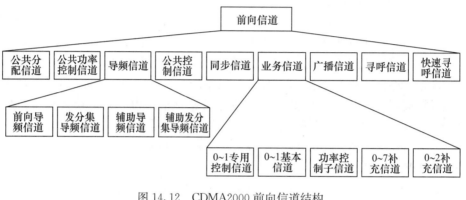

图 14.12　CDMA2000 前向信道结构

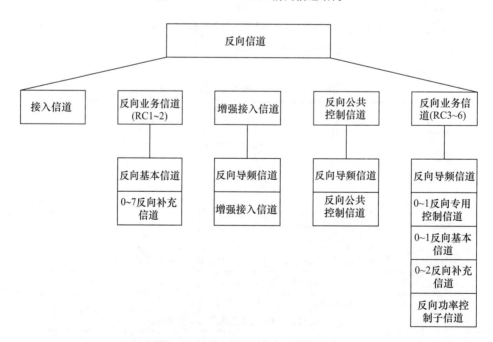

图 14.13　CDMA2000 反向信道结构

---

① 在码字受限时,采用准正交函数 QoF。

反向信道包括 5 类,其中对于 R1/R2 而言,反向业务信道包括一个基本信道和 0~7 个反向补充信道;而对于 R3~R6,则反向业务信道包括 0~1 个基本信道和 0~2 个补充信道。

## 14.3 HSPA 系统

HSPA 属于 B3G 系统,主要包括 HSDPA、HSUPA 及 HSPA+,是分别在 3GPP R4、R6 与 R7 版本中引入的新特性。

### 14.3.1 HSDPA

#### 1. 主要特点

HSDPA(High-Speed Downlink Packet Access)是 3GPP R5 版本引入的增强性技术,旨在提高下行分组数据业务速率,为了充分跟踪信道的动态变化,发送时间间隔(TTI)从 R99 的 10/20/40/80ms 缩短为 2ms,并且采用了共享数据信道结构。主要技术特点包括高阶调制、速率控制、分组调度与 HARQ。

(1)速率控制与高阶调制

在 HSDPA 系统中,利用 UE 测量的信道质量信息(CQI)可以进行链路的速率控制,通过链路自适应方法提高数据传输速率。具体而言,HSDPA 速率控制主要通过调整信道编码码率与动态选择 QPSK、16QAM 两种调制方式实现。16QAM 比 QPSK 具有更高的频谱效率,但对接收信噪比的要求也更高,往往适用于信道条件较好的情况。NodeB 每 2ms TTI 进行一次独立的速率选择,因此这种速率控制机制能够快速跟踪信道响应的变化,具体细节参见本书上册的第 11 章,不再赘述。

(2)分组调度

分组调度是 HSDPA 系统的核心单元,位于 NodeB 中,每个 TTI,调度器根据信道响应质量选择合适的用户发送数据。HSDPA 调度原理如图 14.14 所示。

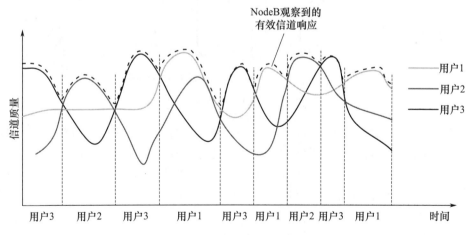

图 14.14 HSDPA 调度原理示意

由图可见,每个用户通过上行信道报告 CQI 信息,NodeB 可以获得多个用户的信道响应估计,从而在不同的 TTI 时间选择合适的用户进行数据传输。尽管每个用户的信道都在动态变化,但大部分时间 NodeB 都可以选择信道条件较好的用户,传输较高的数据速率,因此平均而言,提高了系统总的数据吞吐率。与 R99 相比,调度器不再位于 RNC,而位于 NodeB,减少了

NodeB 与 RNC 之间 Iub 接口的信令交互,从而加快了调度响应,降低了信令开销。

（3）HARQ

HSDPA 采用基于软合并的 HARQ 机制,从而能够快速调整链路传输的有效码率,补偿由于链路自适应机制导致的差错。每收到一个传输块,HSDPA 终端首先软合并译码,经过 5ms 时延,通过反馈信道报告 NodeB 该传输块正确接收还是含有错误。与 R99 的 ARQ 机制相比,5ms 的重传时延很短,允许对没有正确接收的数据块进行快速重传。HARQ 主要采用基于增量冗余（Incremental Redundancy）的方式,即重传数据块中含有第一次传输未发送的校验位,并且通过 Chase 软合并,将多个重传数据块合并,获得显著的性能增益。

HSDPA 系统中采用异步多重停等（Stop and Wait）HARQ 机制,减小重传时延,降低系统开销,处理流程如图 14.15 所示。所谓异步,是指 NodeB 收到 NACK 信令后,可以在任意的 TTI 发送重传数据块,并且 NodeB 把重传数据块看作新的数据单元进行分组调度。

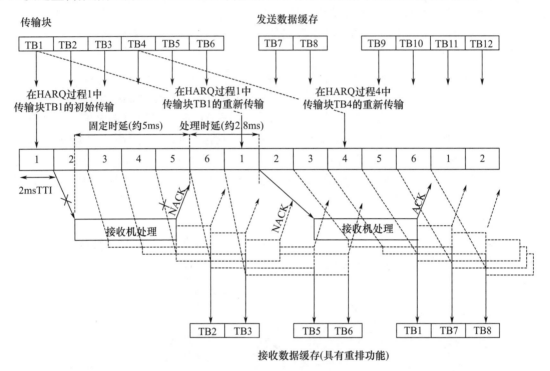

图 14.15　HARQ 处理流程

所谓多重,是指终端（UE）有多个 HARQ 处理单元。HARQ 处理单元的数目应当匹配 UE 和 NodeB 的 RTT（环回时间）（包括发射与接收的处理时延）,保证数据分组的连续发送。如果处理单元太多,反而会超过 RTT,从而在重传中引入不必要的时延。

NodeB 处理时间可能不同,要求 HARQ 处理单元数目可以配置。一般而言,最多可以有 8 个处理单元,但典型情况下处理单元是 6 个。这样,从 NodeB 接收到 ACK/NACK 信令到 NodeB 调度重传数据分组,近似有 2.8ms 的处理时间。

由于多个 HARQ 处理单元并行操作,因此接收分组可能乱序。为保证 RLC 协议的顺序处理,需要对 HARQ 单元输出的数据分组进行重新排序。

**2. 系统性能**

按照使用码道数目、HARQ 缓冲区长度、Turbo 码码率与调制种类,可以定义 12 种 HSDPA 终端（UE）,UE 能力分类如表 14.6 所示。

表 14.6　HSDPA UE 能力分类

| HS-DSCH 种类 | HS-DSCH 最大码道数目 | 最小 TTI 数目 | 最大传输块长/ 有效数据速率 | HARQ 数据 缓冲区最大长度 | 最高码率 | 调制模式 |
|---|---|---|---|---|---|---|
| 1 | 5 | 3 | 7298(3.6Mbps) | 19200 | 3/4 | 16QAM,QPSK |
| 2 | 5 | 3 | 7298(3.6Mbps) | 28800 | 3/4 | 16QAM,QPSK |
| 3 | 5 | 2 | 7298(3.6Mbps) | 28800 | 3/4 | 16QAM,QPSK |
| 4 | 5 | 2 | 7298(3.6Mbps) | 38400 | 3/4 | 16QAM,QPSK |
| 5 | 5 | 1 | 7298(3.6Mbps) | 57600 | 3/4 | 16QAM,QPSK |
| 6 | 5 | 1 | 7298(3.6Mbps) | 67200 | 3/4 | 16QAM,QPSK |
| 7 | 10 | 1 | 14411(7.2Mbps) | 115200 | 3/4 | 16QAM,QPSK |
| 8 | 10 | 1 | 14411(7.2Mbps) | 134400 | 3/4 | 16QAM,QPSK |
| 9 | 15 | 1 | 20251(10.1Mbps) | 172800 | 1 | 16QAM,QPSK |
| 10 | 15 | 1 | 27952(14.4Mbps) | 172800 | 1 | 16QAM,QPSK |
| 11 | 5 | 2 | 3630(1.8Mbps) | 14400 | 3/4 | QPSK |
| 12 | 5 | 1 | 3630(1.8Mbps) | 28800 | 3/4 | QPSK |

由表可见,HSDPA 终端可以分为 3 大类,5/10/15 码道,峰值速率为 1.8Mbps、3.6Mbps、7.2Mbps 与 14.4Mbps。这些峰值速率是指 NodeB 所能够支持的数据总和速率,可以由单个用户承载,也可以由多个用户共享。上述性能指标是空中接口的最大速率,为了防止过载,一般要求 NodeB 与 RNC 链路承载的数据速率要小于空中接口速率。

**3. 信道结构**

HSDPA 系统的信道主要包括两个下行信道 HS-DSCH、HS-SCCH,以及两个辅助信道 F-DPCH、HS-DPCCH。HSDPA 与 R99 组合的信道映射如图 14.16 所示。由图可知,HS-DSCH 信道承载用户数据,HS-DCCH 信道承载控制信令,都是共享信道。为了承载 HARQ 指令、CQI 信息,引入了 HS-DPCCH 信道,并定义 F-DPCH 信道承载功控指令。

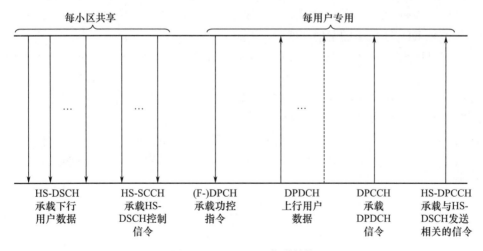

图 14.16　HSDPA 信道结构

（1）HS-DSCH 信道

HS-DSCH(High-Speed Downlink Shared CHannel)信道通过共享方式为同一个小区的所有用户提供数据业务。其码资源分配和时域信道结构如图 14.17 和图 14.18 所示。

如图 14.17 所示,HS-DSCH 信道采用多码传输方式,扩频增益 SF=16,最大码道数目为 5、

10、15，HS-DSCH 与 R99 下行信道共享码资源。

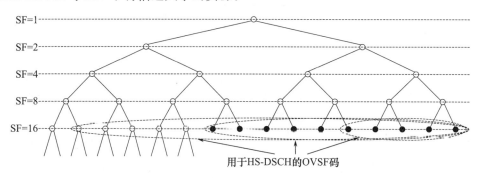

图 14.17　HS-DSCH 信道的码资源分配示意

HS-DSCH 信道的发送时间间隔(TTI)为 2ms，在其中动态分配码资源与信道资源。采用 2ms TTI，能够更有效跟踪信道的动态变化，采用速率控制机制和调度算法，提高系统吞吐率。如图 14.18 所示，在不同的 TTI 时间，每个用户可以分配不同的码资源，并且根据信道响应质量，在不同的 TTI 时间上调度各用户的业务数据。

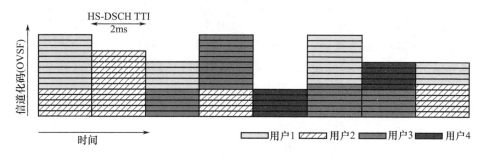

图 14.18　HS-DSCH 信道时域结构

表 14.7 给出了 HS-DSCH 信道与 R99 DPCH 信道的比较，主要有 4 点差别：

● 与 R99 系统的 DPCH 信道相比，HS-DSCH 信道并不进行功率控制，NodeB 发射总功率扣除控制信道和 DPCH 信道的发射功率后，剩余功率都分配给 HS-DSCH 信道。

● HS-DSCH 信道不进行软切换，从而减少了网络端的处理复杂度，降低了信令开销与处理时延。

● HS-DSCH 信道只使用 Turbo 码，有 QPSK、16QAM 两种调制模式，并且不进行传输信道复用，降低了速率匹配的复杂度。

● HS-DSCH 信道在 PHY/MAC 采用 HARQ 机制，同时在 RLC 也采用 ARQ 机制，对信道状态进行快速精细的调整适配，而 DPCH 信道只在 RLC 采用 ARQ 机制，处理时延长，链路速率提升受限制。

表 14.7　HS-DSCH 信道与 R99 DPCH 信道的比较

| 信道 | HS-DSCH | DPCH |
| --- | --- | --- |
| SF | 固定，16 | 可变，4~512 |
| 调制模式 | QPSK、16QAM | QPSK |
| 功率控制 | 固定/慢速功率分配 | 快速功控，1.5kHz |
| HARQ | 在物理层实现分组合并，同时 RLC 层实现 ARQ | RLC 实现 ARQ |
| TTI | 2ms | 10/20/40/80ms |

| 信道 | HS-DSCH | DPCH |
|---|---|---|
| 信道编码 | Turbo 码 | 卷积码、Turbo 码 |
| 传输信道复用 | 否 | 是 |
| 软切换 | 否 | 是 |

(2) HS-SCCH 信道

HS-SCCH(High-Speed Shared Control CHannel)信道承载 HS-DSCH 信道的控制信令。HS-SCCH 信道与 HS-DSCH 信道并行发送,不进行软切换,用不同的信道化码(OVSF)区分,SF=128,持续时间为 3 个时隙(2ms),并分为两个功能部分。时隙 1(第一个功能部分)承载时间敏感信息,减小解调时的数据缓存;时隙 2 和 3(第二功能部分)承载时间不敏感信息。两部分信息都采用了终端标识掩膜,这样终端可以识别检测到的 HS-SCCH 信道是否承载对应的控制信息。

HS-SCCH 第一功能部分承载信息包括:

● 解扩信道化码,根据终端能力,最多可以有 5/10/15 个信道码。

● 调制模式选择,标识 QPSK 或 16QAM 两种调制方式。

HS-SCCH 第二功能部分承载信息包括:

● HARQ 传输中的冗余信息版本,以便终端能够正确译码,并能够与前面发送的分组进行正确合并。

● HARQ 过程序号,标识发送的数据属于哪个 HARQ 过程。

● 第一次传输或重传次数标记,表示接收到的数据分组是否能够与数据缓存中的分组合并,或数据缓存是否可以清零,接收新的数据。

一个小区可以有多个 HS-SCCH 信道。但典型情况下,往往只配置一个 HS-SCCH 信道,通过码分方式,支持多用户共享。对于 HSDPA 终端,要求能够同时支持对于 4 个 HS-SCCH 信道的监测。

(3) HS-DPCCH 信道

HS-DPCCH(High-Speed Dedicated Physical Control CHannel)信道承载用于 HARQ 的 ACK/NACK 信息和用于 NodeB 调度的 CQI 信息。这些信息直接由 R99 的上行 DPDCH 信道承载,命名为 HS-DPCCH 信道。HS-DPCCH 信道的数据分为两部分:

● ACK/NACK 信令,表示数据分组译码合并后,经过 CRC 校验的结果,正确则发送 ACK 信令,错误则发送 NACK 信令。

● 下行信道 CQI,表示 UE 通过测量获得的瞬时下行信道条件。

(4) F-DPCH 信道

为了节省下行码资源,R6 版本中引入了 F-DPCH(Fractional DPCH)信道承载功率控制信令。给每个用户的上行链路分配一个 SF=256 的下行码道,进行功率控制比较浪费码资源。因此,可以采用同一个 OVSF 码,用时分方式区分不同用户的功控指令,这就是 F-DPCH 信道的解决方案。

**4. 系统处理流程**

HSDPA 的物理层处理流程总结如下:

● NodeB 中的调度器评估不同用户的信道条件、每个用户待发送量、特定用户从上次调度到现在的时间以及用户数据的重传情况。根据给定准则选择用户,依赖于设备商的不同调度算法。

● 一旦在特定 TTI 已经选定了用户,则 NodeB 需要确定 HS-DSCH 信道必要的参数。例如,码道数目、调制模式、UE 性能类别及终端的数据缓存大小等。

● NodeB 相对于 HS-DSCH 信道提前 2 个时隙发送 HS-SCCH,通知 UE 必要的参数。HS-SCCH 可以从 4 个信道中任意选择。

● 终端监测网络指定的 HS-SCCH 信道,一旦 UE 译码了 HS-SCCH 的第一部分,就可以开始译码 HS-SCCH 的剩余部分,并且可以从 HS-DSCH 信道中缓存必要的数据。

● 当译码了 HS-SCCH 的第二部分,则 UE 可以确定数据属于的 HARQ 过程序号,以及是否需要与软缓存中的数据进行合并。

● 当对合并数据译码后,UE 可以在 HS-DPCCH 信道发送 ACK/NACK 信令。

● 如果网络在连续的 TTI 时间中向同一个 UE 发送数据,则终端将持续监测相同的 HS-SCCH 信道。

### 14.3.2 HSUPA

#### 1. 主要特点

HSUPA(High-Speed Uplink Packet Access)是 3GPP R6 引入的增强性技术,旨在提高上行链路的传输速率。HSUPA 和 HSDPA 合称 HSPA,是对 WCDMA 整体系统性能的增强。与 HSDPA 类似,HSUPA 主要使用快速调度与快速 HARQ 两种关键技术来提高系统性能。在 HSUPA 中,TTI 有 2ms 和 10ms 两种,并且引入了一种新的传输信道——E-DCH(Enhanced Dedicated CHannel)。表 14.8 给出了 E-DCH 信道与 DCH 信道的比较。

表 14.8　E-DCH 信道与 DCH 信道的比较

| 技术特征 | DCH | E-DCH |
|---|---|---|
| 可变 SF 因子 | 是 | 是 |
| 快速功率控制 | 是 | 是 |
| 自适应调制 | 否 | 否 |
| 多码传输 | 否(标准有定义,但未使用) | 是 |
| 快速 HARQ | 否 | 是 |
| 软切换 | 是 | 是 |
| 快速 NodeB 调度 | 否 | 是 |

尽管 HSDPA 和 HSUPA 使用类似的技术,但两者有本质的差别。HSUPA 的技术特点总结如下。

(1) 资源共享

对于下行链路,多用户共享的无线资源包括发送功率与码资源,都位于 NodeB 中,但对于上行链路,共享资源是上行链路容忍的干扰,由多个 UE 的发射功率决定,分布于多个终端中。

(2) 调度信息传送

对于下行链路,调度器与发送数据缓存都位于 NodeB 中,但对于上行链路,调度器位于 NodeB,而数据缓存分布于各个 UE。因此,UE 需要向调度器发送数据 Buffer 的状态信息。

(3) 功率控制

由于 WCDMA 上行链路是异步的,因此相互之间存在干扰,需要通过快速功控抑制远近效应。E-DCH 信道的发射功率相对于上行控制信道的受控功率有功率偏移,调度器可以控制 E-DCH 信道的数据速率。这有别于 HSDPA,其下行发射功率基本恒定,数据可以自适应变化。

（4）软切换

E-DCH 信道支持软切换，多个小区可以接收到一个终端的数据，能够获得分集增益。采用软切换意味着需要多个小区进行联合功率控制，从而限制相邻小区产生的干扰，保证与 R99 后向兼容。

（5）无须高阶调制

在下行链路，采用高阶调制能够获得较好的功率效率与频谱效率的折中。例如，调度器分配的码道数较少，但发送功率有余量，则可以选择较高的调制阶数。但对于上行链路，用户之间不需要共享码资源，典型情况下，信道编码的码率低于下行信道。因此，采用 BPSK 调制，通过码率调整，已经能够获得功率效率与频谱效率的折中，不需要进行高阶调制。

（6）同步 HARQ

HSDPA 采用异步 HARQ 机制，而 HSUPA 采用同步多重停等 HARQ 机制，这是一个主要的差别。同步 HARQ 机制中，重传时间是预先确定的，并且重传数据块的传输格式也是已知的，例如，每次重传冗余数据图样，并且不需要进行重新调度。这样做既不需要调度器调度重传数据块，也不需要 UE 传送所使用的冗余数据图样，从而减少了控制信令的开销。这是同步 HARQ 的主要优点。

尽管同步 HARQ 机制丧失了传输格式自适应调制带来的增益，但相对于增大信令开销所付出的代价而言，仍然是值得的。

**2. 系统性能**

按照使用信道数目、传输块长度、TTI 支持能力，可以定义 6 种 HSUPA 终端，其能力分类如表 14.9 所示。对于 10ms TTI，要求所有终端必须支持，而 2ms TTI 则只有部分 UE 可以支持。另外，R6 规定，支持 E-DCH 的终端，必须支持 HS-DSCH 信道。

表 14.9　HSUPA 终端能力分类

| E-DCH 终端种类 | 最大 E-DPDCH 信道数目 | 对 2ms TTI 的支持能力 | 最大传输块长度 | |
|:---:|:---:|:---:|:---:|:---:|
| | | | 10ms TTI | 2ms TTI |
| 1 | 1×SF4 | — | 7110(0.7Mbps) | — |
| 2 | 2×SF4 | 是 | 14484(1.4Mbps) | 2798(1.4Mbps) |
| 3 | 2×SF4 | — | 14484(1.4Mbps) | |
| 4 | 2×SF2 | 是 | 20000(2Mbps) | 5772(2.9Mbps) |
| 5 | 2×SF2 | — | 20000(2Mbps) | |
| 6 | 2×SF4+2×SF2 | 是 | 20000(2Mbps) | 11484(5.74Mbps) |

**3. 信道结构**

HSUPA 系统的信道主要包括 5 个：E-DPDCH、E-DPCCH、E-AGCH、E-RGCH 及 E-HICH 信道。HSUPA 的信道结构如图 14.19 所示。

（1）E-DPDCH 信道

E-DPDCH（Enhanced Dedicated Physical Data CHannel）信道承载 E-DCH 信道的用户数据，其 TTI 时间为 10ms 或 2ms。如果像 HSDPA 一样只采用 2ms TTI，则对于小区边缘的上行信道控制信令开销太大。因此，HSUPA 采用两种 TTI 时间，小区中心采用 2ms TTI，小区边缘采用 10ms TTI。

E-DPDCH 信道的调制模式与 R99 相同，也是 BPSK 调制。由于调制模式不变，为了提高链路速率，需要采用上行多码传输。R99 中 SF 最小为 4，一个码道的最高速率为 384kbps（未编码速率为960kbps)。为了进一步提高速率,R6中引入了SF＝2的码道,这样一个码道的速率(未编码)可以从960kbps提高到1920kbps。当E-DPDCH的数据速率超过单个SF4码道的承载能力时,则增加另一个E-DPDCH信道,使用相同SF的码道进行承载,如图14.20所示。

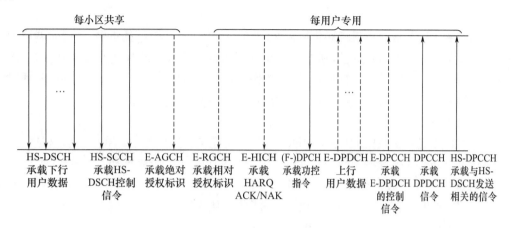

图 14.19　HSUPA 信道结构

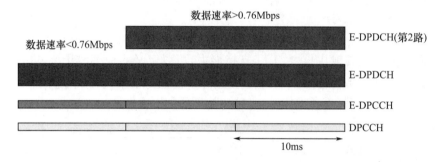

图 14.20　E-DPDCH 信道结构

表14.10给出了E-DPDCH信道多码传送的组合,当采用并行的两个SF2码道和两个SF4码道时,上行链路能够达到峰值速率(5.76Mbps)。

表 14.10　不同码道组合与速率

| 码道数目 | 未编码的数据速率/kbps |
| --- | --- |
| 一个 SF4 码道 | 960 |
| 两个 SF4 码道 | 1920 |
| 两个 SF2 码道 | 3840 |
| 两个 SF2 码道加两个 SF2 码道 | 5760 |

HSUPA用户与R99用户通过扰码进行区分,因此E-DPDCH信道与R99 DPDCH信道存在相互干扰。NodeB对接收到的上行信道进行噪声水平(Noise Level)测量,作为调度器的依据,如图14.21所示。

当NodeB的噪声水平低于抬升门限时,可以添加和调整HSUPA用户速率,并添加R99用户。若逐步增加HSUPA用户速率,超过抬升门限减噪声余量,调度器则降低E-DPDCH信道的速率,从而降低噪声水平。为了与R99系统兼容,NodeB需要留出一定的噪声余量,用于承载R99用户数据。如果R99 DPDCH信道过多,超过抬升门限,NodeB向RNC报告,通过RNC降低 R99 用户的速率。由此可见,R99 用户速率调整需要 RNC 控制,处理时延较长,而 HSUPA 用户速率调制只需要 NodeB 控制,从而降低了处理时延。

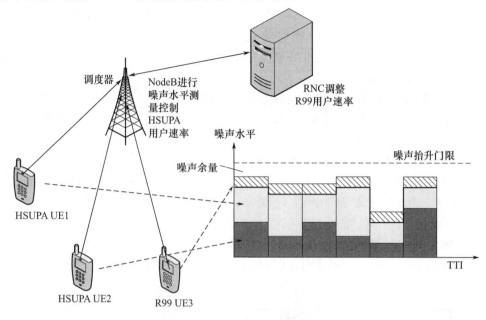

图 14.21　HSUPA 上行资源共享示意

（2）E-DPCCH 信道

E-DPCCH（Enhanced Dedicated Physical Control CHannel）信道承载控制信令,包括 3 类信息:

● 与 E-DPDCH 相关的传输格式信息（E-TFCI）,占用 7 比特开销。

● 2 比特重传信息（RSN）,表示数据分组是新数据块还是重传数据块,以及传输数据的冗余版本。

● 1 比特信息,称为"Happy 比特",标识 UE 是否提高或降低数据速率。

E-DPCCH 信道的结构如图 14.22 所示。10 比特信息编码为 30 比特数据,占用 3 个时隙。然后重复 5 次,扩展到 10ms TTI 中,这样做,可以降低 E-DPCCH 信道的发射功率,满足小区边缘的链路预算。

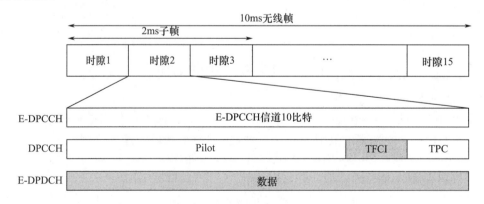

图 14.22　E-DPCCH 信道结构

（3）E-HICH 信道

E-HICH（E-DCH Hybrid ARQ Indicator CHannel）信道承载 HARQ 信令。为了节省下行码资源,多个用户可以共享一个码道,扩频因子 SF 为 128,从 40 个正交签名序列中选取 2 个序列用于区分每个用户的 E-HICH 与 E-RGCH 信道。这样理论上最多可以支持20 个用户共享一个 E-HICH 信道。

当发生软切换时,典型情况下,激活集中只有一个 E-DCH 服务基站,其他小区若能够正确接收译码 E-DCH 信道,则发送 E-HICH 信道表示分组被正确接收;如果不能正确译码或无法接收数据,则不发送任何信息。这样做能够减小相邻小区的下行干扰。E-DCH 服务小区要与 HS-DPA 的服务小区一致。

如果 E-DCH 的 TTI 为 2ms,则相应的 E-HICH 也为 2ms。若 E-DCH 的 TTI 为 10ms,则 E-HICH 信道的签名序列持续 3 个时隙(2ms),并且重复 4 次,总长度为 8ms,则剩余的 2ms 用于 NodeB/UE 进行数据处理。

图 14.23 给出了软切换中的 HARQ 操作示例。NodeB1 是服务小区,RSN 是重传序列号,第一次发送取值 0,以后重传依次增 1,直到 3 为止。当 UE 发送分组 A 时,RSN=0。NodeB1 正确接收,反馈 ACK,NodeB2 译码错误,反馈 NAK。由于 UE 收到 ACK 信息,因此继续发送分组 B,NodeB1 仍然正确接收,反馈 ACK。但对于 NodeB2 而言,它希望重传分组 A,RSN=1,但此时没有收到数据,因此不发送 E-HICH 信道,不反馈任何信息。当 UE 发送分组 C,RSN=0 时,NodeB2 收到了 RNS=0,由于采用同步 HARQ 机制,因此可以判断是新的分组,不会破坏数据缓存。

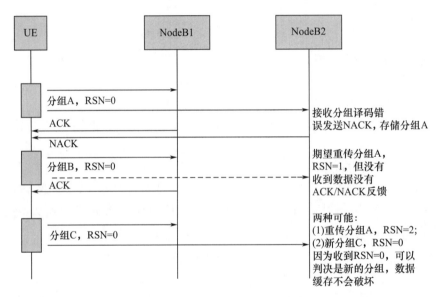

图 14.23　软切换中的 HARQ 操作

（4）E-AGCH 信道

E-AGCH(E-DCH Absolute Grant CHannel)信道承载 E-DCH 信道的调度授权信息,这些速率可以取 UE 所支持的速率范围内的任意值,包括最小和最大速率。理论上最小速率可取 16kbps,最大速率可取 5Mbps。因此,R6 要求 E-AGCH 信道必须可靠传输,否则可能导致链路吞吐率从 16kbps 跳变到 5Mbps,导致系统不稳定。

为了保证 E-AGCH 信道的可靠传输,绝对授权标识采用了卷积编码,并附加了 16 比特 CRC 校验。调度器向 UE 发送的调度授权标识表示了何时 UE 可以发送多大的数据量。只有服务小区的调度器向支持 E-DCH 的所有 UE 发送 E-AGCH 信道。

（5）E-RGCH 信道

E-RGCH(E-DCH Relative Grant Channel)信道与 E-HICH 共享一个 SF 128 码道。E-

RGCH 信道根据调度器的判决承载上行链路增加或减少速率的控制指令。典型的,E-AGCH 用于控制链路速率大的变化,而 E-RGCH 对链路速率进行精细调整。

**4. 系统处理流程**

HSUPA NodeB 的调度器操作流程如下:

● NodeB 的调度器测量基站接收机的噪声水平,然后判决是否可以承载额外的业务,或者需要减少某些用户的数据速率。

● 调度器同时监测每个 TTI 中不同 UE 发送的 E-DPCCH 信道上的反馈信令、Happy 比特。根据每个 UE 的缓存状态、可用发送功率,能够确定哪些用户可以提高数据速率。

● 考虑 RNC 给定的用户优先级,调度器选择特定的用户或用户组进行数据速率调整。相对和绝对速率调整指令通过 E-RGCH 和 E-AGCH 发送给 UE。

RNC 发送用户数据和优先级信息给 NodeB 调度器,对于 R99 用户,不需要调度;对于 R6 用户,调度器在 RNC 控制下完成快速速率控制。这样 RNC 和 NodeB 调度器相互配合,才能够完成整个小区上行用户的数据速率控制。

HSUPA HARQ 重传过程描述如下:

● 根据 TTI 长度,选择 HARQ 处理过程数目。如果是 10ms TTI,则有 4 个 HARQ 处理过程;如果是 2ms TTI,则有 8 个 HARQ 处理过程。

● 终端按照允许的数据速率顺序发送分组。

● 发送一个数据包后,UE 监测激活集中有 E-DCH 信道工作的小区对应的 E-HICH 信道。R6 协议规定激活集中小区最多为 6 个,其中最多有 4 个小区的 E-DCH 信道可以分配。

● 如果任意一个小区返回 ACK 信令,则 UE 可以发送下一个分组,否则 UE 需要重传原来的数据包。

**5. HSPA 系统操作**

一般地,HSUPA 需要和 HSDPA 联合操作,一起组成 HSPA 系统。图 14.24 给出了 R6、R5 与 R99 联合操作的物理层信道交互过程。

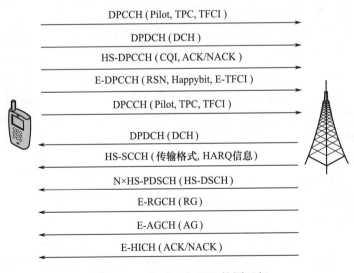

图 14.24　R6、R5 与 R99 协同运行

如图 14.24 所示,尽管有些信道,如 HS-SCCH 信道、E-HICH 信道等可由多个用户共享,同时工作的信道仍然非常多,达到 11 类。对于 R99 的 DPCH 信道,一般只承载话音业务。随着系统的演进,为了节省码资源,下行 DPDCH/DPCCH 信道可以被 F-DPCH 信道代替,上行 DP-

DCH 信道可以被 E-DPDCH 信道取代。

### 14.3.3　MBMS

多媒体多播广播(MBMS)业务是 3GPP R6 引入的新业务,利用蜂窝网络能够支持各种业务多播与广播业务。基于 MBMS 机制,相同的业务数据可以向多个用户发送,覆盖一个或多个小区,其业务场景如图 14.25 所示。

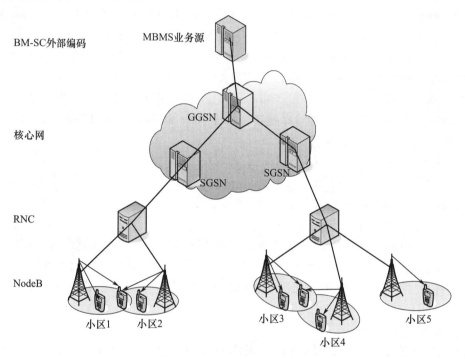

图 14.25　MBMS 业务场景

尽管有很多相似之处,广播和多播还是具有如下差别。

● 对于广播业务,MBMS 业务覆盖区域的每个小区都建立点到多点(PMP)的无线资源,所有预订广播业务的用户都可以接收到相同的业务数据。网络不需要跟踪用户位置,并且用户接收数据也不需要通知网络。移动电视(Mobile TV)是一种典型的 MBMS 广播业务。

● 对于多播业务,加入一个多播群才能够接收业务数据。网络需要跟踪用户位置,无线资源需要根据小区中多播用户的数目动态配置。在每个小区的多播区域中,可以配置为点到点(P2P)发送或 PMP 发送。如果小区中多播用户很少(1~2 个),则可以采用 P2P 方式,若多播用户很多,则可以采用 PMP 方式。

从整个网络角度看,为了支持 MBMB 业务,需要引入新的节点 BM-SC(Broadcast Multicast Service Center),如图 14.25 所示。BM-SC 负责对内容提供商(CP)进行授权和认证、计费、核心网中业务流的整体配置以及应用级编码等。

MBMS 的主要优点在于多个用户共享相同的业务数据,节省网络资源。但 PMP 发送方式与前述点到点传输方式有很大不同。单个用户所采用的链路自适应、速率控制与快速调度等技术不能简单推广到 PMP 方式,因为业务数据是多用户相关的。例如,链路发射功率需要考虑最坏条件的用户链路,否则会影响业务的覆盖范围。又如,如果小区中 MBMS 用户很多,则每个用户都上报 CQI 信息和 HARQ 状态,上行容量会受到限制。

因此,MBMS 业务往往是功率受限的,并且希望通过最大化分集而非依赖用户反馈保证业务质量(QoS)。MBMS 业务主要采用如下 3 种分集技术来提高链路分集增益。

● 宏分集(Macro Diversity),通过合并多个小区的信号,提高接收信号 SNR。

● 时间分集(Time Diversity),通过采用 80ms TTI 和使用应用级编码(如 Raptor Code),可提高对抗信道快速衰落的能力。

● 空时发分集(STTD),R7 协议中采用了 MIMO 技术,通过空间发送分集提高链路分集增益。

为了支持 MBMS 业务,R6 中引入了 3 个新的逻辑信道:

● MBMS Traffic CHannel(MTCH),用于承载应用数据。

● MBMS Control CHannel(MCCH),用于承载控制信令。

● MBMS Scheduling CHannel(MSCH),为了支持 UE 不连续接收(DRX),用于承载调度信息。

这些逻辑信道都映射到 FACH 传输信道上,并以 S-CCPCH 信道作为物理信道。另外,引入了 MBMS-MBMS Indicator CHannel(MICH)物理信道。MICH 信道用于通知用户,MCCH 信道中内容的变化。

对于 WCDMA/HSPA 网络而言,每个基站采用不同的扰码区分信号。这样尽管 MBMS 采用宏分集方式,移动台仍然需要对接收到的每个小区信号进行处理后才能合并。为了进一步提升 MBMS 性能,R7 协议中引入了 MBSFN(Multicast Broadcast Single Frequency Network),即单频网。在 MBSFN 中,各小区时间同步,使用相同的扰码同时发送相同的业务数据。这样移动台可以采用基于干扰抵消的接收机,从而极大提高链路接收 SINR。为了支持干扰抵消,R7 协议在 FACH 信道中引入了 16QAM 调制,并采用时分导频方式。

### 14.3.4 HSPA+

尽管 R6 版本定义的 HSPA 系统能够极大提高 WCDMA 对分组数据的传输能力,但在 R7 及以后的版本中,3GPP 又引入了以 MIMO 为代表的先进技术,使链路速率有了进一步的提升,我们称其为 HSPA+系统。下面概要介绍这些新的技术特点。

#### 1. 系统能力

HSPA+最重要的特征是引入了 2×2 MIMO 和高阶调制,使终端接入能力有了更大的提升。表 14.11 和表 14.12 给出了部分 HSDPA 和 HSUPA 终端的能力分类。

表 14.11　部分 HSDPA 终端能力分类

| 终端种类 | 码道 | 调制模式 | MIMO | 编码码率 | 峰值速率/Mbps | 3GPP 协议版本 |
|---|---|---|---|---|---|---|
| 12 | 5 | QPSK | — | 3/4 | 1.8 | R5 |
| 5/6 | 5 | 16QAM | — | 3/4 | 3.6 | R5 |
| 7/8 | 10 | 16QAM | — | 3/4 | 7.2 | R5 |
| 9 | 15 | 16QAM | — | 3/4 | 10.1 | R5 |
| 10 | 15 | 16QAM | — | 近似 1 | 14.0 | R5 |
| 13 | 15 | 64QAM | — | 5/6 | 17.4 | R7 |
| 14 | 15 | 64QAM | — | 近似 1 | 21.1 | R7 |
| 15 | 15 | 16QAM | 2×2 | 5/6 | 23.4 | R7 |
| 16 | 15 | 16QAM | 2×2 | 近似 1 | 28.0 | R7 |

表 14.12　部分 HSUPA 终端能力分类

| 终端种类 | TTI(ms) | 调制模式 | 码率 | 峰值速率/Mbps | 3GPP 协议版本 |
|---|---|---|---|---|---|
| 3 | 10 | QPSK | 3/4 | 1.4 | R6 |
| 5 | 10 | QPSK | 3/4 | 2.0 | R6 |
| 6 | 2 | QPSK | 1 | 5.7 | R6 |
| 7 | 2 | 16QAM | 1 | 11.5 | R7 |

由表可见,引入 2×2 MIMO 以后,HSPA+下行链路数据速率最高可以达到 28Mbps。而引入 64QAM 调制后,HSPA+下行链路速率可以达到 21Mbps。上行链路增加 16QAM 调制后,峰值速率可以达到 11.5Mbps。

**2. MIMO**

HSPA+中只在下行链路中采用的 2×2 MIMO 配置,支持开环和闭环两种工作模式。为提高链路吞吐率,采用双数据流空间复用方案,反馈信道发送预编码控制字(PCI),便于基站进行 2×2 预编码矩阵选择。这一方案可以看作是 WCDMA 发分集闭环模式 1 的推广。

在 MIMO 模式下,R7 对编码复用方案、速率控制机制与 HARQ 方式都进行了扩展,并在 HS-SCCH 信道中定义了新的控制信令来承载 HSDPA-MIMO 的控制信息。

**3. 高阶调制**

当 NodeB 与 UE 之间传播条件较好时,如在 LOS 场景下,链路速率具有提升的潜力。但如果码资源受限,或者基站和移动台只配置了单天线,则采用高阶调制是提高数据速率的合适选择。

为了进一步提高链路数据速率,R7 协议在下行链路中引入了 64QAM 调制,上行链路中引入了 16QAM 调制。这样,与 MIMO 配合使用,可以进一步提升数据速率。

**4. 连续分组连接**

数据业务往往具有突发性,但从用户体验角度看,让 HS-DSCH 和 E-DCH 信道总保持在连接状态可以快速发送用户的业务数据。但是,维持上下行信道的连接需要付出两方面的代价。首先,从网络侧来看,即使没有数据发送,DPCCH 的发送也会增加上行干扰。其次,从终端侧来看,保持链路连接会消耗功率,即使没有数据接收,UE 也需要发送 DPCCH 信道,并监测 HS-SCCH 信道,这都需要耗费功率,减少待机时间。

因此,考虑上述两方面因素,HSPA+系统采用连续分组连接技术(CPC)来提高系统性能。CPC 包括下列 3 个处理单元。

● 不连续发送单元。采用不连续发送(DTX),可以减小上行干扰,从而提高上行容量,同时节省终端电池能耗。

● 不连续接收单元。采用不连续接收(DRX),允许 UE 周期性关闭接收机电路,从而节省终端功耗。

● HS-SCCH 削减操作单元。采用 HS-SCCH 削减操作,对于数据量较小的业务,如 VoIP,可以减少控制信令的系统开销。

采用这 3 种措施,可以为用户提供"永远连接"的感受,同时降低上行干扰,延长终端待机时间。

# 14.4　EV-DO 系统

## 14.4.1　EV-DO Rel 0

EV-DO Rel 0 也称为 HRPD(High Rate Packet Data),"DO"最初的含义是"Data Only",即

只支持分组数据业务,后来重新解释为"Data Optimization"。该系统只承载数据业务,不支持话音等电路交换业务,因此移动运营商需要配置单独的载波支持 EV-DO 系统。EV-DO Rel 0 的前向和反向链路的信道结构如图 14.26 和图 14.27 所示。与 CDMA2000 相比,其下行信道采用了时分复用共享信道结构,类似于 HS-DSCH。

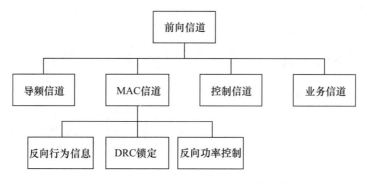

图 14.26　EV-DO Rel 0 前向链路的信道结构

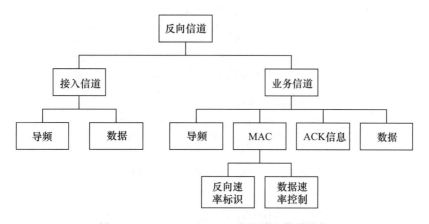

图 14.27　EV-DO Rel 0 反向链路的信道结构

　　EV-DO Rel 0 系统下行链路在单个 1.25MHz 载波上可以支持 2.4Mbps 的峰值数据速率。EV-DO Rel 0 的技术特点类似于 HSDPA,概要介绍如下。

　　● 共享信道发送。EV-DO Rel 0 下行信道采用 TDM 方式,同一个调度时间,基站用满功率只向一个用户发送数据。对于不同用户,下行无线资源只在时域进行共享。这种共享机制类似于 HSDPA 的共享信道发送。但在 HSDPA 系统中,用户还可以共享码域资源,或者与 R99 用户共享码域资源。

　　● 调度机制。EV-DO Rel 0 的调度器需要考虑用户公平性、业务队列长度以及信道状态信息。其原理类似于 HSDPA 的调度,充分利用了移动衰落信道中的多用户分集增益。

　　● 缩短 TTI。在 EV-DO Rel 0 系统中发送时间间隔(TTI)从 20ms 缩短为 1.6ms。从而便于系统进行快速调度与快速重传,降低了处理时延。其 TTI 与 HSDPA 的 2ms TTI 在相同量级。

　　● 速率控制。EV-DO Rel 0 系统主要采用自适应调制与编码进行速率控制,目标是最大化特定信道条件下的吞吐率。但 EV-DO 系统根据移动台的速率请求进行调整,而 HSDPA 只是把 UE 的反馈信息作为参考,由 NodeB 最终决定链路速率。

　　● 高阶调制与 HARQ。EV-DO 系统的下行链路采用 16QAM 调制,与 HSDPA 相同。其

HARQ 机制与 HSDPA 也类似。

● 虚拟软切换。EV-DO Rel 0 系统下行链路也不采用软切换,而是采用"虚拟软切换"。即终端触发进行服务小区的自适应选择,也就是在基站激活集中进行快速小区选择。当然在小区重选的过程中,有可能导致分组发送的时延。

● 终端接收分集。与 HSDPA 终端类似,EV-DO Rel 0 系统的终端可以配置双天线进行接收分集,从而提高链路性能。

### 14.4.2 EV-DO Rev A

EV-DO 系统的进一步演进是 Rev A 标准,与 HSUPA 类似,主要对上行链路进行增强,但对下行链路性能也有进一步的提升,并且引入了多播业务模式。图 14.28 和图 14.29 给出了 EV-DO Rev A 系统的前向链路和反向链路的信道结构。与 EV-DO Rel 0 相比,在前向 MAC 信道中引入了 ARQ 控制信道,用于支持上行 HARQ,在反向 MAC 信道中引入了数据源控制信道。

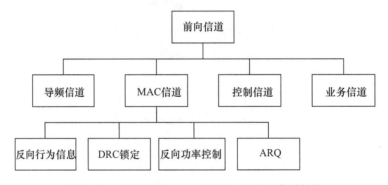

图 14.28　EV-DO Rev A 系统前向链路的信道结构

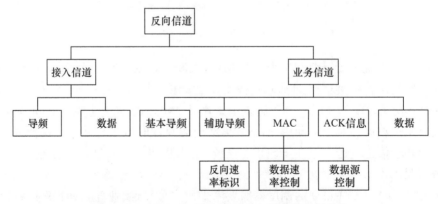

图 14.29　EV-DO Rev A 系统反向链路的信道结构

与 EV-DO Rel 0 相比,EV-DO Rev A 对于下行链路在以下方面有性能增强:

● 更高峰值速率。EV-DO Rev A 下行峰值速率可以达到 3.1Mbps,可以提供更精细的数据速率等级。

● 更短的数据包长度。EV-DO Rev A 引入了 128/256/512 比特的数据包长度,并且定义了新的多用户分组格式,如果多个用户接收相同的数据,则接收相同的数据包。采用这些新的数据传输格式后,可以改进对低速率、时延敏感业务的支持能力。

EV-DO Rev A 对于 Rel 0 系统的主要增强在于上行链路,峰值速率可以提高到 1.8Mbps,

主要技术特点总结如下。

● 高阶调制与 HARQ。除 BPSK 调制外,Rev A 系统在上行链路引入了 QPSK 和 8PSK(可选)调制,从而提高链路频谱效率。EV-DO Rev A 的 HARQ 机制与 HSPA 类似,也采用了软合并译码方案。

● 缩减时延。由于采用了更短的分组长度以及更小的 TTI,因此与 EV-DO Rel 0 相比,时延可以缩短 50% 以上。

● 容量和时延折中。EV-DO Rev A 定义了两种分组发送模式:LoLat 与 HiCap 模式。LoLat 模式通过提高发射功率,可以保证减少分组传输的时延。而 HiCap 模式采用了较低的发射功率,并允许数据包重传,从而提升链路容量。每一个数据包的发送可以按照一定策略在这两种模式之间选择。

### 14.4.3　EV-DO Rev B

EV-DO Rev A 进一步的演进是 Rev B 协议,其关键技术完全兼容 Rev A,主要区别在于 Rev B 可以将最多 16 个 1.25MHz 的载波聚合使用。这样,总的信号带宽可以达到 20MHz,下行峰值数据速率可以提高到 73.5Mbps。但一般情况下,由于受成本与电池能量的限制,最多支持 3 载波聚合,下行峰值数据速率可以达到 9.3Mbps,从频谱利用率来看,与 HSPA 系统相比有所降低。

### 14.4.4　UMB

EV-DO 标准更进一步的演进是 Rev C 版本,也就是 3GPP2 推出的移动超宽带(Ultra Mobile Broadband,UMB)标准。UMB 协议采用了 OFDM 技术,信道带宽可以为 5/10/20MHz,该标准对应于 3GPP 的 LTE 标准,不再与以前的 CDMA2000 系列标准保持兼容。UMB 的技术特点类似于 LTE,带宽为 20MHz,下行峰值速率为 288Mbps,上行峰值速率为 75Mbps。UMB 与 LTE 的主要差别在于上行链路,UMB 使用 OFDM 技术,而 LTE 使用 SC-FDMA 技术,并且 UMB 在上行链路支持 CDMA 模式。

UMB 下行链路主要采用了 MIMO、HARQ、高阶调制等关键技术,其主要的特点总结如下。

● OFDM 的子载波间隔为 9.6kHz,根据采样率与信道带宽,FFT 点数为 128、256、512、1024 或 2048。循环前缀约占 OFDM 符号持续时间的 6%~23%。

● 下行专用信道支持 QPSK、8PSK、16QAM 和 64QAM 调制。

● 基于终端 CQI 报告进行下行调度与速率自适应,并且可以作为切换和功率控制的测量参考。

● MIMO 配置可以分为空间复用、发送分集(STTD)与空分多址(SDMA)3 种。在空间复用中,支持单码字(SCW)与多码字(MCW)两种配置。发送分集支持最多 4 天线,主要用在信道恶劣环境中,用以提高分集增益。SDMA 方式利用用户反馈信息进行天线波束成形。

UMB 上行链路采用 OFDMA 多址接入方式,CDMA 方式可选,其主要技术特点列举如下。

● OFDMA 数据与 CDMA 数据采用频率复用的方式映射到不同的子载波,然后统一进行 IFFT 变换发送。

● CDMA 主要应用于突发低速率的时延敏感业务。CDMA 信号的峰均比(PAPR)较低,比较适合于移动终端。

● 上行 OFDMA 与 CDMA 模式都需要进行功率控制,所采用机制称为 Fast Distributed Reverse Link Power Control。在 OFDMA 模式下,控制信道采用闭环功率方式,业务信道功率相对于控制信道有一个功率偏置。UMB 还定义了新的下行控制信道——OSICH(Other Cell Interference CHannel),由激活集中的基站发送,用于对上行链路的功率精细控制。

● 为了获得频率分集增益,OFDMA 模式采用了跳频方式。Subband 级别上也可以采用跳频方式,并且与 Subband 调度进行组合,获得复用增益。

● 为了解调上行信号,可以利用接收天线阵列进行空间信号处理,即所谓的准正交上行接收。另外,扇区间采用伪随机序列跳频,可以获得干扰分集增益。

## 14.5 TDD 原理

第三代移动通信的重要特色是对多媒体无线数据业务的支持,数据业务具有典型的上行/下行非对称特性,而 TDD 技术能够更方便的支持这一特性。本节重点介绍时分双工(TDD)系统的工作原理和技术优势。

### 14.5.1 技术特点

移动通信一般都需要支持双向通信,这种双向功能可以通过两种不同的方式来实现。一种是通过频分方式,称它为频率双向、双工,即 FDD(Frequency Division Duplex)。2G 的 GSM、IS-95 系统,3G 的 WCDMA、CDMA2000 系统,均采用 FDD 方案。另一种是通过时分方式,称为时隙双向、双工,即 TDD(Time Division Duplex),无线个人通信系统 CT-2、CT-3、DECT、PHS 等均采用 TDD。在 3G 标准中,我国提出的 TD-SCDMA 和欧洲提出的 UTRA TDD 均采用 TDD-CDMA 技术。

对于 FDD,发/收(或称上行/下行)两个方向采用两个不同的频段,并采用频段间距来隔离两个方向的干扰。比如,在 2G 的 800～900MHz 频段,发/收(上行/下行)频段相差 45MHz,在 3G 的 2GHz 频段,发/收(上行/下行)频段相差 90MHz。在 FDD 中,一般发/收(上行/下行)频段带宽相等,它比较适合于对称的话音信道。

TDD 系统的结构如图 14.30 所示,发送与接收依靠天线开关在时间上进行区分。

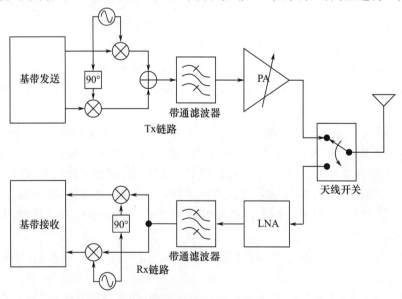

图 14.30　TDD 系统的结构

选择 TDD 模式主要有两方面的考虑。一方面,TDD 具有更高的频率利用率,另一方面,TDD 具有信道互易特性。FDD 系统设计需要考虑信号带宽与带宽滤波器成本的折中问题。低成本低阶滤波器必然导致高保护带宽,反之亦然,因此导致频谱利用率降低。而 TDD 系统中不需要双工隔离器,而代之以天线开关,发射和接收链路以时分方式工作,上行/下行工作于同一个频段,降低了对滤波器设计的要求,从而节省了成本,提高了频谱利用率。因此与 FDD 相比,TDD 不需要占用两个对称频段,更能有效利用无线频率资源。

TDD 双工方式在 2G 系统中已经得到应用,包括 PHS、DECT 等 TDD-TDMA 系统。在 3G 标准中,TDD 系统得到了进一步的应用。例如,在 3GPP R99 协议中引入了 UTRA FDD 与 TDD(3.84Mcps)两种模式。而在 R4 协议中,引入了低码片速率(1.28Mcps)的 TDD 模式。在 R7 协议中,引入了扩展的 TDD 模式,信号带宽为 10MHz,码片速率可达 7.68MHz。

与 FDD 相比,TDD 系统具有信道互易、灵活支持非对称业务的特点,下面简要介绍其基本原理。

## 14.5.2 信道互易

TDD 的一个典型特点是具有信道互易特性,如图 14.31 所示。由于上行/下行工作在相同频率,因此基站和移动台之间电磁传播环境类似。各个障碍物对应的多径信道响应的幅度、相位与时延变化,在一定的时间间隔中对于上行和下行基本相同,多普勒频移也是类似的。

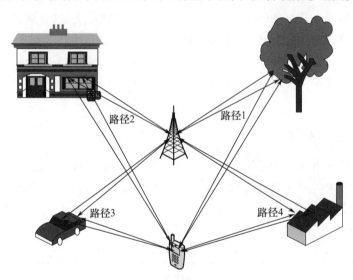

图 14.31 TDD 信道互易示意

一般地,多径信道响应可以表示为

$$h(t) = \sum_{l=1}^{L} A_l(t) e^{j\varphi_l(t)} \delta(t - \tau_l) \tag{14.5.1}$$

其中,$A_l(t)$ 是第 $l$ 径的幅度响应,$\varphi_l(t)$ 是相位响应,$\tau_l$ 是多径时延。设下行发送信号为 $x_{DL}(t)$,下行接收信号为 $y_{DL}(t)$。而 $\tau$ 时刻以后,转换为上行发送信号为 $x_{UL}(t)$,上行接收信号为 $y_{UL}(t)$,信道互易模型如图 14.32 所示。对应的信道响应 $h(t+\tau)$ 可以表示为

$$h(t+\tau) = \sum_{l=1}^{L} A_l(t+\tau) e^{j\varphi_l(t+\tau)} \delta(t - \tau_l) \tag{14.5.2}$$

则下行接收信号可以表示为

$$y_{\mathrm{DL}}(t) = x_{\mathrm{DL}}(t) * h(t) + n(t)$$

$$= \sum_{l=1}^{L} A_l(t) \mathrm{e}^{\mathrm{j}\varphi_l(t)} x_{\mathrm{DL}}(t - \tau_l) + n(t) \qquad (14.5.3)$$

上行接收信号可以表示为

$$y_{\mathrm{UL}}(t + \tau) = x_{\mathrm{UL}}(t + \tau) * h(t + \tau) + n(t)$$

$$= \sum_{l=1}^{l} A_l(t + \tau) \mathrm{e}^{\mathrm{j}\varphi_l(t+\tau)} x_{\mathrm{UL}}(t - \tau_l) + n(t) \qquad (14.5.4)$$

由上述公式可知,上行/下行接收信号除白噪声 $n(t)$ 外,主要差别在于信道响应。如果上行/下行相对时延 $\tau$ 小于相干时间,则基于信道互易性,可以方便地利用上行(下行)接收信号估计/预测下行(上行)信道响应。

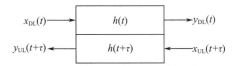

图 14.32　TDD 信道互易模型

信道互易性是 TDD 系统的特性,基于这一特点可以极大方便信道的估计与预测。但需要指出的是,信道互易成立是有条件的。其一,要求信道是线性系统,只有信道响应是线性时变(时不变)响应,信道互易才能成立;其二,要求信道估计与预测远小于相干时间,如果接近或超过相干时间,则信道估计误差增大或产生错误。一般地,运动速度越快,多普勒频移越大,从而相干时间越短,导致信道估计误差增大,造成系统性能下降,这也就是 TDD 只适用于中低速移动通信的主要原因。

### 14.5.3　信道非对称

传统上,无线接入主要是针对话音业务进行优化,话音业务具有上行/下行对称特性,因此采用 FDD 可以满足要求。但随着无线数据业务的不断增长,上行/下行数据速率呈现出非对称特性。典型情况下,下行业务速率与上行业务速率比值为 4∶1。表 14.13 和表 14.14 给出了 Internet 上数据协议接入与数据业务的比例分布统计。

**表 14.13　数据协议接入比例分布**

| 数据协议 | 字节占比(%) | 数据包占比(%) |
|---|---|---|
| TCP | 88.78 | 89.8 |
| UDP | 1.38 | 5.93 |
| ICMP | 0.11 | 0.576 |
| 其他(FTP) | 9.73 | 13.9 |

**表 14.14　数据业务比例分布**

| 业务类型 | 链接占比(%) | 字节占比(%) |
|---|---|---|
| Web 接入 | 91.71 | 72.91 |
| SMTP(E-mail) | 4.76 | 0.24 |
| Proxy Web | 0.68 | 0.84 |
| FTP | 0.55 | 12.73 |

由表可知，Internet 上的主要数据业务是 Web 接入，它是一种典型的非对称业务，下载数据量大、上传数据量小。尽管 FDD 可以方便地支持对称接入业务，但对于支持非对称业务不够灵活。而 TDD 技术采用分时方式支持上行/下行发送，因此能够根据业务属性，动态调整上行/下行切换点，灵活分配传输速率，从而更方便地支持对称业务和非对称业务，甚至混合类型业务。

### 14.5.4 同步发送

TDD 系统中，同一小区基站向用户发送的信号保持同步，而由于用户与基站距离远近不同，因此上行信号是异步关系，存在相对时延。图 14.33 给出了 TDD 上行/下行时序关系示意。

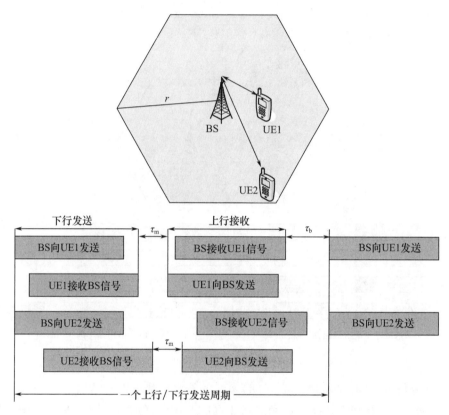

图 14.33　TDD 上行/下行时序关系

如图 14.33 所示，UE1 距离基站近，UE2 距离基站远，BS 向 UE1 和 UE2 同步发送下行数据，由于传播时延的影响，BS 首先接收到 UE1 的信号，然后接收到 UE2 的信号。为了防止上行链路与下行链路相互干扰，必须引入保护时间 $\tau_b$。

保护时间包括基站到移动台之间的双向传输时延及上行/下行切换时间，可表示为

$$\tau_b = \frac{2r}{c} + t_{\text{switch}} \qquad (14.5.5)$$

其中，$r$ 为小区半径，$c$ 为光速，$t_{\text{switch}}$ 为上行/下行切换时间。

例如，$t_{\text{switch}} = 1\mu s$，小区半径 $r = 10 \text{km}$，则保护时间为 $\tau_b \approx 67\mu s$。由此可见，覆盖小区半径越大，则保护时间越长，从而导致信噪比损失，频谱效率降低。因此，TDD 更适用于小区半径较小的密集蜂窝场景。

### 14.5.5 系统干扰

与 FDD 系统相比,TDD 有可能引入更多的干扰。如图 14.34 所示,在同频组网条件下,当基站之间异步或基站同步但切换点不一致时,基站和终端都会受到干扰。一般地,基站间的干扰更严重,终端间的干扰次之。为减小邻小区干扰,可以采用异频组网方式,但这样做降低了频谱利用率。而在同频组网条件下,要求基站间保持严格同步,可以采用 GPS 实现全网同步,或者采用主从时钟方式。同时,为了降低小区间干扰,要求相邻小区切换点一致。但这些方法限制了 TDD 对非对称业务的灵活支持。更好的方法是采用动态信道分配(DCA),既保证对非对称业务的灵活支持,又有效降低了小区间干扰。因此,DCA 技术是 TDD 系统的一项基本技术,是区别于 FDD 系统的重要特色。

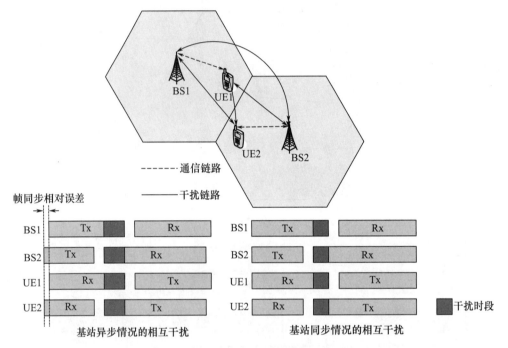

图 14.34　TDD 系统中的干扰

以上详细分析了 TDD 的特色技术,TDD 系统的技术优势可以总结如下:

● 系统结构简化,有利于新技术应用。对于 TDD,发/收(上行/下行)两个方向采用同一频段,利用时隙的不同来隔离两个方向的干扰。TDD 在实现时不仅由于比 FDD 少一个射频频率双工隔离器而简化,而且由于发/收(上行/下行)双向采用同一频段,信道互易更有利于智能天线、功率控制、发分集等新技术的实现。

● 灵活支持非对称业务。TDD 方式的最大特色是更灵活地支持非对称型业务,如移动 Internet 等数据业务,并且同时也能够支持对称业务,从而更适合 3G 系统的多业务多速率传输需求。

● 频段分配灵活,频谱效率提高。TDD 不需要成对的频率资源,使频段分配与划分更加简单灵活,并且可以采用动态信道分配技术(DCA),有利于提高频谱利用率。

当然,TDD 技术也是一分为二的,有上述诸多优点,也存在一些主要缺点,列举如下:

● 移动速率与覆盖距离受限。由于信道互易约束和避免上下行干扰,TDD 在移动速率与覆盖距离方面不及 FDD。ITU-R 要求 FDD 移动速率为 500km/h,覆盖达到几十千米,而仅要求 TDD 移动速率为 120km/h 和 10km 的较小覆盖范围。

● 脉冲发射,干扰较大。在发射功率方面,由于 TDD-CDMA 是间隙式发射,FDD-CDMA 为全部时隙连续发射,导致 TDD-CDMA 脉冲功率大,对其他用户的干扰也就大。

● 同步精度高,网络侧处理复杂。由于 CDMA 为自干扰系统,在不同步或同步不良时,TDD-CDMA 可能存在多种(小区内,小区不同制式之间)干扰,为了降低干扰,TDD-CDMA 对同步要求比较高,比如,基站间要采用高精度的 GPS 实现定时同步,或采用网络自同步机制等,增加了网络侧处理的复杂度。

## 14.6 TD-SCDMA

本节主要介绍我国自主知识产权的 3G 移动通信系统——TD-SCDMA 的关键技术。

### 14.6.1 概述

TD-SCDMA 系统的物理层主要技术与 WCDMA 基本类似,而网络结构与 WCDMA 是一样的,都采用 UMTS 网络结构。两者之间的主要区别在于空中接口。TD-SCDMA 采用 TDD 的时分双工方式,另外在物理层运用了一些有特色的技术,如智能天线、联合检测、低码片速率与软件无线电,以及同步 CDMA 的一系列新技术。在网络方面,TD-SCDMA 后向兼容 GSM 系统,支持 GSM/MAP 核心网,使网络能够由 GSM 平滑演进到 TD-SCDMA。同时,它与 WCDMA 具有相同的网络结构和高层指令,两类制式可以使用同一核心网。而且,它们都支持核心网逐步向全 IP 方向发展。TD-SCDMA 网络层的主要特点是无线资源管理(RRM)中采用了接力切换技术和动态信道分配(DCA)技术。本节将分别从物理层和网络层对 TD-SCDMA 予以简介。

### 14.6.2 物理层技术

#### 1. 系统参数

TD-SCDMA 与将在 14.7 节介绍的 UTRA TDD 都属于 3GPP 标准的 TDD 制式。TD-SCDMA 的主要参数如表 14.15 所示。

表 14.15　TD-SCDMA 的主要参数

| 参数 | 说明 | 备注 |
|---|---|---|
| 占用带宽/MHz | 1.6 | |
| 每载波码片速率/Mcps | 1.28 | |
| 扩频方式 | DS,SF=1/2/4/8/16 | |
| 调制方式 | QPSK/8PSK | |
| 信道编码 | 卷积码:R=1/2,1/3,Turbo 码 | |
| 帧结构 | 帧长 10ms,分为两个子帧,每个子帧 5ms | |
| 交织/ms | 10/20/40/80 | |
| 时隙数 | 7 个业务时隙,两个特殊时隙 | |
| 上行同步精度 | 1/8 chip | |
| 容量(每时隙话音信道数) | 16 | 同时工作 |
| 每载波话音信道数 | 48 | 对称业务 |
| 容量(每时隙总传输速率) | 281.6kbps | 数据业务 |
| 每载波总传输速率 | 1.971Mbps | 数据业务 |

| 参数 | 说明 | 备注 |
|---|---|---|
| 话音频谱利用率/Erl·MHz$^{-1}$ | 25 | 对称话音业务 |
| 数据频谱利用率/Mbps·MHz$^{-1}$ | 1.232 | 非对称话音业务 |
| 智能天线 | 波束成形,与联合检测组合 | |
| 多址方式 | SDMA/CDMA/TDMA/FDMA | |

根据我国对无线频谱的规划,TD-SCDMA 可用频段列于表 14.16 中。

表 14.16　中国为 TD-SCDMA 规划的无线频谱

| 分配频段 | 属性 | 备注 |
|---|---|---|
| 1900～1920MHz | 上行/下行共用 | 3G 核心频段 |
| 2010～2025MHz | 上行/下行共用 | 3G 核心频段、中国移动 TD 运营频段 |
| 1850～1910MHz | 上行/下行共用 | |
| 1930～1990MHz | 上行/下行共用 | |
| 1910～1930MHz | 上行/下行共用 | |
| 1880～1900MHz | 上行/下行共用 | 中国移动 TD 运营频段 |
| 2300～2400MHz | 上行/下行共用 | 3G 扩展频段 |

**2. 帧结构与信道类型**

TD-SCDMA 的物理信道采用 3 层帧结构:无线帧、子帧和时隙/码。时隙用于在时域上区分不同用户信号,具有 TDMA 的特性。帧结构如图 14.35 所示。

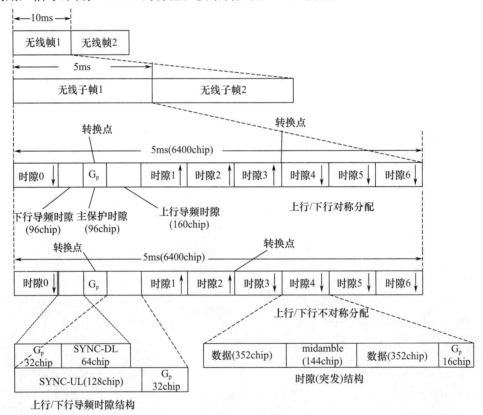

图 14.35　TD-SCDMA 的帧结构

由图可知,TD-SCDMA 帧结构分 3 个层次,一个无线帧长为 10ms,又可分为两个 5ms 的无线子帧,它们的结构完全相同。

每个无线子帧长 5ms,又可分为长度为 $675\mu s$ 的 7 个常规时隙和 3 个特殊时隙:下行导频时隙 $D_W PTS(75\mu s)$、主保护时隙 $GP(75\mu s)$ 和上行导频时隙 $U_P PTS(125\mu s)$。

在 TD-SCDMA 系统中,每个 5ms 的无线 TDMA 子帧又可分为上行/下行对称分配与上行/下行非对称分配两类,这两类中的 7 个常规时隙的 0 时隙用于下行小区广播,其余 6 个时隙在对称型中上行/下行比例为 3:3,非对称型中上行/下行比例为 2:4,上行/下行转换时通过转换点实现,控制转换点还可以灵活分配上行/下行时隙的个数,以适应不同业务的需求。

与 WCDMA 类似,TD-SCDMA 的信道类型也分为逻辑信道、传输信道与物理信道。表 14.17 给出了详细的信道功能描述。

表 14.17    TD-SCDMA 信道功能

| 信道类型 | 信道名称 | 功能 |
|---|---|---|
| 逻辑信道 | 广播控制信道(BCCH) | 承载系统广播控制信息 |
| | 寻呼控制信道(PCCH) | 承载寻呼信息,用于网络对 UE 的寻呼 |
| | 专用控制信道(DCCH) | 在网络和 UE 间双向传递专用控制信息 |
| | 共用控制信道(CCCH) | 在网络和 UE 间双向传递公共控制信息 |
| | 共享控制信道(SHCCH) | 在 UE 和网络间传递上行/下行共享信道的控制信息 |
| | 共用业务信道(CTCH) | 为一个或多个 UE 传递公共业务信息 |
| | 专用业务信道(DTCH) | 双向传递用户信息 |
| 传输信道 | 广播信道(BCH) | 用于承载 BCCH 信道的系统广播控制信息 |
| | 寻呼信道(PCH) | 承载 PCCH 信道的寻呼信息,支持 UE 有效休眠模式 |
| | 随机接入信道(RACH) | 承载来自 UE 的接入控制信息和一些短数据包 |
| | 前向接入信道(FACH) | 当系统已知 UE 位置时,承载向终端发送的控制信息和短数据包 |
| | 上行共享信道(USCH) | 承载上行专用控制信令和业务数据,被多个 UE 共享 |
| | 下行共享信道(DSCH) | 承载下行专用控制信令和业务数据,被多个 UE 共享 |
| | 专用信道(DCH) | 承载单个 UE 的上下行专用控制信令和业务数据 |
| 物理信道 | 主共用控制物理信道(PCCPCH) | 承载 BCH 信息,用于小区系统信息广播 |
| | 辅共用控制物理信道(SCCPCH) | 承载 PCH 与 FACH 信道信息 |
| | 物理随机接入信道(PRACH) | 承载 RACH 信道信息 |
| | 物理上行共享信道(PUSCH) | 承载 USCH 信道信息 |
| | 物理下行共享信道(PDSCH) | 承载 DSCH 信道信息 |
| | 专用物理信道(DPCH) | 承载 DCH 信道信息 |
| | 下行导频信道(DwPCH) | 承载 DwPTS 信息,用于下行同步 |
| | 上行导频信道(UpPCH) | 承载 UpPTS 信息,用于上行同步 |
| | 快速物理接入信道(FPACH) | 用于响应 UE 发送的接入请求,承载对 PRACH 信道的发送功率和同步偏移的调整信令 |
| | 寻呼标记信道(PICH) | 周期性发送寻呼标记,为 UE 提供有效的休眠模式操作 |

图 14.36 给出了网络侧 TD-SCDMA 各信道之间的映射关系。如图所示,TD-SCDMA 信道映射较复杂,控制信道较多,并且,虽然定义了上行/下行共享信道,但在实际系统中使用不多。

TD-SCDMA 除采用时分双工 TDD 技术外,在物理层还采用了智能天线、联合检测、低码片速率接入、慢速功率控制等关键技术。

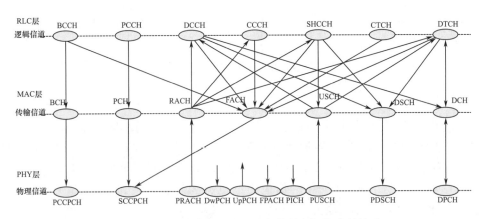

图 14.36 网络侧 TD-SCDMA 各信道之间的映射关系

### 3. 智能天线技术

在 TD-SCDMA 系统中,基于信道互易性,可以方便地应用智能天线、联合检测等先进技术。图 14.37给出了采用智能天线与联合检测的 TD-SCDMA 系统的结构示意。多个阵元的接收信号送入自适应权重调整模块,获得各个天线的权重系数,与阵元信号相乘,通过信号合并后,送入相关器阵列,与各个用户的本地扩频码相乘,解扩之后的信号送入联合检测单元进行多用户检测。利用 Midamble 解扩之后获取的各个用户信道估计,可以得到各用户多径信号的时延、幅度与相位信息,送入联合检测单元,进行信道补偿。另外,利用信道互易性,上行接收获得的自适应权重可用于下行发送权重向量,与编码调制扩频之后的下行发送信号相乘,从而实现了下行波束成形。利用了 TDD 模式的信道互易性,可以方便地利用上行信道估计的结果进行下行波束成形,有效消除了空间干扰,从而提高了系统容量。

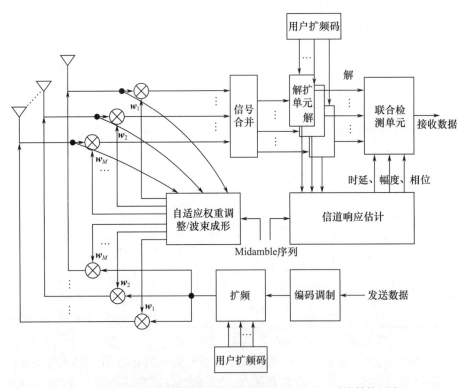

图 14.37 采用智能天线与联合检测的 TD-SCDMA 系统结构示意

从工程实现角度看,TD-SCDMA 系统采用的智能天线技术分为两类,一类是预多波束方法,另一类是自适应波束成形方法。预多波束方法基于测量和统计分析,预先构造波束数据库。当接收到用户数据时,根据信道响应估计,从数据库中选择特定的波束向量进行上行/下行波束成形。这种方法实现简单,硬件复杂度低,但无法对用户空间信道响应进行精确匹配,系统性能有所损失。更好的方法是采用自适应波束成形,典型算法可以分为 DoA 估计与子空间跟踪两类。一般地,TD-SCDMA 应用的典型场景是城区环境,NodeB 与 UE 之间往往不存在直射分量(LOS),因此基于 DoA 估计的方法难以保证可靠性。在实际系统中,往往采用对信道相关矩阵进行特征分解,提取最大特征值对应的特征向量,作为波束成形向量。这种方法就是所谓 EBB 算法的核心思想。基于信道互易性,采用智能天线能产生最大的载干比($C/I$)增益。图 14.38 给出了 TD-SCDMA 系统宏小区中采用智能天线而得到的效益。

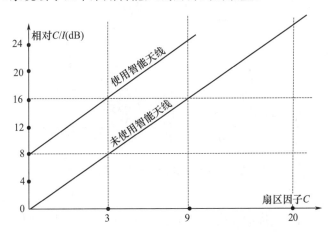

图 14.38  宏小区中采用智能天线的效益

由图 14.38 可见,采用智能天线(8 元阵列)后,其天线方向性增益约为 8dB,相当于载干比($C/I$)提高 8dB,等效于小区内干扰降低了 8dB。由于 CDMA 为干扰受限系统,干扰的降低就等效于容量的增加。另外,智能天线如果应用于固定无线接入系统,如 SCDMA 技术,则能够扩大覆盖范围,特别是在人口稀疏地区大有好处。

**4. 联合检测**

CDMA 系统(包括 TD-SCDMA)由于采用正交码而性能不理想,通过时变信道后会产生两种主要干扰:同一用户数据的符号间干扰(ISI),不同用户数据之间的多址干扰(MAI)。在 TD-SCDMA 中,影响信号的这两类干扰有 3 种相关性:不同用户码间的相关性、不同用户符号间的相关性以及同一用户符号间的相关性。克服这两类干扰的主要手段是采用联合检测。联合检测技术属于多用户检测理论,本书上册第 8 章中有详细介绍,不再赘述。这里仅结合 TD-SCDMA 的 TDD 和智能天线的特色说明两点。

(1) 对于 TD-SCDMA 方式,上行/下行采用同一频段,因而在时变信道中便于实现较精确的信道估计,改善多用户联合检测的性能。

(2) 将智能天线与多用户联合检测结合起来,在一个时隙中最多只有 8 个用户进行联合检测,采用解相关算法或干扰抵消算法,可以大大简化多用户检测实现的复杂度,进一步改善上行链路的性能。

**5. 低码片速率的接入技术**

TD-SCDMA 的多址接入方式为直扩码分多址 DS-CDMA,码片速率为 1.28Mcps,扩频后的带宽为 1.6MHz,都低于 UTRA TDD 制式。因此,在 3GPP 协议中被称为低码片速率(LCR),

其双工方式采用 TDD 方式。TD-SCDMA 低码片速率接入方式如图 14.39 所示。

由图 14.39 可知,在 TD-SCDMA 低码片速率接入方式中,除直扩码分多址方式外,还包括时分多址方式的部分,它可看成 TDMA/CDMA 结合的产物,而且可以进一步作 FDMA 划分。另外,由于采用了智能天线,可以在空间上进行 SDMA 划分,抑制用户间的相互干扰。正由于这一特点,它比同样采用 TDD 方式的 UTRA TDD 占用带宽窄,效率更高。

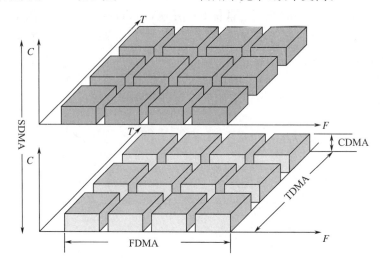

图 14.39   TD-SCDMA 低码片速率接入方式

### 6. 功率控制

为减小不同链路的相互干扰,TD-SCDMA 主要对上行/下行 DPCH 信道和 PRACH 信道进行功率控制。采用了联合检测算法,因此可以有效抑制小区内多用户间干扰,改善远近效应,降低对于功率控制速度和精度的要求。但实际系统中主要采用次优多用户检测算法,因此限制了系统性能的提高,TD-SCDMA 系统中仍然需要慢速开环和闭环功率控制,对链路间干扰进行抑制。

在 TD-SCDMA 系统中,基站广播发射功率和干扰水平。利用信道互易性,上行链路首先进行开环功率控制,根据基站广播的干扰水平和下行测量的路径损耗,移动台对上行路径损耗进行加权估计,确定上行发射功率。上行发射功率计算公式为

$$P_{UE} = \alpha L_{PCCPCH} + (1-\alpha)L_0 + I_{NodeB} + SIR_{target} + C \tag{14.5.6}$$

其中,$P_{UE}$(dBm)是 UE 发射功率,$L_{PCCPCH}$(dB)是测量得到的路径损耗,$L_0$(dB)是路径损耗的长期平均,$I_{NodeB}$ 是 NodeB 端接收到的干扰信号功率水平,$\alpha$ 是路径损耗预测的加权因子,依赖于上行时隙和最近的下行 PCCPCH 信道时隙的时延差,$SIR_{target}$(dB)是目标信干比,可以通过外环功率控制进行调整,$C$ 是常数。表 14.18 给出了 TD-SCDMA 的主要功率控制参数。

表 14.18   **TD-SCDMA 的主要功率控制参数**

|  | 上行链路 | 下行链路 |
|---|---|---|
| 功控方法 | 初始开环控制,然后进行基于 SIR 的内环控制,目标信干比采用外环控制调整 | 基于 SIR 的外环与内环控制 |
| 控制速率 | 闭环速率:0~200Hz<br>开环速率:依据上下行分配时隙的时延变化 | 0~200Hz |
| 闭环功控步长 | 1dB、2dB、3dB | 1dB、2dB、3dB |

### 14.6.3 网络层的主要特色

14.6.1 节已指出,TD-SCDMA 系统的网络结构与 WCDMA 的网络结构是一样的,这里介绍的是 TD-SCDMA 在网络运营时的主要特色。TD-SCDMA 系统的无线资源管理(RRM)设计比较灵活,其中,最具有代表性的是 RRM 算法采用的接力切换和动态信道分配(Dynamic Channel Allocation,DCA)技术。下面分别对接力切换、动态信道分配以及 TD-SCDMA 的组网方式予以简介。

**1. 接力切换**

接力切换是 TD-SCDMA 中一项重要的网络层核心技术,主要解决小区间切换问题。其原理是,利用动态用户的位置信息作为辅助信息来决定用户是否需要切换以及向何处切换,其过程类似于田径比赛中的接力,故形象地称为"接力切换"。下面简要介绍实现接力切换的必要技术条件、接力切换的主要过程和接力切换的主要特色。

(1) 实现接力切换的必要技术条件

TD-SCDMA 中,获得动态用户的准确位置信息是实现接力切换的关键。动态用户的准确位置信息包含用户信号的到达方向 DoA、与基站之间的距离两个主要信息。

TD-SCDMA 中的智能天线及基带数字信号处理技术,使其能较精确计算用户的 DoA,从而获得动态用户的方向信息。TD-SCDMA 中的精确上行同步技术,使得系统可以获得动态用户信号传输的时间偏移,进而计算出动态用户与基站之间的距离。

(2) 接力切换的主要过程

接力切换的主要过程可分为 3 步:测量、判决与执行。切换的基础是对用户当前服务小区和其周围可能被切换的目标小区位置,以及相应 QoS 性能的及时监测与评估,并将结果及时报告给所属无线网络控制器(RNC)。

RNC 根据动态用户或 NodeB 传送来的监测报告,进行分析、处理与评估,决定动态用户是否进行切换,若动态用户在当前服务小区的信号服务质量低于业务需求门限,则立即选择 RNC 中一个信号最强的小区作为切换的目标小区。

确定目标小区后,RNC 立即执行切换控制算法,判断目标小区基站是否可以接受该切换申请。如果允许接入,则 RNC 通知目标小区对动态用户实时检测以确定信号最强方向,做好建立新信道的准备,并反馈给 RNC,再通过原基站通知动态用户转入新信道,拆除原信道,最后与目标小区建立正常通信。

(3) 接力切换的主要特色

接力切换是介于软切换与硬切换之间的一类新切换技术。与软切换相比,具有较高的切换成功率、较低的掉话率以及较小的上行干扰,同时,接力切换并不需要多个基站为一个移动台用户提供服务,因而提高了对资源的利用率,改善了软切换信令复杂、下行干扰大的缺点。与硬切换比较,具有较高的资源利用率、较简单的算法和较轻的信令负荷,不同之处在于硬切换是"先断后切",而接力切换则是断开与切换几乎同时进行,从而降低了切换掉话率,提高了切换成功率。

综上所述,接力切换吸收了软切换和硬切换的主要优点,因此是一种性能良好的切换技术。

**2. 动态信道分配技术**

动态信道分配(DCA)是 TD-SCDMA 系统中的另一项网络层核心技术。通过 DCA 能够灵活分配时隙资源,动态调整上行/下行时隙分配,从而灵活地支持对称和非对称型业务的需求。DCA 的主要目标是优化系统资源,在保证 QoS 的前提下提高信道利用率。

DCA 具有频带利用率高,无须信道预规划,并可自动适应网络负载和干扰变化的优点,缺点是 DCA 算法相对于固定信道分配要复杂、相应的系统开销也要大得多。这里,仅简介 DCA 原理、慢速 DCA 和快速 DCA。

（1）DCA 原理

在 DCA 技术中,信道不是按传统方式固定地分配给某个小区,而是被集中在一起按一定规则和方式进行分配的。只要能提供满足一定质量要求的足够多的链路,任何小区都可以将空闲信道分配给呼叫用户。在实际运行中,无线网络控制器(RNC)集中管理一些小区的可用资源,根据各小区的网络性能参数、系统负荷和业务的 QoS 参数,动态地将信道分配给用户。动态信道分配(DCA)一般可以分为两大类型:一类是将资源分配到小区,称为慢速 DCA;另一类是将资源分配给承载业务,称为快速 DCA。

（2）慢速 DCA

慢速 DCA 包含对各小区进行资源分配以及小区内上行/下行之间的资源分配。它遵循下列原则:

- 在频域内,可进行频率再用,可以采用大于 1 的频率复用系数。
- 在 TDD 帧结构中,上行/下行时隙可适应不同类型的非对称业务。
- 对不同小区、不同业务,小区的时隙分配可由干扰情况来决定。
- 可利用发/收数据的不连续空隙进行干扰测量,为 DCA 提供客观依据。

综上所述,慢速 DCA 可以看成 TD-SCDMA 系统宏观范围的资源动态分配。

（3）快速 DCA

相对于慢速的宏观范围资源动态分配,快速 DCA 则是在小区范围内对可承载业务的资源动态分配。它一般包含信道分配和信道调整两部分。快速 DCA 一般遵循下列原则:

- 在 TD-SCDMA 中,信道分配的基本资源单元(RU)是一个物理层中码字/时隙/载频/波束的组合。
- 多速率业务通过对 RU 的集中分配获得,可以在码域/时域/空域中实现。
- 上行/下行时隙中最大可用码字的数目,依赖于信道特性、环境、智能天线等。
- 对于实时与非实时业务,信道分配有所不同。实时业务根据可变速率业务占用相应的信道资源,而非实时业务的信道分配遵循最有效策略。
- 小区内切换的信道重新分配可以由下列 3 个主要原因引起:时变信道的干扰变化;网络为接纳实时高速业务而进行的资源整合,以避免此类业务的码字被分散至过多的时隙中;采用智能天线时,DCA 可保证在同一时隙不同用户在空间上实现隔离。

快速 DCA 算法大致可以分成 3 类:随机分配、排序分配与重用最佳分配。

**3. TD-SCDMA 组网**

TD-SCDMA 作为 3G 的重要制式之一,具有较灵活的组网方式,不仅能够用于建设大区制的宏蜂窝网络系统,而且特别适合于高密度业务区组建微蜂窝和微微蜂窝网络。另外,还可以与其他移动蜂窝网络实现网络资源共享。

TD-SCDMA 系统支持对称和非对称业务:话音、数据、各类 IP 业务、移动 Internet 业务、多媒体业务等。它具有系统容量大、频谱利用率高、抗干扰能力强、设备成本低等优点。下面分别介绍 TD-SCDMA 系统组网的基本结构与配置。

TD-SCDMA 组网是按照 3GPP R4 版本,即 R4 网络支持的电路交换(CS)和分组交换(PS)的公共陆地移动网(PLMN)的基本配置来实现的,它不包含 IP、多媒体核心网子系统 IMS 域的功能实体。其结构如图 14.40 所示。由图可见,2G 的 BSS 与 3G 的 RNS 地位相同,核心网为了兼容 2G BSS 在 SGSN 上的 $G_b$ 接口和 BSS 相连。增加核心网-媒体网关(CS-MGW)使得 CS 域的业务数据流和信令流分离,在功能上使得整个核心网中 CS 域的功能单元分类更为清晰。其中,RNS 部分通过 $I_u$ 接口与核心网相连。RNS 包括无线网络控制器 RNC 和一个或多个 No-deB。而 NodeB 可处理一个或多个小区,并通过 $I_{ub}$ 接口与 RNC 相连。RNC 之间则通过 $I_{ur}$ 接口相连。它可以是直接的物理连接,也可以通过合适的传输网连接。

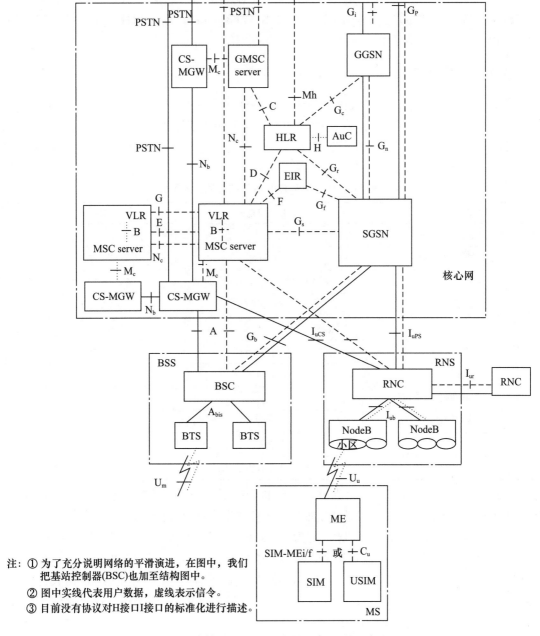

注:① 为了充分说明网络的平滑演进,在图中,我们
把基站控制器(BSC)也加至结构图中。
② 图中实线代表用户数据,虚线表示信令。
③ 目前没有协议对H接口I接口的标准化进行描述。

图 14.40 支持 CS 和 PS 业务的 PLMN 的基本配置

## 14.7 UTRA TDD

本节主要介绍 3G UTRA TDD 系统的主要特点,并与 TD-SCDMA 进行对比。

### 14.7.1 概述

除了 TD-SCDMA,3GPP 标准还定义了两种 TDD 制式。一种是 R99 版本引入的 3.84Mcps 的宽带 TDD,另一种是 R7 版本引入的 7.68Mcps 的 TDD,统称为 UTRA TDD。由于这两种 TDD 制式码片速率高于 TD-SCDMA,因此协议术语称为 HCR(High Chip Rate)。2008 年之后,TD-SCDMA 在中国大规模部署与商业运营,而在欧洲,运营商获得的 TDD 频谱通常只有 5MHz,因此 UTRA TDD 是合适的选择。在日本,7.68Mcps TDD 有可能占用 2010~2025MHz 的核心频段,在一些实验网中应用。

### 14.7.2 系统参数

UTRA TDD 两种制式的主要参数如表 14.19 所示。这两种制式基本参数一致,主要差别在于信道带宽和码片速率,3.84Mcps TDD 的码片速率和信道带宽与 FDD 相同,也为 3.84Mcps 和 5MHz,而 7.68Mcps TDD 的码片速率为 7.68Mcps,信道带宽为 10MHz。考虑业务速率的兼容,后者引入了 SF＝32 的扩频因子。

表 14.19　UTRA TDD 两种制式的主要参数

| 项目 | UTRA TDD | UTRA TDD 扩展 |
| --- | --- | --- |
| 占用带宽/MHz | 5 | 10 |
| 每载波码片速率/Mcps | 3.84 | 7.68 |
| 扩频方式 | DS,SF＝1/2/4/8/16 | DS,SF＝1/2/4/8/16/32 |
| 调制方式 | QPSK | QPSK/16QAM |
| 信道编码 | 卷积码:R＝1/2,1/3,Turbo 码 | 卷积码:R＝1/2,1/3,Turbo 码 |
| 帧结构/ms | 无线帧长 10ms | 无线帧长 10ms |
| 交织/ms | 10/20/40/80 | 10/20/40/80 |
| 时隙数 | 15 | 15 |
| 上行同步 | 4chip | 4chip |
| 智能天线 | 较困难 | 较困难 |
| 多址方式 | CDMA/TDMA/FDMA | CDMA/TDMA/FDMA |

图 14.41 给出了 UTRA TDD 制式的帧结构,它们结构类似,无线帧长为 10ms,划分为 15 个时隙,每个时隙的信号都是突发脉冲形式,有 4 种突发类型,可以灵活配置为上行或下行信道。对于 3.84Mcps TDD 模式,一个时隙长度为 2560 码片,下行时隙包含数据符号、传输格式 TFCI、功控比特 TPC、Midamble 以及保护时间 $G_p$,其中 Midamble 长度为 512/320/256 码片;而上行时隙包含数据符号、传输格式 TFCI、Midamble 以及保护时间 $G_p$,其中 Midamble 长度为 512/256 码片。而对于 7.68Mcps TDD 模式,一个时隙长度为 5120 码片,上行/下行时隙结构大同小异,Midamble 长度为 1024/512 码片。

### 14.7.3 TDD 制式比较

UTRA TDD 与 TD-SCDMA 具有相同的技术基础。两种制式的差别主要体现在空中接口参数上,L2/L3 层协议栈基本相同,并都会接入相同的 RNC 与核心网。表 14.20 给出了两种制式的比较。

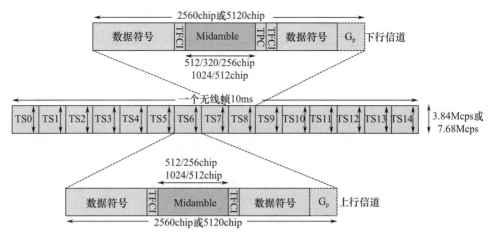

图 14.41　UTRA TDD 制式的帧结构

**表 14.20　UTRA TDD 与 TD-SCDMA 的比较**

| 项目 | TD-SCDMA | UTRA TDD |
|---|---|---|
| 小区半径 | 约 11km | 约 4km |
| 峰值数据速率 | 384kbps,1～2Mbps(8PSK) | 2Mbps |
| 与 UMTS 网络的融合 | 接入 RNC/CN | |
| 智能天线使用 | 适合采用智能天线,商用系统已应用 | 可选 |
| 非对称业务支持 | 可以 | 可以 |
| 基站间干扰共存 | 同频组网理论可行,但异频组网更合适 | 同频组网理论可行 |
| 移动台干扰共存 | 异频组网更合适 | 可以支持高密度用户 |
| 对于 UMTS 业务和应用的支持 | 可以 | 可以 |
| 与 UMTS FDD 切换 | 支持 | 支持 |

TD-SCDMA 码片速率更低,与智能天线组合,能够覆盖更大的小区(半径:11km),使 LCR 适用范围更广,可以应用于城区和农村。而 HCR 由于小区半径较小,较适合于密集城区(半径:4km)。另外,为了支持高速数据速率(1～2Mbps),低码片速率要求更高的 SNR 和更多的发送时隙。TD-SCDMA 可以采用 DCA 机制,能够更有效地进行小区间干扰协调;与智能天线结合,可以有效提高频谱利用率。

### 14.7.4　TDD 与 FDD 系统的比较

3GPP TDD 与 FDD 系统的技术比较如表 14.21 所示,由于帧格式、码片速率、信道带宽等的差异,TDD 与 FDD 系统在空中接口有所差异,但都接入统一的 RNC 与核心网,能够支持 UMTS 的业务与应用。

**表 14.21　3GPP TDD 与 FDD 系统的技术比较**

| 项目 | UTRA TDD | UTRA FDD |
|---|---|---|
| 多址接入方式 | TDMA/CDMA/FDMA | CDMA/FDMA |
| 双工方式 | TDD | FDD |
| 信道带宽 | 10MHz/5MHz/1.66MHz | 5MHz |
| 码片速率/Mcps | 7.68/3.84/1.28 | 3.84 |

| 项目 | UTRA TDD | UTRA FDD |
|---|---|---|
| 时隙结构 | 15/14 时隙/帧 | 15 时隙/帧 |
| 无线帧长度 | 10ms | |
| 多速率支持方式 | 多码、多时隙与 OVSF | 多码与 OVSF |
| 信道编码 | 卷积码:R=1/2,1/3,Turbo 码 | |
| 交织 | 10/20/40/80ms | |
| 调制方式 | QPSK/8PSK | QPSK |
| 突发脉冲类型 | 4 类:业务突发、随机接入突发、同步突发、MBSFN 突发 | 无 |
| 信号检测 | 基于 Midamble 相干解调 | 基于导频符号相干解调 |
| 专用信道功率控制 | 上行:开环;速率可变;闭环;0~200Hz<br>下行:闭环;0~200Hz | 快速闭环功率控制;1500Hz |
| 切换 | 同频:硬切换/接力切换<br>异频:硬切换 | 同频:软切换<br>异频:硬切换 |
| 信道分配 | 支持 DCA | 不支持 |
| 小区内干扰抵消 | 支持联合检测 | 多用户检测可选 |
| 扩频增益 | 1~16(7.68Mcps 可以为 32) | 4~512 |

# 14.8　TD-HSPA

本节概要介绍 B3G TD-HSPA 的基本原理,说明 TDD 在 B3G 标准中的特色技术。

## 14.8.1　概述

TD-HSPA 包括 TD-HSDPA 与 TD-HSUPA,它们是 TD-SCDMA 系统在 R5 和 R7 协议中引入的 TDD 增强性技术,下行峰值速率达到 2.8Mbps,上行峰值速率达到 2.2Mbps。TD-HSPA 主要在物理层引入了自适应编码调制(AMC)和 HARQ,在网络层引入了快速调度等增强性技术。

## 14.8.2　TD-HSDPA

如前所述,TD-SCDMA 采用了 TDD 双工方式,支持非对称业务。但由于下行业务数据速率的急剧增长,仅依靠动态调整上下行时隙不足以满足下行高速数据传输的需求,因此需采用 TD-HSDPA 技术。

TD-HSDPA 的逻辑信道与 TD-SCDMA 相同,在传输信道中引入了 HS-DSCH 信道,在物理信道中引入了 3 个新的信道,新增信道如表 14.22 所示。

表 14.22　TD-HSDPA 新增信道

| 信道类型 | 信道名称 | 功能 |
|---|---|---|
| 传输信道 | 高速下行共享信道(HS-DSCH) | TD-HSDPA 专用传输信道,<br>通过时分复用和码分复用,不同 UE 可以共享信道 |
| 物理信道 | 高速物理下行共享信道(HS-PDSCH) | 承载 HS-DSCH 信道的业务数据 |
| | HS-DSCH 共享控制信道(HS-SCCH) | 承载与 HS-DSCH 信道有关的高层控制信息 |
| | HS-DSCH 共享信息信道(HS-SICH) | 承载与 HS-SCCH 有关的高层控制信息和 CQI 信息 |

在 TD-HSDPA 系统中,每个 UE 最多配置一个 HS-DSCH 信道,可以进行波束成形,既能够采用功率控制,也能够采用链路自适应技术进行速率控制。每个 HS-DSCH 信道可以映射到一个或多个 HS-PDSCH 信道。HS-PDSCH 的扩频因子可以采用 1 或 16,对于支持多载波的 UE,HS-PDSCH 可以在连续的多个载波中同时发送;如果 UE 只支持单载波,则 HS-PDSCH 与 DPCH 信道使用同一个载波。为方便链路自适应和快速调度,HS-DSCH 传输信道的 TTI 固定为 5ms,信道编码为 Turbo 码。

### 14.8.3    TD-HSUPA

在引入 TD-HSDPA 的基础上,R7 协议中引入了 TD-HSUPA 技术,实现对上行业务速率的增强。TD-HSUPA 使用的增强技术与 TD-HSDPA 类似,包括 AMC、HARQ、快速调度等。

TD-HSUPA 的逻辑信道与 TD-HSDPA 相同,在传输信道中引入了增强专用信道(E-DCH),在物理信道中引入了 5 个新的信道,新增信道如表 14.23 所示。

**表 14.23    TD-HSUPA 新增信道**

| 信道类型 | 信道名称 | 功能 |
| --- | --- | --- |
| 传输信道 | 增强专用信道(E-DCH) | TD-HSUPA 专用传输信道,通过时分复用,不同 UE 可以共享信道 |
| 物理信道 | E-DCH 上行物理信道(E-PUCH) | 承载 E-DCH 信道的业务数据 |
| | E-DCH 随机接入<br>上行控制信道(E-RUCCH) | 用于 UE 在未获得授权情况下,承载请求资源授权信息 |
| | E-DCH 绝对授权信道(E-AGCH) | 用于 NodeB 向 UE 发送调度资源授权信息 |
| | E-DCH HARQ 标记信道(E-HICH) | 用于 NodeB 向 UE 反馈每个传输块的 ACK/NAK 信息 |
| | E-DCH 上行控制信道(E-UCCH) | 传输上行 E-DCH 控制信息 |

E-PUCH 信道的扩频因子可以为 1/2/4/8/16,调制方式为 QPSK/16QAM,TTI 间隔为 5ms,E-PUCH 的物理资源分为调度资源和非调度资源。调度资源主要应用于数据业务,而非调度资源由 RNC 通过高层信令进行半静态分配,主要应用于时延敏感业务。

### 14.8.4    TD-HSPA＋

为了填补 HSPA 和 LTE 之间的空白,并以较小代价得到与 LTE 相近的性能,FDD 模式的 HSPA＋写入了 3GPP R7 协议中,而在 R8 中引入了 TD-HSPA＋。TD-HSPA＋采用了许多新的技术,如 MIMO、更高阶的调制模式以及连续分组连接(CPC)等,这些技术与第 13 章 HSPA 描述的关键技术类似,这里不再赘述。

### 14.8.5    TD-HSPA 与 FDD HSPA 的比较

TD-HSPA 与 FDD HSPA 都采用了 AMC、HARQ 和快速调度等关键技术,但在技术细节方面有所差异。下面分别从下行增强技术和上行增强技术两方面比较两种制式的差别。

**1. TD-HSDPA 和 FDD HSDPA 的差别**

TD-HSDPA 与 FDD HSDPA 主要在帧结构、编码复用方式和信令格式方面有所差异,详细列举如下:

● 帧结构不同。TD-HSDPA 子帧是 5ms,对应的 TTI 也为 5ms,而 FDD HSDPA 的子帧是 2ms,对应的 TTI 为 2ms。

● 信道结构不同。两个系统都引入了下行专用传输信道 HS-DSCH,通过码分和时分复用方式为多个 UE 共享。对于 TD-HSDPA,HS-DSCH 信道的扩频因子为 1 或 16,而对于 FDD HS-DPA,HS-DSCH 信道的扩频因子固定为 16,采用多码传输,最多有 15 个码道。

● 编码复用方式不同。由于 TD-HSDPA 的 TTI 为 5ms,而 FDD HSDPA 的 TTI 为 2ms,因此其编码复用的方式有所差异。与之对应的 HS-SCCH 信道的编码复用也各不相同。

● 控制信道的差异。TD-HSDPA 使用 HS-SICH 信道传送推荐 CQI 信息、传输格式信息和 HARQ 信息,所传送的 CQI 和 ACK/NACK 分别编码,并复接在一起交织发送。而 FDD HSD-PA 使用 HS DPCCH 传送终端 HARQ 反馈信令及 CQI 信息,两类信息分别编码,不直接复用,在不同时间发送。

**2. TD-HSUPA 和 FDD HSUPA 的差别**

TD-HSUPA 与 FDD HSUPA 主要在信道功能、HARQ 和快速调度等方面有所差异,详细列举如下:

● 增强信道不同。FDD HSUPA 中的增强专用信道(E-DCH)只能进行单个用户独占,通过码分方式复用,这是因为在 WCDMA 上行链路中,每个 UE 采用不同的上行扰码,因此 UE 无法共享 E-DCH 信道。而在 TD-HSUPA 中,由于每个小区的上行采用一个扰码,E-DCH 信道既可以码分复用也可以时分复用,能够实现单个 UE 独占或多个 UE 共享两种功能。

● HARQ 机制不同。FDD HSUPA 技术中上行采用同步 HARQ 机制,主要好处是节省信令开销,不需要 HARQ 处理序号。但对于 TD-HSUPA,采用同步 HARQ 会引起冲突。如果采用同步 HARQ 机制,则调度器无法区分某用户重传数据块与其他用户业务数据块,从而造成错误。因此 TD-HSUPA 中使用异步 HARQ 机制。

● 调度机制不同。在 FDD HSUPA 调度中,由于各用户的上行扰码唯一,因此上行调度主要考虑为不同 UE 分配传输格式组合集(TFCS)和传输时隙,以便有效控制上行链路的干扰。而对于 TD-HSUPA 系统,由于一个小区所有 UE 采用相同扰码,因此调度算法必须考虑 3 种资源(TFCS、传输时隙和码道)的优化分配,因此调度算法更复杂。

# 14.9 本 章 小 结

本章详细介绍了 3G 和 TDD 移动通信系统的基本技术特征。首先介绍了 3G 的标准化进程,接着简要介绍 WCDMA 与 CDMA2000 两种典型 3G 系统的基本参数与信道分类,然后阐述了 HSPA 的基本原理、信道结构与物理层关键技术,感兴趣的读者可以查阅参考文献[14.6][14.7][14.8][14.9][14.10]。进一步对 CDMA2000 EV-DO 增强技术进行了概要总结,技术细节可以查阅相关协议[14.11][14.12][14.13][14.14]。

对于 TDD 移动通信,本章首先介绍了 TDD 的基本工作原理和技术特点,然后详细说明了 TD-SCDMA 系统的技术特色,并简要介绍了 UTRA TDD 的基本特点,将 3 种 TDD 制式进行了对比,并与 FDD 模式进行了比较。进一步,扼要介绍了 TD 技术的演进——TD-HSPA 的关键技术和主要特点,并与 FDD 模式下的 HSPA 技术进行了总结和对比。需要进一步了解 3GPP TDD 模式技术细节的读者,可以参考相关协议[14.15][14.16][14.17][14.18][14.19]。

# 参 考 文 献

[14.1] http://www.itu.int.

[14.2] http://www.3gpp.org.

[14.3] http://www.3gpp2.org.

[14.4] http://wirelessman.org.

[14.5] http://www.wimaxforum.org.

[14.6] 3GPP TS25.211:"Physical channels and mapping of transport channels onto physical channels(FDD)".

[14.7] 3GPP TS25.212:"Multiplexing and channel coding(FDD)".

[14.8] 3GPP TS25.213:"Spreading and modulation(FDD)".

[14.9] 3GPP TS25.214:"Physical layer procedures(FDD)".

[14.10] 3GPP TS25.215:"Physical layer-Measurements(FDD)".

[14.11] 3GPP2C.S0002-0 V 1.0,"Physical Layer Standard for CDMA2000 Spread Spectrum Systems", July 1999.

[14.12] 3GPP2 C.S0024-0 Version 4.0,"CDMA2000 High Rate Packet Data Air Interface Specification",October 2002.

[14.13] 3GPP2 C.S0024-A Version 3.0,"CDMA2000 High Rate Packet Data Air Interface Specification",September 2006.

[14.14] 3GPP2 C.S0024-B Version 2.0,"CDMA2000 High Rate Packet Data Air Interface Specification",March 2007.

[14.15] 3GPP TS 25.221:"Transport channels and physical channels(TDD)".

[14.16] 3GPP TS 25.222:"Multiplexing and channel coding(TDD)".

[14.17] 3GPP TS 25.223:"Spreading and modulation(TDD)".

[14.18] 3GPP TS 25.224:"Physical layer procedures(TDD)".

[14.19] 3GPP TS 25.225:"Physical layer-Measurements(TDD)".

[14.20] E. Dahlman, S. Parkvall, J. Skold and P. Beming. 3G Evolution HSPA and LTE for Mobile Broadband Second Edition. Elsevier,2008.

[14.21] H. Holma and A. Toskala. WCDMA for UMTS-HSPA Evolution and LTE, Fourth Edition, John Wiley&Sons,2007.

[14.22] Y. Park and F. Adachi. Enhanced Radio Access Technologies for Next Generation Mobile Communication. Springer,2007.

[14.23] H. Haas and S. McLaughlin. Next Generation Mobile Access Technologies Implementing TDD. Cambridge University Press,2007.

[14.24] R. Esmailzadeh and M. Nakagawa. TDD-CDMA for Wireless Communications. Artech House,2003.

[14.25] P. Chitrapu. Wideband TDD WCDMA for the Unpaired Spectrum. John Wiley & Sons,2004.

# 习　　题

14.1　简述 3GPP 标准的演进与各协议版本的特点。

14.2　简述 3GPP2 标准的演进与各协议版本的特点。

14.3　试论述 HSDPA 的基本技术原理,包括 AMC、HARQ 与调度机制等。

14.4　试论述 HSUPA 的基本技术原理,包括 AMC、HARQ 与调度机制等。

14.5　试比较 HSPA 与 E-DO 标准的相同点与差异。

14.6　简述 TDD 与 FDD 的主要差别及 TDD 的技术优势。

14.7　根据 TD-SCDMA 的帧结构,计算其覆盖小区半径,估算保护时间 $G_p$ 引入的信噪比损失。

14.8　根据 UTRA TDD 的帧结构,计算其覆盖小区半径,估算保护时间 $G_p$ 引入的信噪比损失,并与 TD-SCDMA 进行比较。

14.9　查阅相关学术文献,用 MATLAB 编程实现 EBB 波束成形算法,并通过仿真分析其性能。

14.10　查阅相关学术文献,用 MATLAB 编程实现联合检测典型算法,并分析其抑制 MAI 的性能。

14.11　比较分析 UTRA TDD 与 TD-SCDMA 系统的功率控制机制与性能。

14.12　比较分析 TD-HSPA 与 WCDMA HSPA 的技术相同点和差异。

14.13 编程实现 TD-HSPA 的 HARQ 机制,并分析其仿真性能。

14.14 编程实现 TD-LTE 的 AMC 机制,并与 TD-HSPA 的 AMC 链路性能比较。

14.15 总结分析 TDD 技术在 2G、3G 与 4G 系统中应用的演进过程。

# 第 15 章  4G 与 5G 移动通信系统

本章主要介绍 4G 与 5G 移动通信系统。首先简要介绍 IMT-Advanced 与 IMT-2020 两类宽带移动通信的系统需求与标准化进程,然后介绍 LTE 与 WiMAX 两种 4G 移动通信系统的空中接口与关键技术,最后介绍 5G NR 系统的空中接口与关键技术。

## 15.1  标准化进程

最近十年,4G 移动通信技术在全球得到大规模商用,5G 宽带移动通信技术也已经完成标准化,正在进行商用。这些新型移动通信技术的标准化与应用,有力推动了移动通信技术的快速发展,满足了用户对无线数据业务尤其是移动多媒体业务的需求。本节概要介绍 4G 与 5G 标准化的进程,梳理它们标准化工作的脉络。

从 3G 到 5G 的主流宽带移动通信技术标准演进如图 15.1 所示,包括 3G、B3G、E3G、4G、5G 这样几个阶段。移动通信标准的系统需求主要由 ITU-R WP5D 工作组负责制定。对于 4G 移动通信,主要在 IMT-Advanced 标准框架下,完成技术需求说明与全球无线接口技术标准征集,于 2011 年完成技术标准化工作。而对于 5G 移动通信,主要在 IMT-2020 标准框架下,完成技术需求说明与技术标准征集,在 2018—2020 年完成技术标准化工作。

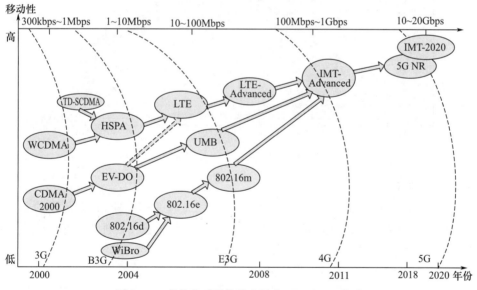

图 15.1  宽带移动通信技术标准(3G 至 4G)演进

3G 到 4G 的标准演进分为 3 条不同的技术路线。其中,WCDMA—HSPA—LTE—LTE-Advanced 标准的演进由 3GPP 标准化组织负责;CDMA2000—EV-DO—UMB 标准的研究由 3GPP2 标准化组织负责;802.16d—802.16e—802.16m 标准的研究由 IEEE 标准化组织负责,这些标准都汇聚为 4G IMT-Advanced 标准。中国提出的 TD-SCDMA 标准已融合到 WCDMA 标准中,韩国提出的 WiBro 标准已融合到 802.16 标准中。

需要指出的是,2008 年 11 月,高通公司放弃了移动超宽带(UMB)技术的研发。因此 CD-

MA2000 EV-DO 标准也主要向 LTE 演进。可见,第一条路线是目前最重要的 4G 演进路线。

由图可知,随着移动通信技术从 3G 到 4G 的演进,数据传输速率沿 300kbps—1Mbps—10Mbps—100Mbps 一路发展,最终达到 1Gbps。从 4G 到 5G 的标准演进,是近年来移动通信技术的重大变革。数据传输的峰值速率进一步提升,提高到 10～20Gbps。

### 15.1.1 IMT-Advanced

在 ITU-R 中,WP5D 工作组负责 IMT-2000 和 IMT-Advanced 的标准化工作。图 15.2 给出了 IMT-2000 到 IMT-Advanced 的演进框架。如图所示,IMT-Advanced 包括了新的无线接口用于支持移动、漫游与固定无线接入。WP5D 工作组只负责 IMT-Advanced 标准框架定义、系统性能指标定义与评估方法规范[15.4],具体的无线接入技术由各专门的标准化组织如 3GPP/IEEE 等完成。2003 年,ITU-R 建议规范 M. 1645 给出了 IMT-Advanced 系统框架与主要目标[15.5]。2008 年,ITU-R 建议规范 M. 2134 给出 IMT-Advanced 无线接口的基本技术指标[15.6],M. 2135 定义了 IMT-Advanced 的评估方法[15.7]。下面简要介绍 IMT-Advanced 的系统特征与关键性能要求。

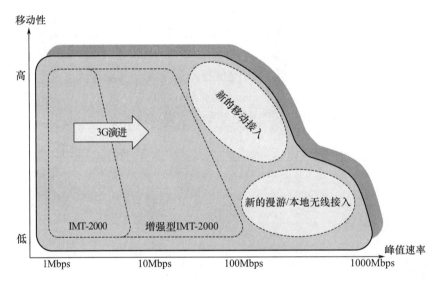

图 15.2  IMT-2000 到 IMT-Advanced 演进框架

#### 1. 系统总体特征

按照 ITU-R 规划,IMT-Advanced 系统支持低速到高速的移动应用,大范围的业务数据速率满足多用户环境中的用户和业务需求。IMT-Advanced 也能够在各种业务平台中支持高质量的多媒体应用,在业务性能和 QoS 方面获得极大提升。

IMT-Advanced 系统的关键特征列举如下:

● 系统功能在全球范围内高度通用,同时保持了系统灵活性,能够以低成本支持广泛的业务与应用。

　● 支持 IMT 网络和固网之间的业务兼容。

　● 具有与其他无线接入系统互操作的能力。

　● 高质量的移动业务。

　● 用户移动设备全球通用。

　● 移动应用、业务和设备具有用户友好性。

● 全球范围的漫游能力。

● 增强的峰值数据速率,支持先进的业务和应用(高速移动环境,峰值速率为100Mbps;低速移动环境,峰值速率为1Gbps)。

IMT-Advanced系统的能力随着用户需求和技术发展持续增强和提升。

**2. 最小系统要求**

IMT-Advanced系统的定义要考虑多方面的需求,包括移动用户、设备商、应用开发商、网络运营商以及业务和内容供应商。因此,IMT-Advanced的无线接入技术应适用于各种网络结构和环境;支持不同类型的移动业务和技术方案。M.2135建议规范定义了IMT-Advanced系统需要满足的最小性能要求,这些要求并不限制各种4G候选接入网技术的性能指标,只代表IMT-Advanced系统的典型性能,是ITU-R根据移动通信技术发展的考虑制定的。

(1) 小区频谱效率

小区(扇区)频谱效率 $\eta$ 的单位为bps/Hz/cell,按照如下公式计算:

$$\eta = \frac{\sum_{i=1}^{N} C_i}{T \cdot W \cdot M} \tag{15.1.1}$$

其中,$C_i$ 表示用户 $i$ 上行或下行链路正确接收的比特数,网络中有 $N$ 个用户、$M$ 个小区,$W$ 表示信道带宽,$T$ 表示发送时间。表15.1给出了IMT-Advanced在各种环境下的小区频谱效率参考指标(MIMO天线为 $4\times2$ 配置)。

表 15.1　IMT-Advanced 小区频谱效率参考指标

| 测试环境 | 下行(bps/Hz/cell) | 上行(bps/Hz/cell) |
| --- | --- | --- |
| 室内 | 3 | 2.25 |
| 微蜂窝 | 2.6 | 1.80 |
| 城区 | 2.2 | 1.4 |
| 高速 | 1.1 | 0.7 |

(2) 峰值频谱效率

IMT-Advanced系统峰值频谱效率最低指标如下,天线配置为下行 $4\times4$,上行 $2\times4$:

● 下行峰值频谱效率为15bps/Hz。

● 上行峰值频谱效率为6.75bps/Hz。

上述指标与信号带宽相乘,可以得到理论上的峰值速率。例如,下行40MHz带宽峰值速率为600Mbps,100MHz带宽峰值速率为1500Mbps;而上行40MHz带宽峰值速率为270Mbps,100MHz带宽峰值速率为675Mbps。

(3) 系统带宽

4G候选无线接入技术需要具有支持不同带宽配置的能力,IMT-Advanced要求带宽伸缩最高到40MHz,但也可以考虑支持高达100MHz的系统带宽。

(4) 小区边缘频谱效率

小区边缘频谱效率对应归一化用户吞吐率CDF曲线5%处对应的取值,具体定义如下。

$$\eta_i = \frac{C_i}{T_i \cdot W} \tag{15.1.2}$$

其中,$\eta_i$ 是用户 $i$ 的频谱效率,$C_i$ 表示用户 $i$ 正确接收的比特数目,$T_i$ 表示用户 $i$ 的会话激活时间,$W$ 为信道带宽。表15.2给出了IMT-Advanced在各种环境下的小区边缘频谱效率参考指标（MIMO 天线为 4×2 配置）。

表 15.2 IMT-Advanced 小区边缘频谱效率参考指标

| 测试环境 | 下行(bps/Hz) | 上行(bps/Hz) |
| --- | --- | --- |
| 室内 | 0.1 | 0.07 |
| 微蜂窝 | 0.075 | 0.05 |
| 城区 | 0.06 | 0.03 |
| 高速 | 0.04 | 0.015 |

（5）时延要求

控制平面时延定义为从空闲状态到激活状态的转移时间。不考虑下行寻呼时延和核心网信令处理时延，状态转移时间应小于 100ms，即在此时段中应建立用户平面。

用户平面时延定义为从基站/终端的 IP 层发送 SDU，到终端/基站的 IP 层正确接收到对应的 PDU 的单向传输时延。用户平面时延包括两部分：相关协议处理时延，保证终端处于激活状态的控制信令处理时延。IMT-Advanced 要求用户平面时延小于 10ms（上下行）。

（6）移动性要求

4 种测试环境的移动性要求如表 15.3 所示。

表 15.3 测试环境的移动性要求

| | 测试环境 | | | |
| --- | --- | --- | --- | --- |
| | 室内 | 微蜂窝 | 城区 | 高速 |
| 移动性要求 | 静止、步行(0~10km/h) | 静止、步行(0~10km/h)、车载(10~30km/h) | 静止、步行(0~10km/h)、车载(10~120km/h) | 车载(10~120km/h)、高速车载(120~350km/h) |

按照上述移动性要求，表 15.4 给出了天线配置为 4×2 的上行链路的频谱效率参考值，运动速度取各种环境的最高速度。

表 15.4 上行链路的频谱效率参考值

| | 频谱效率(bps/Hz) | 运动速度(km/h) |
| --- | --- | --- |
| 室内 | 1.0 | 10 |
| 微蜂窝 | 0.75 | 30 |
| 城区 | 0.55 | 120 |
| 高速 | 0.25 | 350 |

（7）切换中断

切换中断时间定义为用户终端无法与任何基站交互业务数据分组的时段。切换中断时间包括无线接入过程处理、无线资源控制信令处理或在 UE 和无线接入网之间交互其他消息的时间。IMT-Advanced 系统的切换中断时间要求如表 15.5 所示。IMT-Advanced 候选系统间的切换不必服从上述切换中断时间要求。

表 15.5 切换中断时间要求

| 切换类型 | | 中断时间/ms |
| --- | --- | --- |
| 同频切换 | | 27.5 |
| 异频切换 | 同频段异频 | 40 |
| | 不同频段间 | 60 |

（8）VoIP 容量

采用 12.2kbps 的声码器,50％的激活因子的 VoIP 业务模型,中断概率为 2％,单向无线接入时延小于 50ms,天线配置为 4×2。表 15.6 给出了 IMT-Advanced 系统 4 种场景的 VoIP 容量参考值。

表 15.6　测试环境的 VoIP 容量参考值

| 测试环境 | 最小 VoIP 容量(激活用户/sector/MHz) |
| --- | --- |
| 室内 | 50 |
| 微蜂窝 | 40 |
| 城区 | 40 |
| 高速 | 30 |

### 3. 频谱分配

WRC'07 大会上为 IMT-Advanced 分配了相应频段,4G 与 3G 共用核心频段,并给 4G 分配了额外的频段,包括 450～470MHz、698～806MHz、2300～2400MHz 及 3400～3600MHz 频段。这些频段分配在不同的国家和地区有所变化。

在中国,三大运营商的 4G 频段分配如表 15.7 所示。由表可知,中国移动主要运营 TD-LTE,使用 TDD 频段;中国联通与中国电信主要运营 FDD-LTE,使用 FDD 频段,同时使用少量的 TDD 频段,构成混合组网方式。

表 15.7　中国三大运营商的 4G 频段分配

| 运营商 | 频段 | FDD 频段 |
| --- | --- | --- |
| 中国移动 | 2320～2370MHz<br>2575～2635MHz<br>(130MHz 频谱) | — |
| 中国联通 | 2300～2320MHz<br>2555～2575MHz<br>(联通少量使用) | UL:1955～1980MHz<br>DL:2145～2170MHz |
| 中国电信 | 2370～2390MHz<br>2635～2655MHz<br>(电信少量使用) | UL:1755～1785MHz<br>DL:1850～1880MHz |

## 15.1.2　WiMAX 标准演进

### 1. WiMAX 论坛组织

WiMAX(Worldwide Interoperability for Microwave Access)标准由 IEEE 802.16 宽带无线接入(BWA)标准工作组制订。为了推动 WiMAX 产品的一致性验证、兼容性和互操作性,2001 年 6 月,由多家制造商与运营商共同组建了 WiMAX 论坛,其组织结构如图 15.3 所示。

WiMAX 论坛为有效推广无线城域网(WMAN,以 IEEE 802.16 系列标准为基础)的建设与运营,其项目协调委员会(PCG)设立了 8 个工作组(WG),简要说明如下。

● SPWG:以运营商为主的工作组,讨论运营方面的议题,包括网络架构、认证产品与市场、运营模式等。

● AWG:主要研究具有发展潜力的 WiMAX 应用服务。AWG 包含两个任务工作组(TG):AATG 和 ABTG。AATG 针对 WiMAX 架构与应用环境的关系展开研究;ABTG 针对用户使用场景、应用服务推广展开研究。

● NWG：以 802.16 标准为基础，制定上层网络规范，并依据 SPWG 提出的需求指标提出可行的网络架构规范。

● TWG：制定 WiMAX 产品的一致性测试规范及认证技术细节。

● CWG：负责 WiMAX 认证流程处理，包括各种测试项目、全球测试认证实验室的设置、申请、评估与管理，并与 TWG 配合推动各种测试认证技术的发展。

● RWG：负责全球电信法规中与 WiMAX 相关的频谱规范，期望制定全球通用的 WiMAX 频段。

● MWG：主要推动 WiMAX 论坛的全球化市场运营。

● GRWG：负责建立 WiMAX 全球漫游的架构与机制。

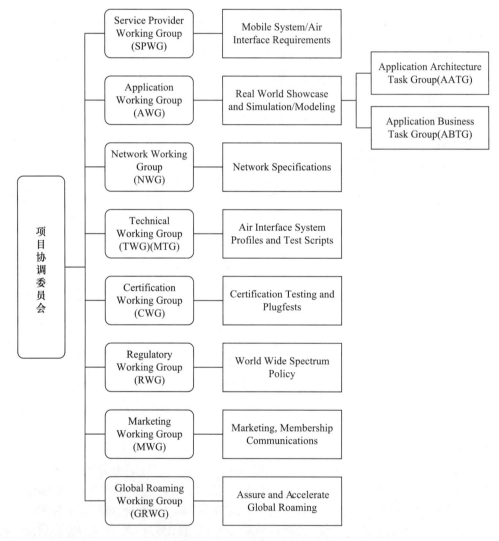

图 15.3　WiMAX 论坛组织结构

### 2. 802.16 版本演进

迄今为止，802.16 标准化组织发布了 10 个协议版本，其主要特征如图 15.4 所示。

IEEE Std 802.16/a/c 主要针对 2～11GHz、10～66GHz 频段进行标准化，在此基础上，2004 年发布的 IEEE Std 802.16-2004 协议融合了前三个协议，组成较完善的固定无线接入标准，并在 IEEE Std 802.16f 协议中完善了固定接入系统的管理信息规范。IEEE Std 802.16e 协议规范了移动宽带无线接入标准,其中的 TDD 技术已经满足 IMT-2000 的系统需求。IEEE Std 802.16g 协议补充了移动性管理规范。目前正在制订中的协议有:IEEE 802.16h,研究免许可证无线接收系统;IEEE 802.16j,研究移动多跳中继;IEEE 802.16m,进一步增强 802.16e 的系统性能,满足 IMT-Advanced 系统要求。

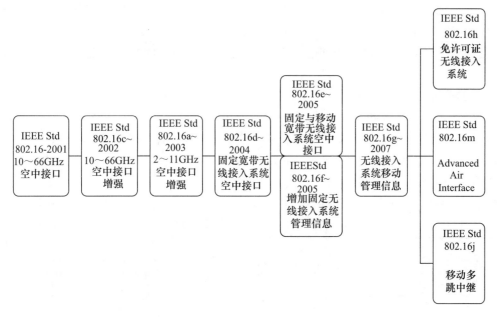

图 15.4 802.16 协议版本

从 802.16e 版本开始称为移动 WiMAX 标准。WiMAX 论坛与 IEEE 802.16 工作组共同推动了移动 WiMAX 标准的演进,如图 15.5 所示。基于 802.16e 或 802.16-2005 版本的移动 WiMAX 1.0 系统概要于 2006 年底完成,2007 年发布了认证商用系统。系统概要 1.0 版本包括了 802.16-2005 的所有必需特性,并且包含某些增强移动性和 QoS 支持的可选特性。该版本基于 OFDMA 多址技术,支持 MIMO 与波束成形,只定义了 TDD 模式,主要关注 2.3/2.5/3.5GHz 频段的 5MHz 和 10MHz 带宽。与此同时,2007 年还发布了 WiMAX 论坛网络版本 1.0,该协议主要规范了网络级设备兼容性测试和系统互操作测试。这个协议的目标是保证 WiMAX 设备的端到端互操作性,实现多个运营商之间即插即用式的网络部署,定义了基于 IP 连接的网络架构与业务,同时支持各种层次的移动性。

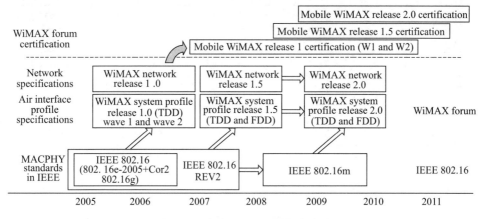

图 15.5 移动 WiMAX 的标准演进

为了应对 LTE 系统的竞争,根据运营商对先进业务的需求,WiMAX 论坛发布了系统概要和网络技术 1.5 版本,这是一个中间协议,对 802.16 协议进行了一些小的增强。网络技术 1.5 版本主要定义对动态 QoS 的支持,支持高级网络设备以及商用级的 VoIP 业务。系统概要 1.5 版本在新频段上定义了 FDD 工作模式,在 MAC 层处理的有效性方面有所提高。

下一个主要协议版本是移动 WiMAX 2.0,其基于 802.16m。该版本的主要目标是提高频谱效率,缩短处理时延,增强无线接入技术的灵活性,适应更宽的信号带宽。2010 年,802.16m标准正式发布,WiMAX 验证商用产品在 2011 年初发布。与此同时,WiMAX 论坛发布了网络技术 2.0 版本。

**3. 频谱分配**

WiMAX 的工作频段可以分为授权频段(Licensed bands)与免许可频段(License-exempt bands)。根据 RWG 规范,表 15.8 给出了 WiMAX 在各地区的期望工作频段。

● 授权频段:主要包括 2.3GHz、2.5GHz、3.3GHz 及 3.5GHz。其中 3.5GHz 频段是最广泛使用的 WiMAX 运营频段。

● 免许可频段:5.8GHz 频段,未来可以根据各国电信法规,选择 5～6GHz 的各种频段。

表 15.8 WiMAX 期望工作频段

| 适用国家或地区 | 使用频段 |
| --- | --- |
| 美国 | 2.3GHz、2.5GHz 和 5.8GHz |
| 中美洲/南美洲 | 2.5GHz、3.5GHz 和 5.8GHz |
| 欧洲 | 3.5GHz 和 5.8GHz,可能使用频段:2.5GHz |
| 东南亚 | 2.3GHz、2.5GHz、3.3GHz 和 5.8GHz |
| 中东与非洲 | 3.5GHz 和 5.8GHz |

TWG 工作组定义了固定(802.16d)和移动(802.16e)无线接入系统的工作模式,如表 15.9所示。

表 15.9 802.16d 与 802.16e 的工作模式

| 频段/GHz | 双工模式 | 适用标准 | 信道带宽 |
| --- | --- | --- | --- |
| 3.5 | TDD | IEEE 802.16d | 7MHz |
| 3.5 | TDD | IEEE 802.16d | 3.5MHz |
| 3.5 | FDD | IEEE 802.16d | 3.5MHz |
| 3.5 | FDD | IEEE 802.16d | 7MHz |
| 3.5 | TDD | IEEE 802.16d | 10MHz |
| 2.3～2.4 | TDD | IEEE 802.16e | 5MHz,8.75MHz,10MHz |
| 2.305～2.320 | TDD | IEEE 802.16e | 3.5MHz,5MHz,10MHz |
| 2.496～2.690 | TDD | IEEE 802.16e | 5MHz,10MHz |
| 3.3～3.4 | TDD | IEEE 802.16e | 5MHz,7MHz,10MHz |
| 3.4～3.8 | TDD | IEEE 802.16e | 5MHz,7MHz,10MHz |

## 15.1.3 IMT-2020

在 ITU-R 中,WP5D 工作组负责 IMT-2020 标准化工作。2015 年,ITU-R 建议规范

M.2083 定义了 IMT-2020 的应用场景、系统框架与主要目标[15.8]。从 2016 年开始，3GPP 启动了 5G NR 标准化进程。2017 年，ITU-R 建议规范 M.2410 给出 IMT-2020 无线接口的基本技术指标[15.9]，M.2411[15.10] 与 M.2412[15.11] 分别定义了 IMT-Advanced 的性能评估准则与方法。下面简要介绍 IMT-2020 的应用场景、系统特征与频谱分配。

**1. 应用场景**

相比于 4G 系统，5G 最显著的差别是大幅度扩展了应用场景，覆盖了人、机、物全连接通信的各种需求。在 IMT-2020 愿景规范中[15.8]定义了三种典型场景，分别是增强型移动宽带（eM-BB，enhanced Mobile BroadBand）、高可靠低时延通信（uRLLC，ultra-Reliable and Low Latency Communicaions）及大规模机器类通信（mMTC，massive Machine Type Communications），如图 15.6所示，其具体应用描述如下。

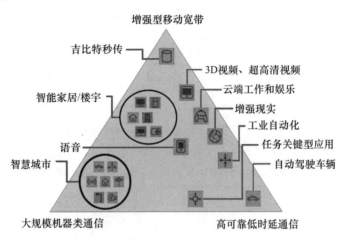

图 15.6　5G 系统的三大应用场景

● 增强型移动宽带（eMBB）场景。eMBB 场景是 3G 与 4G 移动通信应用场景的延续，主要满足移动环境下的高速数据业务需求。对于局部热点情况，eMBB 主要满足超高速移动数据传输、超高密度用户连接，需要支持超高容量接入。而对于广域覆盖情况，eMBB 主要强调超高速移动条件下用户对数据业务的无缝体验，可以降低对数据速率与用户密度的要求。eMBB 场景主要满足人类用户的移动业务需求，是以人为中心的通信场景。

● 高可靠低时延通信（uRLLC）场景。uRLLC 场景主要满足以人为中心或以机器为中心的应用。对于以人为中心的应用，典型实例是 3D 游戏或触觉互联网，在这些应用中，同时满足高速率与低时延要求。而对于后者，通常称为任务关键型通信，例如，在自动驾驶中，车与车之间的安全通信、工业生产设备的无线控制、远程医疗手术及智能电网中的配电自动化等。在这些应用中，对时延、可靠性与可用性有严格要求。

● 大规模机器类通信（mMTC）场景。mMTC 场景主要面向纯粹的机器为中心的应用，其典型特征是传送时延不敏感的小数据包业务，但要求海量无线接入。海量接入对系统的连接密度提出了极高要求，一般应用于大规模物联网场景，同时要求节点能够维持低功耗工作，延长工作周期。

相比于 IMT-Advanced，IMT-2020 在频谱效率、移动性、时延、连接数密度、能效、流量密度、峰值速率、用户体验速率等 8 个性能指标上都有显著改进，二者对比如图 15.7 所示。其中，5G 相对 4G 频谱效率提升了 3 倍，是改善最小的指标，而能效提升 100 倍，是改善最大的指标。需要注意的是，5G 并不要求同时满足所有指标，只要满足特定应用场景的性能要求即可。

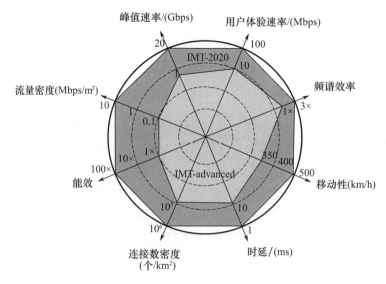

图 15.7　IMT-2020 与 IMT-Advanced 的性能对比

## 2. 系统特征

ITU-R 发布的 M. 2410 规范[15.9]给出了 IMT-2020 的最小系统要求,其基本性能参数如表 15.10所示。

表 15.10　IMT-2020 的最小系统基本性能参数

| 性能参数 | 最小技术指标要求 |
| --- | --- |
| 峰值速率 | 下行:20Gbps,上行:10Gbps |
| 峰值频谱效率 | 下行:30bit/s/Hz,上行:10bit/s/Hz |
| 用户体验速率 | 下行:100Mbps,上行:50Mbps |
| 5%用户的频谱效率 | 3 倍于 IMT-Advanced |
| 平均频谱效率 | 3 倍于 IMT-Advanced |
| 流量密度 | 10Mbps/m²(室内热点 eMBB 场景) |
| 用户平面时延 | eMBB 场景:4ms;uRLLC 场景:1ms |
| 控制平面时延 | 20ms |
| 连接密度 | 每平方千米 1000000 个接入节点 |
| 能量效率 | 对于 eMBB 涉及两方面:<br>(1)有业务负载时,实现高效数据传输;<br>(2)无业务负载时,低功率消耗,能够支持高休眠比例与长休眠周期 |
| 可靠性 | 对于 uRLLC,在城区宏蜂窝小区的边缘,1ms 内传输层 2 的 PDU 单元(包含 32 字节),成功概率达到 $1-10^{-5}$ |
| 移动性 | 对于 10、30 与 120km/h 车速运动条件,业务信道数据速率达到 IMT-Advanced 的 1.5 倍;<br>支持 500km/h 的车载高速运动(IMT-Advanced 只能支持到 350km/h) |
| 运动条件下业务中断时间 | 0ms |
| 系统带宽 | 至少 100MHz,高频段扩展到 1GHz,支持灵活可变的带宽配置 |

**3. 频谱分配**

5G 频谱分配类似于 4G,既考虑与 3G/4G 进行频谱共用,甚至进一步扩展低频段,又在高频区域进行扩展,引入新的频段。在 WRC′15 大会上定义了 5G 的全球运营频段,主要分为 3 段,并引入了新频段,说明如下。

● 低频段。低频段主要指低于 2GHz 的频段,包括 600MHz 频段(470～694/698MHz)、700MHz 频段(694～790MHz)及 L 波段(1427～1518MHz)。其中业界关注最多的是 600MHz 与 700MHz 频段,能够提供非常好的无线信号覆盖。由于频谱资源稀缺,在低频段,最大信道带宽不超过 20MHz。

● 中频段。中频段指 3～6GHz 的频段,主要包括 C 波段(3300～3400MHz、3400～3600MHz、3600～3700MHz)及 4800～4990MHz 等新频段。其中受到全球普遍关注的频段范围是 3300～4200MHz。这个频段的信道带宽可达 100MHz,可以采用载波聚合实现,单个运营商最多可以分配的频段为 200MHz。这个频段的 5G 网络能够提供广域覆盖、大容量与高速速率服务。

● 高频段。高频段是指 24GHz 以上的毫米波频段,包括 24.25～27.5GHz、37～40.5GHz、42.5～43.5GHz、45.5～47GHz、47.2～50.2GHz、50.4～52.6GHz、66～76GHz、81～86GHz 等 8 个频段。业界最关注的是 24.25～27.5GHz 频段,信道带宽可达 400MHz,采用载波聚合也可以支持更宽的带宽。这个频段的 5G 网络主要用于热点覆盖,满足局部区域的大容量超高速率传输需求。

依据 WRC′15 大会规定的 5G 运营频段规划,3GPP 标准组织在 R15 版本中为 5G NR 划分了两段工作频率范围:

● Sub 6GHz 频段 FR1:包括低于 6GHz 的现有频段与新频段;
● 毫米波频段 FR2:包括 24.25～52.6GHz 的所有新频段。

这两个频段的具体划分如表 15.11 与表 15.12 所示。

**表 15.11　3GPP 标准组织为 5G NR 定义的 FR1 工作频段**

| NR 频段序号 | 上行频段/MHz | 下行频段/MHz | 双工方式 | 应用区域 |
|---|---|---|---|---|
| n1 | 1920～1980 | 2110～2170 | FDD | 欧洲、亚洲 |
| n2 | 1850～1910 | 1930～1990 | FDD | 美洲、亚洲 |
| n3 | 1710～1785 | 1805～1880 | FDD | 欧洲、亚洲、美洲 |
| n5 | 824～849 | 869～894 | FDD | 美洲、亚洲 |
| n7 | 2500～2570 | 2620～2690 | FDD | 欧洲、亚洲 |
| n8 | 880～915 | 925～960 | FDD | 欧洲、亚洲 |
| n20 | 832～862 | 791～821 | FDD | 欧洲 |
| n28 | 703～748 | 758～803 | FDD | 亚洲、太平洋 |
| n38 | 2570～2620 | 2570～2620 | TDD | 欧洲 |
| n41 | 2496～2690 | 2496～2690 | TDD | 美国、中国 |
| n50 | 1432～1517 | 1432～1517 | TDD | |
| n51 | 1427～1432 | 1427～1432 | TDD | |
| n66 | 1710～1780 | 2110～2200 | FDD | 美洲 |
| n70 | 1695～1710 | 1995～2020 | FDD | |
| n71 | 663～698 | 617～652 | FDD | 美洲 |

| NR 频段序号 | 上行频段/MHz | 下行频段/MHz | 双工方式 | 应用区域 |
|---|---|---|---|---|
| n74 | 1427~1470 | 1475~1518 | FDD | 日本 |
| n75 | N/A | 1432~1517 | SDL | 欧洲 |
| n76 | N/A | 1427~1432 | SDL | 欧洲 |
| n77 | 3300~4200 | 3300~4200 | TDD | 欧洲、亚洲 |
| n78 | 3300~3800 | 3300~3800 | TDD | 欧洲、亚洲 |
| n79 | 4400~5500 | 4400~5500 | TDD | 亚洲 |
| n80 | 1710~1785 | N/A | SUL | |
| n81 | 880~915 | N/A | SUL | |
| n82 | 832~862 | N/A | SUL | |
| n83 | 703~748 | N/A | SUL | |
| n84 | 1920~1980 | N/A | SUL | |

在表 15.11 中,n78 的 3.5GHz 频段是全球 5G 商业运营的主用频段,目前很多国家的 5G 试点均采用 n78。

**表 15.12　3GPP 标准组织为 5G NR 定义的 FR2 工作频段**

| NR 频段序号 | 上行频段/GHz | 下行频段/GHz | 双工方式 | 应用区域 |
|---|---|---|---|---|
| n257 | 26.5~29.5 | 26.5~29.5 | TDD | 美洲、亚洲(全球) |
| n258 | 24.25~27.5 | 24.25~27.5 | TDD | 欧洲、亚洲(全球) |
| n259 | 37~40 | 37~40 | TDD | 美国(全球) |

需要注意的是,5G 有 FDD 与 TDD 两种双工方式,因此不同双工方式下,两个表中的频段分配有差别。FDD 方式下,上行与下行频段成对出现,而 TDD 方式下,上行与下行频段相同。

另外,为了增加操作灵活性、增强覆盖或提高容量,5G NR 还引入了补充上行(SUL)或补充下行(SDL)频段。SUL/SDL 的含义是指,除上行/下行成对的主频段外,可以在相对低的频段上,额外引入单独的工作频段,从而扩展单个方向的系统带宽,这样能够达到频段不对称效果,有利于支持非对称数据业务。

中国的 4 家 5G 运营商的频段分配如表 15.13 所示,目前只分配了 FR1 频段。

**表 15.13　中国 5G NR 工作频段分配**

| 运营商 | NR 频段序号 | 工作频段/MHz | 带宽/MHz | 双工方式 |
|---|---|---|---|---|
| 中国移动 | n41 | 2515~2675 | 160 | TDD |
| | n79 | 4800~4900 | 100 | TDD |
| 中国联通 | n78 | 3500~3600 | 100 | TDD |
| 中国电信 | n78 | 3400~3500 | 100 | TDD |
| 中国广电 | n79 | 4900~5000 | 100 | TDD |
| | n28 | UL:703~733MHz<br>DL:758~788MHz | 30 | FDD |

4 家运营商基本都采用 TDD 制式,中国移动分配了两个频段,2.6GHz 频段有 160MHz 带宽,其中的 2515~2615MHz 用于部署 5G 网络,2615~2675MHz 用于部署 4G 网络。另外一个

频段是 4.8～4.9GHz 频段,专用于部署 5G 网络。中国电信与中国联通都是 3.5GHz 频段,各分配了 100MHz 带宽。中国广电也分配了两个频段,4.9GHz 频段的带宽为 100MHz,采用 TDD 制式,而 700MHz 频段的带宽为 30MHz,采用 FDD 制式。700MHz 频段由于传播特性很好,适合低成本广域覆盖,建网成本可以降低到其他运营商的 1/5,非常具有竞争力。

# 15.2  LTE 系统

## 15.2.1  LTE 概述

### 1. 技术特点

为进一步提高移动数据业务的速率,适应未来多媒体应用的需求,3GPP 启动了基于长期演进(LTE)项目的研究。LTE 的设计目标是超越 HSPA＋,支持超过 5MHz 的信号带宽,最多可以达到 20MHz。移动性支持从 120km/h 到 350km/h,甚至 500km/h 以上,并且数据处理时延小于 5ms,信令处理时延小于 100ms。LTE 的物理层系统参数总结于表 15.14 中。

表 15.14  LTE 物理层系统参数

| 双工方式 | FDD、TDD | | | | | |
|---|---|---|---|---|---|---|
| 多址技术 | 下行:OFDMA;上行:SC-FDMA | | | | | |
| 帧结构 | FDD:1 帧 10ms,分为 10 个子帧,每个子帧 1ms,又分为两个时隙,每个时隙含有 7/6 个 OFDM 符号 | | | | | |
| | TDD:1 帧 10ms,含 8/9 个普通子帧,1/2 个特殊子帧,每个子帧 1ms,普通子帧分为两个时隙 | | | | | |
| OFDM 符号结构 | 持续时间 | $T_{sym}=T_{CP}+T_{FFT}$, $T_{FFT}=2048T_s=66.7\mu s$ | | | | |
| | 采样间隔 | $T_s=1/30.72MHz≈32.55ns$ | | | | |
| | CP 间隔 | 普通 CP:$160T_s≈5.2\mu s$(第一个符号),$144T_s≈4.7\mu s$ | | | | |
| | | $\Delta f=15kHz$,扩展 CP:$512T_s≈16.67\mu s$ | | | | |
| | | $\Delta f=7.5kHz$,扩展 CP:$1024T_s≈33.33\mu s$ | | | | |
| 子载波结构 | 普通情况:$\Delta f=15kHz$<br>MBSFN 情况:$\Delta f=15kHz/7.5kHz$<br>PRACH 信道:$\Delta f=1.25kHz/7.5kHz$ | | | | | |
| 资源块(RB)结构 | 普通 CP 情况:$1RB=12subcarrier\times 7OFDMsymbol$<br>扩展 CP 情况:$\Delta f=15kHz$,$1RB=12subcarrier\times 6OFDMsymbol$<br>$\Delta f=7.5kHz$,$1RB=24subcarrier\times 3OFDMsymbol$<br>1 个 RB 占用带宽:180kHz | | | | | |
| 信道带宽(MHz) | 1.4 | 3 | 5 | 10 | 15 | 20 |
| 资源块配置(RB) | 6 | 15 | 25 | 50 | 75 | 100 |
| 采样率(MHz) | 2.304 | 4.608 | 7.68 | 15.36 | 23.04 | 30.72 |
| 下行 FFT 点数 | 普通情况:2048/1024/512/256/128<br>MBSFN:增加 4096 点 FFT | | | | | |
| 上行 DFT 最大点数 | $N_{DFT}=2^{a_2}3^{a_3}5^{a_5}\cdot 12$, $a_2,a_3,a_5$ 为非负整数<br>PRACH 信道:$N_{DFT}=139/839$ | | | | | |
| 调制方式 | QPSK、16QAM、64QAM | | | | | |

| 双工方式 | FDD、TDD | | |
|---|---|---|---|
| 信道编码 | 卷积编码:(3,1,6),咬尾编码<br>生成多项式:$G_0=(133)_8$,$G_1=(171)_8$,$G_2=(165)_8$ | | |
| | Turbo 编码:1/3 码率,8 状态<br>生成多项式:$G(D)=\left[1,\dfrac{g_1(D)}{g_0(D)}\right]$<br>$g_0(D)=1+D^2+D^3$,$g_1(D)=1+D+D^3$ | | |
| HARQ | 下行:异步多重停等 HARQ,最多重传次数 8<br>上行:同步多重停等 HARQ,最多重传次数 8 | | |
| MIMO | 空时预编码、循环延迟分集(CDD)、正交发分集 | | |

图 15.8 给出了 LTE 的信号频谱结构。如图中所示,信道带宽指中心频率信号边界之间的带宽,发送带宽配置指系统可以使用的最大带宽资源,以 RB 为单位,发送带宽指实际调度与发送的信号带宽,以 RB 为单位。下行发送时,中心频率(即直流分量)不承载数据,因为发送本振造成载波泄漏,会对直流造成强干扰。上行发送时,直流分量可以承载数据。

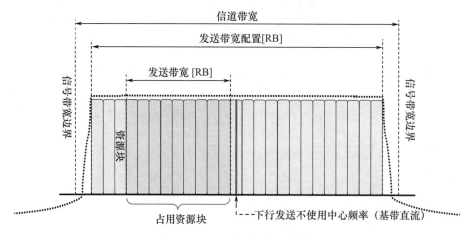

图 15.8 LTE 的信号频谱结构

## 2. 帧结构

LTE 的帧结构如图 15.9 所示,包括 FDD 与 TDD 两种格式。对于 FDD 而言,整个无线帧长为 10ms,由 10 个子帧(subframe)构成,每个子帧长 1ms。1 个子帧又分为两个时隙(Slot),每个时隙长为 0.5ms。

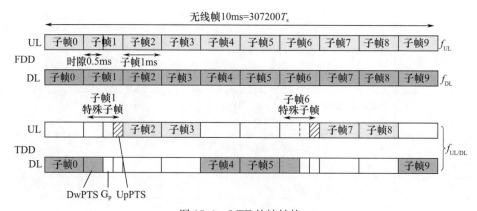

图 15.9 LTE 的帧结构

对应的,在 TDD 模式下,无线帧长为 10ms,也由 10 个子帧构成,但其中只有 8 个或 9 个普通子帧,还有 1 个或 2 个特殊子帧。由于采用时分双工方式,特殊子帧承载上行/下行导频发送时隙(DwPTS 和 UpPTS),以及保护时间($G_p$),用于上行/下行转换。TDD 模式可以支持上行/下行不对称传输,对应的子帧结构配置如表 15.15 所示。

表 15.15 TDD 模式上行/下行子帧结构配置

| 上行/下行 配置种类 | 上行/下行 切换周期 | 上行/下行比例 DL：UL | 子帧编号 | | | | | | | | | |
|---|---|---|---|---|---|---|---|---|---|---|---|---|
| | | | 0 | 1 | 2 | 3 | 4 | 5 | 6 | 7 | 8 | 9 |
| 0 | 5ms | 2：6 | D | S | U | U | U | D | S | U | U | U |
| 1 | 5ms | 4：4 | D | S | U | U | D | D | S | U | U | D |
| 2 | 5ms | 6：2 | D | S | U | D | D | D | S | U | D | D |
| 3 | 10ms | 6：3 | D | S | U | U | U | D | D | D | D | D |
| 4 | 10ms | 7：2 | D | S | U | U | D | D | D | D | D | D |
| 5 | 10ms | 8：1 | D | S | U | D | D | D | D | D | D | D |
| 6 | 5ms | 3：5 | D | S | U | U | U | D | S | U | U | D |

表中符号说明如下:D—下行子帧,U—上行子帧,S—特殊子帧。

LTE 的时隙结构如图 15.10 所示。一个子帧由两个时隙构成,通常情况下,一个时隙含有 7 个 OFDMA/SC-FDMA 符号,FFT 窗长为 $T_{FFT} \approx 66.7\mu s = 1/15\text{kHz}$。循环前缀 CP 分为两种情况:第一个符号 CP 长为 $160T_s \approx 5.1\mu s$,其他符号 CP 长为 $144T_s \approx 4.7\mu s$。

为了增加系统灵活性和业务支撑能力,LTE 还引入了扩展 CP。分为两种情况,如果子载波间隔 $\Delta f = 15\text{kHz}$,则上行/下行一个时隙含有 6 个 OFDMA 符号,CP 长度为 $512T_s \approx 16.7\mu s$;如果子载波间隔 $\Delta f = 7.5\text{kHz}$,则下行一个时隙含有 3 个 OFDMA 符号,CP 长度为 $1024T_s \approx 33.3\mu s$。

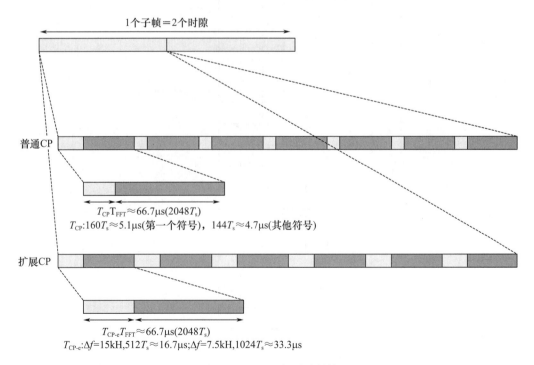

图 15.10 LTE 的时隙结构

采用不同配置的循环前缀主要有两方面原因。一方面，LTE 需要支持不同半径的小区，对于半径较大的小区，有可能多径时延更长，采用扩展前缀可以更好地克服多径传播造成的 ISI。另一方面，LTE 系统要支持 MBSFN，扩展前缀不仅可以包含更大的多径时延，还可以容纳不同小区的时延差，因此可以抵消时间不同步引入的 ISI。

　　LTE 的资源块(RB)由资源单元(RE)构成，其结构如图 15.11 所示。RE 由一个子载波与一个符号对应的时频单元构成。

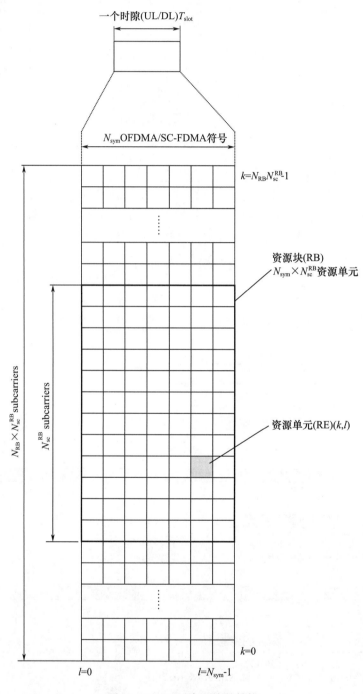

图 15.11　LTE 资源块的结构

而 RB 由 $N_{sc}^{RB}$ 个子载波与 $N_{sym}$ 个符号构成。LTE 资源块基本参数如表 15.16 所示。

**表 15.16　LTE 资源块基本参数**

| 系统配置 | | $N_{sc}^{RB}$ | $N_{sym}$ | RE |
|---|---|---|---|---|
| 下行链路 | 普通 CP | 12 | 7 | 84 |
| | 扩展 CP | 12 | 6 | 72 |
| 上行链路 | 普通 CP | 12 | 7 | 84 |
| | 扩展 CP　$\Delta f=15\text{kHz}$ | 12 | 6 | 72 |
| | $\Delta f=7.5\text{kHz}$ | 24 | 3 | 72 |

一般情况下,一个 RB 包含 12 个子载波,$\Delta f=15\text{kHz}$,如果是 MBSFN,则包含 24 个子载波,$\Delta f=7.5\text{kHz}$。所有情况下,RB 都占用 180kHz 带宽、0.5ms 时间的时频资源。LTE 系统中调度的基本单位是一个子帧,包含两个 RB。引入 RB 的目的主要是实现上行 RB 跳频,以及下行虚拟 RB 到物理 RB 的映射。

**3. 多址技术**

LTE 系统下行采用 OFDMA 多址接入方式,上行采用 SC-FDMA 多址技术,其发射机结构如图 15.12 和图 15.13 所示。上行/下行多址技术的主要差别在于上行首先经过 DFT 变换,然后进行 IFFT 变换,在发射过程中进行了两次变换,而下行只进行 IFFT 变换。采用 SC-FDMA 的主要目的是降低上行发射信号的峰平比(PAPR),从而降低 UE 的功放线性度要求,提高 UE 的功放效率,延长终端的待机时间。

如图 15.12 所示,下行发送可以有一个或多个数据流,每个数据流首先经过速率匹配,加扰后送入自适应调制,接着进行分层映射,送入空时预编码模块,进行 MIMO 处理,输出的数据经过资源映射,分别送入各天线的 IFFT 变换模块,然后添加 CP,经过 RRC 滤波后送入各个天线端口,完成整个下行 OFDMA 的基带发送处理。

如图 15.13 所示,上行发送只有一个数据流,首先经过速率匹配,加扰后进行比特映射和自适应调制,接着进行 DFT 变换,经过资源单元映射后送入 IFFT 变换模块,添加 CP,经过基带滤波后送入天线端口,完成整个上行 SC-FDMA 的基带发送处理。

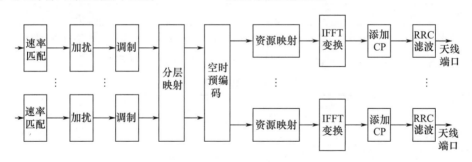

图 15.12　下行 OFDMA 发射机结构

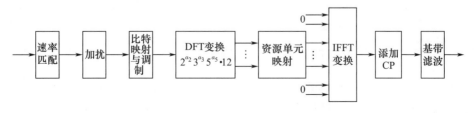

图 15.13　上行 SC-FDMA 发射机结构

## 4. 系统与终端能力

LTE 系统支持最高 20MHz 带宽、高达 64QAM 调制，以及最多 4 数据流的 MIMO。采用 QPSK、16QAM 与 64QAM 调制，频谱效率分别可以达到 2bps/Hz、4bps/Hz 和 6bps/Hz。采用 2 天线或 4 天线，则频谱效率还可以提高 2 倍或 4 倍。因此，下行峰值速率最大可以达到 340Mbps，上行峰值速率可以达到 86Mbps。如表 15.17 和表 15.18 所示。

**表 15.17 LTE 系统下行峰值速率**

| 调制编码 | | 峰值速率 | | | | |
|---|---|---|---|---|---|---|
| | | 72/1.4MHz | 180/3.0MHz | 300/5.0MHz | 600/10MHz | 1200/20MHz |
| QPSK 1/2 | 单流 | 0.9 | 2.2 | 3.6 | 7.2 | 14.4 |
| 16QAM 1/2 | 单流 | 1.7 | 4.3 | 7.2 | 14.4 | 28.8 |
| 16QAM 3/4 | 单流 | 2.6 | · 6.5 | 10.8 | 21.6 | 43.2 |
| 64QAM 3/4 | 单流 | 3.9 | 9.7 | 16.2 | 32.4 | 64.8 |
| 64QAM 1 | 单流 | 5.2 | 13.0 | 21.6 | 43.2 | 86.4 |
| 64QAM 3/4 | 2×2 MIMO | 7.8 | 19.4 | 32.4 | 64.8 | 129.6 |
| 64QAM 1 | 2×2 MIMO | 10.4 | 25.9 | 43.2 | 86.4 | 172.6 |
| 64QAM 1 | 4×4 MIMO | 20.8 | 51.8 | 86.4 | 172.8 | 345.6 |

**表 15.18 LTE 系统上行峰值速率**

| 调制编码 | | 峰值速率 | | | | |
|---|---|---|---|---|---|---|
| | | 72/1.4MHz | 180/3.0MHz | 300/5.0MHz | 600/10MHz | 1200/20MHz |
| QPSK 1/2 | 单流 | 0.9 | 2.2 | 3.6 | 7.2 | 14.4 |
| 16QAM 1/2 | 单流 | 1.7 | 4.3 | 7.2 | 14.4 | 28.8 |
| 16QAM 3/4 | 单流 | 2.6 | 6.5 | 10.8 | 21.6 | 43.2 |
| 16QAM 1 | 单流 | 3.5 | 8.6 | 14.4 | 28.8 | 57.6 |
| 64QAM 3/4 | 单流 | 3.9 | 9.7 | 16.2 | 32.4 | 64.8 |
| 64QAM 1 | 单流 | 5.2 | 13.0 | 21.6 | 43.2 | 86.4 |

按照业务支撑能力的强弱，LTE 定义了 5 种终端，如表 15.19 所示。至于有效的峰值吞吐率，下行可以达到 300Mbps/20MHz，上行达到 75Mbps/20MHz，远高于 HSPA＋。

**表 15.19 终端能力分类**

| UE 种类 | 1 | 2 | 3 | 4 | 5 |
|---|---|---|---|---|---|
| 下行峰值速率/Mbps | 10 | 50 | 100 | 150 | 300 |
| 上行峰值速率/Mbps | 5 | 25 | 50 | 50 | 75 |
| 软缓冲区大小/Mbit | 0.25 | 1.2 | 1.2 | 1.8 | 3.7 |
| 最高下行调制阶数 | 64QAM | | | | |
| 最高上行调制阶数 | 16QAM | | | | 64QAM |
| 空时复用最多层数 | 1 | 2 | | | 4 |

## 5. 协议栈结构

LTE 系统的下行协议栈结构如图 15.14 所示。上行协议栈结构与此类似，但在传输格式选择、天线选择等方面有所差异。并非所有模块都要工作，在广播系统信息时，不需要进行 MAC 调度和 HARQ 软合并。

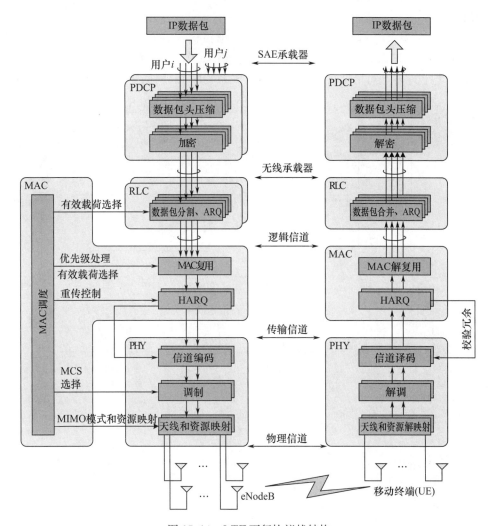

图 15.14　LTE下行协议栈结构

应用业务的 IP 数据包映射到 SAE 承载器中,[SAE(System Architecture Evolution)指 3GPP 核心网系统演进],然后送入 LTE 协议栈中。总体而言,协议栈分为 4 层:PDCP、RLC、MAC 与 PHY。各层功能简述如下。

● 分组数据汇聚协议(PDCP)。PDCP 完成 IP 数据包头压缩与加解密功能。包头压缩采用 ROHC(RObust Header Compression)算法,该算法也是 WCDMA 通用的包头压缩算法。安全功能方面,PDCP 在发端完成数据加密,收端进行数据解密,同时对发送数据进行完整性保护。对于移动终端,每个 SAE 承载器配置一个 PDCP 功能实体。

● 无线链路控制协议(RLC)。RLC 负责数据包的分割组装、ARQ 控制、数据包排序等功能。与 WCDMA 不同,RLC 实体位于 eNodeB 中。RLC 以无线承载方式为 PDCP 提供业务数据。对于移动终端,每个无线承载器配置一个 RLC 功能实体。

● 媒体接入控制协议(MAC)。MAC 完成 HARQ 控制、上行/下行调度等功能。调度功能实体位于 eNodeB 中,即每个小区的上行或下行有一个 MAC 实体。收、发两端的 MAC 协议中都需要配置 HARQ 实体。MAC 以逻辑信道方式为 MAC 提供业务数据。

● 物理层协议(PHY)。物理层处理信道编译码、调制解调、多天线映射等物理层功能。物理层以传输信道的方式为 MAC 提供数据。

**6. 信道分类**

LTE 系统的信道可以划分为逻辑信道、传输信道与物理信道。逻辑信道是 RLC 与 MAC 层间接口,传输信道是 MAC 与 PHY 层间接口,物理信道直接在无线信道中发射。图 15.15 和图 15.16 给出了上行与下行链路各类信道的映射关系,我们分别概要介绍各类信道的功能。

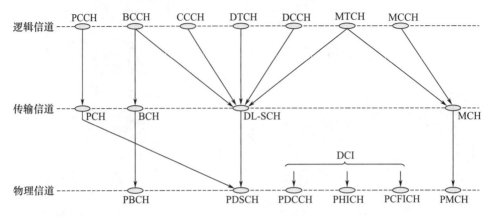

图 15.15　LTE 下行信道映射关系

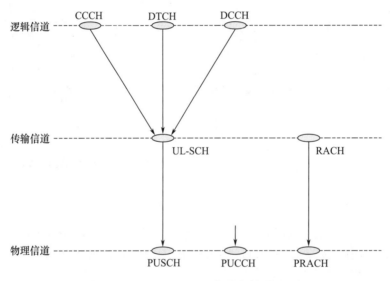

图 15.16　LTE 上行信道映射关系

（1）逻辑信道

逻辑信道承载控制信令,用于对 LTE 系统发送与操作进行控制与配置,同时也承载用户数据。LTE 的逻辑信道结构与 WCDMA/HSPA 类似,但信道数目进一步减少。逻辑信道包括如下 7 个信道。

●广播控制信道（BCCH）。用于发送网络对小区中所有 UE 广播的系统信息。移动台在接入网络前,首先需要获取系统信息,了解系统/小区的配置参数与工作状态。

●寻呼控制信道（PCCH）。用于寻呼位于小区群区域内而网络未知的移动终端,寻呼信道需要在多个小区群发。

●公共控制信道（CCCH）。该信道用于发送与随机接入相关的控制信息。

●专用控制信道（DCCH）。该信道上行/下行都存在,用于承载用户业务关联的控制信息,如切换信息等。

● 多播控制信道(MCCH)。用于传送多播业务的控制信息。

● 专用业务信道(DTCH)。用于传送上行/下行的业务数据,不包括 MBSFN 下行链路用户数据。

● 多播业务信道(MTCH)。用于承载下行 MBMS 业务数据。

(2) 传输信道

MAC 层的功能之一就是将各种逻辑信道复用,映射为合适的传输信道。传输信道承载 MAC 层数据,定义了空中接口所传输信息的特征和行为。与 HSPA 类似,LTE 传输信道中的数据组装为传输块。在一个 TTI 时间中,如果是单天线配置,则最多有一个传输块发送;如果 MIMO 空间复用配置,则最多有 2 个传输块发送。每个传输块都对应一种传输格式(TF),定义了该传输块在空口发送的行为特征。传输格式信息包括传输块大小、调制模式、天线端口映射等。与资源映射配合,可以从传输格式推算出编码码率。因此,通过选择不同的传输格式,可以进行链路速率控制。

LTE 系统中传输信道可以分为 5 种,分别介绍如下。

● 广播信道(BCH)。BCH 信道有固定传输格式,用于发送 BCCH 逻辑信道的部分系统信息,主要是主信息块(MIB)。

● 寻呼信道(PCH)。PCH 信道用于发送 PCCH 逻辑信道的寻呼信息。PCH 信道支持不连续接收(DRX),从而允许终端只在预定的时间被唤醒接收 PCH 信道,这样可以节省电池耗电量,延长待机时间。

● 下行共享信道(DL-SCH)。DL-SCH 信道是用于发送下行数据的主要传输信道。它支持 LTE 的各种关键技术,包括动态速率控制、时频调度、HARQ 和空间复用等。该信道也支持 DRX,在保证用户永远在线体验的同时,有效降低终端功耗。DL-SCH 也用于发送没有映射到 BCH 信道的部分 BCCH 系统信息,并承载单个小区的 MBMS 业务数据。

● 多播信道(MCH)。MCH 信道承载 MBMS 业务数据,采用半静态传输格式与半静态调度机制。当多个小区采用 MBSFN 发送数据时,需要在各小区间协调调度配置与传输格式。

● 上行共享信道(UL-SCH)。UL-SCH 信道与 DL-SCH 对应,用于承载上行用户数据。

● 随机接入信道(RACH)。此外,RACH 也定义为传输信道,但它不承载传输块数据。

(3) 物理信道

物理层负责信道编码、HARQ 处理、自适应调制、多天线处理以及时频资源映射等功能,并且需要完成传输信道到物理信道的映射。如图 15.15 和图 15.16 所示,除了承载传输信道的物理信道,也有些物理信道并没有相应的传输信道。这些信道主要是控制信道,用于传输下行控制信息(DCI),用于控制终端正确接收和译码下行数据;以及承载上行控制信息(UCI),提供调度器和 HARQ 实体关于终端的状态信息。

LTE 物理层主要包括 9 个信道,下行 6 个、上行 3 个,下面分别介绍它们的功能。

● 物理下行共享信道(PDSCH)。PDSCH 信道是点到点通信的主要物理信道,但也可以承载寻呼信息。

● 物理广播信道(PBCH)。PBCH 信道承载系统广播信息。

● 物理多播信道(PMCH)。PMCH 信道用于 MBSFN 模式。

● 物理下行控制信道(PDCCH)。PDCCH 信道承载下行控制信息,包括调度判决、PDSCH 信道的请求接收,以及 PUSCH 信道发送的调度授权信息。

● 物理 HARQ 标记信道(PHICH)。PHICH 信道承载 HARQ 的确认信息,表示 eNodeB 是正确接收了传输块还是需要终端重传。

●物理控制格式标记信道(PCFICH)。PCFICH 信道为译码 PDCCH 信道提供必要的信息，一个小区只有一个 PCFICH 信道。

●物理上行共享信道(PUSCH)。PUSCH 信道对应于 PDSCH 信道，一个终端最多有一个 PUSCH 信道。

●物理上行控制信道(PUCCH)。PUCCH 信道承载上行控制信令，包括 HARQ 确认信息，表示下行传输块是否正确接收；信道测量报告，用于辅助下行时频调度；以及上行数据发送的资源请求信息。一个终端最多有一个 PUCCH 信道。

●物理随机接入信道(PRACH)。PRACH 信道用于 UE 随机接入网络。

### 15.2.2 下行链路

LTE 的下行链路既包括广播信道 PBCH、业务信道 PDSCH、多播信道 PMCH，也包括各种控制信道 PDCCH、PHICH 与 PCFICH，并且包含多种物理参考信号。下行链路采用 HARQ、速率控制、分组调度、MIMO 等各种关键技术，并支持 MBSFN 技术，用于 MBMS 业务。下面简要介绍各项技术。

**1. 参考信号**

为了对下行链路进行相干解调，需要在时频空间中插入导频符号，LTE 系统称之为参考信号(RS 信号)。LTE 下行信道包括 3 类参考信号：小区专用信号、UE 专用信号与 MBSFN 参考信号。所有参考信号都是 QPSK 调制的复信号序列，这样可以保证发射信号的 PAPR 较低。RS 信号可以表示为

$$r_{l,n_s}(m)=\frac{1}{\sqrt{2}}[1-2c(2m)]+j\frac{1}{\sqrt{2}}[1-2c(2m+1)] \tag{15.2.1}$$

其中，$m$ 是 RS 信号的时间序号，其长度等于 LTE 配置带宽对应的 RB 数目的 2 倍。$n_s$ 是一个无线帧中的时隙编号，$l$ 是时隙中的符号序号。$c(i)$ 是 31 阶 Gold 序列，根据参考信号采用不同的初始化向量。生成 Gold 码序列的 $m$ 序列优选对相应的生成多项式如下：

$$\begin{cases} f_1(x)=1+x^3+x^{31} \\ f_2(x)=1+x+x^2+x^3+x^{31} \end{cases} \tag{15.2.2}$$

Gold 码发生器结构如图 15.17 所示。

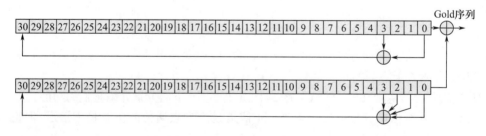

图 15.17　Gold 码发生器结构

(1) 小区专用参考信号

每个下行信道的子帧都发送小区专用信号，扩展到整个小区下行带宽。除码本的波束成形外，其他所有下行信道相干解调都可以采用该信号进行信道估计。小区专用参考信号的结构如图 15.18 所示。时域上，每个时隙的第 1 个和倒数第 3 个 OFDM 符号插入参考信号；频域上，每隔 6 个子载波插入参考信号，并且两个 OFDM 符号中插入的导频在频域位置上错开 3 个子载

波。因此,在一个RB中含有4个参考信号。

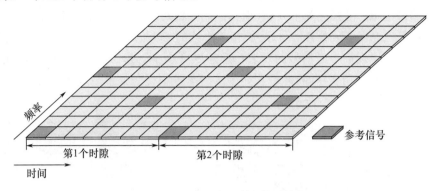

图 15.18　小区专用参考信号结构

　　基于小区参考信号,在时域和频域插值或滤波,就可以得到整个时频信道响应的估计,从而用于相干解调。需要注意的是,频域插值是在多个RB上连续进行的,这样可减小估计误差。但是,如果频率选择性衰落显著,则在分属不同多径的导频子载波之间插值反而会引入误差。另一方面,时域插值在多个OFDM符号上连续进行,目的也是减小估计误差,但如果是快衰落信道,时变效应明显,则在不同OFDM符号的导频符号之间插值也会引入误差。并且,如果是TD-LTE系统,相邻子帧可能分属于上行/下行不同链路,则时域插值也无法操作。当然,如果采用时频二维插值,则可以显著减小信道估计误差,但算法复杂度也会提高。

　　LTE中通过频率移位保证小区参考信号正交,减小相互干扰。如图15.19所示,小区参考信号有6种移位。进一步地,LTE系统可以支持2天线和4天线配置,2天线对应天线端口0和端口1,4天线对应天线端口0~3。在MIMO场景中,小区参考信号的分配如图15.20和图15.21所示。

Shift = 0　　　　　　Shift = 1　　　　　　Shift = 5

...

图 15.19　小区参考信号移位

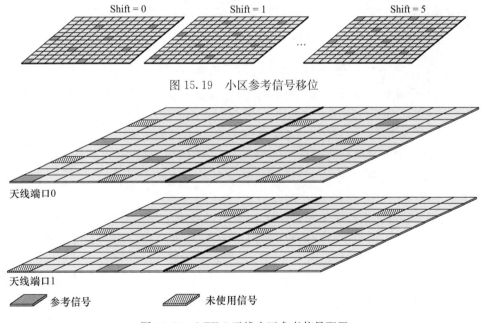

天线端口0

天线端口1

参考信号　　　　未使用信号

图 15.20　LTE 2天线小区参考信号配置

　　如图所示,天线端口0和端口1,小区参考信号相对移位3个子载波。类似地,端口2和端口3也相对移位3个子载波,并且后两个端口导频密度只有前两个端口的一半。这样设计的原因是,4天线主要应用于低速运动场景,信道时变较小。另外,为了减小天线端口导频符号的相互干扰,一个端口的 RE 已经分配了导频,则其他端口相对应的 RE 位置必须为空。

LTE 定义了 504 个小区参考信号序列,相邻小区的参考信号位置可以用频率移位区分。为了提高接收性能,可以提高参考信号的发射功率。尽管本小区参考信号也会受到其他小区数据符号的干扰,但因为发射功率较高,并且相邻小区的参考信号位置相互错开,因此仍然能够较准确地获得信道响应估计。

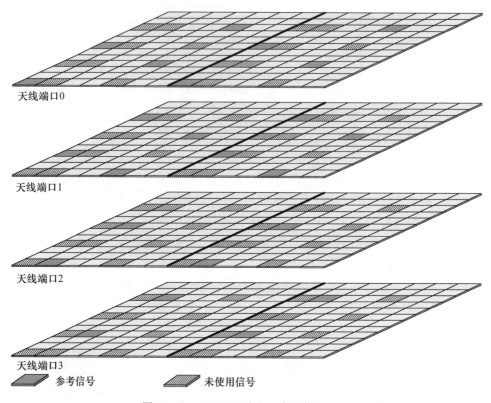

图 15.21　LTE 4 天线小区参考信号配置

单天线场景下,相邻小区可以有 6 种不同的移位,而在多天线场景下,根据前述分析可知,由于已经用移位关系区分天线端口 0 和端口 1,因此相邻小区的参考信号之间最多有 3 种不同的移位。相邻小区的参考信号需要使用不同的信号序列或不同的频率移位区分。对于小区中的所有 UE 而言,小区参考信号是公共信号,因此终端可以使用该信号对不同天线端口信道响应进行估计,可以应用于天线发分集、空间复用与基于码本的波束成形。

(2) UE 专用参考信号

主要应用于非码本波束成形下行 DL-SCH 信道的信道估计。所谓 UE 专用是指该信号应用于特定终端的信道估计,位于分配给终端的 DL-SCH 资源块中。为了支持这种波束成形,需要 UE 专用的参考信号。该信号位于天线端口 5,其结构如图 15.22 所示。

UE 参考信号只在进行波束成形的 RB 中发送。与小区参考信号位置比较可知,UE 参考信号位于不同的 OFDM 符号中,因此两种参考信号不会碰撞。并且 UE 参考信号只在 RB 的数据部分发送,不会与控制信道产生碰撞。一般地,控制信道不使用天线端口 5,因此也不进行波束成形,只有 PDSCH 信道才有可能进行波束成形。

(3) MBSFN 参考信号

该参考信号用于相干解调 MBSFN 发送的信号,其结构如图 15.23 所示。MBSFN 参考信号映射到天线端口 4。需要指出的是,为了防止小区参考信号与 MBSFN 参考信号冲突,前者只位于第一个 OFDM 符号。另外,为了便于移动台接收 MBMS 数据,参与发送 MBSFN 的小区的参考信号也相同,并且导频密度高于其他两种参考信号。这种设计的原因在于,UE 需要对多个小区的复合信道进行估计,等效多径信道的相干带宽更小、多径时延更大,因此需要插入更多的导频符号才能正确估计。

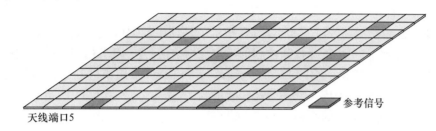

图 15.22　UE 专用参考信号结构

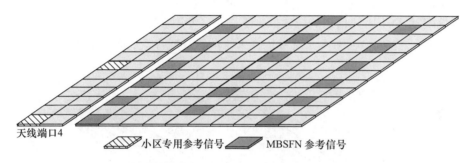

图 15.23　MBSFN 参考信号的结构

**2. 控制信道**

控制信道与数据信道配置如图 15.24 所示。LTE 的下行控制信道与 PDSCH 信道时分复用,控制信道位于一个子帧的前 3 个 OFDM 符号,长度可变。如果系统带宽较小,则可以扩展到 4 个符号,在 MBSFN 模式下,则可以减少到 2 个符号。

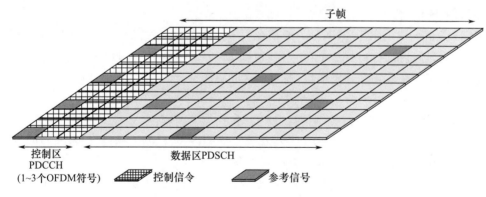

图 15.24　控制信道与数据信道配置

在子帧的开头分配控制信道,可以让终端译码下行调度信息,方便对数据区域进行处理,从而减小了 DL-SCH 译码和处理时延。另外,终端尽早对于控制信道译码,可以识别在数据区域是否有数据发送。对于没有数据接收的终端,则可以降低接收功耗,延长待机时间。

下行控制信道按功能可以分为 3 类:PCFICH、PDCCH 与 PHICH。

● PCFICH 信道通知终端控制区域的大小(1～3 个 OFDM 符号)。每个小区只有一个 PC-

FICH 信道。

● PHICH 信道用于上行 UL-SCH 发送的 HARQ 确认。一般每个小区有多个 PHICH 信道。

● PDCCH 信道承载下行调度指配和上行调度授权信息。每个 PDCCH 承载一个终端或一组终端的信令。一般每个小区有多个 PDCCH 信道。

（1）PCFICH 信道

PCFICH 信道表征控制区域的大小，隐含指示了子帧中数据区域的边界。PCFICH 的正确译码非常重要，否则终端无法正确找到控制信道和数据信道。PCFICH 信道含有 2 比特，可以表示控制区域有 1 个、2 个或 3 个 OFDM 符号，编码为 32 比特；采用小区和子帧专用扰码进行加扰，这样可以随机化小区间干扰；QPSK 调制，映射为 16 个 RE。PCFICH 信道总是终端首先译码的控制信道，位于每个子帧的第一个 OFDM 符号。

LTE 下行控制信道以 4 个 RE 为一组，其结构如图 15.25 所示。在第一个 OFDM 符号，PCFICH 信道的 16 个 QPSK 符号映射到 4 个 RE 组，并且为了增加频率分集增益，各 RE 组间隔 1/4 的系统带宽，PCFICH 信道的位置依据不同小区专用参考信号的位置而变化。在一个 RB 中，第 1 个符号有 2 个 RE 组，第 2 个符号依据天线端口数据有 2 个或 3 个 RE 组，第 3 个符号有 3 个 RE 组。

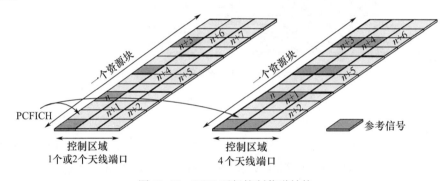

图 15.25　LTE 下行控制信道结构

（2）PHICH 信道

PHICH 信道承载 1 比特 ACK/NAK 信令。该信令首先经过 3 次重复，然后进行 BPSK 调制，正交扩频后，经过扰码得到 12 个符号，映射到 3 个 RE 组。PHICH 信道的映射与 PCFICH 信道类似，需要考虑获取频率分集增益，避免小区间碰撞。

（3）PDCCH 信道

PDCCH 信道用于承载下行控制信息（DCI），包括如下内容：

● 下行调度分配信息，包括 PDSCH 资源标记、传输格式、HARQ 信息以及与空间复用相关的控制信息，也包括 PUCCH 信道的功率控制指令。

● 上行调度授权信息，包括 PUSCH 资源标记、传输格式以及 HARQ 相关信息，也包括 PUSCH 信道的功率控制指令。

● 功率控制命令，用于上述 PUCCH/PUSCH 信道功控指令的补充指令，即精细调整控制指令。

**3. 加扰与调制**

在 LTE 下行系统中，所有的传输信道编码复用后都要进行比特级扰码，每个小区采用不同的扰码序列，从而随机化小区间干扰。扰码序列为 31 阶 Gold 码序列，其生成多项式参见式(15.2.2)。LTE 下行调制模式包括 QPSK、16QAM、64QAM,所有调制模式可以应用于 DL-SCH、PCH 与 MCH 传输信道,但 BCH 信道只能使用 QPSK 调制。

**4. 资源块映射**

eNodeB 根据信道状态进行调度,将 MAC 层的传输块映射到 DL-SCH 信道上的资源块,每个 RB 含有 84/72 个 RE 单元。传输块到资源块的映射需要排除如下 3 种情况:

● 下行参考信号,包括多天线情况下为避免干扰不使用的 RE 单元,这些单元用于信道估计,不能用于资源块分配。

● 下行控制信号(每个子帧的前 1~3 个 OFDM 符号),这些符号承载控制信令。

● 用于广播信道的传输块与同步信号,广播信道占用了 72 个子载波,位于中心频率的 6 个 RB,并且时域上占用第 0 号子帧的第 1 个时隙。

资源映射分为两类:直接映射与分布映射。大多数情况下,LTE 采用直接映射,即直接将虚拟资源块(VRB)映射到物理资源块(PRB),如图 15.26 所示。但在下列情况下,采用分布映射,如图 15.27 所示。

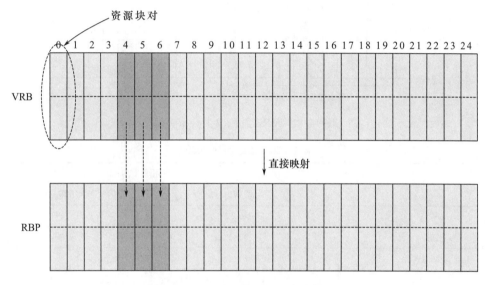

图 15.26　VRB 到 PRB 的直接映射

● 对于话音等低速业务,如果采用调度,则相关的信令开销很大,而采用分布映射可以减小开销,并且获得频率分集增益。

● 对于高速移动终端,无法有效快速估计与跟踪信道响应,因此难以通过调度获得性能增益,往往采用分布映射,获得频率分集增益。

如图 15.27 所示,分布映射分为两步:(1)将 VRB 通过交织映射为 PRB 对,保证将连续的 VRB 对随机分布映射到不连续的 PRB 对中,这样可以在连续分布的 VRB 中引入频率分集增益;(2)将每个资源块对分解为有固定频率间隔(Gap)的两个资源块,从而在单个 VRB 对中引入频率分集。例如,在 RB 总数为 25 的系统配置下,频率间隔为 12RB。

为了保证最大的分集增益,频率间隔需要满足下列准则,表 15.20 给出了频率间隔的取值。

● 频率主间隔设定为下行小区带宽的一半,从而保证单个 VRB 对也有好的分集增益。

● 对于较大的小区带宽(50RB 以上),则引入次级频率间隔,设定为小区带宽的 1/4,引入这个间隔,可以允许只在部分小区带宽中进行分布映射。频率间隔的选择由 PDCCH 信令通知终端。

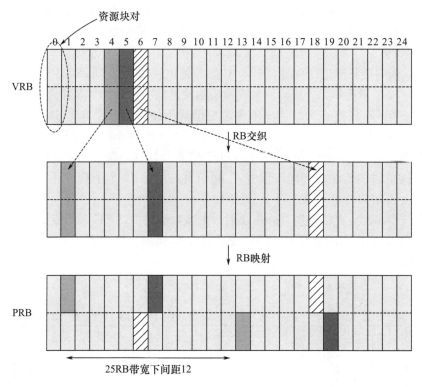

图 15.27 VRB 到 PRB 的分布映射

表 15.20 频率间隔的取值

| 系统带宽 $N_{RB}^{DL}$ | 频率间隔 $N_{gap}$ | |
| --- | --- | --- |
| | 主间隔 $N_{gap,1}$ | 次级间隔 $N_{gap,2}$ |
| 6～10 | $\lceil N_{RB}^{DL}/2 \rceil$ | — |
| 11 | 4 | — |
| 12～19 | 8 | — |
| 20～26 | 12 | — |
| 27～44 | 18 | — |
| 45～49 | 27 | — |
| 50～63 | 27 | 9 |
| 64～79 | 32 | 16 |
| 80～110 | 48 | 16 |

**5. MIMO 技术**

在 LTE 系统中,MIMO 处理并不直接针对实际天线而是针对天线端口,这是为了统一处理和系统演进的方便。所谓天线端口,在 LTE 系统中定义了 5 种,端口 0～3 分别映射为单天线、2 天线和 4 天线配置,而端口 4 用于 MBSFN,端口 5 用于非码本波束成形。LTE 系统所采用的 MIMO 技术主要包括发送分集、开环空间复用、闭环基于码本的空间复用与闭环非码本波束成形 4 类。下面概要介绍这 4 类技术。

(1) 发送分集

对于两天线端口,LTE 发分集采用空频分组码(SFBC)方式,即 Alamouti 编码方式。若配置为 4 天线端口,则发分集采用空频分组码(SFBC)与频移发分集(FSTD)的组合。这两种方式都可以获得最大的发送分集增益。

（2）开环空间复用

LTE 所支持的开环空间复用方式也称为循环延时分集（CDD）。开环空间复用不依赖终端的反馈信息，适合于高速移动场景。

（3）闭环基于码本的空间复用

在低速运动场景下，LTE 采用基于码本的预编码技术，提高链路吞吐率。一般最多同时传送两个传输块。为了辅助网络选择合适的预编码矩阵，终端通过信道测量和估计，报告合适的数据层数（即 Rank Indication，RI）、对应的预编码矩阵码本序号（即 Pre-coder-Matrix Indication，PMI）及 CQI 信息。在网络侧，收到这些测量报告后，系统有两种选择。

● 网络根据终端反馈的 RI 与 PMI 进行发送，在此情况下，基站在下行调度指配信令中发送 1 比特确认信息，通知终端预编码方式已被确认。收到确认信息后，终端将用对应的 MIMO 配置方式进行解调和译码。由于 PMI 结果是频率选择方式，即不同子载波 PMI 有差别，因此 eNo-deB 对不同 RB（或 RB 组）可以采用不同的预编码矩阵。

● 网络也可以不采纳终端反馈信息进行发送，在此情况下，基站选择另外的预编码配置，因此需要在下行调度指配信令中明确通知终端，而终端则可以使用基站选择的配置进行解调与译码。为了减小信令开销，只允许发送一个预编码矩阵，即预编码是非频率选择方式的，对所有 RB 都一样。

（4）闭环非码本波束成形

对于非码本空间复用，网络可以在基站端进行波束成形，而终端不需要确知波束向量。为了在波束成形方式下方便 UE 进行信道估计，基站需要发送 UE 专用的参考信号。

**6. MBSFN**

为了支持 MBMS 业务，LTE 系统引入了 MBSFN 机制。MBSFN 数据由 PMCH 信道承载，MBSFN 子帧结构如图 15.28 所示。整个子帧分为两部分：单播数据与 MBSFN 数据。单播部分的数据由采用普通 CP 的 OFDM 符号构成，而 MBSFN 部分的数据由采用扩展 CP 的 OFDM 符号构成，并且一个子帧中只有 12 个 OFDM 符号。如果 MBSFN 采用单独的载波发送，则不需要单播数据，所有数据都是 MBSFN。

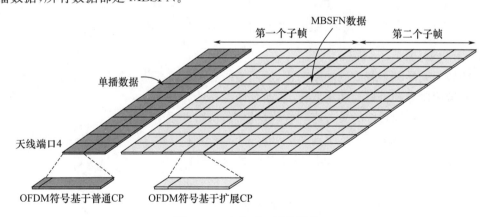

图 15.28　MBSFN 子帧结构

MBSFN 技术具有如下优点：

● 提高接收信号强度，特别是在小区边缘，因为终端可以接收多个小区的信号，获得宏分集增益。

● 降低接收干扰，尤其是在小区边缘，终端收到的多小区信号都是有用信号，可以提高接收信干比。

对于传输信道 MCH 的处理,大部分与 DL-SCH 相同,但有一些例外,总结如下:

● 为了保证多个小区发送的 MBSFN 数据相同,MCH 的传输格式和资源块映射方式都是固定的,eNodeB 不能进行动态调度。

● 由于 MCH 要同时向多个终端发送,因此不能直接应用 HARQ 机制。

● 在 MBSFN 子帧中只有单个 MBSFN 参考信号,因此发送分集、空时复用等多天线技术无法在 MBSFN 中应用。多个小区复合的频率选择信道已经提供了足够的频率分集增益,因此不必再采用空间分集。

● 多小区 MCH 信道的扰码都一样,基于 31 阶 Gold 序列,且初始状态也相同,从而方便 UE 接收。

### 15.2.3 上行链路

LTE 上行信道主要包括 PUSCH、PUCCH 与 PRACH 信道,并且还有两种参考信号:解调与探测参考信号。与下行链路最大的差别在于,上行链路为了抑制 PAPR,采用了 DFT-S-OFDM 方式,因此对传输信道处理、参考信号设计有特定要求,下面详细介绍。

**1. 参考信号**

为了控制上行链路的 PAPR,上行参考信号不与上行数据进行频分复用,而是采用时分复用。其结构如图 15.29 所示。在 PUSCH 信道中,参考信号在每个上行时隙的第 4 个符号发送(如果是扩展 CP,则在第 3 个符号发送),每个子帧含有两个参考信号。

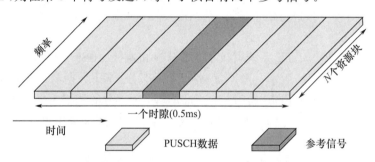

图 15.29 PUSCH 信道中参考信号的结构

上行参考信号具有下列特点:

● 在频域限制导频子载波的功率变化,从而使所有子载波都获得类似的信道估计质量。

● 在时域限制导频符号的功率变化,从而允许提高功放效率。

● 同一带宽下相同长度的参考序列应当足够多,从而方便小区规划。

为了满足上述要求,LTE 系统选择 Zadoff-Chu 序列作为参考信号,该序列在时频域都具有良好的恒定功率特性。Zadoff-Chu 序列可以表示为

$$X_k^{ZC} = e^{-j\pi u(k(k+1)/M_{ZC})}, \quad 0 \leqslant k \leqslant M_{ZC} \tag{15.2.3}$$

其中,$M_{ZC}$ 是序列长度,$u$ 是 Zadoff-Chu 序列的序号。

上行参考信号可以分为解调参考信号与探测参考信号,下面分别概述各自的功能。

(1)解调参考信号(DM-RS)

解调参考信号的生成如图 15.30 所示。一般地,如果信号带宽大于 3RB,即 36 个子载波,则解调参考信号采用 Zadoff-Chu 序列的不同循环扩展移位生成;如果信号带宽小于 3RB,则解调参考信号采用特定的 QPSK 序列生成。解调参考信号乘以不同的相位旋转因子保证相互正交,

从而能够使各用户发送的参考信号通过码分方式同时发送。

所有参考信号划分为 30 组,在每个序列组中,若序列长度小于 60,则每个长度对应一个序列,若序列长度大于 60,则每个长度对应两个序列。

解调参考信号的长度与 PUSCH 或 PUCCH 信道所占用的 RE 长度一致。一般地,当解调参考信号插入 PUSCH 信道时,其长度为 12 的整数倍,而插入 PUCCH 信道时,其长度为 12。

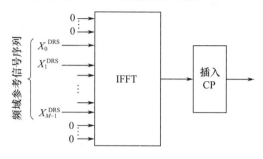

图 15.30　解调参考信号的生成

（2）探测参考信号（SRS）

由于解调参考信号只估计用户对应的 PUSCH、PUCCH 信道带宽,为了方便网络对整个信号带宽进行估计,用于分组调度,LTE 系统中引入了探测参考信号（SRS）。SRS 不一定要与其他物理信道一起发送,一般地,其覆盖带宽也要大于 PUSCH 信道。SRS 的结构如图 15.31 所示,其发送周期 2ms（每 2 个子帧）~160ms（每 16 帧）,占用所在子帧的最后一个符号。

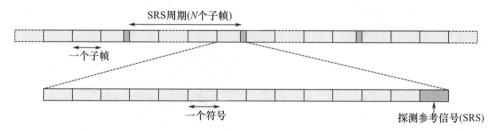

图 15.31　探测参考信号的结构

图 15.32 给出了探测参考信号的生成过程。Zadoff-Chu 序列每隔两个子载波映射,从而构成梳状结构的信号频谱。与解调参考信号类似,探测参考信号也乘以不同的相位旋转因子以保证相互正交。

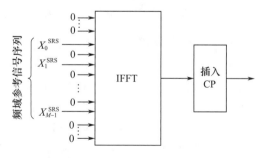

图 15.32　探测参考信号的生成

## 2. 控制信道

对于每个终端而言,上行控制信道只占用一个 RB,PUCCH 主要承载 3 类信令:

● HARQ 确认标记,用于对终端接收到的 DL-SCH 传输块进行重传控制。

- 终端对下行信道的测量报告，包括 CQI、RI 与 PMI 等信息，用于辅助下行调度。
- 调度请求，用于终端向网络请求 UL-SCH 资源。

PUCCH 信道有两类消息格式，分别称为 Format1/1a/1b 和 Format2/2a/2b，其具体内容如表 15.21 所示。

表 15.21　PUCCH 信道的消息格式

| PUCCH 消息格式 | 消息内容 | 调制方式 | 比特数目/子帧 | 复用容量（UE/RB） | | |
|---|---|---|---|---|---|---|
| | | | | 最大 | 典型 | 最小 |
| 1 | 调度请求 | 未调制 | — | 36 | 18 | 12 |
| 1a | 1 比特 ACK/NACK | BPSK | 1 | 36 | 18 | 12 |
| 1b | 2 比特 ACK/NACK | QPSK | 2 | 36 | 18 | 12 |
| 2 | CQI/PMI | QPSK | 20 | 12 | 6 | 4 |
| 2a | CQI/PMI<br>1 比特 ACK/NACK | QPSK | 21 | 12 | 6 | 4 |
| 2b | CQI/PMI<br>1 比特 ACK/NACK | QPSK | 22 | 12 | 6 | 4 |

其中，格式 1 主要包括调度请求与 HARQ 标记，并且调度请求只有存在时才发送，因此可以与 HARQ 标记共用 RB 资源。而格式 2 主要包括 CQI/PMI 报告和 HARQ 标记，用于下行调度。

PUCCH 信道资源块映射如图 15.33 所示。格式 2 承载信道测量报告，位于发送信号带宽的边缘，并在两个时隙的边缘 RB 交错放置，从而获得频率分集增益。而格式 1 承载调度请求和 HARQ 确认信息，紧邻配置格式 2 的 RB 交错放置。

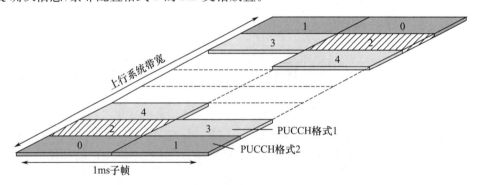

图 15.33　PUCCH 信道资源块映射

UL-SCH 信道与上行控制信令的编码复用关系示于图 15.34 中。一般地，PUCCH 信道需要承载 CQI/PMI、RI 与 HARQ 确认信息。CQI/PMI 信息可以采用卷积编码或 Reed-Muller 编码（CQI 信息小于 11 比特，采用 RM 编码；11 比特以上采用咬尾卷积码）。RI 信息采用分组编码。HARQ ACK/NACK 信息也采用分组编码。UL-SCH 信息采用 Turbo 编码，然后分别经过速率匹配与 CQI/PMI 及 RI 复用后，经过自适应调制，再与调制为 QPSK 的 ACK/NACK 符号合并，统一进行 DFT 变换，然后经过资源映射，进行 IFFT 变换得到时域 SC-FDMA 发送信号。在上述处理过程中，CQI/PMI、RI 与 HARQ 信息按照系统配置、信道状态变化，因此用虚线表示。

两个信道复用情况下的资源块映射如图 15.35 所示。参考信号位于每个时隙的第 4 个符号，CQI、RI 与 ACK/NACK 信息分别位于信号带宽的两端，并且在频率交错放置，获得频率分集增益。DL-SCH 数据在信号带宽的中心连续分配。

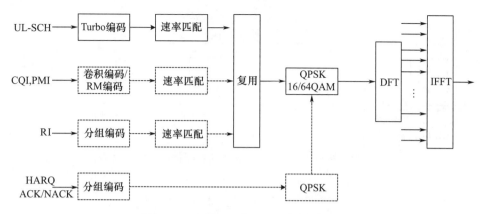

图 15.34 PUSCH 与 PUCCH 信道复用

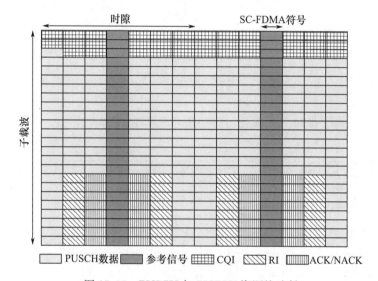

图 15.35 PUSCH 与 PUCCH 资源块映射

**3. 跳频**

为了对上行干扰进行小区协调,LTE 在 PUSCH 信道中引入了跳频。上行跳频与前面描述的下行资源块分布映射类似,主要目的是随机化上行信道的干扰,获得频率分集增益。但 PUSCH 信道需要映射到连续的 RB 中,因此跳频只能在 RB 组中进行。

PUSCH 信道定义了两种跳频方案:

- 根据小区专用的跳频/镜像图样基于子带(Subband)的跳频方案。
- 根据调度授权信息中明确给出的跳频信息进行跳频。

在基于子带的跳频方案中,整个系统带宽划分为多个连续的 RB 组,每组 RB 称为一个子带。图 15.36 给出了系统带宽为 50RB 的一个示例,整个带宽划分为 4 个子带,每个子带含有 11 个 RB。需要注意的是,子带并非覆盖所有的 RB,在系统带宽边缘的 RB 不参加跳频,用于 PUCCH 信道发送。

图 15.37 和图 15.38 给出了从虚拟资源块到物理资源块进行跳频映射的两个示例。在图 15.37 中,VRB 分配的是 27、28 与 29 资源块对,根据调度授权信息中给出的小区专用跳频图样,第一组 RB 右移 1 个子带,因此跳频到 PRB:38、39 与 40。而第二组 RB 循环右移 3 个子带,则跳频到 PRB:16、17 和 18。

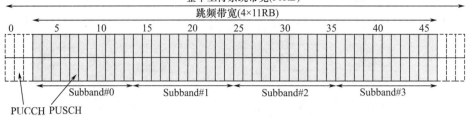

图 15.36　PUSCH 信道跳频子带定义

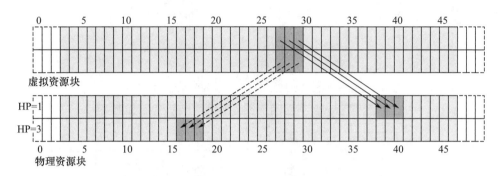

图 15.37　基于小区专用跳频图样的子带跳频示例

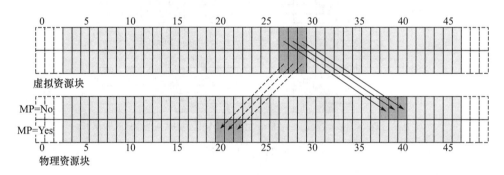

图 15.38　基于小区跳频/镜像图样的子带跳频示例

除跳频图样,还定义了小区镜像图样,根据是否镜像标识,可以在一个子带中进行 PRB 的对称镜像。在图 15.38 中,第一组 PRB 不进行镜像,因此仍然跳频到 PRB:38、39 与 40,而第二组 RB 进行镜像,因此跳频到 PRB:20、21 与 22。

小区跳频/镜像图样对一个小区中的终端都一致,基于小区 ID 定义,周期为一个无线帧。一般地,为了减小干扰,相邻小区采用不同图样。另一种跳频方案是由调度授权信息中承载的跳频信息控制跳频,不再赘述。

## 15.2.4　物理层处理

前面已经介绍了 LTE 上行与下行信道结构,但在正式通信之前,移动台还需要通过小区搜索建立下行同步,获取广播信道信息;通过上行时序调整与网络保持同步;通过随机接入发起接入请求;接收寻呼信息,获得下行初始控制信令。下面概要描述这些物理层处理过程。

### 1. 小区搜索

当移动台开机,初始接入网络时,需要进行小区搜索;另外,在运动过程中,移动台也需要连续搜索与监测相邻小区的信号质量,通过比较本小区和相邻小区的信号质量,启动切换过程(UE

在连接通信状态)或小区重选择过程(UE 在空闲状态)。

LTE 小区搜索过程包括如下步骤:

① 捕获小区的频率与符号同步信号。

② 捕获小区帧同步信号,确定下行信道帧边界。

③ 确定物理层的小区 ID 号。

LTE 系统中有 504 个小区 ID,每个小区 ID 对应一个特定的下行参考信号序列。所有小区 ID 划分为 168 个小区 ID 组,每组中有 3 个小区 ID。LTE 系统定义了两个特定的同步信号:主同步信号(PSS)和辅同步信号(SSS)。图 15.39 给出了 FDD 与 TDD 模式下同步信号的时域分布。

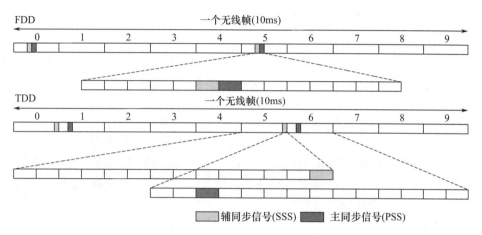

图 15.39  同步信号的时域分布

如图所示,在 FDD 模式下,PSS 信号在子帧 0 和 5 的第 1 个时隙的最后一个符号发送,而 SSS 在相同时隙的倒数第 2 个符号发送。因此,SSS 与 PSS 在时域上相邻。而在 TDD 模式下,PSS 在子帧 1 和 6 的第 3 个符号发送,即位于 DwPTS,而 SSS 在子帧 0 和 5 的最后一个符号发送,因此 SSS 与 PSS 在时域上间隔两个符号。如果未知双工模式,则同步信号分布的差别可用于识别具体的双工方式。

同步信号在频域的分布如图 15.40 所示。在频域上两个同步信号长度为 62,都占用 62 个子载波。对应的信道带宽为 72 个子载波(6RB),等效带宽 1.08MHz,位于直流两端。这样,对于不同系统带宽配置的终端,都可以搜索直流附近的 6RB 资源块,发现同步信号。

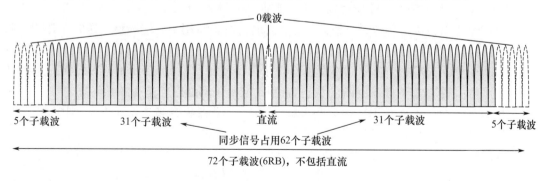

图 15.40  同步信号的频域分布

SSS 信号标识 168 个小区 ID 组序号,而 PSS 信号标识小区组中的 3 个 ID 序号。SSS 信号由 3 个长度为 31 的 $m$ 序列复合级联构造得到,不再赘述。PSS 由两个长度为 31 的 Zadoff-Chu

序列级联构成,生成公式为

$$d_u(n) = \begin{cases} e^{-j\frac{\pi un(n+1)}{63}}, & n=0,1,\cdots,30 \\ e^{-j\frac{\pi u(n+1)(n+2)}{63}}, & n=31,32,\cdots,61 \end{cases} \quad (15.2.4)$$

其中,序列序号 $u$ 与小区组内 ID 序号一一对应,满足

$$\{(N_{ID}^{(2)} \to u):(0 \to 25),(1 \to 29),(2 \to 34)\} \quad (15.2.5)$$

在一个小区中,一个无线帧中的两个 PSS 信号相同,而不同的小区可以从 3 种 PSS 序列中选取。一旦终端检测和辨识出小区中的 PSS,则可以进一步完成如下操作:

① 发现 5ms 定时边界,找到 SSS 的位置。

② 确定小区在小区组中的编号,但此时终端还无法确定小区组编号,需要在 168 个小区组中选择。

③ 移动终端根据对 SSS 信号的检测确定帧边界,并且确定小区组编号。同一帧中的两个 SSS 信号各不相同,因此,通过检测单个 SSS 就可以确定帧边界。

④ 当终端获取帧定时信息和物理层小区 ID 号后,就可以识别小区专用参考信号,能够进行信道估计,从而对 BCH 信道进行检测译码,提取小区广播的系统信息。

BCH 信道每 4 帧发送一次,并且只在连续 4 帧中的第 0 帧发送,位于第 0 帧第 0 子帧第 1 时隙的前 4 个 OFDM 符号,频域上占用 72 个子载波,其分布与同步信号一致,也占用直流附近的 1.08MHz 带宽。这样分配,可以方便移动终端对 BCH 信道进行检测,直到译码 BCH 信道后,UE 才能够辨识小区所使用的信号带宽。

**2. 随机接入**

在 LTE 系统中,随机接入具有如下功能:

● 通过初始接入建立无线链路。

● 无线链路中断后,通过随机接入重新建立链接。

● 切换到新小区后,通过随机接入建立上行同步。

● 当上行链路没有同步时,可以通过随机接入建立上行同步,从而完成上下行数据收发。

● 如果 PUCCH 信道没有配置专门的调度请求资源,发送调度请求。

上述操作的主要目的就是建立上行同步,图 15.41 给出了 LTE 随机接入的过程。

随机接入是一个基于冲突的接入过程,包括如下 4 个步骤:

① 发送随机接入前导,允许 eNodeB 估计终端的发送时间,上行同步对于 LTE 系统是基本功能,只有在同步状态下,UE 才能够发送上行数据,保证相互正交。

② 网络基于上一步获得的时延估计,发送时间提前命令,用于终端调整发送时序,同时网络为终端分配用于随机接入的上行资源。

③ UE 通过 UL-SCH 信道向网络发送终端标记 C-RNTI(小区无线网络临时识别码)或 TC-RNTI。确切的信令内容依赖于终端的状态,特别是取决于网络以前是否知悉终端。

④ 网络利用 DL-SCH 信道向终端发送响应信令,如果终端能够接收到响应,则多个用户间没有冲突,否则终端可以判决发生了接入冲突。

PRACH 信道是 LTE 系统中唯一异步的上行信道,定义了 5 种格式,其中格式 0~3 适用于 FDD 和 TDD 两种模式,而格式 4 只适用于 TDD 模式。信道格式如图 15.42 所示。

PRACH 信道由 CP 与前导序列构成,各个用户与基站距离不同,因此用户间的相对时延不确定,这个不确定时延越大,小区半径越大。LTE 要求支持最大半径 100km 的小区,因此 PRACH 需要定义很长的 CP,以便覆盖长达 667$\mu$s 的双向传播时延。

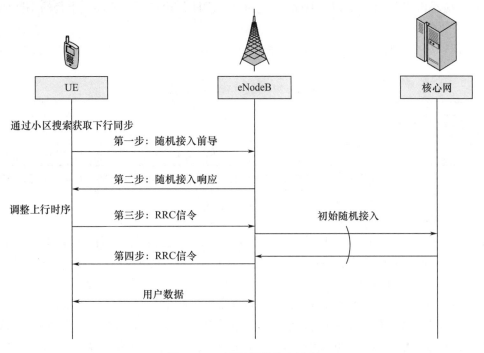

图 15.41 LTE 随机接入过程

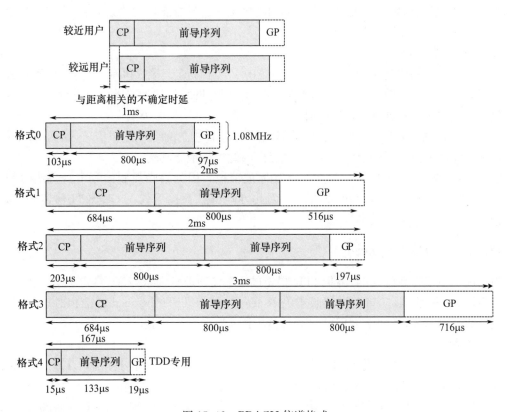

图 15.42 PRACH 信道格式

对于格式 0,CP 长度为 103μs,则对应的小区半径为 15km;格式 1、3 的 CP 长度为 684μs,对应小区半径为 100km;格式 2 的 CP 长度为 203μs,对应小区半径为 30km。对于格式 4,CP 长度

为 $15\mu s$,对应小区半径约为 2km。因此,不同的 PRACH 信道格式用于不同半径的小区,能够满足实际网络的需要。

PRACH 信道序列采用 Zadoff-Chu 序列,每个小区中有 64 个序列,其序列格式示于表 15.22 中。

表 15.22 随机接入序列格式

| PRACH 信道格式 | 序列长度 | 子载波带宽 |
|---|---|---|
| 0~3 | 839 | 1.25kHz |
| 4 | 139 | 7.5kHz |

由于引入了长 CP,因此 PRACH 信道的检测可以采用频域变换方法,从而有效降低算法复杂度。

**3. 时序调整**

如前所述,上行同步对于 LTE 系统非常重要。在 FDD 模式下,上行同步能够保证同一小区中与 eNodeB 不同距离的移动台发射的信号到达基站时,相对时延位于 CP 内,并且在频域上相互正交,从而保证小区内各用户上行信号相互正交,互不干扰。而在 TDD 模式下,上行同步不仅保证了小区内各用户上行信号相互正交,而且保证上下行信号之间互不干扰。

上行同步的过程类似于功率控制,距离基站远的终端需要提前发送信号,而距离基站近的终端需要推后发送信号。最大时间调整量为 0.67ms,相应于基站移动台距离为 100km。典型情况下,时间同步指令是慢速调整信令,大约每秒 1 次或数次。如果移动台在预定周期无法接收到时间调整指令,则终端判断上行失步。需要采用随机接入过程重新与网络建立上行同步,然后才能开始 PUSCH 或 PUCCH 信道的发送。

**4. 寻呼控制**

寻呼用于网络初始链接的建立。LTE 系统中引入了不连续接收机制(DRX),移动台大部分时间处于休眠状态,只在预定的时间段被周期性唤醒,对网络发送的寻呼信息进行监测。这样可以有效降低接收机的功耗,延长待机时间。

在 WCDMA 系统中,移动台在预定的时间间隔监测独立的寻呼标记信道,从而发现寻呼信息。由于寻呼标记持续时间要远小于寻呼信息,因此可以节省功耗。

但在 LTE 系统中,不再采用独立的寻呼标记信道。因为寻呼控制信令本身持续时间也很短,最多占用一个时隙的 3 个 OFDM 符号,因此寻呼信息直接承载在 DL-SCH 信道中,检测过程与普通的下行数据接收基本一致。

## 15.2.5 LTE-Advanced

为了进一步提升系统性能,满足 ITU 提出的 4G 移动通信需求,2008 年 3 月,3GPP 启动了 LTE-Advanced 标准制订工作,协议版本为 Release 10。LTE-Advanced 标准相对于 LTE 进行技术性能的全面增强,类似于 HSPA 相对于 WCDMA 的技术增强。

**1. 系统特征**

LTE-Advanced 在标准化过程中强调后向兼容特性,在网络结构方面,LTE-Advanced 与 LTE 完全兼容,保证了网络结构的平滑演进,在终端技术方面,LTE-Advanced 系统的引入不会对 LTE 终端造成影响。满足后向兼容,可以有效降低终端开发的难度,降低网络部署的成本。LTE-Advanced 的技术指标全面满足 IMT-Advanced 需求,并超越 4G 移动通信的基本指标,其技术特征总结如下。

● 支持下行峰值速率 1Gbps,上行峰值速率 500Mbps。

● 系统性能指标,如小区与链路吞吐率已经明显超越了 IMT-Advanced 的要求。
● 网络部署、终端开发可以平滑演进,降低系统与终端开发成本。
● 高功率效率,有效降低系统和终端功耗。
● 更高频谱效率,通过载波聚合,有效利用分散的频谱。

**2. 关键技术**

LTE-Advanced 系统中引入了载波聚合、协作多点传输(CoMP)与中继等新的关键技术。下面介绍这些新技术的特点。

(1) 载波聚合

为了支持下行/上行链路 1Gbps/500Mbps 的数据速率,LTE-Advanced 引入了载波聚合技术,将多个 20MHz 的频段聚合,从而扩展整个信号带宽,提升链路速率。图 15.43 给出了载波聚合的示例,连续的 5 个 20MHz 带宽可以聚合为 100MHz 带宽,从而能够支持更高的峰值速率。另外,可以将 2 个分离的 20MHz 聚合为 40MHz 带宽,提升数据速率。

图 15.43　载波聚合示例

目前,载波聚合的标准化工作主要集中在 MAC 层信令的扩充与增强,对于多个载波的协调与控制。另外,由于受到终端处理能力的限制,载波聚合有一定的约束条件。

(2) 协作多点传输(CoMP)

在 MIMO 技术方面,LTE-Advanced 提出采用 8×4 的高阶 MIMO 配置,将原来的 4 天线端口扩充为 8 个端口,并且对下行参考信号、预编码码本设计进行标准化。

另一方面,为了进一步改善小区边缘链路质量,LTE-Advanced 引入了分布式 MIMO 的概念,提出协作多点传输(CoMP)技术。CoMP 的应用场景如图 15.44 所示。

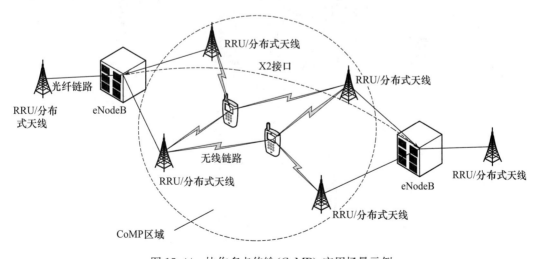

图 15.44　协作多点传输(CoMP) 应用场景示例

eNodeB采用分布式基站配置,通过光纤链路与多个射频拉远单元(RRU)或分布式天线单元相连,eNodeB之间可以通过X2接口互连。若移动台位于两个小区的边缘,则多个天线可以与UE通信,构成分布式MIMO架构,称为CoMP区域。

LTE-Advanced定义了3类CoMP集合:协作集、报告集与测试集。CoMP协作集指参加协作发送的天线构成的集合。CoMP报告集指与UE相关联,可能需要测试信道状态/获取统计信息的小区集合。CoMP测试集主要用于RRM,并非CoMP专用。

在CoMP区域中,定义发送PDCCH信道的小区为服务小区。为了与LTE兼容,CoMP区域中只有一个服务小区。目前,LTE-Advanced定义了两种CoMP技术。

● 联合处理(JP)CoMP。这种CoMP所有协作集中的天线都会发送数据,又可以细分为两类:联合发送(JT)与动态小区选择(DCS)。联合发送条件下,可以同时选取协作集中的多点发送PDSCH信道,从而提高UE接收信号质量。而动态小区选择条件下,每个时刻只选择协作集中的一点发送PDSCH信道,类似于选择发分集。

● 协同调度/波束成形(Coordinated Scheduling/Coordinated Beamforming,CS/CB)CoMP。这种CoMP下,只有服务小区向用户发送业务数据,但用户调度和波束成形在协作集中通过协同方式实现。

协作多点传输能够充分利用分布式MIMO信道独立的优点,或者获得更高空间复用增益,或者提高发送分集增益,从而有效提高LTE的链路吞吐率和可靠性。目前CoMP技术还在标准化进程中,尽管技术潜力巨大,但也面临诸多实现挑战。它体现了多用户MIMO、网络MIMO等前沿技术的发展趋势。

(3) 中继

为了提高链路吞吐率,除了采用CoMP技术,也可以采用Relay(中继)技术。从中继对数据处理的协议层次可以划分为层1/2/3中继,其中层1中继就是简单的直放站,只是把基站和用户的双向链路进行放大转发。LTE-Advanced的中继场景示例如图15.45所示。

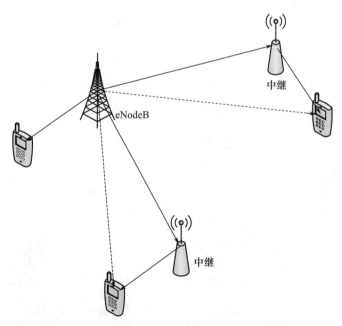

图 15.45　LTE-Advanced 的中继场景示例

LTE-Advanced定义了两种中继。Type I中继是L3中继,其功能相当于微蜂窝基站,有专用 Relay ID,能够与基站协同,进行无线资源调度与分配。而 Type II 包括 L1/L2 中继,没有专用的 Relay ID,因此不能构成独立的小区,对网络和用户都是透明的。目前在标准化工作中,主要关注中继与 eNodeB 的资源分配与回程(Backhaul)问题,即 eNodeB 与 Relay、Relay 与 UE 以及 eNodeB 与 Relay 链路之间的时频资源分配,以及 eNodeB 与 Relay 之间回程通信的机制。

## 15.3 WiMAX 系统

移动 WiMAX 组合了 OFDMA 与 MIMO 技术,具有灵活的空中接口与网络架构,是 3G 演进系统的有力竞争者。工业界主流观点认为,下一代移动通信系统不能仅仅追求更快的数据速率、更高的频谱效率。传统的蜂窝架构、业务提供方式与产业链都过于封闭僵化,4G 移动通信系统应当基于 IP 网络架构,采用新的业务模型,提供对新型应用与业务的开放性支持。基于以前 WiFi 成功应用的经验,IEEE 与 WiMAX 论坛联合推动的移动 WiMAX 标准,在基于 IP 的网络架构、业务开放机制等方面更具有优势。下面介绍移动 WiMAX 的主要技术特点。

### 15.3.1 系统特征

在标准制订过程中,工业界认为移动 WiMAX 应具有如下技术特征:
- 上行/下行采用 OFDMA 多址接入方式,支持灵活的带宽分配。
- 支持高级 MIMO 技术,包括波束成形、空时发送分集与空间复用技术。
- 自适应物理层处理,包括快速链路自适应与快速时频调度。
- 全 IP 扁平化网络架构,支持各种部署场景,既满足传统移动通信业务,也支持开放型的新型互联网业务。
- 开放的标准接口,支持空中下载模式(Over-the-Air,OTA)和多个运营商之间的网络互操作。

表 15.23 给出了移动 WiMAX 1.0 的物理层系统参数,主要基于 IEEE 802.16e 标准的必需要求,并考虑了一些可选项。

**表 15.23　移动 WiMAX 1.0 的物理层系统参数**

| 双工方式 | TDD | |
|---|---|---|
| 多址技术 | 下行:OFDMA;上行:OFDMA | |
| 系统带宽/MHz | 3.5/5 | 7/8.75/10 |
| 下行 FFT 点数 | 512 | 1024 |
| 帧长/ms | 2/2.5/4/5/8/10/12.5/20,5ms 是典型值 | |
| OFDM 符号结构 | 子载波带宽 | 定义名义带宽与系统带宽比值为 $n$,即过采样因子,若系统带宽为 1.75MHz 的整倍数,则 $n=8/7$;若系统带宽为 1.25/1.5/2/2.75MHz 的整倍数,则 $n=28/25$;其他情况,$n=8/7$<br>系统带宽为 5/10MHz,$\Delta f=10.94$kHz<br>系统带宽为 3.5/7MHz,$\Delta f=7.81$kHz<br>系统带宽为 8.75MHz,$\Delta f=9.77$kHz |
| | CP 间隔 | CP 与 FFT 窗长比值:1/4、1/8、1/16、1/32;其中 1/8 是典型值 |
| 资源映射方式 | 下行:FUSC、PUSC;上行:PUSC | |
| 调制方式 | QPSK、16QAM、64QAM | |

| 双工方式 | TDD |
|---|---|
| 信道编码 | 卷积编码:(2,1,6),咬尾编码或截尾编码<br>　　生成多项式:$G_0=(171)_8,G_1=(133)_8$ |
| | 分组 Turbo 码(BTC),分量码为汉明码,生成多项式为<br>　　$(15,11),g(x)=x^4+x+1$<br>　　$(31,26),g(x)=x^5+x^2+1$<br>　　$(63,57),g(x)=x^6+x+1$ |
| | Turbo 编码:1/3 码率,8 状态<br>　　生成多项式:$G(D)=\left[1,\dfrac{g_1(D)}{g_0(D)},\dfrac{g_2(D)}{g_0(D)}\right]$<br>　　$g_0(D)=1+D+D^3,g_1(D)=1+D^2+D^3,g_2(D)=1+D^3$ |
| | LDPC 编码:利用基本矩阵循环移位重排得到构造性校验矩阵 |
| HARQ | Chase 合并,增量冗余可选 |
| MIMO | 空时编码、AAS、空间复用 |

### 15.3.2　帧结构

图 15.46 给出了 WiMAX 在 TDD 模式下的帧结构,其中 5ms 的无线帧可以灵活地划分为上行和下行子帧,子帧之间有保护间隔(TTG 和 RTG),以防上下行相互冲突。

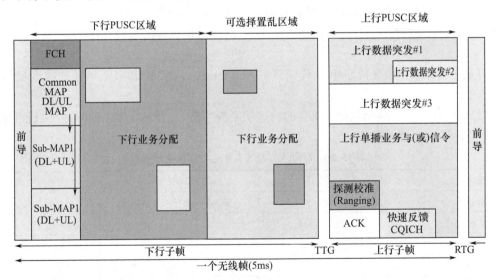

图 15.46　WiMAX TDD 帧结构

TDD 帧结构中定义了下列物理信道:

● 前导:在下行子帧的第一个 OFDM 符号广播,用于 MS 初始接入和切换过程中与 BS 建立链路同步。

● 帧控制头(FCH):紧邻前导,承载帧格式信息,包括 MAP 消息长度、编码方案与可用子信道。

● DL-MAP 与 UL-MAP:分别承载下行和上行子帧的资源分配与其他控制信息。通常,MAP 采用可靠的调制与编码方案(MCS),在整个小区中广播。为了减小 MAP 开销,WiMAX

定义了一个或多个多播子 MAP,针对距离基站较近,信道条件较好的用户,以更高阶的 MCS 发送业务分配信令。

● 上行探测校准:上行 Ranging 子信道分配给 MS 进行闭环时域、频域与功率调整,并进行带宽申请。

● 上行 CQICH:该信道用于 MS 反馈信道状态信息。

● 上行 ACK:该信令用于 MS 反馈下行 HARQ 确认信息。

### 15.3.3 关键技术

(1) 可伸缩 OFDMA

WiMAX 针对不同的系统带宽,支持多种点数的 FFT,包括 128/512/1028/2048。在移动 WiMAX 1.0 版本中,5MHz 和 10MHz 带宽对应的 FFT 点数分别为 512 和 1024。每个子载波间隔 10.94kHz,一个子信道含有 48 个数据子载波和导频子载波。子信道可以由连续的子载波或随机置乱的子载波构成。如果采用随机置乱方式,则可以获得更好的频率分集增益,并减小小区间干扰。下行映射方式 DL-FUSC(Full Used SubCarrier)、DL-PUSC(Partially Used SubCarrier)和上行映射方式 UL-PUSC 都可以采用分集置乱方法。

为了支持部分频率复用,数据帧划分出置乱区用于不同的子信道划分方案。对于连续子载波形成的子信道,则比较适合进行 CQI 反馈与自适应调度,也可以与 AMC 结合,提高链路吞吐率。

(2) AMC 与 HARQ

WiMAX 的下行支持 QPSK、16QAM 和 64QAM 调制,上行支持 QPSK 和 16QAM 调制。WiMAX 系统定义了多种信道编码方式,但只有卷积码和卷积 Turbo 码是必选方式,其他都是可选方式。为了支持低码率编码,还采用了重复编码。

● 咬尾卷积码(CC)

● 卷积 Turbo 码(CTC)

● 分组 Turbo 码(BTC)

● 低密度校验码(LDPC)

● 截尾卷积码(ZTCC)

表 15.24 给出了 5MHz 和 10MHz 系统带宽下的峰值速率。在 PUSC 映射方式下,帧长为 5ms,2×2 MIMO 配置,每帧有 48 个 OFDM 符号,其中 44 个 OFDM 符号用于发送数据所能达到的链路峰值速率。

**表 15.24　移动 WiMAX 物理层峰值速率示例**

| 调制 | 码率 | 5MHz 带宽 | | 10MHz 带宽 | |
|---|---|---|---|---|---|
| | | 下行速率/Mbps | 上行速率/Mbps | 下行速率/Mbps | 上行速率/Mbps |
| QPSK | 1/2 CTC 6× | 0.53 | 0.27 | 1.06 | 0.56 |
| | 1/2 CTC 4× | 0.79 | 0.41 | 1.59 | 0.84 |
| | 1/2 CTC 2× | 1.59 | 0.82 | 3.17 | 1.68 |
| | 1/2 CTC 1× | 3.17 | 1.63 | 6.34 | 3.36 |
| | 3/4 CTC | 4.75 | 2.45 | 9.50 | 5.04 |
| 16QAM | 1/2 CTC | 6.34 | 3.26 | 12.67 | 6.72 |
| | 3/4 CTC | 9.50 | 4.90 | 19.01 | 10.08 |

| 调制 | 码率 | 5MHz 带宽 | | 10MHz 带宽 | |
|------|------|-----------|-----------|------------|------------|
| | | 下行速率/Mbps | 上行速率/Mbps | 下行速率/Mbps | 上行速率/Mbps |
| 64QAM | 1/2 CTC | 9.50 | 4.90 | 19.01 | 10.08 |
| | 2/3 CTC | 12.67 | 6.53 | 25.34 | 13.44 |
| | 3/4 CTC | 14.26 | 7.34 | 28.51 | 15.12 |
| | 5/6 CTC | 15.84 | 8.16 | 31.68 | 16.80 |

WiMAX 支持异步 HARQ 机制,允许重传时延可变。Chase 软合并是必选项,而增量冗余是可选项。

(3) MIMO 技术

除传统的接收分集技术外,WiMAX 支持下列 MIMO 技术:

● AAS(波束成形)。采用上下行的波束成形可以改善覆盖,提高系统容量。AAS 与非 AAS 终端采用时分复用方式共存。其他的 MIMO 方案使用非 AAS 时段。

● 空时编码(STC)。在两天线情况下,可以使用 Alamouti 编码获得发送分集增益。若天线数目大于 2,则采用线性扩散码(LDC)获得分集增益。

● 空间复用(SM)。下行 2×2 MIMO 在信道条件良好条件下,可以提供更高的峰值速率和数据吞吐量。上行支持协作 MIMO,类似于 LTE 系统中的虚拟 MIMO,两个用户在同一个时隙分别发送一个数据流,而基站可以收到来自两个天线的两路数据流,从而构成一个分布式 MIMO 结构。

(4) QoS 处理

WiMAX 系统中采用了面向连接的 QoS 机制,可以进行端到端的 QoS 控制。对于从移动台收发的每个业务流都可以设定独立的 QoS 参数。这些参数定义了空中接口的数据发送顺序与调度方式,可以通过 MAC 消息在网络与终端之间进行静态或动态的协商。

WiMAX QoS 机制支持的应用业务可以划分为如下 5 类:

● 主动授权业务(UGS):典型业务——VoIP。

● 实时监测业务(rtPS):典型业务——音频或视频流业务。

● 扩展实时监测业务(ErtPS):典型业务——激活话音业务。

● 非实时监测业务(nrtPS):典型业务——FTP。

● 尽力而为业务(BE):典型业务——WWW。

(5) 部分频率复用

WiMAX 可以同频组网,但共道干扰会严重影响小区边缘的用户 QoS。在 TDD 帧结构中定义了可选择置乱区,通过合理置乱方式分配子信道,能够有效降低小区间干扰。WiMAX 引入了部分频率复用方案,如图 15.47 所示。小区划分为两部分:中心区域和边缘区域。在小区边缘,基站只在一部分子信道中分配资源,并且相邻小区子信道各不相同,而中心区域可以使用所有的子信道。这样在小区边缘,频率复用因子为 3,而小区中心,频率复用因子为 1。在维持较高频率复用效率的前提下,有效降低了小区间干扰。

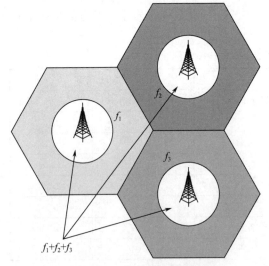

图 15.47 部分频率复用示意

## 15.3.4　IEEE 802.16m 系统

表 15.25 给出了 IEEE 802.16m 的主要技术参数。

**表 15.25　IEEE 802.16m 主要技术参数**

| 工作频段 | 小于 6GHz 的授权频段 | | | |
|---|---|---|---|---|
| 系统带宽 | 5～20MHz，其他带宽也可以使用 | | | |
| 双工方式 | FDD 全双工、FDD 半双工、TDD | | | |
| 天线配置 | 下行至少 2×2，上行至少 1×2 | | | |
| 峰值速率/频谱效率 | 类别 | 链路方向 | MIMO 配置 | 峰值频谱效率（bps/Hz） |
| | 基准值 | 下行 | 2×2 | 8.0 |
| | | 上行 | 1×2 | 2.8 |
| | 目标值 | 下行 | 4×4 | 15.0 |
| | | 上行 | 2×4 | 5.6 |
| 数据时延 | 下行小于 10ms，上行小于 10ms | | | |
| 状态转移时延 | 最大 100ms | | | |
| 切换中断时延 | 同频切换时延小于 30ms，异频切换时延小于 100ms | | | |
| 吞吐率和 VoIP 容量 | 类别 | | 下行 | 上行 |
| | 平均扇区吞吐率（bps/Hz/sector） | | 2.6 | 1.3 |
| | 平均用户吞吐率（bps/Hz） | | 0.26 | 0.13 |
| | 小区边缘吞吐率（bps/Hz） | | 0.09 | 0.05 |
| | VoIP 容量（激活呼叫/MHz/sector） | | 30 | 30 |
| MBS 频谱效率 | 基站间距 0.5km，频谱效率>4bps/Hz<br>基站间距 1.5km，频谱效率>2bps/Hz<br>最大 MBS 信道重选中断时间：同频<1s，异频<1.5s | | | |
| LBS 定位精度 | 基于手机的定位精度：50m（67%@cdf），150m（95%@cdf）<br>基于网络的定位精度：100m（67%@cdf），300m（95%@cdf） | | | |

与 IEEE 802.16e 相比，IEEE 802.16m 在如下方面进行了技术增强：

● 采用高阶 MIMO 和先进的空时信号处理技术，包括多用户 MIMO，并减小 MAC/PHY 的开销，从而进一步提升频谱效率。

● 采用更宽的信号带宽（大于 20MHz）以及载波聚合技术，提高峰值速率和用户数据速率。

● 使用改进的前导信号和控制信道，在高干扰环境中改善覆盖。

● 通过采用更快的 MAC 和信令机制，降低处理时延。

● 通过快速的反馈机制和链路自适应技术，支持更高的移动性。

● 灵活的频谱配置，包括 FDD 和 TDD，支持连续和不连续频段。

● 改进与优化了与其他接入网的互操作与共存机制，包括 3G 系统、WiFi 以及蓝牙。

● 支持多跳中继和家用基站（Femtocell）。

● 进一步降低系统功耗。

上述所有特征和增强技术都要求以前版本保持后向兼容。移动 WiMAX 正在被众多运营商和设备商推动，提供包括多跳中继、家用基站以及多频段支持的灵活解决方案，提高与其他无线接入技术互操作的能力，进一步提升系统效率和用户体验，成为 4G 移动通信标准的有力竞争者。

## 15.4  5G NR 系统

2017 年 12 月,3GPP 标准组织发布了第一版的 5G NR 标准,即 3GPP R15 标准。这里 NR 指 New Radio,即新空口。NR 有两种运行模式:SA 与 NSA。所谓 SA(Stand Alone),是指 5G 单独组网运行的方式,而 NSA(Non-Stand Alone)是指 5G 非单独组网,需要依靠 LTE 进行初始接入与移动性管理。这两种运行方式主要影响高层协议与核心网接口,对无线接入技术没有影响。

R15 标准主要定义了 eMBB 场景以及一些 uRLLC 场景的业务。由于基于 LTE 技术的窄带物联网(NB-IoT)性能非常优异,因此 NR 初期版本并不急于标准化 mMTC。未来 NR 将会对扩展的 mMTC 以及终端直连(Device-to-Device,D2D)技术进行标准化。

### 15.4.1  5G NR 概述

#### 1. 技术特点

与 LTE 相比,5G NR 的技术优势可以归纳为 5 个方面,总结如下。

(1)充足的频率资源支持高速传输能力

NR 采用了更高的无线频段,由此引入了额外的频谱支持宽带与高速无线数据传输。LTE 只支持 3.5GHz 的授权频段与 5GHz 的非授权频段,而 NR 的授权频段从 600/700MHz 一直到 52.6GHz,并且非授权频段也正在计划制订中。尤其是毫米波频段提供了丰富的频率资源,因此可以极大提升传输能力与数据速率。但另一方面,高频信号传播损耗大,虽然有 MIMO 等高级信号处理技术弥补,仍然导致非视距与室外到室内条件下的覆盖较差。为此,联合运行低频段与高频段,如 2GHz 与 28GHz,是非常好的解决方案,能够达到广覆盖与高速率的平衡。

(2)超精简设计节省能耗降低干扰

现代移动通信系统普遍采用不携带信息的参考信号,用于基站检测、系统信息广播、信道估计与解调等。在 LTE 系统中,这些参考信号占用的功率/带宽比例较小,系统开销还可以容忍。但在 NR 的密集组网场景中,这些参考信号导致的系统开销不可忽略。它们既浪费了系统的有用功率,又导致了相邻小区之间的干扰。鉴于此,NR 系统采用了超精简设计,大幅度减少参考信号开销。例如,NR 采用全新的小区搜索机制,以及解调参考信号结构,有效提高了系统能效与数据速率。

(3)前向兼容适应未来应用场景

前向兼容的含义是指 NR 系统设计时充分考虑了未来技术发展趋势,预留了充足空间容纳新技术与新业务。NR 系统设计遵循的前向兼容性原则有 3 条:

- 最大化可以灵活使用的时频资源,避免将来系统后向兼容时出现空白。
- 最小化参考信号的发送开销。
- 在可重构/可分配的时频资源上,限制物理层的信号与信道功能,避免复杂化操作。

基于这 3 条原则,NR 系统设计具有充分灵活性,为将来引入新技术与新功能提供了足够的发展空间。

(4)低延迟提高系统性能支持新应用

低延迟接入是 NR 重要的技术特点,NR 在 PHY、MAC 与 RLC 协议设计中充分考虑了满足低延迟的技术要求。例如,在物理层,NR 不采用跨 OFDM 符号的交织器,减少交织时延;采用迷你时隙发送,减少发送时延。又如,在 MAC 层,当接收到下行数据时,终端必须在 1 个时隙后(甚至更短)发送 HARQ 确认信号;从接收到授权信令到发送上行数据,也需要在 1 个时隙中完成。再如,MAC/RLC 的数据包头也经过专门设计,尽量降低处理时延。通过这些优化设计,NR 能够支持 1ms 的低延迟接入,降低为 LTE 的 1/10。

(5) 以波束为中心的设计提升系统性能

NR 采用了大规模 MIMO 技术,空间资源远远丰富于 LTE。NR 系统的信道与信号,包括控制与同步信道,都是以波束成形为核心进行设计的。NR 的波束成形技术充分灵活,既单独支持模拟波束成形,也支持数字预编码/模拟波束成形的混合模式。在高频段,主要采用波束成形扩展覆盖,而在低频段,通过空间隔离减少系统干扰。具体而言,在毫米波频段,NR 采用模拟波束成形产生高增益窄波束,并将相同信号在多个 OFDM 符号的不同波束发送,实现波束扫描,从而扩大覆盖范围,并且通过波束管理方法实现无缝切换。在低频段,基于高精度的 CSI 参考信号实现多用户 MIMO,下行最大可支持 8 层信号并行传输,上行最大可支持 4 层信号并行传输。

**2. 多址技术**

尽管在 5G 标准化过程中非正交多址技术(NOMA)得到了普遍关注与广泛研究,但 NOMA 技术带来的性能增益有一定限制,与 LTE 的兼容性不足,并且接收机复杂度较高。因此,5G NR 最终仍然选择了传统的多址接入方式——正交频分多址技术(OFDMA)。

5G NR 的上行/下行链路都采用了 OFDMA 多址方式,其发送流程如图 15.48 所示。NR 系统的链路处理与 LTE 系统基本类似,但存在两方面差异。

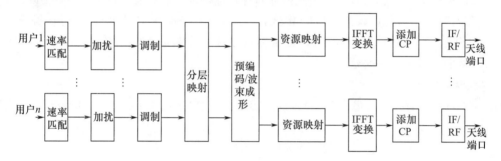

图 15.48　5G NR 的上行/下行链路采用 OFDMA 的发送流程框图

(1) 上行链路多址方式差异

NR 系统上行主要采用 OFDMA,而 LTE 系统上行采用 SC-FDMA。虽然 SC-FDMA 能够降低信号峰平比,但 DFT 预编码增加了 massive MIMO 处理的复杂度,以及上层资源调度的难度,并且 NR 系统未来将支持 D2D 连接,上行/下行链路采用不同多址方式,增加了设备复杂度。考虑到这些因素,NR 系统的上行链路采用 OFDMA 作为基本配置,从而使得上行/下行链路多址方式一致,同时考虑与 LTE 的兼容性,将 SC-FDMA(称为 DFT 预编码)作为补充方案,从而增加了系统的灵活性与兼容性。

(2) OFDM 子载波配置差异

NR 与 LTE 的多址接入第二个差异是 OFDM 子载波配置不同。在 LTE 系统中,OFDM 子载波带宽固定为 $\Delta f = 15\text{kHz}$。而在 NR 系统中,OFDM 子载波带宽有不同配置,以 15kHz 为基本单位,倍增到 240kHz。不同配置的 OFDM 结构,能够灵活适应高低频段的不同带宽要求以及场景需求,增加了系统灵活性与适应性。

**3. 双工方式**

NR 系统有两种双工方式:FDD 与 TDD。对于 Sub 6GHz 的低频段,上行/下行频段往往成对配置,因此主要采用 FDD 双工方式。对于毫米波高频段,主要采用 TDD 双工方式。另外,需要注意的是,NR 系统 TDD 与 FDD 双工方式的帧格式完全一致,这一点是与 LTE 系统的主要区别。后者两种双工方式的帧格式有显著区别。另外,NR 也可以支持半双工方式,如 TDD 或者半双工的 FDD。

为了提高系统能力,NR 继承了 LTE 的载波聚合功能,并且进一步扩展,引入了补充上行链路(SUL)或补充下行链路(SDL)机制。所谓 SUL,是指系统除采用上行/下行成对载频外,额外关联或补充一个上行链路载频,通常这个载波工作在更低的频段,图 15.49 给出了一个示例。

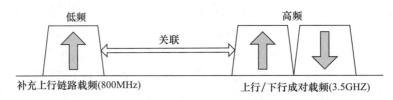

图 15.49　补充上行链路(SUL)载频示例

由图可知,在 3.5GHz 高频段有成对载频,并且在 800MHz 低频段还有一个补充载频。一般地,由于 SUL 采用低频段,路径损耗较小,因此应用 SUL 的主要目的是扩展上行覆盖。考虑到载波聚合一般都是处理相同带宽配置的信号,在 NR 设备中,SUL 信号与非 SUL 信号不能同时发送,一般只能分时发送。

在 FDD 模式下,引入 SUL 增加了支持非对称传输的能力。而在 TDD 模式下,引入 SUL 可以降低处理时延。也就是说,传统 TDD 模式,时延敏感业务必须等到上行/下行切换点才能传输,而引入 SUL 的 TDD 模式,则上行数据传输可以在补充载波上立即传输,不必受限于上行/下行切换,从而降低了处理时延。

**4. 帧结构**

5G NR 的系统帧设计考虑了与 LTE 的兼容性,因此也采用 10ms 一帧,其基准采样间隔为

$$T_c = \frac{1}{480000 \times 4096} \approx 0.5086\text{ns} \tag{15.4.1}$$

另一方面,LTE 的基准采样间隔为

$$T_s = \frac{1}{15000 \times 2048} = 64T_c \approx 32.55\text{ns} \tag{15.4.2}$$

由此可见,5G NR 的采样分辨率比 LTE 高 64 倍,能够更精细地分辨多径延迟,有助于实现高精度定位。

(1) 时域结构

5G NR 的帧、子帧与时隙等时域信号结构如图 15.50 所示。其中 1 个无线帧分为 10 个子帧,每个子帧时长 1ms。

如图所示,5G NR 的基本帧格式与 LTE 一致,且 TDD 与 FDD 的格式也一致,以子载波间隔 $\Delta f = 15\text{kHz}$ 为参考,则一个时隙长度为 1ms,包括 14 个 OFDM 符号。在 15kHz 的基础上,子载波间隔倍增,则 OFDM 符号的周期减半,相应的时隙长度也减半。例如,当 $\Delta f = 30\text{kHz}$ 时,时隙长度为 0.5ms,当 $\Delta f = 60\text{kHz}$ 时,时隙长度为 0.25ms,当 $\Delta f = 120\text{kHz}$ 时,时隙长度为 0.125ms。上述 4 种配置分别对应从 Sub 6GHz 低频到毫米波高频的数据信道。而当 $\Delta f = 240\text{kHz}$ 时,时隙长度为 0.0625ms,主要对应由主同步(PSS)、辅同步(SSS)、广播信道(PBCH)构成的同步信号块(SS)。

5G NR 的子载波间隔与循环前缀时间如表 15.26 所示。对于 Sub 6GHz 的低频段,由于小

区半径较大,多径效应明显,因此需要较大的循环前缀消除多径干扰,对应 15kHz 与 30kHz 的子载波间隔。对于毫米波高频段,相位噪声对系统性能有显著影响,而小区半径较小,因此采用较大的子载波间隔、较小的循环前缀更为合适。

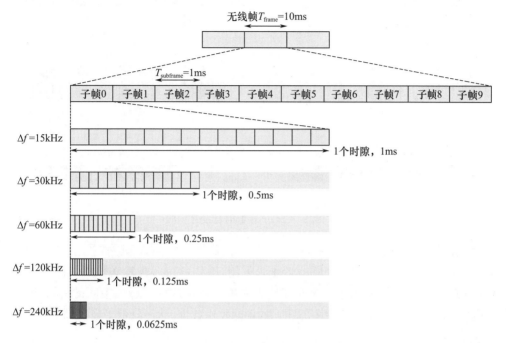

图 15.50　5G NR 的帧、子帧与时隙结构

表 15.26　5G NR 子载波间隔配置

| 子载波间隔/kHz | OFDM 符号有效周期 $T_u(\mu s)$ | 循环前缀时间 $T_{CP}(\mu s)$ |
|---|---|---|
| 15 | 66.7 | 4.7 |
| 30 | 33.3 | 2.3 |
| 60 | 16.7 | 1.2 |
| 120 | 8.33 | 0.59 |
| 240 | 4.17 | 0.29 |

另外,如 15.2 节所述,LTE 系统中有 3 种 CP 配置:一种普通 CP 与两种扩展 CP。而在 NR 系统中,最常用的是普通 CP,只有 60kHz 子载波间隔,采用普通 CP 与扩展 CP。

为了减少发送时延,通常的思路是调整子载波带宽与时隙长度,但这种方法很难适应多种业务的时延需求,并且系统控制会变得极其复杂。在 NR 系统中,采用的是脱离时隙边界约束的迷你时隙(mini-slot)发送机制,它的基本思想是打破时隙边界约束,在 1ms 内进行数据处理,尽量缩短发送时延。图 15.51 给出了低时延发送示例,左侧是时隙边界约束的发送,而右侧是无约束的信号发送,我们分 3 种情况说明。

如图 15.51(a)所示,数据到达后,需要等到下一个时隙才进行发送,因此引入了长时延。而图 15.51(b)中,数据达到后,马上就可以发送,不必等到下一个时隙边界。因此发送时延可以显著缩短。

第二种情况是波束扫描,图 15.51(c)在每个时隙边界扫描一个波束,这样做,扫描周期长,处理时延大,而图 15.51(d)中,将波束扫描集中到同一个时隙中,每隔两个 OFDM 符号扫描一个波束,这样做可以大幅度降低扫描处理时延。

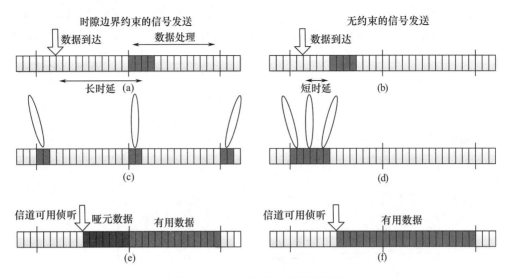

图 15.51  5G NR 低时延发送示例

第三种情况是非授权(unlicensed)频段通信。在非授权频段,一般都采用"先听后说"(listen-before-talk)的工作方式,即先侦听信道是否可用,确认可用后再发送数据。图 15.51(e)中,当侦听到信道可用时,需要等到下一个时隙边界才发送有用数据,显然,中间的等待会增大发送时延。而图 15.51(f)中,一旦侦听到信道可用,立即发送数据,从而降低了发送时延。

(2) 频域结构

LTE 与 NR 的频域信号配置如图 15.52 所示。图 15.52(a)给出了 LTE 的子载波配置,所有设备的信号频谱都是在中心频率两端对称分布。因此,当下变频到基带时,由于可能存在载波泄漏,直流子载波会有强干扰。考虑到这个问题,LTE 下行发送直流子载波是空载波,不承载数据。

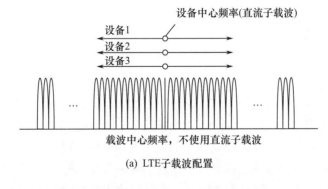

(a) LTE子载波配置

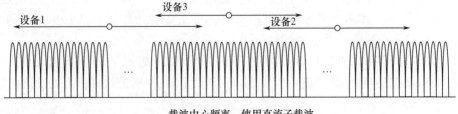

(b) NR子载波配置

图 15.52  LTE 与 NR 的子载波配置与直流子载波处理

与之相反,图15.52(b)给出了 NR 的子载波配置,不同设备的中心频率可以灵活配置,并非都集中在载波中心频率。因此直流载波的干扰相对较小,在 NR 系统中,直流子载波可以承载数据。

如15.2节所述,LTE 系统中的资源单元(RE)是占用1个子载波($\Delta f = 15\text{kHz}$)及1个 OFDM 符号周期($T_{\text{symbol}} = 66.7\mu s$)的时频结构,这是 LTE 系统中最基本的信号结构。在此基础上,将12个子载波与1个时隙的 RE 组合,得到 LTE 系统的资源块(RB)。1个 RB 由84个 RE 构成,是时频二维的基本资源分配结构。

在 NR 系统中,资源单元也是占用1个子载波及1个 OFDM 符号周期的时频结构,但由于子载波间隔可变,因此一个 RE 占用的时间与带宽有多种组合,并不固定。进一步地,由于 NR 的时隙长度有多种组合,不方便定义二维资源分配结构。因此,在 NR 系统中,RB 是一维结构,只考虑12个子载波组合的频域资源。

同时,NR 系统中可以同时配置不同子载波间隔的资源结构,形成资源网格叠加。图15.53 是子载波间隔分别为 $\Delta f$ 与 $2\Delta f$ 的两种网格叠加示例,它们分别对不同的天线端口进行发送。

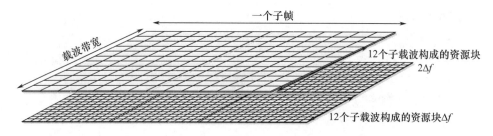

图 15.53　NR 中不同子载波间隔的资源网格叠加

5G NR 的信道带宽跨越了5MHz 到 400MHz 的大范围,在 FR1 与 FR2 频段的详细配置如表 15.27 所示。

表 15.27　5G NR 的信道带宽配置

| 频段 | 可用信道带宽/MHz | 子载波间隔/kHz | 对应子载波的信道带宽/MHz | 资源块数目($N_{\text{RB}}$) |
|---|---|---|---|---|
| FR1 | 5,10,15,20,25,30,40,50,<br>60,70,80,90,100 | 15 | 5～50 | 25～270 |
| | | 30 | 5～100 | 11～273 |
| | | 60 | 10～100 | 11～135 |
| FR2 | 50,100,200,400 | 60 | 50～200 | 66～264 |
| | | 120 | 50～400 | 32～264 |

LTE 系统中,所有设备都可以接收20MHz 全带宽的信号,但 NR 系统信道带宽太大,如果要求所有设备都有接收400MHz 全带宽信号的能力,就会导致功耗太大、成本太高。考虑到这个问题,NR 系统采用了接收机带宽自适应技术,即接收机的信道带宽可以自适应变化。5G NR 引入了带宽部分(Band Width Part,BWP)的概念。接收机工作时,首先根据 BWP 信令配置有效接收信道带宽,然后进行正常的接收数据。一般地,在 BWP 中,要求基站与移动台的中心频率一致,从而简化系统设计。

**5. 协议栈结构**

5G NR 的用户面协议栈与 LTE 类似,其结构如图15.54 所示。NR 与 LTE 协议处理的主要差别在于 QoS 流处理。当 NR 连接5G 核心网时,经过 SDAP 协议层处理 IP 包的 QoS 请求,而当 NR 连接 EPC 核心网时,不采用 SDAP 处理。

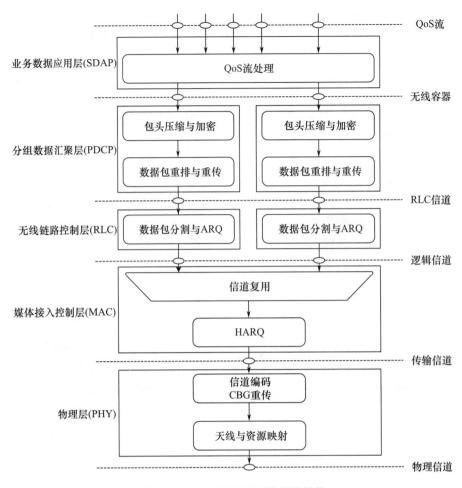

图 15.54　5G NR 用户面协议栈结构

上层应用的 IP 数据包映射到无线容器,再映射到 RLC 信道,然后映射到逻辑信道与传输信道,最后承载到物理信道上发送。总体而言,协议栈分为 5 层:SDAP、PDCP、RLC、MAC 与PHY,各层功能简述如下。

●业务数据应用层(SDAP)。SDAP 根据业务质量要求,将 QoS 容器映射到无线容器中。这个协议是 NR 新引入的协议层,便于 5G 核心网处理新的 QoS 业务流。

●分组数据汇聚层(PDCP)。PDCP 执行 IP 包头压缩、加密以及数据完整性保护。这一层也处理数据包重传、顺序发送,以及切换过程中的副本移除。对于采用分裂容器的双连接模式,PDCP 提供路由与复制功能。对于一个移动设备,每个无线容器配置一个 PDCP 实体。

●无线链路控制层(RLC)。RLC 负责数据包分割与重传处理。RLC 通过 RLC 信道承载PDCP 分组。每个 RLC 信道配置一个 RLC 实体。与 LTE 相比,NR 的 RLC 并不支持数据包的顺序发送,而由 PDCP 重排代替,从而减少了等待时延。

●媒体接入控制层(MAC)。MAC 完成逻辑信道的复用、HARQ 重传、无线资源调度等功能。调度单元位于 gNB 单元。在 NR 中,MAC 层的包头进行了优化设计,以便支持低时延传输。

●物理层(PHY)。物理层完成信道编译码、调制解调、多天线映射以及其他物理层功能。

**6. 信道分类**

5G NR 的信道分为 3 类:逻辑信道、传输信道和物理信道。其上行/下行信道映射分别如图 15.55 与图 15.56 所示。

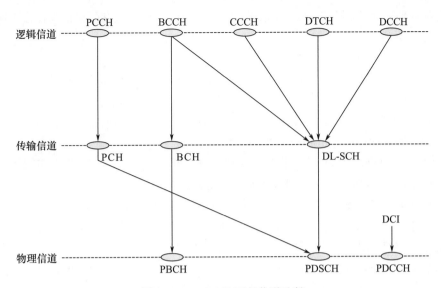

图 15.55　5G NR 下行信道映射

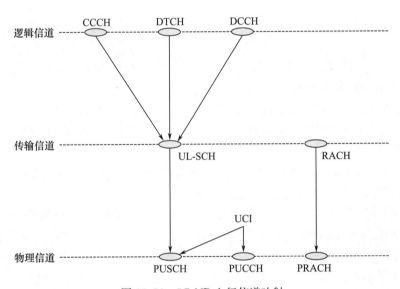

图 15.56　5G NR 上行信道映射

（1）逻辑信道

NR 的逻辑信道包括 BCCH、PCCH、CCCH、DCCH 以及 DTCH，与 LTE 类似。它们的功能说明如下。

● 广播控制信道（BCCH）。BCCH 信道用于小区向所有设备发送系统信息。在接入网络前，移动设备需要获取系统信息，以确知系统配置与小区工作状态。在 NSA 组网模式下，系统信息由 LTE 发送，不需要额外的 BCCH 信道。

● 寻呼控制信道（PCCH）。PCCH 信道用于网络寻呼小区中的移动设备。由于网络不确知移动设备在哪个小区，因此需要在多个小区中进行寻呼。当采用 NSA 组网模式时，寻呼信息由 LTE 发送，不需要额外的 PCCH 信道。

● 共用控制信道（CCCH）。CCCH 信道用于发送与随机接入相关的控制信息。

● 专用控制信道（DCCH）。DCCH 信道用于承载与移动设备相关的控制信息。这个信道用于发送配置移动设备的各种参数信息。

● 专用业务信道(DTCH)。DTCH 信道用于发送用户的业务数据,包括单播模式下,上行与下行所有的业务数据。

(2) 传输信道

传输信道主要包括广播信道(BCH)、寻呼信道(PCH)、下行共享信道(DL-SCH)、上行共享信道(UL-SCH)以及随机接入信道(RACH),它们的功能简述如下。

● 广播信道(BCH)。BCH 信道有固定的传输格式,用于发送 BCCH 信道的系统信息,主要承载主信息块(Master Information Block,MIB)。

● 寻呼信道(PCH)。PCH 信道用于发送 PCCH 信道的寻呼信息,支持不连续接收(DRX),只在预先定义的时间周期唤醒接收寻呼信息,从而降低能耗。

● 下行共享信道(DL-SCH)。DL-SCH 信道主要发送下行链路的业务数据,它支持主要的 NR 技术特征,包括动态速率适配、依赖信道的时频调度、采用软合并的 HARQ 及空间复用。DL-SCH 信道也支持不连续接收(DRX),从而降低设备功耗。该信道也用于发送一部分系统信息,这些信息 BCCH 信道没有映射到 BCH 信道上。在移动设备连接的每个小区,都会有一个 DL-SCH 信道。在接收系统信息的每个时隙,从移动设备来看,都会连接一个额外的 DL-SCH 信道。

● 上行共享信道(UL-SCH)。UL-SCH 信道是 DL-SCH 信道的对称信道,用于发送上行链路的业务数据。

● 随机接入信道(RACH)。RACH 信道也定义为传输信道,但是它不承载传输数据块。

(3) 5G NR 的 HARQ 机制

HARQ 是 MAC 层的重要功能,NR 的 HARQ 机制特点总结如下。

● NR 中的 HARQ 只应用于业务数据,因此只有 DL-SCH 与 UL-SCH 信道支持 HARQ,这一点与 LTE 类似。

● NR 中的 HARQ 采用了并行多停等处理,其流程与 LTE 类似。通过采用 HARQ 反馈时序控制,接收机可以匹配确认信息与对应的 HARQ 进程。

● NR 中的上行/下行都采用异步 HARQ 协议,也就是使用明确的 HARQ 进程号表征被处理的进程。这样在异步 HARQ 协议中,重传过程与初传过程类似,可以直接被系统调度。这一点与 LTE 不同,LTE 上行链路采用同步 HARQ 机制。采用异步 HARQ 机制,可以支持动态 TDD 机制,即上下行配比不固定,能够动态调整。这种机制也为数据流与设备的优先级排序提供了灵活性,便于将来扩展到非授权频段操作。

● NR 最多支持 16 个 HARQ 进程,而 LTE 在 FDD 模式下最多支持 8 个 HARQ 进程,TDD 模式下最多支持 15 个 HARQ 进程。

● 与 LTE 相比,NR 系统的 HARQ 有一个额外的特征,是支持码块组(Code Block Group,CBG)重传。通常,传输信道承载的传输块(Transport Block,TB)可能由多个编码块(Code Block,CB)构成。当接收端 TB 块含有错误时,LTE 只能重传整个 TB 块。而在 NR 系统中,由于引入了 CBG,如果 TB 块中只有部分 CB 块发生错误,则只需要重传相应的 CB 块,而不需要重传整个 TB 块。CBG 重传,既降低了重传与译码时延,又提高了链路吞吐率,增加了系统灵活性。当然也增加了一定的信令开销。

(4) 物理信道

NR 的物理信道主要包括 PDSCH、PBCH、PDCCH、PUSCH、PUCCH、PRACH 等 6 类信道,下面简要介绍它们的功能。

● 物理下行共享信道(PDSCH)。PDSCH 信道是单播方式下数据发送主要的物理信道,它也承载寻呼信息、随机接入响应信息及一部分系统信息。

● 物理广播信道(PBCH)。PBCH 信道承载大部分的系统信息,导引移动设备接入网络。

● 物理下行控制信道(PDCCH)。PDCCH 信道承载下行控制消息,主要是调度决策信息、PDSCH 信道请求接收消息,以及 PUSCH 信道的调度授权发送信息等。

● 物理上行共享信道(PUSCH)。PUSCH 信道是 PDSCH 信道的对称信道。一般地,移动设备的每个上行载波最多只有一个 PUSCH 信道。

● 物理上行控制信道(PUCCH)。PUCCH 信道承载 HARQ 的确认消息,告知 gNB 下行传输块是否正确接收,反馈信道状态报告给 gNB 用于辅助时频调度,以及请求上行数据发送的资源。

● 物理随机接入信道(PRACH)。PRACH 信道用于承载随机接入消息。

**7. 天线端口**

类似于 LTE 系统,NR 系统中多天线发送也是非常重要的关键技术,只不过配置了更多的天线数目。在 NR 系统中,也引入了天线端口的重要概念。

天线端口(Antenna Port,AP)定义为一个信号传输的等效通道,根据其中传输的一个符号可以推断出另外的符号。等价地,每个下行链路数据流都由一个独立的天线端口发送,并且移动终端可以识别其端口号。这样,如果两个发送信号来自相同的天线端口,则可以假定它们经历了相同的无线衰落。

在 NR 系统中,每个天线端口,特别是下行链路,都对应一个特定的参考信号(RS)。移动终端基于参考信号估计天线端口相应的信道状态信息。NR 系统中的天线端口编号如表 15.28 所示。

表 15.28　NR 系统中的天线端口编号

| 天线端口(AP)编号 | 上行信道 | 下行信道 |
| --- | --- | --- |
| 0 系列 | PUSCH 与相应的 DM-RS | — |
| 1000 系列 | SRS、预编码的 PUSCH | PDSCH |
| 2000 系列 | PUCCH | PDCCH |
| 3000 系列 | — | CSI-R |
| 4000 系列 | PRACH | SS 块 |

由表可知,NR 天线端口编号有一定规律,对应不同的上行/下行信道。例如,以 1000 开头的下行天线端口编号对应 PDSCH 信道。PDSCH 信道的不同发送层可以使用这一系列的不同编号,如 1010 与 1011 对应一个两层 PDSCH 信道发送。

需要注意的是,天线端口是一个抽象的概念,与物理的天线并不存在一一对应关系。它们之间的联系与区别总结如下。

(1)天线不同、端口相同

两个不同的信号可以用相同的方式在多个物理天线上发送。终端设备把这两个信号看成在不同天线构成的叠加信道上传输。由此,整个信号发送可以看成在单个天线端口发送两个信号。因此,虽然物理天线不同,但天线端口相同。

(2)天线相同、端口不同

两个信号也可以在相同的天线集合上发送,但由于发送端采用了不同的预编码器(接收端未知),接收端把预编码器也看成无线信道的一部分,因此这两个信号可以认为是来自两个不同的天线端口。当然,如果接收端已知预编码器,则认为这两个信号经历相同的天线端口发送。可见,天线端口是由物理天线、预编码器及收发两端是否确知共同决定的。

### 15.4.2 下行链路

NR 系统的下行链路主要包括 PDSCH、PBCH、PDCCH 等物理信道,采用了 HARQ、速率控制、分组调度、MIMO 等各种关键技术。本节主要介绍下行链路涉及的重要参考信号、控制信道及信号处理过程。

**1. 参考信号**

LTE 系统的正常工作非常依赖于小区专用参考信号(CRS),进行相干解调、信道质量估计以及信道时频响应跟踪。但这种机制导致 LTE 设备总处于工作状态,带宽开销大,功耗很高。在 LTE-A 系统中,引入了系统简化的设计思想,针对不同功能设计特定的参考信号,引入了 CSI-RS 与 DM-RS。在 5G NR 系统中,继承了超精简设计的思想,针对不同系统功能,将这两类参考信号进一步细分,引入了 4 种参考信号。这样做,能够针对特定的功能进行参考信号的优化设计,大幅度降低系统能耗。下面分别介绍 NR 下行链路的参考信号。

(1) 信道状态信息参考信号(CSI-RS)

下行链路 CSI-RS 的主要功能是便于终端进行信道状态信息(CSI)估计,也用于干扰测量与多点传输。一个可配置的 CSI-RS 信号可以对应最多 32 个天线端口,每个端口对应一个需要测量的等效信道。

在 NR 系统中,在一个端口的资源块与时隙构成的时频结构中配置 CSI-RS 信号时,有如下要求:

● 一个 CSI-RS 信号总是基于设备配置的。但要注意,一个 CSI-RS 信号并不是只能专用于单个设备,实际上可以多个设备共享一个 CSI-RS 信号。

● 配置 CSI-RS 信号时,不能与设备配置的控制资源集合(CORESET)冲突,后者承载控制信息;也不能与 PDSCH 信道上的 DM-RS 冲突;还不能与发送的同步信号(SS)块冲突。

● CSI-RS 信号包括两类:零功率(ZP-CSI-RS)与非零功率(NZP-CSI-RS)。前者在 PDSCH 信道的相应 RE 单元,是零电平发送,用于标识某些 RE 单元,不用于 PDSCH 映射。

类似于 LTE 系统,PDSCH 信道的 CSI-RS 序列由 31 阶 Gold 码序列生成,定义如下:

$$r_{\text{CSI-RS}}(m) = \frac{1}{\sqrt{2}}[1-2c(2m)] + \text{j}\frac{1}{\sqrt{2}}[1-2c(2m+1)] \qquad (15.4.3)$$

其中,$c(m)$ 是 31 阶 Gold 码,其生成多项式参见式(15.2.2)。

当配置多端口 CSI-RS 信号时,可以采用 3 种复用方式:CDM、FDM 与 TDM。

● 码分复用(Code-Domain Sharing,CDM)。CDM 方式是指不同天线端口的 CSI-RS 信号在相同的 RE 集合上发送,采用不同的正交图样对 CSI-RS 信号进行区分。

● 频分复用(Frequency-Domain Sharing,FDM)。FDM 方式是指不同天线端口的 CSI-RS 信号在同一个 OFDM 符号的不同子载波上发送。

● 时分复用(Time-Domain Sharing,TDM)。TDM 方式是指不同天线端口的 CSI-RS 信号在同一个时隙的不同 OFDM 符号上发送。

上述 3 种复用方式可以进行组合,从而实现对 CSI-RS 信号的高效灵活配置。对于 CDM 复用,2/4/8 端口 CSI-RS 信号的复用,主要有 3 种方式,如图 15.57 所示。

● 2×CDM 复用。这种方式下,两个天线端口的 CSI-RS 采用码分复用方式,共享两个相邻子载波的 RE 单元。

● 4×CDM 复用。这种方式下,4 个天线端口的 CSI-RS 采用码分复用方式,共享两个相邻子载波,以及两个相邻的 OFDM 符号构成的 4 个 RE 单元。

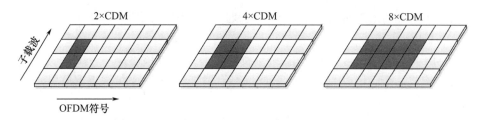

图 15.57 每个天线端口 CSI-RS 的码分复用示例

● 8×CDM 复用。这种方式下,8 个天线端口的 CSI-RS 采用码分复用方式,共享两个相邻子载波,以及 4 个相邻的 OFDM 符号构成的 8 个 RE 单元。

将上述 3 种 CDM 方式与 FDM/TDM 方式组合,可以适应更多天线端口 CSI-RS 的复用。一般地,N 个端口 CSI-RS 信号需要占用一个资源块/时隙的 N 个 RE 单元。但要注意,密度为 3 的 TRS 信号不符合这一规则,是例外情况,后面会进一步介绍。

图 15.58 给出了 2×CDM 复用两端口 CSI-RS 信号的具体示例。在一个资源块/时隙中,两个端口占用相邻的两个子载波,采用正交序列区分。图中给出了码长为 2 的 OCC 序列,第 1 个端口为+1、+1,而第 2 个端口为+1、−1。

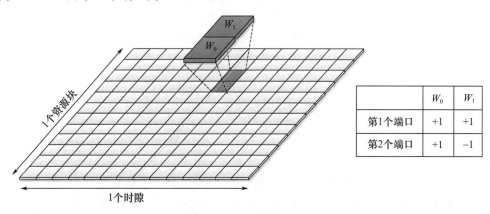

|  | $W_0$ | $W_1$ |
|---|---|---|
| 第1个端口 | +1 | +1 |
| 第2个端口 | +1 | −1 |

图 15.58 基于 2×CDM 复用的两端口 CSI-RS 结构示例

超过两天线端口的 CSI-RS 复用可以有多种方式,图 15.59 给出了 8 天线端口的 3 种 CSI-RS 复用结构。由图可知,这 3 种方式描述如下。

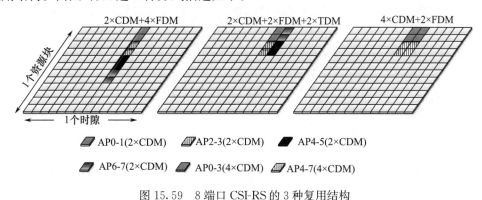

图 15.59 8 端口 CSI-RS 的 3 种复用结构

● 2×CDM+4×FDM。这种方式下,一个资源块中相邻的 8 个 RE 单元划分为 4 组,每组两个 RE 单元,在每组 RE 单元上进行 2×CDM 复用。

● 2×CDM+2×FDM+2×TDM。这种方式下,一个资源块/时隙中相邻的 4 个 RE 单元以及相邻的 2 个 OFDM 符号构成 8 个 RE 单元,也划分为 4 组,每组两个 RE 单元,在每组单元上进行 2×CDM 复用。

● 4×CDM＋2×FDM。这种方式下,一个资源块/时隙中相邻的 4 个 RE 单元以及相邻的 2 个 OFDM 符号构成 8 个 RE 单元划分为两组,每组 4 个 RE 单元,在每组 RE 单元上进行 4×CDM 复用。

32 端口 CSI-RS 复用有 3 种结构,图 15.60 给出了其中的一种结构。由图可知,RE 单元划分为 4 组,每组 8 个 RE 单元,采用 8×CDM 复用方式。这个例子说明,FDM 复用并不要求必须占用连续的子载波,类似地,TDM 复用也不要求占用连续的 OFDM 符号。

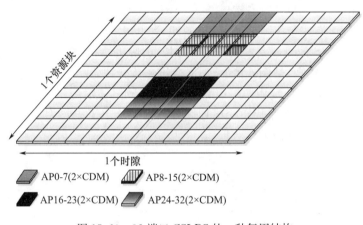

图 15.60　32 端口 CSI-RS 的一种复用结构

对于多端口 CSI-RS 信号的复用,一般遵循的规则为:首先进行 CDM 复用,然后进行 FDM 复用,最后进行 TDM 复用。例如,图 15.59 所示的 8 端口复用,相邻编号的端口 CSI-RS 先用 CDM 方式区分,如 AP0-1,AP2-3 等,都是用 CDM 方式区分的。然后,对于 FDM＋TDM 的复用方式,AP0-3、AP4-7 都在相同的 OFDM 符号上发送,因此这两组端口之间采用 TDM 方式复用。

CSI-RS 信号在频域上的配置,可以是在接收机工作的整个频段(BWP),也可以是在工作频段的一部分。对于后者,需要在 CSI-RS 配置信息中,给出 CSI-RS 的带宽与频域起点等参数。

CSI-RS 密度是 CSI-RS 带宽配置中的重要参数。如果每个资源块配置一个 CSI-RS,则密度为 1。如果每两个资源块配置一个 CSI-RS,则密度为 1/2,此时配置信息中还需要包括资源块集合信息,即 CSI-RS 是配置在奇数 RB 还是偶数 RB。对于天线端口数目为 4、8、12 的情况,CSI-RS 密度不能为 1/2。

CSI-RS 在时域上的配置以时隙为单位,可以有周期、半固定与非周期 3 种方式。

● 周期配置。对于周期配置方式,CSI-RS 发送周期为 N 个时隙,其中周期 N＝4～640。并且这种配置还可以引入不同偏置,如图 15.61 所示。

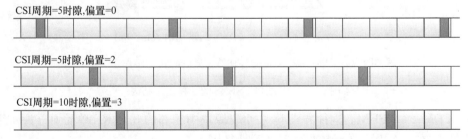

图 15.61　CSI-RS 周期配置与时隙偏置示例

● 半固定配置。这种配置与周期配置很类似,有发送周期,也有时隙偏置。但是实际的 CSI-RS 信号是否发送,由 MAC 层的控制单元通过激活/静默指令控制。一旦激活信号发送,则发送端根据配置好的周期发送 CSI-RS 信号,直到 MAC 层信令再次静默。

● 非周期配置。这种方式没有发送周期,由上层 DCI 信令控制每次 CSI-RS 信号的发送,即采用触发式发送方式。

另外,需要指出的是,从严格意义上来说,3 种时域发送并不是单个 CSI-RS 信号本身的性质,而是 CSI-RS 资源集的属性。一个 CSI-RS 资源集由一组可配置的 CSI-RS 信号构成。由此,信号的激活/静默,以及半固定与周期配置方式的触发,都是针对 CSI-RS 资源集操作的,而不是针对 CSI-RS 信号的。

（2）跟踪参考信号（TRS）

在实际通信系统中,晶振的非理想性会引入时频偏移与抖动,特别是在采用高阶调制时,这会导致系统性能严重下降。因此,NR 引入了跟踪参考信号（TRS）,用于终端跟踪与补充晶振的时频偏移。

TRS 信号不是 CSI-RS,但它是由多个周期性发送的 CSI-RS 构成的资源集。如图 15.62 所示,TRS 是由分布在连续两个时隙、含有 4 个单端口、密度为 3 的 CSI-RS 信号构成,而 TRS 的发送周期可以为 10ms、20ms、40ms、80ms。需要注意,TRS 的确切 RE 单元数目可以变化。如图所示,一个时隙的两个 CSI-RS 之间间隔 3 个 OFDM 符号,这个时域间隔限制了频域偏移的误差。类似地,频域间隔为 3 个子载波,也限制了时域偏移误差。因此,根据 TRS 信号,移动终端可以实现时偏与频偏的跟踪。图 15.62 中的 TRS 信号还可以进一步缩减为单时隙发送,此时开销更小。

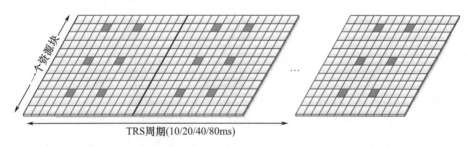

图 15.62　TRS 示例,由分布在连续两个时隙含有 4 个单端口、密度为 3 的 CSI-RS 信号构成

依据 15.4.1 节天线端口与物理天线之间的关系,一般地,$M$ 个天线端口的 CSI-RS 信号经过空间滤波（预编码或波束成形矩阵）,映射到 $N$ 个物理天线上。通常,天线端口数目小于等于物理天线数目,即满足 $M \leq N$。图 15.63 给出了映射示例。

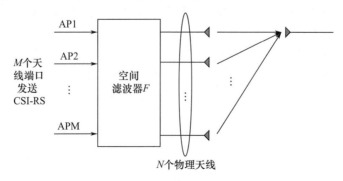

图 15.63　CSI-RS 信号经过空间滤波映射到物理天线

如图所示,接收端既不知道空间滤波矩阵,也不知道发送端配置的物理天线数目 $N$,因此,接收端只能将无线传输信道等效为 $M$ 个通道,分别用 $M$ 个 CSI-RS 信号,测量每个天线端口的信道响应。

另外,对于不同的 CSI-RS,也可以应用不同的空间滤波矩阵,这样起到了在不同方向进行波束成形的效果。

(3) 解调参考信号(DM-RS)

为了支持 5G NR 信号在各种配置与场景下进行灵活解调,解调参考信号(DM-RS)的设计原则如下:

- 采用前置参考信号设计方法,降低接收机处理时延。
- MIMO 模式下支持最多 12 个正交天线端口发送。
- 发送时长从 2~14 个 OFDM 符号灵活变化。
- 为了支持高速运动场景,一个时隙可以承载最多 4 个参考信号。

其中,前置参考信号的设计是将解调参考信号放置在发送数据信号之前。这样做,允许接收机尽早获得信道估计信息,从而紧接着执行数据接收处理,避免了存储数据带来的时延。

类似于 LTE 系统,NR 系统中的 PDSCH 信道的 DM-RS 序列由 31 阶 Gold 码序列生成,定义如下

$$r_{\mathrm{DM-RS}}(n)=\frac{1}{\sqrt{2}}[1-2c(2n)]+\mathrm{j}\frac{1}{\sqrt{2}}[1-2c(2n+1)] \tag{15.4.4}$$

其中,$c(n)$ 是 31 阶 Gold 码,其生成多项式参见式(15.2.2)。

DM-RS 有两种主要的时域结构,分别称为映射类型 A 与映射类型 B,它们的区别在于第 1 个 DM-RS 符号的位置不同。

- 映射类型 A。这种映射类型,以时隙边界为起始参考,第 1 个 DM-RS 信号位于时隙中第 2 个或第 3 个 OFDM 符号位置,不考虑时隙中实际数据发送的起始位置。这种类型主要适用于发送数据占满大部分时隙的情况,此时在控制资源集合(CORESET)之后放置第 1 个 DM-RS 信号,体现了信号前置的设计思想,便于接收机先估计信道,再接收数据。

- 映射类型 B。这种映射类型,将第 1 个 DM-RS 指派到实际数据发送的第 1 个 OFDM 符号位置,换言之,DM-RS 的位置并不是相对于时隙边界,而是相对于数据发送的实际位置。这种类型主要适用于发送数据只占用少部分时隙的情况,也适用于其他不需要等待时隙边界再发送的情况。采用这种映射方式,能够满足低时延传输需求。

在下行 PDSCH 信道发送中,可以通过 DCI 信令动态调整 DM-RS 的映射类型。DM-RS 信号的时域分配方式有两种,分别称为单符号与双符号 DM-RS 信号。在一个时隙中,单符号 DM-RS 信号只占用一个 OFDM 符号,而双符号 DM-RS 信号连续占用两个 OFDM 符号。引入双符号 DM-RS 主要是为了支持更多的天线端口。

在每个 DM-RS 信号插入位置,可以承载多个正交的参考信号。对于单符号情况,不同信号之间主要用频域与码域区分,对于双符号情况,还可以采用时域区分。一般地,DM-RS 信号可以配置为两种类型:Type1 与 Type2。它们的主要区别在于频域映射方式与正交参考信号的最大数目,具体说明如下。

- Type1 配置,DM-RS 信号间隔一个子载波分布,对于单符号 DM-RS,Type1 配置最多支持 4 个正交信号,对于双符号 DM-RS,Type1 配置最多支持 8 个正交信号。

- Type2 配置,DM-RS 信号间隔两个子载波分布,对于单符号 DM-RS,Type2 配置最多支持 6 个正交信号,对于双符号 DM-RS,Type2 配置最多支持 12 个正交信号。

需要注意区分参考信号的配置类型(Type1 与 Type2)与参考信号的映射类型(A 或 B),这两者并不相同。前者指的是多个正交参考信号的组织方式,后者指的是参考信号在时隙中的位置分配方式。不同的映射类型可以与不同的参考信号配置类型组合。

Type1 解调参考信号配置分别如图 15.64 与图 15.65 所示。对于单符号 DM-RS 而言,如图 15.64 所示,相邻两个天线端口的 DM-RS 间隔 1 个子载波分布,并采用码分方式区分。例如,CDM 组 0 由两个端口 1000 与 1001 构成,都占用偶数子载波(序号从 0 开始编号),除使用 Gold 码作为基本序列外,还使用码长为 2 的正交序列,即

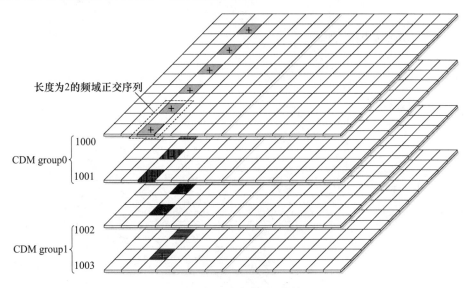

图 15.64　Type1 解调参考信号(单符号 DM-RS)

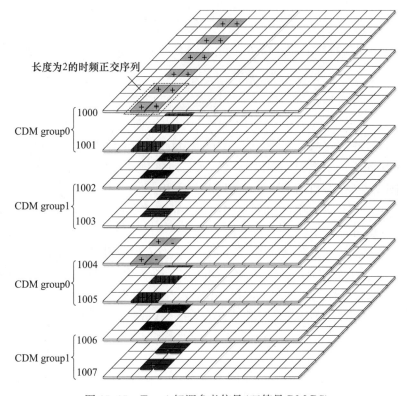

图 15.65　Type1 解调参考信号(双符号 DM-RS)

$$[+1 \quad +1],[+1 \quad -1] \tag{15.4.5}$$

区分这两个端口的 DM-RS。类似地,CDM 组 1 包含的端口 1002 与 1003 都占用奇数子载波,也使用相同的正交序列[式(15.4.5)]区分 DM-RS。而这两个 CDM 组之间,采用 FDM 方式区分。因此,单符号 DM-RS 最大可以支持 4 个天线端口。

如果需要支持更多的天线端口,则需要引入 TDM,采用双符号 DM-RS,如图 15.66 所示。

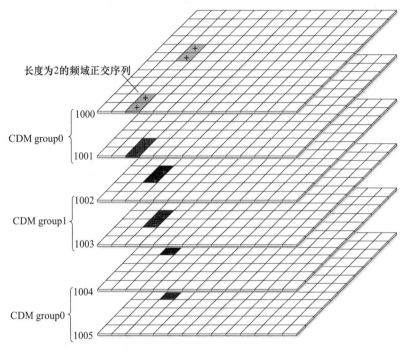

图 15.66　Type2 解调参考信号(单符号 DM-RS)

这种方式中,相邻的两个子载波与两个 OFDM 符号都构成了正交序列,实际上是二维正交序列,即

$$\begin{bmatrix} +1 & +1 \\ +1 & +1 \end{bmatrix},\begin{bmatrix} -1 & -1 \\ +1 & +1 \end{bmatrix},\begin{bmatrix} +1 & -1 \\ +1 & -1 \end{bmatrix},\begin{bmatrix} -1 & +1 \\ +1 & -1 \end{bmatrix} \tag{15.4.6}$$

因此,CDM 组 0 的 4 个天线端口 1000、1001、1004、1005 之间 DM-RS 信号满足正交关系。

类似地,CDM 组 1 的 4 个天线端口 1002、1003、1006、1007 之间也采用式(15.4.6)的二维正交序列区分,因此,这 4 个端口的 DM-RS 信号也满足正交性。

另外,CDM 组 0 与 CDM 组 1 之间,还采用奇偶子载波方式进行区分,由此可以支持 8 个天线端口的 DM-RS 复用。

Type2 解调参考信号配置分别如图 15.66 和图 15.67 所示,其分布方式与 Type1 类似。但有如下区别。由于 Type2 中,DM-RS 子载波间隔为 2,而一个资源块最多 12 个子载波,因此采用 FDM 方式最多支持 3 种不同方式,单符号情况下,一个 CDM 组含有两个天线端口,用两个正交序列区分,因此,单符号 DM-RS 最多支持 6 个天线端口,如图 15.66 所示。而双符号情况下,一个 CDM 组有 4 个天线端口,用 4 个正交序列区分,因此可以支持 12 个天线端口,如图 15.67 所示。

一般地,由于间隔一个子载波,Type1 的 DM-RS 在频域密度更大。而 Type2 虽然频域密度小,但复用的 DM-RS 数目更多,更便于应用于多用户 MIMO,支持更多终端同时发送信号的场景。

另外,需要注意的是,当进行资源调度时,无论对于 Type1 还是 Type2 配置,调度器都要考虑对 CDM 组中的用户数据统一分配,避免出现层间干扰。

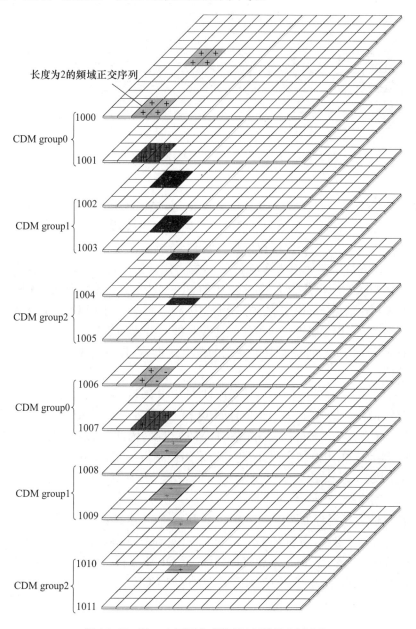

图 15.67　Type2 解调参考信号(双符号 DM-RS)

（4）相位跟踪参考信号(PT-RS)

相位跟踪参考信号(PT-RS)可以看作是 DM-RS 信号的扩展,它的主要功能是跟踪发送持续时间(1 个时隙)中信号相位的变化。这种变化主要由晶振的相位噪声引起,一般地,载波频率越高,相位噪声越大。PT-RS 信号是 NR 新引入的参考信号,LTE 没有这类信号。为了跟踪相位的时域变化,要求 PT-RS 在时域分布较密,而频域分布可以稀疏。PT-RS 只与 DM-RS 组合,只有当系统配置后才会产生。

图 15.68 给出了 PT-RS 在一个资源块/时隙中的映射示例。在频域上,PT-RS 信号每两个

或 4 个资源块发送一次,因此具有频域稀疏特性。

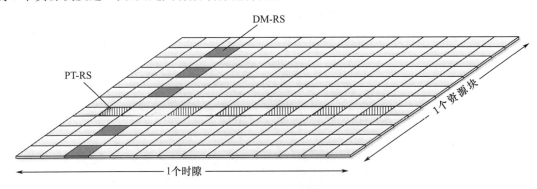

图 15.68  PT-RS 在一个资源块/时隙中的映射示例

**2. 控制信道**

NR 系统只有一个下行控制信道,即 PDCCH 信道,主要承载 L1/L2 的控制信令,完成下行调度分配任务。具体而言,这些信令包括使终端正确接收、解调以及译码 DL-SCH 信道的信息,对于终端使用无线资源的上行调度授权信息,使用上行链路的传输格式信息等。另外,还包括 1 个时隙集合中上行/下行链路使用的符号配置、数据占用标记以及功率控制等信息。

NR 系统中的 PDCCH 信道与 LTE 系统中的 PDCCH 信道主要有如下区别:

● NR 的 PDCCH 信道不一定扩展到整个载波带宽,而 LTE 的 PDCCH 信道与之相反。这是由于 NR 的终端只工作在 BWP 上,可能只能接收部分带宽的信号。

● NR 的 PDCCH 信道设计支持终端专用的波束成形,这样在毫米波频段,可以靠波束成形增益弥补链路损失。

另外,5G NR 取消了 LTE 使用的 PHICH 与 PCFICH 两种下行控制信道。LTE 使用 PHICH 信道,是因为 LTE 上行采用同步 HARQ 机制,因此需要 PHICH 信道处理上行重传。但在 NR 系统中,由于上行/下行都采用异步 HARQ 机制,因此不必要再保留 PHICH 信道,而 PCFICH 信道不能动态重用控制资源,因此 NR 采用控制资源集(Control Resource Set,CORE-SET)作为替代手段。

(1) PDCCH 信道

PDCCH 信道的发送流程如图 15.69 所示,上层的 DCI 信息首先送入 CRC 编码器,级联 24 比特 CRC,进行 CRC 交织后,附加 RNTI(Radio-Network Temporary Identifier)编码后,送入极化码编码器,进行速率适配后,再送入加扰,最后进行 QPSK 调制,得到控制信令与 DM-RS 一起映射到 RE 单元。在接收端,需要从 CORESET 中提取 CCE 单元,然后采用盲检方法检测控制信令。

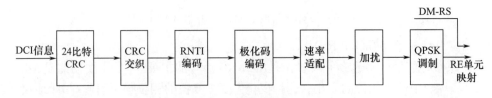

图 15.69  PDCCH 信道发送流程

(2) CORESET 结构

下行控制信令的核心概念是控制资源集(CORESET)。如图 15.70 所示,LTE 的控制信道占用 1 个子帧开头的 1~3 个 OFDM 符号,可以占用全频带。这种设计不能直接推广到 NR,因为 NR 带宽动态范围极大,全频带配置很不经济。

NR 系统采用 CORESET 结构承载 PDCCH 信道,在时频空间根据上层信令按需分布。图 15.70 给出了 CORESET 分布示例。一般地,CORESET 可以在一个资源块/时隙的任意位置分布。在时域上,CORESET 不超过连续的 3 个 OFDM 符号,通常位于时隙边界。但为了满足低时延传输需求,也可以配置于任意位置。在频域上,CORESET 可以在一个子带(6 个资源块)上分布,可以扩展到整个 BWP 带宽。

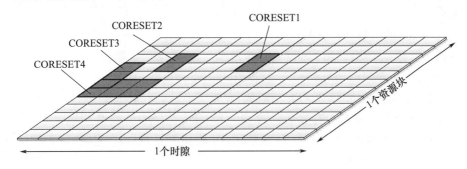

图 15.70　一个资源块/时隙中 CORESET 分布示例

**3. 加扰与调制**

NR 对于 PDSCH 信道进行加扰,扰码采用 31 阶 Gold 码序列,与 LTE 一致。采用 C-RNTI 配置扰码。NR 系统支持的下行调制方式都是复信号调制,包括 QPSK、16QAM、64QAM、256QAM。

**4. 层映射**

层映射的功能是将调制符号分散到多个发送信号层,其操作类似于 LTE。将 $n$ 个符号映射到 $n$ 个层。一个编码传输块最多可以映射到 4 层。下行链路支持超过 4 层的映射,此时第 2 个编码传输块映射到 5~8 层。

## 15.4.3　上行链路

NR 系统的上行链路主要包括 PUSCH、PUCCH、PRACH 等物理信道。本节主要介绍上行链路涉及的重要参考信号、控制信道及信号处理过程。

**1. DFT 预编码**

考虑到与 LTE 的兼容性,NR 的上行链路 PUSCH 信道有两种发送方式:OFDM 与 DFT 预编码。前者就是一般性发送处理,不再赘述;而后者的处理流程如图 15.71 所示。采用 DFT 预编码能够降低信号的峰平比,有利于移动台使用非线性功放。

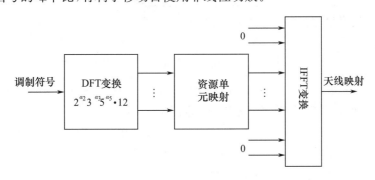

图 15.71　上行 DFT 预编码处理

如图中所示,调制符号经过 DFT 变换,进行资源单元映射,然后进行 IFFT 变换,送入天线映射进行处理。其中,DFT 变换为基 2、基 3、基 5 的幂次整倍数,并且是 12 的整倍数。

**2. 参考信号**

上行链路的参考信号中主要包括信道测量参考信号(SRS)、解调参考信号(DM-RS)及相位跟踪参考信号(PT-RS)等 3 种,下面简要介绍各自的功能。

(1) SRS 信号

SRS(Sounding Reference Signal)信号主要用于上行链路的信道测量,功能上等价于下行链路的 CSI-RS。

SRS 与 CSI-RS 的主要区别有两点:

- SRS 最多支持 4 个天线端口,而 CSI-RS 最多支持 32 个天线端口。
- SRS 的设计,需要降低信号峰平比,提高终端功放的效率。

SRS 的时频结构如图 15.72 所示。一般地,在时域上,一个 SRS 信号占用一个时隙中的 1、2 或 4 个连续 OFDM 符号,位置在时隙最后的 6 个 OFDM 符号中。而在频域上,SRS 信号采用梳状结构,即每 $N$ 个子载波插入一个 SRS 单元,$N$ 取值为 2 或 4,分别称为 2 梳状或 4 梳状结构。

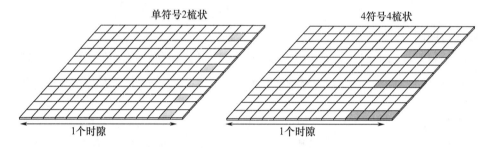

图 15.72　SRS 信号的时频结构示例

利用梳状结构,不同用户/设备的 SRS 采用 FDM 方式进行复用,图 15.73 给出了一个示例。如图中所示,在梳状 2 结构中,两个用户的 SRS 分别占用奇数与偶数子载波进行复用发送。

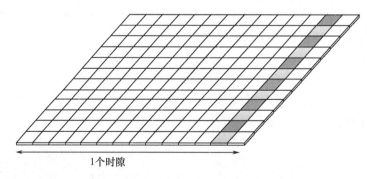

图 15.73　基于梳状 2 结构的 SRS 复用示例

对于长度为 36 或更大的序列,NR 中的 SRS 基于扩展 Zadoff-Chu 序列产生,其基本定义参见式(15.2.3)。更短的序列采用计算机搜索产生。

为了支持多天线端口,以一个 SRS 为基本序列,通过相位旋转方式,区分各个天线端口的 SRS 信号,如图 15.74 所示。这是一个梳状 4 结构示例,天线端口 0 为基本序列,相位旋转为 0,端口 1、2、3 的相位旋转角度分别为 $\pi$、$\pi/2$ 及 $3\pi/2$。

SRS 信号类似于 CSI-RS,也需要采用空间滤波方式进行预编码,不再赘述。

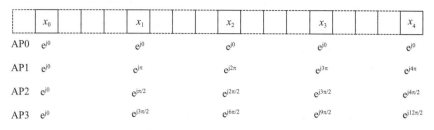

| | $x_0$ | | | $x_1$ | | | $x_2$ | | | $x_3$ | | | $x_4$ |
|---|---|---|---|---|---|---|---|---|---|---|---|---|---|
| AP0 | $e^{j0}$ | | | $e^{j0}$ | | | $e^{j0}$ | | | $e^{j0}$ | | | $e^{j0}$ |
| AP1 | $e^{j0}$ | | | $e^{j\pi}$ | | | $e^{j2\pi}$ | | | $e^{j3\pi}$ | | | $e^{j4\pi}$ |
| AP2 | $e^{j0}$ | | | $e^{j\pi/2}$ | | | $e^{j2\pi/2}$ | | | $e^{j3\pi/2}$ | | | $e^{j4\pi/2}$ |
| AP3 | $e^{j0}$ | | | $e^{j3\pi/2}$ | | | $e^{j6\pi/2}$ | | | $e^{j9\pi/2}$ | | | $e^{j12\pi/2}$ |

图 15.74  采用相位旋转区分多端口 SRS 示例(梳状 4 结构)

（2）DM-RS 信号

NR 的上行链路 DM-RS 信号有两种类型。如果是 OFDM 方式,DM-RS 采用 Gold 码序列;如果是 DFT 预编码方式,则采用 Zadoff-Chu 序列。对于前者,DM-RS 信号的发送与下行类似,也分为 A 与 B 两种类型,采用 Type1 与 Type2 配置,此处不再赘述。

（3）PT-RS 信号

上行链路也采用 PT-RS 信号进行相位跟踪,类似于下行链路,此处不再赘述。

**3. 控制信道**

NR 的上行物理控制信道主要包括 PUCCH 与 PRACH,另外,PUSCH 信道也承载上行控制信令。上行 L1/L2 控制信令主要包括:

- 接收 DL-SCH 传输块的 HARQ 确认信息。
- 下行链路的信道状态信息,用于辅助下行调度以及多天线与波束成形方案选择。
- 调度请求信息,表征移动台 UL-SCH 发送需要的上行资源。

**4. 加扰与调制**

NR 对于 PUSCH 信道进行加扰,扰码也采用 31 阶 Gold 码序列,此处不再赘述。NR 系统支持的上行调制方式包括 QPSK、16QAM、64QAM、256QAM。如果采用 DFT 预编码方式,则可以使用 $\frac{\pi}{2}$-BPSK 调制,用于降低信号峰平比。

**5. 层映射**

NR 的上行层映射类似于下行,但最大只支持 4 层发送。另外,在 DFT 预编码方式下,只支持一层信号发送,主要用于远距传输,改善覆盖。

## 15.4.4 多天线发送与管理

NR 系统的多天线处理包括预编码与波束管理。其中,多天线预编码在数字域进行信号加权,目的是将不同的发送层信号,使用预编码矩阵映射到一组天线端口。上行与下行链路的预编码过程有所不同。波束管理主要适用于毫米波,在模拟域上加权。由于模拟器件限制,每段时间只能在一个方向上调整。

**1. 下行链路预编码**

下行链路预编码处理流程如图 15.75 所示。经过层映射的 PDSCH 信号与 DM-RS 信号送入多天线预编码模块,与预编码矩阵 **W** 相乘,再与 CSI-RS 一起映射到时频资源,最后与空间滤波矩阵 **F** 相乘,形成物理多天线的发送信号。

一般地,接收端并不知道多天线预编码矩阵 **W**。网络端可以根据需要配置预编码矩阵,不需要通知移动台。因此,预编码矩阵对于移动终端是透明的,只能视为无线信道响应的一部分。但需要注意的是,移动终端仍然知道发送层的数目,即预编码矩阵的列数。

一般地,NR 下行链路的预编码矩阵是根据移动台上报的 CSI 信息确定的。与 LTE 类似,

NR 中的 CSI 信息包括 3 类:

● 信道秩标记(Rank Indicator,RI)。RI 信息表征移动终端测量的当前 MIMO 信道的独立维度,即等效 MIMO 信道响应的秩。换言之,也就是下行发送信号的层数 $N_L$。

● 预编码矩阵序号(Precoder-Matrix Indicator,PMI)。PMI 信息表示在给定 RI 条件下最合适的预编码矩阵。

● 信道质量标记(Channel-Quality Indicator,CQI)。CQI 表示给定 PMI 条件下最佳的信道编码码率与调制阶数。

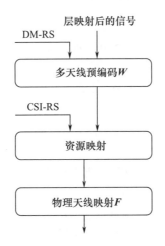

图 15.75　NR 下行链路预编码

NR 既支持单用户 MIMO 也支持 MU-MIMO,对于后者,需要移动终端测量与上报更多信道响应的细节。因此,NR 定义了两类 CSI,称为 Type1 CSI 与 Type2 CSI,它们的特点描述如下:

● Type1 CSI。Type1 CSI 主要面向非 MU-MIMO 场景,用于单用户在给定时频资源上的调度,可以支持较大数目的多层数据并行传输,即高阶的空间复用。Type1 CSI 的码本相对简单,一般而言,上报的 PMI 信息只需要几十比特。

● Type2 CSI。Type2 CSI 主要应用于 MU-MIMO 场景,多个用户在相同的时频资源同时被调度,但每个用户只支持有限数量(最大两层)的空间层数据。Type2 CSI 的码本更复杂,PMI 可以表征更精细的信道响应特征,上报的 PMI 信息达到几百比特。

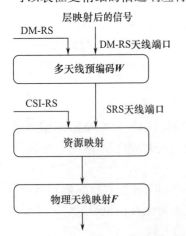

图 15.76　NR 上行链路预编码

Type1 CSI 与 Type2 CSI 的码本设计与反馈机制细节参见文献[15.23]和文献[15.32],不再赘述。

**2. 上行链路预编码**

上行链路预编码处理流程如图 15.76 所示。经过层映射的 PUSCH 信号与 DM-RS 信号送入多天线预编码模块,与预编码矩阵 $W$ 相乘,再与 SRS 一起映射到时频资源,最后与空间滤波矩阵 $F$ 相乘,形成物理多天线的发送信号。

与下行预编码不同,上行预编码又分为基于码本与非码本两种预编码方式。

● 基于码本的预编码方式

在这种方式中,由于多天线预编码矩阵 $W$ 是网络调度算法分配的,网络侧可以确知该矩阵。因此,基于码本的预编码方式,

预编码矩阵 $W$ 是接收端已知的。另外要注意,空间滤波矩阵 $F$ 的选择并不需要网络侧控制,但网络侧可以通过 DCI 中的 SRS 资源标记(SRI)信令限制 $F$ 的选择自由度。

基于码本的预编码主要用于 FDD 或者 TDD 方式下上下行非互易情况。此时,为了确定合适的上行预编码矩阵,需要进行上行信道测量。

● 非码本预编码方式

对于非码本方式,此时预编码矩阵 $W$ 是单位阵,空间滤波矩阵 $F$ 由移动台选择,对于网络侧是透明的。

非码本预编码方式主要应用于上下行互易的场景,通常是 TDD 模式。此时终端可以通过测量下行信道,获得上行信道响应信息。

### 3. 波束管理

如前所述,波束管理主要应用于毫米波等高频段,采用模拟方式,分时调整一个方向的波束。因此,下行对不同方向的用户设备发送信号,只能分时发送;类似地,移动台接收信号时,也只能每次接收一个方向的波束。

在分时收发条件下,波束管理的任务就是建立与保持合适的收发波束对,为链路传输提供好的波束连接。需要注意的是,由于受无线传播环境的影响,最佳的波束对不一定是基站与移动台正对的方向。图 15.77 给出了波束对匹配示例。当基站与移动台之间没有障碍物遮挡时,如图 15.77(a)所示,它们之间连线方向的发送波束与接收波束构成了最佳匹配对。而当基站与移动台有建筑物遮挡时,如图 15.77(b)所示,通过建筑物反射找到的收发波束对性能更好。

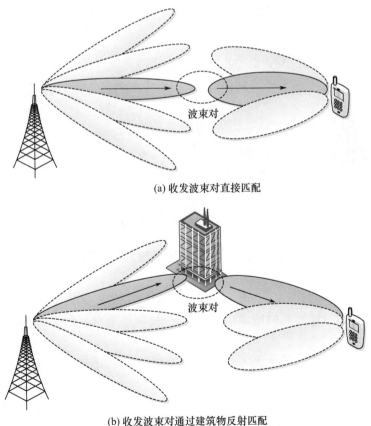

(a) 收发波束对直接匹配

(b) 收发波束对通过建筑物反射匹配

图 15.77　下行链路收发波束对匹配示例

3GPP 中的波束对应关系是指,在大多数情况下,由于存在信道互易性,下行方向的收发波束匹配关系也适用于上行方向。在这种情况下,确定一个发送方向的收发波束匹配,可以直接应用于另一个相反的发送方向。

需要注意的是,波束管理并不需要跟踪快速时变与频率选择性衰落,因此波束对应不要求下行发送与上行发送必须在同一频段上进行。由此,波束对应的概念也可以应用于 FDD 方式。

一般地,NR 中的波束管理包括 3 个方面:初始波束建立、波束调整及波束恢复。

(1)初始波束建立

初始波束建立,主要是指在下行或上行方向收发波束扫描与建立处理链接的过程。通常,移动台经过小区搜索发现下行波束,而基站通过随机接入发现上行波束。

(2)波束调整

波束调整的主要目的是补偿移动台运动导致的方向与角度变化,同时考虑场景变化的影响。波束调整还需要对波束宽度进行精细调整。

波束调整一般分为发射端波束调整与接收端波束调整两类。当假设波束对应成立时,一个发送方向的波束调整可以直接应用于相反的发送方向。

下行发送端波束调整如图 15.78 所示。由于采用模拟波束成形,基站只能顺序发送每个波束的参考信号(RS),也就是采用波束扫描方式发送。而移动台需要逐个测量基站发送的波束 RS 信号质量,并反馈给基站,基站侧根据测量结果调整波束方向。需要注意,基站侧不一定只从移动台上报的测试波束中选择,也可以在相邻两个波束中加权得到新的波束方向。

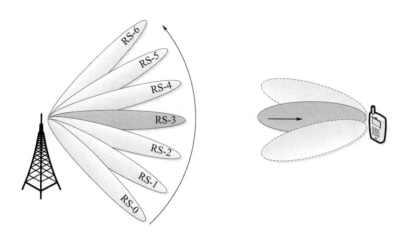

图 15.78　下行链路发射端波束调整

另外要注意,为了保证测试结果相对准确,在测试时间段,移动台需要固定一个接收波束进行测量。

下行发送端波束调整如图 15.79 所示。当基站侧给定发送波束,即当前的服务波束的参考信号,则移动台进行接收端波束扫描,顺序测试每个接收波束对 RS 信号的接收质量,从而选择与调整最佳的接收波束。

上行发送端波束调整与接收端波束调整具有类似的过程,不再赘述。

(3)波束恢复

某些情况下,通信环境的运动或其他事件会导致当前建立的波束对快速中断,并且没有充分的时间进行波束调整与适应。此时就需要重新进行波束恢复。

一般地,波束失效与恢复包括如下步骤:

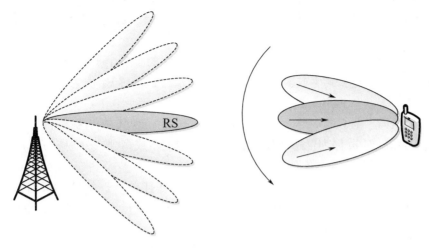

图 15.79 下行链路接收端波束调整

- 波束失效检测,即移动台检测波束失效是否发生。
- 候选波束辨识是指移动台需要辨识新波束或新的波束对,从而恢复通信连接。
- 恢复请求传输是指移动台向网络发送波束恢复的请求。
- 网络应答是指网络侧响应移动台的波束恢复请求。

### 15.4.5 物理层处理

NR 的物理层处理主要包括小区搜索、随机接入、上行功率控制与上行时序控制等。下面简要介绍它们的基本流程。

**1. 小区搜索**

移动台进行小区搜索的主要目的是发现服务小区,提取时频同步信息。小区搜索主要用到主同步信号(PSS)、辅同步信号(SSS)及物理广播信道(PBCH)。在 NR 系统中,将 PSS,SSS 及 PBCH 三者称为同步信号(SS)块。NR 的 SS 块与 LTE 的 PSS/SSS/PBCH 的主要区别如下:

- NR 引入了 SS 块的概念,LTE 没有这种定义。
- LTE 中 PSS、SSS 与 PBCH 是在固定时频单元中发送,而 NR 中的 SS 块设计体现了节省功耗的设计思路,较为灵活。
- 在小区搜索过程中,NR 中的 SS 块可以与波束成形结合。

SS 块的发送基于 OFDM 符号,单个同步信号(SS)块的结构如图 15.80 所示。

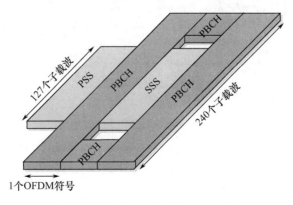

图 15.80　单个同步信号(SS)块结构

如图中所示,SS 块在时域上扩展为 4 个 OFDM 符号,频域上扩展为 240 个子载波。具体来说:

● PSS 信号在第一个 OFDM 符号发送,占用频域中间的 127 个子载波,剩余载波为空载波。PSS 信号采用 $m$ 序列产生,其生成多项式为 $f(x)=1+x^4+x^7$,初始值为 $[x_6,x_5,x_4,x_3,x_2,x_1,x_0]=(1110110)$。

● SSS 信号在第三个 OFDM 符号发送,序列长度也为 127,其左右两端分别有 8 个与 9 个空载波。SSS 信号由一对 $m$ 序列优选对模二加产生,对应的生成多项式分别为 $f_1(x)=1+x^4+x^7$ 与 $f_2(x)=1+x+x^7$,相应的初始值都为 $(0000001)$。

● PBCH 信道在第 2 与第 4 个 OFDM 符号上发送,并且在第 3 个 OFDM 符号 SSS 信号两端还分别占用了 48 个子载波。因此 PBCH 信道占用的 RE 单元数目为 576,其中包括了用于相干解调的 DM-RS 信号。

表 15.29 给出了不同频段与子载波间隔下同步信号块的参数。

**表 15.29  同步块配置参数与对应频段**

| 子载波带宽/kHz | SS 块带宽/MHz | SS 块持续时间/$\mu$s | 频段 |
|---|---|---|---|
| 15 | 3.6 | 285 | FR1(<3GHz) |
| 30 | 7.2 | 143 | FR1 |
| 120 | 28.8 | 36 | FR2 |
| 240 | 57.6 | 18 | FR2 |

在 LTE 系统中,PSS 与 SSS 总是位于载波的中心频率两端,这样做虽然便于移动台搜索同步信号,但限制了终端工作的灵活性。在 NR 系统中,SS 块不一定位于中心频率两端,可以分布于工作频段各个载波频率位置。

SS 块的发送周期可以在 5~160ms 之间变化。当进行初始小区搜索时,一般移动台可以按 20ms 的周期搜索 SS 块。

与 LTE 相比,5G NR 的 SS 块发送的一个关键特色是采用时分复用的方式,在不同波束上发送 SS 块信号,如图 15.81 所示。在一次波束扫描中的 SS 块称为 SS 突发集合。最小的 SS 突发集合周期为 5ms,最大可以到 160ms,但每个 SS 突发集合持续时间限定为 5ms。每个 SS 块对应一个波束,因此一次波束扫描的时间也为 5ms。

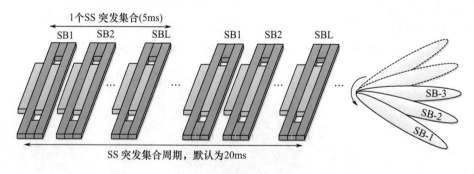

图 15.81  SS 块时分复用方式示例

在一个 SS 突发集合中,SS 块的最大数目根据频段不同而不同,具体来说:

● 对于 3GHz 以下的低频段,一个 SS 突发集合中最多有 4 个 SS 块,使得一次扫描最多 4 个波束。

● 对于 3~6GHz 的低频段,一个 SS 突发集合中最多有 8 个 SS 块,使得一次扫描最多 8 个波束。

● 对于 FR2 毫米波频段，一个 SS 突发集合中最多有 64 个 SS 块，使得一次扫描最多 64 个波束。

不同的频段与子载波间隔，SS 块在突发集合中的时域分布各不相同。图 15.82 给出了子载波间隔 15kHz 条件下 SS 块的时域分布示例。由图可知，1 个时隙中有两个 SS 块，第一个块位于第 2～5 个符号，第二个块位于第 8～11 个符号。

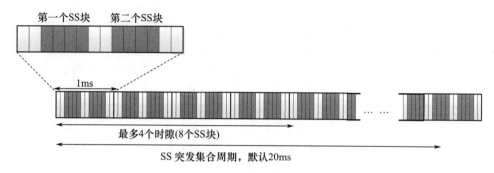

图 15.82　SS 块在 SS 突发集合中的分布示例(子载波间隔 15kHz)

### 2. 随机接入

NR 的随机接入过程类似于 LTE，也包括 4 个步骤，如图 15.83 所示。

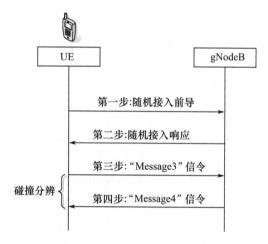

图 15.83　NR 的随机接入过程

第一步：移动台向基站发送 PRACH 信道的前导信号。

第二步：基站向移动台发送随机接入应答(RAR)信号，表示接收到前导，提供定时调整命令，调整移动台的发送时序。

第三步与第四步：移动台与基站交互消息，上行是 Message3，下行是 Message4，用于分辨同一个前导中同时发送导致的接入碰撞。如果成功接入，则 Message4 通知移动台转入连接状态。

在 5G NR 系统中，随机接入也可以与波束成形结合，不再赘述。

### 3. 上行功率控制

5G NR 系统的上行功率控制与 LTE 类似，主要目的是控制上行链路的发送功率，减小同频干扰。类似于 3G 与 LTE 系统中的功率控制，NR 中的功率控制也采用开环功率控制加闭环功率控制的机制。NR 中上行功率控制与 LTE 主要区别在于，前者是基于波束的功率控制，是后者的扩展，具体细节参见协议[15.22-15.23]。

**4. 上行时序控制**

NR 中的上行时序控制与 LTE 也类似,通过调整发送提前量,保持基站端接收信号的同步。NR 与 LTE 在时序调整方面的主要区别在于,不同系统配置下,时间调整量不同,具体细节参见协议[15.22-15.23],不再赘述。

## 15.5　本　章　小　结

本章详细介绍了 4G 和 5G 移动通信系统的基本技术特征。首先介绍了 4G 与 5G 协议的标准化进程。接着阐述了 LTE 系统的基本原理,对 LTE 的信道结构与物理层关键技术进行了深入的介绍,LTE 标准的详细内容可以参考协议[15.12][15.13][15.14][15.15]。另外,对 WiMAX 系统的技术特点也做了扼要介绍。最后,详细介绍了 5G NR 系统的基本原理,对 NR 的参考信号、链路结构、多天线与物理层处理技术进行了详细描述,NR 标准的详细内容可以参考协议[15.19][15.20][15.21][15.22][15.23]。

当前,4G 系统已经在全球广泛商用,5G 系统正在逐步商用。未来,以 5G NR 为代表的第五代移动系统将大幅度增强无线链路的传输能力,提高无线网络的灵活性,更好地满足用户对移动通信业务的需求。

## 参　考　文　献

[15.1] http://www.itu.int.

[15.2] http://www.3gpp.org.

[15.3] http://www.wimaxforum.org.

[15.4] ITU-R,"Principles for the process of development of IMT-Advanced". Resolution ITU-R 57,October 2007.

[15.5] ITU-R,"Framework and overall objectives of the future development of IMT-2000 and systems beyond IMT-2000". Recommendation ITU-R M.1645,June 2003.

[15.6] ITU-R,"Requirements related to technical performance for IMT-Advanced radio interfac e(s)". Recommendation ITU-R M.2134,2008.

[15.7] ITU-R,"Guidelines for evaluation of radio interface technologies for IMT-Advanced". Recommendation ITU-R M.2135,2008.

[15.8] ITU-R,"IMT vision—framework and overall objectives of the future development of IMT for 2020 and beyond. Recommendation ITU-R M.2083". September 2015.

[15.9] ITU-R,"Minimum requirements related to technical performance for IMT-2020 radio interface (s)". Report ITU-R M.2410 November 2017.

[15.10] ITU-R,"Requirements,evaluation criteria and submission templates for the development of IMT-2020". Report ITU-R M.2411 November 2017.

[15.11] ITU-R,"Guidelines for evaluation of radio interface technologies for IMT-2020". Report ITU-R M.2412 November 2017.

[15.12] 3GPP TS 36.211:"Evolved Universal Terrestrial Radio Access(E-UTRA);Physical channels and modulation".

[15.13] 3GPP TS 36.212:"Evolved Universal Terrestrial Radio Access(E-UTRA);Multiplexing and channel coding".

[15.14] 3GPP TS 36.213:"Evolved Universal Terrestrial Radio Access(E-UTRA);Physical layer procedures".

[15.15] 3GPP TS 36.214:"Evolved Universal Terrestrial Radio Access(E-UTRA);Physical layer-Measurements".

[15.16] IEEE Std 802.16-2004,"Part 16:Air Interface for Fixed Broadband Wireless Access Systems", October 2004.

[15.17] IEEE Std 802. 16e-2005, "Part 16: Air Interface for Fixed and Mobile Broadband Wireless Access Systems Amendment 2: Physical and Medium Access Control Layers for Combined Fixed and Mobile Operation in Licensed Bands and Corrigendum 1", February 2006.

[15.18] WiMAX Forum Mobile System Profile Release 1. 0 Approved Specification Rev. 1. 2. 2 December 2006.

[15.19] 3GPP TS 38. 201: "NR: Physical layer; General description," Release 15, 2017. 12.

[15.20] 3GPP TS 38. 211: "NR: Physical channels and modulation," Release 15, 2018. 09.

[15.21] 3GPP TS 38. 212: "NR: Multiplexing and channel coding," Release 15, 2018. 09.

[15.22] 3GPP TS 38. 213: "NR: Physical layer procedures for control," Release 15, 2018. 09.

[15.23] 3GPP TS 38. 214: "NR: Physical layer procedures for data," Release 15, 2018. 09.

[15.24] E. Dahlman. S. Parkvall, J. Skold and P. Beming. 3G Evolution HSPA and LTE for Mobile Broadband Second Edition. Elsevier, 2008.

[15.25] M. Ergen. Mobile Broadband Including WiMAX and LTE. Springer, 2009.

[15.26] H. Holma and A. Toskala. WCDMA for UMTS-HSPA Evolution and LTE, Fourth Edition. John Wiley & Sons, 2007.

[15.27] H. Holma and A. Toskala. LTE for UMTS-OFDMA and SC-FDMA BasedRadio Access. John Wiley & Sons, 2009.

[15.28] E. Dahlman, S. Parkvall, J. Skold. 5G NR: The next generation wireless access technology. Academic Press, 2018.

[15.29] S. Ahmadi. 5G NR Architecture, Technology, Implementation and Operation of 3GPP New Radio Standards. Academic Press, 2018.

[15.30] Y. Park and F. Adachi. Enhanced Radio Access Technologies for Next Generation Mobile Communication. Springer, 2007.

[15.31] K. Etemad. Overview of Mobile WiMAX Technology and Evolution. IEEE Communications Magazine, pp. 31-40, October 2008.

[15.32] E. Onggosanusi, M. S. Rahman, et al. , Modular and High-Resolution Channel State Information and Beam Management for 5G New Radio. IEEE Communications Magazine, Vol. 56, No. 3, pp. 48-55, Mar. 2018.

# 习　　题

15.1　简述 IMT-Advanced 系统需求与技术指标。

15.2　简述 IMT-2020 系统需求与技术指标。

15.3　简述 IEEE 802. 16 标准的演进与各协议版本的特点。

15.4　概要说明 ITU 为 4G 移动通信分配的频段。

15.5　概要说明 ITU 为 5G 移动通信分配的频段。

15.6　论述 LTE 系统的基本技术特点,包括信道结构、多址接入方式、MIMO 等。

15.7　试论述 WiMAX 系统的基本技术特点,包括多址接入方式、MIMO 等。

15.8　论述 5G NR 系统的基本技术特点,包括信道结构、多址接入方式、MIMO 等。

15.9　试比较 LTE 与 WiMAX 标准的相同点与不同点。

15.10　试比较 LTE 与 5G NR 标准的相同点与不同点。

# 第16章  移动网络的结构与组成

前面两章我们重点介绍了 3G、4G 与 5G 移动通信系统。本章介绍移动网络的结构与组成。首先介绍从 GSM、GPRS 到 WCDMA 的移动网络演进，然后介绍从 IS-95 到 CDMA2000 的网络演进，介绍以 LTE、WiMAX 为代表的 4G 移动网络特征，最后简要介绍 5G 移动网络的结构特征。

## 16.1  从 GSM 网络到 GSM/GPRS 网络

GSM、GPRS 均是以欧洲标准为核心研制、开发的国际制式标准，它们在总体制式与网络结构方面是一脉相承的，具有很大的相似性和兼容性，特别是在网络方面。将它们放在一起介绍，可以更清楚地看到移动通信网的演进与发展过程，看到如何从第二代初期以话音为主体的电路交换 GSM 网络，演进到"二代半"既有电路交换又有分组交换的 GSM/GPRS 网络。

### 16.1.1  GSM 网络结构

GSM 是欧洲电信标准委员会 ETSI 为第二代移动通信制定的，支持国际漫游的泛欧数字式蜂窝移动通信系统的标准。表 16.1 所示为 GSM 900 第一、第二两阶段及 DCS 1800 第一、第二两阶段无线接口（空口接口）的主要性能参数。

表 16.1  GSM 的主要性能参数

| | GSM 900 第一阶段 | GSM 900 第二阶段 | DCS 1800 第一阶段 | DCS 1800 第二阶段 |
|---|---|---|---|---|
| 上行频率/MHz | 890～915 | 880～915 | 1710～1785 | 1710～1785 |
| 下行频率/MHz | 935～960 | 925～960 | 1805～1880 | 1805～1880 |
| 信道号范围 | 1～24 | 1～24 和 975～1023 | 512～885 | 512～885 |
| 收、发间隔（频率）/MHz | 45 | 45 | 95 | 95 |
| 收、发间隔（时间） | 3 个时隙 | 3 个时隙 | 3 个时隙 | 3 个时隙 |
| 调制数据率/kbps | 270.833 | 270.833 | 270.833 | 270.833 |
| 帧周期/ms | 4.615 | 4.615 | 4.615 | 4.615 |
| 时隙周期/$\mu$s | 576.9 | 576.9 | 576.9 | 576.9 |
| 比特周期/$\mu$s | 3.692 | 3.692 | 3.692 | 3.692 |
| 调制方式 | 0.3GMSK | 0.3GMSK | 0.3GMSK | 0.3GMSK |
| 信道间隔/kHz | 200 | 200 | 200 | 200 |
| 时隙数 | 8 | 8 | 8 | 8 |
| 移动台最大功率/W | 20 | 20 | 1 | 1 |
| 移动台最小功率/dBm | 13 | 5 | 4 | 0 |
| 功控调节次数 | 0～15 | 0～19 | 0～13 | 0～15 |
| 话音比特率/kbps | 13 | 13 | 13 | 13 |

GSM 信道可以分为物理信道和逻辑信道。所谓物理信道，这里是指实际物理承载的传输信道，而逻辑信道则是按信道的功能来划分的。逻辑信道是通过物理信道传送的。

## 1. 物理信道与帧结构

GSM 是一类数字式移动通信体制,它主要是通过时分多址 TDMA 方式来实现的。即用户间是以时间分隔的不同时隙方式来传送不同用户信息的。所以时分多址是 GSM 的基本特点,因此需要介绍 GSM 时分的帧结构。从表 15.5 可知,GSM 仅有 8 个时隙,它不足以满足每个小区内实际用户数的需求,因此 GSM 系统采用以时分为主体,时分、频分相结合的方式(TDMA/FDMA 方式)。在 GSM 上行/下行各占有 25MHz 频段,而每个信道仅占用 200kHz,因此 GSM 中总共可容纳 125 信道(频点),而每个信道(频点)可容纳 8 个时分用户,而且在组网时信道(频点)还可以在空间小区群复用。

在 GSM 中,上行/下行总的可用频段各为 25MHz,其中上行为 915－895＝25MHz,下行为 960－935＝25MHz。由表 16.1 可知,每个信道间隔为 200kHz,则 GSM 总共可容纳频分信道数为 $\frac{25\text{MHz}}{200\text{kHz}}=125$(信道、频点),每个频分信道(频点占用 8 个时隙),因此 GSM 总共可提供时分信道数为 125(频点)×8＝1000(个时分信道)。GSM 900 第二阶段,上行/下行频段扩展至各 35MHz,这时频点数(信道)将进一步增加至 175 个,时分信道也相应增至 1400 个时分信道;当服务区内 1000(或 1400)用户信道不够用时,可利用小区蜂窝规划,考虑到对不同小区群间的空间频率再用,即空分进一步扩大可用信道数。

GSM 的最大特色是时分多址,而时分是利用帧结构来实现的,其帧结构如图 16.1 所示。

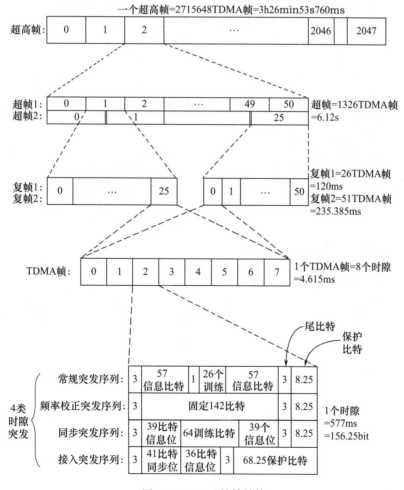

图 16.1　GSM 的帧结构

由图 16.1 可知,GSM 的帧结构分为 4 个层次:TDMA 帧、复帧、超帧、超高帧。其中,TDMA帧是 GSM 中的基础帧,一个 TDMA 帧由 8 个时隙组成,而每个时隙可以是下列 4 类时隙突发中的某一种类型:常规突发序列,频率校正突发序列,同步突发序列,接入突发序列。上述 4 类突发时隙中,第一类常规突发运用最多,主要用于信息通信,而后三类突发序列主要用于不同的控制。

由 TDMA 帧构成两类复帧。复帧 1:含 26 个 TDMA 帧,周期为 120ms,主要用于业务信道及其随机控制信道(24 帧用于业务,2 帧用于信令);复帧 2:含 51 个 TDMA 帧,周期为235.385ms,用于各类控制信道。

再由两类复帧分别构成两类超帧。超帧 1 含有 51 个 26TDMA 帧的复帧,超帧 2 含有 26 个51TDMA 帧的复帧。

两者周期均为 1326 个 TDMA 帧,即 6.12s,最后再由两类超帧构成一个超高帧,它含有2715 648 个 TDMA 帧,其周期为 3h26min53s760ms。

**2. GSM 逻辑信道**

GSM 按功能划分的逻辑信道结构如图 16.2 所示。

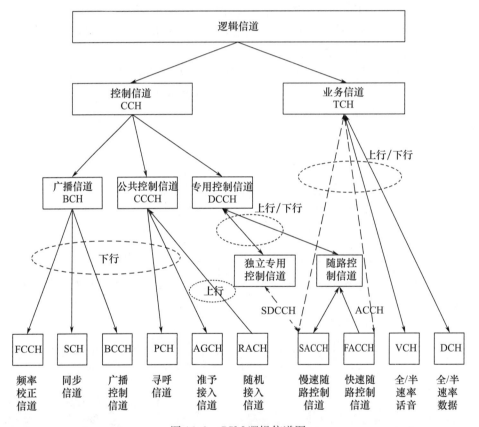

图 16.2 GSM 逻辑信道图

由图可见,按照功能,逻辑信道可以划分为主业务信道和为了配合业务正常进行的辅助性控制信道两大类型。

(1)业务信道 TCH 可分为话音与数据两类。话音信道分为全速率话音信道(TCH/FS)和半速率话音信道(TCH/HS),速率分别为 13kbps 和 6.5kbps。数据信道则可分为以下 5 种类型:9.6kbps 全速率数据业务(TCH/F9.6),4.8kbps 全速率数据业务(TCH/F4.8),≤2.4kbps全速率数据业务(TCH/F2.4),4.8kbps 半速率数据业务(TCH/H4.8),2.4kbps 半速率数据业务(TCH/H2.4)。

（2）控制信道 CCH：它主要是为了保证业务信道有效且正常工作传送辅助信息的信道。它可分为 3 种类型：广播信道（下行），包含频率校正信道 FCCH、同步信道 SCH 和广播控制信道 BCCH；公共控制信道 CCCH，包含下行的寻呼信道 PCH、准予接入信道 AGCH 以及上行的随机接入信道 RACH；专用控制信道（上行/下行），包含独立专用控制信道 SDCCH 和两类（快、慢）随路控制信道 FACCH、SACCH。

### 3. GSM 网络组成

GSM 网络的总体体系结构如图 16.3 所示。

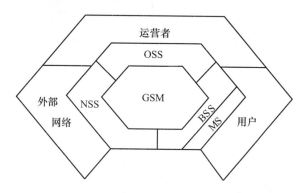

图 16.3　GSM 总体体系结构图

GSM 网络由 3 个"面向"和 4 个"组成部分"构成：面向用户的移动台（MS）与基站子系统（BSS）的两个组成部分，面向外部网络（一般为本地核心网 PSTN）的网络子系统（NSS）部分，面向运营者的操作支持子系统（OSS）部分。

GSM 的网络结构如图 16.4 所示，由 4 个主要部分组成：移动台（MS）、基站子系统（BSS）、网络子系统（NSS）和操作支持子系统（OSS）。

（1）移动台（Mobile Station，MS）

主要包含手机、车载台（便携式）两种类型，它们均包含移动设备（ME）和用户识别模块（SIM）两部分。SIM 卡中存有用户及其服务的所有信息，是个人身份的特征。

（2）基站子系统（Base Station Subsystem，BSS）

它由基站收/发信台（BTS）和基站控制器（BSC）两部分组成，是蜂窝小区的基本组成部分。一个 BSC 可以控制数十个 BTS。BTS 可以直接与 BSC 连接，当距离较远时，也可以通过基站接口设备 BIE 采用远端控制的连接方式。在 BSC 与移动业务交换中心的 MSC 之间的 BSC 一侧，还应包括码变换器 TC 和相应子复用设备 SM。BSC 是在第二代移动通信网络中才引入的一个新设备，它们的引入使 BSC 与 MSC 间数据接口标准化，这样运营商可以使用不同制造商的 BSC 与 MSC 设备。这也是移动网络从第一代演变至第二代的一个主要不同点。

（3）网络子系统（Network SubSystem，NSS）

主要满足 GSM 的话音与数据业务的交换功能以及相应的辅助控制功能。它主要包括移动交换中心 MSC，（外来用户）拜访位置的动态寄存器 VLR，（本地用户）归属位置静态寄存器 HLR，鉴权中心 AUC，短消息业务中心 SMSC，（移动）设备识别寄存器 EIR，以及网关（入口）移动业务交换中心 GMSC。

MSC 和 GMSC：对本 MSC 覆盖区内的移动台业务完成交换与控制功能；完成本 MSC 覆盖区内的无线资源管理和移动性管理；支持智能网业务；是移动通信系统与其他公用固定通信网之间的接口。

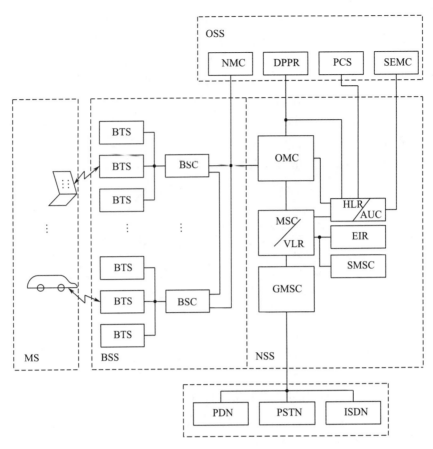

图 16.4  GSM 网络结构与组成

VLR:一般与 MSC 放在一起,是管辖区中 MS 呼叫所需检索信息的数据库;提供用户号码、所处理的识别号码,并向用户提供本地用户服务等参数。它是一个动态用户数据库,即如果用户进入和退出该管辖区,它具有写入/删除功能,亦即仅负责管辖区内用户临时存储注册数据。

HLR:一般同时管理几个 MSC/VCR,是管理部门用于移动用户管理的静态数据库,每个移动用户都应在某个 HLR 中注册登记,它是 GSM 系统的中央数据库。它主要存储两类信息:一类是当前移动用户位置信息,以便于建立至移动台的呼叫路由;另一类是用户一切有用的相关信息与参数:如移动用户识别号、用户类别、访问能力和补充业务等。

AUC:一般与 HLR 合设于一个物理实体中,完成对移动用户的身份认证,产生相应鉴权参数,如随机数、符号响应 SRES 和密钥 $K_i$ 的功能实体。

SMSC:短消息是一类电信业务,主要是指长度不超过 160 个字符的简短文本消息。它主要是通过控制的信令信道传送的,利用手机 SIM 卡作为用户短消息数据库存储短消息,并可利用手机显示屏直接显示短消息内容。

EIR:存储了移动设备 ME 的国际移动设备识别码 IMEI,通过它鉴别接入网络的 ME 的可用性和合法性。

OMC:为了向运营部门提供方便高效的操作维护功能而设立的集中式操作、维护功能实体,并支持电信管理网(TMN)的综合性操作与管理。其主要功能包括下面几点:网络监视,路由改变;全部网络单元间的平衡及服务质量的保证;支持运营部门网络改造和发展;支持有效的维护等。

（4）操作支持子系统（Operation Support System，OSS）

主要面向运营商而相对独立于 GSM 的核心 BSS 与 NSS 的一个管理服务中心，主要包含网络管理中心 NMC，安全管理中心 SEMC，用户识别卡管理中心 PCS，以及用于集中计费管理的数据后处理系统 DPPS。

GSM 系统的主要网络接口关系示于图 16.5 中。

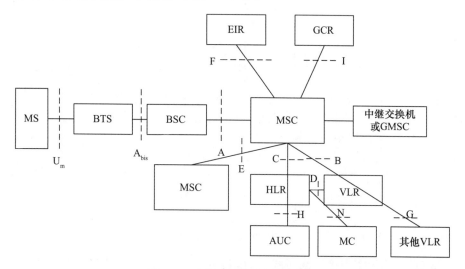

图 16.5　GSM 主要网络接口关系

GSM 系统取得成功的最主要原因是将它设计成一个开放的系统，在 GSM 系统中统一规定了国际上建议的接口标准和协议要求，并对所有国家、地区、厂商开放，以此实现网络系统中不同功能实体、不同厂商设备的互连互通。

GSM 系统中主要接口有 3 个，它们是 MS 与 BSS 间的空中接口 $U_m$，BTS 与 BSC 间的 $A_{bis}$ 接口，BSS 与 MSC 间的 A 接口。

余下的接口主要是 NSS 内部各功能实体之间的接口。其中 B、C、D、E、F、G 已标准化，但需要移动应用部分 MAP 来交换必要的数据，提供移动业务，而 H 与 I 接口目前尚未标准化，其中 I 接口是 MSC 与群呼叫寄存器 GCR（它是一个管理数据库）间的接口，而 GCR 供话音群或广播呼叫用。

**4. GSM 系统的协议栈**

GSM 系统各功能实体之间的接口有明确定义和建议标准后，GSM 规范对各接口所使用的分层协议也进行了详细规定。GSM 系统各接口采用分层协议结构是符合 OSI 参考模型的。GSM 系统主要接口的协议分层（协议栈）如图 16.6 所示。

由图可见，GSM 协议分层结构如下：

（1）$L_1$ 层，又称为物理层，它是无线接口的最低层，提供传送比特流所需的物理（无线）链路、为高层提供各种不同功能的逻辑信道。它包含业务与控制信道。

（2）$L_2$ 层，又称为链路层，它的主要目的是在移动台与基站之间建立可靠的专用数据链路。$L_2$ 层的协议基于 ISDN 的 D 信道链路接入协议 LAPD，但为了空中接口 $U_m$ 需要适当修改，称它为 $LAPD_m$。

（3）$L_3$ 层，又称为网络高层，它主要是负责控制和管理的协议层。它把用户和系统控制过程的特定信道按一定的协议分组安排到指定的逻辑信道上。$L_3$ 层包含下列 3 个子层：无线资源管理 RR；移动性管理 MM；接续呼叫管理 CM，它含有并行呼叫处理、补充业务管理和短消息业务管理。关于 $L_3$ 层的主要功能将在后面的章节中深入介绍。

图 16.6 给出 GSM 的 3 个主要接口 $U_m$ 接口、$A_{bis}$ 接口和 A 接口的协议体系。

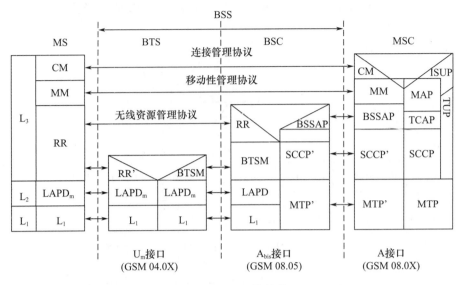

图 16.6　GSM 协议栈

（1）$U_m$ 接口，又称为空中接口或无线接口，其定义最为复杂，功能也最全。其中，除 MS 与 BTS 两个协议栈间 $L_1$、$L_2$、$L_3$（仅 RR 子层）的连接，还包括 MS 与 MSC 两个协议栈之间的连接，它主要包含 $L_3$ 层的 MM 与 CM 两个子层间的连接。

（2）$A_{bis}$ 接口，BTS 与 BSC 间的消息传输是通过 $A_{bis}$ 接口进行的。对于话音业务，$A_{bis}$ 接口支持的速率为 64kbps，对于数据/信令业务，$A_{bis}$ 接口支持的速率为 16kbps。这两类业务都是通过 LAP-$D_m$ 来传输的。

（3）A 接口，是 BSS 的 BSC 与 NSS 的 MSC 间的接口，是一个开放式接口，其物理层采用 2Mbps 的 CCITT 连接，采用的通信协议为 SS7 协议。无差错传输采用的协议是消息传输协议 MTP，而逻辑连接采用的协议为 SS7 中的信令连接控制部分 SCCP，这两部分在 GSM 中有小的修改，为了区别，记为 MTP′ 和 SCCP′。在应用中，采用 SS7 协议处理直接传输无线资源分配数据和管理信息，它是借助于 BSS 的应用部分 BSSAP，操作和维护信息则借助于 BSS 的操作与维护应用部分 BSSOMAP。

### 16.1.2　GSM/GPRS 网络

GPRS(General Packet Radio Service，通用分组无线业务)标准是欧洲电信标准化协会 ET-SI 于 1993 年开始制订并于 1998 年完成的。它是从 GSM 系统基础上发展起来的分组无线数据业务，GPRS 与 GSM 共用频段、共用基站并共享 GSM 系统与网络中的一些设备和设施。GPRS 拓展了 GSM 业务的服务范围，在 GSM 原有电路交换的话音与数据业务的基础上，提供一个平行的、分组交换的、数据与话音业务的网络平台。

GPRS 的主要功能是在移动蜂窝网中支持分组交换业务，按时隙占用而不是占用整个通路，将无线资源分配给所需的移动用户，收费亦按占用时隙计算，故能为用户提供更为经济的低价格服务；利用分组传送实现快速接入、快速建立通信线路大大缩短用户呼叫建立时间，实现了几乎"永远在线"服务，并利用分组交换提高网络效率。它不仅可应用于 GSM 系统，还可以用于其他基于 X.25 与 IP 的各类分组网络中，为无线 Internet 业务提供一个简单的网络平台，为 WCD-

MA 提供过渡性网络演进平台。

**1. GPRS 的物理信道结构**

与 GSM 一样,GPRS 信道可以分为物理信道和逻辑信道两大部分。GPRS 物理信道的总体结构与 GSM 是一样的,只是在具体实现的帧结构上有些许差别。GPRS 物理信道中的分组数据信道 PDCH 的结构如图 16.7 所示。

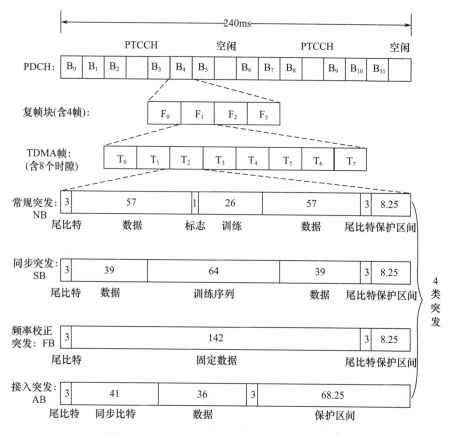

图 16.7　GPRS 中分组数据信道 PDCH 的结构

在 GPRS 中,分组数据信道 PDCH 由 52 帧构成,其中有 $4 \times 12 = 48$ 个 TDMA 帧,两个分组定时提前量控制信道 PTCCH 帧和两个空闲帧。一个 PDCH 约占有 240ms。

一个 PDCH 中的 52 帧分为 4 组,每组中含有 4 个 TDMA 帧,其中含一个附加帧,附加帧可以是 PTCCH 帧或空隙帧之一。每组称为一个复帧块 $B_i$ 或附加帧,一个 PDCH 中共有 12 个复帧块。每个 TDMA 帧中含有 8 个时隙。

每个时隙的内容又称为突发,在 GSM/GPRS 系统中共有 4 种不同的突发。常规突发(NB)承载所有的业务与大部分信令,同步突发(SB)供建立同步用,频率校正突发(FB)供频率校正用,接入突发(AB)用于 MS 建立与 BTS 间的首次连接或越区切换。

**2. GPRS 逻辑信道**

GPRS 逻辑信道结构如图 16.8 所示。其中,业务信道 PDTCH 单向(上行或下行)传送 GPRS 数据信息,且一个用户可以对称或不对称使用一个至若干个 PDTCH。

控制信道分为 3 类:PBCCH、PCCCH 和 PDCCH。PBCCH 用来广播 GPRS 系统的指定信息。PCCCH 进一步划分为以下 4 类:PRACH,供 MS 请求接入用,并以突发形式发送数据与信令;PPCH,供基站寻呼 MS 用;PAGCH,分组传送前利用它发送资源分配信息给 MS;PNCH,分组传送前利用该信道给 MS 传送通知。PDCCH 可以分为 3 类：PACCH，用于传送有关的信令信息如确认、功控、资源分配与再分配等；PTCCH/U(上行)，使 BTS 准期估计一个 MS 的时速；PTCCH/D(下行)，用于多个 MS 同时更新传输时速。

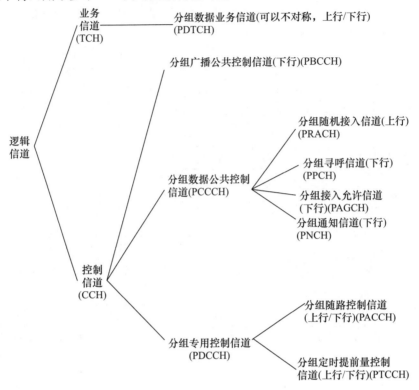

图 16.8  GPRS 逻辑信道结构

### 3. GPRS 网络结构

GPRS 网络结构如图 16.9 所示。其中，PCU 为分组控制单元，SGSN 为服务 GPRS 支持节点；GGSN 为网关 GPRS 支持节点，DNS 为域名服务器，BG 为边界网关，CG 为计费网络。GPRS 网络的主要功能实体如下所述。

(1) 分组控制单元 PCU

它的主要功能是完成无线链路控制(RLC)与媒体接入控制(MAC)的功能；完成 PCU 与 SGSN 之间 $G_b$ 接口分组业务的转换，比如启动、监视、拆断分组交换呼叫、无线资源组合、信道配置等；PCU 与 SGSN 之间通过帧中继或 $E_1$ 方式连接。

(2) 服务 GPRS 支持节点 SGSN

它的主要功能是负责 GPRS 与无线端的接入控制、路由选择、加密、鉴权、移动管理；完成它与 MSC、SMS、HLR、IP 及其他分组网之间的传输与网络接口；SGSN 可以看作一个无线接入路由器。

(3) 网关 GPRS 支持节点 GGSN

它的主要功能是作为与外部 Internet 及 X.25 分组网连接的网关，可看作提供移动用户 IP 地址的网关路由器；GGSN 还可以包含防火墙和分组滤波器等；提供网间安全机制。

(4) 边界网关 BG

它是其他运营商的 GPRS 网与本地 GPRS 主干网之间互连的网关，在基本的安全功能之外，还可以根据漫游协定增加相关功能。

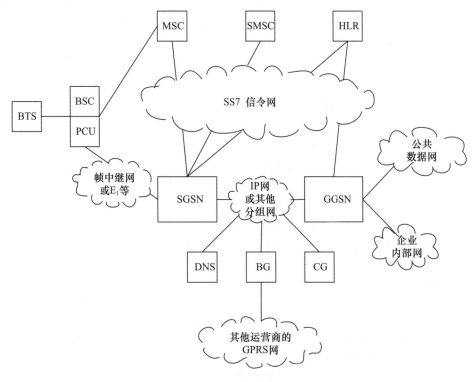

图 16.9 GPRS 网络结构

（5）计费网关 CG

它通过相关接口 $G_a$ 与 GPRS 网中的计费实体相连接,用于收集各类 GSN 的计费数据并进行记录和计费。

（6）域名服务器 DNS

它负责提供 GPRS 网内部 SGSN、GGSN 等网络节点的域名解析,以及接入点名 APN 的解析。

**4. GPRS 网络逻辑结构与接口**

GPRS 在逻辑功能上可以通过原有的 GSM 网络增加两个核心节点:SGSN 与 GGSN,因此需要定义一些新的接口,其基本逻辑结构与接口如图 16.10 所示。其中,实线表示数据和信令传输及接口,虚线仅表示信令传输及接口。MAP-C、D、H、F 以及 $S_m$、$U_m$ 和 A 表示原有 GSM 信令传输及接口,而其他接口则为 GPRS 新增接口。

由图可见,在 GPRS 逻辑结构图中,SGSN 和 GGSN 是实现 GPRS 分组业务的核心实体,其主要接口如下。

● 分组业务经过 $G_b$ 接口由无线端进入 SGSN 和 GPRS 骨干网;同一个 PLMN 之间的 SGSN 与 GGSN 以及 SGSN 与 SGSN 之间的 $G_n$ 接口,它们间的数据和信令在同一个传输平台中进行,它可以在 TCP/IP、X.25、ATM 等现有传输网中选择。$G_d$ 接口供 GPRS 的 MS 发/收短消息用。

● 不同 PLMN 的两个 GSN 之间的接口 $G_p$,它与 $G_n$ 接口的功能基本相同,但增加了 PLMN 间通信所需的安全功能。

● GPRS 与固定的 PDN 之间的 $G_i$ 接口,它实际上是一个参考点,还没有完全规定。具体可参考 GSM 09.61。

上面均为数据与信令传输的接口。GPRS 还有一些仅用于信令传输的接口,如 $G_s$、$G_c$ 和 $G_r$ 为可选接口。

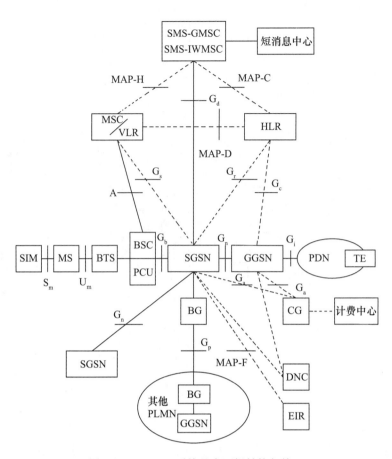

图 16.10　GPRS 系统基本逻辑结构与接口

除上述接口外,还有原 GSM 接口,如 $S_m$ 接口、$U_m$ 接口、A 接口,以及 MAP-C、MAP-D、MAP-H、MAP-F 等接口。

**5. GPRS 系统的协议栈**

GPRS 协议栈在传输平面和信令平面之间是有区别的,图 16.11 给出传输平面的协议栈,它提供用户信息传递分层协议结构和相关信息传递过程,即 GPRS 传输/用户面的协议栈,它为用户提供信息传输,如流量控制、差错控制、差错纠正和差错恢复等功能。主要包含:

● GPRS 隧道协议,该协议在 GPRS 骨干网络内部的 GPRS 支持节点之间采用隧道方式传输用户数据和信令。

● UDP/TCP,其中 TCP 用于传输 GPRS 骨干网络内部的 GTP 分组数据单元,适用于需要可靠链路的协议,而 UDP 则用于传输不需要可靠链路协议的 GTP 分组数据单元。IP 是 GPRS 骨干网络协议,用于用户数据和控制信令的路由选择。

● 子网汇聚协议 SNDCP,其功能是将网络层特性映射成下层逻辑链路特性,并将多个层 3 消息复用成单个虚逻辑链路连接。此外,数据加密、分段和压缩均由 SNDCP 协议完成。

● 逻辑链路控制 LLC,该层提供更可靠的加密逻辑电路,LLC 独立于底层无线接口协议。

● LLC 中继,在基站子系统中能在 $U_m$ 和 $G_b$ 接口中继分组数据单元;在 SGSN 中,能在 $G_b$ 于 $G_n$ 接口之间中继分组数据协议 PDP 的分组数据单元。

● 基站系统 GPRS 协议 BSSGP,它在 BSS 和 SGSN 之间传递与路由和 QoS 有关的信息,但不执行差错纠正。

● 网络业务 NS,传输 BSSGP 协议数据单元,建立在 BSS 和 SGSN 之间帧中继连接的基础之上,可以是多跳的,并且可以穿越帧中继交换节点网络。

● RLC/MAC,这一层包含两个功能:无线链路控制功能,它提供无线解决方案有关的可靠链路;媒体接入控制功能控制信令接入过程,并将 LLC 帧映射成 GSM 物理信道。

● GSM RF,即空中接口,主要用来完成数据调制/解调和编码/译码。

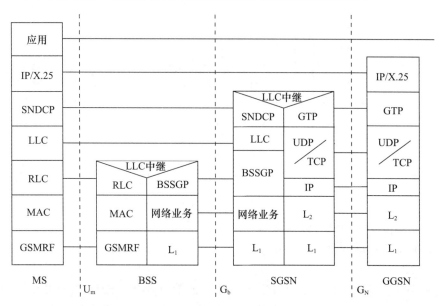

图 16.11　GPRS 传输平面协议栈

下面讨论 GPRS 传输平面的协议栈结构与 GSM 的主要区别。

(1) GSM 协议主要针对电路交换业务,而 GPRS 协议则针对分组交换业务。GPRS 允许移动用户占用多个时隙,但在 GSM 中,移动用户一般仅能占用一个时隙,亦即 GPRS 的 MS 可根据需要申请一个 TDMA 帧 8 个时隙中任意几个时隙。

(2) GPRS 的信道分配很灵活,可以是对称的,也可以是不对称的。然而,GSM 中信道的分配必须是对称的。不对称信道分配可以支持不对称业务,这种不对称业务在 Internet 中是常见的。在 Internet 中,下行(下载)业务容量往往远大于上行(上载)业务容量,因此,GPRS 为无线 Internet 提供了良好的网络平台。

(3) GPRS 的资源分配也与 GSM 有些不同,在 GSM 中,小区可以支持 GPRS,也可以不支持 GPRS。对于支持 GPRS 的小区,其无线资源应在 GSM 和 GPRS 业务之间动态分配。

(4) GPRS 中上行链路和下行链路的传输是独立的,而在 GSM 中,由于话音的对称性,这两者是不独立的。GPRS 中媒体接入协议称为"主-从动态速率"接入,它由 BSS 集中完成组织时隙分配。其中,"主"PDCH 包含公共控制信道,用于传输开始分组传送所需的信令信息,而"从"PDCH 包含用户数据和 MS 专门的信令信息。

前面已指出,GPRS 协议栈用户传输平面和控制信令平面是有区别的。图 16.12 给出控制信令平面的协议栈结构。

信令平面由控制和支持传输平面功能的协议组成。它主要包含:

● 控制 GPRS 网络接入连接,如 GPRS 网络的附着与分离。

● 控制一个已建立的网络接入连接过程,如分组数据协议地址的激活。

● 控制一个已建立的网络连接的路由通道。

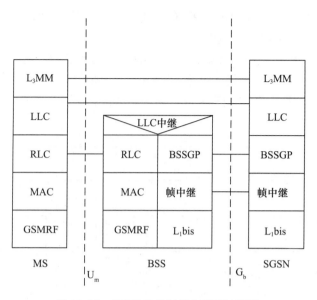

图 16.12　GPRS 的控制信令平面协议栈

- 控制网络资源安排,指派网络资源。
- 短消息业务 SMS 的网络和分层协议。

**6. 短消息业务 SMS**

短消息业务类似于 Internet 中对等实体间的立即消息业务。SMS 用户可交换 160 个字符 (映射域为 140 比特)包括字母和数字的消息,并且消息的提交在几秒内即可完成。只要有 GSM 网络就可提供 SMS 服务。SMS 业务 SMS 在目标 MS 处于激活状态时,几乎立即传送业务;而在 MS 关机时,则存储并转发业务。

SMS 主要有两类业务:

- 小区广播服务,如天气预报、股票价格等,属于无确认单向服务。
- 点对点 PTP 服务。

SMS 占用 GSM 的逻辑信道,不管是否有呼叫,消息都会被传送并可能得到确认。SMS 的网络结构如图 16.13 所示。

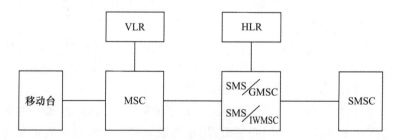

图 16.13　SMS 的网络结构

SMS 的网络协议栈如图 16.14 所示。

SMS 采用 GSM/GPRS 网络结构协议和物理层来传送和管理消息,具有存储转发特征。SMSC 存储和传送每条消息,并对消息恰当地进行分类和路由,消息采用 SS7 在网中传送。短消息业务分为两种类型:来自移动台(MS)和发往移动台(MS)两种。来自移动台的短消息首先进入 MSC,MSC 中有一个专门功能的 SMS-互通(SMS-IWMSC),将短消息转发至 SMSC。移动台接收到的短消息由 SMSC 转发给 MSC 中的 SMS-网关(SMS-GMSC),再由 MSC 送至 MS。

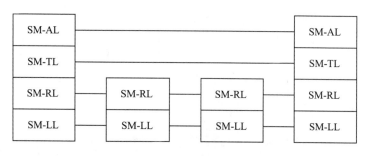

图 16.14　SMS 的网络协议栈

在 GSM 中,SM 在 HLR 中排队或直接发送给接收方的本地 MSC 中的 SMS-GMSC,SM 转发给恰当的 MSC,再由这个 MSC 将消息传送至 MS。而传送则通过查询 VLR 中 MS 位置的详细信息和 BSC 控制的 BTS 提供的对 MS 的覆盖等完成。

SMS 协议包含 4 层:应用层(AL)、传输层(TL)、中继层(RL)和链路层(LL)。SMAL 显示包含字母、数字和单字的消息;SMTL 为 SMAL 提供服务,与 SM 交换消息,并接收接收方 SM 的确认消息,它在每个方向上都可获得传递报告或发送 SM 的状态;SMRL 通过 SMLL 中继短消息协议数据单元 SMS PDU。而 SMS 有 6 种不同的 PDU,用它来传送从 SMSC 到 MS 的短消息和相反方向的短消息、传送失败的原因、传送状态报告和命令。

在空中接口,SMS 占用控制信道的时隙来传送,可分几种情况。若 MS 处于空闲状态,则在独立专用控制信道 SDCCH 上传送短消息,其大小为 184bit,时间约为 240ms。若 MS 处于激活状态,这时 SDCCH 用于呼叫建立和维持,则采用慢速随路控制信道 SACCH 来传送短消息,每 480ms 大概传送 168bit 或更少。若在传送过程中 MS 状态产生变化,SMS 则报告传送失败,短消息需重传。在小区广播情况下,比如,发送天气预报或广播其他短消息给多个 BSC 的 MS,采用小区广播信道 CBCH 来传送。

# 16.2　3G 与 3GPP 网络

## 16.2.1　WCDMA 的网络结构

WCDMA 网络结构如图 16.15 所示。由图可见,WCDMA 网络由 3 个主要部分组成。

(1) 用户设备 UE(User Equipment)。一般是一个多媒体的用户终端,分为多媒体手机与多媒体车载台,对应第二代移动通信中的移动台(MS)。

(2) 无线接入网 UTRAN(UMTS Terrestrial Radio Access Network)。包含一个或几个无线网络子系统(RNS),而一个 RNS 则是由一个无线网络控制器(RNC)和一个或几个节点 B(NodeB)组成的,它与第二代移动通信系统的对应关系是:NodeB 对应于 BTS,RNC 对应于 BSC,RNS 对应于 BSS。

(3) 移动核心网 CN(Core Network)。其功能包括电路交换(CS)、分组交换(PS)和广播(BS)。

WCDMA 系统与网络是分阶段实现的。R99 标准基于 ATM,其 CN 采用 GSM/GPRS 增强型,UE 和 UTRAN 则基于全新的 WCDMA 无线接口协议。

与 GSM 类似,WCDMA 网络主要接口有 $U_u$、$I_{ub}$ 和 $I_u$。另外,在 3G 中还增加了一个 RNC 之间的 $I_{ur}$ 接口,主要用于软切换。

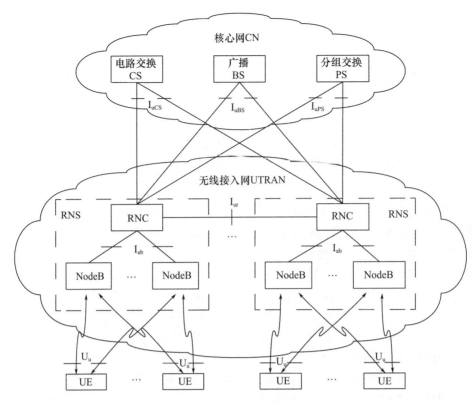

图 16.15 WCDMA 网络结构

## 1. 无线接口(Uᵤ)协议结构

WCDMA 的无线接口($U_u$)协议结构如图 16.16 所示。

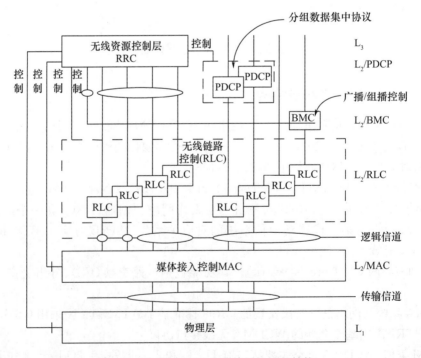

图 16.16 WCDMA 无线接口协议的结构

无线接口分为三个协议层:物理层 $L_1$、数据链路层 $L_2$ 和网络层 $L_3$。数据链路层 $L_2$ 又分为几个子层:在控制平面,$L_2$ 包含媒体接入控制(MAC)协议和无线链路控制(RLC)协议;在用户平面,除 MAC 与 RLC 外,$L_2$ 层还包含分组数据汇聚协议(PDCP)和广播/组播控制协议(BMC)。网络层 $L_3$,在控制平面 $L_3$ 中最低子层为无线资源控制(RRC)协议。无线接入网 UT-RAN 接口通用协议模型如图 16.17 所示。

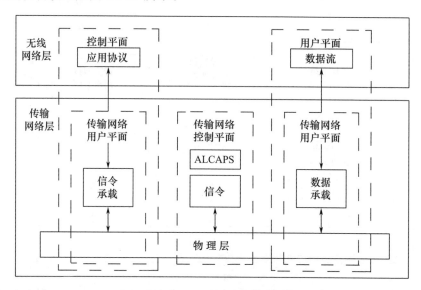

图 16.17　无线接入网 UTRAN 接口通用协议模型

由图可见,上述结构是按照层间与平面间相互独立的原则建立的,这样可以带来更大的灵活性。协议结构横向包括两层:无线网络层和传输网络层。所有 UTRAN 相关问题只与无线网络层有关,传输层只是 UTRAN 采用的标准化传输技术,而与 UTRAN 的特定功能无关。物理层可用 E1、T1、STM-1 等数十种标准接口。协议结构的纵向为三个垂直平面,包含:

(1) 主控制平面,包含无线网络层的应用协议以及传输层用于传送应用协议消息的信令承载。传输层的三个接口——$I_u$、$I_{ur}$ 和 $I_{ub}$ 在 3G 的 R99 版本中统一采用 ATM 技术,3GPP 还建议可支持 7 号信令的 SCCP、MTP 及 IP 技术。

(2) 用户平面,包含数据流和用于传输数据流的数据承载。数据流是各个接口规定的帧协议。

(3) 传输网络控制平面,不包含任何无线网络控制平面信息,但包含用户平面数据承载所需的 ALCAP 协议及 ALCAP 所需的信令承载。该平面的引入使无线网控制平面的应用协议完全独立于用户平面数据承载技术。

**2. $I_u$ 接口协议结构**

$I_u$ 接口是无线接入网 UTRAN 和核心网 CN 之间的接口,它是开放接口,以便多个制造商的产品兼容。$I_u$ 接口有三种类型:面向电路交换的 $I_{uCS}$、面向分组交换的 $I_{uPS}$ 和面向广播的 $I_{uBS}$。$I_u$ 接口主要支持以下功能:建立、维持和释放无线业务承载过程;系统内切换、系统间切换和 SRNS 的重新分配;小区广播服务;一系列的一般服务,即不是针对某个人特定 UE 的服务;在协议层次上对不同 UE 的信令进行区分和管理;在 UE 和 CN 之间传输非接入层的信令的直接传输;位置服务和 UTRAN 向 CN 进行的位置报告。位置信息可以包含位置的地理标识;一个 UE 可以同时接入多个 CN 域;对于分组数据流提供资源预留机制。$I_u$ 接口上的无线网络信令包含了 RANAP,而 RANAP 包含了处理所有 CN 和 UTRAN 之间过程的机制。同时还包含了 CN 和 UE 间非接入层消息。

$I_{uCS}$接口协议结构如图 16.18 所示。由图可见,它符合上述无线接入网 UTRAN 通用协议模型:横向两层,纵向三个平面的基本结构。

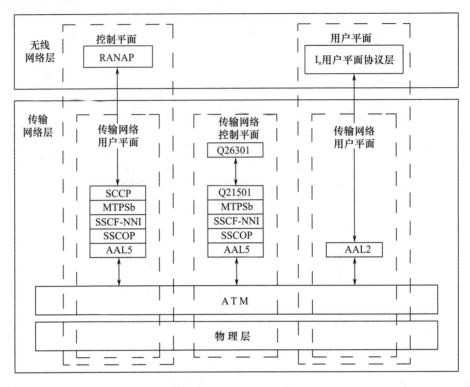

图 16.18　$I_{uCS}$接口协议结构

$I_{uPS}$接口的协议结构如图 16.19 所示。它也符合 UTRAN 通用协议模型的基本结构。

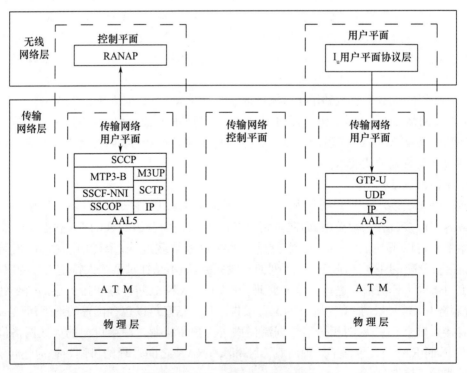

图 16.19　$I_{uPS}$接口的协议结构

**3. I<sub>ub</sub>接口协议结构**

I<sub>ub</sub>是一个连接基站(3GPP 协议中称为 NodeB)与 RNC 之间的逻辑接口,它是一个开放式接口,其协议结构如图 16.20 所示。

由图可见,其协议结构主要包含两个功能层:无线网络层,它定义了对节点 B(NodeB)的操作过程。包括了无线网络控制面和无线网络用户面。传输层,它定义了建立 RNC 和节点 B 间的物理连接。

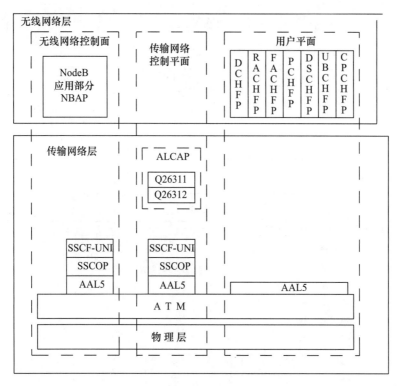

图 16.20　I<sub>ub</sub>接口的协议结构

**4. I<sub>ur</sub>接口协议结构**

I<sub>ur</sub>接口是两个 RNC 间的接口,是专门用来支持 RNC 间的软切换,其协议结构如图 16.21所示。

由图可见,其协议结构主要包含两个功能层:无线网络层定义了同一个 PLMN 内两个 RNC 之间的相互作用过程。无线网络层包含一个无线网络控制平面和一个无线网络用户平面;传输层定义了在同一个 PLMN 内的两个 RNC 之间建立物理连接的过程。I<sub>ur</sub>接口设计的主要目标为:连接不同厂家生产的 RNC;保持 UTRAN 与不同的 RNC 之间的服务连续性;将 I<sub>ur</sub>接口的无线网络功能与传输网络功能相分离,使得可以在将来方便地实现新的技术(指新的传输网络技术)。

## 16.2.2　从 2G 网络向 3G 网络的平滑过渡与演进

从总体上来说,由 2G 向 3G 演进的步骤分为两步:第一步为过渡方案,第二步实现 IP 核心网。

**1. R99 标准的 WCDMA 过渡方案**

3GPP R99 标准的 WCDMA 过渡方案的结构如图 16.22 所示。

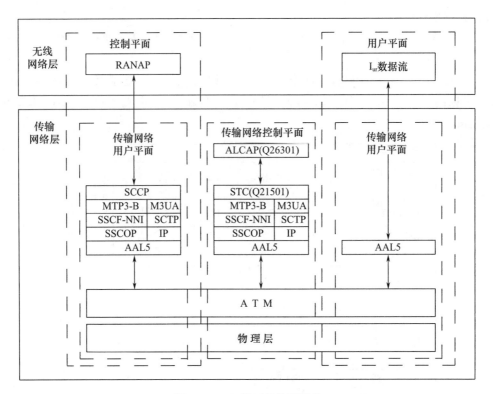

图 16.21　$I_{ur}$接口的协议结构

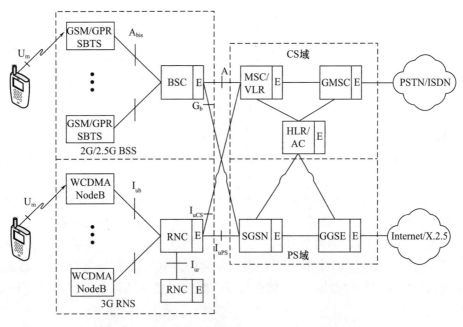

图 16.22　3GPP 的结构标准中 WCDMA 过渡方案

　　由图可见,它基本上是在 2G 的 GSM 与 2.5G 的 GPRS 的网络平台基础上过渡和升级产生的。与 2G GSM PHASE2+以及 GPRS 标准相比,3G 的 R99 中主要改动有下面几个方面。

(1) 无线接口

2G 和 2.5G 的 GSM 和 GSM/GPRS 采用的是时分多址(TDMA)方式,而 3G 的 WCDMA

则采用码分多址(CDMA)方式。可见,在空中接口的主要多址接入方式上是完全不同的,完全不兼容。

3G 在 2.5G 的 GPRS 基础上,分别支持电路交换(CS)和分组交换(PS)两类业务。3G 的传送数据能力有很大的增强,即从原来 2G 的最低 9.6kbps 提高至 3G 的最高 2Mbps。

在 3G 中,实现了包含图像业务在内的多媒体业务传送。然而,在 2G 中只能传送话音与低速的电路交换数据业务,2.5G 虽有所改善,但改善有限。

(2) 话音业务,由于引入了自适应多速率话音编码(AMR),进一步提高了话音质量和系统的容量。

(3) 数据业务,特别是分组数据业务,使移动 Internet 的实现得到了实质性的进展。从分组传递、信息安全,到协议和网络平台的改善,做了一系列较全面的改进。

(4) 无线接入网系统,在 3G 中基于 2G 原有结构与接口,引入了基于 ATM 的 $I_u$、$I_{ub}$ 和 $I_{ur}$ 接口。对应于 2.5G 的 GSM/GPRS 网络中的 A 接口和 $G_b$ 接口,引入了分别针对电路交换的 $I_{uCS}$ 和针对分组交换的 $I_{uPS}$,针对广播域的 $I_{uBS}$。对应于 2G 的 GSM 中不开放的 $A_{bis}$ 接口,将它改变成开放型的 $I_{ub}$ 接口,以便与不同厂家产品间的连接。为便于 3G 中软切换的实现,在不同的 RNC 之间增设了 $I_{ur}$ 接口。

(5) 核心网系统,将核心网粗分为两个域,即电路交换域和分组交换域。电路交换域供电路交换型业务使用,主要是话音业务以及部分电路交换型数据业务,并负责电路交换业务的呼叫、控制和移动管理;分组交换域供分组交换型业务使用,主要是分组数据业务以及 IP 电话等分组交换型数据业务,即分组数据业务的接入、控制和移动性管理;核心网还可以将与广播性业务集中起来统一控制与管理。

3G 的 R99 是从 2.5G 的 GSM/GPRS 升级的,两者的基本结构与实体相同。正如图 16.22 所示,两者间的主要差异仅在于功能上的加强与软件版本的升级。比如,在 CS 域,R99 增加了定位技术、号码可携带以及一些智能型业务等。在 PS 域,也对一些具体接口协议、工作流程和业务能力作了部分改动与加强。图中为了区别 2.5G 与 3G 的 R99 中各主要功能块,后面都附加了一个"E"以表示它是原 2.5G GSM/GPRS 各相应功能块的增强型。

通过引入 BICC,实现了同时在多个逻辑信道上传送一个用户的各种业务数据,使网络下层的承载与上层的业务数据相对独立。

**2. 3GPP 的全 IP 核心网络**

3GPP 标准从 R4 版本开始,提出全 IP 化的网络发展目标,并在 R5 版本中引入了 IP 多媒体子系统(IMS)。目前 3GPP 网络包括 PLMN 与 IMS 核心网两部分。PLMN 的基本配置如图 16.23 所示,由 4 个子系统构成:MS、BSS、RNS 与 CN。为了满足兼容性,PLMN 同时支持电路交换和分组交换。

MS、BSS 与 RNS 系统的结构前面已经介绍,不再赘述。CN(核心网)分为电路域(CS)和分组域(PS)。电路域的主要功能实体包括 CS-MGW、MSC-Server 与 GMSC-Server、VLR 等,这些实体的功能简述如下。

● MSC-Server

R4 版本提出了 CS 域承载与控制分离的思想,MSC-Server 主要完成 MSC 的呼叫控制(CC)与移动控制功能。MSC-Server 还含有 VLR,存储移动用户的业务信息和智能网数据。它负责与 IMS 进行互操作,汇集 A/$I_u$/E 接口的 CS 接入信令,然后转换为适用于 IMS 的 SIP 信令,反之亦然。

● CS-MGW

电路域媒体网关(CS-MGW)主要承载 MSC 的业务数据,是电路网络中承载信道与分组网络中媒体流的终止节点。它与 MGCF、MSC-Server 和 GMSC-Server 交互,完成网络资源控制,可以采用回波抵消等技术处理业务源数据,可以利用多媒体编解码器(Codec)完成业务数据格式转换。

● GMSC-Server

GMSC-Server 完成 GMSC 的呼叫控制(CC)与移动控制功能,是 PSTN 与 PLMN 的网关,其功能与 MSC-Server 类似,不再赘述。

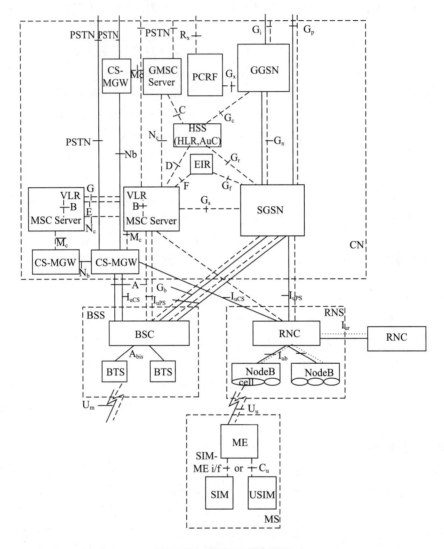

图 16.23  PLMN 基本配置

PLMN 的分组域包括 SGSN、GGSN、PCRF、HSS 与 EIR 等功能实体,其功能简述如下。

● PCRF(Policy and Charging Rules Function)

PCRF 是业务数据流和 IP 承载资源的策略和计费控制判决单元。通过 $G_x$ 接口与 GGSN 相连。

● HSS(Home Subscriber Server)

HSS 是用户信息的主数据库,含有与用户注册相关的各种信息,便于网络单元进行呼叫和会话处理。HSS 包含的用户数据列举如下:

（1）用户标记（如 IMSI）、用户号码和地址信息等。

（2）用户安全信息，包括用于鉴权和认证的网络接入控制信息，也生成用于双向认证、通信完整性检验和加密的信息。

（3）系统间用户位置信息，HSS 含有用户注册信息，存储不同网络间的用户位置信息。

（4）用户简档信息。

IMS（IP Multimedia Subsystem，IP 多媒体子系统）在 3GPP R5 版本中首次定义，是基于 IP 和 SIP 技术，融合语音、数据、移动、Internet 的体系，IMS 的目标是融合 Internet 和移动通信网络。IMS 采用 SIP（Session Initiation Protocol，会话初始化协议）作为最基本的会话信令控制协议，使得 IMS 具有接入无关性、开放性和统一控制等特点。IMS 采用了承载与控制分离的设计思想，承载业务运行在承载层（包括 GERAN、UTRAN 等移动网络，也包括 ADSL 等固定接入网），而控制业务运行在 IMS 的信令层（CSCF 等）。这样可以最小化各层之间的依赖性，方便新的接入网接入，保证接入无关性，一种应用可以通过多种接入技术在 UE 上运行。IMS 核心网的基本结构如图 16.24 所示。

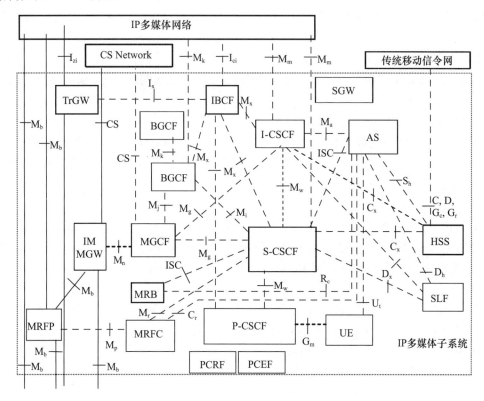

图 16.24　IMS 系统结构

IMS 实体分为 5 种主要类型：会话管理类（P/S/I-CSCF）、网间操作类（MGCF、BGCF、IM-MGW、SGW、IBCF、TrGW）、数据库类（HSS、SLF）、服务类（AS、MRFC、MRFP、MRB）、策略支撑与计费类（PCRF、PCEF 等）。下面简要介绍各个实体的功能。

● CSCF（Call Session Control Function）

CSCF 是 IMS 呼叫或会话管理的核心实体，包括代理（P-）、服务（S-）、协商（I-）与应急（E-）4 类实体。其中 P-CSCF 是 UE 与 IMS 通信的接入点，接口为 $G_m$。S-CSCF 处理网络会话状态。I-CSCF 是处理用户网间切换与漫游的接入点。E-CSCF 专用于紧急会话的网络处理。

● MGCF（Media Gateway Control Function）

MGCF 控制与 IM-MGW 关联的媒体业务的呼叫状态,接口为 $M_n$,它与 CSCF、BGCF 和电路交换网络通信,接口分别为 $M_j$、$M_g$ 与 CS。MGCF 完成 ISUP/TCAP(SS7 信令)与 IMS 呼叫控制信令(SIP 协议)的相互转换。

● IM-MGW(IMS-Media Gateway Function)

IM-MGW 也是媒体网关,但应用于 IMS 域。IM-MGW 处理电路交换网络的业务承载信道,也处理分组网络的业务媒体流(如 IP 网络中的 RTP 流)。IM-MGW 支持媒体格式转换、承载控制和有效载荷管理等,它与 MGCF 交互完成资源控制。

● BGCF(Breakout Gateway Control Function)

BGCF 通过接收信令、网管信息或数据库访问,确定 SIP 消息的下一跳路由。对于 PSTN/CS 域,BGCF 确定合适的接入网络,并选择对应的 MGCF。

● IBCF(Interconnection Border Control Function)

为了实现不同运营商的网络互连,IBCF 在 SIP/SDP 协议层实现了特定应用功能。它能实现 IPv6 与 IPv4 SIP 应用的相互通信,完成网络拓扑隐藏、实现控制传输平面功能、选择合适的信令连接方式,生成计费数据信息。它通过 $M_x$ 接口与 CSCF、BGCF 通信,通过 $I_{ci}$ 接口与外部 IMS 网络互连。

● TrGW(Transition Gateway)

TrGW 与 IBCF 配对出现,通过 $I_x$ 接口由 IBCF 控制,完成网络地址/端口转换,IPv4/IPv6 协议转换等功能。

● SGW(Signaling Gateway Function)

SGW 完成 3GPP 不同版本的传输层信令相互转换,即 Sigtran SCTP/IP 与 SS7 MTP 之间的协议转换。SGW 不处理应用层协议(如 MAP、CAP、BICC、ISUP 等),只处理 SCCP/SCTP 以下的协议,保证信令正确路由。

● SLF(Subscription Locator Function)

SLF 是位置信息数据库,在注册与会话建立阶段,I-CSCF 通过 $C_x$ 接口查询 SLF,获得含有用户信息的 HSS 名称。在注册阶段,S-CSCF 也通过 $D_x$ 接口查询 SLF。应用服务器 AS 也通过 $D_h$ 接口查询 HSS。3GPP AAA 服务器也可以通过 $D_w$ 接口查询 SLF。

● AS(Application Server)

应用服务器分为 SIP 应用服务器、OSA 应用服务器或智能网(CAMEL IM-SSF)应用服务,提供各种 IMS 增值业务,位于用户归属网络,或第三方系统。

● MRFC(Multimedia Resource Function Controller)

MRFC 控制 MRFP 的媒体资源,通过 $M_p$、$M_r$ 与 $C_r$ 接口分别与 MRFP、S-CSCF 和 AS 相连,解释来自 AS 和 S-CSCF 的消息,从而控制 MRFP,并且生成计费用户数据。

● MRFP(Multimedia Resource Function Processor)

MRFP 控制 $M_b$ 参考点的承载业务,主要完成聚合来自多个源的业务数据,产生与处理媒体数据等功能。

● MRB(Media Resource Broker)

MRB 支持不同 MRF 资源的共享,为用户呼叫分配或释放特定的 MRF 资源。

● PCRF(Policy and Charging Rules Function)

PCRF 是业务数据流和 IP 承载资源的策略与计费控制判决点,为 PCEF 提供应用策略和计费控制。

● PCEF(Policy and Charging Enforcement Function)

PCEF 位于接入网关中(如 GGSN、PDN-GW),根据 PCRF 提供的应用策略和计费规则执行相应操作。

目前,3GPP 标准化组织已建立了完善的全 IP 网络,它们能够建立一个快速的、增强服务的灵活环境,能够承载实时业务(包括多媒体业务),具有规范性和可裁减性、接入方式独立性。通过无缝隙连接服务、公共服务扩展、专用网和公用网的共用、固定和移动汇集能力,将服务、控制和传输分开,将操作和维护集成,在不降低质量的前提下,减少 IP 技术成本,具有开放的接口,支持多厂家产品。IMS 已经超出了移动网络范畴,成为电信业界关注的焦点,成为固定网与移动网融合(FMC)、下一代网络(NGN)的核心技术。

# 16.3 从 IS-95 到 CDMA2000

以 IS-95 为代表的 CDMA ONE、CDMA2000-1X 等均为以美国高通公司为核心研制和开发的另一个国际性的移动通信体制标准,它们在体制与网络结构方面是一脉相承的,具有兼容性和很多相似性。将它们放在一起介绍可以更清楚地看到移动通信网的演进与发展过程。本节将重点介绍从 IS-95 至 CDMA2000-1X 的网络结构接口协议及整个网络的演进过程。

## 16.3.1 系统网络结构

### 1. IS-95 系统的网络结构

IS-95 系统的网络结构和网元之间的接口如图 16.25 所示。

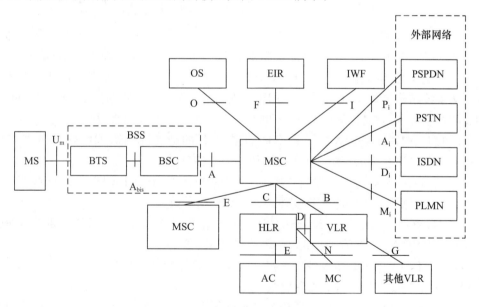

图 16.25 IS-95 网络结构与网元间接口

由图可见,其主要接口包括:MS 与 BTS 间的 $U_m$ 空中接口,由 IS-95 标准规定;BTS 与 BSC 间的 $A_{bis}$ 接口,没有规定;BSC 与 MSC 间的 A 接口,由 IS-634 标准规定;MSC 与 VLR 间的 B 接口,没有规定;MSC 与 HLR 间的 C 接口,由 IS-41 标准规定;HLR 与 VLR 间的 D 接口,由 IS-41 标准规定;MSC 与 IWF 间的 I 接口,由 IS-658 标准规定。其他网络单元间的 E、F、G、N 等均由 IS-41 标准规定。

IS-95 与 GSM 类似,其主要接口可分为 5 类,即 MS 与 BTS 之间的空中接口 $U_m$、BTS 与

BSC 间的 $A_{bis}$ 接口、BSC 与 MSC 间的 A 接口,以及 MSC 与核心网其他实体间遵从 IS-41 标准的系列接口,MSC 与本地固定网间的 7 号信令接口。由于 $U_m$ 接口前面已介绍,$A_{bis}$ 接口标准化工作尚未完成暂不介绍,下面将重点介绍 A 接口与 IS-41 系列标准。

(1) A 接口(含 CDMA2000)

A 接口部分的网络参考图如图 16.26 所示。A 接口包含 4 个主要组成部分:$A_1 / A_2 / A_5$、$A_3 / A_7$、$A_8 / A_9$ 和 $A_{10} / A_{11}$,分别简介如下。

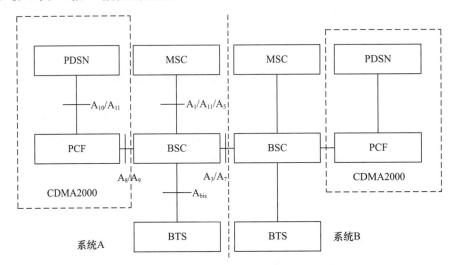

图 16.26 IS-95 网络系统中的 A 接口网络参考图

$A_1 / A_2 / A_5$ 接口:是 BSC 与 MSC 间的接口。其中,$A_1$ 是控制信令部分,它使用 7 号信令中的消息传递部分(MTP)和信令的连接控制部分(SCCP)作为承载;$A_2$ 是话音部分,采用 64K PCM 电路;$A_5$ 为电路型数据,它在 64K PCM 电路的基础上定义了一个简单的协议用来传输数据。同时从系统结构上看,CDMA2000 与 IS-95 是完全一样的,不同的仅是 CDMA2000 系统增加了相关的控制指令,它是保证向 CDMA2000 平滑过渡的重要技术手段与条件。

$A_3 / A_7$ 接口:是两个基础控制器 BSC 间的接口,目的是支持 BSC 间的软切换功能。其中,$A_3$ 接口负责传递业务信息,$A_7$ 接口负责传递控制信令信息。

$A_8 / A_9$ 接口:是 BSC 与分组控制功能 PCF 间的接口,主要用于 CDMA2000 系统。大多数厂商都将 BSC 与 PCF 放在一个物理实体中,所以就不再详述。

$A_{10} / A_{11}$ 接口:是 PCF 和 PDSN 间的接口,主要用于 CDMA2000 系统无线部分和分组部分之间的连接。其中,$A_{10}$ 负责传递业务,$A_{11}$ 负责传递信令。

A 接口是 CDMA 中最有争议的一个接口标准,是摩托罗拉公司在 GSM A 接口基础上增加了 CDMA 内容后提交 TIA 的,TIA 称它为 IS-634 O 版本,主要用于电路交换。后来,TIA 发布了 IS-634A,包含基于电路交换的 A 结构和基于分组交换的 B 结构。后来发现这两个结构内容互相排斥,不具备可操作性。

为了确保标准的可操作性,CDMA 的发展组织 CDG 在 IS-634 基础上发布了具有互操作性规范的 IOS 标准。其中 IOS2 针对 IS-95A,IOS3 针对 IS-95B,而 IOS4 支持 CDMA2000-1X,IOS5 支持 CDMA2000-1X-EV-DO。

(2) ANSI 41 系列标准

ANSI 41 系列版本首先于 1988 年发布。由于北美移动通信系统最主要的特色是强调平滑过渡、平滑演进,所以构成了一个不断发展的系列标准。

ANSI 41 标准又称为 IS-41 标准，主要用于核心网中提供服务，如自动漫游、鉴权、系统内切换、短消息等。所有无线核心网部件（如 MSC、HLR、VLR、EIR 和 AUC 等）进行通信时都要采用这类消息协议，它类似于 GSM 的开放体系结构，允许在两个不同的北美系统之间实现漫游。其协议栈与 SS7 很相似，不再赘述。

1988 年发布的 IS-41 仅简单定义了通用越区切换过程，主要针对模拟式的 AMPS。1991 年 1 月，在修正版本 A 即 IS-41A 中定义漫游功能。1991 年 10 月发布 IS-41B，增加了对双模式 AMPS/TDMA 的 D-AMPS 的软切换操作。1997 年发布针对 CDMA 的 IS-41C，又增加了对 CDMA 的鉴权、越区切换和短消息服务等功能。后来在 IS-41C 的基础上进一步修改、完善，并增加了国际漫游功能，形成了 IS-41D。目前，最新的版本是在 ID-41D 的基础上考虑了 QoS、多媒体服务功能和智能网络业务后的 IS-41E 版本。

**2. CDMA2000 网络结构**

简化的 CDMA2000 的网络结构如图 16.27 所示。其中，PDE 为定位实体，MPC 为移动定位中心，SCP 为业务控制节点，SSP 为业务交换节点，AAA 为认证、授权和计费，HA 为本地代理，FA 为外地代理，PCF 为分组控制功能，IWF 为互通功能。CDMA2000 网络包含以下部分。

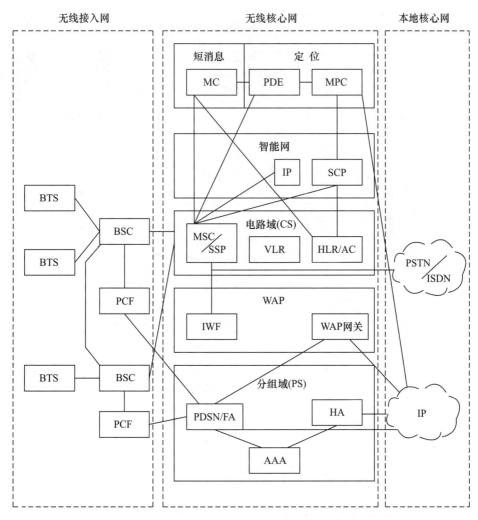

图 16.27　简化的 CDMA2000 网络结构

（1）无线接入网部分：主要包括基站发送/接收系统（BTS），基站控制器（BSC）和分组控制功能(PCF)。PCF 主要负责与分组数据业务有关的无线资源的控制,是 CDMA2000-1X 为分组数据业务而新增加的部分,它可视为分组域的一个组成部分。

(2)无线核心网部分:包含核心网的电路域,主要包括移动交换中心(MSC)、访问位置寄存器(VLR)、归属位置寄存器(HLR)以及鉴权中心(AC);还包含核心网的分组域,主要包括分组数据服务节点(PDSN)、外地代理(FA)、认证/授权/计算单元(AAA)服务器和本地归属代理(HA)。

(3)智能网部分:主要包括 MSC/SSP 业务交换节点、IP、业务控制节点 SCP 等。

(4)无线应用协议:主要包含互通功能 IWF 及 WAP 网关等。

(5)短消息 MC 和定位功能部分。

(6)本地核心网:包含电路域的 PSTN / ISDN 网和分组域的 IP 网。

### 3. IS-95 与 CDMA2000 协议结构

IS-95 和 CDMA2000 的协议分层结构如图 16.28 所示。其中,IP 为 Internet 协议,PPP 为点对点协议,TCP 为传输控制协议,UDP 为用户数据报协议,LAC 为链路接入控制,MAC 为媒体接入控制协议,RLP 为无线链路协议,OSI 为开放系统互连,▨ 表示 CDMA2000 特有的部分。

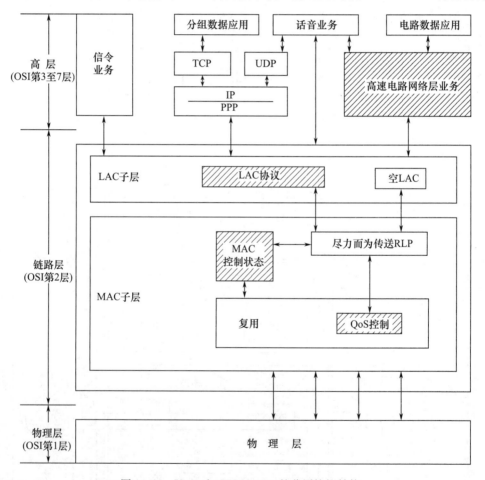

图 16.28　IS-95 和 CDMA2000 的分层协议结构

由图可见,IS-95 和 CDMA2000 系统的协议结构大致上是一样的,只不过 CDMA2000 更齐全、更完善。它们基本上是按照横向三层——物理层、链路层和高层,纵向两个平面——用户业务平面(分别含有电路域和分组域的话音与数据业务)和控制信令平面来组织协议的。其主要组成包含有以下方面。

（1）物理层：由一系列前向/反向物理信道组成，其功能主要是完成各类物理信道中的软件、硬件信息处理，如信源编/译码、信道编/译码、调制/解调、扩频/解扩等。

（2）链路层：根据高层对不同业务的需求提供不同等级的 QoS 特性，并为业务提供协议支持和控制机制，同时要完成物理层与高层之间的映射和变换。它又可分为两个子层。媒体接入控制子层（MAC），可以进一步划分成两个子层：复用与 QoS 保证子层，以及 RLP 子层；它们共同完成媒体接入控制功能。链路接入控制层（LAC）主要针对信完成信令打包、分割、重装、寻址、鉴权及重传控制等功能。

（3）高层：它包含 OSI 中的网络层、传输层、会话层、表示层和应用层。主要功能是对各类业务的呼叫、接续，无线资源管理，移动性管理以及相应的信令和协议进行处理，并完成 2G 与 3G 间的高层兼容处理。

### 16.3.2　CDMA2000 中的分组数据业务与移动 IP

在 GSM 中，为了开展分组数据业务建立了一套独立、完整的通用分组无线业务（GPRS）系统。然而，CDMA2000 系统的思路则不一样，它本着尽可能利用已有的技术与成果，大量利用 IP 技术，构造自己的分组数据网络。CDMA2000 分组数据业务的协议结构如图 16.29 所示。

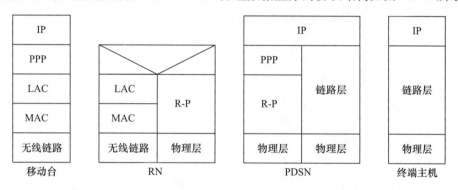

图 16.29　CDMA2000 分组数据业务的协议结构

由图可见，RN 为无线网络，它包含基站控制器（BSC）、基站发送/接收系统（BTS）和分组控制功能（PCF），PDSN 为分组数据服务节点，从 Internet 角度看它就是一个路由器，并根据移动网的特性进行了加强。终端主机是 Internet 上的一个服务器，它可以是 WWW 服务器或电子邮件服务器，向用户提供特定的数据业务。

MS 和 RN 间的接口即空中接口是由无线链路、媒体接入控制（MAC）、链路接入控制（LAC）、点到点协议（PPP）和 IP 层组成的。其中，无线链路完成无线信道的编码、调制等过程；由无线链路、MAC 和 LAC 共同构成了无线信道；无线信道的上面是 PPP，它是 IP 协议集中的一个重要组成部分，由 RFC 1661、RFC 1662 所定义。再向上是 IP 协议集合，它包含 IP、传输控制协议（TCP）/用户数据报协议（UDP）及万维网协议（WWW）等。

RN 和 PDSN 间的接口，即 R-P 接口，在 CDMA2000 系统中被视为 A 接口的一部分，即 $A_{10}$ 和 $A_{11}$ 接口。这部分实际上已经是地面本地固定网部分，由于承载的是 PPP 协议，因此可以使用 IP over ATM 或 IP over SDH 作为物理层和 R-P 接口传输层，在发展初期可采用更为简单的 100Mbps 以太网。这样，PDSN 基本上可以在现有路由器上改造实现。根据 IETF 的建议，PPP 通常用低速点对点链路，因此 PPP 协议终止于 PDSN，IP 层协议连接终端主机和 PDSN。这部分的物理层和链路层已超出移动网范围，属于固定网，不予讨论。

**1. CDMA2000-1X 分组数据业务**

在 CDMA2000 系统中,承载分组数据业务的基本信道速率为 9.6kbps,附加信道速率最大可达 153.6kbps。根据资源可用性进行动态分配,附加信道速率为 19.2kbps、38.4kbps、76.8 kbps、153.6kbps,前向/反向附加信道相互独立。支持空中链路睡眠状态以及睡眠模式下话音业务,支持简单 IP(Simple IP)与移动 IP(Mobile IP)两类模式,具有鉴权、计费等功能(利用 AAA 服务器)。

Simple IP 业务主要内容包括动态分配 IP 地址、本地移动,因为动态 IP 地址在 PDSN 覆盖范围内有效,利用标准的拨号上网协议 CHAP(Challenge Handshake Authentication)鉴权,可选择通过 LZTP 接入专网。

Mobile IP 业务主要内容包括静态(公共和专用)或动态 IP 地址分配、本地移动并可漫游至外地(跨越 MSC)、通过合作 HA(Home Agent)接入专网。MIP/AAA 鉴权需要通过 FA(Foreign Agent)和 HA 之间的反向安全信道进行。

**2. 移动 IP 基本原理简介**

在 IETF 的 RFC 2002 定义移动 IP 协议的文件中定义了三个功能实体:移动节点 MN、本地代理 HA、外地代理 FA。移动代理(含 HA 和 FA)通过代理广播消息向用户广播它们的存在,移动节点 MN 收到广播后就能确定它目前是处于本地网还是在外地网。

当 MN 确定它现在还处于本地网时,若以前亦在本地网,则只需按照正常的节点工作。若以前不在本地网,目前是从外地网返回至本地网,则 MN 应首先到本地代理 HA 进行注册,再进行正常通信。

当 MN 确定目前位置已移至外地网,它就在本地网中获得一个转交地址(Care of Address),这个转交地址既可以从外地代理的广播消息中获得,也可以由某个外地分配机制中获得。

在外地网中的 MN 采用外地转交地址向 HA 注册,其注册过程也可能要经过 FA;凡传送给 MN 的分组数据均首先被 HA 截获,然后通过专用隧道送至 MN 的转交地址并达到隧道的终点,它可能是 FA 也可能是 MN 本身,最后送至 MN;对于由 MN 发出的分组数据,可根据标准 IP 路由送至目的地,而不需要经过 HA。

由上述分析的路由看,实际上送往移动主机的 IP 分组效率很低,因此 IETF 提出了业务路由的优化方法,即通过一些必要的信令交换使移动主机与目标用户主机之间建立直接路由。移动 IP 路由优化示意图,即由目标用户主机发送至移动主机的第一个分组路由,如图 16.30 所示。

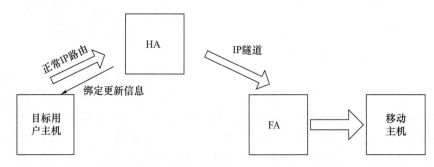

图 16.30　由目标用户主机发送至移动主机的第一个分组路由

由目标用户主机发送至移动用户主机的后续分组信号的路由如图 16.31 所示。其中,绑定更新消息是在 HA 收到发送给移动主机的分组后,除了通过 IP 隧道将分组发至转交地址或 FA,同时又发送一条绑定更新消息给这些目标用户的分组主机,更新消息中含有移动主机的转交地址。一旦这些目标用户的分组主机收到这条绑定消息,即可在目标用户的分组主机至移动主机之间建立一条直接通往转交地址的 IP 隧道。

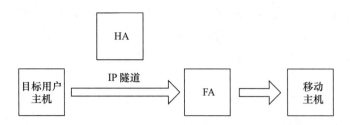

图 16.31　由目标用户主机发送至移动主机的后续分组路由

**3. CDMA2000-1X 中的移动 IP**

按照在 CDMA2000-1X 所采用协议的不同,其分组网的网络结构可以分为简单 IP 和移动 IP 两类。简单 IP 通常通过常用 Modem 拨号上网,其特点是 IP 地址由漫游地的接入服务器分配,所以只能在当前接入服务器服务范围内使用,一旦用户漫游至另一个接入服务器,必须重新发起呼叫,获得新的 IP 地址。移动 IP 的 IP 地址由归属地负责分配,因此,无论漫游至哪一个接入服务器,都能保证使用连续性,如果归属地采用固定 IP 地址,它还可以实现网络发起的业务。

CDMA2000-1X 的分组网络结构示意图如图 16.32 所示。图中,在无线接入网的基站系统(BSS)一侧增加一个分组控制功能(PCF)物理实体以支持 BSS 中的分组业务,即完成对分组数据业务的转换、管理和控制。在网络一侧增设分组数据业务节点(PDSN),为 CDMA2000-1X 的移动台(MS)提供 Internet 功能和 WAP 协议,并提供简单 IP 接入、移动 IP 接入、外部代理等功能,同时它也作为 AAA 服务器的客户端。

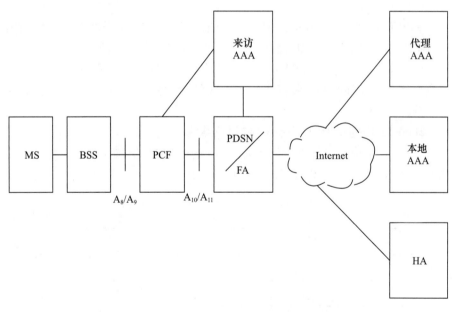

图 16.32　CDMA2000-1X 分组网结构示意图

外地代理 FA 位于移动台外地来访问网络的一个路由器,为在该 FA 登记的移动台提供路由功能。FA 一般是通过 PDSN 来实现的,在功能上类似于 2G 的移动交换中心(MSC)。

本地代理(HA)是移动台在本地归属网上的路由器,负责维护移动台的当前位置信息,完成移动 IP 的登记功能,只有使用移动 IP 时才需要 HA,它功能上类似于 2G 中本地归属位置寄存器(HLR)的部分功能。

AAA 服务器,即鉴权、认证与计费服务器,主要作用是对用户进行鉴权以判断用户的合法性,保存用户业务配置信息,完成对分组数据的计费功能。根据在网络中的位置不同,进一步划分为本地归属 AAA(Home AAA)服务器、外地来访 AAA(Visited AAA)服务器和代理网络 AAA 服务器。它们分别类似于 2G 中的 HLR、VLR 和 AUC 中的部分功能。

移动台(MS)接入 CDMA2000-1X 中移动 IP 业务的基本步骤如下:

在 MS 与 PDSN 之间通过 $A_8$/ $A_9$ 和 $A_{10}$/ $A_{11}$ 接口建立一条点对点 PPP 链路,其中 $A_8$/ $A_9$ 与 $A_{10}$/ $A_{11}$ 接口已在前面介绍。PDSN / FA 通过 PPP 链路和 BSS 进行代理广播。MS 收到广播之后可确定它在网中所处的位置,如果它现在与以前均位于归属的本地网,则按正常节点进行工作。如果 MS 是从外地返回本地网的,则首先需要到 HA 注册,而 PDSN / FA 与 HA 之间通信采用 IP 基础上的 AAA 协议。若 MS 确定它已移动至外地网,则可从外地网中获得一个转交地址,它也可以由从外地分配机制中获得。在外地的 MS 用外地转交地址向 HA 注册。凡送至 MS 的分组数据应该均首先被 HA 截获,然后通过专用隧道送至 MS 转交地址,在隧道的终点得到分组数据,并将它最终送至移动台(MS)。对于 MS 发出的分组数据,则可根据标准 IP 路由直接送至目的地,而无须经过 HA。

一个 PDSN 可以通过多个 PCF 与多个相应无线接入网的 BSS 连接,当 MS 在同一个 PDSN/FA 内切换或漫游时,PDSN 将 MS 切换至所需的 PCF;而当 MS 在 PDSN 之间切换时,应首先切换物理信道,再由新的物理信道建立与新 PDSN 间的连接。

实际上,在 CDMA2000-1X 的初期实验网中,首先实现的不是移动 IP 而是简单 IP。简单 IP 并不需要 HA,而仅需要 PDSN/FA。在最简单情况下,MS 仅在同一个 PDSN/FA 区域内,它可以通过同一个 PCF 也可以通过多个 PCF 来实现,多个 PCF 也可以通过切换来实现,并建立 IP 链路。

一旦 MS 移出原来 PDSN/FA 的范围,则需要通过 PPP 向新的 PDSN/FA 申请新的转交地址,再建立新的 IP 链路,而原有的 IP 链路则经过一段时间后自动断开失效。

CDMA2000-1X 分组网与 WCDMA 分组网的主要区别在于,CDMA2000-1X 中,呼叫流程控制和无线资源管理等功能是在无线接入网中完成的,而在 WCDMA 中,上述功能则集中在无线核心网中完成。

**4. CDMA2000-1X 中简单 IP 与移动 IP 的协议结构**

简单 IP 中的协议结构这里就不再赘述。移动 IP 中的协议结构可以进一步分为控制协议与数据协议两类,它们分别表示于图 16.33 和图 16.34 中。

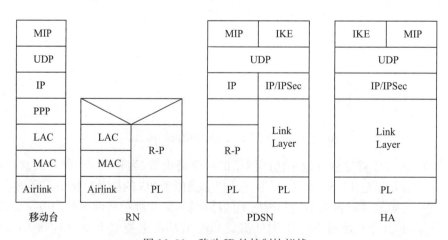

图 16.33　移动 IP 的控制协议栈

0

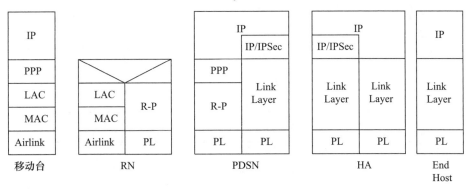

图 16.34　移动 IP 的数据协议栈

## 16.3.3　CDMA2000-1X EV-DO 的网络协议

CDMA2000-1X EV-DO 又称为高速率分组数据 HDR,这一节简要介绍其网络层。CD-MA2000-1X EV-DO(HDR)网络协议分层结构如图 16.35 所示。

| CDMA2000-1X　EV-DO　应用层 |
|---|
| 业务流层 |
| 会话层 |
| 连接层 |
| 安全层 |
| 媒体接入控制MAC层 |
| 物理层 |

图 16.35　CDMA2000-1X EV-DO 网协议分层结构

应注意的是,CDMA2000-1X EV-DO 中的应用层和 OSI 中的应用层是不同的。这里 EV-DO 中的 7 层是 OSI 协议栈的物理层和数据链路层的扩展。它从低到高共 7 层,各层又包含一个或多个协议,分别完成不同的功能,它们可以单独与对应端相应层次的协议进行协商。

CDMA2000-1X EV-DO 系统协议栈结构如图 16.36 所示。

图 16.36 给出了 EV-DO 系统各物理实体间的典型协议结构。其中,用户设备与 BTS 之间的空中接口协议最为复杂,下面简要介绍其中各层的作用。

(1) 物理层,它定义了前向/反向链路的信道,以及这些信道的结构、编码、调制、功率输出特性、频率等。

(2) 媒体接入控制(MAC)层控制物理层的收/发数据,对网络的接入以及优化空中接口链路的效率。它包含 4 个协议:控制信道 MAC 协议,主要负责空中接口上控制信道的数据的收/发;前向业务信道 MAC 协议,控制、管理前向业务信道上用户数据的发送以及相应 ARQ 功能;接入信道 MAC 协议,控制移动台如何在接入信道上发送信息以及功率与定时关系和业务建立连接等;反向业务信道 MAC 协议,控制、选择和管理反向业务信道及其数据速率。

(3) 安全层,它主要保障空中接口信息安全保障。这一层包含下列 4 个安全协议:安全协议,提供鉴权与加密协议所需的公共变量,如 Cryptosync、时间戳等;密钥交换协议,提供网络和移动台间密钥交换规程,以支持鉴权和加密;鉴权协议,提供对业务进行鉴权的规程;加密协议,提供对业务在空中接口的加密规程。

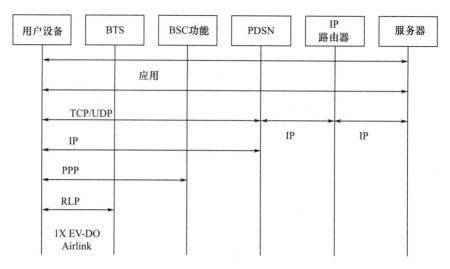

图 16.36 CDMA2000-1X EV-DO 系统协议栈结构

(4)连接层,提高分组数据传送效率,预留资源并对业务优先级分类管理。它包含下列 4 项协议:

① 空中链路管理协议,它提供空中链接过程总状态管理机制,又可根据移动台的状态触发三个状态协议;初始化状态协议,包含网络选择、导频捕获和系统同步,空闲状态协议,它负责已捕获但尚未进行数据收/发时,监视终端位置、提供启动连接规程、支持终端节电模式、支持挂起模式等,连接状态协议,它负责激活连接后,对无线链路管理以及链路关闭的规程。

② 路由更新协议,它主要配合完成软切换和更软切换的功能,在移动台中不断向网络端提供当前使用基站状况以及潜在基站情况,供网络决策并保证业务 QoS 要求。

③ 分组合并协议,为用户提供 QoS 保障和分级处理,它既可以对一个用户的多个业务按优先级处理,也可以对多个用户的多个业务按优先级处理。

④ 开销消息协议,主要负责在控制信道上广播与这些协议有关的必要参数,同时规定了监听这些消息的规则。

(5)会话层,为更低层提供支持并管理支持低层工作的配置信息。它包含:会话管理协议,控制激活或停止本层的另外两个会话协议并确保会话是有效的,同时还管理会话的关闭以确保对资源的利用效率;地址管理协议,负责初始地址分配以及维护终端地址的规程;会话配置协议,负责对会话中所用到的协议进行协商和参数配置。

(6)业务流层,主要负责给所有空中链路上传送的信息加上一定标记(如报头),读取标记,提供优先级机制及业务流的复用,以保证不同的 QoS 要求。

(7)应用层,主要是保证空中链路传输的高可靠性的性能实现,即让协议栈有好的健壮性(Rubustness)。它可以分为两个子层:

① 缺省信令应用,为信令消息提供"尽力而为"(Best of Effort)的可靠传送。又可以分为两个子子层:信令网络协议(SNP),为信令消息提供消息传送服务,并由其他协议来完成特定的功能;信令链路协议(SLP),负责运送 SNP 消息并为信令消息提供拆、分机制以及尽力而为的可靠传输。

② 缺省分组应用,除向高层提供可靠、高效、低分组错误率的用户数据发送,还完成移动性

管理。它包含下列三个协议：无线链路协议（RLP）、位置更新协议和流量控制协议。

# 16.4 B3G 与 4G 移动网络

随着移动数据业务的快速发展，传统蜂窝网络结构迫切需要简化与提高。本节主要介绍 LTE 与 WiMAX 网络结构的特点，并对网络互操作（Interworking）技术进行介绍。

## 16.4.1 E-UTRAN 接入网

从 3GPP R8 版本开始，已经明确了分组数据网络是未来网络的唯一形态，称为演进分组系统（EPS）。在 EPS 总目标下，R8 提出了业务架构演进（SAE）和长期演进（LTE）两大技术框架，面向 4G 移动通信，分别对网络和无线接入进行标准化工作。目前 R8 已经规范了新的核心网——EPC（Evolved Packet Core，演进分组核心网）和新的无线接入网——E-UTRAN。

SAE/LTE 网络架构的首要设计理念是网络扁平化，图 16.37 给出了 2G/3G 网络与 SAE/LTE 网络的结构比较。如图所示，2G/3G 网络划分为 4 层，而 SAE/LTE 网络只有两层，MME 只在控制平面出现。无线接入网中的 BSC/RNC 被取消，只保留了 eNodeB，从而简化了接入网结构。核心网取消了 PDSN/SGSN 与 HA/GGSN 的等级，改变为 Serving/PDN 网关，因而简化了核心网结构。从整体上，网络扁平化优化了系统结构，降低了网络运营的成本，提高了系统性能。

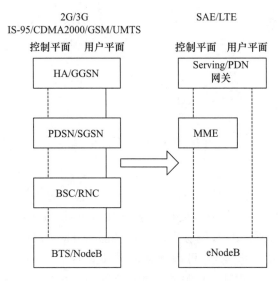

图 16.37 移动网络结构的扁平化趋势

### 1. 网络结构与功能实体

图 16.38 给出了 SAE/LTE 的网络结构，其中 E-UTRAN 包括 eNodeB、HeNB(GW)、Relay 及 UE 等功能实体，下面简要介绍各实体的功能。

（1）eNodeB

eNodeB 是 E-UTRAN 网络的核心节点，eNodeB 之间通过 X2 接口互连，便于切换和 RRM 处理，通过 S1 接口与 EPC 相连，其主要功能总结如下。

● 无线资源管理：包括无线承载控制、无线接纳控制、连接移动性管理、动态资源分配（调度）。
● IP 包头压缩和用户数据流加密。由于取消了 RNC 节点，因此压缩与加密功能下放到

eNodeB 中执行,减小了用户平面时延。

● 路由功能:当无法根据 UE 提供信息确定 MME 时,为 UE 选择所附着 MME;将用户平面的业务数据路由到服务网关(Serving-GW)。

● 调度与发送控制信息:调度与发送寻呼消息(来自 MME)、广播消息(来自 MME 或 O&M)、ETWS(Earthquake and Tsunami Warning System,地震及海啸预警系统)消息(来自 MME)。

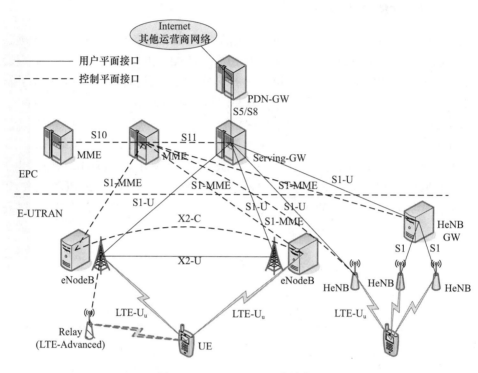

图 16.38　SAE/LTE 网络结构

(2) HeNB(GW)

家用基站(HeNB)及其网关(HeNB GW)是 LTE 新引入的补充节点,它们可以增强室内覆盖,提高网络和业务的灵活性。如果直接与 EPC 连接,HeNB 与 eNodeB 的功能相同,当与网关相连时,HeNB 需要具有额外功能,能够发现合适的服务 HeNB 网关,每次只能够连接一个网关。HeNB 的部署不需要网络规划,可以根据所处位置自动选择与不同的网关相连。HeNB GW 中继 MME 服务的 UE 和 HeNB 服务的 UE 之间与 UE 相关的 S1 应用数据,并且终止与 UE 无关的 S1 应用数据。

(3) Relay

Relay(中继)节点是 LTE-Advanced 网络中计划引入的新节点,其处理功能与 eNodeB 类似。目前定义了两类 Relay 节点:Type1 和 Type2。两者的主要区别在于 Type1 中继有独立的物理 Cell ID,UE 将 Type1 中继看作独立的小区。而 Type2 中继对用户是透明的。引入 Relay 可以有效降低网络建设成本,增加布网的灵活性,扩大网络覆盖,通过采用资源复用、协作通信和分布式天线等方式,提高网络容量。

**2. 协议栈**

LTE-U$_u$ 接口的协议栈如图 16.39 所示,主要包括链路层与物理层,其详细处理流程如

图 16.40 所示。LTE 链路层协议设计的首要难题是可靠低延迟传输多业务 IP 数据流。因此其三个子层互相影响,需要优化设计。其中,PDCP(分组数据汇聚)子层负责 IP 包头压缩与加密。并且支持 eNodeB 之间切换的无损数据传输,为高层协议提供了数据完整性保护。

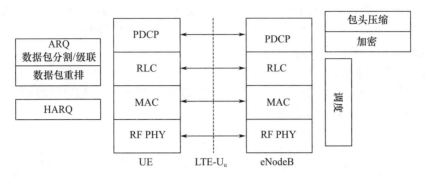

图 16.39 LTE-U$_u$ 接口的协议栈

RLC(无线链路控制)子层完成 ARQ 功能,支持数据包的分割与级联,从而有效减小协议开销。如图 16.40 所示,多个 PDCP PDU 可以通过分割方式灵活映射到 RLC SDU 中,从而减小系统开销,反向的级联操作也是同样目的。

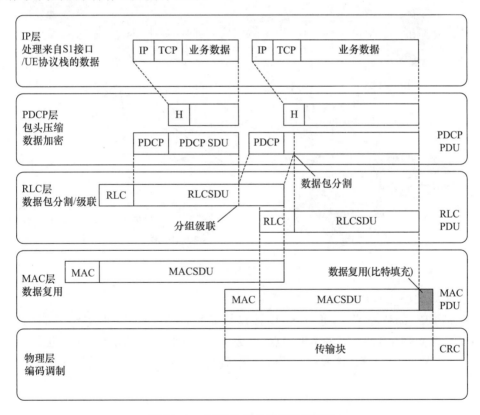

图 16.40 LTE 协议栈数据处理流程

MAC(媒体接入控制)子层完成 HARQ 功能,并且实现媒体接入功能,包括调度和随机接入控制。MAC 层的 HARQ 与 RLC 的 ARQ 功能组合,为上层提供了高可靠性、低时延的 IP 传输通道。PHY、MAC 与 RLC 层共同作用,通过调度,优化了无线资源分配,提高了 LTE 系统性能。

### 16.4.2 EPC 核心网络

EPC 是基于 IP 协议的多接入核心网络,允许运营商通过公共的分组核心网,支持 3 类网络接入,包括 3GPP 无线接入网(如 LTE、UTRAN 和 GERAN),非 3GPP 无线接入网(如 CD-MA2000、WLAN 和 WiMAX),固定接入网(如以太网、DSL 和光纤网等)。EPC 对跨网络的移动性管理、策略管理和网络安全进行了优化。

**1. 网络结构与功能实体**

EPS 的系统架构如图 16.41 所示。EPC 的核心功能实体包括 MME、HSS、Serving-GW、PDN-GW 和 ePDG 等,下面简要介绍其功能。

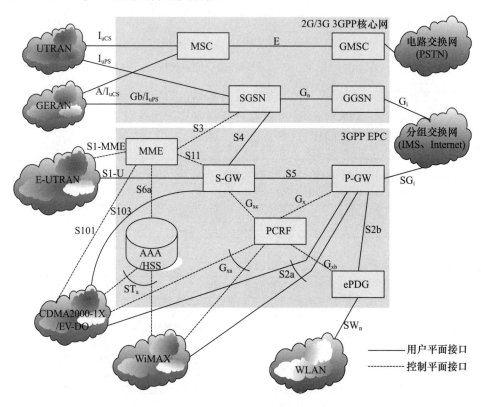

图 16.41　EPS 的系统架构

(1) 服务网关(S-GW)

S-GW 是 EPC 的核心节点,通过 S1-U 接口与 E-UTRAN 相连,通过 S4 接口与 SGSN 相连。S-GW 既是 eNodeB 间切换的本地锚点,也是 3GPP 网间切换的锚点,并且也是非 3GPP 接入的锚点。S-GW 绑定 3GPP 接入的上下行承载,具有分组路由和转发功能,可以作为移动接入网关(MAG),支持移动 IP。

(2) PDN-GW

PDN-GW 是 EPC 与其他分组网(IMS、Internet)的网关节点,通过 SG$_i$ 接口与外部 PDN 网络相连,通过 S5 接口与 S-GW 相连。PDN-GW 为 UE 分配 IP 地址,执行 UL/DL 业务级计费,完成 DHCPv4 和 DHCPv6 功能等。

(3) MME(Mobility Management Entity)

MME 是 EPS 系统控制平面的功能实体。主要完成 NAS 信令与安全、3GPP 接入网间移动性信令、PDN GW 和 S-GW 的选择、从 2G 到 3GPP 网络切换时的 SGSN 选择、空闲状态下的网络漫游与鉴权认证、承载管理以及信令业务的合法监听等功能。为了支持 3GPP2 网络接入，MME 需要支持 CDMA2000 EV-DO 接入点的选择和切换维持，在 E-UTRAN 和 CDMA2000 网络之间完成信令和状态信息的透明传输。MME 通过 S3、S101 和 S1-MME 接口分别与 2G/3G 核心网、CDMA2000 网络和 E-UTRAN 相连，通过 S11、S6a 分别与 S-GW、HSS 相连。

（4）ePDG(evolved Packet Data Gateway)

ePDG 主要用于不可信非 3GPP 网络的接入，通过 S2b 接口与 PDN-GW 相连，通过 SW$_n$ 接口与 WLAN 相连。ePDG 将远端 IP 地址作为 S2b 接入的 PDN 网络 IP 地址；在 UE 和 PDG-GW 之间路由数据包，为 IPSec 和 PMIP 隧道封装和剥离数据包；如果使用 S2b 接口，则作为移动接入网关；完成隧道鉴权和认证；根据通过 AAA 获得的信息执行 QoS 策略。

EPS 提供了统一的核心网架构，3GPP 接入网通过 S-GW 接入 EPC，非 3GPP 接入网通过 PDN-GW 和 ePDG 接入 EPC。ePDG 可以作为 VPN(虚拟专用网)网关，为安全性较低的无线接入，例如 WLAN 提供了额外的加密功能。不同接入网的数据链路都在 PDN-GW 汇聚，完成分组滤波、QoS 策略、网络监测、计费、IP 地址分配和与外部 PDN 进行业务路由的功能。EPC 网络根据 PCRF 给出的准则，执行 QoS 策略和计费。

**2. 协议栈**

EPS 系统用户平面和控制平面的协议栈分别如图 16.42 与图 16.43 所示。用户平面包括 UE、eNodeB、S-GW 和 PDN GW 共 4 个功能实体，通过 LTE-U$_u$、S1-U、S5/S8(S8 是 S5 的变种)和 SG$_i$ 接口，完成承载数据的传输。

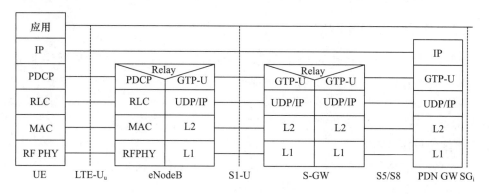

图 16.42　EPS 系统用户平面协议栈

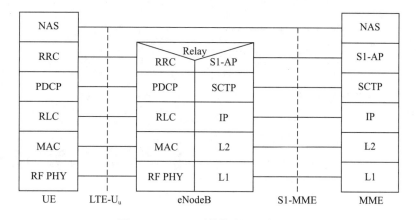

图 16.43　EPS 系统控制平面协议栈

控制平面包括 UE、eNodeB 和 MME 共 3 个功能实体,通过 LTE-U_u 和 S1-MME 两个接口,完成网络信令传输。其中 NAS(Non-Access Stratum,非接入层)协议处理 UE 和 CN/EPC 之间信息的传输,传输的内容可以是用户信息或控制信息(如业务的建立、释放或者移动性管理信息)。NAS 消息的传输要基于底层的 AS(Access Stratum,接入层)协议。

所谓接入层的流程和非接入层的流程,实际是从协议栈的角度看待的。在协议栈中,RRC 层及其以下协议层称为接入层,它们之上的协议层称为非接入层。简单地说,接入层处理,也就是指无线接入层的设备 eNodeB/NodeB/RNC 需要参与处理的流程。非接入层处理,指只有 UE 和 CN/EPC 参与处理的信令流程,无线接入网络不需要处理。

EPC 网络的主要目标是为多模终端在多个无线接入网间切换提供无缝和连续的无线数据业务。为了达到上述目标,EPC 重点关注跨网络的移动性管理、QoS 策略和计费管理以及安全性管理。为了实现 3GPP 和非 3GPP 网络之间的移动性,EPC 采用两种不同的管理方法:PMIPv6 和 DSMIPv6/IPv4。PMIPv6 用于实现不同接入网之间的无缝切换,在切换过程中,需要保证业务的 QoS。目前,PMIPv6 只支持 UE 从单个接入网接入 EPC,未来需要进一步研究 UE 同时从多个接入网接入 EPC 的移动性管理和来自不同空中接口的路由控制。

策略和计费控制(PCC)是 EPC 关注的另一个重要问题,PCRF 是 PCC 的策略引擎。PCRF 接收来自 R_x 参考点的会话信息,来自 G_x 和 G_{xa}/G_{xc} 参考点的用户特定策略,以及在 SPR 中存储的简档(Profile)数据,组合这些数据形成会话级策略判决,并提供给网关中的 PCEF 实体执行 QoS 策略和计费规则。PCC 架构为 IMS 和非 IMS 业务提供了合适的控制机制,能够支持多种形式的网络接入,为固网和移动网融合奠定了基础。

### 16.4.3 移动 WiMAX 网络

移动 WiMAX(802.16e)网络可以由不同的网络接入提供商(NAP)和网络业务提供商(NSP)构成。NAP 提供 WiMAX 无线接入的基础设施,NSP 依据事先与一个或多个 NAP 协商好的业务等级(SLA),为 WiMAX 用户提供 IP 连接和 WiMAX 业务。WiMAX 网络结构允许一个 NSP 与多个 NAP 互连,也允许多个 NSP 共享一个 NAP 的网络设施。

**1. 网络结构与功能实体**

WiMAX 的网络参考模型如图 16.44 所示,由 SS/MS、ASN(接入业务网)和 CSN(连接业务网)构成,它们之间的参考点为 R1~R8,其功能描述如下。

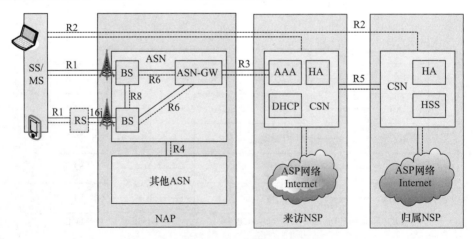

图 16.44    WiMAX 网络参考模型

（1）SS/MS（用户站）

用户站是广义的用户设备集，提供了一个或多个主机和 WiMAX 网络之间的无线连接，既包括移动终端，也包括固定无线接入终端。

（2）ASN（接入业务网）

ASN 包括了为 MS 提供无线接入的所有网络功能，包括基于 802.16 与 WiMAX 系统信息定义的链路层连接，向归属 NSP 发送鉴权/认证/计费（AAA）消息，首选 NSP 的发现和选择，建立网络层连接的中继功能（如，IP 地址分配），以及无线资源管理。ASN 支持基于 ASN/CSN 锚点的移动性管理，寻呼和位置管理以及 ASN-CSN 隧道。

（3）CSN（连接业务网）

CSN 包括了为 WiMAX 用户提供 IP 连接的网络功能。CSN 包括路由器、AAA 代理/服务器、本地代理（HA）、用户数据库以及互操作网关或多播广播的增强网络服务器等。CSN 的关键功能列举如下：IP 地址管理；AAA 代理或服务器；基于用户简档的 QoS 策略和接纳控制；支持 ASN-CSN 隧道；用户计费；网间漫游时支持 CSN 间隧道；以 CSN 为锚点的 ASN 间移动；接入 Internet，管理各种 WiMAX 业务，包括 IP 多媒体业务、定位业务、P2P 业务以及广播和多播业务等；空中下载（OTA）激活。

WiMAX 网络支持两层移动性管理。BS 间运动以 ASN 为锚点，不考虑 IP 子网/前缀或移动 IP 的外部代理（FA）变化。这种切换对于 CSN 完全透明，因为 ASN 管理 ASN 内或 ASN 间的数据传输路径变化，维持与 MS 的承载数据链路。而 IP 子网/前缀或移动 IP 的 FA 发生变化时，触发以 CSN 为锚点的切换。这种切换过程基于客户端或代理移动 IP（PMIP），可以应用 IPv4 或 IPv6 协议。

ASN 的功能单元可以集成为一体，也可以分解为两个独立的节点：BS 和 ASN-GW。ASN 包括一个或多个 BS，以及至少一个 ASN-GW。其功能描述如下。

● 基站（BS）。BS 完成各种无线处理功能，特别是上行和下行调度功能。

● 网关（ASN-GW）。ASN-GW 负责对与之连接的 BS 数据链路进行 QoS 管理、安全和移动性管理。ASN-GW 通过 R3 接口与 CSN 连接，通过 R4 接口与 ASN 连接。

**2. 协议栈**

WiMAX 网络的协议栈模型如图 16.45 所示，主要对 MAC/PHY 进行了标准化，上层承载 IP 协议，整个协议栈结构比较简单。

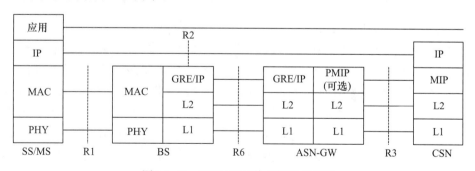

图 16.45　WiMAX 网络的协议栈模型

WiMAX 的 MAC/PHY 层协议栈结构如图 16.46 所示，包括控制和数据两个平面，其中物理层基于 S-OFDMA 多址接入方式，MAC 层分为公共部分与业务汇聚两个子层。

MAC 公共子层逻辑上可以划分为上与下两部分。上层负责移动性管理和资源管理，下层侧重于对物理信道的控制与支持。MAC 上层主要包括如下功能：网络发现、选择和进入，寻呼和空闲模式管理,无线资源管理,层2移动性管理和切换,QoS、调度和连接管理,多播广播业务(MBS)。

控制平面的 MAC 下层主要包括下列功能:层2安全性管理、休眠模式管理、链路控制、资源分配以及复用功能。其中物理层控制模块处理 PHY 信令,包括 Ranging、测量/反馈(CQI)、HARQ 信令(ACK/NACK)。控制信令模块生成资源分配消息。

在数据平面,ARQ 模块处理 MAC ARQ 功能,对于数据链路,ARQ 模块将 MAC SDU 拆分为 ARQ 数据块并分别标记序号。根据调度模块的结果,分割与封装模块对 MAC SDU 进行相应的操作。

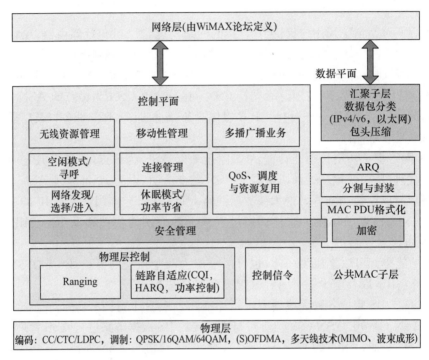

图 16.46  WiMAX MAC/PHY 层协议栈结构

### 16.4.4  网络互操作

随着移动通信技术的快速发展,涌现出 2G/3G/4G、无线广域网/城域网/局域网等多种无线接入制式。为了克服跨越多网传输导致的网络动态性,向用户提供无缝高质量的无线业务,通过网络互操作(Interworking),将各种无线接入网络融合,就成为非常重要的网络技术。

一般地,网络互操作分为两种:紧耦合与松耦合。紧耦合指一个网络作为接入网接入另一个网络的核心网中,前者的业务数据要通过后者的核心网;松耦合指两个网络对等,通过中间网络(如 Internet、IMS)互连,各自的数据链路相互独立。紧耦合方式能够减小业务与信令传输时延,但网络改动较大,控制复杂;而松耦合方式网络相对独立,只是在用户端提供无缝业务,但传输时延较大,难以应用于实时业务。

本节首先介绍广域网和局域网互操作技术,然后介绍基于 IMS 和 EPC 的广域网互操作技术。

#### 1. 广域网与局域网互操作

WLAN 是无线局域网的典型代表,3GPP 专门定义了与 WLAN 的互操作规范[15.15],非漫游情况下的互操作结构如图 16.47 所示。WLAN 作为一个外部无线接入网,通过 $W_n$、$W_a$ 接口分别与 WAG(WLAN Access Gateway)和 3GPP AAA 服务器相连,从而接入 3GPP 核心网,这是一种紧耦合方式。WAG 将 WLAN 数据转换为 3GPP 业务数据,送入 PDG,同时通过 $W_g$ 接口与 AAA 服务器交互,进行 QoS 控制。进一步地,AAA 服务器与 SLF、HSS、HLR 和 OCS/离线计费系统交互,完成 3GPP-WLAN 网络互操作过程中的移动性管理、计费管理和安全管理。采用这样的互操作结构,方便了 3GPP 集成 WLAN 网络,从而为用户提供无缝的高速无线数据业务。

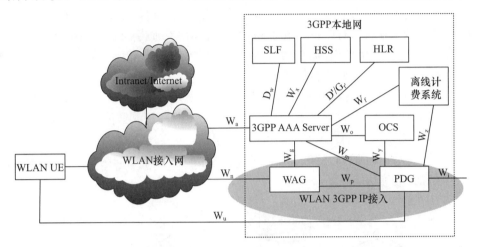

图 16.47 (非漫游)3GPP-WLAN 网络互操作结构

CDMA2000 与 WLAN 的网络互操作结构如图 16.48 所示,其紧耦合方式与 3GPP-WLAN 类似。此时 WLAN 网关类似 CDMA2000 的 PCF,隐藏了 WLAN 网络的细节,实现了所有 3GPP2 与无线接入相关的协议(移动性管理、鉴权认证等)。紧耦合方式下,CDMA2000 和 WLAN 网络共享鉴权、信令、传输和计费等网络设施,只是空中接口的物理层处理不同。

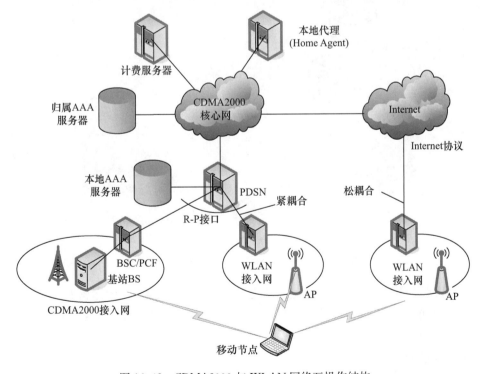

图 16.48 CDMA2000 与 WLAN 网络互操作结构

松耦合方式下,两个网通过 Internet 连接,业务链路相互独立。这样做允许独立规划和部署两个网络,3G 运营商能够与其他 WLAN 运营商的网络交互,而不必付出高昂的建网成本。

**2. 基于 IMS 的广域网互操作**

宽带移动通信的发展不仅体现在 LTE/LTE-Advanced、IEEE 802.16m 等承载高速数据业务的无线技术上,还体现在支持广泛接入的无线核心网上。从核心网来看,它不仅支撑原有的蜂窝等传统系统,面向未来的发展还将支持更加广泛的有线接入和其他原有的固定无线接入技术。从发展状况来看,网络互操作有两种实现思路:第一种思路在业务控制层面基于统一的 IMS 核心网,完成多个接入网的互操作;第二种思路在网络传输层面基于面向全 IP 的分组核心网 EPC,实现多种接入的统一分组核心网平台。

3GPP IMS-WiMAX 网络互操作结构如图 16.49 所示。WiMAX 的 ASN GW 可以接入 3GPP GGSN,WiMAX ASN 作为 3GPP IMS 的无线接入网进行数据传输。同时 WiMAX CSN 可以通过 $W_a$/$W_n$/$C_x$ 接口与 AAA、PDG、HSS 等 IMS 实体互连,共享相同的鉴权流程、移动性管理和计费信令。这样保证了 UE 在 3GPP 网络和 WiMAX 网络之间的无缝切换、业务连续性、网间 QoS 控制和计费等功能。

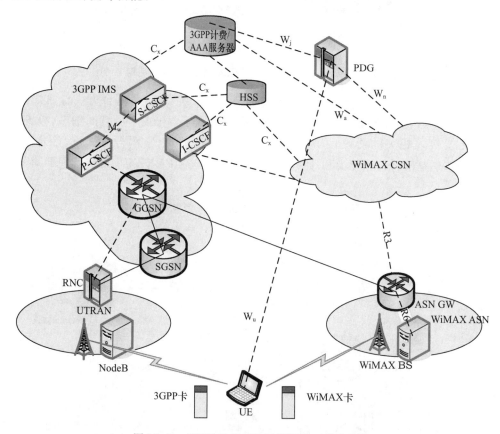

图 16.49　3GPP IMS-WiMAX 网络互操作结构

其他广域网之间的互操作不再赘述。总之,基于 IMS 核心网,不同运营商可以方便地实现无线接入网之间的互操作,完成跨网络的移动性管理(如垂直切换)、业务连续性以及 QoS 和计费管理,从而为用户提供高质量的无缝移动业务体验。

**3. 基于 EPC 的广域网互操作**

如前所述,EPC 作为统一的分组核心网,允许各种接入网接入。图 16.50 给出了 EPC 和

WiMAX 互操作的结构。ASN GW 通过 S2a/R3-MIP 接口,与 PDN GW 相连,从而将 WiMAX 网络作为接入网,接入 EPC 核心网中。为了完成网络互操作功能,增加了如下接口。

- S2a(R3-MIP)接口,用于传输建立业务承载和层 3 移动性管理信令。
- STa(R3-AAA)接口,用于传输 UE 的鉴权认证信令。
- Gx 接口,用于传输 QoS 管理策略和计费准则信令。
- S14,是 ANDSF(Access Network Discovery and Selection Function,接入网发现和选择功能)与 UE 之间的逻辑接口。
- X200,FAF(Forward Attachment Function,前向附着功能)和 UE 之间的 IP 隧道。

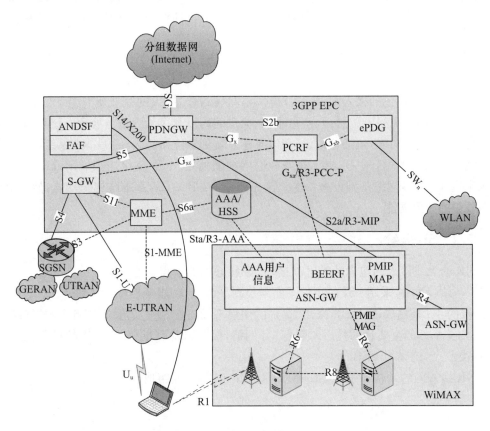

图 16.50    3GPP EPC-WiMAX 网络互操作结构

上述方案中引入了 ANDSF 与 FAF 两个新的逻辑功能实体。ANDSF 主要实现目标接入网的发现,可以是 3GPP 或非 3GPP 小区。引入该实体的目的是尽量减小 UE 发现相邻小区时的功耗。FAF 是基站级的实体,位于目标接入网中。它通过 IP 隧道支持 UE 垂直切换前的鉴权认证。根据目标接入网的类型,FAF 仿真各种接入网的 BS 功能。当 UE 向 WiMAX 小区运动时,FAF 模拟 WiMAX BS 功能,反之,当 UE 向 3GPP 小区运动时,FAF 模拟 RNC/NodeB 或 eNodeB 的功能。

目前,以 3GPP 为主导在不同层面对无线接入网进行整合已经成为一种趋势。面向宽带业务的融合主要有两条路径,分别解决不同层面的网络融合问题。基于公共 IMS 的网络融合方案,不同核心网采用相同业务控制,采用 SIP/SDP 会话控制方式,在鉴权与认证方面更多地采用 Diameter 方式,主要根据运营商的需要进行扩展。公共 IMS 方案根据 QoS 策略进行资源控制,并执行计费、鉴权和漫游功能,这些都是蜂窝移动通信自身的发展,并且定义了独立于接入的多种适配功能实体,实现多媒体业务组建的标准化。目前,公共 IMS 已经成为固网、移动网和互联网融合的技术趋势,但系统架构还需要进一步扩展。

基于 EPC 的网络融合方案,在公共核心网上通过接入互通单元,实现多种无线/有线共同的接入方式。基于端到端的 EPC 网络,结构更加扁平化,最大限度减少节点数。EPC 还支持 IETF 和 GTP 移动性管理,支持 3GPP/非 3GPP 网络接入,可以实现端到端的路由优化以及业务本地化。

广义来看,两种方案并不矛盾,EPC 是在底层实现接入网的融合,可以看作 IMS 的 IP-CAN,而 IMS 是在高层即业务控制层面实现网络融合。基于 IMS/EPC 的网络融合方案,将成为未来多接入网互操作、固网与移动网融合甚至电信网、广播网与计算机网融合的技术基石。

# 16.5　5G 移动网络

5G 移动网络主要包括接入网(RAN)与核心网(CN)。接入网完成所有与无线接入相关的网络功能,包括调度、无线资源管理、消息重传、信道编码以及多天线信号处理。核心网完成无线接入之外的全部网络功能,包括鉴权、计费以及建立端到端连接等。在 5G NR 系统中,网络功能的设计延续了 LTE 的设计思想,接入网与核心网功能独立、分别演化,能够与 LTE 进行灵活连接,最大限度兼容 4G 网络基础设施。本节首先介绍 5G-RAN 的基本结构与功能,然后介绍 5G 核心网(CN)的主要功能。

## 16.5.1　5G-RAN

5G NR 的无线接入网包含两类可以接入 5G 核心网的节点:

● 5G 基站(gNB),采用 NR 的用户平面与控制平面协议,服务 NR 的移动台。

● 升级的 4G 基站(Ng-eNB),采用 LTE 的用户平面与控制平面协议,服务 LTE 终端。

设置两类基站的主要目的是后向兼容 4G 网络,保护运营商在 4G 网络上的投资。下文不再区分这两类节点,统称为 gNB。

5G NR 接入网的结构如图 16.51 所示,主要由 gNB 单元组成。

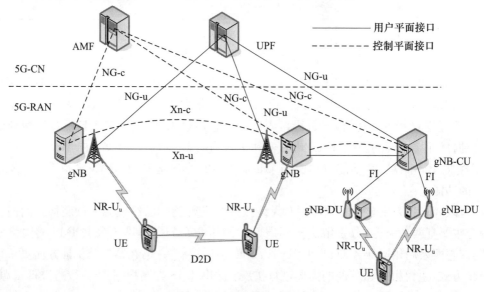

图 16.51　5G NR 接入网结构

如图所示,5G 的基站节点 gNB 与移动台 UE 之间通过空中接口 NR-U$_u$ 互连,gNB 之间通过 Xn 接口互连,Xn 接口可以进一步划分为控制面接口 Xn-c 与用户面接口 Xn-u。5G 接入网与5G 核心网之间的接口为 NG,也划分为控制面接口 NG-c 与用户面接口 NG-u。gNB 通过 NG-c接口,与接入与移动性管理单元(Access and Mobility Management Function,AMF)相连,通过NG-u 接口与用户平面单元(User Plane Function,UPF)相连。

**1. gNB 单元**

gNB 单元负责完成一个或多个小区的所有无线相关功能,例如,无线资源管理、接纳控制、连接建立、用户平面数据到 UPF 以及控制平面信令到 AMF 的路由及 QoS 流管理。

在具体形态上,gNB 是一个逻辑节点,并不唯一对应单个物理设备。通常 gNB 的实现对应三个扇区无线处理功能,其他的形式也可以。例如,gNB 也可以对应分布式基站,包括分离的基带功能单元(BBU)与射频拉远单元(RRH)。

如图 16.51 所示,gNB 通过 NG 接口连接到 5G 核心网,具体而言,gNB 可以与多个 UPF/AMF 单元相连,从而实现负载共享与冗余备份。

gNB 之间由 Xn 接口互连,主要支持业务连接模式下的移动与双连接,也用于多小区无线资源管理(RRM)。另外,Xn 接口也支持相邻小区之间的分组前传,从而保证用户移动时不丢包。

在 5G NR 标准中,定义了 gNB 的功能分解方式,包括一个集中处理单元(gNB-CU)以及一个或多个分布式处理单元(gNB-DU),它们之间采用 F1 接口连接。在这种分解形态的 gNB 中,RRC、PDCP 与 SDAP 等协议功能驻留在 gNB-CU,而剩余的协议功能,包括 RLC、MAC 以及PHY 等,驻留在 gNB-DU。

移动终端与 gNB 之间的接口是 NR-U$_u$ 接口,完成无线连接与信号传输的基本功能。当 5G终端接入时,至少要建立终端与网络之间的一条连接。作为基本形态,5G 终端接入一个小区,由该小区完成上行与下行链路的所有处理功能,包括所有的用户数据与 RRC 信令。这种基本形态是简单稳健的接入方式,适合大范围组网。

除此之外,5G 接入网还允许移动台接入多个小区。例如,在用户面汇聚情况下,多个小区的业务流汇聚后,可以提高数据速率。又如,在控制平面/用户平面分离的情况下,控制平面通信可以由一个小区负责,而用户平面可以由另一个小区负责。

一个终端接入多个小区称为双连接。其中,LTE 与 NR 之间的双连接非常重要,它是 5GNR 非独立组网(NSA)的基本形态,如图 16.52 所示。LTE 的 eNB 是主服务小区,处理控制平面与潜在的用户平面信令,而 NR 的 gNB 是从小区,负责用户平面数据处理,提高业务传输速率。

另外,图中也给出了终端直连的通信模式,UE 与 UE 之间通过无线方式可以互联,即 D2D(Device to Device)通信。

**2. 无线侧协议栈**

5G NR 的无线侧协议栈如图 16.53 所示。由图可知,在 NR-U$_u$ 接口两侧,UE 与 gNB 的下部 4 层协议——PDCP、RLC、MAC 及 PHY,在用户平面与控制平面功能类似,因此不进行区分。而在上层,用户平面主要是 SDAP 协议,完成业务 QoS 处理,这是 5G NR 新引入的协议层。

另一方面,在控制平面,RRC 协议负责系统信息广播、寻呼信息发送、连接管理、移动性管理、测量以及终端能力处理等功能。

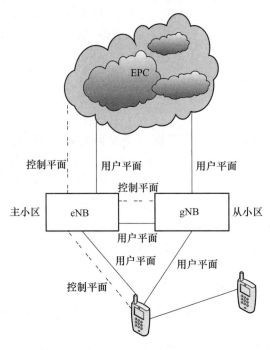

图 16.52　非独立组网(NSA)下的双连接

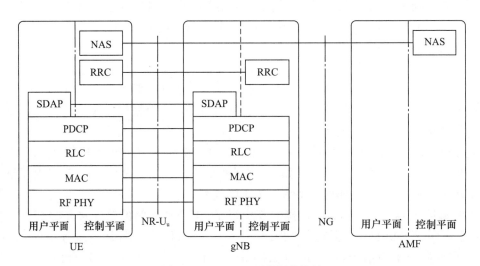

图 16.53　5G NR 无线侧协议栈

在 NG 接口两侧,主要是 UE 与 AMF 之间的非接入层①( Non-Access Stratum,NAS)协议,它负责终端与接入网之间的操作处理,包括鉴权、加密、不同的空闲模式处理,并且负责将 IP 地址分配给移动终端。

## 16.5.2　5G 核心网

5G 核心网(CN)的设计沿用了 EPC 核心网思路,并且在三个方面进行增强:

● 基于业务的架构;

---

①　一般的,核心网与终端之间的执行功能称为非接入层(Non-Access Stratum,NAS)功能,而接入网与终端之间的功能称为接入层(Access Stratum,AS)功能。

● 控制平面/用户平面分离；

● 支持网络切片。

（1）基于业务的架构

5G 核心网的核心特点是采用了基于业务的架构，其基本特点是关注网络提供的业务与功能，而不是定义一些特定的节点或网元。这种设计理念借鉴了计算虚拟化思想，因此，核心网的功能是高度虚拟化的，可以在通用的计算设备上实现。

（2）控制平面/用户平面分离

5G 核心网的第二个特点是控制平面与用户平面分离，它强调了两个协议平面的独立演化能力。例如，如果控制平面需要提升能力，可以直接增加相应模块，而不会影响网络的用户平面。

（3）支持网络切片

5G 核心网的第三个特点是支持网络切片（Network Slicing）。网络切片是一个逻辑网，服务特定的商业或用户需求，由基于业务架构配置的一些必要功能单元构成。例如，5G 核心网可以建立一个网络切片，用于支持移动宽带应用，满足所有的终端移动属性，类似于 LTE 网络。另外，还可以建立一个网络切片，支持专用的非移动、延时敏感的工业自动应用。这些切片可以在相同的核心网物理环境与无线接入网中运行，但从终端用户来看，他们感受到的是独立运行的网络。这就像计算虚拟化技术，在同一台实际的计算机上，通过虚拟化技术，可以配置为多个不同的虚拟计算机。

**1. 5G 核心网架构**

5G 核心网架构如图 16.54 所示，该结构是基于业务功能虚拟化来设计的。

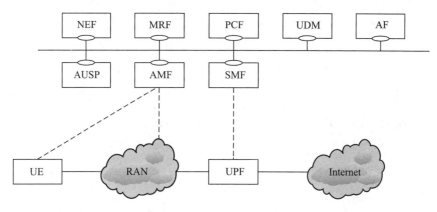

图 16.54　5G 核心网架构

如图所示，用户平面网元主要是 UPF（User Plane Function），它是 RAN 与外部网络之间的网关，完成数据分组的路由与转发、数据包检测、业务 QoS 处理以及数据包滤波、流量测试等功能。同时，当移动台跨网移动时，如有必要，UPF 网元还可以作为不同无线接入网之间的锚点。

控制平面包括多个网元，主要包括会话管理网元（Session Management Function，SMF）和接入与移动性管理网元（Access and Mobility Management Function，AMF）。

SMF 网元主要的功能包括为移动终端分配 IP 地址、执行网络管理策略、一般的会话管理功能等；AMF 网元的功能包括管理核心网与终端之间的信令、保障用户数据的安全、空闲状态下的移动性管理、鉴权与认证等。

除此之外，5G 核心网中还有其他的网元，如 PCF（Policy Control Function）负责策略规则，UDM（Unified Data Management）负责身份认证与接入授权，NEF（Network Exposure Function）、NRF（NR Repository Function）、AUSF（Authentication Server Fucntion）处理身份认证功

能,以及 AF(Application Fucntion)等。这些网元的功能不再赘述,详见文献[16.18]。

**2. 5G 网络的组网方式**

5G 核心网的网元实现方式有多种,可以在单个物理实体中实现,也可以分布到多个物理节点中,还可以放置到云端。

5G 网络的组网方式也有多种,如图 16.55 所示,通常基本的组网方式为独立组网(Stand Alone,SA)与非独立组网(Non-Stand Alone,NSA)两种。在 SA 组网方式下,gNB 接入 5G CN 核心网,连接用户平面与控制平面。独立组网方便运营商建立大规模 5G 网络,是直接的组网方式,但这种方式需要大规模投资,初期建网成本很大。NSA 组网方式下,gNB 接入 4G EPC 核心网,控制平面的功能,包括初始接入、寻呼与移动性管理等,由 LTE 基站,即 eNB 完成。而 gNB 只完成用户平面功能。非独立组网充分考虑了后向兼容性,可以先建立部分 5G 接入网,通过现有的 EPC 与 LTE 接入网,提供 5G 业务,节省了网络初期建设的投资。但这种方式下,5G 业务的支持能力有一定限制。

除 SA 与 NSA 两种组网方式外,未来 4G 与 5G 还有各种混合组网方式,如图 16.55(c)、(d)与(e)所示。在这三种方式中,4G 的 eNB 节点都可以接入 5G 核心网,可以单独连接用户平面或控制平面,也可以同时连接两个协议平面,从而提供了灵活的混合组网方式。

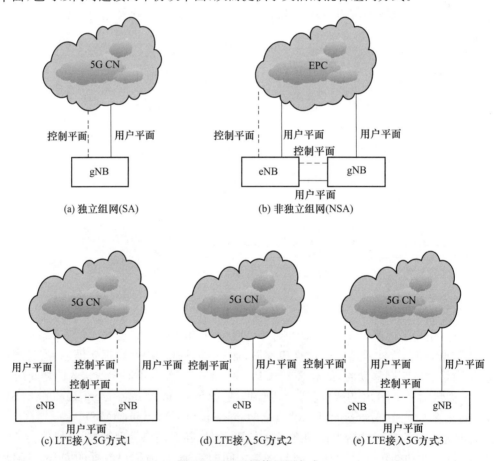

图 16.55　5G 网络组网方式

**3. 网络切片技术**

5G 核心网的最大特色是引入了网络切片技术,对核心网功能进行了全面的虚拟化,图 16.56 给出了网络切片的基本框架。

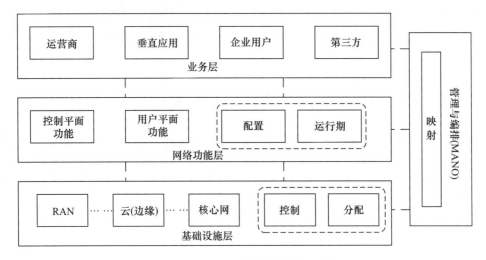

图 16.56　5G 网络切片的框架基本

由图可知,5G 网络切片框架包括三层结构:基础设施层、网络功能层和业务层,并通过管理与编排单元,实现层间紧密协作与交互。

(1) 基础设施层

基础设施层可以包含多种不同形态的无线接入网,如 LTE、WiFi、5G NR 等,通过虚拟化技术,为上层提供统一的接入平台。并且,接入网可以采用无线接入即服务(RAN as a Service,RaaS)的移动云计算与移动边缘计算架构,与核心网相连。

在基础设施层中,无线与网络资源虚拟化与相互隔离是核心技术。目前,像基于内核的虚拟机(Kernel-based Virtual Machine,KVM)技术及 Linux 容器技术能提供各个切片之间的隔离保证。这些虚拟技术再组合类似于 OpenStack 的平台资源池,能够极大地简化虚拟核心网的生成。目前,网络虚拟化还处在早期阶段,特别是无线频谱资源的虚拟隔离与高效利用机制还有待进一步研究。

(2) 网络功能层

网络功能层主要起到封装作用,将与网络配置相关、有效期内网络管理的功能都进行封装,在虚拟核心网进行最优配置,提供端到端业务支撑,满足特定场景、特定需求的业务。

网络功能层主要的使能技术包括网络虚拟化(NFV)与软件定义网络(SDN)等。NFV 技术主要用于网络的有效期内管理,以及协调网络功能。SDN 技术主要通过标准协议,如 OpenFlow等,作为 NFV 的支撑,配置与控制底层基础设施在用户平面与控制平面的路由与转发功能。

网络功能层设计的关键问题是网络功能的粒度划分。一般而言,有两种思路:粗粒度划分与精细粒度划分。对于粗粒度划分,只进行接入网与核心网功能的大块分割,只包括基本网元;而对于精细粒度划分,则需要对网络功能进一步细分,分解到网元的各个子功能实体。粗粒度划分为配置与管理网络切片提供了简单方法,但是其代价是无法灵活地适应网络变化。细粒度划分灵活度与效率更高,但需要在网络功能单元或子功能实体之间引入与定义更多的接口,尤其是与第三方开发的功能实体接口时,兼容性与一致性难以保证。因此,网络功能的粒度划分需要在兼容性与灵活性之间进行折中。

(3) 业务层和管理与编排(MANO)

5G 网络切片与基于云计算的其他切片技术最大的不同,在于前者具有端到端的属性,在业务层采用高级描述表示业务,通过管理与编排(Management and Orchestration,MANO)对切片生成与组织进行管理,并通过映射器将高层描述灵活映射到合适的基础设施单元与网络功能实体。因此,业务层可以直接与应用模型连接,产生新的网络切片,并且通过网络切片的编排监测切片执行的有效期。

关于网络层与应用模型的高级描述,一般有两种方法。第一种方法,业务等级描述采用简单的参数集合,包括流量特征、业务分级协议(Service Level Agreement,SLA)要求(如吞吐率与时延等性能指标)、附加业务(如本地业务)。第二种方法,业务描述更详细,可以区分网络切片中的特定功能或无线接入技术。这两种方法的主要差别在于网络切片的生成方式不同。对于第一种方法,切片编排器的分配任务更复杂,需要选择合适的功能与无线接入技术,用于满足业务描述集合的要求。而第二种方法,编排器任务较为简单,因为在业务描述中已经规定了切片组织的具体模块与细节。但第二种方法往往效率较低,不如第一种方法灵活高效。

## 16.6　本　章　小　结

本章讨论移动网络的结构与组成。主要内容有 4 个方面,首先重点介绍 GSM、GPRS 和 WCDMA 移动通信系统的信道组成、网络结构和网络协议,讨论它们之间的演进过程。接着介绍 IS-95、CDMA2000-1X、CD-MA2000-1X EV-DO 移动通信系统的信道组成、网络结构和网络协议,并讨论它们之间的演进过程;详细介绍了以 LTE、WiMAX 为代表的 B3G 移动通信系统的网络结构、协议与关键网络技术。最后,对 5G NR 移动通信网络进行简要介绍,包括 5G 无线接入网与核心网的基本结构、功能单元与协议栈等。随着移动通信网络技术的迅猛发展,网络结构扁平化、网络功能虚拟化,适应网络动态性,为用户提供无缝的移动业务体验,成为移动网络的技术发展目标。

## 参　考　文　献

[16.1] 孙立新、尤肖虎、张平等. 第三代移动通信技术. 北京:人民邮电出版社,2000.

[16.2] 张平等. 第三代蜂窝移动通信系统——WCDMA. 北京:北京邮电大学出版社,2000..

[16.3] 杨大成等. CDMA2000-1X 移动通信系统. 北京:机械工业出版社,2003.

[16.4] T. Ojanpera, R. Prasad. WCDMA:Towards IP Mobility and Mobile Internet. Artech House, Inc. 2001.

[16.5] J. W. Mark, W. H. Zhang. Wireless Communications and Networking. Prentice Hall,2003.

[16.6] K. Pahlvan, P. Krishnamurthy. Principles of Wireless Networks:A Unified Approach,中译本:无线网络通信原理与应用(刘剑等译). 北京:清华大学出版社,2002.

[16.7] S. Tabbane,Handbook of Mobile Radio Networks,中译本:无线移动通信网络(李新付等译). 北京:电子工业出版社,2002.

[16.8] 邬国扬. 蜂窝通信. 西安:西安电子科技大学出版社,2002.

[16.9] K. Etemad. Overview of Mobile WiMAX Technology and Evolution. IEEE Communications Magazine, pp. 31-40,October 2008.

[16.10] 3GPP Technical Specifical(3G TS) 25. 401 UTRAN Overall Description.

[16.11] 3GPP TS 25. 410~415,UTRAN Iu Interface.

[16.12] 3GPP TS 25. 420~427,UTRAN Iur Interface.

[16.13] 3GPP TS 25. 430~435,UTRAN Iub Interface.

[16.14] TIA/EIA/IS-2001-A Inter-operability Specification(IOS) for CDMA2000 Access Network Interfaces, Virginia:Telecommunications Industry Association,2001.

[16.15] 3GPP TS 23. 234,3GPP system to Wireless Local Area Network(WLAN)interworking,System description,V8. 0. 0,2008-12.

[16.16] 3GPP TS 36.300,E-UTRA and E-UTRAN Overall description,V8.7.0,2008-12.

[16.17] 3GPP TS 23.002,Network architecture,V9.0.0,2009-06.

[16.18] 3GPP TS 23.501,System Architecture for the 5G System,2018.

<h1 style="text-align:center">习　题</h1>

16.1　GSM 中的帧结构可以划分为几个层次？每个 TDMA 帧由几个时隙组成？每个时隙又可以划分为几种类型的突发序列？

16.2　GSM 逻辑信道可以划分为哪两大类型？它们各自包含哪些信道？

16.3　GSM 系统中的主要接口有哪几种？GSM 网络协议主要划分为哪三层？每层的主要功能是什么？

16.4　GPRS 网络中的主要功能实体包含哪些主要部分？它们各自的功能是什么？

16.5　GPRS 网络与 GSM 网络是什么关系？它们各自针对什么类型的业务？

16.6　WCDMA 网络主要由哪三部分构成？各部分主要功能是什么？WCDMA 网络中的主要接口有几个部分？它们分别是什么类型的接口？

16.7　在 3GPP 提出的从 2G 向 3G 过渡、演进的方案中，R99 标准的主要特点有哪些？它与 2G GSM/2.5G GPRS 网络标准对比有哪些主要改动？

16.8　试论述 SAE/LTE 网络基本结构、功能实体及其关键特征。

16.9　简述 WiMAX 网络基本结构和功能实体。

16.10　简要分析 IMS 的功能实体、基本结构与关键特征。

16.11　画图分析 WLAN 与 3GPP 互操作的基本流程。

16.12　画图分析 WiMAX 与 3GPP 互操作的基本流程。

16.13　画图分析 WiMAX 与 CDMA2000 互操作的基本流程。

16.14　简述 5G 无线接入网的基本结构、功能实体与网络接口。

16.15　简述 5G 核心网的基本结构与组网方式。

16.16　简述 5G 网络切片的基本框架与各层功能。

# 第17章 新型无线通信网络

第16章介绍了从2G到5G移动通信网络的结构与组成,这些网络的基本特点是采用蜂窝结构,以集中式控制为主。随着现代移动通信的快速发展,单一的集中式蜂窝网络不能完全满足复杂应用场景的需求,具有分布式特征的各种新型无线通信网络得到人们越来越多的关注。本章首先引入无线自组网的模型,简要介绍主流的分布式无线网络容量分析理论,指出分布式网络的关键技术特征。其次介绍近年来出现的新型无线网络架构,包括无线云计算与C-RAN、无线边缘计算以及认知无线网络等。再次详细阐述三类重要的分布式无线网络:物联网(IoT)、车联网(VANET)和无人机(UAV)网络。最后,简要介绍绿色无线网络的一些技术特点。

## 17.1 分布式无线网络容量

1948年,香农在经典文献[17.1]中确立了点到点信道的可达速率,即信道容量。70多年来,经典信息论指导下的点到点通信系统优化取得了巨大成功。特别是近40多年来,在信息论指导下,经历了五代技术发展,无线通信或移动通信已经逼近信道容量极限。另一方面,众多学者关注无线网络或移动网络的研究,在媒体接入控制、路由、安全、协作、能效等各个方向也取得了显著进展。尽管在应用研究方面,无线网络已经取得了诸多成果,但人们仍然无法回答一个基础理论问题:给定一个无线网络,能够传输的信息量是多大?为了回答这个基本问题,需要将点到点信道容量推广到多点到多点的无线网络容量,这也是网络信息论[17.2]的核心概念。

20世纪60年代以来,人们一直在开展网络信息论的研究,针对一些单跳多用户信道模型,例如,多址接入(MAC)信道、广播(BC)信道、中继(Relay)信道、干扰(IC)信道、双向(Two way)信道等,推广了经典意义上的信道容量[17.2][17.3]。但遗憾的是,即使这些简单的网络模型,信息论意义上的容量分析也非常困难。例如,简单的信源—中继—信宿三节点模型的精确容量域[17.4],时至今日仍无法确定。而一般意义上,包含多源多宿节点且共享信道资源的无线网络容量分析,几乎是无法求解的理论难题。因此,21世纪初的网络信息论缺乏完整而系统的理论框架,对于实际无线网络的设计难以起到指导作用。

经典信息论向网络信息论推广的困难历程表明,多点到多点通信网络并不是点到点通信链路的简单组合,需要立足网络本身,转换研究思路与研究角度,引入新的方法,分析无线网络的系统性能[17.5][17.6]。

蜂窝网络容量分析已经有比较成熟的方法,而随着无线自组网(Ad Hoc网络)的快速发展,其容量分析成为学术界关注的重要理论问题。

2000年以来,在无线自组网的容量分析方面,学术界取得了重大进展,主要的代表性工作有两个。首先是Gupta与Kumar在经典文献[17.7]中引入了输运容量(Transport Capacity)的概念,从宏观角度揭示了无线自组网络容量的渐近规律,这是网络信息论领域的一个重大突破。其次是Weber等人在文献[17.26]中提出的发送容量(Transmission Capacity),从微观角度刻画了无线自组网单跳通信的中断概率行为。这两项工作是近20年来无线网络容量分析方面的标志性工作,下面简要介绍其基本内容。

### 17.1.1 无线自组网概念

无线自组网(Ad Hoc 网络)是一种分布式、无中心的无线网络,各通信节点通过多跳连接方式相互通信,其结构如图 17.1 所示。

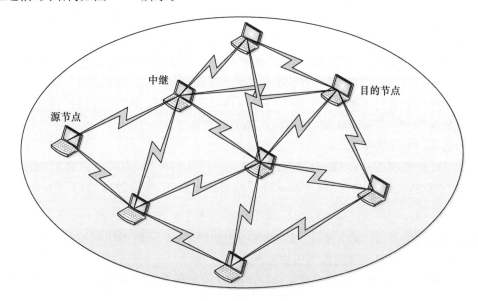

图 17.1 无线自组网示例

如图所示,节点之间的通信采用无线连接方式,通过相互协作,建立多跳路由,从源节点到目的节点发送数据包。一般地,基于节点的移动性,无线自组网可以分为静态自组网与移动自组网(MANET)。前者网络中的各节点位置不变,因此网络拓扑保持固定,只是通过无线方式相互连接,而后者的网络节点会运动,因此网络拓扑也产生动态变化,它们的共同特点是没有中心控制。无线自组网的网络组织、媒体接入层和物理层处理都与典型的蜂窝移动通信网络有显著差异。

### 17.1.2 输运容量分析

由于经典信息论容量分析存在困难,Gupta 与 Kumar[17.7]不再关注 Ad Hoc 网络的精确容量域,转而研究无限大规模网络的渐近容量行为。他们引入了新的输运容量概念,揭示了无线自组网容量的变化特征。

**1. 网络模型与符号定义**

不失一般性,假设 Ad Hoc 网络含有 $N$ 个节点,分布在面积为 $1m^2$ 的圆盘上。通过所有节点共享的无线信道,每个节点的信息传输速率为 $W\text{bit/s}$。这个无线信道可以是单个信道,也可以进一步分解为 $M$ 个子信道,每个信道传输速率为 $W_m\text{bit/s}$,则总的传输速率为 $\sum_{m=1}^{M} W_m = W$。我们假设源节点产生的数据包采用多跳方式从一个节点传递到另一个节点,最终到达目的节点。在中继节点处,当等待信息发送时,可以存储这些数据包。

由于空间距离的隔离,网络中允许多个节点同时发送数据,只要相互之间不产生严重的干扰。在文献[17.7]中,考虑了两种类型的 Ad Hoc 网络,一种是任意网络,另一种是随机网络,分别定义如下。

**定义 17.1(任意网络)**:所谓任意网络,是指 $N$ 个节点的位置在单位面积的圆盘上任意分布,每个节点任意选择一个目的节点发送任意速率的数据,业务流量模型是任意的。在每次发送中,通信范围与发送功率都可以不受限制地任意选择。

**定义 17.2(随机网络):** 所谓随机网络,是指 $N$ 个节点在单位面积的圆盘上,或者在表面积 $1\text{m}^2$ 的球面上均匀分布,节点位置满足独立同分布。考虑球面分布可以消除边界效应。每个节点随机选择一个目的节点发送数据,速率为 $\lambda(N)\text{bit/s}$。每个节点依据均匀分布与独立同分布准则,选择距离最近的节点作为目的节点。因此,目的节点与源节点之间的平均通信距离在 1 米量级。

对比定义 17.1 与定义 17.2 可知,任意网络与随机网络的主要差别在于节点的性质。在任意网络中,节点的发射功率、节点对的通信距离都是特例化的,需要分别考虑。而在随机网络中,节点都具有相同的行为,发射功率与有效通信距离都相同。

无线自组网的容量与单跳链路上的信号处理模型密切相关。在任意网络与随机网络下,都可以定义两类典型的信号处理模型,称为协议模型与物理模型。令 $X_i$ 表示网络中第 $i$ 个节点,同时也表示该节点的位置坐标。

**定义 17.3(协议模型:ProModel):** 协议模型是一种几何模型,强调节点之间的有效通信距离。对于任意网络,假设节点 $X_i$ 通过第 $m$ 个子信道向节点 $X_j$ 发送数据,如果满足下列条件

$$|X_k - X_j| \geqslant (1+\Delta)|X_i - X_j| \tag{17.1.1}$$

则这次传输能够被节点 $X_j$ 成功接收。其中,$X_k$ 是选择同一个子信道同时发送数据的其他任意节点,$\Delta > 0$ 表征了节点间可靠通信的保护范围。

对于随机网络,假设所有节点有效通信距离都为 $r$,当满足如下条件时,

$$\begin{cases} |X_i - X_j| \leqslant r \\ |X_k - X_j| \geqslant (1+\Delta)r \end{cases} \tag{17.1.2}$$

节点 $X_i$ 通过第 $m$ 个子信道向节点 $X_j$ 发送的数据能够被正确接收。

**定义 17.4(物理模型:PhyModel):** 物理模型是一种实际模型,强调了正确检测的信干噪比(SINR)。令 $\{X_k; k \in T\}$ 表示某个时刻在一个子信道上同时发送信息的节点子集。令 $P_k$ 表示节点 $X_k$ 的发射功率,$\sigma^2$ 表示噪声功率,给定通信距离 $r$,假设路径损耗模型为 $r^{-\alpha}(\alpha > 2)$。对于任意网络,若信干噪比满足如下条件

$$\frac{P_i |X_i - X_j|^{-\alpha}}{\sigma^2 + \sum\limits_{\substack{k \in T \\ k \neq i}} P_k |X_k - X_j|^{-\alpha}} \geqslant \beta \tag{17.1.3}$$

节点 $X_i$ 通过第 $m$ 个子信道向节点 $X_j$ 发送的数据能够被正确接收。其中,$\beta$ 是节点正确接收数据的最低 SINR。

对于随机网络,由于所有节点具有相同的发送功率 $P$,正确接收数据的条件为

$$\frac{P |X_i - X_j|^{-\alpha}}{\sigma^2 + \sum\limits_{\substack{k \in T \\ k \neq i}} P |X_k - X_j|^{-\alpha}} \geqslant \beta \tag{17.1.4}$$

为便于比较两个函数之间的渐近大小关系,引入 5 种记号,列举如下。

(1) 如果 $\forall n \geqslant n_0$,$|f(n)| \leqslant C|g(n)|$,其中 $C$ 是非零常数,则称函数 $f(n)$ 在数量级上小于等于 $g(n)$,记为 $f(n) = O(g(n))$。

(2) 如果 $\lim\limits_{n \to \infty} \dfrac{f(n)}{g(n)} = 0$,则称函数 $f(n)$ 在数量级上严格小于 $g(n)$,记为 $f(n) = o(g(n))$。

(3) 如果 $\forall n \geqslant n_0$,$|f(n)| \geqslant C|g(n)|$,其中 $C$ 是非零常数,则称函数 $f(n)$ 在数量级上大于等于 $g(n)$,记为 $f(n) = \Omega(g(n))$。

（4）如果 $\lim\limits_{n \to \infty} \dfrac{f(n)}{g(n)} = \infty$，则称函数 $f(n)$ 在数量级上严格大于 $g(n)$，记为 $f(n) = \omega(g(n))$。

（5）如果 $\lim\limits_{n \to \infty} \dfrac{f(n)}{g(n)} = C$，其中 $C$ 是非零常数，则称函数 $f(n)$ 在数量级上等于 $g(n)$，记为 $f(n) = \Theta(g(n))$，也就是 $f(n) = O(g(n))$ 且 $f(n) = \Omega(g(n))$。

**2. 容量尺度定律**

为了刻画无线自组网的容量，文献[17.7]提出比特输运的思想。举例而言，如果节点 $X_i$ 向节点 $X_j$ 成功传送了 $b$ bit 信息，传播距离是 $d_{ij} = |X_i - X_j|$，那么，这次传送的输运能力为 $bd_{ij}$ bit·m。基于比特输运的思想，可以给出输运容量的正式定义。

**定义 17.5（输运容量）**：无线网络的输运容量是指网络节点对链路集合能够达到的最大比特输运能力。给定一个含有 $N$ 个节点的无线网络 $W$，假设从节点 $X_i$ 向节点 $X_j$ 传送的比特速率为 $\lambda_{ij}$ bit/s，则网络的输运容量表示为

$$C(W(N)) = \sup_{\langle \lambda_{ij} ; 1 \leqslant i, j \leqslant N \rangle} \sum_{i \neq j} \lambda_{ij} |X_i - X_j| \tag{17.1.5}$$

注意，输运容量的量纲为 bit·m/s。

对于任意网络，在协议模型与物理模型下，下列定理给出了相应的输运容量。

**定理 17.1**：一个含有 $N$ 个节点的任意无线网络 $W$，覆盖面积为 $A$ m²，节点对传输速率 $W$ bit/s，在静态组网模式下，如果优化节点位置、业务连接方式以及每次发送的距离，则采用协议模型的输运容量为

$$C(W(N), \text{ProModel}) = \Theta(W \sqrt{AN}) \tag{17.1.6}$$

相应的，采用物理模型的输运容量也为

$$C(W(N), \text{PhyModel}) = \Theta(W \sqrt{AN}) \tag{17.1.7}$$

上述输运容量与网络规模 $N$ 与覆盖面积 $A$ 的平方根成正比，假如对网络覆盖面积归一化，只考虑单位面积上的网络输运容量，即 $\Theta(W \sqrt{N})$。本质上，输运容量是节点对链路输运能力的求和。

**定义 17.6（任意网络吞吐容量）**：假设 $N$ 个节点输运能力相同，则平均到每个节点的输运容量为 $\Theta\left(\dfrac{W}{\sqrt{N}}\right)$ bit·m/s。进一步，如果每个源-目的节点对距离都是 1m，则可以定义链路吞吐容量为 $\Theta\left(\dfrac{W}{\sqrt{N}}\right)$ bit/s。

对于工程应用，随机网络比任意网络更有实际意义。首先引入可行吞吐容量的定义。

**定义 17.7（随机网络吞吐容量）**：给定 $N$ 个节点的随机网络，网络的逐节点吞吐率为 $\lambda(N)$。如果存在一个空时调度的发送方案，保证网络中每个节点向目的节点的数据平均传输率为 $\lambda(N)$ bit/s，则称其为可行吞吐容量。给定吞吐容量的同阶函数 $\Theta(f(N))$，则存在确定常数 $c_1 > 0$ 与 $c_2 < \infty$，满足下列条件

$$\begin{cases} \lim\limits_{N \to \infty} \Pr(\lambda(N) = c_1 f(N) \text{ 是可行的}) = 1 \\ \lim\limits_{N \to \infty} \inf \Pr(\lambda(N) = c_2 f(N) \text{ 是可行的}) < 1 \end{cases} \tag{17.1.8}$$

注意，随机网络中的吞吐容量定义不同于信息论意义上的网络容量域。前者描述的是网络对于信息的输运能力，而后者描述的是多对多场景，多个节点同时通信的速率域。

对于随机网络,在协议模型与物理模型下,下面的定理给出了相应的吞吐容量。

**定理 17.2:** 给定一个含有 $N$ 个节点的随机无线网络 $W$,节点对传输速率为 $W$ bit/s,在静态组网模式下,采用协议模型的吞吐容量为

$$\lambda(N) = \Theta\left(\frac{W}{\sqrt{N\log N}}\right) \tag{17.1.9}$$

而采用物理模型的吞吐容量为

$$\Theta\left(\frac{W}{\sqrt{N\log N}}\right) \leqslant \lambda(N) < \Theta\left(\frac{W}{\sqrt{N}}\right) \tag{17.1.10}$$

上述定理表明,随机网络中,采用协议模型,吞吐容量的上下界一样,说明它的估计量级是锐变的。另一方面,采用物理模型,吞吐容量的下界 $\Theta\left(\frac{W}{\sqrt{N\log N}}\right)$ 是可行的,而上界 $\Theta\left(\frac{W}{\sqrt{N}}\right)$ 不可行。因此,协议模型的吞吐容量比物理模型更大,前者更为理想,而后者更具有实用意义。

定理 17.1 与定理 17.2 反映了无线自组网容量与节点数目之间的渐近变化规律,称为尺度定律。将传输速率归一化,即 $W=1$,吞吐容量的渐近趋势如图 17.2 所示。

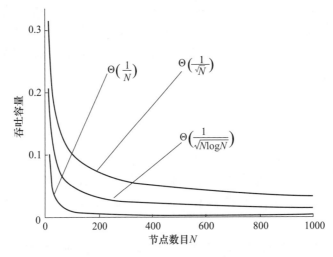

图 17.2 随机网络吞吐容量的渐近性

由图可知,尺度定律表征了无线自组网容量的渐近变化规律。当网络规模充分大时,输运容量或吞吐容量以很大概率成立,而当网络规模小于某个阈值时,则输运或吞吐容量不成立。

由尺度定律可知,无论是任意网络还是随机网络,随着网络规模的增长,每个节点的吞吐容量都趋于 0,即 $\lim\limits_{N\to\infty}\Theta\left(\frac{1}{\sqrt{N\log N}}\right)=0$。它表明静态 Ad Hoc 网络不适合大规模组网。其根本原因在于,在 Ad Hoc 网络中,所有节点都与邻节点共享无线信道或通信区域,多节点并发传输将引入相互干扰,从而限制了吞吐容量或输运容量的提升。因此,Ad Hoc 网络是干扰受限网络,如果能够采用技术手段,降低节点间的相互干扰,则能够提升网络容量。

**3. 提升容量策略**

综述文献[17.8]从路由机制、空间域、数据包编码、频域、组网方式等 5 个方面总结了提高无线自组网容量的方法。具体而言,路由机制主要指高效路由方法;空间域优化采用定向天线波束成形、多数据包接收、分布式 MIMO 分层协作等方法;数据包编码采用网络编码方法;频域采用超宽带技术;组网方式采用移动 Ad Hoc 网络或 3D Ad Hoc 网络。下面简要介绍提升网络容量

的各种技术策略。

（1）路由机制

Gupta 和 Kumar 给出的最近邻居路由转发并不是最优的路由算法。Franceschetti 等人在文献[17.9]中应用渗透理论,证明了网络中存在大量贯穿网络的横纵路径,这些路径可以构成一个高速路由转发系统。由此,基于功率控制设计了"三阶段接入"的路由协议。在此文之前,人们普遍认为任意网络与随机网络的容量尺度定律是不同的,其中随机网络容量尺度定律中的 $\log N$ 部分被视为节点随机分布付出的容量代价。但此文证明,即使网络中的节点随机分布,网络容量尺度定律依然可以达到 $\Theta(\sqrt{N})$,从而消除了任意网络与随机网络容量尺度定律之间的界限。

（2）定向天线

采用波束成形的定向天线,能大幅度减少空间的共道干扰,从而显著提升网络容量。Peraki 等人[17.10]证明,采用定向天线的 Ad Hoc 网络容量最大可以获得 $\Theta((\log N)^2)$ 的增益,达到 $\Theta(N^{\frac{1}{2}}(\log N)^{\frac{3}{2}})$。

（3）多数据包接收

多数据包接收(Multi-Packet Reception,MPR)方法是指多个发射节点向目标节点发送数据,接收节点具有同时接收多个数据包的能力。这种方法是波束成形的对偶,因此也能够获得容量增益。Sadjadpour 等人的研究[17.11]表明,采用 MPR 方法,随机网络容量至少可以提升 $\Theta(\log N)$(对于协议模型)或 $\Theta((\log N)^{\frac{\alpha-2}{2\alpha}})$(对于物理模型),其中,$\alpha > 2$ 是物理模型的路径损耗衰减因子。

（4）分层协作

组合波束成形与多数据包接收的思想,采用分布式 MIMO 可以进一步提高网络容量。Ozgur 等人在文献[17.12]中证明,采用分层协作 MIMO 的方式,单节点吞吐容量几乎达到 $\Theta(1)$,由此,输运容量为 $\Theta(N)$,随着网络规模线性增长,这是一个重大突破。但是达到这个容量,需要网络进行智能分层协作,系统复杂度很高。后来 Franceschetti 等人指出[17.13],由于网络自由度限制,吞吐容量不可能高于 $O((\log N)^2/\sqrt{N})$。为了解决文献[17.12]与文献[17.13]这两个结果之间的矛盾,Lee 等人[17.14]应用麦克斯韦方程证明,在 LOS 环境下,对于静态随机网络,输运容量确实可以随网络规模线性增长。

（5）网络编码

业务发送的模式对于网络容量也有重要影响。前述方法都采用单播方式,如果采用多播方式,特别是网络编码技术,也能提升无线自组网容量。

2000 年,Alshwede 等人最早提出了网络编码(Network coding)的概念[17.15],他们证明,在单源多播网络中,通过路由器对信息组合编码能获得最大容量。网络编码自提出以来受到各国学者广泛关注,一些著名大学和研究机构纷纷开展网络编码的研究工作。

李硕彦、杨伟豪与蔡宁等人提出了线性网络编码技术[17.16],用线性编码的机制达到了网络编码的最佳效果。线性网络编码实现简单,对网络编码的应用起到关键作用。Koetter 和 Medard给出了研究网络编码容量的代数框架[17.17],Ho 把这些结构推广到随机编码情况[17.18],Lun 等人[17.19]研究了网络编码在全向天线中的情形,并表明最小通信代价问题可用线性规划问题描述,并用分布式方式解决。在网络编码理论框架逐渐完善的同时,人们也在努力推动网络编码技术在实际系统中的应用。

网络编码的基本思想是,在网络中间节点上对接收信息进行一定形式的编码处理,然后再发送,最后在信宿节点上,通过一定的处理方式译出信源发送信息。与之相反,传统通信网络的中间节点只进行存储-转发操作,没有额外的编码处理。

图 17.3 给出的是著名的蝶形网络结构传统路由模式与网络编码路由模式的对比。由图可知,对于有向无环网络,假设链路具有单位容量且无时延,给定信源节点 S,分别向信宿节点 $T_1$ 和 $T_2$ 发送消息 $a$ 和 $b$(共 2bit)。由最小割最大流定理可知,网络的容量应该为 2bit/节点。

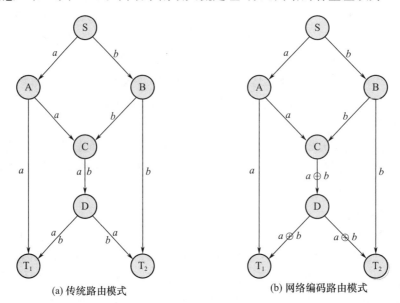

(a) 传统路由模式          (b) 网络编码路由模式

图 17.3  传统路由与网络编码路由对比

如果采用传统路由方式(如图 17.3(a)所示),由于链路 CD 是网络传输瓶颈,只能传送 1bit(消息 $a$ 或者消息 $b$),所以在单位时间内,平均每个信宿节点的吞吐量仅为 1.5bit/节点,小于网络容量。作为对比,如图 17.3(b)所示,若采用网络编码方式,在节点 C 进行消息 $a$ 与消息 $b$ 的异或编码,链路 CD 传送编码结果($a \oplus b$),则信宿节点可以利用收到的消息 $a$ 或 $b$,以及 $a \oplus b$,同时译出另外的消息 bit。这样,平均每个信宿节点的吞吐量都为 2bit/节点,达到了最大容量。

网络编码也可以应用于无线自组网。文献[17.20]将物理层网络编码应用于 Ad Hoc 网络,发现网络编码并不能够改进尺度定律,只能增大吞吐容量的比例常数。虽然从渐近意义上来看网络编码没有容量增益,但在网络规模有限时,采用网络编码仍然是一种重要的多播技术。

(6)超宽带传输

上述研究都是基于网络带宽有限的假设,如果扩展信道带宽,还能进一步增加频域自由度。Zhang 与 Hou 在文献[17.21]中证明,当带宽无限大时,吞吐容量可以达到 $\Theta(N^{\frac{q-1}{2}})$。由此可见,增加带宽对于提升 Ad Hoc 网络容量有重要意义。

(7)增加节点移动性

上述结果都是在静态 Ad Hoc 网络得到的,如果增加节点移动性,采用移动 Ad Hoc 网络,网络拓扑动态变化能够引入额外自由度,显著提升容量。Grossglauser 与 Tse 最早在文献[17.22]中提出了移动两跳中继路由机制。如图 17.4(c)所示,中继节点 A 收到信源节点的数据后,移动一段轨迹,然后转发给另一个中继节点,再运动一段轨迹最终发送给信宿节点,这样的存储—运动—转发方式,可以有效降低链路间干扰,使得吞吐容量达到 $\Theta(1)$,具有显著增益。当然,如果进一步考虑多跳与移动路由,如图 17.4(d)所示,则并非移动越快越好,需要考虑移动与多跳之间的折中,具体分析参见文献[17.8]。

(8)3D Ad Hoc 网络拓扑

增大网络拓扑维度也是一个提升容量的有效手段。Gupta 与 Kumar 等人在文献[17.23]中研究了 3D Ad Hoc 网络的吞吐容量。他们证明,在协议模型与物理模型下,吞吐容量分别为 $\Theta(N^{-\frac{1}{3}}(\log N)^{-\frac{2}{3}})$ 与 $\Theta(N^{-\frac{1}{3}})$。主要原因是网络维度从 2D 扩展到 3D 后,减少了节点间的相互干扰,从而提升了容量增益。

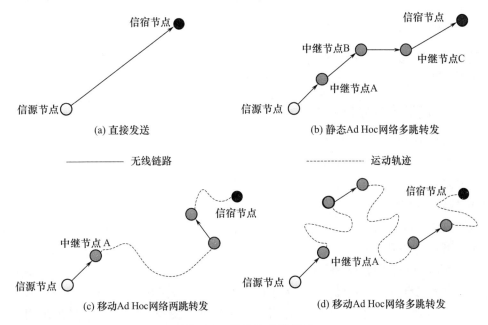

图 17.4　数据包发送策略

表 17.1 给出了提升 Ad Hoc 网络容量的策略,由表可知,路由机制、扩展空间、频率与拓扑维度,是增加网络容量的有效手段。其中,波束成形或 MIMO 与增加节点移动性是最关键的技术策略。

表 17.1　提升 Ad Hoc 网络容量的策略

| 技术与策略 | | 吞吐容量 | 相对 $\Theta((N\log N)^{1/2})$ 增益 |
|---|---|---|---|
| 功率控制 | | $\Theta(N^{\frac{1}{2}})$ | $\Theta((\log N)^{\frac{1}{2}})^{[17.9]}$ |
| 定向天线 | | $\Theta(N^{\frac{1}{2}}(\log N)^{\frac{3}{2}})$ | $\Theta((\log N)^2)^{[17.10]}$ |
| 多数据包接收 | 协议模型 | $\Theta(N^{-\frac{1}{2}}(\log N)^{\frac{1}{2}})$ | $\Theta(\log N)^{[17.11]}$ |
| | 物理模型 | $\Theta(N^{\frac{1}{2}}(\log N)^{-\frac{1}{a}}),\alpha>2$ | $\Theta((\log N)^{\frac{a-2}{2a}})^{[17.11]}$ |
| 分层协作<br>(分布式 MIMO) | | $\Theta(1)$ | 几乎 $\Theta((N\log N)^{\frac{1}{2}})^{[17.12]}$ |
| 网络编码 | | $\Theta((N\log N)^{-\frac{1}{2}})$ | 常数增益$^{[17.20]}$ |
| 超宽带(UWB) | | $\Theta(N^{\frac{a-1}{2}}),\alpha\geqslant2$ | $\Theta(N^{\frac{a}{2}}(\log N)^{\frac{1}{2}})^{[17.21]}$ |
| 增加节点移动性 | | $\Theta(1)$ | $\Theta((N\log N)^{\frac{1}{2}})^{[17.22]}$ |
| 扩展拓扑维度<br>(3D Ad Hoc) | 协议模型 | $\Theta(N^{-\frac{1}{3}}(\log N)^{-\frac{2}{3}})$ | $\Theta(N^{\frac{1}{6}}(\log N)^{-\frac{1}{6}})^{[17.23]}$ |
| | 物理模型 | $\Theta(N^{-\frac{1}{3}})$ | $\Theta(N^{\frac{1}{6}}(\log N)^{-\frac{1}{2}})^{[17.23]}$ |

### 4. 容量与时延折中

在 Ad Hoc 网络中,网络容量与业务时延之间的折中是非常重要的基本关系。不同的运动模型对于容量-时延折中有关键性影响。Ying 等人在文献[17.24]中研究了独立同分布(i.i.d.)运动模型下的折中关系。他们考虑了两种运动模式:快速移动与慢速移动。对于前者,一次单跳发送后网络拓扑就发生变化,而对于后者,在多跳发送过程中网络拓扑缓慢变化。给定时延约束

$D$,对于快速移动模式,单节点容量为 $O(\sqrt{D/N})$,而对于慢速移动模式,则单节点容量为 $O(\sqrt[3]{D/N})$。显然慢速移动容量更大。

El Gamal 等人在文献[17.25]中考虑了随机游走模型下吞吐容量与时延之间的折中关系。他们的分析表明,对于吞吐容量 $O\left(\dfrac{1}{\sqrt{N\log N}}\right)$,时延与吞吐容量的比例量级为 $\Theta(N)$。而对于其他更高的吞吐容量,比例量级为 $\Theta(N\log N)$。这些结果表明,随机游走模型下,时延与吞吐容量之间的折中是非平滑关系。

## 17.1.3　发送容量分析

尺度定律是无线网络容量分析的开创性工作,具有重要的理论意义。但这种方法只能对无线网络进行渐近分析,适用于节点充分多的网络规模,无法给出网络性能的细节特征,因此难以具体指导工程应用。Weber 等人在文献[17.26]中提出了发送容量(Transmission Capacity)的概念,基于随机几何理论[17.28][17.29],刻画了中断概率约束下的单跳成功传输性能,揭示了无线网络容量的细节特征,具有重要的理论意义与工程价值。下面简要介绍发送容量的主要内容。

**1. 网络模型与符号定义**

(1) 空间泊松点过程(PPP)模型

首先假设无线自组网由分布在无限大平面上的无限多节点构成,这样的网络模型是非协作的,即每个节点单独发送信息,不存在协作机制。不失一般性,假设节点发送数据采用 Aloha 机制作为 MAC 协议。基于上述假设,可以将 Ad Hoc 网络视为空时二维随机场在一个采样时刻的快照(Snapshot),网络节点的空间位置分布服从平稳泊松点过程(Poisson Point Process,PPP),节点强度为 $\lambda$,记为 $\Pi(\lambda)=\{X_i\}$,其中 $X_i \in \mathbb{R}^2$ 表示第 $i$ 个发射机的坐标位置。

当发射节点非协作,并且在覆盖区满足独立同分布假设与均匀分布条件时,节点位置的 PPP 模型是符合实际情况的合理分布。

进一步假设每个发射机在固定距离 $r$ 上分配一个接收机,构成收发节点对。这个假设可以放宽,但会导致理论分析复杂化,并且不影响最终结论。因此一般情况下,收发节点对之间的距离固定为 $r$。

由于网络规模无限大,而 PPP 过程是齐次的,依据随机几何理论中的 Slivnyak 定理[17.28],额外增加一对收发节点并不改变随机过程的性质,以这个典型收发节点对为参考,得到的性能可以表征整个网络的平均性能。

不失一般性,可以将参考接收机放置在原点,发射机相对距离为 $r$,如图 17.5 所示。其他收发链路对参考链路有相互干扰,参见图中的虚线。需要注意的是,因为参考接收机的性能主要受发射机影响,其他收发链路中的接收机位置无关紧要。

对于每个节点的发射功率,假设都为单位功率 $P_{\mathrm{T}}=1$。无线信道的衰落包括路径损耗与小尺度衰落,即接收信号功率表示为

$$P_{\mathrm{R}}=Hd^{-\alpha} \tag{17.1.11}$$

其中,$H$ 是信道衰落系数,$d$ 是收发链路距离,$\alpha>2$ 是路径损耗因子。信道衰落系数满足独立同分布(i. i. d.)假设。

(1) 中断概率与发送容量

在上述模型中,干扰与噪声都是叠加性的,当干扰链路充分多时,可以忽略噪声影响,由此引入信干比(SIR),并通过与链路阈值 $\beta$ 比较定义链路中断概率。

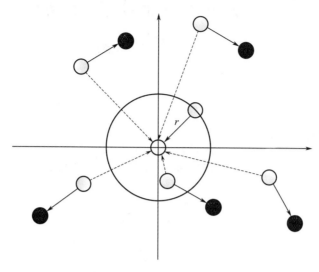

图 17.5　空间泊松点过程示例

**定义 17.8(中断概率)**：给定 Ad Hoc 网络节点强度 $\lambda$，假设参考链路通信距离为 $r$，信道衰落系数 $S$，干扰链路的衰落系数 $H_i$，链路正常工作的最低信噪比门限 $\beta$，则链路的中断概率定义为其信干比 SIR 低于门限 $\beta$ 的概率，表示如下

$$q(\lambda) \triangleq \Pr(\mathrm{SIR} < \beta) = \Pr\left(\frac{Sr^{-\alpha}}{\displaystyle\sum_{X_i \in \Pi(\lambda)} I_i \mid X_i \mid^{-\alpha}} < \beta\right)$$

$$= \Pr\left(Y > \frac{1}{\beta}\right) \tag{17.1.12}$$

其中，$Y \triangleq \dfrac{\displaystyle\sum_{X_i \in \Pi(\lambda)} I_i \mid X_i \mid^{-\alpha}}{Sr^{-\alpha}}$ 定义为位于原点的参考接收机，以接收信号功率 $Sr^{-\alpha}$ 归一化的累积干扰功率。

由此可见，中断概率实际上是累积干扰功率分布的拖尾概率。由于干扰节点位置 $\{X_i\}$ 是 PPP 随机过程，信道衰落系数 $S$ 与 $H_i$ 也是随机变量，因此中断概率是 $\alpha,\beta,\lambda,r$ 及上述三个随机变量的函数。要注意的是，中断概率 $\lambda$ 是节点强度的单调增函数。由此，可以定义 Ad Hoc 网络的发送容量。

**定义 17.9(发送容量)**：给定中断概率的目标值 $\varepsilon$，Ad Hoc 网络的发送容量定义为

$$C(\varepsilon) \triangleq q^{-1}(\varepsilon)(1-\varepsilon), \varepsilon \in (0,1) \tag{17.1.13}$$

发送容量的含义是指单位面积上成功发送数据的节点数目。其中 $\varepsilon$ 表征了网络中的业务 QoS，链路成功通信概率为 $1-\varepsilon$。

发送容量是无线 Ad Hoc 网络性能的重要度量指标，一方面它表征了网络中成功发送数据的单跳链路数目，另一方面这个指标有良好的解析性，便于理论分析，揭示无线网络的性能细节。

**2. 路径损耗下的网络容量**

首先考虑只有大尺度路径损耗的网络容量，此时信道衰落系数都为 1，即式(17.1.12)中 $S=1$ 且 $\forall i, I_i=1$。

（1）精确结果

对于强度为 $\lambda$ 的二维 PPP 过程 $\Pi(\lambda)=\{X_i\} \subset \mathbb{R}^2$，可以映射为单位强度的一维 PPP，即 $\pi\lambda$ $\mid X_i \mid^2 \sim T_i$，其中 $\mid X_i \mid^2$ 是第 $i$ 个发射机与原点的距离，$T_i$ 是等价的一维 PPP 中，第 $i$ 个节点与

原点的距离。基于这一变换,式(17.1.12)归一化干扰功率 $Y$ 可以表示为

$$Y = r^\alpha \sum_{X_i \in \Pi(\lambda)} |X_i|^{-\alpha} = (\pi\lambda)^{\frac{\alpha}{2}} r^\alpha \sum_{X_i \in \Pi(\lambda)} (\pi\lambda |X_i|^2)^{-\frac{\alpha}{2}}$$

$$= (\pi r^2 \lambda)^{\frac{\alpha}{2}} \sum_{T_i \in \Pi_1(1)} T_i^{-\frac{\alpha}{2}} \tag{17.1.14}$$

其中,$\Pi_1(1)$ 表示强度为 1 的一维 PPP 过程。

由此,相应的中断概率推导如下

$$q(\lambda) = \Pr\left((\pi r^2 \lambda)^{\frac{\alpha}{2}} \sum_{T_i \in \Pi_1(1)} T_i^{-\frac{\alpha}{2}} > \frac{1}{\beta}\right)$$

$$= \Pr\left(Z_\alpha > \frac{1}{(\pi r^2 \lambda)^{\frac{\alpha}{2}} \beta}\right)$$

$$= \overline{F}_{Z_\alpha}\left[(\pi r^2 \lambda)^{-\frac{\alpha}{2}} \beta^{-1}\right] \tag{17.1.15}$$

其中,$Z_\alpha = \sum_{T_i \in \Pi_1(1)} T_i^{-\frac{\alpha}{2}}$ 是依赖于 $\alpha$ 的随机变量,$\overline{F}_{Z_\alpha}(\cdot)$ 是其互补累积分布函数(CCDF)。使用 $\overline{F}^{-1}_{Z_\alpha}(\cdot)$ 表示逆函数,求解 $\overline{F}_{Z_\alpha}\left[(\pi r^2 \lambda)^{-\frac{\alpha}{2}} \beta^{-1}\right] = \varepsilon$,则发送容量可以表示为

$$C(\varepsilon) = \frac{\left[\overline{F}^{-1}_{Z_\alpha}(\varepsilon)\right]^{-\frac{2}{\alpha}}}{\pi r^2 \beta^{\frac{2}{\alpha}}}(1-\varepsilon) \tag{17.1.16}$$

式(17.1.15)与式(17.1.16)表明,中断概率与发送容量的计算依赖于 $Z_\alpha$ 的分布。一般地,只有 $\alpha > 2$,$Z_\alpha$ 才能收敛并具有概率分布。特别地,当 $\alpha = 4$ 时,由中心极限定理,$Z_\alpha$ 是高斯随机变量。给定标准正态分布随机变量 $Z \sim \mathcal{N}(0,1)$ 的 CDF $Q(z) = \Pr(Z \leqslant z)$,则中断概率有解析表达式,即

$$q(\lambda) = 2Q(\sqrt{\pi/2}\,\lambda\pi r^2\sqrt{\beta}) - 1 \tag{17.1.17}$$

相应地,发送容量的精确结果为

$$C(\varepsilon) = \frac{\sqrt{2/\pi}(1-\varepsilon)Q^{-1}((1+\varepsilon)/2)}{\pi r^2 \sqrt{\beta}} \tag{17.1.18}$$

对于一般的 $\alpha > 2$,中断概率与发送容量没有解析表达式,只能求上下界。

(2) 上下界

如果只考虑距离原点较近的干扰,则可以得到中断概率的下界

$$q^l(\lambda) = 1 - \exp\{-\lambda\pi r^2 \beta^{\frac{2}{\alpha}}\} \tag{17.1.19}$$

求解 $q^l(\lambda) = \varepsilon$,得到发送容量的上界

$$C^u(\varepsilon) = -\frac{(1-\varepsilon)\log(1-\varepsilon)}{\pi r^2 \beta^{\frac{2}{\alpha}}} = \frac{1}{\pi\left(\frac{r\beta^{\frac{1}{\alpha}}}{\sqrt{\varepsilon}}\right)^2} + O(\varepsilon^2),\ (\varepsilon \to 0) \tag{17.1.20}$$

上式中利用了泰勒级数展开。式(17.1.20)表明,影响发送容量的主要是半径为 $\dfrac{r\beta^{\frac{1}{\alpha}}}{\sqrt{\varepsilon}}$ 的圆内节点产生的干扰。

利用概率论中的马尔可夫不等式与随机几何中的 Campbell 定理[17.28],可以得到中断概率的上界

$$q^u(\lambda) \leqslant \lambda \pi r^2 \beta^{\frac{2}{\alpha}} + \frac{2\pi r^2 \beta^{\frac{2}{\alpha}}}{\alpha-2}\lambda = \frac{\alpha}{\alpha-2}\pi r^2 \beta^{\frac{2}{\alpha}}\lambda \tag{17.1.21}$$

求解 $q^u(\lambda) = \varepsilon$,得到发送容量的下界

$$C^l(\varepsilon) = \frac{\varepsilon}{\alpha}\frac{\alpha-2}{\pi r^2 \beta^{\frac{2}{\alpha}}} + O(\varepsilon^2), \quad (\varepsilon \to 0) \tag{17.1.22}$$

组合式(17.1.22)与式(17.1.20),可以得到发送容量的上下界

$$\frac{\alpha-2}{\alpha}\frac{1}{\pi\left(\frac{r\beta^{\frac{1}{\alpha}}}{\sqrt{\varepsilon}}\right)^2} < C(\varepsilon) < \frac{1}{\pi\left(\frac{r\beta^{\frac{1}{\alpha}}}{\sqrt{\varepsilon}}\right)^2} \tag{17.1.23}$$

类似地,也可以采用切比雪夫不等式或 Chernoff 界方法,求得相应发送容量的上下界,参见文献[17.27]。

**3. 衰落信道下的网络容量**

下面考虑信道衰落系数对于网络容量的影响。假设式(17.1.12)中 $S$ 与 $I_i$ 都服从独立同分布的瑞利信道衰落。此时累积干扰功率表示为 $Z = \sum_{X_i \in \Pi(\lambda)} H_{i0}|X_i|^{-\alpha}$,相应的特征函数为 $\mathcal{L}_Z(s) = \mathbb{E}[e^{-sZ}]$,则瑞利衰落信道下的成功发送概率等价于在 $s = \beta r^\alpha$ 处的特征函数值,即

$$\Pr(\text{SIR} > \beta) = \Pr(H_{00} > \beta r^\alpha Z)$$
$$= \int_0^\infty \exp\{-\beta r^\alpha z\}f_Z(z)\mathrm{d}z$$
$$= \mathbb{E}[e^{-sZ}]\big|_{s=\beta r^\alpha} \tag{17.1.24}$$

因此,可以得到瑞利信道下的中断概率

$$q(\lambda) = 1 - \exp\left\{-\lambda\pi r^2 \beta^{\frac{2}{\alpha}}\frac{2\pi}{\alpha}\sin^{-1}\left(\frac{2\pi}{\alpha}\right)\right\} \tag{17.1.25}$$

相应地,发送容量表达式为

$$C(\varepsilon) = -\frac{(1-\varepsilon)\log(1-\varepsilon)}{\pi r^2 \beta^{\frac{2}{\alpha}}\frac{2\pi}{\alpha}}\sin\left(\frac{2\pi}{\alpha}\right) \tag{17.1.26}$$

Nakagami 衰落信道下的中断概率与发送容量推导参见文献[17.27]。另外,发送容量也可以应用于 MIMO、功率控制、调度机制分析,具体结论参见文献[17.27],不再赘述。

## 17.1.4 两种容量分析比较

对于无线 Ad Hoc 网络,网络容量与中断概率是最重要的性能指标。理论上,如果能够确定由 $N$ 个节点组成的无线自组网的容量域,即任意给定的 $N$ 个节点,计算 $N(N-1)$ 维空间(考虑收发全双工)中所有收发节点对速率组合的凸包,显然这个网络容量域对于实际工程具有重要的指导意义。但遗憾的是,容量域计算非常困难,虽然 Toumpis 与 Goldsmith 在文献[17.30]中探讨了信息论意义上特定发送协议下的无线自组网容量,但这些工作仍然不能反映信息在无线自组网时空传送的很多关键特征。

Gupta 与 Kumar 提出的输运容量,测量的是网络端到端速率与端到端传输距离的乘积,这个指标反映了无线网络的宏观特征,但是忽略了网络配置参数对容量的影响,因此无法精确评估网络容量。在输运容量理论框架下,最重要的成果是尺度定律,它能够反映容量域随着网络节点

数目增长的规律。一般地,如果采用多跳传输,并且将多用户干扰看作叠加性噪声,则容量增长是次线性的,即 $\Theta(\sqrt{N})$。进一步地,如果假设单位面积上节点密度是常数,则输运容量为 $C(N)=\Theta(N)$,即随着节点数目线性增长。这个容量可以粗略解释为,在均匀密度的网络中,大约有 $\Theta(N)$ 个最近距离的节点对同时通信,而通信距离与数据速率近似都为 $\Theta(1)$,这样就得到了 $\Theta(N)$ 的输运容量。在此基础上,如果增加节点移动性、增大信号带宽或者采用各种协作机制,则尺度定律会有显著的改进。

Weber 等人提出的发送容量是无线自组网容量的微观度量。给定网络覆盖面积 $A(N)=\Theta(N)$,发送容量实际上是将传输容量对网络覆盖面积归一化,即 $C(N)/A(N)=\Theta(1)$,因此发送容量表征的是单位面积单位时间的单位输运能力。如果考虑收发节点对信道的通信容量,即香农信道容量$\log_2(1+\beta)$,这个信道容量的量级也是 $\Theta(1)$,精确值为 $rC(\varepsilon)\log_2(1+\beta)$。由此可见,发送容量与输运容量在量级尺度上是一致的。但是,发送容量的理论分析更细致,能够精细刻画无线网络的端到端与多跳性能,这一点是发送容量分析的优势,输运容量很难反映这些网络细节特征。

综上所述,输运容量与发送容量都是刻画无线网络容量的重要指标,它们具有互补性。输运容量描述了网络最优吞吐率的量级,用于指导 MAC 与路由技术的优化。而发送容量给出了无线网络性能的细节特征,可以对网络底层设计提供重要的指导。

# 17.2  新型无线网络架构

随着 3G/4G 移动通信与 WiFi 的普及,数据业务成为移动/无线通信的主要业务形态。原有蜂窝网络架构主要满足话音业务,不能完全适应数据业务的发展。随着云计算、大数据等计算机技术的兴起,受下一代电信网络(NGN)与下一代互联网(NGI)技术的影响,人们开始借鉴计算机网络技术,突破传统蜂窝网络结构,设计各种新型无线网络架构。本节主要介绍三类典型的新型无线网络架构。首先介绍无线云计算(WCC)与云无线接入网(C-RAN);其次介绍无线边缘计算(WEC)的三种结构,包括雾无线接入网(F-RAN)、片云(Cloudlet)及移动云计算(MEC);最后简要说明认知无线网络的基本原理。

## 17.2.1  云计算架构

云计算(Cloud Computing)是最近 20 年计算机领域的重要创新技术。人们将云计算应用于无线/移动网络,提出了移动云计算架构与云无线接入网(C-RAN),下面简要介绍其基本原理。

**1. 移动云计算**

移动云计算(MCC)[17.31][17.32]的设计思想来源于计算机网络的两层架构,即客户端-服务器(Client-Server,CS)架构,如图 17.6 所示。

如图所示,移动云计算一般指移动通信网络与云计算的集成架构,采用集中式架构,将计算资源、存储资源与无线资源进行整合与高效利用。当很多复杂信号处理任务在移动终端难以完成,或者虽然能在终端执行但功耗与成本太大时,这些任务就可以转移到云端,通过服务器集群完成,并将处理或计算结果返回给终端。

一般地,移动云计算的主要技术优势体现在两个方面。

(1) 计算迁移提升应用性能

由于采用了集中式的 CS 架构,可以将密集型的计算任务从移动终端迁移到资源丰富的云端或服务器集群上完成。基于云计算架构的计算迁移,能够增强移动应用性能,减少移动终端的电池耗电。

（2）云端存储减少终端开销

另一方面，移动终端存储空间有限，采用本地存储方式难以满足业务数据的海量存储要求。采用云端存储方式，可以有效节省移动终端存储开销，并且便于实现数据共享或文件共享。

目前移动云存储已经应用于多个领域，包括电子商务、电子医疗、网上教育、社交网络、手机游戏、文件共享、移动搜索等。

当然，移动云计算面临的主要问题是，云端网络与移动终端的远程传输距离，必然引入长时延，并且传输带宽受限。这些约束导致业务处理与响应速度受到影响，限制了 MCC 应用于低时延实时处理业务。

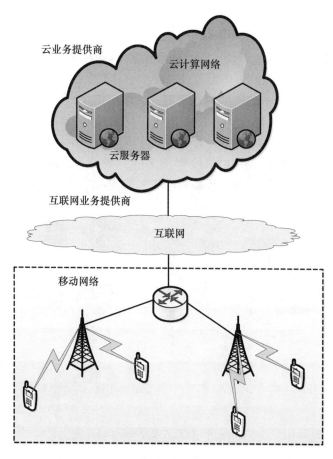

图 17.6　移动云计算架构

**2. 云无线接入网**

无线接入网（Radio Access Network，RAN）是移动运营商赖以生存的重要资产，它可以向用户提供 7×24 小时不间断、高质量的数据服务。传统的无线接入网具有以下特点：

● 每个基站连接若干数量的扇区天线，并覆盖小片区域，只能处理本小区的收发信号。

● 由于同频干扰抑制了系统容量，各个基站独立工作难以进一步提高频谱效率。

● 基站处理通常基于专有平台，灵活性不足。

这些特点导致传统 RAN 网络运行的如下挑战：

● 数量巨大的基站意味着高额的建设投资、站址配套、站址租赁及维护费用，建设一张移动通信网络，资本和运营开支巨大。

● 随着城市发展,潮汐效应越来越普遍,现有基站的实际利用率仍然很低。一般而言,网络平均负载远低于忙时负载,但基站间不能共享处理能力,也很难提高频谱效率。

● 移动运营商在日常维护时,需要更多的人力资源和资金开销来保障与维护多个互不兼容的专有平台。

● 为了满足移动数据业务增长需求,运营商需要同时运营多标准网络,包括 GSM、WCDMA、LTE 及 5G NR 等。专有平台使得运营商无法获得灵活性和主动性。

受移动云计算思想启发,中国移动研究院最早提出了云无线接入网(Cloud Radio Access Network,C-RAN)方案。C-RAN 网络是一个实时处理的云型基础设施,由基于集中式基带处理池(Base band Unit,BBU)和远端无线射频单元(Remote Radio Head,RRH)组成,是一个协作式的无线网络。

(1) C-RAN 的网络架构

C-RAN 网络基于分布式基站架构。所谓分布式基站,是将基带处理部分与射频处理分离开来,BBU 包括机房中的机架和处理板等设备,RRH 指室外或者拉远放置于楼顶的设备。较之传统架构,分布式架构有着建设方式灵活、对机房资源需求小、节能等优点。

分布式基站功能结构如图 17.7 所示。如图所示,基站的信号处理在基带与中频界面处分离,基带信号处理、主控和时钟为 BBU,中射频处理为 RRH。BBU 集中了所有基站的数字信号处理单元,包括物理层基带处理、高层协议处理、主控及时钟等,通过高速光纤接口连接分布式的远端射频单元。RRH 仅负责数字-模拟转换后的中频收发功能。

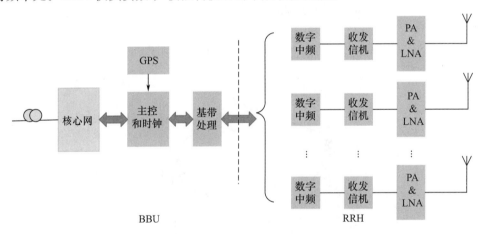

图 17.7　分布式基站功能结构

C-RAN 网络架构[17.34][17.35]如图 17.8 所示,主要的部分包括:由 RRH 和天线组成的分布式无线网络,高带宽低延迟的光传输网络(称为 Front-haul),由高性能通用处理器和实时虚拟技术组成的 BBU。

● 协作式无线射频单元。分布式的远端无线射频单元提供了一个高容量、广覆盖的无线网络。由于这些单元灵巧轻便,便于安装维护,系统的资本支出(Capital Expenditures,CAPEX)和运营成本(Operating Expense,OPEX)很低,因此可以大范围、高密度地使用。

● 高可靠光传输网络。高带宽低延迟的光传输网络需要将所有的基带处理单元和远端射频单元连接起来。基带池由高性能的通用处理器构成,通过实时虚拟技术连接在一起,集合成异常强大的处理能力,为每个虚拟基站提供所需的处理性能。

● 集中式基带处理池。集中式的基带处理大大减少了对基站站址的机房的需求,并使资源聚合和大范围协作式无线收发技术成为可能。

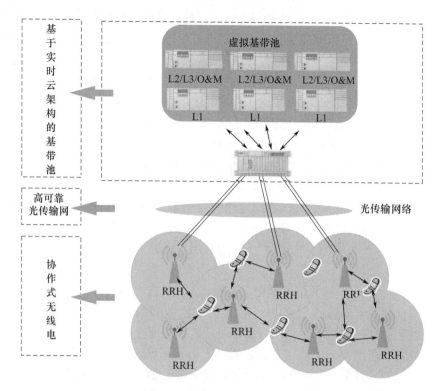

图 17.8　C-RAN 网络架构

（2）C-RAN 与传统组网技术比较

在 4G 以后的蜂窝网络中,为了提高传统无线接入网的性能,往往联合采用 HetNet、Small Cell、CoMP 等组网技术。C-RAN 与传统组网技术的比较分析如表 17.2 所示。

**表 17.2　C-RAN 与传统组网技术的比较分析**

| 典型系统 | 网络结构 | 信息处理方式 | 网络维护成本 | 优缺点比较 |
|---|---|---|---|---|
| HetNet | 部分分布式 | 半分布式处理,其中,微基站、微微基站各自分布式处理,宏基站集中控制 | 中等 | ■ 宏基站/微基站联合处理<br>■ 提升网络容量<br>■ 增加覆盖率<br>■ 网间安全问题 |
| Small Cell | 全分布式 | 全分布式协作处理 | 中等 | ■ 提供全方位甚至室内的充分覆盖<br>■ 提高数据传输速率<br>■ 降低资本支出<br>■ 部署位置和数量多变,不利于网络规划管理 |
| CoMP | 部分集中式 | 相邻小区分布式,协作集中集中式处理 | 较高 | ■ 分布式天线,可扩展性好,提升小区边缘用户的吞吐量<br>■ 回程链路良好情况下,较好地折中系统性能和开销<br>■ 带来较多控制信息的开销 |
| C-RAN | 全集中式 | RRH 分布式收集,BBU 集中式处理 | 较低 | ■ 节约能耗<br>■ 提高网络容量<br>■ 光纤链路容量<br>■ 前传链路开销大<br>■ 接口带宽限制 |

LTE 引入的异构无线网络（HetNet）由大功率发射基站（Macrocell）和一系列小功率发射基

站(如 Microcell、Picocell)组成,采用半分布式处理。和仅部署宏基站的传统同构无线网络不同,异构网络小区边缘的用户可以被周围部署的小功率基站服务,从而提高小区边缘用户的服务质量,各类基站的联合处理提升了网络容量,增加网络覆盖率。但与此同时,异构网络中小功率基站的加入增加了额外的小区间干扰,需要更多地关注消除此类干扰的技术。

Small Cell 网络由上百个低功率的发射天线组成,这些发射天线可以有多种配置方式。例如,协同部署在同一个基站上,分布在建筑物表面或者分布在不同地理位置上,使得 Small Cell 网络可以提供更高的数据传输速率,提高链路可靠性,提供室内充分覆盖。但全分布式天线的网络结构加大了网络维护成本,小功率基站部署位置和数量多变,导致能耗较高,不利于网络规划和管理,这是阻碍该系统实际应用的一个难题。

CoMP 采用多点协作的传输方式,不同地理位置的基站对信号进行集中式传输及处理。这种整体分布式、局部集中式的网络拓扑结构使组网更加灵活,覆盖范围更加广泛,消除了部分小区间的干扰,提升了小区边缘的吞吐量,对小区边缘用户的通信质量有一定改善。CoMP 传输有两种模式,一种为联合传输(Joint Transmission,JT)模式,另一种为协作波束成形(Coordinated Beamforming,CB)模式。JT 模式的性能增益一般比 CB 模式要高,但是以大量回程链路开销为代价,JT 模式不仅共享信道信息,还共享传输信号信息。在回程链路良好的情况下,采用 CoMP 技术,在提高性能的同时降低开销。然而,如果回程链路不理想,存在时延、抖动、时频偏等问题,则会影响系统性能。虽然 CoMP 技术在一定程度上提升了系统吞吐量,但 CoMP 相对于其他技术,网络维护成本较高,且采用 JT 模式的回程链路信令开销较大。综上所述,CoMP 技术适用于回程链路比较理想、小区分布不规则、小区边缘相对复杂且用户分布实时变化的场景。

与传统无线接入网不同,C-RAN 架构直接从网络结构入手,以基带集中处理方式共享处理资源,减少能源消耗,提高基础设施利用率。其技术优势总结如下。

● 大量减少机房数量,可以显著减少机房内空调耗电和碳排放量。

● RRH 单元到用户的距离由于高密度配置而缩小,在不影响网络整体覆盖的前提下,可以降低网络侧和用户侧的发射功率。

● 虚拟基站可以在基带池中共享全部通信用户的接收和发送信息、业务数据和信道质量等信息。这使得联合处理和调度得以实现,从而显著提高系统频谱效率。

当然,如果回程链路比较理想,在传统无线接入网中采用 CoMP 技术,系统性能和开销能够获得最优折中。这种情况下,由于前传链路开销很大,C-RAN 成本较高,不具有比较优势。因此,C-RAN 适用于前传链路开销较小的场景,如具有光纤的城市商业区、大学校园等。

(3) C-RAN 面临的技术挑战

C-RAN 构架在系统费用-容量和灵活性等方面都显示出传统无线接入网所没有的优势。但它同时也带来一些技术上的挑战,总结如下。

● 多点传输实用化的技术挑战

为了支持协作式多点处理技术,用户数据和上行/下行信道信息都需要在多个(虚拟)基站之间共享。在这一接口上传输的信息包括终端用户数据包、终端信道反馈信息、虚拟基站的调度信息等,因此,虚拟基站之间的接口必须支持高带宽、低延迟传输以保证实时的协作处理。

● 前传链路有效实现的技术挑战

前传链路(Front-haul)指中心化基带控制器组成的新型网络架构和 RRH 之间的连接,是实现 C-RAN 的要素之一,对于降低 C-RAN 的建设成本、功耗、维护费用等非常重要。C-RAN 中为实现高效前传链路连接,要求 BBU-RRH 之间的信号传输满足高带宽、低延迟、高可靠性、低成本,需要研究各种降低接口传输负载的数据压缩技术。

● RRH 光纤链路及接口的技术挑战

由分布式 RRH 和集中式 BBU 组成的 C-RAN 构架,意味着在 RRH 和 BBU 之间采用的光纤传输连接基带处理模块和远端无线模块,必须能够承载大量的实时基带采样信号。由于移动宽带与多天线技术的普遍应用,光传输连接带宽可达到 10Gbps,并且有严格的传输时延和时延抖动要求。如何实现低成本、高带宽、低延迟的无线信号光纤传输将成为 C-RAN 应用的一个关键挑战。

### 17.2.2　边缘计算架构

MCC 架构采用集中式处理,存在接入与处理瓶颈。为了解决这个问题,近年来,人们提出了边缘计算(Edge Computing)架构。通过将云端的部分计算能力下沉到网络边缘,采用分布式处理架构,边缘计算能够有效克服移动云计算的局限,进一步提升网络性能。无线网络中应用边缘计算主要有三类架构:雾计算(Fog Computing)、片云(Cloudlet)及移动边缘计算(MEC)。下面简要介绍这三种架构的特点。

**1. 雾计算架构**

雾计算是一种应用于物联网的边缘计算架构,最早由思科公司提出[17.38]。其网络架构如图 17.9所示。

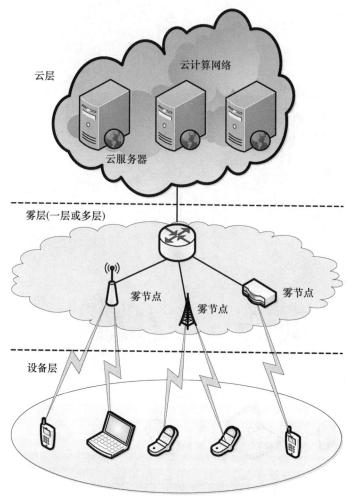

图 17.9　雾计算网络架构

雾计算的名称来自对云计算的类比,雾比云更接近网络边缘与终端。由图可知,雾计算网络是三层或多层结构,中间的雾层可以包含一层或多层雾节点,物联网传感器主要接入各层的雾节点,就近完成存储与处理,因此雾计算是全分布式网络架构。其中,雾节点可以是网关、接入点或交换机,作为云与端之间的代理,构成雾抽象层。雾节点支持全连接,它们需要交互的网络上下文关联信息中等。

雾计算的主要特点是在多个终端或边缘设备之间可以协作,用于处理与存储物联网节点信息。雾计算可以看作是将核心网与数据中心的一部分扩展到网络边缘,由于引入了中间的雾层,云与终端之间能够灵活地分配通信、计算与存储任务。因此,与云计算相比,由于采用分布式结构,雾计算在存储、计算与控制等三个维度有优势。

如果将雾计算集成到 C-RAN 网络中,就可以形成雾无线接入网(Fog RAN),细节参见文献[17.39],不再赘述。

### 2. 片云(Cloudlet)架构

片云概念是由美国卡内基梅隆大学团队提出的[17.40],它可以在 WiFi 网络或蜂窝网络中部署,网络架构如图 17.10 所示。片云的关键特点是支持边缘节点的实时应用,以及终端移动时边缘节点之间的虚拟机映像切换[17.38]。

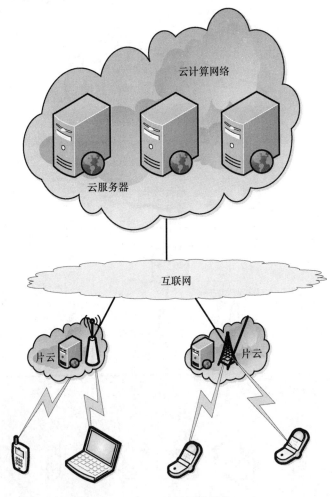

图 17.10　片云网络架构

片云网络也是一个三层结构,包括设备、片云和云。片云节点可以是数据中心,部署在 WiFi

接入点或移动基站,放置在室内或室外。片云支持代理功能,节点之间部分连接,需要交互的网络关联信息较低。

为了支持实时业务,如端到端时延小于1ms,则要求片云与终端之间的距离不超过300km。在实际网络中,片云往往尽量贴近终端部署,以满足低时延要求。为了克服单个片云处理能力的限制,可以在不同片云之间进行协作,进一步提高网络服务能力。

**3. 移动边缘计算(MEC)架构**

移动边缘计算(MEC)是ETSI白皮书提出的网络架构[17.41],如图17.11所示。MEC包含5类组件,如表17.3所示。

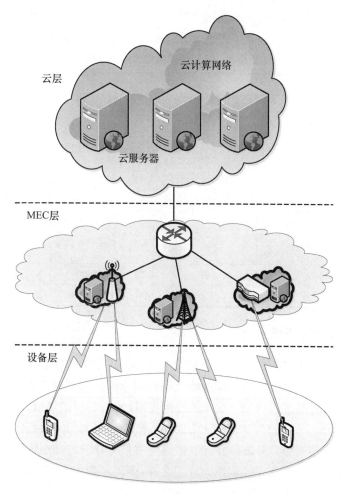

图17.11　移动边缘计算架构

表17.3　MEC架构中的组件功能

| 组件名称 | 功能描述 |
| --- | --- |
| 预置组件 | 单独运行,访问本地资源 |
| 邻近组件 | 在距离最近的位置部署 |
| 低延迟组件 | 辅助终端设备接入最近的边缘服务器,降低延迟 |
| 位置相关组件 | 位于本地接入网,收集每个设备的位置信息 |
| 网络上下文信息组件 | 通过不同应用收集网络状态信息 |

如图所示,MEC网络是三层结构,包括云层、MEC层与设备层,其中MEC层主要由MEC

服务器构成,部署在宏基站中。MEC 节点之间采用部分连接,相互之间的交互信息量较高。MEC 服务器直接处理用户请求,或者将用户请求转发到远端的数据中心或内容分发网络(CDN)进行处理。MEC 将云计算能力引入无线接入网,增强了网络的计算能力,避免系统瓶颈,其技术优势总结如下。

- 通过在 MEC 服务器之间进行有限的数据迁移,MEC 架构能够完成低时延与高带宽计算任务,与此相反,由于采用集中式处理,MCC 往往难以满足低时延要求。
- 采用 MEC 架构,将密集的计算任务迁移到资源丰富的外部系统,这样可以有效降低网络能耗,增加用户设备的电池寿命。
- MEC 架构采用分布式虚拟服务,显著增加了业务的灵活性与可靠性。

我们将 4 种移动计算架构,包括 MCC、MEC、雾计算、片云的特点总结在表 17.4 中。

**表 17.4  移动计算架构的特点总结**

| 条目 | MCC | MEC | 雾计算 | 片云 |
|---|---|---|---|---|
| 方案提出者 | N/A | ETSI | 思科公司 | 卡内基梅隆大学 |
| 分层结构 | 两层 | 三层 | 三层或多层 | 三层 |
| 时延 | 高 | 低 | 低 | 低 |
| 数据所有方 | 集中式处理,云业务提供商负责 | 移动运营商 | 分布式雾节点所有方 | 本地运营方 |
| 共享规模 | 大规模 | 中等规模 | 小规模 | 小规模 |
| 部署位置 | 大数据中心 | RAN | 设备与数据中心之间 | 设备与数据中心之间或设备内部 |
| 网络关联信息 | 无 | 高 | 中等 | 低 |
| 节点协作 | 无 | 无 | 有 | 无 |

### 17.2.3  认知无线网络

随着无线/移动业务速率的递增和新业务的涌现,对无线频谱的需求不断增加。与此同时,大多数无线频段已经分配殆尽,找出新的频段支持新业务或提高现有业务速率变得越来越困难。另一方面,美国联邦通信委员会(FCC)发布的报告表明,所谓的频谱短缺问题只是一个频谱接入方法的问题。2002 年,FCC 在美国亚特兰大、新奥尔良等城市测试了无线频谱的使用情况[17.46]。结果显示,在超高频(UHF)频段上,频谱使用具有较强的动态性。另外,频谱中存在大量的空白段,大部分频谱未得到充分利用。除此之外,美国加州大学伯克利分校无线研究中心的研究人员对 6GHz 以下频谱使用情况进行了测试[17.47],结果如图 17.12 所示。结果表明,无线频谱使用率较高的频段集中在 2GHz 以下,2~3GHz 频段上的使用率不足 0.5%,而 3~4GHz 频段的使用率甚至更低,只有 0.3%。以上的频谱使用率测量结果和频谱短缺的现状形成鲜明对比,事实上,还有大量频谱未被使用,频谱的使用效率仍有极大的提升空间。

从当前频谱利用现状可以看出,无线网络面临的频谱资源短缺的问题不仅来源于有限的物理频段,更重要的是,在目前的静态频谱分配政策下,任何一个无线网络都只能使用预先分配的频段,而大多数无线网络未能充分利用其频谱资源,少数拥塞的网络又不能使用未经授权的频段,导致频谱短缺与频谱利用率低的矛盾日益凸显。

**1. 认知无线电**

为了解决上述问题,1999 年,Joseph Mitola 提出了认知无线电(Cognitive Radio,CR)技

术[17.48]，得到了广泛认可。在文献[17.49]中，Mitola 定义了一种无线电知识描述语言（RKRL），便于认知无线电系统提高网络和业务的灵活性。随后，在他的博士学位论文[17.50]中，Mitola 给出了认知无线电的定义。

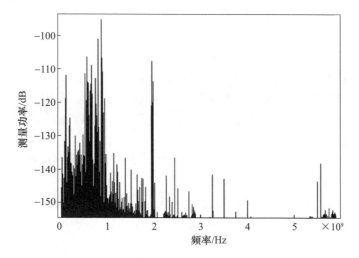

图 17.12　加州大学伯克利分校测试的无线频谱使用率测量情况

**定义 17.10(认知无线电)**：所谓认知无线电，是指在自学习系统中具有说明性和过程性知识的无线电系统。具体而言，认知无线电是软件无线电（SDR）的扩展，它能根据外界环境的变化，通过智能的计算来获得用户的需求，并对通信参数和功能进行重配置，以提供对无线电资源最有效的利用及无线业务的最佳服务。

认知无线电与软件无线电本质区别在于，前者能够根据外界环境的变化，通过学习进行智能决策，从而优化自身的参数配置，作用于外部环境。这一系列操作是通过"认知环"模型定义的。图 17.13 给出了 Mitola 的认知环模型，包括观察（Observe）、定位（Orient）、计划（Plan）、决策（Decide）、行动（Act）和学习（Learn）6 个阶段，因此通常也称为 OOPDAL 认知环。这个过程描述了认知无线电如何通过对外部环境的观察，对环境及其自身的状态进行定位，并据此进行计划、决策和行动的一系列过程。另外，机器学习能力存在于该过程的各个阶段，便于认知环根据以往的操作不断优化自身模型内部参数以达到各阶段的最优处理。

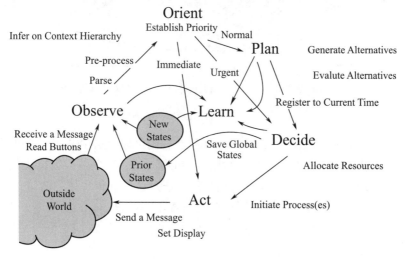

图 17.13　认知环模型

OOPDAL 认知环的处理流程描述如下：

● 认知无线电首先通过解析收到的信息流观察外部环境,这些信息流能反映外部环境的特征,主要包括无线电广播、短距离无线电广播和无线局域网信号等。

● 在观察阶段,认知无线电能够通过位置、温度和光线等传感器获得的信息来推断用户所处的环境。

● 在获得外部环境信息后,认知无线电通过外部刺激的优先级来进行自身的定位。例如,电力故障将立即触发行动阶段的响应;网络中不可恢复的信号丢失会引发通信资源的重新分配,在这种紧急情况下,认知无线电将直接进入决策阶段,通过解析外部无线环境来搜索可用的射频信道;更常见的情况是,认知无线电在收到网络消息后将产生计划,既包括制定计划本身,也包括一些对偶然事件的推理。

● 在决策阶段,认知无线电从计划阶段获得的候选计划中选择一个最佳方案,便于在下一个阶段(即执行阶段)中进行操作。

● 学习阶段贯穿于观察、计划、决策阶段中,它与这三个阶段紧密相关,可以通过观察决策后的状态评估当前系统的有效性,并指导计划的制定。

### 2. 认知无线网络

基于认知无线电技术,一种全新的网络结构模型——认知无线网络(Cognitive Radio Network,CRN)应运而生。在认知无线网络中,多个异构网络工作于同一频段,这些异构网络通常可分为两种类型——主网络和次网络。主网络中的用户(即主用户,PU)是该频段的授权用户,它们有频段优先使用权;而次网络中的用户(即次用户,SU)具有较低的频谱使用优先级,它们只能在不影响主用户通信的前提下使用频谱。图 17.14 给出了认知无线网络的结构示意。

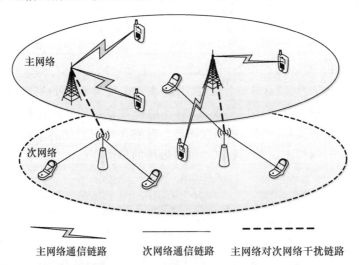

图 17.14  认知无线网络结构

如图所示,通常,次用户是具有认知能力的用户,它们可以充分利用其认知能力来确保主用户的正常通信。这里的认知能力指的是认知用户能够通过感知、学习与智能决策来适应外部环境的变化。在认知无线网络中,一般假设次用户能够通过认知获得主用户的信息。例如,次用户可以通过监听主用户的信标帧来获知主用户存在与否,或者通过学习、反馈等方式获得主次用户之间信道增益的信息,或通过学习获得主用户的码本,并据此解码得到主用户发送的消息。

根据认知能力的不同,可将认知无线网络的频谱接入方式分为 Interweave 频谱接入、Underlay 频谱接入和 Overlay 频谱接入三种[17.51]。次用户可以根据获得的边信息不同来选择不同的频谱接入方式,与主用户共用一段频谱。

1）Interweave 频谱接入

在 Interweave 频谱接入方式中,次用户周期性地监听无线频谱,智能地检测出频谱中各部分的占用情况,获得没有被主用户占用的"频谱孔"位置。所谓"频谱孔",也称为"空白段",是指无线频谱中已被分配给某个网络但未被使用的频段。它是一定时间段内未被使用的频谱空白,随时间和地理位置的不同而变化。在认知无线网络中,次用户可以机会性地利用频谱孔进行通信,从而避免了对主用户的干扰。Interweave 频谱接入方式只要求次用户获得主用户活跃状态的边信息,对次用户认知能力要求较低。

2）Underlay 频谱接入

在 Underlay 频谱接入方式中,次用户需要知道主、次用户之间的信道增益信息,因而次用户可以计算出其发送信号对主用户的干扰。在这种频谱接入方式下,次用户可以控制其通信方式,保证对主用户的干扰低于一个可以接受的固定门限。这个门限,通常称为"干扰温度"。次用户的通信方式可以包括降低发射功率（适用于短距离通信）,采用方向性天线避免对主用户的干扰,或者通过超宽带扩频通信的方式降低对主用户的干扰。

3）Overlay 频谱接入

在 Overlay 频谱接入方式中,次用户能够获得主用户通信的码本以及主用户的消息,对主用户进行协作传输,采用先进的编码技术避免次用户受到主用户的干扰。相比 Interweave 和 Underlay 频谱接入方式,Overlay 频谱接入方式要求次用户具有最高的认知能力。在获得主用户码本及消息的条件下,次用户链路能够以互不干扰的形式与主用户链路同时工作,最大限度地利用频谱资源。

**3. 标准化进展情况**

为充分利用认知无线电的技术优越性,IEEE、ETSI 等国际标准化组织已经致力于认知无线网络的相关标准制定。其中几个重要的标准为 IEEE 802.22、IEEE 1900.4 和 ETSI RRS。

IEEE 802.22 是首个基于认知无线电的空中接口标准,适用于没有 VHF/UHF 频谱使用许可的通信设备。在 IEEE 802.22 标准下,用户可以充分利用 VHF/UHF 广播电视频段中的频谱孔进行通信,同时避免对同频段下广播电视业务的干扰。另外,IEEE 802.22 标准引入了认知平面以实现频谱感知、动态频谱管理等核心功能。

IEEE 1900.4 由 IEEE 标准委员会发布,致力于提升多无线接入技术环境下的系统性能和服务质量,因而适用于工作在频谱空白段上基于动态频谱接入的认知无线网络。IEEE 1900.4 标准的核心功能包括动态频谱分配、动态频谱共享和分布式无线资源优化,能够实现认知无线网络等异构环境下的网络重配置和高效资源管理。

ETRI 可重配置无线电系统(RRS)是适用于认知无线电的通用标准,它的核心思想是解决异构网络之间的互通性问题。在 ETRI RRS 标准下,用户和网络设备能够通过重配置无线参数来实现不同无线接口网络下的设备互通,促进异构网络融合。

# 17.3 物 联 网

物联网(Internet of Things,IoT)是一种典型的分布式传感器网络,在智能交通、智慧城市、智慧农业、工业互联网等众多领域有广泛应用。5G 移动通信的三大典型场景之一——mMTC 就是典型的物联网场景。本节首先比较与分析信息物理系统与物理网的关系,然后简要介绍物联网架构,最后介绍 4 种代表性的物理网实现方案——NB-IoT、ZigBee、LoRaWAN 及 DASH7。

### 17.3.1  信息物理系统与物联网

信息物理系统(Cyber-Physical Systems,CPS)与物联网(Internet of Things,IoT)有密切关联,下面分别介绍各自的特点。

**1. 信息物理系统**

**定义 17.11**  信息物理系统(CPS)是指应用现代计算与通信技术,有效集成信息与物理单元构成的系统,实现人类社会、信息空间与物理世界的密切交互。CPS 强调信息单元与物理单元的交互(Interaction),目的是经由信息单元,实现物理单元的安全、有效和智能监测与控制。

在 CPS 中,Cyber 是指采用现代感知、计算与通信技术,对物理单元进行有效检测与感知,而 Physical 是指真实世界中的物理实体,System 反映了应用对象的复杂性与多样性。一般地,CPS 包含多个异构分布式子系统,类似于 IoT,CPS 也可以应用于多个领域,如智能交通、智能电网等。

信息物理系统的架构如图 17.15 所示,一般为三层结构:传感/执行层、通信层与应用层,针对特定应用场景,从下到上构成了垂直结构。

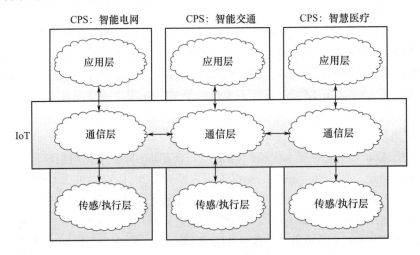

图 17.15  信息物理系统架构

**2. 物联网**

**定义 17.12**  物联网(IoT)是采用现代信息技术,连接海量设备用于监测与控制的网络基础设施。物联网强调的是设备间的连接,主要目标是通过连接各种设备网络,实现跨越异构网络的数据收集、资源共享、分析与管理。基于这样的网络基础设施,能够提供可靠、有效、安全的业务。

因此,物联网是水平结构,更强调将所有 CPS 应用的通信层集成,如图 17.15 所示,实现异构网络的互联。

**3. CPS 与 IoT 的比较**

CPS 与 IoT 有很多相似之处,它们的共性特点总结如下:

● 两种系统目标相似,都是为了实现信息空间与物理世界之间的交互或连接。

● 两种系统采用的技术手段类似,都是通过智能传感设备,采集与测量系统或场景中物理单元的状态信息。

● 两种系统的交互机制类似,都是通过有线或无线通信网络,将测量的状态信息进行传输与共享。

● 两种系统的输出类似,对状态测量信息进行分析后,都能够提供安全、有效与智能的服务。

两种系统的应用有很多类似场景,例如智能电网、智能交通、智慧城市等。

CPS 与 IoT 有诸多相似之处,但它们之间也存在显著差异。

(1) 系统结构差异显著

CPS 系统采用垂直架构,传感/执行层采集实时数据并执行指令,通信层将数据从底层上传到高层,并将信令从高层下发到底层,而应用层进行数据分析与决策。可见,CPS 系统的三层结构往往针对应用场景设计的专用方案。

与之相反,IoT 网络的基本目标是实现连接,这里的连接不限于物理连接,更多的是通过控制平面(接口、中间件、协议等),实现底层数据在异构网络之间传输与共享。因此,IoT 是更通用的异构通信平台,其控制平面比 CPS 复杂,要考虑多种场景、多种网络与应用的集成。

(2) 业务应用要求不同

简言之,CPS 是针对特定场景设计的专用系统,而 IoT 是针对多应用场景的异构网络基础设施。它们都要求提供实时、可靠与安全的数据传输,但 CPS 的基本目标是实现有效、可靠、可执行的实时控制,而 IoT 的基本目标是实现资源共享与管理、数据共享与管理,提供跨网络接口、海量数据收集与存储,具有数据挖掘、数据汇聚以及信息提取功能,提供高质量的业务 QoS。

### 17.3.2  IoT 网络架构

一般地,IoT 的网络架构可以为三层或四层,其如图 17.16 所示。根据 ITU-T 规范 Y. 4455[17.52],IoT 的参考架构包括四层:感知层、网络层、业务层与应用层(SSAS),并且具有管理能力与安全能力。

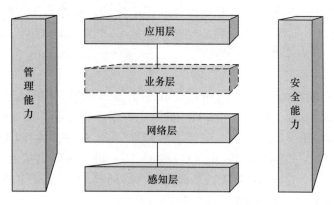

图 17.16  IoT 网络架构

(1) 感知层

感知层是 IoT 的最底层,通过智能设备,如 RFID、传感器、执行装置等,与物理单元进行信息交互。这一层的主要目的是将设备接入 IoT 网络,测量、采集与处理设备或节点的状态信息,通过层间接口向高层传输处理数据。

(2) 网络层

网络层在 IoT 架构中是中间层,用于接收感知层处理的信息,确定数据与信息到 IoT 集线器、设备与应用的路由。网络层是 IoT 架构中最重要的协议层,因为各种网络设备,包括集线器、交换机、网关、云计算中心等,以及各种通信技术,如蓝牙、WiFi、LTE 等,都需要在这一层进行集成。网络层通过接口与网关,采用不同的通信技术与协议,在异构网络中传输数据与信令。

(3) 业务层

业务层也称为接口层或中间件层,位于网络层之上,通过接口与协议,用于连接应用中的不同功能单元,也即业务。通过协调业务的数据流,复用组件的软件与硬件,业务层提高了 IoT 架构的灵活性。一般地,业务层由业务发现、业务复合、业务管理与业务接口等模块构成。业务发现模块用于发现合适的业务请求。业务复合模块用于连接对象之间的交互,将业务数据分解或集成,满足业务处理要求。业务管理模块用于管理和确定可信机制,匹配业务请求。业务接口模块用于支持所有业务之间的交互。

（4）应用层

应用层也称为业务层,是 IoT 架构的最上层,它接收来自业务层的数据,基于这些数据提供业务与操作。例如,应用层为数据备份提供存储业务,或者为了分析接收数据预测未来物理设备状态而提供分析业务。这一层提供不同类型的各种应用,有不同的应用场景,包括智能交通、智能电网、智慧城市等。

（5）管理与安全

管理与安全功能与其他 4 层相互垂直,具体而言,包括设备管理、本地网拓扑管理、业务与拥塞管理等。安全方面,主要考虑数据的可信度、完整性、可用性,设备的鉴权与认证,用户数据的隐私保护等。

## 17.3.3　典型实现方案

IoT 架构的实现包括中短距离通信与低功率广域网（Low-Power Wide Area Network, LP-WAN）两类方案。对于前者,典型技术包括 ZigBee 与 WiFi,主要满足短距离、局域网场景下的低功耗接入。而对于后者,可以满足大范围海量节点低成本互联需求。一般地,LPWAN 技术可以分为两类:授权频段连接技术与非授权频段连接技术。前者的代表性技术包括 NB-IoT、LTE Cat-M、EC-GSM-IoT 等,后者的代表性技术包括 LoRaWAN、D7AP、SigFox、Wi-SUN 等。下面简要介绍其中一些典型技术的特点。

**1. ZigBee**

ZigBee 是 IEEE 发布的短距离低功耗无线通信技术标准,正式名称为 802.15.4,包括 802.15.4k 与 802.15.4g 两个标准。802.15.4k 是一个低能耗关键基础设施检测网络标准,工作在 ISM 频段（Sub-GHz 与 2.4GHz）,主要采用 DSSS 与 FSK 两种物理层技术,MAC 层采用 CSMA/CA、CSMA 与 Aloha-PCA（Priority Channel Access）三种随机接入方式,采用星形结构组网。802.15.4g 是一个低数据速率无线智能测量网络标准,采用 FSK、OFDMA 以及 OQPSK 传输技术。这两种标准的配置与参数如表 17.5 所示。

表 17.5　IEEE 802.15.4 标准配置与参数

| 标准 | 802.15.4k | 802.15.4g |
|---|---|---|
| 调制方式 | DSSS、FSK | FSK、OFDMA、OQPSK |
| 工作频段 | ISM Sub-GHz 与 2.4GHz | ISM Sub-GHz 与 2.4GHz |
| 数据速率 | 1.5kbps～128kbps | 4.8kbps～800kbps |
| 通信距离 | 5km（城区） | 数千米 |
| 信道/正交信号数目 | 多信道,依赖信道与调制方式 | |
| 前向纠错编码 | 未规定具体编码方式,可以自定义 | |
| MAC 接入机制 | CSMA/CA<br>CSMA 或 Aloha-PCA | CSMA/CA |
| 网络拓扑 | 星形 | 星形、网状、P2P |

| 标准 | 802.15.4k | 802.15.4g |
|---|---|---|
| 载荷长度 | 2047 字节 | 2047 字节 |
| 安全加密算法 | AES-128 | AES-128 |
| 电池寿命 | 6～24 个月 | 6～24 个月 |

作为一种短距离无线通信技术,ZigBee 在 IoT 场景中有广泛应用,但其主要问题是覆盖距离较小。由于采用网状网结构,组网复杂度随着终端数目显著增长,因而不适用于长距离低功耗覆盖。ZigBee 无法支持海量节点接入,限制了其应用范围。

**2. NB-IoT**

窄带物联网(Narrow Band Internet of Things,NB-IoT)[17.55]属于 3GPP Release 13 协议的一部分。它是 3GPP 标准化组织发布的蜂窝系统,支持超低复杂度、低吞吐率物联网技术标准。

NB-IoT 是 LTE 标准的简化版,设计出发点是尽可能精简,降低设备成本与耗电量。为了满足这一目标,NB-IoT 去掉了 LTE 系统中的切换、载波聚合、信道测量、双连接等功能。NB-IoT 工作在与 LTE 一致的授权频段,采用 BPSK 与 QPSK 调制,信道编码采用咬尾卷积码,其覆盖距离小于 15km,数据速率约为 50kbps,采用星形网络结构。

NB-IoT 的系统配置与参数如表 17.6 所示。

**表 17.6　NB-IoT 系统配置与参数**

| 系统配置 | 指标参数 | 系统配置 | 指标参数 |
|---|---|---|---|
| 工作频段 | LTE 频段 | 下行时延 | 中等 |
| 信道带宽 | 180kHz | 支持实时应用 | 否 |
| 调制方式 | DL:QPSK<br>UL:QPSK(多载波)<br>π/4-QPSK、π/2-BPSK(单载波) | 每接入点设备数 | ～55000 个 |
| 接入方法 | DL:OFDMA<br>UL:SCFDMA | 接入碰撞 | 碰撞概率低 |
| 数据速率(DL/UL) | ～50kbps(DL/UL 多载波)<br>～20kbps(UL 单载波) | 覆盖距离(理论值) | 依赖于重复数目,约数千米<br>10～15km(远郊) |
| 双工方式 | 半双工 | 链路预算 | 154dB |
| 网络拓扑 | 星形结构 | 接收机灵敏度 | −141dBm |
| 数据载荷 | UL:125byte<br>DL:85byte | 多跳支持能力 | 不支持 |
| 移动性支持 | 支持高速与复杂运动 | 寻址方式 | UL:单播<br>DL:单播或广播 |
| 移动时延 | 延迟大(1.6～10s) | 设备编址方式 | 同 LTE |
| 发送时间 | 依赖于码块<br>(696bit 时为 2.56s)<br>与重复数目 | 标准化单位 | 3GPP |
| 接收时间 | 很低,使用寻呼方法 | 电池寿命 | 约 10 年 |
| 发送功率 | 20/23dBm | | |

**3. LoRaWAN**

LoRaWAN 是由 LoRa 联盟发布的开放标准,通过一个或多个网关,实现媒体接入与端到端设备互联。LoRa 是一个长程、低速率及低功耗的无线通信技术,采用扩频技术,工作在 Sub-1GHz 的 ISM 频段。LoRa 定义了三类终端,分别是 Class A/B/C,其中 Class A 是基本类型,要求所有终端都支持。LoRaWAN 的系统配置与参数如表 17.7 所示。

表 17.7　LoRaWAN 系统配置与参数

| 系统配置 | 指标参数 | 系统配置 | 指标参数 |
|---|---|---|---|
| 工作频段 | 433/868/780/915MHz ISM | 下行时延 | Class A 高/Class B 中等/Class C 低 |
| 信道带宽 | 500~125kHz | 支持实时应用 | Class A/B 不支持,Class C 支持 |
| 调制方式 | Chirp 扩频调制(CSS) | 每接入点设备数 | UL>100 万<br>DL<10 万 |
| 系统配置 | 指标参数 | 系统配置 | 指标参数 |
| 接入方法 | Aloha/Slotted-Aloha | 接入碰撞 | Class A 高/Class B/C 中等 |
| 数据速率(DL/UL) | 终端:0.3~50kbps<br>网络:0.9~100kbps | 覆盖距离(理论值) | 2~5km(城区)<br>15km(郊区) |
| 双工方式 | 半双工 | 链路预算 | <157dB |
| 网络拓扑 | 星形 | 接收机灵敏度 | −124~−134dBm |
| 数据载荷 | 51~222byte | 多跳支持能力 | 不支持 |
| 移动性支持 | 高速与简单运动 | 寻址方式 | UL:广播<br>DL:单播 |
| 移动时延 | 低时延(几乎为零) | 设备编址方式 | 固定模式:64bit<br>动态模式:32bit |
| 发送时间 | 依赖于扩频因子<br>$SF=7/8/9/10/11, T<1s$<br>$SF=12, T=1~2s$ | 标准化单位 | LoRa 联盟 |
| 接收时间 | 2s | 电池寿命 | 约 10 年 |
| 发送功率 | 14~27dBm | | |

**4. D7AP**

D7AP 标准是由 DASH7 联盟定义的开源主动 RFID 标准,它也工作在 Sub-1GHz ISM 频段,在一些基本单元上,D7AP 与 LoRa 类似,包括终端设备与网关设备,其详细的配置与参数如表 17.8 所示。

表 17.8　D7AP 系统配置与参数

| 系统配置 | 指标参数 | 系统配置 | 指标参数 |
|---|---|---|---|
| 工作频段 | 433/868/915MHz ISM/SRD | 下行时延 | 低时延 |
| 信道带宽 | 25kHz 或 200kHz | 支持实时应用 | 不支持 |
| 调制方式 | GFSK | 每接入点设备 | N/A |
| 接入方法 | CSMA/CA | 接入碰撞 | 低 |
| 数据速率(DL/UL) | 9.6、55.555 或 166.67kbps | 覆盖距离(理论值) | 1km(节点到网关)<br>2km(使用子控制器) |
| 双工方式 | 半双工 | 链路预算 | 最高 140dB |
| 网络拓扑 | 星形、树形、P2P | 接收机灵敏度 | −97~−110dBm |
| 数据载荷 | 最大 256byte | 多跳支持能力 | 支持(2 跳) |
| 移动性支持 | 高速简单运动 | 寻址方式 | 单播、多播、组播 |

| 系统配置 | 指标参数 | 系统配置 | 指标参数 |
|---|---|---|---|
| 移动时延 | 低(305ms) | 设备编址方式 | 固定模式:64bit<br>动态模式:16bit |
| 发送时间 | 50ms~1s | 标准化单位 | DASH7 联盟 |
| 接收时间 | 1s | 电池寿命 | 约 10 年 |
| 发送功率 | 10dBm(433MHz)<br>27dBm(868/915MHz) | | |

LoRaWAN、D7AP 及 NB-IoT 是 LPWAN 的三种典型技术,它们的特点总结如下。

(1) 部署与成本

这三种技术的工作频段都在 Sub-1GHz,LoRaWAN 与 D7AP 使用非授权频段,而 NB-IoT 使用授权频段。因此前两者便于部署,而 NB-IoT 需要授权才能部署。一般而言,关于网络部署成本,LoRaWAN 与 D7AP 约为 100~1000 美元/网关,而 NB-IoT 约为 15000 美元/基站。因此,后者成本更高。

(2) 网络覆盖与通信距离

LoRaWAN 中,一个网关可以覆盖整个城镇,城区的理论覆盖距离可达 2~5km,郊区最大为 15km。而 D7AP 的一个网关通信距离为 1km,如果采用子控制器可以扩展到 2km。对于 NB-IoT,郊区覆盖距离为 10~15km,城区为数千米。NB-IoT 采用 HARQ 技术,可以提高接收信号质量从而进一步扩展覆盖范围。

如果整个国家都有 LTE 蜂窝网络覆盖,则从覆盖性能来看,NB-IoT 更有优势。但如果一些国家没有 LTE 全覆盖网络,则安装 1 个 LoRa 网关或几个 D7AP 网关,也可以达到相同的覆盖效果。

(3) 电池寿命与时延

LoRaWAN 采用三类终端支持不同的业务应用。Class A 型终端主要支持低功耗高延迟应用;Class B 型终端支持下行中等延迟中等功耗应用;Class C 型终端支持下行低延迟高功耗应用。根据应用需求,可以选用不同类型的终端。

D7AP 采用 CSMA/CA 方式发送数据,这一方法不适用于大规模网络,因此当网络快速增长时,时延会变大。但其功耗比 NB-IoT 更小。

NB-IoT 由于采用了规则的同步技术,因此采用 OFDMA 接入方式,而不必采用 Aloha 或 CSMA 接入方式,但这样做也会带来功耗提升。

一般地,对于低延迟高速率的业务,D7AP、NB-IoT 与 Class C 型 LoRaWAN 都可以作为合适方案。而对于低功耗应用,LoRaWAN 的 Class A 与 Class B 型终端是更好的选择,D7AP 方案次之。

(4) 性能损失与数据可靠性

LaRa 与 D7AP 工作在非授权频段,采用异步通信协议,如 Aloha 或 CSMA,不可避免地引入碰撞,会导致丢包性能损失。而 NB-IoT 是同步通信协议,并且采用 OFDMA 与 HARQ 机制,因此其数据可靠性更好。

(5) 移动性与时延

在 LoRaWAN 中,上行采用广播方式,因此移动中的切换时延几乎为 0。而在 D7AP 中,两个网关之间上行链路切换时延大约为 305ms,而 NB-IoT 的上行切换时延为 9s。而至于下行链路的时延,三种方案都类似,等于终端发送上行消息的时间。因此,对于实时性业务而言,LoRaWAN 更具有优势。

# 17. 4　VANET

车联网(Internet of Vehicles,VANET)是物联网重要的研究方向之一[17.56],它是以行驶中的车辆为研究对象,借助各种通信和计算机技术,实现车与车、车与人、车与路边单元等之间的网络连接的技术。

本节主要介绍车联网的路由算法。针对 VANET 中路由算法的研究已经持续多年,相对于移动自组网 MANET 来说,VANET 具有网络拓扑变化快、节点运动模式多样、车辆密度分布随时空动态改变、新增与删除节点速度快等特点。

VANET 路由算法可以归纳为 4 大类:

(1) 三个集中式最短路由算法:Bellman-Ford 算法、Dijkstra 算法、Floyd-Warshall 算法。

(2) 从移动自组网(MANET)扩展至 VANET 中的经典路由算法。

(3) 基于地理位置信息的路由算法。

(4) 生物启发式路由算法。

第 4 类算法采用生物启发式算法设计网络路由,目前还在研究阶段,不够成熟,因此我们主要介绍前三类路由算法。

## 17. 4. 1　车联网概述

车联网起源于物联网,它是物联网技术在智能交通方面的应用,将通信、计算机、传感器等技术综合应用于车辆系统,使车辆、基站、行人等之间能够进行信息传输与共享,以创造出一个安全、高效、友好的综合车辆运输系统。

车联网有很多的应用场景,每种场景都会对可靠性和实时性等性能有不同的要求,如表 17. 9 所示,但整体上都在追求更高的可靠性和更好的实时性。

表 17. 9　车联网不同场景的具体需求

| 类型 | 业务场景 | 时延 | 数据包 | 覆盖范围 | 可靠性要求 |
|------|---------|------|--------|---------|-----------|
| 智能驾驶 | 自动驾驶、安全驾驶 | 短(<20ms) | 大 | 大(1000m~全覆盖) | 高 |
| 交通安全 | 防撞、告警 | 短(20~100ms) | 小 | 小(<300m) | 高 |
| 交通效率 | 导航、红灯、路况救援 | 中(500ms) | 小 | 大(1000m~全覆盖) | 一般 |
| 信息娱乐 | 公共信息、娱乐信息 | 长(1~10s) | 大(可到兆字节) | 大(全覆盖) | 较低 |

在时延和可靠性方面,智能驾驶和交通安全因为要处理紧急信息,对时延和可靠性的要求较高,交通效率和信息娱乐方面则对信息的时延和可靠性要求较低;在数据包大小方面,交通安全和交通效率因为只需交互位置信息等简单信息,所以对数据包大小的要求较小,而智能驾驶和信息娱乐往往需要大量的数据信息和文件,要求的数据包较大;在覆盖范围方面,交通安全一般基于周围车辆的信息,所以对覆盖范围要求较低,智能驾驶、交通效率和信息娱乐都要对车辆节点进行总体的控制,因此对覆盖范围要求都很大。

从技术发展历程来看,移动通信技术始终引领车联网技术的发展,在 2G、3G 时代,车联网的信息传输不管在时延还是在可靠性上都很低,传输信息大小也有限,车联网发展比较缓慢,主要研究以 802. 11p[17.58]为代表。随着 4G 和 5G 的到来,车联网技术得到了飞速发展,尤其是在 4G 时代,车联网技术与 LTE 技术的结合取得了较好的效果,这一阶段以 3GPP LTE-V 标准为代表。3GPP TR 36. 885[17.59]是 LTE-V 技术的主要研究报告,介绍了实现 LTE-V 系统需要的各种技术,基于 $U_u$ 与 PC5 接口,定义了 V2V、V2I 和 V2P 三种传输方式。

U$_u$口是 LTE 的空中接口,连接了 LTE 基站与车辆或者行人。U$_u$口划分为三个协议层:网络层、数据链路层和物理层,主要功能有小区广播寻址和连接处理、小区切换和功率控制、无线资源管理和调度,反馈信息控制等。

PC5 口是 D2D(Device to Device)采用的数据接口,它不需要与基站交互就能实现通信节点之间的直接通信,具有灵活方便等特点。

图 17.17 至图 17.19 分别给出了基于 PC5 口、U$_u$口以及混合接口的 V2V 通信示意图。

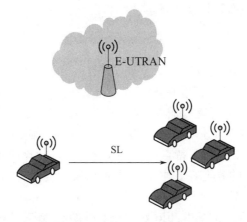

图 17.17　基于 PC5 接口的 V2V 场景

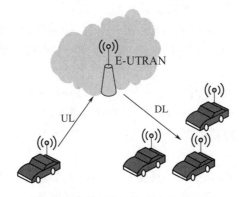

图 17.18　基于 U$_u$接口的 V2V 场景

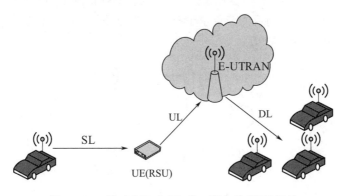

图 17.19　基于 PC5 和 U$_u$接口混合的 V2V 场景

图 17.17 给出了基于 PC5 口的 V2V 场景,车辆与车辆之间通过 PC5 口直接连接进行数据传输,基站则不参与通信。

图 17.18 展示了基于 U$_u$ 口的 V2V 场景,车辆节点先通过 U$_u$ 口的 UL 链路,把数据发送给基站,基站再通过 U$_u$ 口的下行链路将数据包发送给目标车辆。其中,路边单元(RSU)分为基站和车辆节点(UE)两种类型。如果车辆的接收节点是基站 RSU,则车辆通过 U$_u$ 口上行链路(UL)将数据传输给 RSU;如果接收节点是车辆 RSU,则通过 RSU 进行中转,此时的传输接口是 PC5 口。

图 17.19 给出了基于 PC5-U$_u$ 口的混合 V2V 场景,车辆节点先将数据通过 PC5 口传输给 UE 类型的 RSU,然后 RSU 再将数据通过 U$_u$ 口的上行链路(UL)传输给基站,最后由基站再通过 U$_u$ 口的下行链路(UL)传输给目标节点。

### 17.4.2 最短路由算法

路由算法主要执行两项功能:首先选择源节点到目的节点的路径,其次选定路径后将数据包传送至目的地。第二项功能比较简单,在每个节点设置一张路由表,用来决定该分组的输出路径,路由表应根据网络的运行情况随时加以修改、更新。第一项功能通常包括一组在不同节点上运行的算法,算法之间交换必需的信息,共同或单独决定一条传输路径。

一个理想的路由算法应具有以下特点:满足正确性要求,计算简单,具有自适应性、稳定性、公平性和最优性。路由算法的分类有多种方法,可根据决策地点、决策时间、性能准则等多个要素进行不同的分类。

Bellman-Ford 算法、Dijkstra 算法、Floyd-Warshall 算法是三种标准的集中式最短路由算法,在拓扑图上寻找最佳路径,通过迭代过程找到最短的路由。三个算法过程简单,适用于无向图或有向图,是各种路由算法执行的基础。

许多实际的路由算法都是基于最短路由这一概念,最短的含义取决于对链路长度的定义。长度是一个正数,它可以是物理距离的长度、时延的大小、节点队列的长度等,如果长度取 1,则最短路由即为最小跳数的路由。

本节讨论三种标准的最短路由算法——Bellman-Ford 算法、Dijkstra 算法和 Floyd-Warshall 算法。其中 Bellman-Ford 算法和 Dijkstra 算法是点对多点的最短路由算法,Floyd-Warshall 算法是多点对多点的最短路由算法。

**1. Bellman-Ford 算法**

典型的 Bellman-Ford(B-F)算法是一种集中式的点到多点路由算法,即寻找网络中一个节点到其他所有节点的路由,给定目的节点,则寻找网络中到该目的节点的最短路由。

如图 17.20 所示的网络中,假定节点 1 是目的节点,要寻找网络中其他所有节点到目的节点 1 的最短路由。假定每个节点到目的节点至少有一条路径,用 $d_{ij}$ 表示节点 $i$ 到节点 $j$ 的长度,如果 $(i,j)$ 不是图中存在的链路,则 $d_{ij}=\infty$。

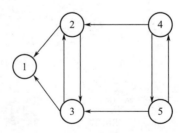

图 17.20　网络拓扑示例

**定义 17.13**　最短行走是指从给定节点 $i$ 到目的节点 1 的最短路由,满足:(1)该行走中最多包括 $h$ 条链路;(2)该行走仅经过目的节点 1 一次。

最短行走长度用 $D_i^h$ 表示,对所有的 $h$,令 $D_1^h = 0$。B-F 算法的核心思想是通过式(17.4.1)进行迭代,即

$$D_i^{h+1} = \min[d_{ij} + D_j^h], \quad 对所有的 i \neq 1 \qquad (17.4.1)$$

下面给出从 $h$ 步行走中寻找最短路由的算法。

(1) 初始化。即对所有 $i(i \neq 1)$,令 $D_i^0 = \infty$。

(2) 对所有的节点 $j(j \neq i)$,先找出一条链路的最短($h \leqslant 1$)的行走长度;

(3) 对所有的节点 $j(j \neq i)$,再找出两条链路的最短($h \leqslant 2$)的行走长度;

依此类推,如果对所有 $i$,有 $D_i^h = D_i^{h-1}$(即继续迭代不会再有变化),则算法在 $h$ 次迭代后结束。

由式(17.4.1)产生的 $D_i^h$ 等于最短行走的长度,当且仅当所有不包括节点 1 的环具有非负的长度,算法在有限次迭代后结束。此外,如果算法在最多 $k \leqslant N$ 次迭代后结束,则结束时 $D_i^k$ 就是从 $i$ 到 1 的最短路由长度。

下面阐述如何构造最短路由。

假定所有不包括节点 1 的环具有非负长度,用 $D_i$ 表示从节点 $i$ 到达目的节点 1 的最短路由长度。当 B-F 算法结束时,有

$$\begin{cases} D_i = \min_j[d_{ij} + D_j], \\ D_1 = 0, \end{cases} \quad 对所有 i \neq 1 \qquad (17.4.2)$$

式(17.4.2)称为 Bellman 方程。它表明从节点 $i$ 到达目的节点 1 的最短路由长度,等于 $i$ 到达该路径第一个节点的链路长度,加上该节点到达目的节点 1 的最短路由长度。

从该方程出发,只要所有不包括 1 的环具有正长度的情况下,可以很容易找到最短路由,具体方法为:对于每一个节点 $i \neq 1$,选择一条满足 $D_i = \min_j[d_{ij} + D_j]$ 的最小值链路 $(i, j_i)$,利用这些 $N-1$ 条链路组成一个子图,则节点 $i$ 沿该子图到达节点 1 的路径即为最短路由。

**2. Dijkstra 算法**

Dijkstra 算法也是一种典型的点对多点路由算法,即通过迭代,寻找某一节点到网络中其他所有节点的最短路由。Dijkstra 算法通过对路径长度进行迭代,计算到达目的节点的最短路由,其基本思想是按照路径长度增加顺序寻找最佳路由。假定所有链路的长度均为非负,显然有:到达目的节点 1 的路径中,最短的肯定是节点 1 的最近邻居节点对应的单条链路,下一条最短路由是节点 1 的第二邻近节点对应的单条链路,或者是通过前面选定节点的最短两条链路组成的路径,依此类推。

Dijkstra 算法通过逐步标定到达目的节点路径长度的方法求解最短的路由。设每个节点 $i$ 标定的到达目的节点 1 的最短路径长度为 $D_i$。如果迭代过程中 $D_i$ 已变成一个确定值,则称节点 $i$ 为永久标定节点,这些节点集合表示为 $\mathcal{P}$。在算法每一步中,集合 $\mathcal{P}$ 以外的节点,必定选择与目的节点 1 最近的节点加入到 $\mathcal{P}$ 中,具体算法如下:

(1) 初始化,即 $\mathcal{P} = \{1\}$,$D_1 = 0$,$D_j = d_{j1}$,$j \neq 1$。如果 $(j, 1) \notin A$,则 $d_{j1} = \infty$。

(2) 寻找下一个与目的节点最近的节点,即求使式(17.4.3)成立的 $i$,$j \notin \mathcal{P}$,置 $\mathcal{P} = \mathcal{P} \cup \{i\}$。如果 $\mathcal{P}$ 包括了所有节点,则算法结束。

$$D_i = \min_{j \notin \mathcal{P}} D_j \qquad (17.4.3)$$

更改标定值,即对所有的 $j \notin \mathcal{P}$,置

$$D_j = \min_i [D_j, d_{ji} + D_i] \qquad (17.4.4)$$

(3) 返回第(2)步。

给出如图 17.21 所示的网络拓扑,对所有 $(i,j)$,有 $d_{ij} = d_{ji}$,

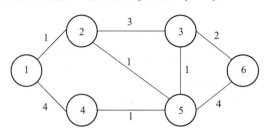

图 17.21　网络拓扑示例

Dijkstra 算法的迭代过程如图 17.22 所示,第一次迭代,到达目的节点 1 的单条链路最近的是 $(2,1)$,$D_2 = 1$,$\mathcal{P} = \{1,2\}$,其余节点 $(3,4,5)$ 相应修改其标定值。第二次迭代,下一个最近节点为 5,$D_5 = 2$,$\mathcal{P} = \{1,2,5\}$,其余的节点 $\{3,4,6\}$ 相应修改其标定值。第三次迭代,下一个最近节点是 3 和 4,$D_3 = 3$,$D_4 = 3$,$\mathcal{P} = \{1,2,3,4,5\}$,还剩节点 6,$D_6 = 5$。再经过一次迭代,$\mathcal{P}$ 中将包括所有节点,算法结束。

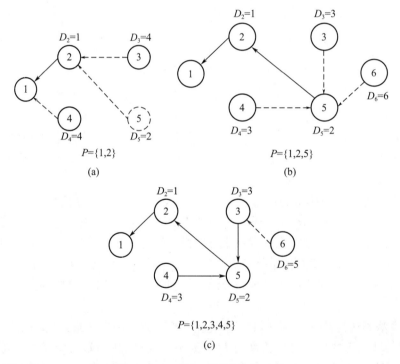

图 17.22　Dijkstra 算法迭代过程

从 Dijkstra 算法过程可以看到:

(1) $D_i \leqslant D_j$,对所有 $i \in \mathcal{P}$,$j \notin \mathcal{P}$。

(2) 对于每一个节点 $j$,$D_j$ 是从 $j$ 到目的节点 1 的最短距离,该路径的所有节点(除 $j$ 外)都属于 $\mathcal{P}$。

**3. Floyd-Warshall 算法**

Floyd-Warshall(F-W)算法是多点对多点的路由选择算法,即 F-W 算法是寻找所有节点对之间的最短路由,其基本思想是在 $i \to j$ 的路径之间添加中间节点减小路径长度。

在 F-W 算法中,假定链路长度可以是正或负,但不能具有负长度的环。开始时,F-W 算法以单链路(无中间节点)距离作为最短路由的估计。然后,在仅允许节点 1 作为中间节点的情况下,计算最短路由,接着,在允许节点 1 和节点 2 作为中间节点的情况下计算最短距离,依此类推,其具体描述如下:

令 $D_{ij}^n$ 表示从 $i$ 到 $j$ 以 $1, 2, \cdots, n$ 作为中间节点的最短路由长度,算法开始时 $D_{ij}^0 = d_{ij}$,对所有 $i, j, i \neq j$。对于 $n = 0, 1, 2, \cdots, N-1$,有

$$D_{ij}^{n+1} = \min\left[ D_{ij}^n, D_{i(n+1)}^n + D_{(n+1)j}^n \right], \quad \text{对所有 } i \neq j \tag{17.4.5}$$

式(17.4.5)是已知 $i$ 到 $j$ 的最短路由 $D_{ij}^n$ 的条件,计算路径上添加节点 $n+1$ 后的路径长度。有两种可能性:一种是最短路由包含节点 $n+1$,此时的路径长度为 $D_{i(n+1)}^n + D_{(n+1)j}^n$;另一种可能是节点 $n+1$ 不包括在最短路由中,此时路径长度等同于用 $1, 2, \cdots, n$ 作为中间节点的路径长度。因此,最终的最短路由长度应取上述两种可能情况下的最小值,即式(17.4.5)成立。

**4. 最短路由算法比较分析**

三种算法均是通过迭代过程求得最终结果,但迭代内容不同,B-F 算法迭代的是路径中的链路数,Dijkstra 算法迭代的是路径的长度,F-W 算法迭代的是路径中的中间节点。B-F 算法适合权值有负值的单源最短路由,Dijkstra 算法适合权值非负的单源最短路由,而 F-W 算法用于求多源最短路由,即每对节点间的最短路由,可以正确处理有向图或负权的最短路由问题。

在最坏情况下,Dijkstra 算法的复杂度为 $O(N^2)$,B-F 算法的复杂度为 $O(N^3)$,即 Dijkstra 的算法复杂度低于 B-F 算法。F-W 算法和 B-F 算法的复杂度相同,均为 $O(N^3)$。B-F 和 Dijkstra算法的实时性较好,而 F-W 算法需要用矩阵记录网络,实时性较差。

## 17.4.3 MANET 中的经典路由算法

VANET 中车辆间的无线通信源于 MANET,因此 MANET 中的经典路由算法可以延伸应用于 VANET。MANET 网络的经典路由算法包括按需平面距离向量路由协议(Ad Hoc On Demand Vector,AODV)、动态源路由协议(Dynamic Source Routing,DSR)、目的测序距离向量路由协议(Destination-Sequenced Distance Vector,DSDV)、最佳链路状态路由协议(Optimized Link State Routing,OLSR)。下面对它们的基本过程和特点进行对比分析。

**1. AODV**

AODV 是无线 Ad Hoc 网络中的路由选择协议,它能够实现单播和多播路由,是 Ad Hoc 网络中按需生成路由方式的典型协议。AODV 可以控制低、中和相对较高的移动速率,以及各种数据交通水平,它减少了控制信息的传播,提高了稳定性和性能。

AODV 是反应式按需路由算法,管理所有节点间的路由表并且维护路由。AODV 路由过程有三类消息:路由错误消息(RERR)、路由请求消息(RREQ)和路由应答消息(RREP)。AODV 为目的节点维持路由表并存储下一跳的路由信息,每个路由表可以使用一个周期的时间,如果在一个周期之内没有路由请求,就会过期,并且在需要的时候建立新的路由表。

网络有通信需求时才会应答,没有确定路由可用时,开始启动寻找路由的过程。具体算法描述如下:

(1)一个节点通过向邻居节点广播 RREQ 消息寻找路由。源节点向邻节点分享 RREQ 消息,邻节点继续向离它最近的节点传播消息,然后一直转发下去。

(2)当 RREQ 找到目的节点时,应答源节点有关活跃路由的消息。到达目的地后,RREQ

消息应答发送方或者中心节点活跃的路由。

（3）如果请求失败，RREQ 消息应答源节点，通知源节点开始新的路由发现过程。

尽管这个协议有基本的路由特征，但仅在需要时才建立路由，并且路由消息的共享也会产生无用的过期路由。

如图 17.23 所示，假设节点 A 要发送数据分组给节点 G，则它会广播 RREQ 消息，发送到节点 B、节点 C 和节点 D，收到 RREQ 消息的节点继续向它的邻居广播 RREQ 消息，直到 RREQ 消息到达目的节点 G。节点 G 之后向节点 A 发送应答，通知节点 A 活跃的路径。节点 A 收到应答后沿活跃的路径发送数据。

当一条路由不在路由表中时，AODV 产生 RREQ 消息并向目的节点进行洪泛，或者向存储目的节点信息的节点洪泛。然后，源节点和目的节点根据这个路由进行连接，分组将转发到目的节点。AODV 对于动态网络具有很高的适应性，并且和 DSR 一样是无环路由。它可以检测最新的路由，但是，如果源序列号过时，则可能会导致矛盾的路由。

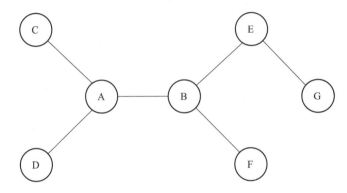

图 17.23　AODV 路由示意

**2. DSR**

DSR 是一种简单高效的按需路由协议，使用源路由思想设计。使用 DSR 路由协议时，网络完全自组织，不需要依赖任何网络基础设施或者网络管理设备。DSR 协议主要包含路由发现过程和路由维护过程，其只需要维护正在通信的路由信息，不需要周期性的路由广播、链路状态探测。当一个节点需要同某个目的节点通信时，源节点根据算法动态地从路由缓存中选择一条，或者触发路由搜索过程发现一条新的路由；当节点发现与邻节点间的链路中断后，则通过路由维护过程完成路由更新。

DSR 协议发送的每个数据包均在包头携带路由信息，包含了该分组从源节点到目的节点中每一跳的 IP 地址、网络接口等。直接使用源路由，允许发送节点选择和控制发送分组的传输路由，支持使用多跳路由到达任一目的节点，容易保证路由开环。DSR 协议的优点在于，任何中间节点都无须维护对应于转发分组的路由，收到分组后只需要根据路由的地址列表选择下一跳后转发即可，所以 DSR 协议适用于节点的运动频率和运动速度较低的场景。

如图 17.24 所示，当源节点 A 有数据要发送给目的节点 H 时，路由发现过程如下：源节点 A 检查自己的路由缓存是否有到达目的节点的路由信息，若有，则选择一条最佳路由直接转发；若没有，则先把数据存储到发送缓存区中，然后发出一个路由请求 Route Request，广播发现新的路由。该路由请求被当前处在节点 A 通信范围内的所有节点接收。路由请求分组由 4 部分组成：源节点地址、目的节点地址、唯一标识路由请求 ID 号、存储经过节点地址的源路由地址列表。DSR 网络中每个节点都必须维护一个路由请求表，记录最近该节点已发出或已转发的路由请求分组的集合,其中记录源地址、目标地址及路由请求 ID 号为索引。

邻节点 B、C、D 收到该路由请求以后,在以下两种情况下将丢弃路由请求:(1)该节点曾经收到过相同的路由请求信息;(2)路由请求分组的路径列表中已经存在该节点的地址。否则,首先检查自己的路由缓存中是否有到达目的节点 E 的路由信息,如果有,则向源节点 A 返回一个路由应答单播分组,该单播分组由路由请求分组中已有源路由地址列表与该节点的路由信息组成;否则,该节点把自己的地址加入源路由地址列表中,并继续广播。在图 17.24 中,节点 E、F 接收到路由请求;然后 G、F 节点又广播该请求,导致节点 H 收到一个副本。

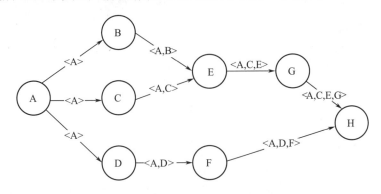

图 17.24　DSR 路由过程示意

到达目的节点 H 后,目的节点 H 向源节点 A 返回一个 Route Reply 单播分组。源节点 A 收到路由应答后,将路由信息存入路由缓存中,同时发送缓冲区的分组,就完成了一次路由发现。

### 3. DSDV

DSDV 是 MANET 中最著名的表驱动路由算法之一,是对传统的 Bellman-Ford 路由算法的修正,它着重解决 RIP 面对断开链接时发生的死循环现象,使之更适用于 Ad Hoc 网络。

标准的 B-F 路由主要缺点是跳跃问题,这导致无穷计数和环路问题。如果过期路由信息用于计算最短路径,则会导致环路问题。DSDV 的主要目的是要维护简单,并且避免环路问题。在DSDV 中,为了相互通信,各节点存储的网络路由表,都有源节点到目的节点的跳数等信息。为了在动态拓扑中保持一致,每个节点会周期性地或在有新的可用信息时,向它的邻节点分享路由表,表中包含如下信息:目的节点 IP 地址、到达目的节点的跳数、最初来自目的节点的信息序列号。每个可移动节点的路由表元素不断变化,保持 Ad Hoc 网络拓扑结构的一致性。为了保持一致,路由信息广播一定要足够频繁或足够快速,以保证每个节点可以定位 MANET 网络中其他所有节点。

DSDV 使用周期性和触发性的路由更新来管理路由表。触发路由更新用于网络拓扑发生变化时,路由信息尽快传播。路由表的更新有两种类型:全部转存和增量式。全部转存分组携带所有可用路由信息,而且需要多网络协议数据单元(Multiple network Protocol Data Unit, MP-DU);增量式数据缓存只携带从最近转存之后变更的消息。

图 17.25 给出了 Ad Hoc 网络在节点发生移动前后的示例。实线部分是移动前的拓扑,虚线部分是移动后的拓扑。图中,假设节点 H4 要向节点 H5 发送一个分组,节点 H4 会检查它的路由表,进行定位后发现路径的下一跳是节点 H6,然后向 H6 发送分组。在收到这个分组后,节点 H6 在它的路由表里查找到达 H5 的下一跳,然后节点 H6 将包前推到路由表中的下一跳即节点 H7。这样的路由过程在路径中一直重复,直到分组最终到达它的目的节点 H5。节点 H6 在移动之前的路由表参见表 17.10。

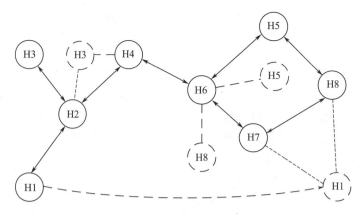

图 17.25　DSDV 节点移动路由示意

表 17.10　H6 的路由表

| H6 的路由表 | | | |
| --- | --- | --- | --- |
| 目的节点 | 下一跳 | 度量 | 序列号 |
| H1 | H4 | 3 | S406_H1 |
| H2 | H4 | 2 | S128_H2 |
| H3 | H4 | 3 | S564_H3 |
| H4 | H4 | 1 | S710_H4 |
| H5 | H7 | 3 | S392_H5 |
| H6 | H6 | 0 | S076_H6 |
| H7 | H7 | 1 | S128_H7 |
| H8 | H7 | 2 | S050_H8 |

在路由信息更新过程中,原始节点给每个更新包添加了一个序列号字段,用于辨别更新包的新旧之分。这个序列号码是一个单调递增数字,唯一识别从特定节点发出的更新。如果一个节点从另一个节点收到了更新,序列号一定大于等于路由表中相应节点的序列号。由此,如果更新分组中收到的最新路由信息已过期,则应该被舍弃。如果最新接收的节点序列号与路由表中对应节点序列号相同,则比较相对路径的远近,选择使用最近的路径。

节点 H7 将它的路由信息通过更新包广播给邻节点,当节点 H6 接收到更新分组后,检查更新分组和自己的路由表的每一条目,然后更新路由表。具有更高序列号的条目会被加到路由表中,无论是否度量值更高。如果一个条目具有相同序列号,则度量值更小的路径加入路由表,而忽略更新分组中过期的序列号条目。

当节点需要路由信息时,DSDV 会实时修正路由,建立和管理路由是有开销而无时延的。因此,DSDV 不仅减小了分组数量,也降低了网络流量。

**4. OLSR**

OLSR 是 MANET 网络的一种主动路由协议,继承了链路状态算法的稳定性,并具有一旦需要便立刻建立可用路由的优势。OLSR 路由协议是表驱动式的链路状态路由协议,节点之间需要周期性地交换各种控制信息,通过分布式计算来建立和更新网络拓扑图。

基于 OLSR 协议的网络,多个节点会选取多点中继(Multi Point Relay,MPR)节点周期性地向网络广播控制信息。控制信息中包含了选择 MPR 的那些节点信息,只有 MPR 节点用于路由选择与广播控制信息,非 MPR 节点不参与路由计算,不需要转发控制信息。OLSR 主要采用两种控制分组：Hello 分组和 TC(Topology Control)分组。OLSR 以路由跳数提供最优路径,这种协议很适合大而密集的网络。

Hello 消息包含了发送节点所有未失效链路的节点地址和链路状态,且不会被任何节点转发,因此 Hello 消息的 TTL 为 1。在 OLSR 中,Hello 握手流程包括:链路感知、邻居检测和 MPR 计算三个任务。三个任务都是基于一跳节点间定期交换 Hello 消息,以实现"局部拓扑发现"的共同目的。Hello 消息产生本地链路信息库中的链路与邻居集合。

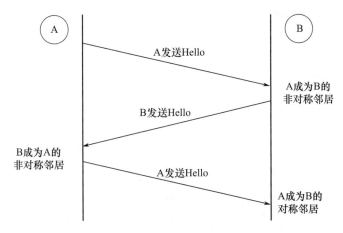

图 17.26　Hello 握手流程示意

假设节点 A 和 B 都不知道对方存在,通过 Hello 消息建立对称链路的流程如图 17.26 所示。

(1) 节点 A 发送 Hello 消息,当节点 B 接收该消息后,发现节点 A 不在 B 的链路集合中,于是集合中创建节点 A 的消息,并把节点 A 视为非对称邻居。

(2) 节点 B 发送 Hello 消息,此时 Hello 消息带有 A 是 B 的非对称邻居的消息。当节点 A 接收到该消息后,得知节点 B 把 A 视为非对称邻居,说明 B 能够接收 A 的消息,而现在 A 能接收 B 的消息,所以 A 将节点 B 看成对称邻居。

(3) 节点 A 再次发送 Hello 消息,此时 Hello 消息中带有 B 是 A 的对称邻居消息。当节点 B 接收该消息后,得知节点 A 把 B 看成对称邻居,说明 A 能够接收 B 的消息,而现在 B 能接收 A 的消息,所以 B 将节点 A 视为对称邻居。

这样,通过 3 次 Hello 消息握手,节点间就可以建立对称链路。Hello 消息获取它的所有一跳和两跳节点的链路状态。OLSR 协议就是根据这些信息选取出一部分一跳邻居节点作为 MPR。

MPR 的选取原则是,首先选择意愿度为 WILL_ALWAYS 的节点,然后检查两跳邻居集中的所有节点是否能通过这些已经选出的 MPR 节点完全覆盖。如果不能,就继续以意愿度优先,选择最少的一跳邻居作为 MPR 节点,直到这些 MPR 节点能覆盖所有或者尽可能多的两跳邻居集中的节点。

**5. 经典路由算法比较**

基于拓扑的 MANET 网络路由协议分为表驱动的路由和按需的路由。表驱动路由算法需要每个节点周期性地广播路由表来更新网络路由信息,典型协议包括 DSDV 与 OLSR 等。按需路由不需要更新路由表,只需要当节点有通信需求时,根据路由算法进行更新。典型协议包括 DSR 与 AODV。

AODV、OLSR 与 DSDV 三种路由算法的技术特点比较如表 17.11 所示。DSDV、OLSR、

DSR 与 AODV 这 4 种路由协议的实现方式比较如表 17.12 所示。

**表 17.11  三种路由算法的技术特点比较**

| 协议名称 | AODV | OLSR | DSDV |
|---|---|---|---|
| 多播路由 | 否 | 是 | 否 |
| 分布式 | 是 | 是 | 是 |
| 单向链路 | 否 | 是 | 否 |
| 支持多播 | 是 | 是 | 否 |
| 周期广播 | 是 | 是 | 是 |
| 支持 QoS | 否 | 是 | 否 |
| 路由管理 | 路由表 | 路由表 | 路由表 |
| 反应式 | 是 | 否 | 否 |

**表 17.12  4 种路由协议实现方式比较**

| 协议名称 | DSDV | OLSR | DSR | AODV |
|---|---|---|---|---|
| 路由体系结构 | 无线路由 | 无线路由 | 无线路由 | 无线路由 |
| 更新方式 | 按需＋周期 | 周期 | 按需 | 按需 |
| 路由维护策略 | 局部维护 | 局部维护 | 通知源节点 | 通知源节点 |
| 传输到达率 | 好 | 好 | 好 | 好 |
| 路由开销 | 非常大 | 大 | 大 | 大 |
| 传输时延 | 小 | 小 | 小 | 小 |
| 扩展性 | 弱 | 弱 | 弱 | 强 |
| 实现复杂度 | 非常容易 | 非常容易 | 非常容易 | 非常容易 |
| 节点信息 | 表驱动 | 表驱动 | 按需 | 按需 |
| 移动性 | 小 | 中 | 大 | 大 |
| 适应场景规模 | 小 | 中 | 中 | 大 |

一般地,基于拓扑的路由协议优势是数据分组在传输之前就已经确定了正确路径,适合节点相对静态的无线网络,但对于节点具有较高移动速度的车联网,路由开销和较弱的延展性是这些协议共同的弱点,可能导致传输的失败。

基于 NS3 平台对 AODV、OLSR、DSDV 三种路由算法进行性能比较,首先考察节点停留时间和运动速度对路由算法性能的影响,仿真参数配置参见表 17.13。

**表 17.13  网络仿真参数配置 1**

| 自变量 | 参数值 |
|---|---|
| 仿真时间/s | 200 |
| 移动区域 | 670m×670m |
| 数据包大小/byte | 512 |
| 数据类型 | CBR |
| 分组速率 | 4 分组/秒 |
| 移动模型 | random waypoint model |

| 自变量 | 参数值 |
|---|---|
| 通信节点对数 | 10 |
| 速度(m/s) | 0、1、2、5、10、20、50 |
| 停留时间/s | 0、50、100、150、200 |
| 节点个数 | 50 |

  网络的分组到达率和吞吐率与节点停留时间和运动速度的关系曲线分别如图 17.27、图 17.28、图 17.29 与图 17.30 所示,表征的都是节点移动性对整体路由性能的影响。由仿真结果可以看到,三种路由的分组到达率性能,AODV 好于 OLSR,好于 DSDV,无论是节点停留时间还是运动速度,当节点移动性增强时,三种路由算法的性能都会下降,但 DSDV 的性能下降尤为明显。而 AODV 和 OLSR 性能相近,当移动性增强时,分组到达率略有下降。

  下面考察算法性能与节点数量的关系,仿真参数配置如表 17.14 所示,仿真结果参见图 17.31、图 17.32 与图 17.33。

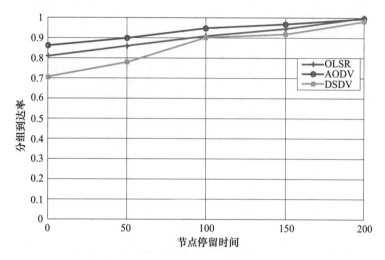

图 17.27　分组到达率与节点停留时间关系曲线

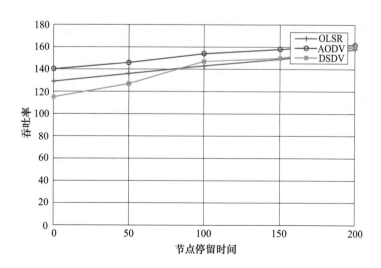

图 17.28　网络吞吐率与节点停留时间关系曲线

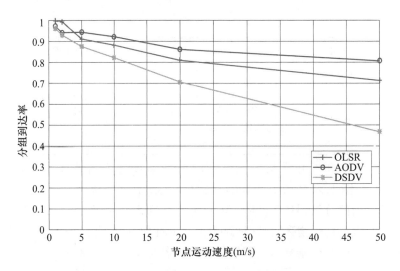

图 17.29　分组到达率与节点运动速度关系曲线

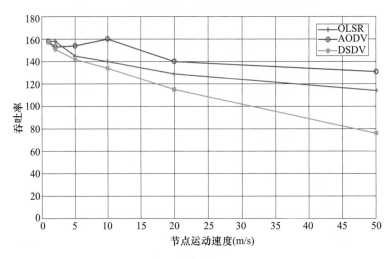

图 17.30　网络吞吐率与节点运动速度关系曲线

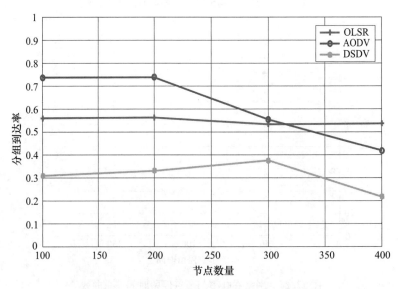

图 17.31　分组到达率与节点数量的关系曲线

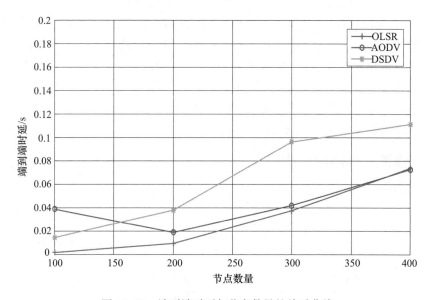

图 17.32　端到端时延与节点数量的关系曲线

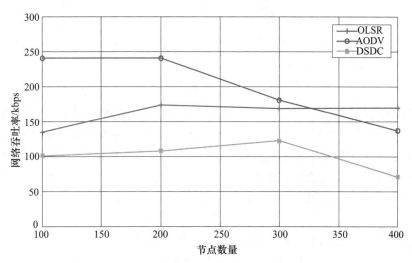

图 17.33　网络吞吐率与节点数量的关系曲线

表 17.14　网络仿真参数配置 2

| 自变量 | 参数 |
| --- | --- |
| 仿真时间/s | 520 |
| 移动区域 | 2000m×2000m |
| 数据包大小/byte | 512 |
| 数据类型 | CBR |
| 分组速率 | 4 分组/秒 |
| 移动模型 | random waypoint model |
| 通信节点对数 | 20 |
| 速度(m/s) | 20 |
| 停留时间/s | 0 |
| 节点个数 | 100、200、300、400 |

从图中可以看到，当节点数量增多时，AODV 和 DSDV 都有非常明显的性能下降，这是因为经典的 MANET 路由算法无法应用在节点规模大、移动速度快的 VANET 网络。但在节点规模适度时，AODV 具有很好的性能。OLSR 性能虽然不是最好，但非常稳定，不会因为外界条件的变化而产生大的性能损失。所以，在经典 MANET 路由算法中，AODV 和 OLSR 性能比较优越，常被使用。而 OLSR 的路由机制非常复杂，开销也很大。所以基于地理位置的 VANET 路由算法设计中，很多都以 AODV 为基础进行改进。

### 17.4.4 多跳广播路由算法

车联网中的数据传输按通信方式的分类如图 17.34 所示。

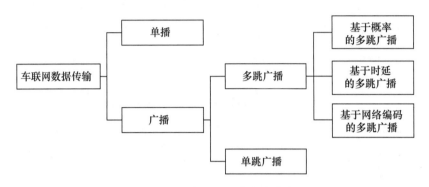

图 17.34 车联网通信方式分类

车联网中的通信方式分为单播和广播。单播指点对点通信，即一个发送节点只能对应一个接收节点。这种通信方式数据传输效率低，不能满足车联网中对传输覆盖率的要求。因此，在车联网紧急消息传输中多采用广播的通信方式。广播又分为单跳广播和多跳广播，单跳广播指节点将数据包分发给自己通信范围内的所有节点，收到数据包的节点不再转发该数据包，因此单跳广播通信的有效范围有限，不能将消息传输到足够远的区域，不过也是一种常用的通信方式。

多跳广播不同于单跳广播的地方在于接收节点转发数据包。源节点将数据包发送到周围节点，周围节点收到数据包后能够转发该节点，同样收到转发数据包的节点还能继续转发该数据包，因此多跳广播能够通过数据包的转发将数据包传输到更远的目标节点，可以扩展广播的范围，因此它是在车联网广播中更常用的广播策略。不过在多跳广播转发数据包的过程中，不加限制地简单转发容易造成广播风暴等问题，因此需要设计广播方案使多跳广播能更有效地传输数据包。常见的多跳广播方案有基于概率的、基于时延的和基于网络编码的三种。

**1. 基于概率的多跳广播**

基于概率的多跳广播是指转发节点按照设定的概率转发数据包的多跳广播，这种广播由于转发节点按照转发概率转发数据包，因此在节点密度较高场景中能一定程度减少转发的数据包的数量，降低转发干扰。不过，在节点密度低的场景下，如果过多地减少转发，则会导致数据包到达率降低。

（1）基于位置信息的多跳概率广播

基于位置信息的多跳概率广播依据转发节点的位置确定转发节点转发的概率。一般地，在源节点通信范围内，距离源节点越远的节点转发概率越高，以提高每次传输的距离和总的传输效率。常见的基于位置信息的多跳概率广播是 WPB 方案[17.60]，其转发概率公式为

$$P = \frac{d}{R}, 0 \leqslant d \leqslant R \tag{17.4.6}$$

其中, $R$ 表示源节点的广播范围半径, $d$ 表示转发节点与源节点的距离。公式表明,转发概率与距离源节点的距离成正比,因此为更远的转发节点指定更高的转发概率。不过,WPB 算法超过最大距离一半的节点仍有超过 50% 的转发概率,在节点高密度的情况下仍有较多的转发,导致广播风暴严重。改进的概率广播算法称为 NPPB 方案[17.61],转发概率计算公式为

$$P = \left( \frac{d}{R} \right)^k, 0 \leqslant d \leqslant R \tag{17.4.7}$$

其中, $k$ 是自然数,它是用于缩放转发概率的系数, $k$ 值越大,源节点广播范围内的转发节点的转发概率越小,从而在高密度场景下进一步减少转发的数量。

（2）基于邻节点数量的多跳概率广播

这种方法,转发概率基于转发节点附近的邻节点数量,典型的广播算法有 Cartigny 提出的 no-Scheme 方案[17.62]。该方案的转发概率公式为

$$P = \frac{k}{n_b} \tag{17.4.8}$$

其中, $n_b$ 表示转发节点附近一定范围内邻节点数量,可以通过发送 Hello 包获取, $k$ 表示传播因子,可用来调节转发概率的最大值和最小值,此算法保证拥有较多邻节点的转发节点的转发概率更低,使广播消息一直在低密度区域传输,从而降低了转发干扰。不过,该广播同样存在低密度情况下找不到转发节点的情况,节点低密度情况下数据包到达率并不高。

**2. 基于时延的多跳广播**

基于时延的多跳广播为每个转发节点确定一个等待时延,只有等到等待时延结束才能转发数据包,以此来确定转发优先级。典型的基于时延的多跳广播有受限延迟广播[17.63][17.64]。

当进行车联网多跳广播时,如果对广播转发不加以限制,就会造成广播洪泛,造成严重的网络拥塞。以两跳为例,车辆分布如图 17.35 所示。

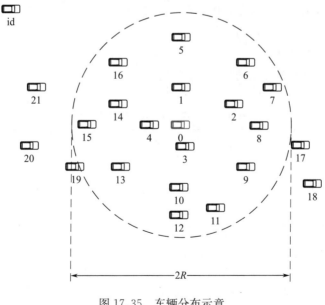

图 17.35　车辆分布示意

图中源节点车辆 id 为 0,源节点附近的车辆 id 为 1～21,源节点 0 的广播半径为 $R$,广播范围为 $2R$(图中虚线圈所示)。源节点 0 发送一个数据包,如果采用洪泛的方式转发数据包,则 id 为 1～16 的 16 辆车收到数据包就会立即转发该数据包,也就是会有 16 个转发事件,而实际上,离源节点 0 较近节点(如车辆 1、3、4)的转发对整体到达率提升几乎不起作用,因为它们离源节点较近,对扩大广播范围基本起不到作用,反而会引起转发干扰,造成严重的网络拥塞。因此,需要采用受限延迟广播算法解决这个问题。

受限延迟广播的核心思想是减少不必要的转发干扰,属于时延广播的一种,通过引入广播时延,使离源节点较远的转发节点优先转发,而距离较近的转发节点有较大的转发时延,受限延迟转发时延公式为

$$
\begin{cases}
\tau' = T_{max} \cdot \left| \dfrac{R-d}{R} \right| \\
\tau = \lfloor \tau' \rfloor
\end{cases}
\tag{17.4.9}
$$

式(17.4.9)中,$\tau$ 表示转发时延,$T_{max}$ 表示最大允许转发时延,$R$ 表示车辆节点的通信半径,即数据包最大发送距离,$d$ 表示转发节点到源节点的距离。该时延公式表示,距离源节点较远的节点转发时延较小,而距离源节点较近的节点转发时延较大。

同时,受限延迟广播还定义了二次接收事件,即同一个车辆节点如果两次收到标识相同的数据包事件,该事件即为二次接收事件。可以使用源节点 id 和数据包 id 来唯一标识数据包。当二次接收事件发生时,该二次接收数据包的广播就会取消转发,通过这种方式能有效地减少转发广播的数量,降低转发广播的干扰。

**3. 基于网络编码的多跳广播**

基于网络编码的广播是一种新的广播方式,能够有效提升系统整体的吞吐量。由 Li 等人提出的 CODEB 方案[17.65]就是一种基于网络编码的多跳广播方案。该方案使用确定方法选择转发节点,并且采用了一定的监听机制。此外,需要每个被选择的转发节点周期性地广播它周围的单跳邻节点信息,然后再根据邻节点信息生成多跳广播的拓扑结构。

**4. 实测结果**

以 WiFi 模式的 OpenWrt 开发板作为底层设备,在北京邮电大学校园进行单跳广播、两跳广播与受限延迟算法广播三种方式测试。

(1) 直线场景测试

直线场景是车联网中最常见的场景,开发板间为基于 PC5 的 V2V 通信方式。测试参数见表 17.15。

**表 17.15 室外直线场景测试参数**

| 开发板数量 | 9 |
|---|---|
| 发包周期/ms | 50 |
| 每个开发板发包数量/分组 | 6000 |
| 每个包的大小/byte | 192 |
| 通信范围/m | 100 |
| 每次测试时间/min | 5 |

由于单个开发板通信范围在 100m 以内,随着距离增大,数据包到达率下降。为保证所有开发板都能通信,测试的地理拓扑如图 17.36 所示。

图中的测试地点为北京邮电大学西土城校区的操场,其中小车位置代表开发板位置,距离单

位为米,每次测试的时间为5min,测试完成后分别统计三种广播方式的PDR和时延。

室外直线情况下单跳、两跳、受限延迟广播的PDR统计情况见图17.37和表17.16。

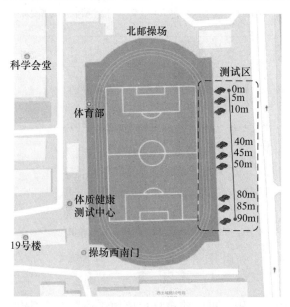

图17.36　室外直线测试网络拓扑

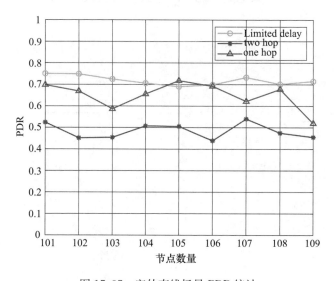

图17.37　室外直线场景PDR统计

**表17.16　室外直线场景下平均PDR统计**

| 广播方式 | 受限延迟广播 | 两跳 | 单跳 |
|---|---|---|---|
| PDR | 71.9% | 48.3% | 64.9% |

由图17.37的PDR统计和表17.16的平均PDR统计可以看出,由于室外环境比较开阔、节点放置较为稀疏,且有较大的外界干扰,因此PDR整体下降。受限延迟广播PDR总体高于两跳,原因是受限延迟广播采用受限延迟机制,降低了转发干扰,从而提高了到达率;还能看出受限延迟广播的PDR也要高于单跳广播,这是因为受限延迟广播机制是多跳广播机制,能转发一定数量的数据包,使到达率有所提升。受限延迟正是通过这种时延转发机制提高PDR。

室外直线情况下单跳、两跳、受限延迟广播的时延统计如图 17.38 所示。由图可知,受限延迟的平均时延是最高的,这是因为受限延迟机制会增加转发的时延,使总体时延增加,不过增加时延在允许范围内(低于广播周期 50ms),故对整体广播性能影响较小。

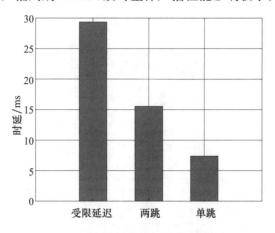

图 17.38 室外直线场景 PDR 统计

(2) 拐角场景测试

拐角场景在车联网中也比较常见。建筑物拐角的遮挡会对广播包的收发产生影响,使到达率降低,时延也会有所增加。测试地点为北京邮电大学西土城校区第二教学楼。图 17.39 所示为拐角场景下的测试示意图。

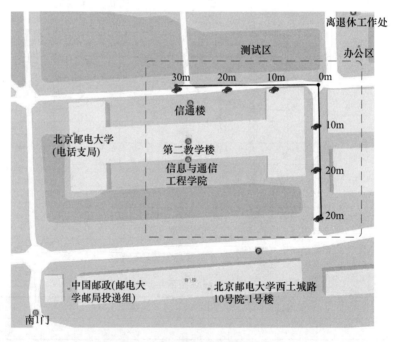

图 17.39 拐角测试场景示意

拐角场景下分别测试无 RSU 的受限延迟、两跳、单跳广播和增加 RSU 的 V2I 广播和辅助转发方案广播,得到的 PDR 统计如图 17.40 所示。

统计图中"V2I enhance"表示 V2I 场景下的辅助转发方案广播。由图 17.40 和表 17.17 的 PDR 统计结果可以看出,在拐角无 RSU 情况下,受限延迟广播比两跳和单跳的 PDR 高,说明在拐角情况下受限延迟依然能够有效提高 PDR。当增加 RSU 辅助转发时,辅助转发方案广播总体 PDR 要高于 V2I 广播,因此可以说明辅助转发方案在实际场景下依然能有效提高 PDR。另外,与不加 RSU 的单跳广播相比,辅助转发方案广播和 V2I 广播的 PDR 更高,说明在拐角场景下 RSU 对提升到达率有重要作用,在街道拐角设置 RSU 很有必要。

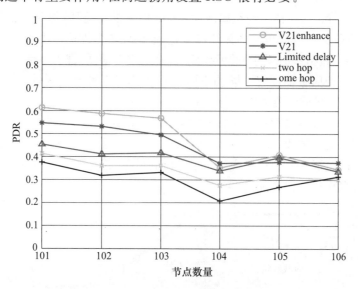

图 17.40　室外拐角场景 PDR 统计

表 17.17　室外拐角场景平均 PDR 统计

| 广播方式 | V2I enhance | V2I | 受限延迟 | 两跳 | 单跳 |
|---|---|---|---|---|---|
| PDR | 47.9% | 43.9% | 39.2% | 33.8% | 30.3% |

## 17.5　UAV 网络

无人机(Unmanned Aerial Vehicle,UAV)网络是近几年非常热门的研究方向。UAV 网络既是 MANET 也是 VENET 的特例,但无人机节点运动速度快,网络拓扑动态变化大,因此有自身的技术特点。本节简要介绍无人机网络的应用场景、网络结构、信道特征与关键技术。

### 17.5.1　UAV 应用场景

历史上,无人机主要应用于军事领域,对军事目标与人员实现远距离侦察、监测以及攻击等任务。近年来,随着以中国大疆公司为代表的商用无人机厂商崛起,小型无人机(主流机型质量不超过 25kg)的技术越来越成熟,价格下降很快,全球无人机市场迅猛发展,出现了很多民用与商用的新型应用。例如,天气监测、森林火灾防控、交通状况监测、货运物流跟踪、灾难现场搜索、通信中继等。

一般地,无人机可以分为两种类型:固定翼与螺旋桨。固定翼无人机通常运动速度快、负重量大,但必须保持连续飞行状态,因此不太适合对某个静止目标或区域进行细致观察。螺旋桨无人机,如四轴飞行器,运动与负重性能有限,但能在任意方向移动,很适合对地面目标进行悬停观测。因此,要根据应用场景进行机型选择。

在无线通信领域,基于无人机辅助的通信系统得到人们的重视与研究。无人机辅助的移动通信,可以跨越建筑物或地形造成的无线信号传播障碍,或者在地面移动通信基础设施遭到破坏时,快速建立无线通信覆盖,因此是一种应急通信的技术手段。

目前,在应急通信领域,除无人机外,也可以采用浮空平台(High-Altitude Platform,HAP),即利用热气球载荷通信设备,悬浮到距离地面 10km 以上的平流层,提供通信保障。一般而言,HAP 方式主要是提供大范围高可靠的无线覆盖,但通信设备与维护成本很高。而 UAV 方式主要是提供小范围(不超过数平方千米)的无线覆盖,设备成本很低,部署灵活。

无人机辅助无线通信有多种应用场景,图 17.41 给出了三种典型场景。

(1) 无人机辅助无线通信覆盖补充与增强

通过部署无人机,可以对现有移动通信网络起到补充或增强覆盖的作用,如图 17.41(a)所示。由于基站过载或完全失效,相应小区的无线信号或者严重衰减,或者干脆收不到任何信号。此时,通过无人机辅助,能够重新恢复无线覆盖,并增强网络接入能力。这对于提高 4G/5G 移动通信网络的业务无缝连接与保障能力非常重要。

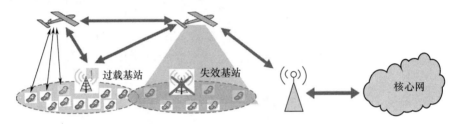

(a) 无人机辅助无线通信覆盖补充与增强

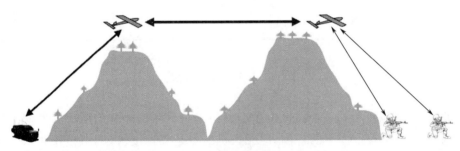

(b) 无人机辅助中继通信

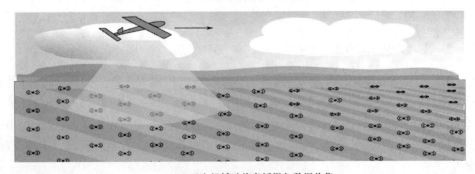

(c) 无人机辅助信息播撒与数据收集

图 17.41　三种典型的无人机辅助无线通信场景

(2) 无人机辅助中继通信

无人机辅助中继,可以为两个或多个用户或用户群提供可靠的直接通信链路,如图 17.41

(b)所示。在应急通信、军事通信等领域有重要应用。

（3）无人机辅助信息播撒与数据收集

这个场景如图 17.41(c)所示,无人机向大范围的分布式无线设备广播信息与收集数据。典型的应用场景是部署无线传感器网络的智慧农业等。

## 17.5.2　UAV 网络架构

在无人机辅助移动通信网络中,既包括正常的无线通信链路,也包括控制与非负载通信链路(Control and Non-Payload Communications link,CNPC),其网络结构如图 17.42 所示。

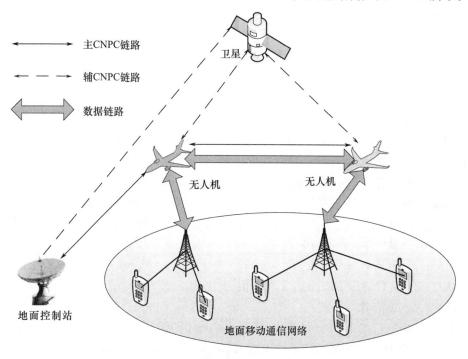

图 17.42　无人机辅助移动通信网络架构

由图可知,无人机辅助移动通信网络包括地面移动通信网络、无人机乃至卫星通信设备等。CNPC 与数据链路两类通信链路的功能描述如下。

（1）控制与非负载通信链路

CNPC 链路的主要功能是保证所有无人机的安全运行。无人机之间、无人机与地面控制站之间,都需要安全地交换关键信息,满足高可靠、低时延的双向通信需求。一般地,CNPC 链路传输的都是信令或小数据包业务,分为三种类型:

● 从地面控制站到无人机的指令与控制信息。

● 从无人机到地面控制站的飞行状态报告。

● 无人机之间的感知与规避信息。

为了支持关键功能,CNPC 链路一般应工作在授权频段。常用的频段为 L 波段(960～977MHz)与 C 波段(5030～5091MHz)。为了提供网络的可靠性与稳定性,除建立地面控制站与无人机之间的主 CNPC 链路外,还可以部署通过卫星中继端辅助链路作为备份。

CNPC 链路的另一个关键要求是超高安全性。应当采用有效的安全机制,避免无人机被非授权用户通过欺骗方式控制。因此,CNPC 链路需要采用鉴权认证技术,以及物理层安全技术。

**（2）数据链路**

数据链路主要是支持地面终端与任务相关的通信，依赖特定的应用场景，包括基站、移动台、网关节点、无线传感器等。无人机辅助的数据链路主要支持的通信模式如下：

- 基于无人机的直接通信，将地面基站任务迁移到无人机。
- UAV-BS 与 UAV-网关的无线回程传输。
- UAV-UAV 之间的无线回程传输。

与 CNPC 链路相比，数据链路可以容忍更大的时延、较低的安全性。UAV 的数据链路可以与具体应用的频段进行复用，也可以采用新的专用频段，如厘米波、毫米波频段等，增强 UAV-UAV 回传链路性能。

### 17.5.3　UAV 信道特征

在无人机网络中，CNPC 与数据链路都包含两种信道：UAV-地面信道与 UAV-UAV 信道。这两种信道与地面移动通信的信道有所区别，下面具体分析。

（1）UAV-地面信道特征

无人机在空中飞行，一般而言，UAV 与地面通信的信道存在直射径（LoS）分量。地形起伏、建筑物遮挡或机身遮挡，都会导致信号衰减或中断。实测表明，在飞机操纵过程中，由于机身遮挡产生的严重阴影效应，UAV-地面信号传播甚至会中断几十秒的时间。另外，在低空飞行时，由于受到地面障碍物的反射、散射与漫反射，UAV-地面信道会存在多径效应。

当无人机在沙漠或海洋上飞行时，双射线信道模型更为适用，其中包括一个 LoS 的主分量，还包括一个表面反射分量。当无人机在低空飞行时，含有直射径分量的莱斯信道模型应用更普遍，一般 Rician 因子（即直射径与散射径功率比）变化范围较大。在丘陵地带，L 波段 Rician 因子典型值为 15dB，而 C 波段 Rician 因子典型值为 28dB。

（2）UAV-UAV 信道特征

无人机之间的信道以 LoS 分量为主，由于低空地面反射，可能存在一些有限的多径分量。但相比 UAV-地面信道，由于相对运动速度大，UAV-UAV 信道会有较强的多普勒效应，时变性显著。这一点会直接影响 UAV-UAV 链路的频谱分配。

虽然业界一些观点认为，无人机之间可以基于毫米波通信，因为视距条件下采用毫米波传输能达到很高的数据速率。但毫米波位于高频段，多普勒效应会更加恶劣，因此适用于无人机之间通信的频段还需要仔细考虑，进一步研究。

### 17.5.4　UAV 关键技术

在无人机网络中，需要从物理层、MAC 层、网络层等多个层次考虑网络设计与优化。其中网络层的路由技术，可以借鉴 17.4 节介绍的 MANET 与 VANET 网络的路由技术，并针对网络拓扑的动态变化进行优化，网络架构设计，可以参考 17.2 节与 17.3 节的 MEC 与 IoT 架构，不再赘述。下面主要从系统优化角度，简要介绍 UAV 网络设计的一些关键技术。

（1）UAV 路径规划

路径规划是 UAV 网络的一项关键技术，对于无人机辅助通信，合适的路径规划可以大幅缩短通信距离，提高链路传输速率。但一般而言，规划无人机的最优飞行路径是富有挑战的任务。一方面，由于无人机在三维空间运动，其飞行轨迹是连续变化的，理论上具有无限多个优化变量；另一方面，飞行路径规划还需要满足多重约束，如连通性、油耗限制、避免碰撞、电子围栏、地形避等，进一步增加了规划的难度。

在实际应用中,经常将无人机的运动时空进行离散近似,把路径规划问题转换为三维坐标系统,由位置与速度构成的状态向量优化搜索问题。这个问题一般可以建模为混合整数规划问题,采用优化软件求解。文献[17.68]给出了能效最优的路径规划算法,是一类代表性方案。

（2）网络节能部署

UAV 网络的性能与运行时间主要受机上供电的约束,一般分为两个问题考虑。首先需要考虑能够补充能量的无人机网络部署,由于无人机一段时间工作、一段时间充电,因此要保证数据业务能够连续支持,没有明显中断。其次,如果没有充电操作,则要考虑网络的节能部署,以最低的能耗构建网络拓扑,完成通信任务。

（3）MIMO 技术应用

应用 MIMO 是提高无线链路传输能力的关键技术。但在 UAV 链路中应用 MIMO 存在一些难点。首先,UAV 之间的通信信道以 LoS 分量为主,是一个缺少散射的环境,获取空间复用增益受限。其次,MIMO 检测算法较为复杂,会增加硬件成本与功耗。再次,MIMO 系统一般都要求准确的 CSI 反馈,在高动态的 UAV 信道中难以满足这一要求,进一步限制了 MIMO 的性能增益。

尽管有上述挑战,在 UAV 通信中应用 MIMO 仍然有很大的技术潜力。已有研究表明,当天线阵元充分隔离并采用高频段时,即使在 LoS 环境下仍然能够获得较大的复用增益。另外,也有学者研究毫米波 MIMO 阵列在 UAV 通信中的应用。由于采用毫米波,MIMO 天线阵列体积显著缩小,采用波束成形能够获得阵列增益,显著改善了链路吞吐率。但是在高动态环境下,如何实现发射机与接收机波束的快速对准,还是有待研究的重要问题。

（4）移动中继

在 UAV 网络中,无人机的高移动性是提高性能的独特优势。由 17.1 节分析可知,MANET 网络的输运容量会随着节点运动而增加。因此,利用无人机的高移动性,在地面源节点与目的节点之间充当中继,是一种新的动态转发技术。具体内容参见文献[17.67][17.66],不再赘述。

# 17.6　绿色无线网络

作为现代社会的信息基础设施,移动通信网络具有不可替代的作用。4G/5G 移动通信在给用户带来宽带高速数据服务的同时,网络能耗规模越来越庞大。有报道称,蜂窝网络约 70% 的能耗来自无线接入,电费在移动通信运营商的运维成本中占比凸显。因此绿色无线通信成为近年来学术界与工业界关注的焦点。本节简要介绍绿色无线通信（Green Radio,GR）的基本原理以及相关技术。

## 17.6.1　基本折中

移动通信系统设计的传统目标是追求高频谱效率与高速率传输,绿色无线通信是从全新角度出发,考虑系统设计与优化。因此,绿色无线通信技术涉及无线接入网各个协议层的更新与优化,是一个庞大的系统工程。本节主要参考文献[17.69]的内容,介绍绿色无线通信系统 4 对关键指标的基本折中关系,如图 17.43 所示。

### 1. 部署效率与能量效率折中

部署效率（Deployment Efficiency,DE）是指网络规划、建设与管理费用,而能量效率（Energy Efficiency,EE）是指单位能耗达到的系统吞吐率或频谱效率。

在网络规划时,这两个指标往往会使设计原则产生矛盾。例如,为了节省场地租赁与基站设备维护费用,往往倾向于尽量扩大小区覆盖面积,减少小区数量。但是,增大小区半径会增加路径损耗。

例如,假设路径损耗因子为4,小区半径为$r$,则路径损耗为$PL(r) \propto 40\lg r$。如果小区半径扩大为$2r$,则路径损耗增加约12dB。为了弥补这一损失,将基站发射功率增大12dB才能达到相同的覆盖效果。

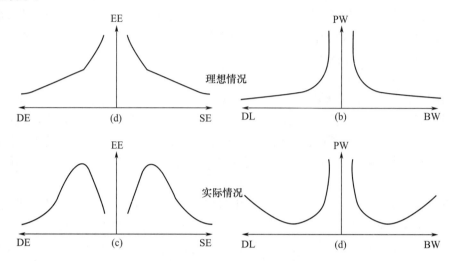

图 17.43   理想化与实际情况下绿色无线通信 4 对指标折中关系

另一方面,针对相同面积的区域,增加基站数目,减小整个网络的发射功率,也能达到相同的覆盖效果。

例如,小区半径从 1000m 减小到 250m,HSDPA 的峰值 EE 将从 0.11Mbit/J 增加到 1.92Mbit/J,大约有 17.5 倍的增益[17.69]。因此从资源管理角度来看,增加基站数目、缩减小区半径、减小发射功率是更好的选择。

从上述讨论可知,DE 与 EE 之间存在折中关系,理想条件下二者的曲线如图 17.43(a)所示,需要针对不同的小区半径,在 DE 与 EE 之间折中优选。但这个理想曲线只考虑了发射功率,而没有考虑基站类型、设备成本等约束条件,也没有考虑额外的功率消耗,如网络机房的空调功耗。考虑实际情况的折中关系更为复杂,还需要做广泛深入的研究。

**2. 频谱效率与能量效率折中**

频谱效率(Spectrum Efficiency,SE)定义为单位带宽中的系统吞吐率,既是移动通信系统的标志性指标,也是无线网络优化的重要指标。例如,从 GSM 演进到 LTE,系统的频谱效率从 0.05bit/s/Hz 提高到 5bit/s/Hz。而另一方面,能量效率是绿色通信的重要指标,在移动通信标准制定中,这个指标直到 5G NR 才逐渐引起重视。一般地,SE 与 EE 二者的要求并不一致,某种程度上甚至存在冲突,需要仔细优化折中。

下面分析 AWGN 信道中 SE-EE 的折中关系。给定系统带宽 $W$,发射功率 $P$,则信道可达速率 $R$ 表示为

$$R = W \log_2 \left(1 + \frac{P}{N_0 W}\right) \tag{17.6.1}$$

其中,$N_0$ 是白噪声的单边功率谱密度。式(17.6.1)就是著名的香农信道容量公式。

基于定义,SE 与 EE 分别表示为

$$\eta_{SE} = \log_2 \left(1 + \frac{P}{N_0 W}\right) \tag{17.6.2}$$

与

$$\eta_{EE}=\frac{W}{P}\log_2\left(1+\frac{P}{N_0 W}\right) \tag{17.6.3}$$

将式(17.6.2)做变换,得到$(2^{\eta_{SE}}-1)N_0=\dfrac{P}{W}$,代入式(17.6.3),得到 SE-EE 的关系:

$$\eta_{EE}=\frac{\eta_{SE}}{(2^{\eta_{SE}}-1)N_0} \tag{17.6.4}$$

如图 17.43(a)所示。

由式(17.6.4)可知,当频谱效率趋于 0,能量效率极限为

$$\eta_{EE}=\lim_{\eta_{SE}\to 0}\frac{\eta_{SE}}{(2^{\eta_{SE}}-1)N_0}=\frac{1}{N_0\ln 2} \tag{17.6.5}$$

反之,如果频谱效率趋于无穷大,则能量效率趋于 0。

在实际系统中,SE-EE 之间的关系没有式(17.6.4)这么简单,如果考虑电路功率,则并没有这种单调关系,而是像图 17.43(c)的单峰形式。并且这种形式也只是点到点链路的一种情况,如果考虑网络负载、干扰分布,则二者之间的折中关系更为复杂。

**3. 带宽与功率折中**

带宽与功率是无线通信中最重要但是有限的资源。由香农信道容量公式可知,给定发送速率 $R$,发送功率与信号带宽满足如下关系

$$P=WN_0(2^{\frac{R}{W}}-1) \tag{17.6.6}$$

这个公式表征了发送功率与信号带宽之间的单调关系,如图 17.43(b)所示。

当带宽趋于无穷大时,式(17.6.6)的极限为

$$P_{\min}=\lim_{W\to\infty}WN_0(2^{\frac{R}{W}}-1)=N_0\lim_{W\to\infty}W(e^{\frac{R}{W}\ln 2}-1)$$

$$=N_0\lim_{W\to\infty}W\frac{R}{W}\ln 2=N_0 R\ln 2 \tag{17.6.7}$$

即带宽不受限时,最小信号发射功率为 $N_0 R\ln 2$。

图 17.43(b)给出的 BW-PW 折中关系表明,固定数据速率,信号带宽展宽可以降低发射信号功率,有助于提高能量效率。移动通信从窄带到宽带的演进也验证了这一点。例如,在 GSM 系统中,每信道带宽为 200kHz,而 WCDMA 系统带宽扩展为 5MHz。LTE 系统进一步扩展为 20MHz。随着信号带宽的扩展,能量效率逐步提升。

带宽-功率的折中关系直接来自香农信道容量公式,但从网络优化角度来看,综合使用软件无线电、优化时频调度算法,这个关系还有进一步优化的空间。

**4. 时延与功率折中**

前述指标侧重于网络的传输性能,而时延指标更侧重于业务性能,用于表征业务 QoS。对于 2G 移动通信,主要支持单一的话音业务,时延是确定值,因此采用固定的编码调制方式已经满足需求。而 3G 及以后的系统,普遍支持多种速率的多媒体业务,时延需求各不相同。因此,我们需要考虑低功率条件下的最小时延。

仍然考虑香农信道容量公式,显然,每秒发送 $R=W\log_2\left(1+\dfrac{P}{N_0 W}\right)$ 比特数据。因此发送 1 比特的时间为 $t_b=1/R$。进一步可得,发送单比特的平均功率为

$$P_b=WN_0(2^{\frac{1}{t_b W}}-1) \tag{17.6.8}$$

这就是时延-功率折中关系,如图 17.43(b)所示。

随着发送时延 $t_b$ 增加,单比特发送功率会单调递减。但是与前三对折中关系类似,如果考虑实际情况,例如电路功率,则二者之间并不是这种简单关系,会呈现如图 17.43(d)所示的复杂形式。进一步,如果考虑业务动态性,时延-功率之间的关系会更加复杂,需要针对特定场景进行分析与评估。

## 17.6.2　无线充电

无线充电是一种借助电磁辐射为电子设备无接触式充电的技术,这种技术最早可以追溯到交流电的发明人尼古拉·特斯拉。1896 年,他在 48km 距离上实现了微波功率输送。但大功率的微波功率辐射对人体有害,并且效率太低,在商业上一直无法应用。经过一个世纪的技术积累,21 世纪以来,商用无线充电技术重新引起人们的研究兴趣。2014 年,一项名为电磁 MIMO (MagMIMO)的新技术为商用无线充电带来突破[17.72]。这项技术采用波束成形方式,可以将电磁波能量集中在小角度范围内进行传输。目前商用的无线充电设备大多采用这类方式。

一般地,无线充电包括两种类型:基于耦合的非辐射充电及基于射频的辐射充电。前者包括三类技术:(1)电磁感应耦合,类似于变压器的原理,采用电磁感应耦合线圈供电。(2)电磁谐振耦合技术,相比电磁感应耦合多了谐振电容,通过发送-接收线圈之间的谐振,产生强耦合通道,进行供电。(3)电容耦合技术。电容耦合主要包括两类技术:方向性射频功率波束成形技术,非方向性射频功率传输技术。电容耦合往往要求接收设备有足够大的尺寸面积,这一点无法在小尺寸的终端上实现。对于方向性射频功率波束成形,主要限制是供电器需要确切知道接收器的具体位置。由于上述限制,具有实用价值的无线充电技术主要有三种:电磁感应耦合、电磁谐振耦合及非方向性射频辐射。

从充电距离来看,无线充电可以分为近场充电与远场充电两种方式。电磁感应耦合与电磁谐振耦合主要应用于近场充电,而微波辐射工作于远场情况,这三种无线充电技术的比较如表 17.20 所示。

表 17.20　三种无线充电技术的比较

| 无线充电技术 | 技术优点 | 技术局限 | 有效充电距离 |
| --- | --- | --- | --- |
| 电磁感应耦合 | 对人体安全,实现简单 | 充电距离短,有热效应,不适合移动应用,充电器与受电设备之间必须紧贴 | 距离为毫米到厘米量级 |
| 电磁谐振耦合 | 充电器与受电设备之间可以松置,能够同时对多个设备充电,效率高,可以非视距充电 | 不适合移动应用,充电距离有限,实现复杂 | 距离为厘米到米量级 |
| 微波辐射 | 实现远距离充电,适合移动应用 | 高微波能量密度不安全,充电效率低,要求视距充电 | 典型距离为几十米,最大可达数千米 |

无线充电是一个快速发展的新技术领域,更多具体细节可以参见综述文献[17.72]。

## 17.6.3　环境后向散射通信

环境后向散射通信(Ambient Backscatter Communication,ABC)是 2013 年由 Liu 等人提出的一项无源无线电通信技术,广泛应用于低功率物联网等领域。ABC 技术不需要电池供电,它利用周围环境中电视信号发射塔、调频广播发射塔、移动通信基站、WiFi 接入点辐射的电磁波信号,即对环境后向散射电磁波进行调制与反射,向接收机发送数据。

环境后向散射通信场景如图 17.44 所示。由图可知,ABC 通信节点不需要 RF 源,利用环境中已有的信号源,例如,基站辐射的 RF 信号进行储能与接收,然后进行调制编码,将后向散射信号发送到 ABC 接收机。在接收端,对信号解调检测,获取信息。

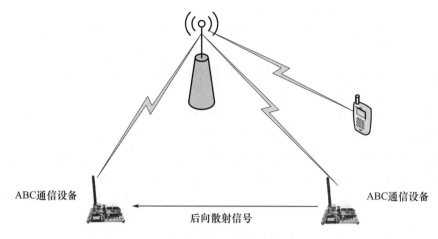

图 17.44　环境后向散射通信场景

ABC 技术不需要专用的无线频段,功率消耗极低,大约在微瓦($\mu$W)量级,因此很适合在低功率长寿命的物联网中应用。

## 17.6.4　无线能量收集技术

无线能量收集(Energy Harvesting, EH)技术是近年来出现的绿色通信新技术[17.78][17.79][17.80],在传感器与物联网领域有重要的应用前景。能量收集技术的核心特点是允许无线设备收集射频信号中的能量,支持设备工作。

一般而言,无线能量收集技术包括三种类型:无线功率传送(Wireless Power Transfer, WPT)、无线功率通信网(Wireless-Powered Communication Network, WPCN)及无线信息功率同时传送(Simultaneous Wireless Information and Power Transfer, SWIPT),其工作模式如图 17.45 所示。

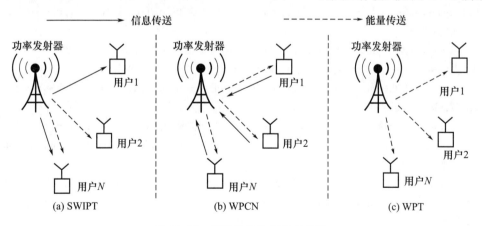

图 17.45　无线能量收集技术分类

(1)无线功率传送(WPT)

在 WPT 模式下,功率发送器只是向用户设备发送能量,用于对设备电池充电,而不传送信息。这类技术的典型应用就是无线充电。

（2）无线功率通信网（WPCN）

在 WPCN 模式下，多个用户设备首先收集功率发送器辐射的射频能量，等能量充分累积后，用户设备可以传输数据。这类技术主要在 IoT 或传感器网络中应用，实现万物互联。

（3）无线信息功率同时传送（SWIPT）

作为前两种模式的混合，在 SWIPT 模式下，功率发射器既辐射能量又发送信息，这两种操作同时进行。用户设备可以在收集能量与数据译码两种接收模式之间切换，因此提高了能量-信息的传输效率。SWIPT 技术是能量收集的前沿技术，文献[17.75][17.76][17.77]建立了较完善的分析与设计框架，具有重要的理论意义。

虽然能量收集技术具有理论上的先进性，但在 WSN 与 IoT 网络中应用仍然还有很多局限。首先，无线充电技术目前还无法支持大规模与远距离应用，因此能量传送的应用比较有限。其次，在 WPCN 网络中，用户设备需要花很长时间进行能量收集之后才能进行数据发送，限制了系统性能。第三，SWIPT 虽然有一定创新，但需要对资源进行调度与优化，增加了网络运行的复杂度。并且 SWIPT 需要配置主动式的 RF 发送单元，增加了设备成本与复杂度，不太适合大规模低成本无线通信网络。

从实际应用角度来看，将 ABC 与 SWIPT 结合，具有更大的工程实用价值。

# 17.7　本章小结

本章主要介绍新型无线通信网络技术。Ad Hoc 网络具有分布式、去中心化的特点，是现代无线网络的重要研究对象。我们首先介绍了无线自组网的容量分析理论，然后归纳总结了无线网络的基本架构，包括移动云计算、移动边缘计算和认知无线网络。针对三种典型的分布式网络——物联网、车联网和无人机网络，分别介绍其网络结构、实现方案、路由算法、设计方案等基本原理。最后，简要介绍了低功耗绿色无线通信网络的关键技术特征。

# 参 考 文 献

[17.1] C. E. Shannon. A mathematical theory of communication. BellSyst. Tech. J. , vol. 27, pp. 379-423,623-656, Jul. -Oct. 1948.

[17.2] A. ElGamal and Y. Kim. Network information theory. Cambridge University Press, 2011.

[17.3] T. M. Cover and J. A. Thomas, Elements of Information Theory. John Wiley & Sons, 1991.

[17.4] T. Cover and A. Gamal. Capacity theorems for the relay channel. IEEE Trans. Inf. Theory, vol. 25, no. 5, pp. 572-584,1979.

[17.5] J. Andrews, S. Shakkottai, R. Heath, N. Jindal, M. Haenggi, R. Berry, D. Guo, M. Neely, S. Weber, S. Jafar et al. , Rethinking information theory for mobile ad hoc networks. IEEE Commun. Mag. , vol. 46, no. 12, pp. 94-101,2008.

[17.6] A. Goldsmith, M. Effros, R. Koetter, M. M′edard, A. Ozdaglar, and L. Zheng. Beyond Shannon: the quest for fundamental performance limits of wireless ad hoc networks. IEEE Commun. Mag. , vol. 49, no. 5, pp. 195-205,2011.

[17.7] P. Gupta and P. Kumar. The capacity of wireless networks. IEEE Trans. Inf. Theory, vol. 46, no. 2, pp. 388-404,2000.

[17.8] N. Lu and X. Shen. Scaling law for throughput capacity and delay in wireless networks-A survey. IEEE Communications Surveys and Tutorials, Vol. 16, No. 2, pp. 642-657,2014.

[17.9] M. Franceschetti, O. Dousse, D. Tse, and P. Thiran. Closing the gap in the capacity of wireless networks via percolation theory. IEEE Trans. Inf. Theory,vol. 53,no. 3,pp. 1009-1018,2007.

[17. 10] C. Peraki and S. Servetto. On the maximum stable throughput problem in random networks with directional antennas. in Proc. ACM MobiHoc,2003.

[17. 11] H. Sadjadpour, Z. Wang, and J. Garcia-Luna-Aceves. The capacity of wireless ad hoc networks with multi-packet reception. IEEE Trans. Commun. ,vol. 58,no. 2,pp. 600-610,2010.

[17. 12] A. Ozgur, O. Leveque, and D. Tse. Hierarchical cooperation achieves optimal capacity scaling in ad hoc networks. IEEE Trans. Inf. Theory,vol. 53,no. 10,pp. 3549-3572,2007.

[17. 13] M. Franceschetti, M. Migliore, and P. Minero. The capacity of wireless networks: information-theoretic and physical limits. IEEE Trans. Inf. Theory,vol. 55,no. 8,pp. 3413-3424,2009.

[17. 14] S. Lee and S. Chung. Capacity scaling of wireless ad hoc networks: Shannon meets maxwell. IEEE Trans. Inf. Theory,vol. 58,no. 3,pp. 1702-1715,2012.

[17. 15] R. Ahlswede, N. Cai, S. -Y. R. Li and R. W. Yeung. Network information flow. IEEE Trans. on Information Theory,vol. 46,pp. 1204-1216,2000.

[17. 16] S. -Y. R. Li, R. W. Yeung, and N. Cai. Linear network coding. IEEE Transactions on Information Theory, vol. 49,pp. 371-381,2003.

[17. 17] R. Koetter and M. Medard. An algebraic approach to network coding. IEEE/ACM Trans. Networking, vol. 11,pp. 782-795,2003.

[17. 18] T. Ho, R. Koetter, M. Medard et al. The benefits of coding over routing in a randomized setting. IEEE ISIT,2003,Yokohama,Japan.

[17. 19] D. S. Lun, R. Koetter, M. Medard et al. Further results on coding for reliable communication over packet network. IEEE ISIT,2005.

[17. 20] K. Lu, S. Fu, Y. Qian, and H. Chen. On capacity of random wireless networks with physical-layer network coding. IEEE J. Sel. Areas Commun. ,vol. 27,no. 5,pp. 763-772,2009.

[17. 21] H. Zhang and J. Hou. Capacity of wireless ad-hoc networks under ultra-wide band with power constraint. in IEEE Proc. INFOCOM,Miami,USA,March 2005.

[17. 22] M. Grossglauser and D. Tse. Mobility increases the capacity of ad hoc wireless networks. IEEE/ACM Trans. Netw. ,vol. 10,no. 4,pp. 477-486,2002.

[17. 23] P. Gupta, P. R. Kumar et al. Internets in the sky: The capacity of three dimensional wireless networks. Communications in Information and Systems,vol. 1,no. 1,pp. 33-49,2001.

[17. 24] L. Ying, S. Yang, and R. Srikant. Optimal delay-throughput tradeoffs in mobile ad hoc networks. IEEE Trans. Inf. Theory,vol. 54,no. 9,pp. 4119-4143,2008.

[17. 25] A. ElGamal, J. Mammen, B. Prabhakar, and D. Shah. Optimal throughput-delay scaling in wireless networks-part I: The fluid model. IEEE Trans. Inf. Theory,vol. 52,no. 6,pp. 2568-2592,2006.

[17. 26] S. Weber, X. Yang, J. Andrews, and G. deVeciana. Transmission capacity of wireless ad hoc networks with outage constraints. IEEE Trans. Inf. Theory,vol. 51,no. 12,pp. 4091-4102,Dec. 2005.

[17. 27] S. Weber, J. Andrews, and N. Jindal. An overview of the transmission capacity of wireless networks. IEEE Transactions on Communications,vol. 58,no. 12,pp. 3593-3604,Dec. 2010.

[17. 28] D. Stoyan, W. Kendall, and J. Mecke, Stochastic Geometry and its Applications,2nd edition. John Wiley and Sons,1996.

[17. 29] J. F. C. Kingman. Poisson Processes. Oxford University Press,1993.

[17. 30] S. Toumpis and A. Goldsmith. Capacity regions for wireless ad hoc networks, IEEE Transactions on Wireless Communications,vol. 24,no. 5,pp. 736-48,May 2003.

[17. 31] D. Huang. Mobile cloud computing, IEEE COMSOC Multimedia Commun. Tech. Committee E-Lett. , vol. 6,no. 10,pp. 27-31,Oct. 2011.

[17. 32] P. Asrani. Mobile cloud computing,Int. J. Eng. Adv. Technol. ,vol. 2,no. 4,pp. 606-609,2013.

［17.33］ A. R. Khan, M. Othman, S. A. Madani, and S. U. Khan. A survey of mobile cloud computing application models. IEEE Communication Surveys and Tutorials, vol. 16, no. 1, pp. 393-413, Feb. 2014.

［17.34］ 中国移动通信研究院 . C-RAN 无线接入网绿色演进, 2011.

［17.35］ J. Wu, Z. Zhang, et al. , Cloud Radio Access Network(C-RAN): A Primer. IEEE Network, Vol. 29, No. 1, pp. 35-41, Jan. /Feb. 2015.

［17.36］ A. Checko, H. L. Christiansen, et al. , Cloud RAN for Mobile Networks-A Technology Overview. IEEE Communication Surveys and Tutorials, Vol. 17, No. 1, pp. 405-426, Q1, 2015.

［17.37］ F. Vhora and J. Gandhi. A Comprehensive Survey on Mobile Edge Computing Challenges Tools Applications. International Conference on Computing Methodologies and Communication ( ICCMC ), pp. 49-55, 2020.

［17.38］ G. I. Klas. (2015). Fog Computing and Mobile Edge Cloud Gain Momentum Open Fog Consortium ETSI MEC and Cloudlets. ［Online］. Available: http://yucianga. info/? p＝938.

［17.39］ R. Tandon and O. Simeone. Harnessing cloud and edge synergies: Toward an information theory of fog radio access networks. IEEE Communications Magazine, vol. 54, no. 8, pp. 44-50, Aug. 2016.

［17.40］ M. Satyanarayanan, P. Bahl, R. Caceres, and N. Davies. The case for VM-based cloudlets in mobile computing. IEEE Pervasive Comput. , vol. 8, no. 4, pp. 14-23, Oct. /Dec. 2009.

［17.41］ M. Patel, et al. Mobile-edge computing introductory technical white paper, White paper, mobile-edge computing(MEC) industry initiative, pp. 1089-7801, 2014.

［17.42］ K. Dolui and S. K. Datta. Comparison of edge computing implementations: Fog computing, cloudlet and mobile edge computing. IEEE Global Internet of Things Summit(GIoTS). 2017.

［17.43］ A. C. Baktir, A. Ozgovde, and C. Ersoy. How Can Edge Computing Benefit From Software-Defined Networking A Survey Use Cases and Future Directions. IEEE Communication Surveys and Tutorials, Vol. 19, No. 4, pp. 2359-2390, Q1, 2017.

［17.44］ S. Wang, X. Zhang, et al. A Survey on Mobile Edge Networks Convergence of Computing Caching and Communications. IEEE Access, Vol. 5, pp. 6757-6779, June 2017.

［17.45］ N. Abbs, Y. Zhang, A. Taherkordi. Mobile Edge Computing: A Survey. IEEE Internet of Things Journal, Vol. 5, No 1 pp. 450-465, Feb. 2018.

［17.46］ F. C. C. S. P. T. Force. FCC Report of the Spectrum Efficiency Working Group. FCC, Tech. Rep. , 2002.

［17.47］ Mishra S. M. , Willkomm D. , Brodersen R. and Wolisz A. A cognitive radio approach for usage of virtual unlicensed spectrum. 14th IST, 2005.

［17.48］ J. Mitola and G. Q. Maguire. Cognitive radios: Making software radios more personal. IEEE Pers. Commun. , Vol. 6, No. 4, pp. 13-18, Aug. 1999.

［17.49］ J. Mitola. Cognitive radio for flexible mobile multimedia communications. IEEE International workshop on mobile multimedia communications, Nov. 1999.

［17.50］ J. Mitola. Cognitive radio: An integrated agent architecture of software defined radio. ［Dissertation］, Royal Inst. Technol. , Stockholm, Sweden, 2000.

［17.51］ A. Goldsmith, S. A. Jafar, I. Maric, et al. Breaking Spectrum Gridlock with Cognitive Radios: An Information Theoretic Perspective. Proceedings of the IEEE, Vol. 97, No. 5, pp. 894-914, May 2009.

［17.52］ "Series Y: Global information infrastructure, Internet protocol aspects, next-generation networks, Internet of Things and smart cities," Int. Telecommun. Union, Geneva, Switzerland, ITU-Recommendation Y. 4455, pp. 22, Oct. 2017.

［17.53］ W. Ayoub, A. E. Samhat, et al. Internet of mobile things: overview of LoRaWAN, DASH7, and NB-IoT in LPWANs Standards and Supported Mobility. IEEE Communications Surveys and Tutorials, Vol. 21, No. 2, pp. 1561-1581, Q2 2019.

［17.54］ J. Lin, W. Yu, et al. A survey on Internet of Things: Architecture, Enabling Technologies, Security and

Privacy, and Applications. IEEE Internet of Things Journal, Vol. 4, No. 5, pp. 1125-1142, Oct. 2017.

[17.55] Cellular System Support for Ultra-Low Complexity and Low Throughput Internet of Things(CIoT) (Release 13), 3rd Gener. Partnership Project, Nanjing, China, 2015, http://www.3gpp.org/ftp/Specs/archive/45_series/45.820/.

[17.56] H. Hartenstein and K. P. Laberteaux. A Tutorial Survey on Vehicular Ad Hoc Networks. IEEE Communications Magazine, Vol. 46, No. 6, pp. 164-171, June 2008.

[17.57] H. Wang, T. Liu, et al. Architectural Design Alternatives Based on Cloud/Edge/Fog Computing for Connected Vehicles. IEEE Communications Surveys and Tutorials, Vol. 22, No. 4, pp. 2349-2377, Q4 2020.

[17.58] IEEE 802.11p/D10.0, Jan. 2010.

[17.59] 3GPP TR 36.885, Study on LTE-based V2X services, 2015.

[17.60] N. Wisitpongphan, O. K. Tonguz, and J. S. Parikh, et al. Broadcast storm mitigation techniques in vehicular ad hoc networks. IEEE Transactions on Wireless Communications, Vol. 14, No. 6, pp. 84-94, 2007.

[17.61] L. Zhou, G. Cui, H. Liu, et al. NPPB: A Broadcast Scheme in Dense VANETs. Information Technology Journal, Vol. 9, No. 2, 2010.

[17.62] J. Cartigny and D. Simplot. Border Node Retransmission Based Probabilistic Broadcast Protocols in Ad-Hoc Networks. Telecommunication Systems, Vol. 22, No. 1-4, pp. 189-204, 2003.

[17.63] 侯勇. 车联网广播研究及硬件测试[D]. 北京：北京邮电大学, 2019.

[17.64] K. Jia, Y. Hou, K. Niu, C. Dong and Z. He, "The Delay-Constraint Broadcast Combined With Resource Reservation Mechanism and Field Test in VANET," IEEE Access, vol. 7, pp. 59600-59612, 2019.

[17.65] L. Li, R. Ramjee, M. Buddhikot, et al. Network Coding-Based Broadcast in Mobile Ad-hoc Networks. IEEE International Conference on Computer Communications. 2007.

[17.66] Y. Zeng, R. Zhang and T. J. Lim. Wireless Communications with Unmanned Aerial Vechicles: Opportunities and Challenges. IEEE Communications Magazine, Vol. 54, No. 5, pp. 36-42, May 2016.

[17.67] L. Gupta, R. Jain and G. Vaszkun. Survey of Important Issues in UAV Communication Networks. IEEE Communications Surveys and Tutorials, Vol. 18, No. 2, pp. 1123-1152, Q2 2016.

[17.68] Y. Zeng and R. Zhang. Energy-Efficient UAV Communication with Trajectory Optimization. IEEE Transactions on Wireless Communications, Vol. 16, No. 6, pp. 3747-3760, June 2017.

[17.69] Y. Chen, S. Zhang, S. Xu, et al. Fundamental trade-offs on green wireless networks. IEEE Communications Maganzine, Vol. 49, No. 6, pp. 30-37, June 2011.

[17.70] G. Y. Li, Z. Xu, C. Xiong, et al. Energy-efficient wireless communications: tutorial, survey, and open issues. IEEE Wireless Communications, Vol. 18, No. 6, pp. 28-35, Dec. 2011.

[17.71] D. Feng, C. Jiang, G. Lim, et al. A survey of energy-efficient wireless communications. IEEE Communications Surveys and Tutorials, Vol. 15, No. 1, pp. 167-178, Q1 2013.

[17.72] X. Lu, P. Wang, D. Niyato, et al. Wireless Charging Technologies: Fundamentals, Standards, and Network Applications. IEEE Communications Surveys and Tutorials, Vol. 18, No. 2, pp. 1413-1452, Q2 2016.

[17.73] V. Liu, A. Parks, V. Talla, et al. Ambient backscatter: wireless communication out of thin air. Proc. ACM SIGCOMM, Hong Kong, pp. 39-50, Aug. 2013.

[17.74] N. V. Huynh, D. T. Hoang, X. Lu, et al. Ambient Backscatter Communications: A Contemporary Survey. IEEE Communications Surveys and Tutorials, Vol. 20, No. 4, pp. 2889-2922, Q1 2018.

[17.75] R. Zhang and C. K. Ho. MIMO Broadcasting for Simultaneous Wireless Information and Power Transfer. IEEE Trans. Wireless Commun., vol. 12, no. 5, pp. 1989-2001, May 2013.

[17.76] X. Zhou, R. Zhang, and C. K. Ho. Wireless Information and Power Transfer: Architecture Design and Rate-Energy Tradeoff. IEEE Transactions on Communications, Vol. 61, No. 11, pp. 4754-4767, Nov. 2013.

[17.77] L. Liu, R. Zhang, and K. C. Chua. Wireless Information Transfer with Opportunistic Energy Harvesting. IEEE Transactions on Wireless Communications, Vol. 12, No. 1, pp. 288-300, Jan. 2013.

[17.78] X. Lu, P. Wang, D. Niyato, et al. Wireless Networks with RF Energy Harvesting: A Contemporary Survey. IEEE Communications Surveys and Tutorials, Vol. 17, No. 2, pp. 757-789, Q2 2015.

[17.79] J. Huang, C. C. Xing and C. G. Wang. Simultaneous Wireless Information and Power Transfer: Technologies, Applications, and Research Challenges. IEEE Communications Maganzine, Vol. 55, No. 11, pp. 26-32, Nov. 2017.

[17.80] T. D. P. Perera, D. N. K. Jayakody, S. K. Sharma, et al. Simultaneous Wireless Information and Power Transfer(SWIPT): Recent Advances and Future Challenges. IEEE Communications Surveys and Tutorials, Vol. 20, No. 1, pp. 264-302, Q1 2018.

# 习　　题

17.1　比较输运容量与发送容量基本概念的联系与区别。

17.2　归纳总结无线自组网中提高网络容量的技术手段。

17.3　推导 AWGN 信道与瑞利信道下的发送容量表达式。

17.4　画出无线云计算架构并简述其特点。

17.5　画出云无线接入网架构并描述其特点。

17.6　画出边缘计算的三种架构并简述各自特点。

17.7　总结认知无线电的工作原理并简述其技术特点。

17.8　比较信息物理系统与物联网的区别与联系。

17.9　总结车联网中的基本路由协议机制。

17.10　归纳与总结无人机网络的关键技术。

17.11　简要说明绿色通信中的 4 种基本折中关系。

17.12　解释能量收集的三种工作模式。

# 第18章 移动网络运行

前两章介绍了蜂窝移动通信网与无线自组网的基本结构与构成。建立移动通信网络的目的是配合物理层在用户移动的场景下完成移动通信业务,满足用户的 QoS 要求。这就是在移动通信网上进行网络运行的目的,也是本章要讨论和介绍的内容。一般地,网络运行大致可以分为以下 4 个部分:移动业务的呼叫建立与接续、移动性管理、无线资源管理、安全性管理。

移动网络的信息安全将在第 19 章专门介绍。本章首先介绍移动业务类型、呼叫与接续基本原理,然后重点介绍移动性管理与无线资源管理的流程与方法。跨层优化是近年来学术界的研究热点,本章概要介绍移动网络的跨层设计框架、机制与方法。位置服务已经成为热门的移动应用,本章也简要介绍无线定位技术的基本原理。

## 18.1 移动通信中的业务类型

移动通信的业务与固定网上的业务基本是类似的,也是由移动用户的需求驱动决定的。但是,由于在客观条件上受到信道动态性和用户动态性的限制,在业务的类型、数量、速率、宽带乃至 QoS 上,均比固网要差一些。

本节将主要介绍欧洲体系的 GSM、GPRS 及 WCDMA 系统中的业务,以及在智能网上开展的增值业务。

### 18.1.1 2G 中的 GSM 业务

GSM 定义的业务是建立在综合业务数字网(ISDN)概念基础上的,并考虑到移动的特点进行相应修改,但它仍然以数字式话音业务为主体。GSM 提供的业务分为两类:基本通信业务和补充通信业务,这两类业务是独立的通信业务。基本通信业务根据在网络中接入位置的不同划分为电信业务与承载业务。如图 18.1 所示。

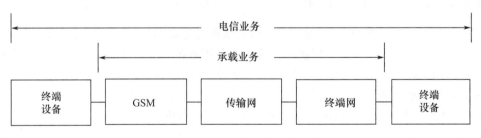

图 18.1 GSM 支持的基本业务

GSM 通信业务的分类表 18.1 所示。

表 18.1 GSM 通信业务分类

| 承载业务 | | 电信业务 | |
|---|---|---|---|
| 基本承载业务 | 基本承载业务+补充业务 | 基本电信业务 | 基本电信业务+补充业务 |

电信业务提供包含终端设备(TE)功能在内的完善通信能力。其特点是除包括 OSI 模型中 1~3 层的属性,还包含描述 OSI 参考模型中 4~7 层高层功能和协议的属性。

承载业务仅提供接入点之间传输信号的能力,它仅包含 OSI 模型中 1～3 层相对应的底层属性。

补充业务是对两类基本业务的改进和补充,它不能单独向用户提供,而必须与基本业务一起提供。同一补充业务可能应用到若干个基本业务中,这大大丰富了基本业务的功能,也有利于引入智能化服务。GSM 可提供 8 大类型补充业务,这里就不再一一列举。

GSM 提供的主要电信业务如下。

(1) 话音业务

双向电话为移动用户之间或移动用户与固定用户之间提供实时双向通话,这是 GSM 最主要的业务。紧急呼叫业务,提供一种在紧急情况下的简单拨号方式,接入最近紧急服务中心的特服业务。

(2) 短消息业务

点对点短消息业务利用呼叫状态或空闲状态由控制信道传送,其信息量较小,一般限制在 160 字节。又可以进一步划分为移动台(MS)发送的短消息业务和移动台(MS)接收的短消息业务。

(3) 小区广播式短消息业务

对移动网某一特定区域内以一定间隙向 MS 广播通用消息,它也是在控制信道上传送的,且 MS 只有在空闲状态下才能接收广播消息,其信息量一般限制为 93 字节。

(4) 可视图文接入

它是指通过网络完成文本、图形信息检索和电子邮件功能的业务。

(5) 智能用户电报传送

提供智能用户电报终端间的文本通信业务,这类终端具有编辑、存储处理能力。

(6) 传真

具有自动 3 类传真、话音与 3 类传真交替传送业务。

GSM 设计的承载业务不仅可以在移动用户之间完成数据通信,更重要的是为移动用户与 PSTN、ISDN 用户提供数据通信服务,而且还能与其他陆地公用数据网(电路型、分组型)互连互通。GSM 能提供共计 10 大类承载业务,这里我们就不一一列举,可见 GSM 技术规范。

## 18.1.2   2.5G 中的 GPRS 业务

第 17 章介绍了 GPRS 网络的结构与构成,它实际上是在 GSM 电路交换平台上提供了一个平行的分组交换平台,为移动用户提供各种类型的分组数据业务。下面简单介绍一下 GPRS 网络提供的业务类型。

**1. GPRS 可提供的业务**

GPRS 网络可作为移动 Internet 的一种有效方式,可提供的业务有:

(1) 接入 Internet(采用 PC＋GPRS 手机)和基于 PDA 的数据业务。在前一个场景中,GPRS 手机仅作为传输手段,PC 是终端。这两种数据业务的流程基本上相同,故可放在同一类。

(2) WAP over GPRS,即利用具有 WAP 功能的 GPRS 手机,直接通过分组方式接入 Internet。

(3) 短消息业务,即 SMS over GPRS,利用 GPRS 网提供分组式的短消息服务。

**2. GPRS 进一步可提供的业务**

从发展来看,GPRS 网络不但能提供常规的 Internet 移动接入服务,而且还可以为第三方业务商提供接入服务。另外,银行、大企业集团用户也可以利用 GPRS 网建立自己的虚拟专用网络。按应用范围划分,可以分为面向个人用户端到端分组数据业务和面向集团内部用户的端到端分组数据业务两大类型。

GPRS 能提供的业务有:

（1）E-mail 业务、Telnet 登录业务、FTP 文件传输业务、Web 浏览业务（含 HTTP 和 WAP）。

（2）信息检索业务、信息查询、电子号码簿服务。

（3）电子商务、电子银行、电子股票交易、信用卡确认。

（4）电子监控。

（5）GPS 自动定位跟踪业务。

（6）集团、企业自认证与代认证业务。

（7）网络游戏。

### 18.1.3　WCDMA 的业务

WCDMA 业务一般采用欧洲通用移动通信系统（UMTS）提出的标准和要求。与 GSM 及其他 2G 移动通信系统相比,UMTS 提出允许对无线承载特性进行协商。UMTS 必须支持具有不同 QoS 要求的各种应用业务类型,UMTS 承载必须具有"通用"特性,能为业务提供良好的支持。

**1. UMTS 承载业务**

UMTS 允许用户或应用为所传送的信息协商最适当的承载特性,也允许在建立连接后通过再协商来改变承载特性。承载协商由应用发起,而再协商则可能由应用或网络发起（如在切换时）。应用根据自己的需求提出所需的承载,网络检查可用的资源和用户注册并做出反应,用户可以接受或拒绝网络提供的承载。承载性能直接影响服务价格,承载类型、承载的参数和参数值与应用及发送/接收两者之间的网络直接相关。

**2. UMTS 承载业务的体系结构**

由图 18.3 可见,UMTS 承载业务具有分层式结构,某一个特定层上的每个承载业务都使用下面几层提供的业务来实现自己承担的业务。且 UMTS 承载业务在端至端的业务中占有主要角色。

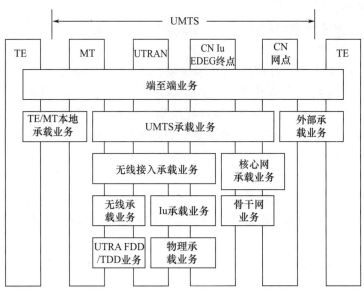

图 18.2　UMTS 承载业务体系结构

### 3. WCDMA(UMTS)的 QoS 类型

UMTS 中依据 QoS 定义了 4 种类型:会话类业务、数据流类业务、交互类业务和后台(背景)类业务。

这 4 种类型业务的 QoS 要求和应用见表 18.2。

表 18.2　UMTS 业务的 QoS 要求和应用

| 业务类型 | 会话类 | 数据流类 | 交互类 | 后台(背景)类 |
|---|---|---|---|---|
| 基本特点 | 实时性强、时延小、抖动小、对误码率要求不高 | 单向连续流抖动小,对时延和误码率要求不高 | 响应时延小而对其他时延和抖动要求不高,低误码率 | 对时延和抖动无要求,低误码率,要保持数据的完整性 |
| 应用举例 | 话音、可视电话、视频游戏 | 网页广播、视频点播等流媒体 | Web 浏览(HTTP、WAP),定位服务,网络游戏,移动 VPN 等 | E-mail、短消息后台下载、多媒体信息 |

(1) WCDMA 中的主要会话类业务

自适应多速率 AMR 话音编码是为 WCDMA 选用的一类话音混合编码标准。其信源速率有 8 种速率:12.2kbps(GSM-EFR)、10.2kbps、7.95kbps、7.40kbps(IS-641)、6.70 kbps(PDC-EFR)、5.90kbps、5.15kbps 和 4.75kbps,而 AMR 比特速率由移动接入网来控制而不依赖于话音激活性。AMR 编码根据需要在每一个 20ms 话音帧改变一次速率,其速率转换采用带内信令和专用信道两种方式的候选方案。几种速率中有三种与其他移动通信方式兼容,即 12.2kbps 与 GSM 改进型全速率(EFR)编解码器一致,7.4kbps 与美国 TDMA IS-641 编解码器一致,而 6.7kbps 则与日本 PDC EFR 编解码器一致。

可视电话与话音服务有类似的延时要求,而误码率要求则比话音苛刻。UMTS 规定,对于电路交换连接,应使用 ITU-T 的 H.323;对于分组交换,则有两个备选方案:ITU-T 的 H.323 和 IETF 的 SIP。以上三个标准我们将在后面介绍。

(2) 数据流类业务

数据流业务又称为流式多媒体,它是将数据转换成为一个稳定均匀而连续的流来处理的技术。典型业务有两类:

● 网页广播。利用服务器应用程序处理数据并将其转化成声音和图像,以广播形式提供给众多的用户。

● 视频点播。VOD 业务,用户根据需求通过服务器点播视频业务。

这两类数据流业务的特点是下载远大于上传,上传的仅是一些信令请求,而下载的则是话音、视频的多媒体流业务。另一个特点是这些视频均应用了视频压缩技术。还有一个特点是由于上行/下行不对称,它比对称性会话类业务能容忍更大的时延、更大的传输抖动,且抖动可以用很简单的缓存器来平滑。

(3) 交互类业务

交互类业务是一类典型的数据通信机制,采用终端用户请求-响应模式,要求响应时延小且有较低的误码率。如 Web 浏览(含 HTTP 和 WAP)定位服务、网络游戏及移动 VPN 等。

(4) 后台(背景)类业务

后台类业务包含电子邮件发送、短消息、数据库下载等。其数据传送可以以后台方式进行,这是因为这类业务不需要立即动作,时延可以在几秒、几十秒乃至分钟以上,但误码率要求低。

## 5. WCDMA 中多媒体业务建议标准

用于电业务交换的 ITU-T H.324 建议见图 18.3。H.324 建议最初是为固定电话网 (PSTN)的多媒体通信制定的,它指定与 PSTN 连接采用一种同步 V.34 调制、解调器,后来加入了关于移动通信的扩展部分。

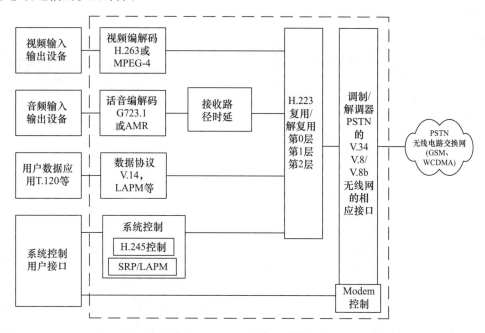

图 18.3  ITU-T H.324 建议概览

ITU-T H.323 建议概览见图 18.4。

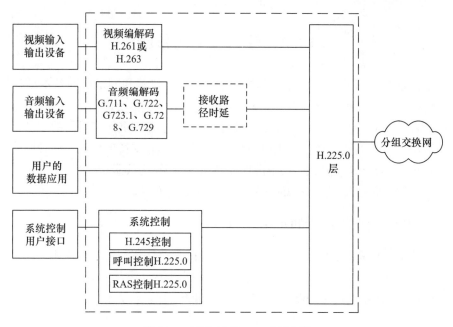

图 18.4  ITU-T H.323 建议概览

H.323 建议是针对分组交换网的,而前面的 H.324 则适合电路交换网。适合分组交换网的不仅有 H.323,还有一个候选方案是 IETF 多媒体体系,其结构见图 18.5。

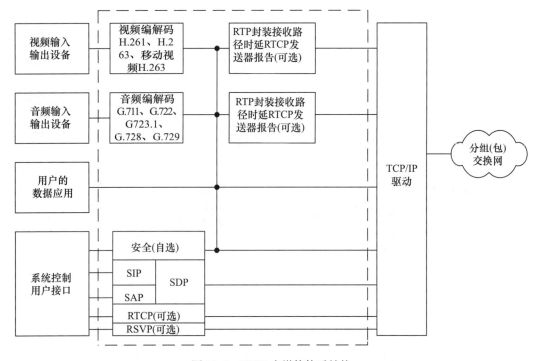

图 18.5　IETF 多媒体体系结构

IETF 主要是对 Internet 制定的标准,它基于文本的信令协议。其中,SIP 为会话初始化协议,是用来代替 H. 323/H. 245 的信令协议;SAP 为会话通告协议,用于多播通告;SDP 为会话描述协议,用来描述基于文本的语法;RTCP 为控制远端服务器,用于控制远程服务器的协议。RTP 则用来进行媒体封装。

## 18.2　呼叫建立与接续

前面着重讨论和介绍了移动通信中的主要物理层关键技术和网络层的基本结构,它们构成移动通信系统的基本硬件和软件平台。18.1 节进一步介绍了移动通信中的业务。从这一节开始,我们将主要讨论如何利用已有的移动通信硬件和软件平台开展用户所需的业务,亦即移动网络运行中须解决的基本功能与技术。主要包含如下几个方面:支持通信业务的呼叫建立与接续;移动性网络管理,包括位置登记、更新、越区切换和用户漫游;无线资源管理,主要包含接入控制、负载控制、功率控制、资源预留、业务 QoS 保证以及分配调度等。

### 18.2.1　呼叫建立与接续的基本原理

任何一个移动通信系统,其网络运行的主要功能是支持该移动通信系统业务的正常运行,即实现各移动用户之间以及移动用户与本地核心网用户之间的正常通信,包含呼叫建立和释放、寻呼、信道分配和释放等呼叫处理过程,并能支持补充业务的激活、去激活以及登记和删除等业务操作。

移动台呼叫处理的基本原理可以用图 18.6 表示。移动台呼叫处理完成的功能有:呼叫请求与建立、鉴权与加密、分配并建立信道、进行正常通信和结束通信与挂机。

图 18.7 给出移动用户作为主叫方的呼叫建立基本流程。

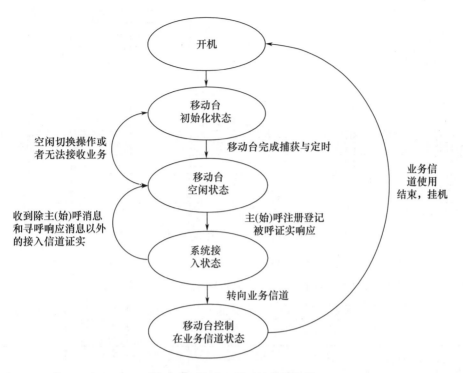

图 18.6 移动台呼叫处理状态图

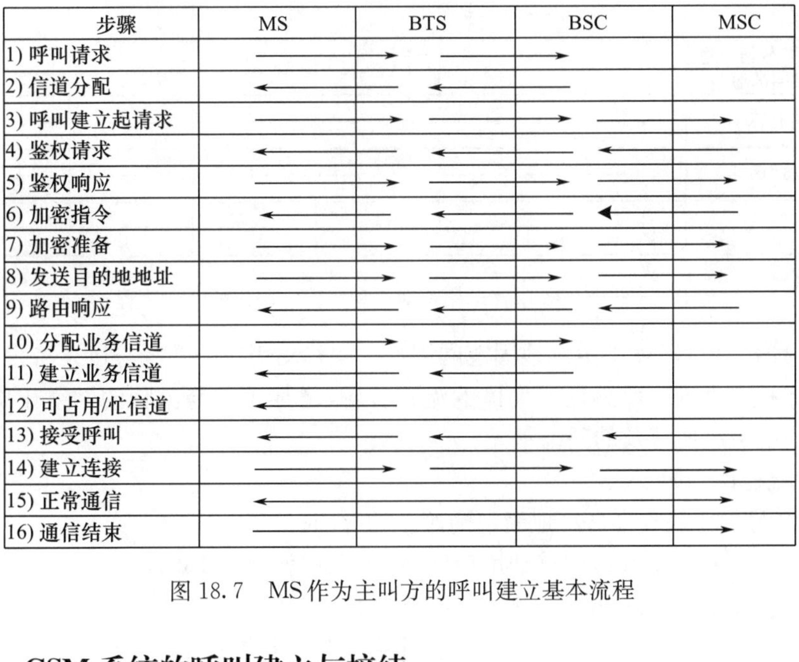

| 步骤 | MS | BTS | BSC | MSC |
|---|---|---|---|---|
| 1) 呼叫请求 | → | → | | |
| 2) 信道分配 | ← | ← | | |
| 3) 呼叫建立起请求 | → | → | → | → |
| 4) 鉴权请求 | ← | ← | ← | |
| 5) 鉴权响应 | → | → | → | |
| 6) 加密指令 | ← | ← | ◄ | |
| 7) 加密准备 | → | → | → | |
| 8) 发送目的地地址 | → | → | → | |
| 9) 路由响应 | ← | | | |
| 10) 分配业务信道 | → | → | | |
| 11) 建立业务信道 | ← | | | |
| 12) 可占用/忙信道 | ← | | | |
| 13) 接受呼叫 | ← | ← | ← | |
| 14) 建立连接 | → | → | → | |
| 15) 正常通信 | ← | | | → |
| 16) 通信结束 | | | | → |

图 18.7 MS 作为主叫方的呼叫建立基本流程

## 18.2.2 GSM 系统的呼叫建立与接续

在 GSM 系统中,移动用户至移动用户且 MS 为作主叫方的呼叫建立与接续的基本流程见图 18.8。

可见,GSM 中以 MS 为主叫方的呼叫建立与接续的基本流程,与图 18.7 中一般移动通信中的 MS 为主叫方的呼叫建立与接续的基本流程几乎完全一样,只不过图 18.8 进一步指出每一个流程的信道类型以及相应网络第二子层中的类别。

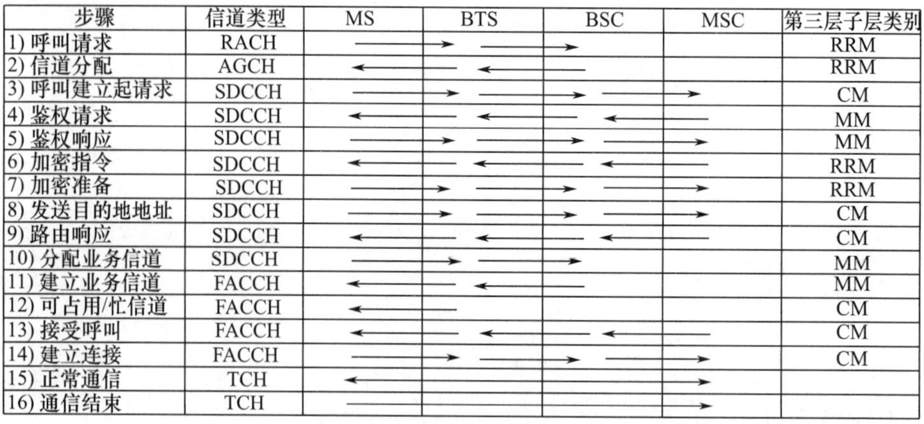

| 步骤 | 信道类型 | MS | BTS | BSC | MSC | 第三层子层类别 |
|---|---|---|---|---|---|---|
| 1) 呼叫请求 | RACH | → | → | | | RRM |
| 2) 信道分配 | AGCH | ← | ← | | | RRM |
| 3) 呼叫建立起请求 | SDCCH | → | → | → | → | CM |
| 4) 鉴权请求 | SDCCH | ← | ← | ← | ← | MM |
| 5) 鉴权响应 | SDCCH | → | → | → | → | MM |
| 6) 加密指令 | SDCCH | ← | ← | | | RRM |
| 7) 加密准备 | SDCCH | → | → | | | RRM |
| 8) 发送目的地址 | SDCCH | → | → | → | → | CM |
| 9) 路由响应 | SDCCH | ← | ← | ← | ← | CM |
| 10) 分配业务信道 | SDCCH | → | → | | | MM |
| 11) 建立业务信道 | FACCH | ← | ← | | | MM |
| 12) 可占用/忙信道 | FACCH | ← | ← | | | CM |
| 13) 接受呼叫 | FACCH | ← | ← | ← | | CM |
| 14) 建立连接 | FACCH | → | → | → | | CM |
| 15) 正常通信 | TCH | ↔ | | | | |
| 16) 通信结束 | TCH | | | | → | |

图 18.8　GSM 系统中移动用户间呼叫建立与接续流程

图 18.9 进一步给出 GSM 中移动用户对本地网固定用户的呼叫流程,在这一流程中,简化了呼叫与接续流程的具体步骤,而增加了参与流程的网络实体功能部分。

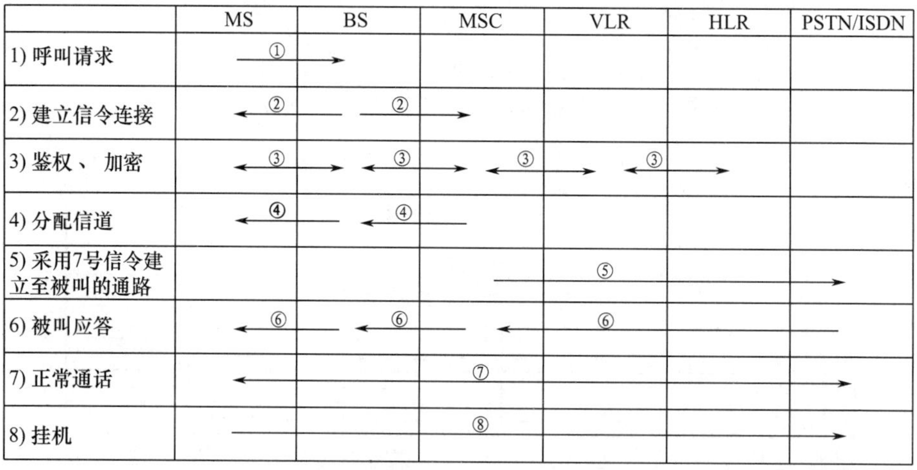

| | MS | BS | MSC | VLR | HLR | PSTN/ISDN |
|---|---|---|---|---|---|---|
| 1) 呼叫请求 | ①→ | | | | | |
| 2) 建立信令连接 | ←② | ←② | | | | |
| 3) 鉴权、加密 | ←③→ | ←③→ | ←③→ | ←③→ | | |
| 4) 分配信道 | ←④ | ←④ | | | | |
| 5) 采用7号信令建立至被叫的通路 | | | | ⑤→ | | → |
| 6) 被叫应答 | ←⑥ | ←⑥ | ←⑥ | | | |
| 7) 正常通话 | | | ⑦ | | | → |
| 8) 挂机 | | | ⑧ | | | → |

图 18.9　GSM 中移动用户对本地网固定用户的呼叫流程

这里,再给出一个 GSM 中由本地固定网用户呼叫移动用户的呼叫与接续流程,见图 18.10。同样,在这一流程中也进一步简化了具体的流程步骤,增加了参与流程的网络中的实体功能部分,以进一步说明流程所涉及的网络单元。

图中主要流程说明如下:

(1) 通过 7 号信令接收来自本地固定网用户的呼叫;

(2) GMSC 向 HLR 询问被叫移动用户所在 MSC 地址(即 MSRN);

(3) HLR 请求被访问的 VLR 分配 MSRN,并通知 HLR;

(4) GMSC 从 HLR 获得 MSRN 后,可重新寻找路由建立至被访 MSC 的通路;

(5)(6)被访的 MSC 从 VLR 中获取有关用户数据;

(7)(8) MSC 通过位置区内所有基站 BS 向移动台发送寻呼消息;

(9)(10) 被叫移动用户 $MS_2$ 发回寻呼响应消息;

(11) 被叫移动用户 $MS_2$ 通过 MSC 向本地固定网主叫发送应答与连接消息,并建立通信链路;

(12) 正常通话;

(13) 挂机。

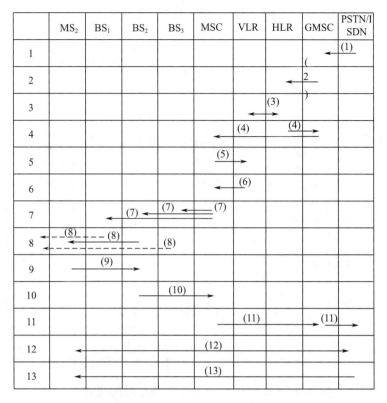

图 18.10　GSM 中本地固定网用户对移动用户的呼叫流程

## 18.2.3　IS-95/CDMA2000 系统的呼叫与接续

IS-95/CDMA2000 中 MS 起呼的简单呼叫流程见图 18.11。

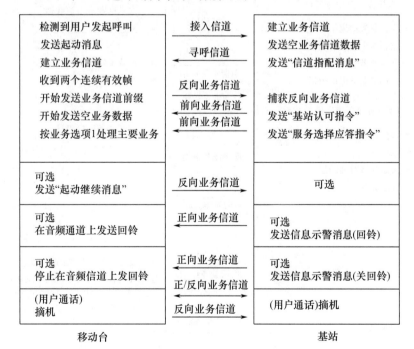

图 18.11　IS-95/CDMA2000 中 MS 起呼的简单呼叫流程

IS-95/CDMA2000 中 MS 终止呼叫时的简单呼叫流程见图 18.12。

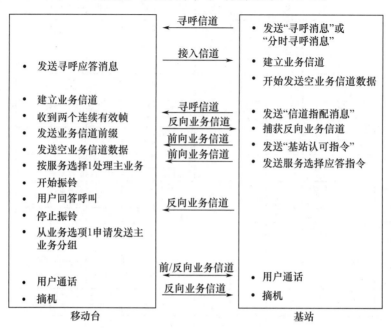

图 18.12　IS-95/CDMA2000 中 MS 终止呼叫的简单呼叫流程(适合 IS-95 业务)

　　CDMA2000 中 MS 始呼在前向补充码分信道上发送时的流程见图 18.13。CDMA2000 中 MS 终呼在反向补充码分信道上发送时的流程见图 18.14。

图 18.13　CDMA2000 中 MS 始呼在前向补充码分信道上发送时的流程

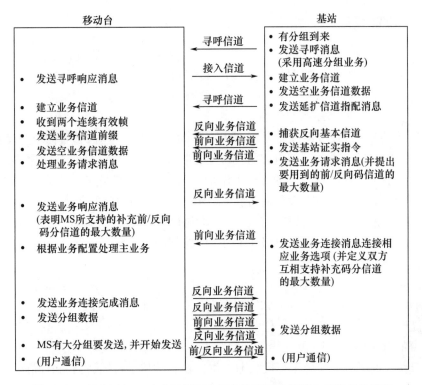

图 18.14　CDMA2000 中 MS 终呼在反向补充码分信道上发送时的流程

# 18.3　移动性管理

在固定式的电信网中,每个用户终端都可以通过一个固定式的接入点与电信网连接。然而,在移动通信系统中,移动终端没有固定的连接点,这个连接点是动态的,随着用户的移动而不断改变。因此,移动通信是由动态(移动)的终端通过动态的连接点所构成的动态的通信链路。利用"动态性"满足"移动服务"是实现移动性网络的一项核心技术,它就是移动性管理。其内容大致包含三部分:

(1) 小区选择与位置登记。它是移动台开机后首先要进行的建立过程。

(2) 越区切换。它是移动台在联机通信状态下保持不间断、无缝隙通信的一种有效手段。

(3) 小区重新选择与用户漫游。它是移动台选择本地小区后又离开该小区,进入某个服务区内另一个较远的小区(处于不同的 MSC 之间),但仍需要实现移动通信的基本保证。

移动性管理还可以从另一个角度来划分,即根据移动台所处的状态,也可以按移动性管理的宏观与微观的两个不同层面,分为两大类型:

(1) 移动台处于空闲(待机)状态。可看作移动性管理的宏观层面,还可以进一步分为下列两类,但这两类同属于位置登记类型:小区选择与位置登记,移动台开机后并处于未登记状态;小区重新选择与用户漫游,移动台开机并处于已登记状态,它主要用于漫游,在漫游中由于用户已离开原小区并漫游至其他小区或服务区内,需要重新选择小区和登记。

(2) 移动台处于联机(通话)状态。可看作移动性管理的微观层面,这时移动台与网络之间已存在一条点对点无线链路,由于用户位置的移动,离开原小区而进入另一个新小区,产生了越区切换,网络必须保证已建立的无线链路在切换时实现不间断的通信。

## 18.3.1 位置登记

用户的位置信息是蜂窝移动通信系统中的一项重要特征,它是通过移动位置管理来实现的。在固定式通信系统中,每个用户的号码即电话号码对应一个物理地址,一般是一个电话线插座,它是静态不变化的。在移动式通信系统中,从网络观点看,用户的移动终端的号码仅是一个逻辑地址,它并不是固定的,而是动态变化的。

为了适应用户的移动性,系统需要不断识别移动台所在的位置,并且需要移动台始终处于"待机"(空闲模式)状态。通过无线链路将用户位置告知网络,这些都属于移动性管理,显然它会增加大量的信令业务和无线接口上的处理工作量。这一点与固定式通信不同,在固网中,终端与接入点固定不动,因此不会给网络增加任何附加的信令业务与相应的处理过程。

位置登记是指网络跟踪、保持移动台所处的位置并存储其位置信息,一般存储在两个寄存器中,即静态的归属用户位置寄存器(HLR)和动态的访问用户位置寄存器(VLR)。

位置登记主要包含以下过程:

(1) 位置更新。移动台开机后或在移动过程中,收到的位置区识别与其存储的位置区识别不一致时,即发出位置更新请求,并通知网络更新该移动台的新位置区识别消息。

(2) 位置删除。移动台到一个新位置区后,需要为其在当前 VLR 重新登记并从原 VLR 中删除该移动台的有关信息。

(3) 周期性位置更新。使处于待机状态且位置稳定的移动台以适当的时间间隔周期性地进行位置更新。

(4) 国际移动用户识别号码 IMSI 的位置更新。它产生在移动台关机时及在所在位置区内开机时,或用户识别卡(如 GSM 的 SIM 卡)取出/插入时。

位置登记的目的是允许移动台在网络中选择一个最适合的小区,如具有最强的信号或最大的信噪比等。

移动台在"待机"(空闲)状态,执行小区选择/重新选择的位置登记处理过程,捕捉小区、建立通信链路、完成位置登记或将漫游后的重选位置告知网络,即需要完成(它要求移动台不断的收听附近基站信号):记录网络发给移动台的数据,做好接入网络的准备,并将用户的移动情况通知报告给网络。

小区选择是移动台刚开机时进行的过程,而重新选择小区则是移动台已经选择了小区后才进行的,但是两者都可以使用相同的算法来选择小区。

在移动台开机后,要经历以下几个主要步骤:

(1) 搜索系统载波,移动台可以搜索系统全部或对有选择的(存储器中或用户身份卡中)信道进行搜索。

(2) 选择信号功率(或信噪比)最大的几个信道。

(3) 从上述已选择的信道中收集相关数据,如小区状态、接入参数、切换参数、同步信息及各信道在频率和时间上的位置等。

(4) 若有需要,则在位置区进行登记,若该小区的信号收不到,则选择一个更好的小区,若收到一个来自网络的寻呼消息(MS 收),移动台发出一个与网络重新建立连接的请求消息。若位置区改变了,移动台要向网络发出相应数据,若移动台越出了当前网络覆盖区,则选择一个新的网络,若同时存在多个网络(属于不同运营商、覆盖同一区域的网络),则由用户移动台自行选择。

位置登记需要蜂窝系统中的多项参数,其中最常用的有:

(1) 在广播信道上的接收信号电平,即移动台需要接收其附近基站在广播信道上所发送的信号及其电平强度。

（2）小区状态，是否由于资源拥塞、链路传输失败、切换等因素而禁止接入。

（3）网络身份，若几个网络使用同一个频段、覆盖同一区域。

（4）地理区域，有些按地区分类的注册用户是可用的。

（5）定时器参数，为了避免正在移动的用户在短时间间隔内选择属于不同位置区的小区，需使用定时器参数。在立体分层式网络中，定时器还可用于为移动区指明特定类型小区，如慢速移动用户可接入微小区，快速移动用户则可接入宏小区等。

漫游是指移动台 MS 无论在原归属覆盖区还是在其他的新覆盖区内，均能保证进行正常通信的功能，如在通话时都可以进行去话呼叫和来话呼叫。其主要功能有：通过移动通信网实现对漫游用户（移动台）位置的自动跟踪、定位，在位置寄存器之间通过 7 号信令互相询问和交换移动台的漫游信息，需要在国内或国际不同运营网络和部门之间就有关漫游费率结算办法和网络管理方面达成协议，实现在相应网络间、运营商间的自动漫游功能。

漫游并非移动通信系统所特有，固定网络也可以实现漫游，这时漫游概念可拓广为"在网络中任一给定点使用通信终端实现正常通信的能力"。

在固定网络中，用户可以使用一张磁卡、其他电话卡或个人号码接通任意通信网络终端，通过这一种方式，网络可以追踪用户的位置，并为其通信确定路由。移动网与固定网中的漫游有着显著的差异：在固定网中没有切换，移动网中有切换；固定网为用户提供的是不连续（间断）的可移动性，移动网中为用户提供的则是连续的移动性。

位置登记中的位置区方法是，使用位置区的概念来进行自动位置管理。位置区的结构见图 18.15。

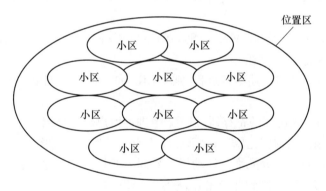

图 18.15　位置区结构

第一代、第二代蜂窝移动通信中广泛应用的位置管理办法是使用位置区来进行自动的位置管理。网络跟踪用户所在位置区，就能确定用户所在的大致范围。同一位置区内的移动用户，只要通过在位置区内寻呼即可建立正常通信，这样对资源的占用也仅限于本位置区内。网络必须连续不断地获得用户所在位置区的地址，并将它存储在一个包含位置指针的用户数据库中。移动台开机后在网络中登记，登记后网络可以确定移动台的位置，并将其位置区地址存储到位置指针中，这样移动台就获得了接入网络的路径。当移动台关机时，可以删除已登记的地址，也可以不删除。

在蜂窝移动通信系统中，应用广泛的是一种基于跨位置区的位置更新和周期性位置更新相结合的混合方法。移动台每次跨越位置区都要进行一次位置登记，另外加上定期的周期性位置更新，其更新周期根据移动台的移动情况和无线传输环境来确定。例如，GSM 中的位置登记过程基本流程如图 18.16 所示。

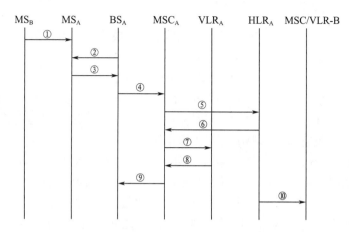

图 18.16　GSM 中位置登记基本流程

其中,若一个移动台从位置区 B 移动进入位置区 A,或者移动台本身就起始于位置区 A,则其位置登记或更新的过程如下:

① 移动台 MS 从位置区 B 移动进入另一个位置区 A,即 $MS_B \rightarrow MS_A$,它仅产生在位置区的更新过程。若移动台 MS 本身就起始于位置区 A,即为 $MS_A$,这一过程可省去。

② $MS_A$ 进入位置区 A 后(或原本就在位置区 A),通过 $MS_A$ 检测到由基站 $BS_A$ 发送的广播消息,移动台 $MS_A$ 就会发现并收到位置区 A 的识别消息。若移动台是从位置区 B 新进入位置区 A 的,则会发现新位置识别消息与原来位置区 B 识别消息的不同。

③④ 移动台 $MS_A$ 通过该基站 $BS_A$ 向所属 $MSC_A$ 发送"我在这里"的信息位置登记或更新的请求。

⑤ $MSC_A$ 含有 $MSC_A$ 标识和 $MS_A$ 识别码的位置更新消息送给 $HLR_A$,并开始进行鉴权与加密过程,这里就没有进一步描述。

⑥ 若移动用户顺利通过上述鉴权过程,则 $HLR_A$ 向 $MSC_A$ 发回响应消息,它们包含全部相关的用户数据。

⑦⑧ $MSC_A$ 在用户被访问的寄存器 $VLR_A$ 中进行用户数据登记。

⑨ 在 $VLR_A$ 中用户数据登记以后,$MSC_A$ 将把有关位置登记或更新消息通过基站 $BS_A$ 送给移动台 $MSC_A$,如果需要重新分配临时移动用户号码 IMSI,此时一起将它送至移动台 $MSC_A$,若上述过程仅属于新用户登记,则到此结束,若移动台 MS 是从另一个位置区 B 进入到目前位置区 A 的,则还有如下最后一步。

⑩ 新位置区 A 的归属寄存器 $HLR_A$ 向原位置区 B 的访问寄存器 $LR_B$ 发出删除此移动用户 MS 所有的有关用户数据。

上述 10 个步骤中的起始 4 步,属于用户发出位置登记请求和建立登记过程;⑤⑥两步属于鉴权、确认过程;⑦⑧⑨三步则属于用户数据登记、更新及通知用户的过程;最后一步仅供位置更新用户删除更新前位置区中该用户的数据。

## 18.3.2　越区切换

切换是指将一个正在进行中的呼叫与通信从一个信道、小区过渡至另一个信道、小区,并且保证通信不发生中断的一项技术。切换允许在不同的无线信道之间进行,也允许在不同的小区之间进行。广义地说,切换在载频、时隙、地址码、小区及 BSC 和 MSC 等不同实体之间发生,分别对应不同类型的切换。

在蜂窝移动通信网中,切换是移动用户在移动状态下不间断通信的可靠保证;切换也是为了在移动台与网络之间保持可接受的通信质量,防止通信中断,这是适应移动衰落信道特性必不可少的措施;切换,特别是由网络发起的切换,其目的是平衡服务区内各小区间的业务量,降低高用户小区的呼损率的有力措施;切换可以优化无线资源(频率、时隙与码)的使用;切换可以及时减小移动台的功率消耗和对全局的干扰电平的限制。

从网络角度看切换,切换的分类如图 18.17 所示。

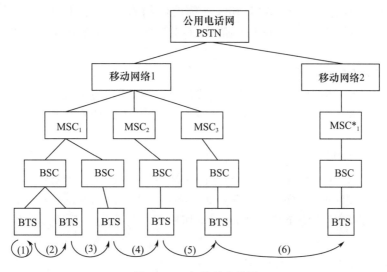

图 18.17　切换的分类图

由图可见,网络越区切换可以划分为:
- 基站内、扇区间切换;
- BSC 内、基站间切换;
- MSC 内、BSC 间切换;
- 同一移动网内、MSC 间切换($MSC_1 \rightarrow MSC_2$);
- 同一移动网内,MSC 间切换($MSC_2 \rightarrow MSC_3$);
- 移动网络间切换(移动网络 1 → 移动网络 2);
- 连续切换((1)→(2)→(3)→(4)……→(6))。

切换实现方案主要有下列三种类型。

(1) 网络控制切换

切换过程完全由网络控制与决定,而移动台完全处于被动状态。首先由基站监测移动台的一些主要参数,比如,标志无线链路质量的接收信号强度指标 RSSI,当它低于某个给定的门限值时,则向 MSC 发出切换请求。MSC 指令其周围基站监测的该移动台的参数并上报结果、汇总结果到 MSC,MSC 根据汇总结果,分析、比较并选择被切换的目标小区的基站。一般它仅允许在小区间切换,且每次切换需要较长的时间,在数秒左右。

这类切换主要用于模拟式的第一代移动通信:AMPS、TACS 等系统。这类切换的主要缺点有:相邻小区基站对移动台的监测不是连续进行的,因此影响检测精度。为了减轻网络信令负担,其检测结果往往也不能连续发送,这样会影响切换性能。

(2) 移动台控制切换

在这类切换中,移动台与基站都参加监测接收信号强度(RSSI)和误码率(BER),切换的最终判断由移动台完成,每次切换时间较短,大约为 100ms 左右。它可用于小区间也可用于小区内切换。这类切换主要用于个人通信系统,如欧洲 DECT 系统等,也可用于微微小区间的切换。其主要缺点是切换过程控制过于分散,优点是反应速度快、切换快。

（3）由移动台和网络共同控制的切换

在这类切换中,移动台、基站都参加监测接收信号强度（RSSI）和误码率（BER）,即移动台将邻近基站的 RSSI 测量结果报告给当前基站,被测参数由网络交给 BSC 和 MSC 进行评估。

这种移动台为辅、网络为主的切换过程和算法更有利于随业务量增长和网络需求而需要进行的调整和优化,更具有灵活性。这类切换所需时间约为 1s,介于以上两类切换所需时间之间。这类切换广泛应用于第二代移动通信中（GSM、IS-95）,既允许小区内也允许小区间的切换。

**1. 切换的基本原理**

在一次呼叫的通信期内（传输用户的数据或信令）进行的切换一般可以分为三个阶段:链路监视和测量,目标小区的确定和切换触发,切换执行。三个阶段依次执行,并且目标小区的确定一般在测量阶段就开始了。

每个阶段还必须满足一定的限制条件。比如,测量的时延必须小于穿越一个小区的时间,而穿越时间又与小区半径直接相关。因此,这一限制性条件在微小区、微微小区更为苛刻。为了实现实时切换,切换处理时间、目标小区的确定时间必须足够短。切换的执行阶段应尽可能快,以使无线链路发生中断的概率降至最低,同时保证切换后通信质量不下降。下面分别介绍这三个阶段。

（1）链路监测和系统参数收集阶段

在切换过程中,需要一组测量数据并收集一些系统参数,处理后用于切换触发和对目标小区的确定算法上。主要测量参数有:接收信号强度指标 RSSI,表示无线链路的质量,误码率 BER,基站与移动台之间的距离,基站的身份,邻近基站的广播信道频率,各信道的频率和时序。

触发切换所需的测量参数不能太多,以免引起基站和移动台处理时的过载。同时,测量参数的时间间隔必须足够小,以使系统能够及时做出反应。比如,在 GSM 中,测量参数一般取 3～10个,测量参数报告的时间间隔改为 0.5s。而且,移动台要向网络报告蜂窝网邻近 6 个地区最强基站的测量数据。

（2）目标（候选）小区选择与确定（以 IS-95 为例）

一般在参数测量和数据收集阶段,候选的目标小区名单已经产生。移动台对小区名单进行处理、列表、分类,将小区（基站）的信道划分为下列 4 类:（1）运行信道组,目前正在使用的信道组,它在软切换过程中往往有多个信道组;（2）候选信道组,目前不在运行信道组中,但其质量接近运行信道组,供运行信道组后备选用;（3）邻近信道组,目前尚未达到候选信道组标准,但质量较好的信道组;（4）剩余信道组,包括上述三类信道组外的其他所有信道。

如果一个基站符合下列标准之一,移动台将做出下列处理选择:选中或撤销。导频信号的信号功率超过事先给定的门限值,则被选中;移动台首先收到一条包含某基站网络身份的消息,其次收到该基站发出的信号功率超出事先给定的门限值,则亦被选中;如果与某基站相对应的经计算所得到时延超过事先给定的门限,则从小区列表中撤销、删除该基站;如果一个移动台将一个基站归入候选小区名单,而这时该候选名单已满额,则将小区中计算时延首先到期（超过门限）的基站从表中删除。

（3）触发切换

触发切换是在对当前运行基站和对邻近基站的一次监测和参数收集、处理判决后才进行的。

监测参数数据与触发标准一般基于下列三个变量:测量平均窗口的持续时间、信号功率或信号质量的门限电平,以及滞后余量。

触发切换算法如下:

① 信号相对功率法。即当移动台收到邻近基站的信号功率大于目前基站发送来的信号功率时,切换即可被触发,其缺点是有可能在正常通信中被一个更大功率的邻近基站所触发而中断。

② 采用门限的信号相对功率法。它是相对功率法基础上的改进,即只有在当前的信号功率低于一个事先给定的门限值时,相对功率法才能生效,这是对正在正常通信基站较有效的保护,但保护程度主要决定于门限值。

③ 采用滞后量的信号相对功率法。它将上述门限值的限制性条件改为滞后余量值,与前一类情况类似,滞后余量值决定了切换的性能。

④ 采用滞后余量和门限的信号相对功率法。它将限制条件由一个变为两个,只有两个限制条件均满足时,基本的相对功率法才能有效执行。其性能优于前三类,但复杂性随之增大。这一方法目前用于 GSM 的标准中。

(4) 切换执行

当一次切换被触发以后,一个新的信道将被建立,通信将被转移到新的链路,同时原来的信道将被释放。切换处理过程可以根据新链路的建立途径进行分类。

① 硬切换。在新链路建立之前就释放当前链路,即先断开后切换,这会造成短暂的中断。主要用于 GSM 及一切转换载频的切换。

② 无缝切换。在新链路建立过程中同时释放当前链路,即断开、切换同时进行。比较适合于动态分配的系统,如欧洲 DECT 标准中采用这种切换方式。

③ 软切换。在新链路建立后才开始释放当前链路,即先切换后断开。广泛用于 CDMA 系统中,如 IS-95 等。

新链路的建立是通过移动台和目标基站之间的信令交换来完成的,而信令交换有两条途径来实现。如果信令交换是通过原来链路来实现的,则称为后向切换,可用于相同类型小区之间的切换,其速度比前向切换慢,但是能提供对无线接口资源的更好控制。如果信令交换是通过无线接口直接从移动台传送至目标基站来实现的,则称为前向切换,它仅在移动台对切换进行控制时才出现,可避免通过无线接口传送大量的测量数据。它可用于不同类型小区间即不同类型的网络之间的切换,其优点是切换速度快,适合于小半径的微小区、微微小区的切换。但对时延要求比较苛刻,缺点是降低了网络对无线资源的控制能力。现有蜂窝系统中只采用后向切换,而前向切换只在移动台控制切换的个人通信和无绳电话系统如 DECT 中采用。

硬切换和软切换是 2G 与 3G 中使用最频繁的两类切换,下面将重点介绍。硬切换基本原理如图 18.18 所示。其特点为在 A、B 小区分界线上"先断后切",两状态(A→B)出现暂时中断,它出现在两个不同载波频率的小区间。

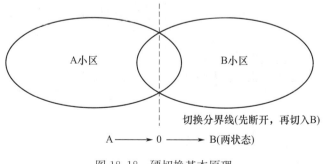

图 18.18　硬切换基本原理

软切换基本原理图见图 18.9。其特点为"先切后断",三状态（A→A∩B→B），无中断。它一般出现在具有同一载波频率的 CDMA（IS-95 等）系统中。

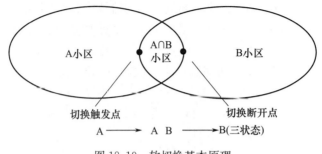

图 18.19　软切换基本原理

## 2. 实际切换过程

下面介绍几种简化的越区切换过程。

例 1：在 GSM 中，单个 MSC 内的两个 BSS 之间的越区硬切换，其原理性简化流程如图 18.20 所示。

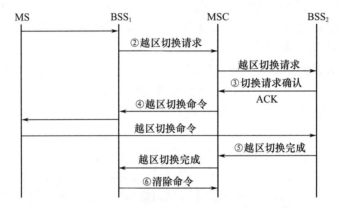

图 18.20　GSM 的单个 MSC 中两个 BSS 之间的硬切换简化流程

例 2：在 GSM 中，两个 MSC 间的切换如图 18.21 所示。

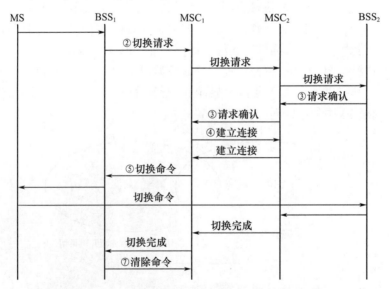

图 18.21　GSM 的两个 MSC 之间的硬切换简化流程

例 3：在 CDMA(IS-95)中，两个 BS 间的软切换如图 18.22 所示。

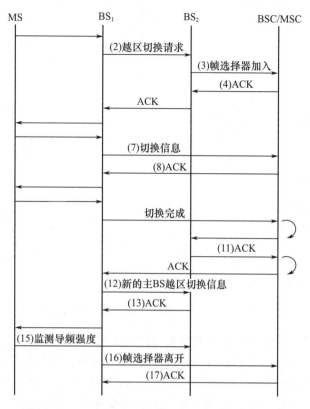

图 18.22　CDMA(IS-95)中两个 BS 之间的软切换

在 CDMA(IS-95)中，软切换门限值的工作过程如图 18.23 所示。其中，(1)导频强度大于 T-ADD，该导频进入候选导频组；(2)MS 将导频强度测量返回发端 BS，BS 发送越区切换引导给 MS；(3)导频升至运行(激活)组，MS 请求业务信道并发送越区切换完成消息；(4)导频降至低于 T-DROP 时，启动软切换下降计时器；(5)计时器超时后，导频仍低于 T-DROP，则 MS 发送另一组导频测量报告给关联的 BS；(6)当 MS 收到相应的越区切换引导消息而导频不在其中时，MS 将导频加至相邻组；(7)发送切换完成消息；(8)如果 BS 发送邻近更新名单消息中还不包含导频，则将导频加至剩余组。

**3. WCDMA 系统中的切换**

在各类移动通信系统的切换中，WCDMA 中的切换最为全面、最为复杂，也最有代表性。

(1) WCDMA 系统中切换的分类

根据切换发生时移动台与源基站和目标基站连接的不同并参考图 18.17 的切换分类图，WCDMA 中的切换主要可以划分为以下几类：

● 更软切换。它产生在同一基站(NodeB)的具有相同频率载波的不同扇区之间(地址码起始相位不一样)。

● 软切换。它产生在同一个无线网络控制器 RNC(即 BSC)内不同的无线接入点 NodeB(即 BTS)之间的切换，一个移动台用户设备 UE 可以同时接到两个以上基站 NodeB 上，具有分集增益但会增大网络连接的开销。

● 硬切换。在 WCDMA 中，主要是指一次只有一种业务信道有效(被激活)的切换，通常产生在不同频率的 CDMA 信道间。

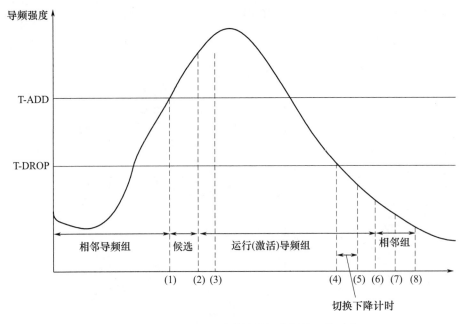

图 18.23 CDMA(IS-95)的越区切换阈值工作过程

● 异频切换。指两个载频频率之间的切换,在 WCDMA 中至少在下列两类情况下会产生:多层次混合小区结构,即宏小区、微小区、微微小区及室内小区的多层次重选覆盖时,以及热点小区比周围小区具有更多的载频时。这时,频间切换实际上是热点小区内不同频点之间的切换。

● 不同系统之间的切换。它是指两个不同移动通信系统之间的切换。一般包含 WCDMA FDD 与 WCDMA TDD 或 WCDMA FDD 与 TD-SCDMA 之间的切换;3G 的 WCDMA 与 2G 的 GSM 之间的切换;空闲切换。它是一种移动台处于闲置状态的切换,如没有处于激活状态时。

(2) WCDMA 系统中的切换过程。

正如前面在切换原理中介绍的,切换可以归结为三个主要步骤与过程,概括为测量、决策和执行。切换步骤可用图 18.24 所示简化的基本流程来表示。

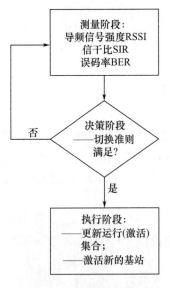

图 18.24 切换的基本流程

（3）切换的测量

测量的目的是为切换决策收集信息、提供决策依据。测量的是平均值而非瞬时值，其周期取决于移动台的运动速度。不同导频集需要不同的频率测量，运行（激活）集合测量最频繁，候选集合次之，剩余集合最不频繁。不同切换算法所需测量信息不同，应测量的项目列于表18.3中。

表 18.3　WCDMA 切换测量项目表

| 测量项目 | 说明 |
| --- | --- |
| 接收信号的码片功率(RSCP) | 在基本公共导频信道 CPICH 上导频比特所测的码片能量。RSCP 的参考点是移动台上的天线连接器 |
| TDD 接收信号的码片速率 | 在 TDD 小区从主公共控制物理信道 PCCPCH 上测到的每个码片的能量，RSCP 的参考点是移动台上的天线连接器 |
| 无线链路合并后的码片速率 | 无线链路合并后，在基本的 CPICH 的导频比特上测到的每个码片的能量。RSCP 的参考点是移动台上的天线连接器 |
| 信干比 | 信干比定义为 RSCP/ISCP×SF/2，其中 ISCP 为干扰信号码片能量。接收信号的干扰是在导频比特中测量的，它仅包含干扰的非正交部分。SF 为扩频因子，SIR 应在无线链路合并后测量，参考点是移动台上的天线连接器 |
| GSM 载波的接收信号强度指示 RSSI | 接收信号强度指示。在相关信道带宽内的接收信号功率。在 GSM 的 BCCH 载波中测量。RSSI 参考点是移动台上的天线连接器 |
| 公共导频信道 $E_c/N_0$ | 每个接收到码片的功率除以频带内的功率密度。$E_c/N_0$ 和 RSCP/RSSI 是一样的，在基本的 CPICH 中测量，$E_c/N_0$ 参考点为移动台天线连接器 |
| 传输信道的块误码率：BLER | BLER 估计是基于每个传输块在无线链路合并后的 CRC 校验值，在外环功控中用于设置快速功控的目标 SIR |
| 物理信道的比特误码率：BER | 它是在无线链路合并后，DPDCH 数据解码前平均比特误码率的估计值 |
| 接收信号强度指示 RSSI | 在相关信道带宽内的接收功率，在下行链路载波上测量，RSSI 参考点是移动台上的天线连接器 |
| 移动台的传输功率 | 在一个载波上移动台发射的总功率。用户设备 UE 传输功率的参考点是移动台上的天线连接器 |

在测量阶段中，移动台完成下行链路的主要参量。比如，信号质量及本小区和邻近小区的信号强度的测量，基站则完成上行的信号质量与强度的测量。

在测量阶段，希望在达到提供必要决策信息的前提下，尽可能少地占用网络资源，如时隙、码信道等。同时还要尽可能减少测量的时延，它一般是由导频扫描引起的。如在 IS-95 中，其最大时延约为 200ms。

在 WCDMA 的导频切换的测量中，可以采用两种方案，即双模式接收机和压缩模式。前者适合于移动终端采用天线分集时，且当前频率连接不会中断，但是需两套设备，目前手机终端无法实现。而压缩模式则通常是在一个 10ms 帧内发送信息被压缩，它可周期性地出现，如图 18.25 所示。

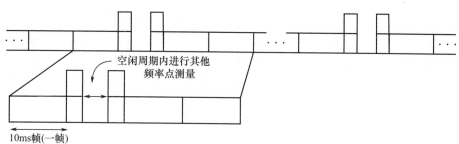

空闲周期内进行其他
频率点测量

10ms帧(一帧)

图 18.25　压缩模式传输方式

（4）WCDMA 切换的决策

在一般 CDMA(IS-95)中，切换的决策主要取决于下行链路中对导频信号强度的测量结果。然而，对于 3G 的 WCDMA，由于存在不对称的多媒体数据业务，因此需要更多的决策参数，正如表 18.13 所列，其中至少需要三个方面的参数：衰落特性、上行链路干扰、下行链路干扰。

在切换决策时，考虑上行/下行链路的干扰有很多办法。比如，有下列 4 类方法，其中最直接的方法是采用稳定的导频强度，并将上行链路的干扰值通知移动台，而下行链路的干扰可在移动台进行测量。这一办法在下行高负载时会减少系统容量，根据上行链路的负载来调整导频强度，以便根据导频强度选择基站。同时考虑到了干扰条件，根据下行链路的负载来调整导频强度，根据上行/下行链路的负载来调整导频强度。

后三类调整导频方式的缺点是比第一类稳定导频强度加上信令的方式慢，而且降低导频功率将对移动台接收性能有影响。上述方法可以由网络运行者来选择使用。

下面给出 IS-95 和 WCDMA 中两个切换决策过程的简化例子，进一步说明切换决策过程。

例 4：在 IS-95 中，有两个线性上升（导频 2）与线性下降（导频 1）基站导频强度，其切换参数与切换过程如图 18.26 所示。

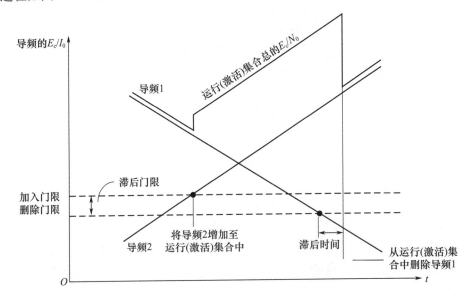

图 18.26　IS-95 中两个基站导频的简化切换过程

由图可见，从运行（激活）集合中加入和删除导频信号均将产生时延，当基站 2 导频信号强度超过加入门限时，移动台进入软切换状态，当基站 1 导频低于删除门限时，经一滞后时间后被删除。

例 5：考虑同时有三个基站时的 WCDMA 的切换决策过程（见图 18.27）。

由图可见，其切换决策过程如下：在初始阶段（0→$t_1$），基站 1 的导频远强于基站 2 和基站 3，这时移动台被连接到基站 1。随着时间流逝，基站 2 导频强度逐渐增强，当 $t=t_1$ 时，基站 2 的导频强度 $E_c/I_0$ 达到最好导频 $E_c/I_0$－（报告门限－增加滞后门限）值维持 $\Delta T$ 滞后时间，在此期间运行（激活）集合没有满，此时基站 2 的导频将被加入到运行（激活）集合中。随着时间的流逝，基站 3 的导频信号强度又逐渐增强并开始超过基站 1 的导频信号强度。当 $t=t_2$ 时，导频 3 的强度 $E_c/I_0$ 达到（最好值）最弱导频强度 $E_c/I_0$＋替换滞后门限值时，并维持 $\Delta\tau$ 滞后时间，而这时运行（激活）集合中导频数目已满，比如设系统设置运行集合最大数目为两个，这时候选集中次强的基站 3 的导频将替代运行集合中的最弱基站 1 的导频,被正式加入运行集合中。随着时间流逝,图中基站 3 导频信号强度开始逐步减弱。当 $t=t_3$,基站 3 的导频强度 $E_c/I_0$ 弱到(最好值)达到最好的基站 3 导频 $E_c/I_0$－(报告门限＋删除滞后门限)值并维持 $\Delta\tau$ 时间后,基站 3 的导频将被从运行(激活)集合中删除。

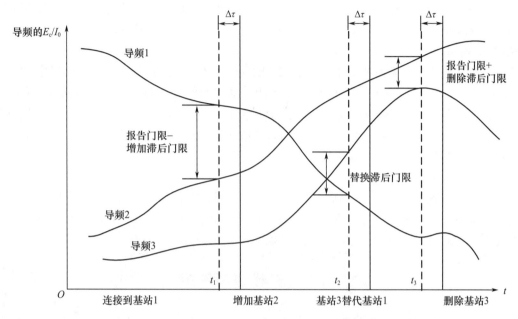

图 18.27　WCDMA 中三个基站间的切换过程

切换决策过程中的主要参数为:报告门限是软切换中要增加或删除运行(激活)集合中基站的门限,$\Delta\tau$ 是留给动作触发的时间,导频 $E_c/I_0$ 是指经测量后的导频强度,最好导频是指运行(激活)集合中信号最强的导频,最弱导频是指运行(激活)集合中信号最弱的导频,最好候选导频是候选集合中最强的导频。

滞后门限分为三类:增加滞后门限是指要增加的无线链路的滞后门限,删除滞后门限是指要删除的无线链路的滞后门限,替换滞后门限是指要同时增加并释放一条无线链路的滞后门限。

比较例 4 和例 5,即 IS-95 与 WCDMA 中的切换过程,可以发现两者有如下的相同与不同之处——相同:两者均属于 CDMA 中的基站之间的切换;不同:门限方式有所不同。IS-95 采用的是绝对门限,即加入门限 T-ADD 与删除门限 T-DROP;WCDMA 采用的则是相对门限值,亦即在不同基站或不同噪声环境中加入或删除运行(激活)集合的基站导频的门限,与当时运行(激活)集合中的最好导频、最弱导频的信号强度有关,而不是事先规定的。若当时运行集合中导频信号都很强,则其他想要加入运行集合的门限也相应提高;反之,若运行集合中导频信号都很弱,则运行集合中任一个导频要删除运行集合的门限也相对降低,这样 WCDMA 的报告门限可以相对固定。

相对于 IS-95,WCDMA 中另外应解决的问题是,随着用户移动速度的增加和业务速率的提高,WCDMA 必须进一步加快对导频强度测量的速度和对切换信令处理的速度。

(5) 切换的执行

切换在执行时主要遇到三个问题:分集合并、切换同步与执行处理的时延。

宏分集合并在哪里完成以及如何完成,大致可以分为以下几类:在 RAKE 接收机中、在信道译码器中、在信道译码器后以及在信源编译码器后。在 RAKE 接收机中合并,不同基站之间必须同步,可提供最大增益。这时 RAKE 接收机可以将其他基站传送的信号视为多径信号,因此这类合并对移动台最合适。但在网络侧,在 RAKE 接收机中或信道译码器中合并都不切实际,因为需要大量的信令,因而在信道译码器后合并比较合乎实际。至于如何完成合并,一般可分为最大比值合并、等增益合并与选择式分集合并。

最后,讨论软切换分集合并的几种可能性。大致也有三种不同方式:同一 BSC(RNC)内不同 BTS(NodeB)之间,同一无线核心网 MSC(CN)内不同 BSC(RNC)之间,不同无线核心网 MSC(CN)之间。

软切换的同步要求和解决方案取决于网络的同步和扩频码的设计。在同步网络中,如IS-95 和 CDMA2000 系统,其网络同步在码片级达到几毫秒,因此,切换过程除传播时延外,不需要考虑软切换所涉基站之间的时间差别,故无须额外同步;而在异步网络中,如 WCDMA,对切换同步会有一些特殊要求,其基站间(当前基站与被激活新基站)时差最差情况时可超过帧长,而且这时码设计也会影响到切换的同步方案。

(6) 切换的执行时延

切换的执行包括以下部分:到达新基站的信令、新基站对移动台反向链路信令的捕获及在新信道上启动传输。这个处理过程大致要花费 200~300ms。当总时延超过 300ms 时,系统容量开始降低。因此,在切换的测量和执行中,时延影响不可忽视。

# 18.4  无线资源管理

在移动通信系统中,无线资源管理(Radio Resource Management,RRM)负责空中接口资源的利用。从确保移动通信系统的服务质量(QoS)、获取规划覆盖区域和提高系统的容量角度来看,RRM 是移动通信系统中一个必不可少的重要组成部分。本节将重点介绍资源管理的基本概念、无线资源管理的特点、无线资源管理的主要方法和实现算法。

## 18.4.1  资源管理的基本概念

### 1. 什么是系统资源

系统资源是指保证通信系统实现正常通信所需的物理条件,亦即传送和处理信息所占用的物理资源。一般可以分为两大类:传输资源,指在传输过程中载荷信息的信号所占用信道的主要物理参量,亦即在信道接口上的处理能力;网络资源,指通信网络的节点占用的物理资源与交换机的信息处理能力。

无论是传输还是网络交换,其物理资源主要包含以下几种类型:

● 频率资源(F),一般是指信道所占用频段(载频)和频带。

● 时间资源(T),一般是指业务用户所占用的时隙。

● 码资源(C),一般是指码分多址(CDMA)的正交码(沃尔什码等)和伪码(PN)码组及其码的导频相位。

● 功率资源(P),一般是指码分多址(CDMA)中利用功率控制来动态分配功率。

● 地理资源(G),一般是指覆盖区及小区的划分与接入。

● 空间资源(S),一般是指采用智能天线技术后,对用户及用户群的位置跟踪。

● 存储资源(R),一般是指空中接口或网络节点与交换机的存储处理能力。

实现系统资源管理的目的是提高系统有效性,扩大通信系统容量;提高系统可靠性,保证通信业务 QoS 性能;保障通信系统的保密、安全性能;逐步实现通信系统的性能优化。

总而言之,它力图在三个动态的环境下(用户动态需求、信道动态时变、用户位置动态改变),在通信系统的有限传输资源(无线通信)、有限的网络节点与交换处理资源之间实现动态(准动态)的匹配,实现通信系统的性能优化。

**2. 实现资源管理的主要技术指标**

评价资源管理的性能涉及很多因素,可以说是多种指标的综合。需考虑的指标包括:

- 服务质量(QoS),包括带宽、时延、时延抖动及业务/数据包丢失等。
- 服务等级(GoS)。
- 系统指标,主要包括吞吐量、公平度、资源利用率等。
- 健壮性、可度性、灵活性和兼容性等。

决定资源管理的主要矛盾有 4 个:

(1) 用户业务需求、业务的 QoS 需求,与通信系统网络节点和交换的处理能力间的矛盾。

(2) 用户业务需求、业务的 QoS 需求,与通信系统传输信道(空中接口)资源有限性之间的矛盾。

(3) 用户业务需求、业务的 QoS 需求,与通信系统传输信道的时变动态性之间的矛盾。

(4) 用户业务需求、业务的 QoS 需求,与通信用户位置动态可变性之间的矛盾。

这里的用户业务需求、业务的 QoS 需求,是指用户业务在数量与质量上的要求。依据以上 4 个基本矛盾,引入下列 3 种类型的通信系统的资源管理。

在固定(有线、核心)网络中,采用了大容量波分复用的光纤传输,因此系统与网络的瓶颈在网络节点与交换处理的资源的控制、调节与分配方面。即,主要解决上述 4 类矛盾中的第 1 类矛盾,是固网资源管理的主要内容。

在无线接入网中,无线信道与接口的资源特别是频带资源有限,对系统构成了瓶颈,它主要解决上述 4 类矛盾中的第 2 类,即无线接入网的资源管理,主要针对无线信道与接口的资源,特别是有限的频带资源进行控制、调节与分配。同时,无线通信开放式传播的影响也涉及第 3 类矛盾,这也是无线资源管理中应进一步考虑的问题。

在移动网中,不仅要考虑无线信道与接口资源的有限性,还要进一步考虑用户的随机移动带来的影响。因此,要同时考虑上述 4 类矛盾中的后三类,但是,由于第 4 类矛盾已在第 17 章中讨论,所以这里的移动性资源管理只需重点解决第 2 类、第 3 类矛盾。

## 18.4.2　无线资源管理的特点

前面指出,无线资源管理试图解决移动用户业务的动态数量、服务质量(QoS)的要求,与无线信道与接口的有限资源、信道的时变动态特性之间的统计匹配,以实现移动通信系统的优化。

**1. 移动通信中无线资源管理的类型**

根据移动通信中业务的类型,可以将无线资源管理分为电路型和分组型两类业务。

- 电路型业务。又可以进一步划分为硬阻塞系统,如 1G FDMA 属于频段 $\Delta f$ 受限,2G GSM 的 TDMA 属于时隙 $\Delta t$ 受限;软阻塞系统,如 2G IS-95 的 CDMA、3G 的 CDMA2000、WCDMA 以及 TD-SCDMA 与 TD-CDMA,它们均属于 $S/N$ 受限(或干扰受限)。

- 分组(包)型业务。用户接入后,根据一定的排队机制,对不同用户业务分组队列进行排队,并通过资源调度对不同用户的分组队列或分组包动态占用资源。

**2. 无线资源管理的基本组成**

无线资源管理,一般包含以下三个基本部分:

- 资源控制。包括接入(纳)控制、负荷(拥塞)控制、切换控制、功率控制和速率控制等。

● 资源分配。包括基站(小区)分配与选择、信道分配、队列分配、资源预留和功率分配等。
● 资源调度。包括时隙(队列与分组包)调度、码资源调度、切换小区调度和自适应链路调度等。

### 3. 无线资源管理原理性结构

无线资源管理框架示于图 18.28 中。下面,我们依据图 18.28 讨论移动通信中资源管理的执行过程(以上行基站为例)。

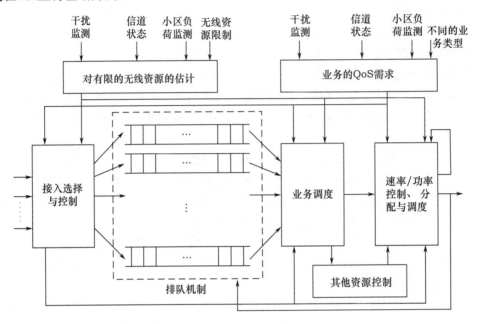

图 18.28　无线资源管理框架

接入(纳)过程中主要完成基站(小区)选择与接入控制。

(1) 关于基站(小区)选择与分配。移动用户的业务首先在多个基站中选择服务基站,其选择标准有:最小距离准则、最小路径损耗准则、最小干扰准则以及最大信干比准则等。在支持软切换时则需依据相关准则为用户选择一个服务基站集合;选定服务基站后,服务基站为用户分配接入信道及其资源,信道可以按照频分、时分和码分分别分配相应的资源,具体分配时依据接入控制准则和算法执行。接入控制是一种提前避免系统超负荷的控制机制,其功能是根据系统的特点及业务的质量要求确定合理的系统接入门限条件,以控制用户的接入,确保在满足各类业务服务质量的同时尽可能提高系统资源利用率,为更多用户服务。

(2) 关于接入控制的信道分配。依据业务类型可以采用不同的分配与控制机制。对于电路型业务,信道分配按照呼叫、通话一直到会话结束挂机或者切换发生时才释放。相应的接入控制对不同类型的移动通信体制采用不同的算法。比如,对于 FDMA 和 TDMA 的硬阻塞系统,可采用频带和时隙受限准则,而对于 CDMA 的软阻塞系统,则可采用信干比受限准则。对于分组型业务,其信道分配采用分组时隙强占型,具有短时效性,仅在用户有分组数据流或分组数据等待发送且依系统的排队与调度规则,才为其动态分配信道。

对于电路型业务,通过接入选择与控制后,选择服务基站(小区)和接入信道,无须通过排队机制(主要针对分组型业务),直接进入业务调度,执行负载控制。负载控制也是一类避免系统超负荷的控制机制。与接入控制的差别在于,接入控制是一种预防式的提前避免超负荷的控制方式,而负载控制则是根据当前已接入用户系统负载进行及时调整的控制机制。对于电路型业务,主要采用由网络控制的切换过程来实现,而小区负载过载则主要是由信道时变性引起的。通过业务调度的切换控制,对仍保留在小区与基站内的用户业务,根据信道时变特性进行功率和速率资源控制分配与调度,实现链路自适应。这一点在码分多址移动通信系统中尤为重要。

对于分组型业务,通过接入选择与控制,即选择了服务基站(小区)和接入信道以后,需要进入一个按业务优先级队列排队机制和一个时分(以及码分)资源调度机制,经过速率与功率控制、分配与调度后输出。分组业务的排队机制主要是按业务的优先等级进入不同队列,排队、存储、等待;时分(码分)调度机制依据队列等级、信道状态、干扰监测、业务 QoS 需求以及对有限的无线资源的估计,采用不同的准则和算法对业务进行调度;对通过调度的业务再进行功率/速率控制、分配与调度,实现自适应链路传输。

为了更好地实现上述移动通信中的无线资源管理并达到动态管理,还必须考虑系统对有限的无线资源的估计,包括系统吞吐量与公平度以及对不同业务的 QoS 需求。

(3) 关于有限的无线资源的估计。在移动通信中,无线资源是很有限的,因此是严格受限的,而且其受限特性与信道状态、干扰情况及负荷均有一定的关系。对无线资源进行估计的目的主要是提高系统的有效性,即增大系统吞吐量,同时还包括必须满足对用户接入与传输的公平性要求。

不同的业务类型,其 QoS 需求是不一样的,而且其 QoS 特性是动态时变的,与信道状态、干扰情况及小区负荷等均有一定关系,这些因素都要考虑。

### 18.4.3　无线资源管理的主要方法与算法

移动通信中的无线资源管理,比固网的资源管理和一般的无线资源管理都要复杂,内容也更加丰富,这一点在前面已有讨论。本节将重点介绍两大类型业务——电路型和分组型业务的无线资源管理。

以话音为主的电路型业务是 4G 之前的移动通信中的主要业务,其无线资源管理相对比较成熟,涉及前面介绍的大部分资源控制和资源分配。比如,基站(小区)选择与分配、信道分配、接入控制、负荷控制、切换控制、功率控制和速率控制等。其中,功率、切换与速率控制已在前面相应章节中介绍过,这里不再赘述。本节将重点介绍接入控制和负荷控制。

以数据特别是以分组(IP)数据为主的分组业务,是未来移动通信中的主要业务,其无线资源管理相对比较不够成熟,需进一步研究和完善。因此,我们重点介绍一些基本的调度与分配方法和算法。

**1. 接入控制(Admission Control, AC)**

接入控制通常也称为呼叫接纳控制(CAC),指新用户到达时接入呼叫或业务请求(如切换请求),依系统现状和一定准则判断是否允许接入,并分配相应资源的整个过程。

(1) 接入控制的基本原理

接入控制是移动通信系统限制超负荷的一种有效手段,它负责新用户接入和老用户切换接入阶段的负荷控制,是一种在大尺度范围调节超负荷的手段。

用户接入后,为因应客观环境条件的变化,负荷(拥塞)控制与切换控制对已进入移动通信系统的用户业务功率、速率调整、小区调整(切换)及 QoS 等级进行调整。它是一种在小尺度范围内调节超负荷的手段,其原理与接入控制基本相同。

接入控制与当前基站(小区)业务状态密切相关,比如,当前基站(小区)的负荷、当前剩余可用的空闲信道及接口资源、发起接入的用户业务对资源的要求和相应对 QoS 的需求。因此,接入控制就是依据上述主要几点所决定的基站(小区)的业务状态,采用一定准则和算法,判断新接入用户或切换用户是否能接入本基站(小区)的一种手段和方法。

在移动通信中,当前基站(小区)的业务状态具有时变动态特性,它与当前多种因素有关:用户位置、业务类型、信道时变状态、已有小区负载状态、无线资源的限制、业务的 QoS 需求等。

不同移动通信体制的无线资源管理的基本原理与方法大同小异,具体实现时有所差异。比如,软阻塞(CDMA)与硬阻塞(FDMA、TDMA)有差异;软阻塞中同步与异步、相干与非相干控制也有一定的差异。后面的讨论将以软阻塞 CDMA 及更为复杂的 WCDMA 为重点。

(2) 码分多址 CDMA 系统的接入控制算法

大致可以归纳为 4 种类型:

● 基于接收信号功率 $S$、总干扰功率测量 $I$ 及信干比 SIR 的控制算法。实际上上述三者是等效的,其基本思路为,当新用户呼叫请求和切换用户呼叫请求到来时,基站首先测量接收信号功率 $S$、总干扰功率 $I$ 或信干比 SIR,估计接入和切入后的信号功率水平、干扰水平和信干比大小;将估计结果与一个给定的参考门限电平进行比较,并根据比较结果决定该用户是否能接入该基站(小区)。而参考门限电平则由当前基站(小区)的动态状况所决定(负荷、资源、信道以及 QoS 需求等)。

● 基于系统或基站(小区)容量分析模型的接入控制算法。根据系统或基站(小区)业务容量数学分析模型决定是否接入、切入新用户;系统或基站(小区)业务容量的数学模型,与系统或基站(小区)当前状况、信道状况以及所支持业务特征的状况密切相关且具有时变特性。其具体实现方法有:基于上行/下行负载因子、基于最大呼叫用户数、基于剩余容量以及基于阻塞率、中断概率反馈的动态调整门限等。

● 基于等效带宽的接入控制算法。码分多址(CDMA)由于具有自干扰等特性,用户的分析无法独立。而等效带宽的思想是依照资源分配的单调性(即一个用户多占用资源,其余用户可获得资源必将减少)及收敛性(即可分配的资源总量是固定不变的),分析出满足一定服务质量要求所需的归一化系统资源。该资源仅与用户的速率、质量要求以及信道条件等因素有关,称它为等效带宽。将用户接入请求所对应的速率、质量要求等代入等效带宽表达式,就可以求得用户需要的系统资源;将用户需求的系统资源作为接入系统或基站(小区)接入的依据,这一方法可以使用户接入决定相互独立。基于有效带宽理论分析较复杂,一般需要一些假设与简化,如干扰的分布、接收机类型及省略接收机噪声等。

● 基于可行性接入控制算法。它一般与功率控制有关,即采用某种功率控制算法,计算包含新呼叫在内所有呼叫的接收 SIR,看它是否大于所需门限 SIR 的要求,以决定是否接入。具体实现时又分为基于固定基站的分配算法,基于动态基站选择的最小发射功率算法,基于分布式接入的控制算法。

(3) 接入控制的性能评价准则

为比较各类 CAC 方法与算法的性能,通常给出下列评价标准:

● 掉线率。指用户信号 SIR 持续低于目标值并超过一定时间的概率。比如,话音与视频业务为 100ms,HTTP 和 E-mail 业务为 5s。

● 阻塞率。指用户呼叫请求被拒绝接入的概率。

● 加权中断。将掉线率和阻塞率按一定比例求加权和,一般两者比例取 1:10,这是因为掉线率影响要比阻塞率坏得多。还可以将其他性能指标如切换失败率也考虑进来加权。

● 绝对吞吐量。指在一定的呼叫到达强度的时间内,某种业务所传送的绝对分组数。对给定的业务而言,它表达了每个用户传输的比特数量。这个指标对分组业务性能更具意义。同样也可以用在电路型业务上,表示新接入的某种业务将可能影响到系统中正在进行的其他业务的吞吐量性能，使其下降。

**2. WCDMA 系统中的接入控制**

在 WCDMA 中，要接受一个新的连接，首先必须了解当前系统、基站（小区）负载的现状，因为不能影响原有用户的连接与通信质量。WCDMA 接入控制的功能体位于无线网络控制器（RNC）中，在该处能获得来自几个小区的负载信息。其接入控制算法将评估建立这些承载所导致的无线网络负载的增加，这必须对上行、下行链路两个方向进行评估。请求接入的用户仅当上行、下行均被接入控制所接受时才能正式被接入。

下面介绍 WCDMA 空中接口的上行、下行负载及其测量，然后在此基础上定量讨论接入算法。

如果无线资源管理是基于空中接口的总干扰电平，那么应先给出上行、下行链路对负载的估计。

（1）上行链路的负载

这里介绍可用于 WCDMA 网络的典型链路负载测量与估计方法。

① 基于宽带接收功率的负载估计

宽带接收功率电平可以用来估计上行链路负载，接收功率电平可以在基站中测量，基于这些测量可以获得上行链路的负载因子。其具体计算方法如下。

若接收到的总宽带干扰功率为 $I_\text{总}$，则有

$$I_\text{总} = I_\text{本} + I_\text{其他} + P_\text{N} \tag{18.4.1}$$

其中，$I_\text{总}$ 为接收到的总宽带干扰功率总和，$I_\text{本}$ 为本小区的用户干扰，$I_\text{其他}$ 为其他小区（小区间）的用户干扰，$P_\text{N}$ 为背景噪声和接收机的噪声。

上行链路噪声恶化量定义为 $I_\text{总}$ 与 $P_\text{N}$ 之比，即

$$\frac{I_\text{总}}{P_\text{N}} = \frac{I_\text{总}}{I_\text{总} - (I_\text{本} + I_\text{其他})} = \frac{1}{1 - \frac{1}{I_\text{总}}(I_\text{本} + I_\text{其他})} = \frac{1}{1 - \eta_\text{UL}} \tag{18.4.2}$$

这里定义

$$\eta_\text{UL} = \frac{1}{I_\text{总}}(I_\text{本} + I_\text{其他}) \tag{18.4.3}$$

表示上行负载因子，因为它仅与本小区及小区间干扰有关。改写式（18.4.2）可求得上行负载因子 $\eta_\text{UL}$ 为

$$\eta_\text{UL} = 1 - \frac{P_\text{N}}{I_\text{总}} = \frac{噪声恶化量 - 1}{噪声恶化量} \tag{18.4.4}$$

式中，$I_\text{总}$ 可以被基站测量，而且 $P_\text{N}$ 值则是事先知道的。上行链路负载因子 $\eta_\text{UL}$ 一般用作上行链路负载指示器。例如，在 WCDMA 中 $\eta_\text{UL} \approx 0.6$，即为 WCDMA 容量的 60%。

② 基于吞吐量的负载估计

这时上行链路的负载因子可以通过连接到该基站用户负载因子之和来计算，即

$$\eta_\text{UL} = (1 + i)\sum_{j=1}^{N} L_j = (1 + i)\sum_{j=1}^{N} \frac{1}{1 + \dfrac{W}{(E_\text{b}/N_0)_j R_j \gamma_j}} \tag{18.4.5}$$

式中，$N$ 为本小区用户数，$W$ 为码片速率，$L_j$ 为第 $j$ 个用户的负载因子，$R_j$ 为第 $j$ 个用户的比特速率，$(E_\text{b}/N_0)_j$ 为第 $j$ 个用户的 $E_\text{b}/N_0$ 值，$\gamma_j$ 为第 $j$ 个用户的话音激活因子，$i$ 为其他小区与本小区的干扰比。在负载估计中，对 $E_\text{b}/N_0$、$i$、$\gamma$ 和 $N$ 的瞬时值测量可以用来估计瞬时空中负载。

在上述基于吞吐量的负载估计中，既没有考虑其他小区的干扰，也没有考虑实际信道中的多

径干扰,这两个干扰均可以归纳到系数 $i$ 中来考虑。

③ 上行链路负载估计方法的比较

表 18.4 给出上述两类及基于基站的连接数量的第三类负载估计方法的比较。

**表 18.4　WCDMA 上行链路负载估计方法的比较**

| 负载估计方法 | 基于宽带接收的功率 | 基于吞吐量 | 基于基站的连接数量 |
|---|---|---|---|
| 测量内容 | 每一个小区宽带接收的功率 $I_{总}$ | 每一个连接上行链路的 $E_b/N_0$ 和比特率 $R$ | 连接数量 |
| 需要的假设和测量 | 热噪声电平＝零负载干扰功率 $P_N$ | 其他小区与本小区干扰的比值 $i$ | 一个连续产生的负载 |
| 其他小区的干扰 | 包含在宽带接收功率的测量中 | 在 $i$ 中假设已知 | 当选择最大连接数时假设已知 |
| 软容量 | 是,自动 | 非直接,可能通过 RNC | 无 |
| 其他干扰源(邻信道) | 降低容量 | 降低覆盖 | 降低覆盖 |

在基于宽带接收功率的方法中,由于测量的功率包含了被基站接收的该载频的全部干扰,即包含来自邻小区的多址干扰和本小区的多径干扰。若相邻小区负载低,从宽带接收功率中可直接看到,这时该小区可以获得更多的负载,即可获得软容量。

基于吞吐量负载的估计不能直接考虑来自相邻小区或相邻载频的干扰。如果要求软容量,关于邻小区负载的信息须从 RNC 中获得。基于吞吐量的无线资源管理将小区的吞吐量保持在预先规划的水平上,如果相邻小区负载高,就会影响本小区的覆盖区域。

基于基站的连接数量的负载估计是一类最简单、最直观的负载估计方法,它可用于第二代移动通信网络中。在该网络中,所有连接用户使用公平、具有相等或近似相等的低比特率,且不可能具有高比特率的连接。而在第三代移动通信网络中,正是由于不同的比特率、业务和质量(QoS)需求的混合,阻碍了该方法的应用。因为一个 2Mbps 用户产生的负载与一个话音用户产生的负载不同。

图 18.29 给出基于宽带接收功率和基于吞吐量的负载估计。图中不同曲线代表邻小区不同的负载,$i$ 值越大,来自邻小区的干扰越大。基于宽带功率负载的估计保持覆盖范围在规划的限制下,并且提供的容量依赖于邻小区的负载(软容量),该方法可以有效遏制超出规划值的小区的呼吸作用。

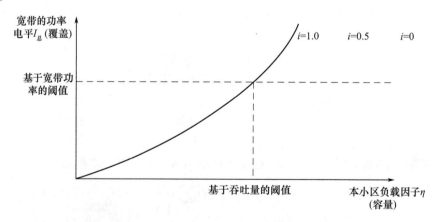

图 18.29　基于宽带功率和基于吞吐量的负载估计

(2) 下行链路的负载

① 基于功率的负载估计

小区下行链路的负载由下行链路的总发射功率 $P_{总}$ 决定,而下行链路的负载因子 $\eta_{DL}$ 可定义

为当前的总发射功率与基站最大发射功率 $P_{max}$ 之比,即

$$\eta_{DL} = P_{总}/P_{max} \tag{18.4.6}$$

应注意的是,在这一方法中,基站总发射功率 $P_{总}$ 没有给出关于系统运行时它与下行链路空中接口容量发射功率的接近程度,同样,$P_{总}$ 在较小的小区对应的空中接口负载比在较大小区的高。

② 基于吞吐量的负载估计

在下行链路基于吞吐量的负载估计可能受到将下行链路所分配的比特速率的总和作为下行链路负载因子 $\eta_{DL}$ 的影响。其负载因子定义如下:

$$\eta_{DL} = \frac{\sum_{j=1}^{N} R_j}{R_{max}} \tag{18.4.7}$$

式中,$N$ 为包含公共信道在内的下行链路连接的数量,$R_j$ 是第 $j$ 个用户的比特速率,$R_{max}$ 是允许的最大小区吞吐量。

上述表达式还可以用 $E_b/N_0$ 作为用户比特率的权重,改写为

$$\eta_{DL} = \sum_{j=1}^{N} R_j \frac{\gamma_j (E_b/N_0)_j}{W} \left[ (1-\overline{\alpha}) + \overline{I} \right] \tag{18.4.8}$$

式中,$W$ 为码片速率,$(E_b/N_0)_j$ 为第 $j$ 个用户的 $E_b/N_0$,$\gamma_j$ 为第 $j$ 个用户的话音激活因子,$\overline{\alpha}$ 是小区平均正交性,$\overline{I}$ 是其他小区与本小区的下行链路平均干扰比。

上述的下行链路平均正交性可以通过基站基于上行链路的多径传播来估计,$E_b/N_0$ 则需要基于其环境的典型值来假设,而来自其他小区的平均干扰则可通过基于邻小区负载从 RNC 中获得。

(3) 基于宽带功率的接入控制

在基于接收的宽带干扰功率的接入控制策略中,如果上行新的总宽带干扰电平低于干扰电平门限值,则新用户允许接入基站(小区),即

$$I_{总(原有)} + \Delta I < I_{门限} \tag{18.4.9}$$

式中,$I_{总(原有)}$ 为新用户接入前原有总接收宽带干扰功率,$\Delta I$ 为加入新用户后接收干扰增加量,$I_{门限}$ 为基站(小区)允许的干扰门限值,$\Delta I$ 与 $I_{门限}$ 均在无线网络规划中设置。式(18.4.9)可以用图 18.30 所示的曲线表示。

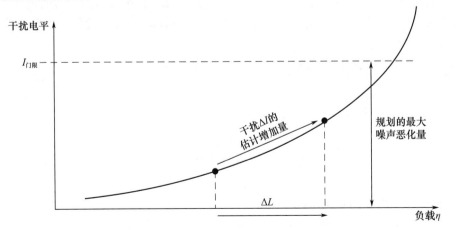

图 18.30  WCDMA 上行负载曲线和由于新用户对负载增加的估计

下面进一步给出两种不同上行链路功率增加的估计方法,即估计新用户的增加而导致上行链路接收的宽带干扰功率 $I_{总}$ 的增加量 $\Delta I$,新用户的接入和功率的增加的估计均由接入控制功能体来处理。在具体处理时可分别采用导数法和积分法来计算。

导数法:由式(18.4.2),噪声恶化量 $\dfrac{I_{总}}{P_N}=\dfrac{1}{1-\eta}$ 可推导出

$$I_{总}=\frac{P_N}{1-\eta}, \frac{\mathrm{d}I_{总}}{\mathrm{d}\eta}=\frac{P_N}{(1-\eta)^2} \tag{18.4.10}$$

再由 $\dfrac{\mathrm{d}I_{总}}{\mathrm{d}\eta}=\dfrac{\Delta I}{\Delta L}$ 可以求得

$$\Delta I=\frac{\mathrm{d}I_{总}}{\mathrm{d}\eta}\Delta L=\frac{P_N}{(1-\eta)^2}\Delta L=\frac{I_{总}}{1-\eta}\Delta L \tag{18.4.11}$$

积分法:干扰对负载因子的导数被积分,即从负载因子旧值 $\eta_{旧}=\eta$ 到负载因子新值 $\eta_{新}=\eta_{旧}+\Delta L=\eta+\Delta L$,则有

$$\Delta I=\int_{\eta}^{\eta+\Delta L}\mathrm{d}I_{总}=\int_{\eta}^{\eta+\Delta L}\frac{P_N}{(1-\eta)^2}\mathrm{d}\eta$$

$$\Delta I=\frac{P_N}{1-\eta-\Delta L}-\frac{P_N}{1-\eta}$$

$$\Delta I=\frac{I_{总}}{1-\eta-\Delta L}\Delta L \tag{18.4.12}$$

导数法和积分法的式(18.4.11)和式(18.4.12)中都用到一个新用户负载因子 $\Delta L$,它是所估计到的新连接的负载因子,并可用下式获得

$$\Delta L=\frac{1}{1+\dfrac{W}{\gamma \cdot E_b/N_0 \cdot R}} \tag{18.4.13}$$

式中,$W$ 为码片速率,$R$ 为新用户比特速率,$E_b/N_0$ 为新连接用户的 $E_b/N_0$ 值,$\gamma$ 为新用户话音激活因子。

下行链路的原理与上行链路相同。即,如果新的下行链路总发射功率没有超过预先定义的目标值,则新用户被允许接入,即

$$P_{全(原有)}+\Delta P<P_{门限} \tag{18.4.14}$$

式中,$P_{全(原有)}$ 为新用户接入前原有旧用户的总发射功率,$\Delta P$ 为接入新用户后的负载增加值,可根据初始功率进行估计,$P_{门限}$ 为基站(小区)预先定义的目标值,可用于无线网络规划设置。

(4) 基于吞吐量的接入控制

发出请求的新用户在上行中满足下列条件将被允许接入

$$\eta_{UL}+\Delta L<\eta_{UL门限} \tag{18.4.15}$$

同理,此条件也适用于下行。即若满足

$$\eta_{DL}+\Delta L<\eta_{DL门限} \tag{18.4.16}$$

亦被允许接入。式中,$\eta_{UL}$、$\eta_{DL}$ 为接入前上行、下行负载因子,$\Delta L$ 为新用户负载因子,$\eta_{UL门限}$、$\eta_{DL门限}$ 为上行、下行吞吐量门限值。

### 3. 负载控制(Load Control,LC)

无线资源管理功能的另一项任务是确保移动通信系统不过载,为了防止系统过载,负载控制应具有以下基本功能。

实时监测系统资源使用状况,这里系统可以仅指一个基站(小区),也可以指相关联的多个基站(小区)。

当系统负载沉重时,应能做出判断并采取下列措施来保证系统稳定可靠地工作:降低优先级相对低的业务的服务质量;释放一些质量差但占用资源相对较多的业务;采用切换以分担负载;当系统负载较轻时,设法从相邻荷载较重的服务区或载频吸收业务量,以使系统总体工作量实现稳定。可见,上述负载控制处理过载的主要原理则是在服务质量与资源占用上取得合理的折中。

在 WCDMA 中,为降低负载,可能采取的措施有:下行链路快速负载控制,拒绝执行来自移动台的下行链路功率增大指令;上行链路快速负载控制,降低被上行链路快速功控使用的上行链路 $E_b/N_0$ 的目标值;切换到另一个 WCDMA 载波或切换到 GSM;降低实时用户的比特率,如 AMR 速率;以控制方式停止呼叫。

上述措施中前两项可以在一个基站内执行快速动作,而其他项负载控制一般都比较慢。

**4. 分组调度与分配算法**

前面重点介绍了以电路型业务为对象的无线资源管理措施,这里将介绍以分组业务为对象的分组调度与分配算法。首先介绍分组调度算法的基本类型,然后以 WCDMA 和 OFDMA 分组调度为例简要介绍。

(1) 分组调度算法的基本类型

对于码分多址(CDMA)多业务系统,其无线资源的分组调度算法按其优化准则,可划分为面向系统吞吐量与公平度以及面向业务质量(QoS)两大类型,这里主要介绍以面向系统吞吐量与公平度为主,并适当兼顾业务的 QoS 需求的分组调度。基于此分组调度算法的设计思想,实质上是要在整个系统的总吞吐量和各用户在满足业务 QoS 的前提下使用的公平度之间寻求折中。对于多用户、多业务的多队列调度方式,其中最为典型的有下列几类。

● 系统总吞吐量最大化算法

基站根据移动台报告的所能支持的最大数据速率的估计值,其值与最大 $C/I$ 值相对应,并选择其中数据速率最大的进行数据传输,它可以使系统吞吐量达到最大。这一算法的缺点是不能满足对用户的公平性要求。例如,离基站近的用户,信道条件好,其 $C/I$ 总是占有优势,这时基站内其他用户获得服务的机会就很小。

● 轮询算法

这一方法是,对每个用户,不管其 $C/I$ 值大小如何,一律以机会均等的方式提供公平服务。采用这一算法可能会使系统吞吐量下降,这是因为一旦某些信道条件不好的用户被轮询,可能以较低的数据率传输,甚至会出现重传。而条件好的用户却未被轮询,系统吞吐量下降。

● 比例公平调度算法

这是美国高通公司提出的用于 CDMA2000-1X EV-DO 即 HDR 的一种调度算法。这一算法兼顾了吞吐量最大化和公平度,其调度的基本思路是基于优先级的,而优先级的计算方法使得信道条件越好的优先级越高,已经得到较高吞吐量的用户,其优先级较低。因此,可以采用下列公式表达

$$\text{优先级} = \frac{C/I}{\text{吞吐量}} \qquad (18.4.17)$$

由式可见,系统可根据所计算的优先级选择服务用户。这样,如果有些用户信道条件差,长时间得不到服务,就可使其优先级上升从而得到服务机会。

(2) WCDMA 的分组调度

WCDMA 中的分组接入如图 18.31 所示。

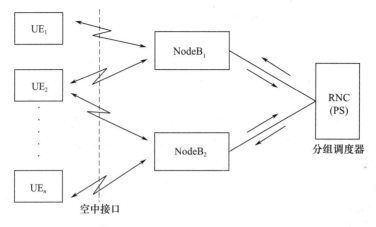

图 18.31　WCDMA 中的分组接入

WCDMA 中分组数据的分配与调度是由 RNC 中的分组调度器 PS 控制的,其功能包括:在分组数据用户之间划分可用的空中接口的容量;确定每个用户的分组数据传输的传输信道;监视分组分配和系统负载;WCDMA 分组接入允许非实时承载业务动态使用公共、专用或共享信道,其功能由分组调度器控制,实现对多个基站(小区)间的调度,并同时考虑软切换;基站(NodeB)给分组调度器提供空中接口负载的实时测量。若负载超过目标值,可以通过分组调度器(PS)降低分组数据业务的比特率以减少负载;若负载小于目标值,则可通过分组调度器分配更多的分组数据以增大负载。

RNC 中分组调度器基于以下参数的选择确定数据传输的信道:业务类型或承载业务的参数(如时延等),数据量大小,公共信道和共享信道的负载,空中接口上的干扰电平,不同传输信道的传输性能。

在 3G 的数据业务特别是 IP 分组业务中,上行、下行是严重不对称的,一般上行少、下行多。分组业务需求的不对称性必然带来上行、下行通信体制的不一样、不对称。因此,在 3G 中,上行、下行分组调度算法侧重点是不一样的。在上行中主要采用并行的码分调度,在下行中则主要采用串行的时分调度,或时分、码分混合调度。

● 并行的码分调度

在并行的码分调度方式中,多个用户可以同时在较低比特率的信道中进行传输。码分调度原理如图 18.32 所示。

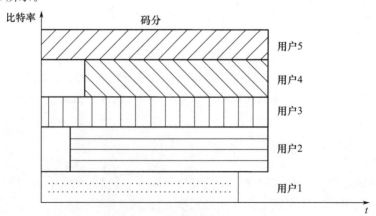

图 18.32　码分调度原理图

码分调度更适合于时延敏感的业务,如分组话音业务。码分调度对信道分配所需的信令交换过程比较容易实现且开销较小。在码分调度中,当激活用户增加导致所需容量增大时,可减小给单个用户分配的比特率,而在信道传输条件恶化时,也可以减少用户的数量。使用码分调度,由于相对而言比特速率较低、传输时间长,其建立和释放延迟所带来的容量损失小。码分调度在信道相对稳定时是静态的,在衰落变化较快时是动态的,这时通常会采用功控技术保证动态平衡。码分调度在 3G 系统中一般用于上行链路,这是由于在 3G 分组业务中上行、下行不对称,而且一般上行业务速率较低。

● 串行的时分调度

在串行的时分调度中,可将每个时隙容量集中分配给某一个或几个用户,且用户传输速率较高。时分调度原理如图 18.33 所示。

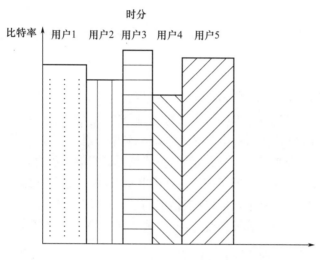

图 18.33 时分调度原理图

时分调度更适合于时延不敏感的业务,如非实时数据业务。时分调度和控制相对复杂,需要更多的信令交互,因此开销较大。在时分调度中,每个用户可具有较高速率、使用时间短但时隙可以不等,在 WCDMA 中,最大时间分辨率为 10ms 帧长。当用户增加时,每个用户的等待时间将加长。

当系统存在很多突发分组时,可通过时分调度选择信道条件最好的用户传输以提高系统吞吐量。当时分调度周期较小时,衰落可认为基本变化不大,甚至可以忽略。所以在时分调度中通常采用速率控制,而不是在码分中可采用的功率控制。

时分通常用于 3G 的下行链路,比如,CDMA2000-1X EV-DO(HDR)、WCDMA 的 HSPPA,以及 WCDMA 的共享信道,专用信道(上行、下行)也可以采用。在下行链路的时分调度的高速数据通信中一般不采用软切换和更软切换。WCDMA 中时分调度与码分调度的性能比较如表 18.5 所示。

表 18.5 WCDMA 中时分调度与码分调度的性能比较

| | 时分调度 | 码分调度 |
| --- | --- | --- |
| 空中接口上每个蜂窝同时传输的分组数 | 小(仅几个) | 大(20~50) |
| 每个分组用户的瞬时比特率 | 高(>100kbps) | 低(<50kbps) |
| 优点 | 总时延小<br>$E_b/N_0$ 更好 | 由于比特速率低,干扰电平易预测<br>对移动台能力要求少<br>由于用户多,干扰变化小 |

（3）OFDMA系统中的分组调度

在以LTE、WiMAX等为代表的第四代移动通信系统中，MIMO和OFDMA是最重要的关键技术。与CDMA系统相比，OFDMA系统可以在时频域上根据信道响应对多用户数据进行分组调度；如果引入MIMO，则可以进一步利用空域资源进行调度，获得系统容量的提升。

基于MIMO-OFDMA的分组调度，在空域、频域、时域、功率域及多用户域中进行整体优化，极大扩展了调度的优化空间。这种分组调度，也称为机会式调度，可以根据信道动态变化特性、用户动态性、业务动态性及网络动态性，进行多维多重联合优化，使多用户的业务需求与网络的信道状态获得最佳匹配。总而言之，MIMO-OFDMA系统中的机会调度能够获得三方面的增益。

● 功率增益。对于OFDMA用户的上行发送信号，可以将功率集中于时频分离的多载波与时隙，从而获得功率增益。假设整个频段被$N$个用户分为$N$个资源块，则可以获得$10\lg N$ dB的增益。

● 多用户增益。由于OFDMA用户经历不同的频率选择性衰落信道，因此只要用户数充分多，则系统总能够选择信道状态较好的用户进行调度，系统吞吐率维持在峰值状态，从而能够获得多用户分集增益。

● 空间复用/分集增益。MIMO-OFDMA系统通过分组调度，还能够获得空间复用/分集增益。本书上册第10章已经论述，MIMO系统的空间分集/复用增益往往会受到信道相关性的影响，信道强相关，则MIMO性能增益会有显著下降。采用分组调度方法，能够有效减轻信道相关性的不利影响，将多用户分集增益与空间复用/分集增益进行有机组合，进一步提高系统性能。

以下行调度为例，图18.34给出了一般的MIMO-OFDMA系统分组调度原理结构。由图可知，每个用户经过信道估计与测量，通过反馈信道向基站端发送PMI或CSI信息，基站根据所有用户的反馈信息，基于一定的子载波调度算法，完成子载波映射和功率分配。

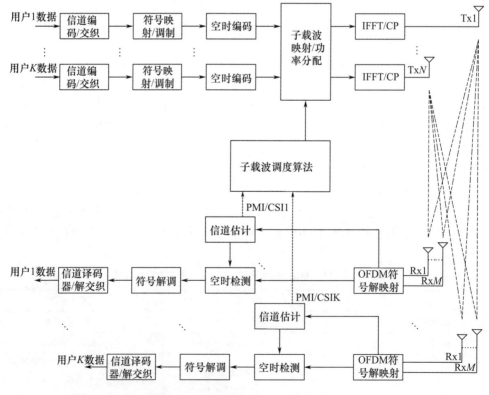

图18.34　MIMO-OFDMA调度原理

OFDMA 资源分配模型考虑的因素众多,例如,子载波分配、功率/速率自适应、比例公平性及业务特性等。下面按照从简单到复杂的顺序,概要介绍各种因素的优化模型[18.6]。

① 动态子载波分配模型

该模型较简单,假设 OFDMA 系统中,$B$ 是系统总带宽,每个用户的 QoS 需求和数据速率要求都是固定的,第 $k$ 个用户第 $n$ 个子载波的信道响应为 $h_{k,n}$,信道响应的幅度为 $|h_{k,n}|$,则信道增益矩阵为 $\boldsymbol{H}=\{|h_{k,n}|^2, k=1,2,\cdots,K, n=1,2,\cdots,N\}$,其中 $K$ 是总的用户数目,$N$ 是可用子载波数目,则子载波分配可以建模如下公式:

$$\arg \max \sum_{k=1}^{K} \sum_{n=1}^{N} c_{k,n} |h_{k,n}|^2$$

约束:$\forall k,n, c_{k,n} \in \{0,1\}$

$$\forall n, \sum_{k=1}^{K} c_{k,n} = 1$$

$$\forall k, \sum_{n=1}^{N} c_{k,n} = S \tag{18.4.19}$$

其中,$c_{k,n}$ 是示性因子,1 表示子载波 $n$ 被分配给用户 $k$,0 则表示没有分配,$S$ 是每个用户分配的子载波数目,即 $S=\left\lfloor \dfrac{N}{K} \right\rfloor$。

上述问题归结为数学中的分配问题,可以采用匈牙利算法获得最优解。但一般地,最优算法的复杂度较高,为 $O(N^4 \sim N^3)$ 量级,难以实用化。因此,一些学者提出各种基于排序、比较和简单运算的次优算法,能够以较低复杂度逼近最优解。

② 功率自适应模型

功率自适应是指在给定各用户服务质量(QoS)要求的情况下,最小化基站的总发射功率。用户的 QoS 要求包括用户的最小数据速率要求、用户的最大误比特率要求等。功率自适应在保证用户传送速率的情况下最小化总发射功率,其系统模型可以表示如下:

$$\arg \min \sum_{n=1}^{N} \sum_{k=1}^{K} \frac{c_{k,n}}{|h_{k,n}|^2} f_k(d_{k,n})$$

约束:$\forall k,n, d_{k,n} \in \{0,1,\cdots,M\}$

$$\forall k,n, c_{k,n} \in \{0,1\}$$

$$\forall k, R_k = \sum_{n=1}^{N} c_{k,n} d_{k,n}$$

$$\forall n, \sum_{k=1}^{K} c_{k,n} = 1 \tag{18.4.20}$$

其中,$c_{k,n}$ 意义同上,$d_{k,n}$ 为分配在用户 $k$ 子载波 $n$ 的信号点数目,$M$ 表示最高允许调制星座的信号点数目,$R_k$ 表示用户 $k$ 的速率要求。示性因子 $c_{k,n}$ 与信号点数 $d_{k,n}$ 满足如下关系:

$$c_{k,n} = \begin{cases} 1, & d_{k,n} \neq 0 \\ 0, & d_{k,n} = 0 \end{cases} \tag{18.4.21}$$

$f_k(\cdot)$ 表示第 $k$ 个用户采用特定调制方式后信息速率与功率之间的函数[18.7]。在 MQAM 调制方式下,该函数的表达式为

$$f_k(d_{k,n}) = \sigma^2 \Lambda (d_{k,n}-1)$$

$$= (N_0 B/N) \left[ -\frac{\ln(5P_b)}{1.5} \right] (d_{k,n}-1) \tag{18.4.22}$$

式中，$\sigma^2 = N_0 B/N$ 是每个子载波的噪声功率，$\Lambda = -\dfrac{\ln(5P_b)}{1.5}$ 是 MQAM 调制因子，$P_b$ 是误比特率。

对于功率自适应资源分配问题，如果是单用户（$K=1$），则有最优的比特、子载波及功率分配算法。最优算法的思想是：每次迭代分配 1 比特给用户的某个子载波，被选择的子载波满足条件：增加 1 比特以后总功率增加最少。对于多用户的情况，由于各用户速率要求的约束，很难获得低复杂度的最优算法，因此文献中提出诸多较好的次优算法。

③ 速率自适应模型

速率自适应是指在给定用户总发射功率的情况下，最大化系统的速率容量和，为了确保用户之间的公平性，可以引入用户之间的比例公平约束。速率自适应的数学模型表示为

$$\arg\max \sum_{k=1}^{K} \sum_{n=1}^{N} \frac{c_{k,n}}{N} \log_2 \left[ 1 + \frac{p_{k,n}\,|h_{k,n}|^2}{N_0 B/N} \right]$$

$$\text{约束：} C_1 : \sum_{k=1}^{K} \sum_{n=1}^{N} p_{k,n} \leqslant P_{\text{total}}$$

$$C_2 : \forall k, n, p_{k,n} \geqslant 0$$

$$C_3 : \forall k, n, c_{k,n} = \{0, 1\}$$

$$C_4 : \forall n, \sum_{k=1}^{K} c_{k,n} = 1$$

$$C_5 : R_1 : R_2 : \cdots : R_K = r_1 : r_2 : \cdots : r_K \tag{18.4.23}$$

其中，$p_{k,n}$ 是第 $k$ 个用户第 $n$ 子载波分配的功率，第 $k$ 个用户的数据速率可以表示为

$$R_k = \sum_{n=1}^{N} c_{k,n} \log_2 \left[ 1 + \frac{p_{k,n}\,|h_{k,n}|^2}{N_0 B/N} \right] \tag{18.4.24}$$

上述优化模型的目标函数为系统和速率容量，约束条件 $C_1$ 为总功率约束，$C_2$ 为子载波功率分配的取值范围约束，$C_3$、$C_4$ 约束意义同上，$C_5$ 为比例公平约束，确保各用户之间的公平性。

④ 公平性调度模型

公平性为用户间的一种平衡关系，确保用户被公平地对待，没有公平性约束的系统常常导致一部分用户性能富余，另一部分用户性能恶化，出现两极分化现象。常见的公平性约束包括比例公平、对数效用公平、最小比例速率最大化公平等。常用到的数学模型介绍如下。

比例公平又可以分为时隙绝对比例公平和长期比例公平，时隙比例公平约束可以表示为

$$R_1 : R_2 : \cdots : R_K = r_1 : r_2 : \cdots : r_K \tag{18.4.25}$$

长期比例公平可以表示为

$$\overline{R}_1 : \overline{R}_2 : \cdots : \overline{R}_K = r_1 : r_2 : \cdots : r_K \tag{18.4.26}$$

其调度准则一般为：瞬时可达速率与已获得的平均速率比值越大的用户，优先级越高。本质上，比例公平调度的目标是希望获得这样一个目标解：在最优速率比例中对一个用户增加 $x\%$ 的平均吞吐率，则导致其他用户平均吞吐率的累积分布降低超过 $x\%$[18.8]。对数效用公平与最小比例速率最大化公平的模型如下两式所示。

对数效用公平模型

$$\arg\max \sum_{k=1}^{K} \log R_k \tag{18.4.27}$$

最小比例速率最大化公平模型

$$\arg \max \min_k R_k \qquad (18.4.28)$$

⑤ 业务特性要求

前面的大多数优化模型都可以归结为

$$\arg \max [\alpha_{k,n} U_{k,n}(R_{k,n}) + \beta_{k,n}] \qquad (18.4.29)$$

其中,$\alpha_{k,n}、\beta_{k,n}$ 是拉格朗日乘子,$U_k(R_{k,n})$ 为效用函数。因此优化目标主要是在 QoS/公平性约束条件下,最大化系统和效用函数。但这些优化模型一般都假设业务队列无限长,没有充分考虑时延约束、业务速率要求等业务特性,其最优解往往不稳定。

一般地,考虑业务队列特性后,可以得到最优吞吐率调度模型为

$$\arg \max \sum_{k=1}^{K} q_k \sum_{n=1}^{N} \frac{c_{k,n}}{N} \log_2 \left[ 1 + \frac{p_{k,n} |h_{k,n}|^2}{N_0 B/N} \right]$$

约束:$\sum_{k=1}^{K} \sum_{n=1}^{N} p_{k,n} \leqslant P_{\text{total}}$

$\forall k,n, p_{k,n} \geqslant 0$

$\forall k,n, c_{k,n} = \{0,1\}$

$$\forall n, \sum_{k=1}^{K} c_{k,n} = 1 \qquad (18.4.30)$$

其中,$q_k$ 是第 $k$ 个用户的业务队列长度。尽管上述模型并不公平,但说明队列信息对于吞吐率优化调度非常重要。另外,也可以考虑业务时延约束,得到如下等价模型:

$$\arg \max \sum_{k=1}^{K} \alpha_k d_k \sum_{n=1}^{N} \frac{c_{k,n}}{N} \log_2 \left[ 1 + \frac{p_{k,n} |h_{k,n}|^2}{N_0 B/N} \right] \qquad (18.4.31)$$

其中,$\alpha_k$ 是常数,$d_k$ 是业务最大时延要求。在某些条件下已经证明,考虑时延约束的调度策略所获得的系统吞吐率大于单纯和效用函数最大化策略的指标。

另一种经常采用的业务特性是最小速率要求,其约束条件如下式所示:

$$\forall k, R_k \geqslant \gamma_k \qquad (18.4.32)$$

其中,$\gamma_k$ 是第 $k$ 个用户的业务最小速率。

⑥ 接入控制与分组调度联合优化模型

前面介绍了几种主要的调度模型,尽管调度能够提高系统容量,但前提是调度器事先确知系统容量的扩展范围,而这是接入控制的主要目标。尤其是在动态变化的移动信道和网络环境中,通过接入控制预测网络容量域、采用调度算法达到容量域,是紧密关联的两个最优化问题。因此,必须通过联合优化接入控制和分组调度,才能够保证网络容量的最大化。

一般地,尽管分组调度模型大多可以归结为凸优化问题及其变种,但接入控制与分组调度的联合优化往往是非凸问题,可以采用下列步骤逼近最优解。

首先,基于系统稳定性约束,根据调度策略,求解满足系统和效用函数最大化的用户数据速率。其次,根据接入控制确定的用户速率,基于与业务属性相关的调度模型,进行策略优化,保证系统稳定性。

OFDMA 系统中的分组调度还有很多问题需要深入研究,尤其是集中式/分布式 MIMO 场景下的调度优化,以及 Ad Hoc 网等分布式网络的调度问题,这些优化模型是近年来学术界的研究热点。

# 18.5 跨层优化

前面介绍了移动网络运行的基本原理。近年来,学术界广泛关注跨层优化(Cross Layer Optimization)技术[18.9][18.10]。本节简要介绍该技术的基本原理。

现代通信网络一般都采用分层模型,网络协议栈是由多层处理不同网络功能的协议模块构成的。为了保持系统的模块化特性,一般只有相邻层之间才能进行通信。对于固定通信网络,分层协议结构能够有效屏蔽底层协议细节,保证各层协议的功能独立,简化协议设计。但对于移动通信网络,如果保持严格的模块化特性,则协议栈效率比较低,甚至有可能产生负面影响。

总而言之,对于移动网络,跨层优化具有三方面的技术优势。

● 移动信道的动态性对分层协议设计提出新的挑战。例如,对于分层结构,高层 TCP 模块往往将无线链路衰落造成的数据丢包误认为网络拥塞造成的丢包,只有采用跨层优化才能够适配信道动态性,避免协议层间处理的错误。

● 跨层结构有利于机会调度的充分应用,提高系统性能。例如,只有物理层、MAC 层联合优化,综合利用信道状态信息、发射功率等参数,对无线资源进行多维、多重优化,才能够充分逼近网络容量。

● 跨层优化有利于协作通信机制的应用。由于电磁波在开放空间传播,因此每个节点实际上是广播数据信息,采用跨层结构,便于多个节点同时处理多数据分组,进行协作分集,从而提高网络性能。这一点采用分层结构较难实现。

为了充分适应移动网络的特性,近年来,学者们提出了各种跨层设计技术,这些技术可以纳入统一的跨层设计框架。下面首先介绍横跨各协议层的协作平面,然后介绍实现跨层设计引入的新接口,最后总结各种跨层通信机制与优化方法。

## 18.5.1 协作平面

为了提高无线协议栈的效率,引入协作平面的概念。协作平面是协议栈的纵向剖分,应用层间协同算法,处理不同协议层相同或类似的问题。如图 18.35 所示,一般地,协作平面可以分为如下四类:

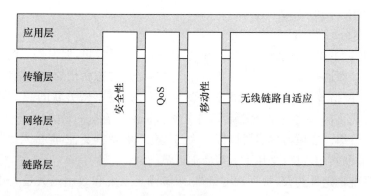

图 18.35 协作平面

● 安全性平面。这个平面的主要目的是取消在移动通信系统中常常出现的多层安全加密/解密操作,统一归并为一个处理平面。

● QoS 平面。QoS 平面负责在整个协议栈中分配系统 QoS 的要求和限制,协调它们的效果。

● 移动性平面。移动性平面解决终端移动造成的问题,如 TCP 拥塞控制、移动 IP 和链路层移动解决方案之间交互性差的问题,还有跨网段移动的问题。

● 无线链路自适应平面。这个平面的主要功能是物理层的自适应技术。

**1. 安全性平面**

目前,安全性问题,特别是加密操作,通常是在多个协议层重复进行的。同时进行多层加密的方案变得越来越流行。多层加密可以提高安全性,但也有很多局限,例如,增加了处理功耗要求,提高了处理时延。当前通信系统中使用的加密协议和方法如图 18.36 所示。

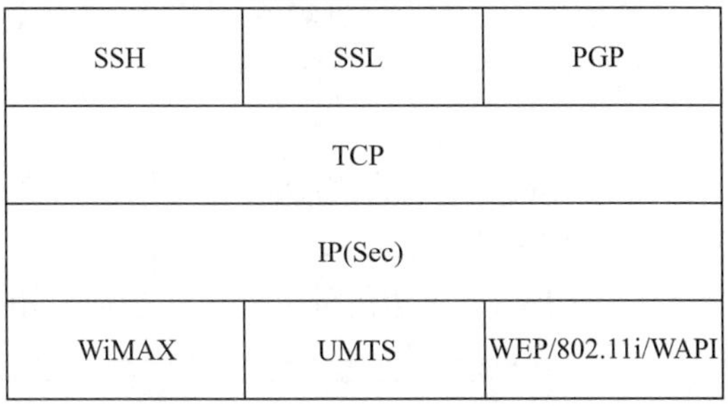

| SSH | SSL | PGP |
|---|---|---|
| TCP | | |
| IP(Sec) | | |
| WiMAX | UMTS | WEP/802.11i/WAPI |

图 18.36　通信系统中的加密协议和方法

● SSH/SSL/PGP,这些协议提供了传输层和应用层强有力的端到端加密能力。

● IPSec,包含在 IPv6 协议中,是一种高性能的加密方法,可以在端到端主机之间加密,也可以作为安全隧道,在主机和子网或子网之间进行加密。

● WEP/802.11i/WAPI,是 WLAN 的加密协议,WEP 是有缺陷的安全协议,目前 IEEE 802.11i 和我国提出的 WAPI 协议是更加安全和成熟的协议。它们只覆盖接入网络。

● WiMAX 是另一类无线接入网的安全标准。

● 3G 移动通信体制,如 UMTS 也提供了高性能的加密机制。在终端、网络控制端和无线链路上的数据、信令都可以进行加密。

为了避免反复处理数据分组,节省功耗、降低时延,层间的协同操作可以将多层的加密处理减少为一个,并且通过协同操作,决定需要进行哪一层加密。

**2. QoS 平面**

在有限的无线资源条件下,QoS 对于移动网络是非常重要的。为了保证 QoS 有效,首先要满足两个条件:

● QoS 必须作为端到端的特性,文献中提出的解决方案可以分为差别式业务(DiffServ)和集成式业务(IntServ)两大类。

● 必须处理所有的通信协议层,因为每一层可能都需要提供一定的业务保障。

从 QoS 观点来看,协议栈由上层协议(传输层及其上层),如应用/TCP 或应用/RTP/UDP 构成,在 IP QoS 的顶部。IP QoS 协议层包括了 IP 流量控制,用于处理数据报监测和分类、数据流整型和调度。而链路层也能够通过发送优先级和虚通道的方法提供不同的 QoS 支持。

当前的 QoS 解决方案是采用限制协议层之间的通信实现的。一般地,应用业务生成传输层链接(RTP 或 TCP),并为这些链接分别建立 QoS。而 IP QoS 层根据 QoS 要求建立 IP 流量控制,通常这些信息是不会传递给链路层的,除非每个链路层模块有自己的 QoS 特性要求。在当前的 QoS 分配子系统里,采用上述方法有可能造成协议栈中某些层没有获得 QoS 建立信息,从而与 QoS 分配子系统交互困难,结果对 QoS 保障起不到应有的作用。

由此可见,不同的业务流需要不同的处理,QoS 层必须与链路层协同,才能提高系统的整体性能。下一代移动通信系统(如 LTE、WiMAX)中,如何延长终端电池的使用时间是非常具有挑战性的工作。一般地,可以通过功率和时延、功率和比特速率/BER 特性的折中来实现功耗的降低。但这些折中方法也不可不加选择地乱用,应当在上层交互信息控制下,基于时延、平均数据速率和 BER 进行逐个分组的控制,才能不损害业务的 QoS 性能。

**3. 移动性平面**

IP 网络中引入移动性后,出现了一系列新的问题,最明显的是 TCP 的连接问题。当终端从一个接入点移动到另一个接入点时,TCP 连接会出现如下一些现象:

- 与原接入点的链路功率越来越低,BER 逐渐增大,TCP 开始掉包。
- 当移动到某处导致原链路中断时,终端尝试接入新的基站。
- 新链路建立后,TCP 连接有可能恢复。

上述过程中,由于 TCP 拥塞窗减到最小后再增大到初始值需要很长时间,并且原链路的 RTT 值可能已经无效,需要重新探测新链路的 RTT 值,从而导致有一段时间 TCP 会丢包。解决这一问题需要采用跨层设计。图 18.37 所示的移动性协作平面给出了一种解决方案。

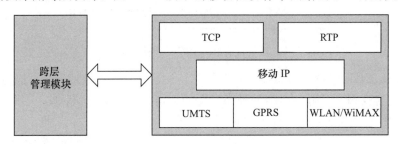

图 18.37　移动性协作平面

如图所示,协议栈中心是移动 IP 层,对于高层而言,它屏蔽了支持移动功能的操作细节,这样在移动条件下,上层仍然可以透明传输、正常工作。但单纯屏蔽切换信息并不能消除它造成的影响,更好的方法是移动 IP 层将切换事件通知高层,上层协议可以更好地处理这些事件的影响。例如,TCP 采用水平切换和垂直切换两种方法,由链路层向移动 IP 层上报切换事件。

**4. 无线链路自适应平面**

这个平面主要处理与无线链路相关的动态效应,例如,信道衰落、BER 变化及发送时延等。这些特性会影响上层协议的性能,特别是 TCP 性能,使其将无线衰落造成的丢包误认为网络拥塞导致。为减小这种差错,基于无线链路自适应平面,可以在 TCP 协议与链路层的 ARQ 协议之间进行协作,从而有效提高无线链路的利用率。

## 18.5.2　跨层接口

为方便不同协议层之间的信息交互,跨层设计需要引入新的接口,称为跨层接口。这种设计明显违背了分层结构原则,但这些跨层接口方便了不同协议层的信息共享与交互,使无线协议栈具有更多灵活性,能够适应信道、网络、业务与用户的动态性。图 18.38 给出了跨层接口的分类,下面分别论述。

（1）上传信息流

上传信息流是指高层协议运行需要底层协议的某些参数、测量值、状态等信息,因此引入从底层到高层的新接口。例如,包含无线链路的端到端 TCP 连接,信道衰落造成的丢包会导致 TCP 发送模块错误启动网络拥塞控制,造成系统性能下降。引入底层到传输层的跨层接口,则可以使高层确知丢包的原因,从而避免错误的拥塞控制。另一个示例是物理层向 MAC 层发送信道状态信息,从而使 MAC 层自适应选择发送参数(如功率、调制模式、编码速率等),因此链路自适应技术是一种典型的跨层方案。

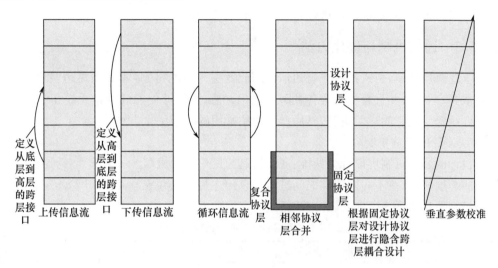

图 18.38　跨层接口分类

（2）下传信息流

下传信息流是指底层协议运行时,需要上层协议通过跨层接口,直接进行参数配置、信令或状态控制。例如,应用层直接通知链路层关于业务数据的时延要求,因此链路层可以优先处理时延敏感的业务数据。

（3）循环信息流

循环信息流是指两个不同协议层运行时相互协作,直接进行数据与信息的共享和交互。这种形态要求引入上传和下传两个接口,并且上、下协议层之间是迭代运行的过程。例如,在 WLAN 网络中,物理层与 MAC 层协作进行上行碰撞检测。首先,物理层应用先进的信号检测算法从碰撞中检测出数据包,然后 MAC 层根据检测结果选择碰撞用户集合,并要求集合中的用户进行合适的数据重传。上述过程反复进行,通过物理层与 MAC 层的协作迭代处理,就可以检测出所有碰撞用户。另一个典型示例是无线 Ad Hoc 网络中的调度与功率控制。功控由物理层负责,调度由 MAC 层实施,通过两者相互协作,能够达到协同优化的目标。

（4）相邻协议层合并

这种形态是指两个或多个相邻协议层合并为一个复合协议层,新协议层能够提供原协议层的各种功能。这种方式并不要求引入新的接口,从整个协议栈来看,复合协议层只需要使用分层协议的高层与底层接口与其他协议层通信,反而节省了协议层间接口。在无线协议栈设计中,物理层与 MAC 层的分层边界正在模糊,未来有可能成为一个复合协议层。

（5）隐含跨层耦合设计

这种方式指协议设计时对两个或多个协议进行耦合设计,但运行时不引入新的协议接口,即隐含形式的跨层设计。尽管没有引入新的接口,但耦合协议层之间是相互关联的。例如,在 WLAN 系统中,物理层与 MAC 相互关联,如果物理层具有同时接收多个数据包的能力,则意味着 MAC 层也需要重新设计,对多个数据分组进行并行处理。

（6）垂直参数校准

垂直参数校准是指整个协议层进行跨层参数调整，由于应用层的性能取决于下面各协议层的参数，因此进行联合参数调整比单独调整某些参数能够获得更好的系统性能。垂直参数校准可以采用静态方式实现，即在协议栈设计时根据某些性能指标进行参数优化，也可以采用动态方式实现，即在协议运行时动态调整参数，但这时系统开销较大。例如，业务时延要求决定链路层ARQ过程，同时也作为输入参数，进行自适应调制模式选择。

### 18.5.3　通信机制与优化方法

基于上述跨层接口，引入扩展原有通信机制或者引入新的机制，才能满足跨层设计的数据/消息交互或共享要求；并且有机组合各种跨层优化方法，才能够使无线通信系统得到整体优化。下面首先介绍跨层设计的通信机制，然后详细介绍常用的跨层优化方法。

**1. 跨层设计的通信机制**

跨层设计的通信机制可以分为两类：通知机制与用户驱动机制。一般而言，跨层通信往往需要利用新的跨层接口，在不同协议层之间进行消息传递与数据共享。表18.6给出了各协议层的跨层通信机制及相应系统参数，其详细运行过程介绍如下。

表 18.6　跨层通信机制以及系统参数

| | 跨层机制 | 系统参数 |
| --- | --- | --- |
| 应用层 | 用户驱动通知 | 应用层优先级 |
| 传输层 | 拥塞与丢包标记 | TCP 包头校验和 |
| | | TCP 包头消息（可选） |
| | 拥塞窗缩减 | 拥塞窗 |
| | 数据重传 | 错误数据包的序号（SN） |
| | 超时重启或暂停 | RTT（环回时间）估计 |
| | 接收窗控制 | 接收窗 |
| 网络层 | 拥塞与丢包标记 | ICMP 消息 |
| | | IP 包头消息（可选） |
| 数据链路层 | 拥塞监测 | 平均队列长度 |
| | 丢包检测 | ACK 列表 |
| 物理层 | 拥塞监测 | 系统负载估计（小区内干扰、BS 发射功率） |

① 链路层拥塞与丢包监测

通过负载估计对移动网络中的业务队列进行管理，防止拥塞。例如，CDMA 上行是干扰受限，需要检测多址干扰估计负载，而下行是功率受限，因此需要监测基站发射功率估计干扰。另一方面，BS 使用丢包通知监测无线衰落造成的差错。例如，监测模块保留一组 ACK 序列，表示发端到收端正确传输数据包。将新到的 ACK 与以前的 ACK 进行比较，可以判断是否存在数据包丢弃，从而发出丢包通知消息。

② 网络与传输层拥塞与丢包标记

为了在网络层传递拥塞标记，可以对 IP 包头扩充或定义 ICMP 消息。另一方面，为了在传输层传递拥塞标记，可以在 TCP 包头增加拥塞通知与反馈标记。而对于丢包标记，可以根据 ACK 序号或 TCP 校验和进行监测和传送。

③ 用户驱动的通知机制

在某些情况下,用户需要控制下载速度。此时可以在应用层根据用户要求设定每种业务的带宽需求表征其优先级,并通知下层协议。基于这些参数,TCP 接收端可以针对每种业务调整接收窗。与传统 TCP 方式一样,可以通过 ACK 信令反馈接收窗的计算结果,从而使 TCP 发送端控制数据发送速率。

**2. 跨层优化方法**

基于前面讨论的跨层通信机制,可以引入各种跨层优化方法,提高 TCP 性能,为上层协议提供更好的 QoS 性能。表 18.7 列出了常用的跨层优化方法及系统参数,这些方法可以通过有机组合获得系统性能的整体改善。

表 18.7　跨层优化方法及系统参数

| | 跨层优化方法 | 系统参数 |
|---|---|---|
| 应用层 | 视频重建与自适应 | 信源失真、平均差错率(分组丢包率 $P$)、视频信源编码 $R_s$(量化步长) |
| 数据链路层 | 差错控制 | 链路层参数(丢包率 PER、环回时间 RTT) |
| | 基于平均长度的队列控制 | $K$ 个分组的长度、排队时延 |
| | 数据重传 | 重传数目 $N_r^{max}$、平均 RTT、数据包长度 $N_p$ |
| | MAC 层调度 | 时隙 $b$、每用户 $K$ 分组队列、MCS 等级(SINR) |
| 物理层 | 自适应编码调制 | 模式 $\eta$、SNR$\gamma$、编码速率 |
| | 功率控制 | 接收功率测量(SINR) |
| | 多用户分集 | 好/坏判决门限(信道衰落) |
| | 共道干扰控制 | 子载波速率(BS 用户链路增益、发射功率、SINR) |

● 链路层差错控制

这种优化方法中,链路层不是简单的重传数据包,而是根据丢包率 PER 估计,采用自适应 FEC,在发端选择合适的 FEC 编码方式重传数据包。

● 物理层自适应编码调制(AMC)

这种方法在物理层使用 AMC 增强 TCP 吞吐率性能。此时 AMC 模块可以与链路层的数据包队列(长度为 $K$)协作。此时 PER 可以根据 AMC 模式和接收信噪比 $\gamma$ 估算,信道衰落可以根据 Nakagami 参数 $m$ 进行估计,信道状态转移建模为马尔可夫模型。通过调整 $K$、$\gamma$ 和 $m$ 等参数,TCP 吞吐率能够匹配目标 PER。

● 链路层队列控制

通过队列管理和丢包控制也能够提高 TCP 性能。例如,OFDMA 系统的链路层效率由一个时隙传送的链路层单元数目 $m$ 以及相应的 SINR 决定。在链路层,可以定义公共数据缓冲区(Buffer)用于数据包重传。通过计算无线链路的 TCP 包平均排队时延,可以有效控制队列长度,适配无线资源向量($m$,SINR)的要求。

● 无线链路数据重传

有学者提出链路层截短 ARQ 与物理层 AMC 的联合优化方法,以此增强链路频谱效率。平均 RTT 和分组长度 $N_P$ 反映了时延约束,最大重传后剩余丢包率反映了 PER 的上界。给定 PER 上界,可以通过调整 AMC 的 $\gamma$ 区域与最大重传次数 $N_r^{max}$ 优化系统性能。

也有一些文献提出采用 Type I HARQ 机制减小缓冲区大小,调整最大重传次数 $N_r^{max}$ 和分组长度 $L$,提高频谱效率。另外,也可以采用基于速率匹配的凿孔卷积码(RCPC)的 Type II HARQ,改变 RCPC 码率与分组长度,提高频谱效率。

- 物理层功率估计与控制

这种方法通过估计下一帧的功率需求确定调度优先级和策略。例如,在 CDMA 网络中,根据 BS 的快速功率控制和分组时延门限,可以预测下一帧的 SINR 以及相应的 BER/PER。因此,基于功率机制能够对信道状态进行预测,从而确定调度优先级。

- 应用层的视频重建和自适应

这种优化方法依赖于用户感知的视频质量。对于无线视频传输,重建质量取决于信源失真 $D_s$ 和期望损失 $D_L$。其中,$D_s$ 表示视频信源编码的失真,可以与数据流一起传送。而 $D_L$ 与数据丢包有关,需要根据物理层参数,如调制模式、信道编码码率、信道估计(SNR)及发射功率进行估计。如果采用联合信源信道编码方法,则 PSNR 是重要的度量指标。通过信源编码速率 $R_s$ 和发送功率的协同优化,能够有效提高 PSNR。另外,应用层的数据速率可以通过量化步长自适应进行调整,并且基于 MAC 层的统计参数(吞吐率、频谱效率),也可以方便应用层更平滑的调整数据速率。

- 物理层多用户分集

在移动网络的上行中,每个用户的应用层数据可以分批打包映射到其发送队列,并且设定有超时门限的定时器。基站知悉业务类型、队列长度以及定时器数值。在链路层,可以根据信道状态的变化,进行自适应分批打包。因此,基于多用户分集效应,即信道衰落好/坏门限就可以确定定时器及链路层的忙/闲概率。

- 多小区共道干扰控制

在 OFDMA 系统中,移动用户的主要干扰是多小区系统的共道干扰,因此,小区间干扰协调是 LTE、WiMAX 等系统的重要技术。考虑相邻小区相同子载波上多个用户的信道响应、发射功率、MCS 模式等参数,有多种干扰协调的技术。

- MAC 层多用户调度

对于 OFDMA 系统而言,MAC 层调度充分考虑跨层信息才能够跟踪系统动态变化,提高整体性能。MAC 层调度需要利用的物理层信息有信道响应矩阵、SINR、MCS 级别、运动速度及移动台位置,需要利用的 MAC 层信息有公平性、QoS 指标(分组时延、丢包率等)。

尽管跨层设计能够有效适应无线系统的动态特性,提高系统吞吐率和时延性能,但并非简单的跨层组合就能够提高系统性能。为了评价跨层设计的性能,通常采用三类指标。

- 信息交互:跨层设计必须考虑不同协议层之间的信息交互。
- 功能依赖:跨层设计必须考虑不同协议联合优化的功能依赖、参数耦合问题。
- 稳定性:系统稳定性分析也是跨层设计的重要指标。

尽管跨层优化具有诸多好处,但必须付出一定的代价。例如,联合优化往往需要计算多变量代价函数而引入额外时延;对于不同协议层状态和能力的抽象会引入一些通信开销;某些跨层方法的模块化特性不好,难以进行管理和优化。

## 18.6 无 线 定 位

基于位置的服务(Location-Based Service,LBS)一直是一项重要的移动网络服务。随着移动互联网的蓬勃发展,LBS 与无线通信系统的各项服务结合,催生出多个前景广阔的应用领域[18.11]。尤其是亚米级的高精度定位技术,结合 5G 网络的泛在性,可以深入到社会生产生活的各个场景,带来革命性的变化。

- 医疗健康:基于 5G 系统的亚米级室内定位提供的准确位置信息,可以作为室内行为检测、跌倒监测和实时辅助的基础。这些功能可以应用在老年人和残障人士的生活辅助系统中[18.12]。

●精确导航：室内定位系统的高精度解决了全球导航卫星系统（Global Navigation Satellite System,GNSS）信号穿透能力差形成的室内盲区问题，在大型建筑、公共室内场景可以完成精确的目标导航[18.13]。

●物联网的增强应用：物联网系统中节点的精确定位可以让其在一些应用场景中得到优化提升体验，比如共享交通工具的应用。基于 NB-IoT 的空口定位信号 NPRS,通过高解析度算法实现了窄带系统下的定位。

●网络优化：位置信息不仅可以作用于上层应用，也可以作用于网络本身，使其完成自主的优化，以增强其容量或质量。在 5G 终端直连（Device to Device,D2D）场景中，可以基于位置信息完成同步和资源分配，实现网络优化。

### 18.6.1　无线定位原理

无线定位以电磁波作为测量工具，从发送电磁波信号的物理传播过程中提取环境信息，完成定位。因此，定位是一个几何测量问题，同时也是一个信号检测估计问题。

作为一个几何测量问题，定位系统需要有一定的几何结构形成坐系系。一般来说，三边测量、多点测量和三角测量是三种典型的定位几何结构[18.14]。我们将已知位置信息的基站作为锚点，以终端设备作为被测对象，绘制这三种定位结构的示意图，如图 18.39 所示。其中，图 18.39（a）是三边测量，通过 3 个锚点与被测目标之间各自的距离来确定其坐标。每个测量地距离值也称为范围，而每个范围值将目标限制在以锚点为圆心、以范围值为半径的圆上，通过求解 3 个这样的圆的交点即可确定目标位置。而图 18.39（b）的多边测量方式，结构类似于三边测量，只不过它利用测量范围的差值，即范围圆的交集来确定目标位置。需要注意的是，三边测量和多边测量的测量锚点数目都可以大于 3 个，只不过为了加以区分，将图 18.39（b）的方法称为多边测量（因为范围圆的交集是多曲面边的）。而图 18.39（c）的方法与前两种有较大不同，它通过测量锚点与目标位置连线与参考方向之间的夹角来完成定位。因为这种定位方式涉及三角形问题的求解，因此被称为三角定位。使用角度信息的测距方式的最低锚点数是 2 个，比前两种方式少一个。

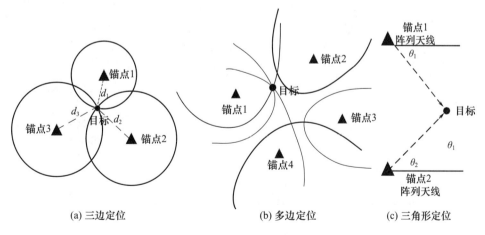

图 18.39　三种定位模式图

作为几何问题的输入，距离信息或角度信息需要从接收到的测量信号中提取。距离信息蕴含在测量信号的到达时间（Time-of-Arrival,ToA）中，电磁波在传播过程当中产生的时延即是测距的基础。只要保证锚点之间时钟同步,测量信号的 ToA 就可以转化为锚点的范围值。这就是基于 ToA 的距离测量的基本思想。这种距离的直接测量与三边测量的方法相吻合,因此可直接应用于图 18.39(a)所示的系统。与 ToA 方法类似,信号 ToA 之间的差值也可以作为定位的依据。采用此依据的方法就是 TDoA(到达时间差)定位方法。TDoA 相较于 ToA 的优势就在于能通过绝对时间的相减消除时钟偏差,可用于对抗时钟漂移等问题。因此,ToDA 对应的就是图 18.39(b)的几何结构。另一方面,测量信号的角度信息可以借助阵列天线测量。具体来说,信号的到达角度(Angle-of-Arrival,AoA)可以通过阵列天线上每个子阵列元接收信号的相位差别来进行估计。这样,图 18.39(c)的三角定位,对应的信号检测估计就是 AoA 测量。

上述方法都是把几何问题和检测问题分离开进行考虑的,在解决定位问题的过程中二者之间具有一定的独立性。当然,也有将二者联合考虑的定位体系,其原则是将信号接收信号的一些特征与定位对象的位置之间建立映射,也就是说,利用这些参数在同一时间不同空间位置的分布差异,直接得到定位目标的位置信息。这种方法一般称为指纹技术(Fingerprinting Techniques),其中比较典型的就是基于参考信号强度(Reference Signal Strength,RSS)的定位方式。当然,这种方式受限于电磁波的传播特性和具体无线传播环境,而且映射建立一般要通过预测量来得到,系统与具体环境的耦合度较高。

## 18.6.2　定位技术的演进

已有定位系统可以分为两个主要门类:全球定位和局部定位。全球定位系统也就是 GNSS,以中国北斗、美国 GPS(Global Positioning System)、欧洲伽利略、俄罗斯 GLONASS 为代表,一般采用 ToA 三角定位系统完成定位。而局部定位系统由于场景的细化及网络类型的分化,也演化出许多不同的体系。尤其是室内场景,由于 GNSS 系统卫星波段信号的传播特点,其无法在室内完成较高精度的定位。对应此类场景的是各种分布式的室内网络定位系统。图 18.40 所示为各代移动通信系统定位技术精度及场景。

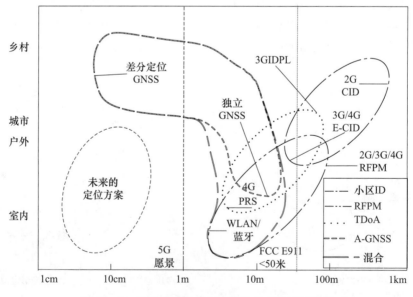

图 18.40　各代移动通信系统定位技术精度及场景

IEEE 制定的 802.11 系列无线网络标准(WiFi)中就采用了基于 RSSI(Reference Signal Strength Index)的定位方法。这是一种典型的指纹技术定位方式。类似地,WiFi 系统也可以基于信道状态信息(Channel State Index,CSI)定位。无线自组织网络由于其同步过程和网络构建本身基于节点的定位,因此也对高精度定位技术进行了大量的研究拓展。一般为了实现高精度定位和超密度组网,都会采用超宽带(Ultra Wide Band,UWB)信号作为定位的测量信号,通过ToA、AoA 等方式进行定位。WiFi 系统的定位技术经过一定优化,精度可达米级,而基于 UWB 的定位系统精度可达分米级,二者都基本达到了室内定位的基本要求。

蜂窝网络系统在 1G 到 5G 的演化过程中,基于网络的定位精度与适用场景示于图 18.40 中。如图所示,早期移动网络的定位场景基本上都是室外宏定位。移动通信系统由于其网络位置与地理位置相对应,因此通过移动性管理手段就可以实现以小区为粒度的定位,这种方法一般也称为基于小区 ID 的定位方法。除此之外,1G 系统通过 RSS 方法、ToA 或 DoA 测量实现了对车辆的定位。

在 2G 系统中,GSM 通过上行链路的 TDoA 方式实现了基于移动台和网络侧的定位,也有基于 GSM 的 BCCH 信道和训练序列的增强版上行链路 TDoA 定位技术(E-OTD)。但是,这些技术的定位精度都较低,误差基本在 50m 以上。

进入 3G 时代,CDMA 系统采用了基于服务 BS 和相邻 BS 的导频信号之间的 TDoA 测量方法,同时由于 CDMA 是高度同步的系统(误差小于 100ns),因此可以进行下行测量。这种技术被称为增强型前向链路多点测量(Advanced Forward Link Trilateration,AFLT),其定位精度可以达到 50m 以内。

在 4G LTE-A 系统中,3GPP 在 Release 9 中提出了专用的定位参考信号(Positioning Reference Signal,PRS),通过 TDoA 方式,定位精度可达到 10~50m。随后,3GPP 又在 Release 13 中提出了地面信标系统(Terrestrial Beacon System,TBS),通过特殊的信标系统或者利用 PRS 信号,结合 GNSS 系统的粗定位结果来完成联合定位,精度可达 20m。

5G 中定位技术的目标是建立亚米级精度的室内定位系统。这既是为了填补技术空缺,也是为了实现 5G 的各项愿景。5G 定位技术具有以下特点:

● 利用 5G 的室内分布式网络结构。过去的移动通信系统之所以没有把定位服务延伸至室内,主要是因为室内分布式网络结构还没有真正形成。而对于 5G NR,室内分布系统可以给定位系统提供更细的坐标划分、更多的锚点数量和更完善的覆盖。

● 利用 5G NR 的空口信号。在 3GPP Release 15 中,给出了用于同步及定位的探测参考信号(Sounding Reference Signal,SRS)。基于 SRS 的定位可以进一步提高该系统与 5G NR 的相容性和可实现性,在合理分配无线资源的同时实现较高精度的定位。

● 利用大规模天线技术。5G 的关键技术之一是 Massive MIMO,而 AoA 测量时正需要大规模阵列天线来提高其测量精度。

● 适应 5G NR 的信道特点。5G NR 的室内传播信道有着典型的多径特点,以及大量的 NLOS 成分,这将对定位系统的设计带来较大的挑战。因此该系统必须有在此信道特点下实现高精度定位的能力。

## 18.7　本章小结

本章讨论移动网络运行。首先介绍了移动网络中业务的主要类型,包括 GSM 与 GPRS 中的业务及 3G WCDMA 中的 4 种类型业务——会话型、流媒体型、交互型和后台型,并简介了 3G 中多媒体业务建议标准。其次,介绍移动通信网中的呼叫与接续,包含其基本原理,以及在 GSM、IS-95、CDMA2000 和 WCDMA 中呼叫、接续的基本流程。第三,介绍移动性管理,包括位置登记、漫游和越区切换基本原理,以及在 GSM、IS-95、CD-

MA2000 和 WCDMA 中的移动性管理内容和方案,特别是详细讨论了其中的各类越区切换。第四,介绍移动通信中的无线资源管理,包括其基本原理和主要组成部分,并重点讨论和介绍了电路交换业务的无线资源管理,同时介绍了分组类型业务的无线资源管理,并简要介绍了移动通信网络的跨层设计理论、框架和优化方法。最后,简要介绍无线定位技术的基本原理,并总结了移动通信网络中定位技术的精度与应用场景。

# 参 考 文 献

[18.1] H. Holma, A. Toskala. WCDMA FOR UMTS—Radio Access for third Generation Mobile Communication,中译本:《WCDMA 技术与系统设计》(周胜等译). 北京:机械工业出版社,2002.

[18.2] T. Ojanpera, R. Prasad. WCDMA:Towards IP Mobility and Mobile Internet,中译本:《WCDMA 面向 IP 移动与移动 Internet》(邱玲等译). 北京:人民邮电出版社,2003.

[18.3] 杨大成等. CDMA2000-1X 移动通信系统. 北京:机械工业出版社,2003.

[18.4] S. Tabbane. Handbook of Mobile Radio Network,中译本:《无线移动通信网络》(李新付等译). 北京:电子工业出版社,2001.

[18.5] K. Pahlavan, P. Krishnamurthy. Principles of Wireless Networks:A Unified Approach,中译本:《无线网络通信原理与应用》(刘剑等译). 北京:清华大学出版社,2002.

[18.6] 许文俊. 宽带无线通信系统资源分配策略研究,博士学位论文. 北京邮电大学,2008.

[18.7] Andrea Goldsmith. Wireless Communications,Cambridge University Press,2005.

[18.8] X. Lin, N. B. Shroff and R. Srikant. A Tutorial on Cross-Layer Optimization in Wireless Networks. IEEE Journal on Selected Areas in Communications,Vol. 24,No. 8,pp. 1452-1463,August 2006.

[18.9] V. Srivastava and M. Motani. Cross-Layer Design, A Survey and the Road Ahead. IEEE Communications Magazine,pp. 112-119,Dec. 2005.

[18.10] F. Foukalas, V. Gazis and N. Alonistioti. Cross-Layer Design Proposals for Wireless Mobile Networks:A Survey and Taxonomy. IEEE Communications Surveys & Tutorials,Vol. 10,No. 1,pp. 70-85,1st Quarter 2008.

[18.11] A. Dogandzic, J. Riba, G. Seco-Granados, and A. L. Swindlehurst. Positioning and navigation with applications to communications. IEEE Signal Process. Mag. ,vol. 22,no. 4,pp. 10-11,Jul. 2005.

[18.12] K. Witrisal et al. High-Accuracy Localization for Assisted Living:5G systems will turn multipath channels from foe to friend. IEEE Signal Processing Magazine,vol. 33,no. 2,pp. 59-70,March 2016.

[18.13] L. Yin, Q. Ni and Z. Deng. A GNSS/5G Integrated Positioning Methodology in D2D Communication Networks. IEEE Journal on Selected Areas in Communications,vol. 36,no. 2,pp. 351-362,Feb. 2018.

[18.14] S. Aditya, A. F. Molisch and H. M. Behairy. A Survey on the Impact of Multipath on Wideband Time-of-Arrival Based Localization. Proceedings of the IEEE,vol. 106,no. 7,pp. 1183-1203,July 2018.

[18.15] J. A. delPeral-Rosado, R. Raulefs, J. A. López-Salcedo and G. Seco-Granados. Survey of Cellular Mobile Radio Localization Methods:From 1G to 5G. IEEE Communications Surveys and Tutorials,vol. 20,no. 2,pp. 1124-1148,Q2 2018.

# 习 题

18.1 GSM 支持的基本业务可以分为电信业务与承载业务两大类型,它们有什么区别? GSM 支持的主要电信业务有几种类型?

18.2 GPRS 支持的业务与 GSM 支持的业务有什么主要不同? GPRS 能支持哪些业务?

18.3 在 WCDMA 中依据 QoS 定义了哪 4 种类型业务? 它们各自的特点是什么? 试对 4 种类型业务各列举 2~3 种具体业务。

18.4 移动台在建立正式通信以前为什么要首先建立呼叫与接续过程？移动台的呼叫与接续处理主要包含哪几部分？

18.5 在移动通信网中为什么要采用移动性管理？它包含哪些主要内容？

18.6 在移动通信中为什么要进行位置登记？HLR 与 VLR 在位置登记中各起什么作用？以 GSM 为例说明位置登记可以概括为几个主要步骤与过程？

18.7 在蜂窝网中为什么要采用越区切换？越区切换大致可以划分为多少种类型？

18.8 什么叫硬切换？什么叫软切换？GSM 中采用什么类型的切换？IS-95 中采用什么类型的切换？

18.9 WCDMA 中采用了哪些类型切换？

18.10 试比较两种 CDMA——IS-95 与 WCDMA 的切换过程，它们有哪些共同点与不同点？

18.11 什么是系统资源？为什么在移动通信中要引入无线资源管理？它与固网中资源管理有什么不同？无线资源管理主要包含哪些组成部分？

18.12 试比较电路型业务与分组型业务在无线资源管理方面的共同点与不同点。

18.13 3G 的 WCDMA 中的上行/下行分组调度有什么不同？为什么？

18.14 试论述 OFDMA 系统中采用分组调度所获得的性能增益。

18.15 查阅文献,总结 OFDMA 中的速率自适应优化算法,并编程实现一些次优算法。

18.16 试论述跨层优化的协作平面功能、跨层接口形态与跨层优化方法。

18.17 简述无线定位原理,并总结各代移动通信系统中的定位方法。

# 第 19 章　移动信息安全

移动通信的迅速普及和业务类型的与日俱增,特别是电子商务、电子贸易等数据业务需求的增长,使得移动通信中的信息安全地位日益显著。信息安全涉及内容广泛,本章仅讨论移动通信中信息安全的两个核心问题:鉴权(也称认证)与加密。

本章共分 6 节,19.1 节为概述,19.2 节介绍保密学的基本原理,19.3 节讨论 GSM 系统的鉴权与加密,19.4 节叙述 IS-95 系统的鉴权与加密,19.5 节简介 3G 系统(WCDMA 与 CDMA2000)中的鉴权与加密,19.6 节概述 4G(LTE、WiMAX)与 5G 系统中的鉴权与加密,最后总结移动通信中的信息安全方法。

## 19.1　概　　述

### 19.1.1　移动通信的安全需求

在 20 世纪八九十年代,模拟手机盗号问题给电信部门和用户带来巨大的经济损失,并在运营商与用户之间造成不必要的矛盾。模拟手机盗号是通信体制缺陷带来的负面影响,在模拟通信体制中是不可避免的,因为它不具有鉴别手机、鉴别用户身份的有效手段。

移动通信体制的数字化为通信的安全保密,特别是鉴权与加密,提供了理论与技术基础。同时,数字化加密技术为特殊性业务(政府、军事以及商业秘密等)提供了有效的保密手段,为有特殊要求的用户提供个人隐私权的有效保障。

数据业务与多媒体业务的开展进一步促进了移动安全保密技术的发展。如基于移动 Internet 的各种数据业务——电子商务、电子贸易、电子银行结算和电子证券交易,以及特殊数据业务认证与加解密等。

### 19.1.2　移动安全体系结构

对移动通信中安全的认识与需求是与时俱进、不断发展、不断完善的。3GPP 移动通信体制(WCDMA/LTE)的安全体系结构[19.14][19.15]如图 19.1 所示。

3GPP 系统的安全体系结构包括 4 个等级,主要解决 5 类安全问题。

(1) 网络接入安全(等级 1):主要定义用户接入 3GPP 网络的安全特性,特别强调防止无线接入链路所受到的安全攻击,这个等级的安全机制包括 USIM 卡、移动设备(ME)、3GPP 无线接入网(UTRAN/E-UTRAN)以及 3GPP 核心网(CN/EPC)之间的安全通信。

(1*) 非 3GPP 网络接入安全:主要定义 ME、非 3GPP 接入网(如 WiMAX、CDMA2000 与 WLAN)与 3GPP 核心网(EPC)之间的安全通信。

(2) 网络域安全(等级 2):定义 3GPP 接入网、无线服务网(SN)和归属环境(HE)之间传输信令和数据的安全特性,并对攻击有线网络进行保护。

(3) 用户域的安全(等级 3):定义 USIM 与 ME 之间的安全特性,包括两者之间的相互认证。

(4) 应用程序域安全(等级 4):定义用户应用程序与业务支撑平台之间交换数据的安全性,

如对于 VoIP 业务,IMS 提供了该等级的安全框架。

(5) 安全的可见度与可配置性:它定义了用户能够得知操作中是否安全,以及是否根据安全特性使用业务。

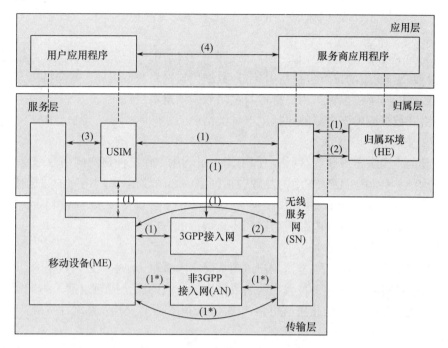

图 19.1  3GPP 系统的安全体系结构

本书重点讨论以等级 1 为基础的无线网络接入安全,同时简要介绍网络域安全。以空中接口为主体的安全威胁包括如下 6 类情况。

(1) 窃听

窃听的主要安全威胁为:非法用户截获移动台(或手机)与基站、网络间交换的信息,分析并窃取信令、话音、数据等业务以及用户与网络的身份;发生的位置包括空中接口、数据传输的网络。对应的安全措施包括采用加密手段,保护呼叫建立信息、用户业务信息、用户身份、位置信息等。

(2) 假冒

假冒的主要安全威胁为:非法用户在截获某个合法用户或网络足够多的信息后,就可以假冒它们对网络和用户进行欺骗,以达到某种非法目的;发生的位置包括空中接口、各种移动管理进程和数据库。对应的安全措施包括采用加密、鉴权与数字签名等手段,以保护用户与网络的身份、用户与网络的密钥及网络的计费信息等。

(3) 重放

重放的主要安全威胁为:非法用户截获某次通信中用户和网络间的全部交换信息,需要时,在某个时刻将其重新发送(重放)以达到某种欺骗的目的;发生的位置包括空中接口、数据传输网络以及数据库。对应的安全措施包括采用加密、鉴权(认证)与数字签名等手段以达到保护同步时钟、同步计数器、随机数发生器及网络计费信息。

(4) 数据完整性侵犯

这种情况的主要安全威胁为:非法用户对截获数据进行增删和修改以达到某种非法目的,发生的位置包括空中接口、数据传输网络和数据库。对应的安全措施包括采用加密、数据完整性认证以及数字签名,以达到保护用户业务信息、网间传送数据与数据库中数据完整性和不受侵犯。

（5）业务流分析

这种情况的主要安全威胁为：非法用户通过对合法用户与网络间交换的数据格式、速率和流量进行分析以获得某些机密，发生的位置包括空中接口和数据传输网络。对应的安全措施包括采用加密和业务流填充方式，以保护呼叫模式信息安全。

（6）跟踪

这种情况的主要安全威胁为：非法用户通过截获移动用户身份信息来确定合法用户当前所处位置并进行跟踪，发生的位置包括空中接口、数据传输网络和数据库。对应的安全措施包括采用加密与鉴权（认证）手段以保护用户身份与主叫号码信息不受侵犯。

来自网络和数据库的安全威胁包括以下三类情况。

（1）网络内部攻击

这种情况的主要安全威胁为：网络内部工作人员利用工作之便窃取网络数据库中、网络传输中的信息以达到某种非法目的，发生的位置包括网络内部的数据库、网络间的数据传输及空中接口等。对应的安全措施包括采用加密、鉴权（认证）、数字签名以及接入控制和不同等级授权等方式，保护用户业务信息、数据库中数据与网间传送数据的安全性能。

（2）对数据库的非法访问

这种情况的主要安全威胁为：非法用户试图从网络内部和其他系统进入数据库，以对数据库进行非法操作窃取机密信息；发生的位置在网络数据库。对应的安全措施包括采用加密、鉴权、数据完整性认证以及接入控制，以防止用户/网络机密信息、用户业务文档及网络计费信息受到攻击。

（3）对业务的否认

这种情况的主要安全威胁为：某个合法用户否认曾使用过网络提供的服务以达到拒绝缴纳相应费用等目的。发生的位置在网络数据库。对应的安全措施包括采用数据完整性认证、数字签名及公证等方式，对网络计费信息与签名数据加以保护。

根据以上分析，在移动通信中主要采用的安全措施与一般通信方式可采用的安全措施是一样的，不同仅在于具体实现时应考虑移动通信的特点。其主要措施有以下三大类：鉴权（认证）技术、加解密技术和数字签名技术。前两者主要是防止非法用户的各类安全攻击，而后者主要是用来防止合法用户本身的非法行为，如否认、抵赖等。

# 19.2　保密学的基本原理

## 19.2.1　引言

保密学是一门既古老又年轻的科学。20 世纪 40 年代以前，它基本上是一门经验性、技术性学科；40 年代末，香农发表了保密学的奠基性论文《保密系统的通信理论》[19.4]，创立了统计保密学理论。1976 年，美国学者 W. Differ 与 M. Hellman 发表《保密学的新方向》[19.1]，首先提出双钥制与公开密钥理论，为现代密码学奠定了基础，从而为广义密码学、认证理论、数字签名等现代密码学及其在现代信息网中的应用开辟了新的方向。

## 19.2.2　广义保密系统的物理、数学模型

保密系统是以信息系统的安全性为目的的专用通信系统。信息安全是针对通信系统中授权的合法用户而言的，未授权的非法用户既可以在接收端窃听，也可以在发送端主动攻击、非法伪造。传统的保密学仅研究前者即非法窃听，又称为狭义保密学，而对两者均进行研究的则称为广

义保密学。一个典型的广义保密通信系统如图 19.2 所示。

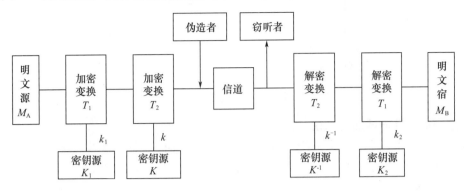

图 19.2  广义保密通信系统

一个广义保密系统 $S=\{M_A,K,C,(T_K,T_{K^{-1}}),(T_{K_1},T_{K_2})\}$，其中，明文源为 $M_A$，密钥源为 $K$，密文序列 $C$，防窃听的加、解密变换对 $(T_K,T_{K^{-1}})$，防伪造的加、解密变换对 $(T_{K_1},T_{K_2})$。防窃听加、解密变换对 $(T_K,T_{K^{-1}})$ 采用典型的单钥型，即加、解密为同一密钥，且 $T_K \cdot T_{K^{-1}}=1$。防伪造的加、解密变换对 $(T_{K_1},T_{K_2})$ 采用典型双钥型，即加解密不是同一个密钥，分别为 $T_{K_1}$ 与 $T_{K_2}$，且 $T_{K_1} \cdot T_{K_2}=1$。若上述系统中仅有 $(T_K,T_{K^{-1}})$，且 $T_K \cdot T_{K^{-1}}=1$，那么该保密系统退化为传统的狭义保密系统。在狭义保密系统中，授权的合法用户 A 为防止被传送的信息被窃听，首先在发送端将明文序列 $m$ 用 $T_K$ 加密成密文序列 $C$ 并传送至接收端，经解密变换 $T_{K^{-1}}$ 以后还原为恢复后的明文序列 $m'$。然而，对未授权的非法用户由于不掌握加、解密变换对 $(T_K,T_{K^{-1}})$ 和密钥 $K$，因此无法解密，从而达到防窃听的目的。

若上述系统中仅有 $(T_{K_1},T_{K_2})$，且 $T_{K_1} \cdot T_{K_2}=1$，并进一步假设 $T_{K_1}=D_{KA}$，$T_{K_2}=E_{KA}$（$D_{KA}$ 为授权合法用户 A 的私钥，是秘密的，供鉴权、认证、加密用；$E_{KA}$ 为授权用户 A 的公钥，是公开可查询的，供对方用户 B 或任一个第三方用户解密用），则使用加、解密变换对 $(T_{K_1},T_{K_2})$ 可以鉴别和验证被传送的信息是否为合法用户 A 发送来的信息。该系统被认为是一个防止伪造攻击的鉴权认证系统。若系统中既有防止窃听的加、解密变换对 $(T_K,T_{K^{-1}})$，也有防止伪造的加、解密变换对 $(T_{K_1},T_{K_2})$，则该系统被称为一个广义保密系统。

由以上分析可见，保密系统的核心是密钥和加、解密变换的实现算法。下面，我们将针对保密学中的几种主要密钥及相应算法予以简介。

### 19.2.3  序列密码

序列加密是单钥体制中两个主要加密体制之一。它适于实时加密，对于数字式话音加密特别适合。序列加密又称为流加密，属于串行逐位加密，即通过明文序列与密钥序列逐位模二加来生成对应的密文序列。序列密码以较成熟的伪随机序列、移位寄存序列理论作为指导，它的设计、分析均比较方便。

序列密码实质上是仿效理想保密体制中的"一次一密"体制，即将其中的纯随机密钥改为易于产生的足够长的周期性伪随机序列，从而牺牲了部分的理想性能，而换取了易于产生、易于同步的优势，且密钥的管理、分配具有工程可实现性。序列加密的原理如图 19.3 所示。

其中，明文序列 $\boldsymbol{m}=(m_1,m_2,\cdots,m_i,\cdots,m_L)$，密钥序列 $\boldsymbol{k}=(k_1,k_2,\cdots,k_i,\cdots,k_L)$，密文序列 $\boldsymbol{c}=(c_1,c_2,\cdots,c_i,\cdots,c_L)$，加密算法 $\boldsymbol{c}=\boldsymbol{m}\oplus\boldsymbol{k}=(m_1\oplus k_1,m_2\oplus k_2,\cdots,m_i\oplus k_i,\cdots,m_L\oplus k_L)$。

下面简要介绍序列加密中的两类算法：基于 $m$ 序列的非线性前馈加密算法与 RC 算法。

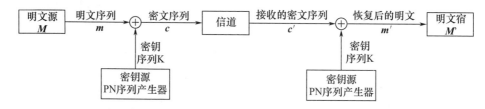

图 19.3　序列加密原理

**1. $m$ 序列非线性前馈加密算法**

序列加密要求密钥具有较大的线性复杂度,并且除在整体上具有伪随机特性外,还必须进一步具有抗统计攻击的局部随机性。$m$ 序列虽然能完全满足 Golomb 随机性公设,但是它的线性复杂度很低,因此不能直接用作序列密钥。为了改善 $m$ 序列的线性复杂度,最简单的方法是在 $m$ 序列产生器上附加一个非线性前馈滤波器。选取非线性前馈函数的标准是既保留 $m$ 序列的伪随机特性与优点,又要设法提高线性复杂度。

**2. RC 算法**

RC 系列算法是密钥长度可变的序列加密算法,其中最流行的是 RC4 算法,可以使用高达 2048 位的密钥,该算法的速度可以达到 DES 加密的 10 倍左右。RC4 算法的原理是"搅乱",包括初始化模块和伪随机子密码生成模块两大部分。初始化过程将一个 256 字节的数列进行随机搅乱,经过伪随机子密码生成模块处理后得到不同的子密钥序列,子密钥序列和明文进行异或运算(XOR)后,得到密文。

RC4 算法加密采用的是异或,所以,一旦子密钥序列出现了重复,密文就有可能被破解。但是,目前还没有发现密钥长度达到 128 位的 RC4 有重复的可能性,所以,RC4 是目前最安全的加密算法之一。

### 19.2.4　分组密码

分组加密是对明文信息进行分组加解密,由于处理需要一定时延,因此适合于非实时加密。本节重点介绍分组加密基本原理与分组加密主要算法。

为了形象说明分组加密基本概念,下面从一个简单的例子入手。为了简化,令分组长度 $n=3$,这时分组中明文与密文各有 $2^3 = 8$ 种不同组合。明文至密文间的映射关系即为密钥,它有 $(2^3)! = 8!$ 种。下面给出这 8! 种的某种确定的映射关系,且当具体映射即连线关系给定后,密钥就确定了。这时加、解密方程也可以通过下列真值表方程来完全决定。这时,明文 $m$ 与密文 $c$ 及密钥 $k$(连线)的对应关系可以直观表示如图 19.4 所示。

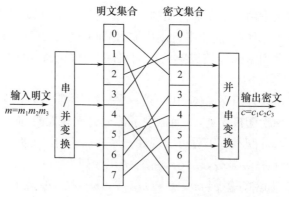

图 19.4　$n=3$ 分组加密示意图

加、解密方程与逻辑真值表如表 19.1 所示。

**表 19.1　$n=3$ 分组加密真值表**

| 输入 | | | | 输出 | | | |
|---|---|---|---|---|---|---|---|
| $m$ | $m_1$ | $m_2$ | $m_3$ | $c_1$ | $c_2$ | $c_3$ | $c$ |
| 0 | 0 | 0 | 0 | 0 | 1 | 0 | 2 |
| 1 | 0 | 0 | 1 | 1 | 1 | 0 | 6 |
| 2 | 0 | 1 | 0 | 0 | 0 | 1 | 1 |
| 3 | 0 | 1 | 1 | 0 | 0 | 0 | 0 |
| 4 | 1 | 0 | 0 | 1 | 1 | 1 | 7 |
| 5 | 1 | 0 | 1 | 1 | 0 | 0 | 4 |
| 6 | 1 | 1 | 0 | 0 | 1 | 1 | 3 |
| 7 | 1 | 1 | 1 | 1 | 0 | 1 | 5 |

加密方程为

$$
\left.
\begin{aligned}
c_1 &= f_{k_1}(m_1 m_2 m_3) = \overline{m_1 m_2} m_3 \bigcup m_1 \overline{m_2 m_3} \bigcup m_1 \overline{m_2} m_3 \bigcup m_1 m_2 m_3 \\
c_2 &= f_{k_2}(m_1 m_2 m_3) = \overline{m_1 m_2 m_3} \bigcup \overline{m_1 m_2} m_3 \bigcup m_1 \overline{m_2 m_3} \bigcup m_1 m_2 \overline{m_3} \\
c_3 &= f_{k_3}(m_1 m_2 m_3) = \overline{m_1} m_2 \overline{m_3} \bigcup m_1 \overline{m_2 m_3} \bigcup m_1 m_2 \overline{m_3} \bigcup m_1 m_2 m_3
\end{aligned}
\right\}
\tag{19.2.1}
$$

解密方程为

$$
\left.
\begin{aligned}
m_1 &= g_{k_1}(c_1 c_2 c_3) = c_1 c_2 c_3 \bigcup c_1 \overline{c_2 c_3} \bigcup \overline{c_1} c_2 c_3 \bigcup c_1 \overline{c_2} c_3 \\
m_1 &= g_{k_1}(c_1 c_2 c_3) = \overline{c_1 c_2} c_3 \bigcup \overline{c_1 c_2 c_3} \bigcup \overline{c_1} c_2 c_3 \bigcup c_1 \overline{c_2} c_3 \\
m_1 &= g_{k_1}(c_1 c_2 c_3) = c_1 c_2 \overline{c_3} \bigcup \overline{c_1 c_2 c_3} \bigcup c_1 \overline{c_2 c_3} \bigcup c_1 \overline{c_2} c_3
\end{aligned}
\right\}
\tag{19.2.2}
$$

将上述加、解密方程写成矩阵形式

$$
\boldsymbol{C} = \boldsymbol{K} \cdot \boldsymbol{M}
\tag{19.2.3}
$$

即

$$
\begin{pmatrix} 0 & 1 & 0 \\ 1 & 1 & 0 \\ 0 & 0 & 1 \\ 0 & 0 & 0 \\ 1 & 1 & 1 \\ 1 & 0 & 0 \\ 0 & 1 & 1 \\ 1 & 0 & 1 \end{pmatrix}
=
\begin{pmatrix}
0 & 0 & 1 & 0 & 0 & 0 & 0 & 0 \\
0 & 0 & 0 & 0 & 0 & 0 & 1 & 0 \\
0 & 1 & 0 & 0 & 0 & 0 & 0 & 0 \\
1 & 0 & 0 & 0 & 0 & 0 & 0 & 0 \\
0 & 0 & 0 & 0 & 0 & 0 & 0 & 1 \\
0 & 0 & 0 & 0 & 1 & 0 & 0 & 0 \\
0 & 0 & 0 & 1 & 0 & 0 & 0 & 0 \\
0 & 0 & 0 & 0 & 0 & 1 & 0 & 0
\end{pmatrix}
\begin{pmatrix} 0 & 0 & 0 \\ 0 & 0 & 1 \\ 0 & 1 & 0 \\ 0 & 1 & 1 \\ 1 & 0 & 0 \\ 1 & 0 & 1 \\ 1 & 1 & 0 \\ 1 & 1 & 1 \end{pmatrix}
\tag{19.2.4}
$$

同理，有

$$
\boldsymbol{M} = \boldsymbol{K}^{-1} \cdot \boldsymbol{C}
\tag{19.2.5}
$$

即

$$
\begin{pmatrix}
0 & 0 & 0 \\
0 & 0 & 1 \\
0 & 1 & 0 \\
0 & 1 & 1 \\
1 & 0 & 0 \\
1 & 0 & 1 \\
1 & 1 & 0 \\
1 & 1 & 1
\end{pmatrix}
=
\begin{pmatrix}
0 & 0 & 0 & 1 & 0 & 0 & 0 & 0 \\
0 & 0 & 1 & 0 & 0 & 0 & 0 & 0 \\
1 & 0 & 0 & 0 & 0 & 0 & 0 & 0 \\
0 & 0 & 0 & 0 & 0 & 0 & 1 & 0 \\
0 & 0 & 0 & 0 & 0 & 1 & 0 & 0 \\
0 & 0 & 0 & 0 & 0 & 0 & 0 & 1 \\
0 & 1 & 0 & 0 & 0 & 0 & 0 & 0 \\
0 & 0 & 0 & 0 & 1 & 0 & 0 & 0
\end{pmatrix}
\begin{pmatrix}
0 & 1 & 0 \\
1 & 1 & 0 \\
0 & 0 & 1 \\
0 & 0 & 0 \\
1 & 1 & 1 \\
1 & 0 & 0 \\
0 & 1 & 1 \\
1 & 0 & 1
\end{pmatrix}
\tag{19.2.6}
$$

由上述例子可以看出,一个好的分组加密算法应满足:分组明文字长度 $n$ 足够大,以防止明文穷举攻击奏效;密钥量足够大,即明文至密文的置换子集中的元素足够多,以防止对密钥的穷举攻击奏效;由密钥确定的置换算法足够复杂,即明文至密文之间的连线规律足够复杂,使破译者除采用穷举法外,无其他捷径可循。实现上述三点要求很不容易,特别是满足第三个即最后一个要求,密码设计者为此绞尽脑汁。

下面简要介绍分组密码中的三类算法:DES、Kasumi 与 AES。

**1. DES 算法**

DES 由 IBM 公司研制,由美国国家安全局(NSA)认证安全,该标准广泛应用于全世界的数据加密中。DES 可以构成分组(块)加密和序列(流)加密两种不同形式,但主要用于分组(块)加密,两者的唯一差别是密钥不同。DES 算法把 64 位明文输入块变为 64 位密文输出块,使用的密钥也是 64 位(56 位密钥加 8bit 校验)。DES 是一种 Feistel[①] 结构的加密算法,即每次迭代分为左右两半,进行交叉加密操作。

首先,DES 把输入 64 位数据进行置乱,并把输出分为长 32 位的 L0、R0 两部分,将 R0 扩展为 48 位与 48bit 子密钥异或,进行选择压缩 $S$ 运算,输出 32bit,经过置换运算后与 L0 异或作为 R1,并将 R0 作为 L1。根据上述法则经过 16 次迭代运算,得到 L16、R16,将此作为输入,进行与初始置换相反的逆置换,即得到密文输出。

DES 算法安全性很高,到目前为止,除用穷举搜索法对 DES 算法进行攻击外,还没有发现更有效的办法。Triple-DES 算法又称 3-DES,是 DES 算法的改进型,它使用两个密钥对明文运行 DES 算法 3 次,得到 112 位有效密钥,主要用于解决 DES 56 位密钥的抵抗破解强度随着计算机运算速度加快而日益减弱的问题。

**2. Kasumi 算法**

Kasumi 算法也是一种 Feistel 结构的分组密码,数据长度为 64bit,密钥长度为 128bit,经过 8 次迭代得到密文输出。Kasumi 算法设计的关键与 DES 相同,也在于选择压缩 $S$ 运算,这些映射专门针对差分与线性密码分析进行了优化,因此具有很高的非线性度。Kasumi 算法的运算非常简单,可以在任意软硬件设备上实现,既可以应用于分组加密,也可以应用于序列加密。Kasumi 算法已经应用于 GSM A5/3、GPRS GAE3 加密算法,以及 3GPP 的加密(f8)和完整性保护(f9)算法中。

**3. AES 算法**

为了应对计算机技术特别是互联网计算能力的快速增长而导致的密码分析能力的迅猛发

---

① Horst Feistel(1915—1990),德国物理学家和密码学家,在 IBM 工作期间提出了以其名字命名的加密技术,是 DES 标准的发明人之一。

展,2000年底,美国国家标准技术局(NIST)决定采用新的高级加密标准AES逐步替代DES。AES的设计基于替代重排结构,不采用Feistel结构。AES的数据长度为128bit,密钥长度为128、192或256bit,核心运算都基于Rijndael算法。加密运算分为3类:

- 作用在每个字节上的非线性函数SubByte。
- 对每行实现不同左移的ShiftRow函数。
- $GF(2^8)$域上的线性变换Mixcolumn函数。

迄今为止,AES被认为是最安全的加密算法之一。

### 19.2.5 公开密钥密码

公开密钥打破了传统的单钥制对密码学的垄断,奠定了双钥制公开密钥的新思路,为现代密码学的发展奠定了基础。本节介绍公开密钥基本原理和RSA算法。

#### 1. 公开密钥的基本原理

公开密钥采用发、收不对称的两个密钥,且将发端加密密钥公开,而仅把解密密钥作为保密的私钥。这样密钥管理和分配减少了风险,尤其在通信网络中更加优势突出。公开密钥的双钥体制物理与数学模型如图19.5所示。

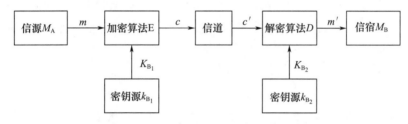

图19.5 公开密钥双钥体制物理与数学模型

在公开密钥通信系统中,每个用户都有一对加、解密密钥$(K_1, K_2)$,如用户B的加、解密钥为$(K_{B_1}, K_{B_2})$。其中加密密钥$K_{B_1}$是公开的,可查找的,称为公钥,而解密密钥$K_{B_2}$是秘密的,它仅为用户B私有,称为私钥。

任何一个其他用户如用户A若想要与用户B进行保密通信,可以首先查找到用户B的公钥$K_{B_1}$进行下列加密运算

$$C = E_{K_{B_1}}(m) \tag{19.2.7}$$

在接收端,仅有合法用户B掌握属于自己的私钥$K_{B_2}$,因此可以进行正常解密运算,并恢复原来明文$m$

$$m' = D_{K_{B_2}}[c'] = D_{K_{B_2}}[c] = D_{K_{B_2}} E_{K_{B_1}}(m) = m \tag{19.2.8}$$

对于其他非法用户,虽然也能窃获密文$c'$但是由于不掌握B用户私钥,故无法解密。在公开钥系统中,加密与解密的密钥是两个分别为公钥$K_1$与私钥$K_2$,且$K_1 \neq K_2$是非对称的,因此又称为非对称密钥体制。

对每个单程保密信道,具有一对加、解密变换:$(T_{K_1}, T_{K_2}) = (E_{K_1}, D_{K_2})$,其中加密密钥$K_1$和加密变换(算法)$E_{K_1}$是公开的、可查找的,而解密密钥$K_2$与解密变换(算法)$D_{K_2}$是秘密的,仅为合法用户掌握。若要使用$E_{K_1}$求$D_{K_2}$,至少在计算上是极其困难的,即属于计算复杂性中的NP问题。经过$E_{K_1}$加密的密文,只能由合法用户采用$D_{K_2}$解密,这时加、解密变换(算法)是互逆的,即$D_{K_2} \cdot E_{K_1} = 1$。必须存在有效地产生$E_{K_1}$与$D_{K_2}$的简单可行方法实现公开密钥体制。

为了满足上述要求,公开密钥提出者建议采用一类单向陷门函数作为加、解密变换的算法。

所谓单向陷门函数,是指在单向函数的基础上附加一个已知的陷门函数,而这个陷门函数仅为合法用户掌握。

若函数 $y=f(x)$ 为单向函数,则它应满足:对每个 $x \in X$,计算 $y=f(x)$ 很容易实现;而若由 $y$ 计算 $x$ 是极其困难的(NP问题)。若函数 $f$ 进一步满足存在某个陷门函数 $k$,当 $k$ 未知时,$y=f(x)$ 为单向函数,但是若 $k$ 已知时,则从 $y=f(x)$ 中已知 $y$ 求解 $x$ 是可以办得到的(P类问题)。目前已找到的单向陷门函数有 RSA 体制、背包体制、McEliece 体制、二次剩余等。

**2. RSA 体制**

RSA 是美国麻省理工 MIT 三位教授 Rivest、Shamir 和 Adleman 于 1978 年提出的[19.3],以他们三人姓氏首字母组合 RSA 命名,是迄今为止最为成功的公开密钥体制。RSA 体制是建立在数论和计算复杂度的基础上,采用离散指数的同余运算来构造加、解密算法。

加密时,将明文 $m$ 自乘 $e$ 次幂,除以模数 $n$,余数则构成密文 $c$。即

$$c=m^e \bmod n \qquad (19.2.9)$$

解密时,将密文 $c$ 自乘 $d$ 次幂,再除以模数 $n$,其余数为待解的明文 $m$。即

$$m=c^d \bmod n \qquad (19.2.10)$$

RSA 具体算法步骤为:每个用户选取两个大素数 $p_1$ 和 $p_2$,计算其积 $n=p_1 \cdot p_2$ 和欧拉函数 $\phi(n)=(p_1-1)(p_2-1)$,并选择一个任意整数 $e$,使它满足 $(e,\phi(n))=1$,即 $e$ 与 $\phi(n)$ 互素,且 $1<e<\phi(n)$。一般选 $p_1$、$p_2$ 为不小于 40 位的十进制数。

按下列加密方程(算法)构成密文 $c$ 并送出:

$$c=E_{K_1}(m)=m^e \bmod n \qquad (19.2.11)$$

其中,加密密钥 $k_1=(n,e)$ 为公钥。由下列同余方程求出解密指数幂次 $d$:

$$(e,d) \equiv 1 \bmod \phi(n) \qquad (19.2.12)$$

且 $1<d<\phi(n)$,只要用欧几里得算法进行 $2\log\phi(n)$ 次运算即可求出 $d$ 值。

按下列解密方程求解明文 $m$:

$$m=D_{K_2}(c)=D_{K_2}[E_{K_1}(m)]=c^d \bmod n=(m^e)^d \bmod n=m \bmod n \qquad (19.2.13)$$

其中,解密密钥 $k_2=(n,d)$ 为私钥。下面举一简单例子说明 RSA 体制。

设 $p_1=17$,$p_2=31$,明文 $m=2$,则有 $n=p_1 \times p_2=17 \times 31=527$,$\phi(n)=(p_1-1)(p_2-1)=16 \times 30=480$。选加密指数幂指数 $e=7$,再选解密指数幂指数满足 $(e,d)=1 \bmod \phi(n)$,且 $1<d<\phi(n)$,则 $d=1/e \bmod \phi(n)$,或 $d \cdot e=\lambda\phi(n)+1$。因此求解出 $\lambda=5$ 时,$d=343$。按加密方程求解密文 $c=m^e \bmod n=2^7 \bmod 527=128$,按解密方程可以求得明文:

$$m=c^d \bmod n=128^{343} \bmod 527=128^{256} \cdot 128^{64} \cdot 128^{16} \cdot 128^4 \cdot 128^2 \cdot 128 \bmod 527$$
$$=35 \times 256 \times 35 \times 101 \times 47 \times 128 \bmod 527=2 \bmod 527$$

## 19.2.6  认证系统

前面我们介绍了防止接收端非法窃听的加解密理论与技术。信息服务中还存在另一类信息安全问题,即来自发送端非法用户的主动攻击,包含非法用户的伪造篡改、删除、重放,甚至是来自合法用户的抵赖与篡改等。人们将这类来自发送端的非法攻击的防范措施通称为认证技术,在移动通信中称为鉴权技术。认证的目的主要有两个:信源身份鉴别与认证,以确定发送者不是假冒的;检验合法用户发送信息的完整性,以确定发送传输过程是否被伪造、篡改、删除、重放和延迟等。

认证系统的基本原理如图 19.6 所示。

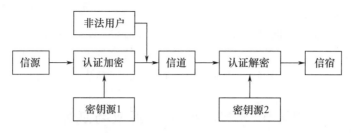

图 19.6　认证系统的基本原理

移动通信中的认证主要包括身份认证与数据完整性保护。

**1. 身份认证**

一个消息认证系统由明文 $M$、密钥 $K$、密文 $C$ 和认证函数 $f(m,k)$ 组成,其中 $m \in M, k \in K$,以及认证码集合 $A(m,k)$ 共同组成:$S=\{M,K,C,f(m,k),A(m,k)\}$。2G、3G 和 4G 移动通信系统中对合法用户的鉴权都属于身份认证。GSM 系统中,用户识别码 IMSI 存储在 SIM 卡与 AUC 中;IS-95 系统中,用户序列号 ESN 存储在移动台或 UIM 卡与 AUC 中;UMTS/CDMA2000 系统中,用户识别码 IMSI 存储在 USIM 卡与 AUC 中。

**2. 数据完整性保护**

在 3G 以后的移动通信系统中,为了防止数据传输的中间截获攻击,数据完整性保护得到了更多重视。在发送端,使用加密算法对发送数据进行计算,得到一小段附加消息。这一小段数据与发送数据的每一位都相关。然后将其与原数据一起通过信道发送。在接收端,根据接收到的数据重新计算附加消息,并与接收到的附加消息比较,用它可判断原数据的内容是否被改变、出处是否真实。单向 Hash 函数是一种用于数据完整性保护的典型技术,下面简要介绍其原理。

Hash 函数是一类单向函数,也称为消息摘要(Message Digest)函数,主要用于鉴权认证和数字签名。它以长度可变的消息 $M$ 为输入,并将其变换成长度固定的消息摘要函数 $H(M)$ 作为输出,且一般 $H(M) \ll M$。例如,$H(M)$ 可以是 16、64 或 128 比特,而 $M$ 则为上兆字节或更长。Hash 函数具有下列主要性质:(1)$H(M)$ 适用于任何变长输入消息的数据块;(2)$H(M)$ 本身是定长输出;(3)$H(M)$ 应按用户特殊保密要求对给定的 $M$ 进行计算。

根据指定消息摘要 $H(M)$ 求得消息 $M$ 至少在计算上是极其困难的。对于任意给定的消息 $M$ 要找到另一个消息 $M'$,使 $H(M)=H(M')$ 在计算上也是不可行的。换言之,要找到映射到同一个消息摘要 $H(M)=H(M')$ 的两个不同的 $M$ 与 $M'$,在计算上是不可行的,满足这一性质的 Hash 函数称为抗碰撞的 Hash 函数。反之,如果找到一对消息,它们具有相同的摘要,则称为产生一次碰撞。一般地,碰撞分为"强无碰撞"和"弱无碰撞"。强无碰撞无法产生有实际意义的原文,也就无法篡改和伪造出有意义的明文。而弱无碰撞则指根据消息摘要可以构造另一个有实际意义的原文,从而可以篡改和伪造数据。

在消息摘要(MD)算法中,最著名的有 MD2 算法:它输入一个长为 8 字节整数的消息,产生一个 128 位的消息摘要。消息被填充为添加在末位的 16 字节校验和的倍数,而消息每次处理 16 字节并产生一个中间消息摘要。摘要的每个中间值取决于前一个中间值和处理中的 16 字节的发起消息。除 MD2 算法外,还有 MD4、MD5。目前,由于存在安全漏洞,MD2 和 MD4 已经被淘汰;而 MD5 算法速度更快,安全性更好,被广泛使用。它们可以看作是 MD2 的升级版本。另外,SHA(Safe Hash Algorithm)也是一类重要的消息摘要算法,它有多个改进版本,它能产生高达 160 位的摘要。SHA-1 是改进了 SHA 算法缺陷而产生的升级版本,此外还有 SHA-256、

SHA-383、SHA-512 等,提供了最高达到 512 位的摘要。

值得指出的是,在 Crypto' 2004 年会上,我国学者王小云等人成功找到 MD4、MD5、HA-VAL-128 和 RIPEMD 等 4 种消息摘要算法[19.5]的强无碰撞,后来又找到了 SHA-1 算法的强无碰撞,这是密码学界的一个重大突破。尽管这些结果只具有理论意义,还不是弱无碰撞,但它表明现有的消息摘要算法都存在缺陷,我们需要重新审视这些算法的安全性。

# 19.3 GSM 系统的鉴权与加密

为了保障 GSM 系统的安全保密性能,在系统设计中采用了很多安全、保密措施,其中最主要的有以下 4 类:
- 防止未授权非法用户接入的鉴权(认证)技术。
- 防止空中接口非法用户窃听的加、解密技术。
- 防止非法用户窃取用户身份码和位置信息的临时移动用户身份码 TMSI 更新技术。
- 防止未经登记的非法用户接入和防止合法用户过期终端(手机)在网中继续使用的设备认证技术。

## 19.3.1 防止未授权非法用户接入的鉴权(认证)技术

鉴权(认证)的目的是防止未授权的非法用户接入 GSM 系统。其基本原理是,利用认证技术在移动网端访问寄存器 VLR 时对入网用户的身份进行鉴别。GSM 系统中鉴权的原理如图 19.7 所示。

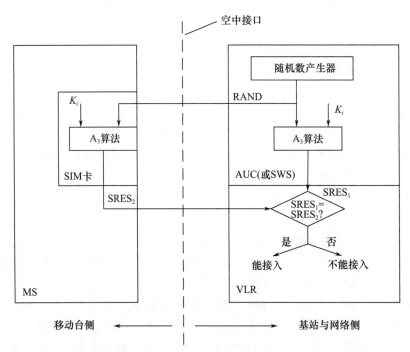

图 19.7 GSM 中鉴权原理

该方案的核心思想是,在移动台与网络两侧各产生一个供鉴权(认证)用的鉴别响应符号 $SRES_1$ 和 $SRES_2$,然后送至网络侧 VLR 中进行鉴权(认证)比较:通过鉴权的用户是合法用户,可以入网;通不过鉴权的用户则是非法(未授权)用户,不能入网。

　　其中,在移动台的用户识别卡(SIM)中,分别给出一对国际移动用户身份码(International Mobile Subscriber Identity,IMSI)和个人用户密码 $K_i$。在 SIM 卡中,利用个人密码 $K_i$ 与从网络侧鉴权中心 AUC 或安全工作站 SWS 并经 VLR 传送至移动台 SIM 卡中的一组随机数 RAND,通过 $A_3$ 算法产生输出的鉴权响应符号 $SRES_2$,通过空中接口送至网络侧的 VLR 中,供鉴权比较用。

　　在网络侧,也分为鉴权响应符号 $SRES_1$ 的产生与鉴权比较两部分。首先在 AUC 或 SWS 中产生两组数据:随机数 RAND 和 $SRES_1$,其中 RAND 分别送至 AUC(或 SWS)中的 $A_3$ 算法运算器和移动台的 SIM 卡中。由 RAND 与个人用户密钥 $K_i$ 通过 $A_3$ 算法器产生在网络侧所需的鉴权响应符号 $SRES_1$,送至 VLR 中的鉴权比较器。在 VLR 中,将网络侧产生的 $SRES_1$ 与移动台侧送来的 $SRES_2$ 进行鉴权比较,若两者相等,则通过鉴权,允许该用户入网;反之,拒绝该用户入网。

　　个人用户密码 $K_i$ 源于 SIM 卡,为了防止 IMSI 与 $K_i$ 送至网络侧鉴权中心过程中在空中接口失密,一般需要 $A_2$ 算法进行传输的加、解密。鉴权中心的密钥管理、修改和升级均由安全管理中心 SMC 完成,鉴权算法 $A_3$ 并未公开,而 $A_2$ 算法为 DES 算法。

### 19.3.2　防止空中接口窃听的加、解密技术

　　这种技术的加密目的是防止非法窃听用户的机密信息,它遵循密码学中序列(流)加密原理,其加、解密原理如图 19.8 所示。

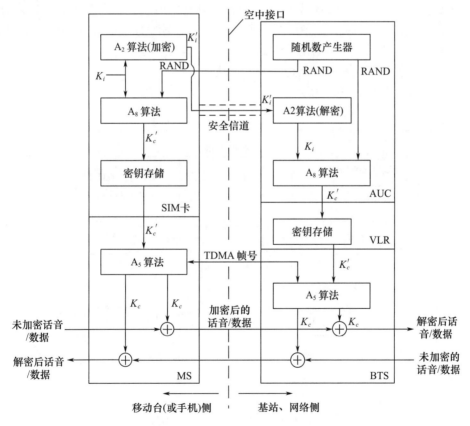

图 19.8　GSM 系统中加、解密原理

　　该方案的基本思路是,在移动台侧和网络侧分别提供话音/数据业务加、解密用序列(流)加、解密密钥,供用户加、解密用。

移动台的 SIM 卡主要完成下列功能:空中接口接收来自 AUC 的随机数 RAND,由 SIM 卡保存的用户密钥 $K_i$ 与随机数 RAND 通过 $A_8$ 算法产生加、解密密钥 $K_c$,并存储供用户加、解密时调用。另外,将用户密钥 $K_i$ 经加密算法 $A_2$ 加密后,通过空中接口的安全信道送至 AUC 中。在移动台中,将 SIM 卡送来的 $K_c$ 与业务信息的 TDMA 帧号,通过 $A_5$ 算法产生最终供话音/数据加、解密用的密钥 $K_c$,并通过序列(流)加密方式进行实时加解密。

在网络侧,AUC 产生所需 $K_c$,即从空中接口的安全信道接收来自移动台(或手机)侧发送加密后的用户密钥 $K_i$,经 AUC 中 $A_2$ 算法解密后还原用户密钥 $K_i$,再与 AUC 给出的随机数 RAND,通过 $A_8$ 算法产生网络侧的加、解密密钥 $K_c$,送至 VLR。在网络侧的 VLR 中存储 $K_c$ 并供随时调用,接收来自 AUC 中送来的加、解密密钥,供业务正式加、解密时调用。在网络侧的 BTS 中完成业务的实时加、解密运算。当 BTS 中的话音/数据业务需加、解密时,将该业务的 TDMA 帧号与由 AUC 存储器中的 $K_c$ 通过 $A_5$ 算法,产生最终供话音/数据用户使用的密钥 $K_c$,通过序列加密方式对用户的话音/数据业务进行实时加、解密运算。

### 19.3.3 临时移动用户身份码(TMSI)更新技术

为了保证移动用户身份的隐私权,防止非法窃取用户身份码和位置信息,可以不断更新临时移动用户身份码(Temporary Mobile Subscriber Identity,TMSI),取代每个用户唯一的国际移动用户身份码(IMSI)。每个移动用户都用称为国际移动用户身份号码(International Mobile Subscriber Identity,IMSI)的唯一的号码标识其身份。IMSI 一般仅在移动台第一次接入时通过空中接口经加密方式传送给网络端。在一些特殊情况下,如出错时,需要重传一次加密后的 IMSI。平时都采用 TMSI 作为其身份,供用户鉴权用。TMSI 是在不断更新、不断变化的,而且传送时要加密。这些措施保证了用户身份及位置的安全性。

TMSI 的更新过程如图 19.9 所示。

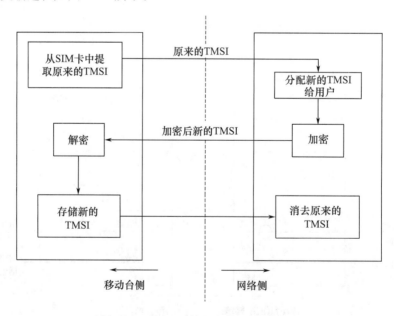

图 19.9　GSM 系统的 TMSI 更新过程

TMSI 更新过程是由移动台侧与网络侧双方配合进行的。其具体实现过程如下:首先从移动台侧 SIM 卡中提取原来的 TMSI,并通过空中接口传送至网络侧;在网络侧,接收到 SIM 卡中传送的 TMSI 后,重新分配一个新的 TMSI,经加密后通过空中接口送至移动台;在移动台侧,将此 TMSI 经过解密处理后送入存储器,并将它送至网络侧;当网络侧收到新的 TMSI 时,立即消除原来的 TMSI。

### 19.3.4　防止非法或过期设备接入的用户识别寄存器(EIR)

这项技术的目的是防止非法用户接入移动网,同时也防止过期手机接入移动网。在网络端采用一个专门用于用户设备识别的寄存器 EIR,它实质上是一个专用数据库,负责存储每个手机唯一的国际移动设备号码(IMEI)。IMEI 与 IMSI、TMSI 构成每个移动用户通用的三个识别号码。EIR 提供了检查网络内所用终端(手机)的唯一可能性。IMEI 是分配给每一个移动台的独特号码,存在 SIM 卡中,可以对失窃或者由于技术故障危及网络操作的移动台采取措施。EIR 将设备分为三类:

- 白色名单:由参加 GSM 体制的国家或地区所分配的号码序列构成,它包含的是号码范围。
- 黑色名单:包含禁止使用的全部 IMEI。
- 灰色名单:包含怀疑有故障的 IMEI,PLMN 可以自由决定对它进行监视和阻止。

根据运营者的要求,MSC/VLR 能够触发检查 IMEI 的操作。包括从 MSC/VLR 到 MS 的 IMEI 识别码请求,以及由此形成的识别应答,其中含有从 MSC/VLR 到 EIR 的 IMEI 检查。EIR 检查 IMEI 是否处于白、灰或黑色名单之中,返回一个结果,检查后,MSC/VLR 可提供如下不同措施:容许继续接入;拒绝接入的尝试;将用户活动记录下来,或者发出警告。运营者也可以规定对每一个不同访问类型进行 IMEI 检查的频次。

### 19.3.5　GSM 安全性能分析

尽管 GSM 系统成功引入了鉴权与加密技术,但随着 GSM 系统在全球大规模商用,也暴露出诸多安全缺陷,可以总结为 6 方面的技术漏洞。

(1) SIM/MS 接口翻录

SIM-ME 之间的接口不受保护,因此当合法用户的 SIM 卡被插入仿真的非法移动设备中时,SIM 卡和 MS 接口间的消息都可以被截获和翻录。

(2) $A_3/A_8$ 算法破解

GSM 系统中采用 Comp128 算法实现 $A_3$ 和 $A_8$。但 Wagnner 和 Goldberg 等人指出,如果收集 160000 个 RAND-SRES 对,则可以获取 $K_i$。因此,如果获取合法用户的 SIM 卡,大约只要花 10h,就可以破解 Comp128 算法。

(3) $A_5$ 算法漏洞

Biryukov 和 Shamir[19.16]以及 Wagner 等人[19.17]发现了 $A_5$ 算法的分析方法。这种方法首先建立算法状态和密钥流对应的数据库,然后通过对截获数据的匹配搜索,即可以轻易获得 $K_c$ 密码。文献指出,一定条件下,只要耗时 2min,甚至 2s,就可以破解 $A_{5/1}$ 和 $A_{5/2}$ 算法。

(4) SIM 卡攻击

由于 SIM 卡只是一个简单集成电路,可以采用逆向工程方法,直接从卡中解析出 IMSI 和 $K_i$ 等安全数据。另外,IBM 的研究人员指出,采用分割攻击方法,也能够快速克隆 SIM 卡。这说明,SIM 卡的物理安全性亟待加强。

(5) 网络伪装攻击

一个更严重的问题是,GSM 只提供了单向认证,即网络对用户的认证。因此,可以采用伪装的网络单元,如伪基站对 MS 发起攻击,获取 MS 的 IMSI、$K_i$ 与 $K_c$,并且这种方法比直接破解鉴权与加密算法更方便。

（6）网络数据明文传输

另一个严重问题在 GSM 网络侧，所有用户数据与信令都是明文传输的。因此，如果在网络侧进行监听与截获，则能够比在空中接口更容易获取所需信息。

# 19.4  IS-95 系统的鉴权与加密

IS-95 中的信息安全主要包含鉴权（认证）与加密两个方面的问题，而且主要针对数据用户，以确保用户的数据完整性和保密性。鉴权（认证）技术的目的是通过交换移动台和基站及网络端的信息，确认移动台的合理身份；通过鉴权保证数据用户的完整性：防止错误数据的插入，防止正确数据被篡改。加密技术的目的是防止非法用户从信道中窃取合法用户正在传送的机密信息，包括：信令加密，由每个呼叫单独控制；话音加密，通过采用专用长码进行伪码扩频来实现；数据加密，采用一个 $m$ 序列（一般取 $m=2^n-1, n=42$ 级）线性移位寄存序列，通过一个非线性组合滤波后产生密钥流。

在 IS-95 系统中，鉴权是移动台与网络双方处理并认证一组完全相同的共享加密数据 SSD。SSD 存储在移动台和网络端 HLR/AC 中，共计 128bit 数据，并分为两半：一半 SSD-A 为 64bit，用于支持鉴权；另一半 SSD-B 也是 64bit，用于支持加密。

## 19.4.1  鉴权认证技术

在 IS-95 标准中定义了下列两个鉴权过程：全局查询鉴权和唯一查询鉴权。全局查询鉴权包括注册鉴权、发起呼叫鉴权、寻呼响应鉴权。唯一查询鉴权在上行、下行业务信道或者寻呼信道上启动，基站在下列情况下启动该过程：注册鉴权失败，发起呼叫鉴权失败，寻呼响应鉴权失败或信道指配后的任何时间。鉴权算法的输入参数如表 19.2 所示。

表 19.2  鉴权算法的输入参数

| 过程 | 随机查询方式 | 电子序列号（ESN） | 鉴权数据（AUTH-Data） | 鉴权共享加密数据（SSD-AUTH） | 存储注册方式（Save-register） |
|---|---|---|---|---|---|
| 注册 | 鉴权随机查询值 RAND(0 或 32bit) | ESN | MSIN1 | 鉴权共享加密数据(SSD-A) | 假(False) |
| 唯一注册 | 256×24bit 唯一随机变量＋(8LSB of MSIN2) | ESN | MSIN1 | SSD-A | 假(False) |
| 发起呼叫 | RAND | ESN | MSIN1 | SSD-A | 真(True) |
| 中断 | RAND | ESN | MSIN1 | SSD-A | 真(True) |
| 基站查询 | 随机查询数据 RANDBS(32bit) | ESN | MSIN1 | SSD-A-New | 假(False) |

鉴权的基本原理是，在通信双方都产生一组鉴权认证参数，这组数据必须满足下列特性：

（1）通信双方、移动台与网络端均能独立产生这组鉴权认证数据。

（2）必须具有被认证的移动台用户的特征信息。

（3）具有很强的保密性能，不易被窃取，不易被复制。

（4）具有更新的功能。

（5）产生方法应具有通用性和可操作性，以保证认证双方和不同认证场合，产生规律的一致性。

满足上述 5 点特性的具体产生过程如图 19.10 所示。

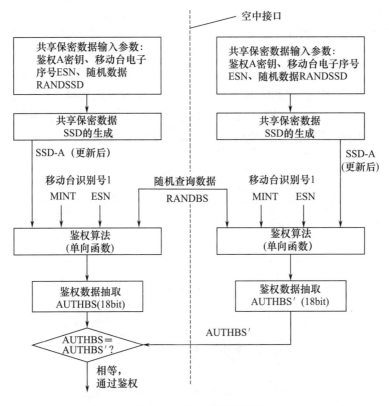

图 19.10　鉴权认证原理图

IS-95 系统的鉴权认证过程涉及以下几项关键技术:(1)共享保密数据 SSD 的产生;(2)鉴权认证算法;(3)共享保密数据 SSD 的更新。

**1. SSD 的产生**

SSD 是存储在移动台用户识别 UIM 卡中半永久性 128bit 的共享加密数据,其产生原理如图 19.11 所示。SSD 的输入参数组有三部分,共计 152bit,其中包括:共享保密的随机数据 RANDSSD, 56bit;移动台电子序号 ESN,32bit;鉴权密钥(A 钥),64bit。连同填充 40bit,共计 192bit,可分为 3×64bit,以便于 SSD 生成。它的生成采用了 DES 标准,进行 16 次迭代运算。SSD 输出两组数据: SSD-A-New 是供鉴权用的共享加密数据;SSD-B-New 是供加密用的共享加密数据。

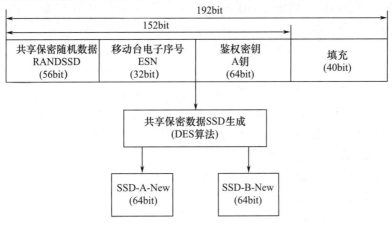

图 19.11　共享保密数据 SSD 产生原理

**2. 鉴权认证算法**

这一部分是鉴权认证的核心,鉴权认证输入参数组,含有 5 组参数:随机查询数据 RAND-BS,32bit;移动台电子序号 ESN,32bit;移动台识别号第一部分,24bit;更新后的共享保密数据 SSD-A-New,64bit;填充,24bit 或 40bit。鉴权核心算法包含以下两步:(1)通过上述 5 组参数,利用单向函数产生鉴权所需的候选数据组;(2)从鉴权认证的候选数据组中摘要抽取 18bit 正式鉴权认证数据 AUTHBS,供鉴权认证比较用。IS-95 中的各类鉴权具体实现上的差异主要在于算法输入参数上的不同。鉴权认证算法实现原理如图 19.12 所示。

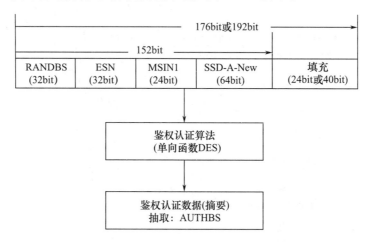

图 19.12    鉴权认证数据 AUTHBS 产生原理

**3. SSD 的更新**

为了使鉴权认证数据 AUTHBS 具有不断随用户变化的特性,要求共享保密数据应具有不断更新的功能。SSD 更新原理如图 19.13 所示。

## 19.4.2    加密技术

IS-95 系统可以对下列不同业务类型进行加密。

(1)信令消息加密:加强鉴权过程和保护用户的敏感信息,一种有效的方法是对所选业务信道中信令消息的某些字段进行加密。信令消息加密是由每个呼叫在信道指配时通过加密消息中信令加密字段的值来设定呼叫的初始加密模式,一般设 00 为不加密,01 为加密消息。TIA/EIA/IS-95 既没有讨论也没有列出要加密的消息和字段,其原因是加密算法的使用完全受控于美国 ITAR 的出口管理规则。

(2)话音消息加密:在 IS-95 系统中,话音保密是通过 $m=2^{42}-1$ 的伪码序列进行掩码来实现的。

(3)数据消息加密:它是指对信源消息的加密,不同于话音信息对信道传送扩频信号的加密。实现它主要采用两种方式:外部加密方式和内部加密方式。

在 IS-95 系统中,就业务而言,可以分为信令、话音与数据,但是就加密模式而言,则可分为两大类型:信源消息加密和信道输入信号加密。

(1)信源消息加密:无论信源给出的是信令、话音还是数据消息,若加密对象是未调制、未扩频的基带信号,则称为信源消息加密。对这类信源消息加密主要采用两种方式。

● 外部加密方式:先加密后信道编码方案,如图 19.14 所示。

● 内部加密方式:先信道编码后加密方案,如图 19.15 所示。

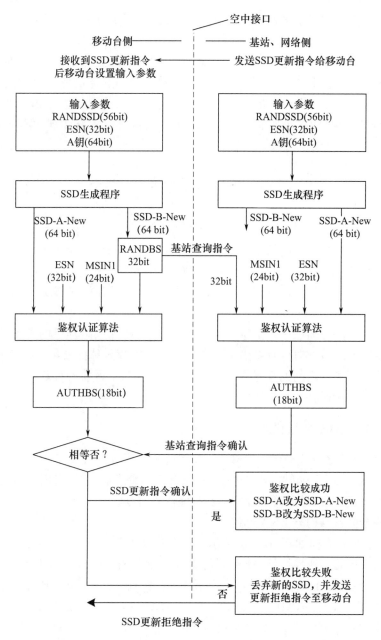

图 19.13　SSD 更新原理

图 19.14　外部加密框图

图 19.15　内部加密框图

上述两种加密方式均属于序列(流)加密方式,可以采用伪码序列的非线性组合(滤波)方式来产生密钥序列。

(2) 信道输入信号加密:这类加密方式是对输入信道的信号进行扩频掩盖加密,以达到保密传送信息数据的目的。在 IS-95 中,话音加密采用这类方式。具体实现时,现对信道编码交织后的话音/数据消息进行以掩盖为目的的扰码,然后进行沃尔什码扩频。由于采用了伪随机信号扩频,若不知长码掩码和扩频码有关参数,即使窃获信号也无法解扩、解调,故能达到加密的目的。

# 19.5  3G 系统的信息安全

19.1 节介绍了 3GPP 系统(WCDMA/LTE)的安全体系,本节主要介绍 WCDMA 系统的鉴权与认证,并简述 CDMA2000 的信息安全机制。3G 安全体系要求能够支持 2G 的主要安全措施——用户身份验证、空中接口加密,并且提高 2G 系统的安全性设计,改进已发现的安全漏洞(比如,建立伪基站进行攻击及修改密钥和认证数据在网络之间通过明文传送等),从而提供更加完善的安全保障体系。

3G 安全体系目标为:确保用户信息不被窃听或盗用;确保网络提供的资源信息不被滥用或盗用;确保安全特征充分标准化,且至少有一种加密算法实现全球标准化;安全特征的标准化,确保全球范围内不同服务网之间的互操作和漫游;安全等级高于目前的移动网或固定网的安全等级(包括 GSM);安全特征具有可扩展性。

## 19.5.1  WCDMA 系统的鉴权与加密

为了克服 GSM 系统的安全缺陷,WCDMA 系统采用了双向认证技术,建立了完整的认证与密钥协商机制(AKA)。下面首先介绍 UMTS(通用移动通信系统)的安全体系与 AKA 过程,然后介绍系统参数生成过程,最后简述加密与数据完整性算法。

**1. UMTS 安全体系结构与 AKA 过程**

UMTS 安全体系结构如图 19.16 所示,主要涉及 USIM、ME、RNC、MSC/SGSN/VLR、HLR/AuC 等网络单元。所采用的 AKA 过程分为两个阶段。阶段 1 是 HE 与 SN 之间的安全通信,认证向量(AV)通过 SS7 信令的 MAP 协议进行传输。由于 MAP 协议本身没有安全功能,因此 3GPP 定义了扩展 MAP 安全协议,称为 MAPSec,用于传输认证向量(AV)=(RAND(随机数),XRES(期望应答),CK(加密密钥),IK(完整性密钥),AUTH(认证令牌))。MAPSec 属于网络域安全范畴。阶段 2 是 SN 和用户之间的安全通信,采用一次处理方式,在 USIM 与 SGSN/VLR 之间进行质询-应答处理,实现用户和网络的双向认证。UMTS 在 ME 与 RNC 之间实现加密和完整性保护,对于业务数据和信令,都进行加密,为了降低处理时延,只对信令进行完整性保护。

WCDMA 系统中认证与密钥协商机制(AKA)如图 19.17 所示,主要步骤如下:SGSN/VLR 向移动用户发起质询,将 RAND、AUTN 发送到 USIM,每个认证向量只适用于一次 AKA 过程。USIM 收到认证数据后,利用 $f1_K(RAND, AMF, SQN)$ 计算得到 XMAC(消息认证码),并与 AUTN(认证令牌)中的 MAC 比较,若相同则网络认证成功;否则网络认证失败,向 VLR 发送 MAC 错误消息。与此同时,USIM 恢复序列号 SQN,验证其是否在有效窗口范围内,若不在则重启同步过程,反之达到同步。可以利用 $f2_K(RAND)$ 计算响应消息(RES),并将该参数送至 VLR 中,VLR 收到 RES 后,将 RES 和 XRES 进行比较,若相同则用户认证成功,否则失败。

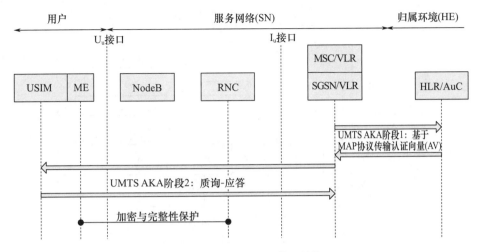

图 19.16　UMTS 安全体系结构

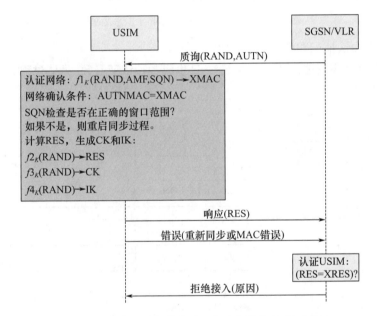

图 19.17　WCDMA 系统中认证与密钥协商机制（AKA）

**2. 系统参数生成**

UMTS 安全体系的主要系统参数包括五元组的认证向量（AV）与三元组的认证令牌 AUTN。下面简要叙述认证向量与 USIM 卡中认证函数的生成过程。

（1）认证向量的生成

HE 收到来自 VLR/SGSN 的认证数据请求后，产生新的序列号 SQN 和 RAND，其认证向量生成过程如图 19.18 所示。

图 19.18 中各类参数的产生过程为：消息认证码 $MAC=f1_K(SQN, RAND, AMF)$，其中，$f1_K$ 为消息认证函数；期望应答 $XRES=f2_K(RAND)$，其中，$f2_K$ 为消息认证函数；数据密钥 $CK=f3_K(RAND)$，其中，$f3_K$ 为密钥生成函数；数据完整密钥 $IK=f4_K(RAND)$，其中，$f4_K$ 为密钥生成函数；匿名密钥 $AK=f5_K(RAND)$，其中，$f5_K$ 为密钥生成函数或 $f5_K=0$；认证令牌 $AUTN=(SQN \oplus AK, AMF, MAC)$，其中，AMF 为认证密钥管理域；认证向量 $AV=(RAND, XRES, CK, IK, AUTN)$。

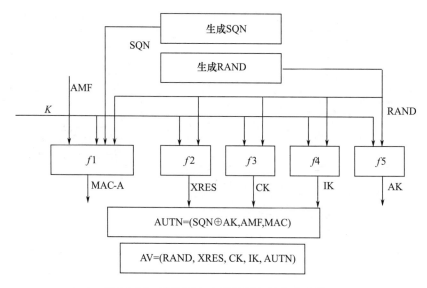

图 19.18　WCDMA 中的认证向量生成过程

（2）USIM 卡中认证函数的产生

在 USIM 卡中，可以根据 AUTN 和 RAND 生成各种认证参数，具体过程如图 19.19 所示。

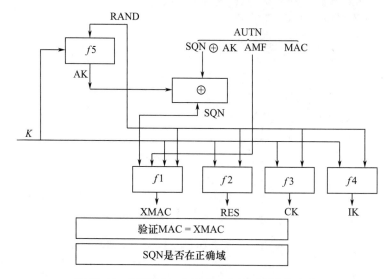

图 19.19　WCDMA 中 USIM 中认证函数的产生

在图 19.19 中，认证密钥 $K$ 为 128bit，随机数 RAND 为 128bit，序列号 SQN 为 48bit，匿名密钥 AK 为 48bit，认证密钥管理域 AMF 为 16bit。3GPP 建议 $f1 \sim f5$ 这些认证算法集合以 Rijndael 算法为核心模块。需要注意的是，这些算法是互相独立的，不允许从一个算法的输入、输出（如 CK、IK）推导出认证密钥 $K$。

**3. 空中接口安全算法**

为了满足不同制造商设备（手机、基站）之间的互联互通，要求 3G 空中接口安全算法标准化。目前定义的标准算法是 Kasumi 算法，它同时适用于加密和完整性保护的 $f8$ 与 $f9$ 算法，下面分别予以介绍。

（1）数据加密算法

$f8$ 算法对用户数据和信令消息进行加密保护，在 UE 与 RNC 之间的链路层 RLC/MAC 层中实施。f8算法可以选用15种不同算法,其算法可以标准化,也可以自己定义,但必须解决漫游和标准冲突问题。3GPP目前定义的核心算法为Kasumi算法。WCDMA系统数据加密原理如图19.20所示。图中CK为加密密钥,长度为128bit;Count-C为加密序列号,长度为32bit,Bearer为负载标识,长度为5bit;Direction为方向位,长度为1bit,值为"0"表示UE→RNC,值为"1"表示RNC→UE;Length为密钥流长度,长度为16bit。

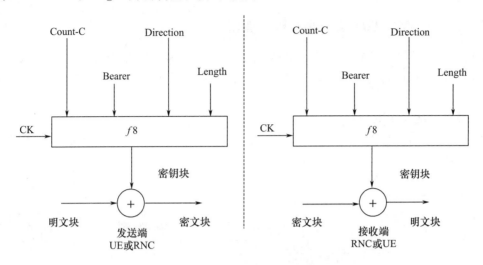

图19.20　WCDMA系统数据加密原理

（2）数据完整性保护

f9算法为数据完整性保护算法,在UE与RNC之间实施,可以选用16种不同算法,应该采用标准化算法。3GPP目前定义的核心算法也为Kasumi算法。WCDMA系统中消息认证码MAC-1或XMAC-1的产生原理如图19.21所示。其中,IK为完整性密钥,长度为128bit;Count-I为完整性序号,长度为32bit;Message为发送消息;Direction为方向位,长度为1bit;Fresh为网络侧产生的伪随机数,长度为32bit。接收端通过计算XMAC-I并与收到的MAC比较来验证消息完整性。

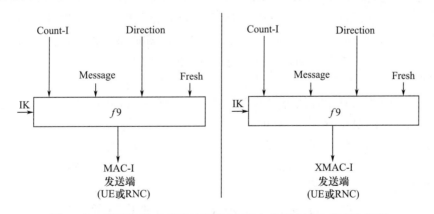

图19.21　WCDMA中信息认证码MAC-1或XMAC-1的产生原理

### 4. UMTS安全性能总结

UMTS的接入安全机制要远好于GSM,质询-应答机制提供了用户与网络的双向认证,消除了伪基站的安全威胁。UMTS系统中采用的认证算法集合也比GSM系统中的$A_3/A_8$安全性能更好。

UMTS 中的加密算法性能远好于 GSM 中的 $A_5$ 算法。Kasumi 算法自从提出以来,一直被认为非常安全,预计有 20 年的安全期。随着技术的进展,可以将加密算法升级为更安全的版本。

数据完整性保护是 UMTS 新引入的安全技术,独立于加密保护,应用于不允许加密或无法加密的场合,可以防止非法用户的中间截获与发端攻击。但由于运行速度的问题,UMTS 系统只针对信令进行完整性保护。

### 19.5.2 CDMA2000 系统的鉴权与加密

与 WCDMA 类似,CDMA2000 系统采用双向认证技术以及认证与密钥协商机制(AKA)。下面简要介绍 CDMA2000 的安全体系与 UIM 认证流程,并比较 UMTS 与 CDMA2000 的安全技术差异。

**1. CDMA2000 安全体系结构**

CDMA2000 的安全体系结构如图 19.22 所示,与 UMTS 类似,也采用两阶段 AKA 过程,涉及 UIM/ME、MSC、PDSN/VLR 和 HLR/AC 等网络单元。

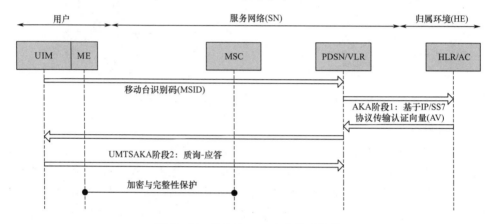

图 19.22　CDMA2000 安全体系结构

AKA 阶段 1 完成 PDSN/VLR 与 HLR/AC 之间的安全通信,基于 IP 或 SS7 协议传输认证向量(AV)。而在 AKA 阶段 2 实现 UIM 与 PDSN/VLR 之间的质询-应答过程,完成用户与网络的双向认证。CDMA2000 在 ME 与 MSC 之间实现加密和完整性保护,对业务数据和信令都进行加密,为了降低处理时延,只对信令进行完整性保护。

**2. UIM 认证流程**

CDMA2000 中的 UIM 卡存储用户的身份信息与认证参数,其功能与 GSM 中的 SIM 卡、UMTS 中的 USIM 卡功能类似。UIM 的认证流程如图 19.23 所示。

UIM 接收到认证向量,采用 $f5$(RAND)生成 AK,通过异或解密得到 SQN。然后作为 $f1$ 函数的输入,重新生成 AUTN,并与接收到的 AUTN 比较:如果相等,则网络认证成功;反之认证失败,向网络发送错误消息,移动台终止 AKA 过程。网络认证通过后,检查 SQN 范围,可以避免重放攻击。上述两步都通过,则利用 $f2$ 函数生成 CK,利用 $f3$ 函数生成 IK,利用 $f11$ 函数生成 UAK,以及利用 $f4$ 函数生成 RES。其中 UAK 是 UIM 鉴权密钥,用于判断 UIM 是内置式的还是可分离的 R-UIM。

**3. CDMA2000 与 UMTS 安全技术比较**

CDMA2000 与 UMTS 具有类似的安全体系,都能够满足 3G 系统的安全目标,但两个系统的技术参数、系统架构与实现细节的差异,导致两者的安全技术有所不同。下面从 4 个方面分析

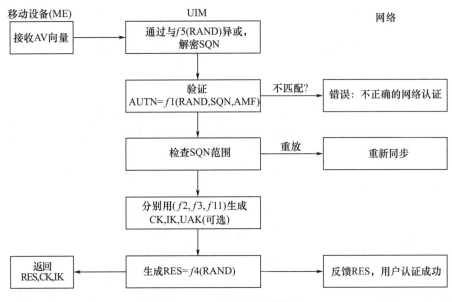

移动设备(ME)　　　　　　　　　UIM　　　　　　　　　　　网络

| 接收AV向量 | → | 通过与$f5$(RAND)异或，解密SQN |

验证
AUTN=$f1$(RAND,SQN,AMF) ──不匹配?──→ 错误：不正确的网络认证

检查SQN范围 ──重放──→ 重新同步

分别用($f2,f3,f11$)生成
CK,IK,UAK(可选)

返回
RES,CK,IK ←── 生成RES=$f4$(RAND) ── 反馈RES，用户认证成功

图 19.23　UIM 的认证流程

它们的差别。

（1）鉴权与密钥协商机制

CDMA2000 的 AKA 函数都已经标准化，包括 $f11$ 和随机数产生函数 $f0$，主要是为了方便使用内置 UIM 的 CDMA2000 终端用户能够选择不同的运营商。而 UMTS 的 AKA 函数只是给出了建议算法集，称为 MILENAGE，并且不包括随机数 RAND 产生函数 $f0$。CDMA2000 使用高效的单消息协议对 UIM 进行重新认证，因此不必像 UMTS 一样，对鉴权向量进行刷新。

（2）密钥强度的政策因素

移动用户的安全需求有时会与所在国家的安全政策产生冲突，在一些国家（地区）要求降低用户的安全等级。为了解决这个问题，UMTS AKA 允许运营商选择性能较弱的加密算法。但这样会导致用户在漫游到不同安全要求的国家（地区）时，可能要完全关闭加密功能才能够满足降低安全等级的要求。

而 CDMA2000 采用了更灵活的方式解决这个问题。通过移动设备、R-UIM 卡与拜访网络三方协商，缩减密钥 CK 的长度，来满足降低安全等级的要求。这样算法安全强度保持不变，只是减小了密钥搜索的空间，从而等效降低了算法的安全性。

（3）加密保护的范围与质量

UMTS 的标准加密技术采用 64bit 的 Kasumi 算法，而 CDMA2000 采用 128bit 的 AES 算法。密码学理论指出，通常分组密码的一个密钥用于加密的数据块数目不超过 $2^{b/2}$，其中 $b$ 为分组比特数目。依据该原理，对于 Kasumi 算法，意味着一个密钥加密的数据容量不超过 32GB，这个限制不利于 HSPA 等系统的大数据量传输。因此 UMTS 中的 $f8$ 算法采用了相当复杂的输出反馈和计数模式克服这一局限。

而另一方面，CDMA2000 采用 AES 算法，长度为 128bit，因此加密数据限制为 256EB$=2^{71}$ bit，要远大于 Kasumi 算法的限制，因此只要采用简单的计数模式即可。

（4）完整性保护的范围与质量

尽管 CDMA2000 与 UMTS 系统的数据完整性保护算法细节不同，但两者都有相同的作用范围和质量。

# 19.6  4G 与 5G 系统的信息安全

以 LTE 为代表的 4G 移动通信系统继承了 3G 系统的安全体系设计理念,在结构完善和功能增强方面都有新的进展。在此基础上,5G NR 安全性有进一步改进。本节重点介绍 LTE 系统的信息安全,并简要介绍 WLAN 系统的安全缺陷、WiMAX 的鉴权与加密,以及 5G NR 系统中的信息安全。

## 19.6.1  LTE 系统的信息安全

3GPP 长期演进/系统架构演进(LTE/SAE)是面向 4G 的宽带移动通信体制,主要目标是为移动用户提供更高的带宽、更高的频谱效率、更安全的移动业务,通过更好融合其他无线接入网络,使用户享受完美的业务体验。GSM 系统主要关注无线链路的安全特性,UMTS 系统增强了无线接入安全,并开始关注网络功能的安全。未来网络将基于全 IP 结构,尽管具备提供高效灵活业务的能力,但 IP 机制也意味着面临更多的安全威胁和隐患。因此,演进分组系统(EPS)需要更加强健的安全体系,处理各种网络架构的差别,提高安全机制的健壮性。

**1. EPS 的安全威胁与需求**

EPS 架构如图 19.24 所示。EPS 包括 E-UTRAN 无线接入网和 EPC,业务处理基于 IMS (IP 多媒体子系统)。由图可知,移动台也可以通过 GERAN 或 UTRAN 接入网,接入 UMTS 核心网,通过 S3 接口进入 EPC。另外,非 3GPP 接入网,例如,WiMAX、CDMA2000 等可信网络可以直接进入 EPC;而 WLAN 等非可信网络首先接入 ePDG,然后接入 EPC。因此从网络侧看,EPC 需要与多个接入网进行互操作;而从终端侧看,可以通过移动 IP 方式,在不同接入网之间切换。这些复杂情况使 EPS 面临更多安全威胁,也对 EPS 的安全机制提出了更高要求。

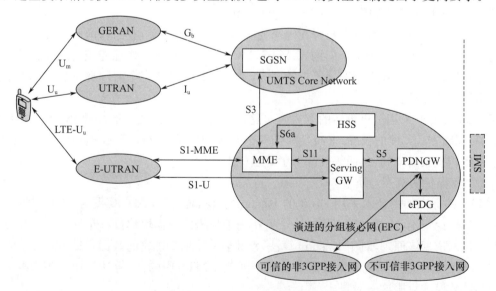

图 19.24  EPS(演进分组系统)架构

EPS 面临的安全威胁总结如下。
- 非法使用移动设备和用户的识别码接入网络;
- 根据用户设备(UE)的临时识别码、信令消息等跟踪用户;

- 非法使用安全过程中的密钥接入网络;
- 修改 UE 参数,使正常工作的手机永久或长期闭锁;
- 篡改 E-UTRAN 网络广播的系统信息;
- 监听和非法修改 IP 数据包内容;
- 通过重放攻击数据与信令的完整性。

EPS 的安全要求总结如下。

- 提供比 UMTS 更健壮的安全性——增加新的安全功能和安全措施;
- 用户身份加密——消除任何非法鉴别与跟踪用户的手段;
- 用户和网络相互认证——保证网络中的通信双方是安全互信的;
- 数据加密——确保无法在传输过程中窃取业务数据;
- 数据完整性保护——保证任何网络实体收到的数据都未被篡改;
- 与 GERAN 和 UTRAN 互操作——在网络互操作条件下,保证安全性低的接入网不会对 LTE/SAE 产生威胁;
- 重放保护——确保入侵者不能重放已经发送的信令消息。

**2. EPS 的安全体系与密钥管理**

EPS 的安全体系的特点总结如下。

- 非接入层(NAS)引入安全机制,包括加密与完整性保护。由于 EPC 支持非 3GPP 网络接入,因此需要采用移动 IP 机制。为了提高系统安全的健壮性,NAS 层的所有信令都要进行加密和完整性保护。
- 使用临时用户识别码,在 UE 接入网络初始附着时强制进行 AKA 双向认证。
- 使用加密技术,保证用户数据和信令的安全,使用完整性技术保证网络信息的安全。
- 采用动态密钥分配与管理机制,增加抽象层,对密钥进行分层管理,保护各级密钥。
- 在 IP 传输层采用 IPSec 协议保护传输数据。
- 增加 3GPP 与非 3GPP 接入网之间的安全互操作机制。

各个密钥在 EPS 安全机制中具有关键作用,3GPP 定义了这些密钥的生命期、有效范围、作用层次和属性[19.14]。E-UTRAN 与 EPC 的密钥相互独立,不可能进行相互推断,采用密钥派生函数(KDF)生成。图 19.25 给出了 EPS 密钥分层管理结构,虽然各个密钥的输入不同,但它们级联为统一格式,作为安全算法的入口参数。下面简要介绍各个密钥的特征。

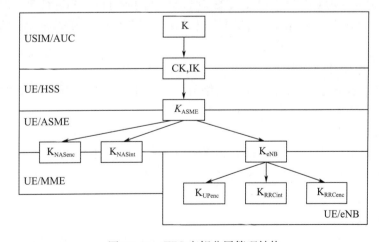

图 19.25 EPS 密钥分层管理结构

●K、CK 与 IK：K 是主密钥，位于 USIM 与 AuC 中，基于 KDF 生成 CK，用于加密，生成 IK 用于完整性保护，CK 与 IK 位于 UE 和 HSS 中。

●$K_{ASME}$，由 CK 与 IK 派生，位于 UE 与 ASME（接入安全管理实体，位于 MME）中，用于生成 AS（接入层）与 NAS 的各种会话密钥，进行加密和完整性保护。

●$K_{eNB}$，当 UE 在连接状态时，由 UE 和 MME 从 $K_{ASME}$ 派生；当 UE 在切换状态，由 UE 和目标 eNodeB 派生。

●$K_{NASint}$ 与 $K_{NASenc}$：分别用于 NAS 数据完整性保护和数据加密算法的密钥，由 UE 和 MME 从 $K_{ASME}$ 派生。

●$K_{UPenc}$、$K_{RRCint}$ 和 $K_{RRCenc}$：分别用于 AS 层上行业务数据加密、RRC 数据完整性和加密的密钥，由 UE 和 eNodeB 从 $K_{eNB}$ 派生。

EPS 也采用 AKA 机制，其流程如图 19.26 所示，分为两个阶段，在阶段 1 完成 SN-MME 与 HE 之间的安全通信，在阶段 2 完成 ME/USIM 与 SN-MME 之间的安全通信。

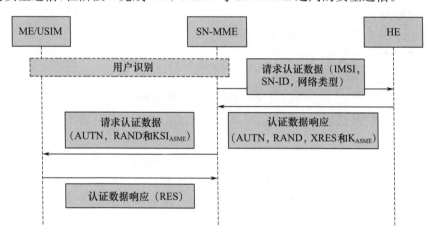

图 19.26    EPS AKA 流程

与 UMTS 相比，EPS 主要在以下三方面进行了安全性增强。

（1）AS 与 NAS 双层安全功能

EPS 相对于 UMTS 的主要改进是在 AS 安全功能层上引入了 NAS 层的安全机制。主要目的是防止不安全接入网对 EPC 的侵入。EPS 对 NAS 层的所有信令都进行两次加密和完整性保护，一次在 AS 层，一次在 NAS 层，从而提高了整个系统的健壮性。NAS 比 AS 的安全参数具有更长的生命期。

（2）网络互操作接口的安全保护

在网络侧，为了保护基于 IP 的 EPC 网络互操作接口，采用了 IPSec 对数据和信令进行保护。

（3）AKA 机制增强

在 UMTS 中，CK 与 IK 由 AUC 计算并反馈给 SN。而在 EPS 中，当 SN 请求时，CK 和 IK 由归属网络的 HSS 计算，并不反馈回 SN，仅当 UE 被网络认证后，才用反馈 $K_{ASME}$ 代替。这样可以用 $K_{ASME}$ 明确区分 SN 和 UE 的识别。

**3. EPS 安全机制**

EPS 的安全机制主要包括用户身份保护、用户与网络双向认证以及数据保护三方面的措施，下面简要介绍其基本原理。

（1）用户身份保护

与 GSM/UMTS 类似，EPS 主要采用临时识别码更新保护用户身份。这些临时识别码包括：M-TMSI，用于表示 MME 范围内的 UE；S-TMSI，由 MME 码和 M-TMSI 构造，用于寻呼用户；GUTI，由 MME 分配，包括两个分量，一个表示分配 GUTI 的 MME，一个表示 MME 中的用户；S-TMSI，用于无线信令的高效处理（例如寻呼与业务请求）。除此以外，永久性识别码 IMSI 和 IMEI 需要被安全存储。用户身份保护存在一个漏洞，如果 MME 质询 UE 的 IMSI，则即使通信不安全，UE 也需要发送。

（2）用户与网络双向认证

AKA 机制保证了 SN 对 UE 的认证，同时也允许 UE 通过 AUTN 验证网络。$K_{ASME}$、CK 与 IK 被抽象为密钥集合 $KSI_{ASME}$。MME 向 UE 发送 $KSI_{ASME}$、AUTN 和 RAND，UE 以 SN-ID 作为参数计算 $K_{ASME}$，从而对网络进行认证。需要注意的是，这些认证向量必须随时更新，以保证它们的安全性。

（3）数据保护

UE 和网络完成相互认证后，则可以启动安全通信。EPS 的数据保护包括数据加密和完整性保护，初始附着阶段 NAS 与 AS 安全环境的建立流程如图 19.27 所示，包括两次的加密和完整性保护过程。

图 19.27　初始附着过程中 AS 与 NAS 安全的建立

EPS 的数据加密采用序列密码技术。对于信息数据，NAS 和 AS 层都要进行序列加密，而对于业务数据，则只在 AS 层进行序列加密。

EPS 的完整性保护有效防止了中间截获攻击。对于所有信令数据，NAS 和 AS 层都要进行完整性保护；由于完整性算法增加数据包开销，降低有效的数据速率，因此业务数据不进行完整性保护。

**4. EPS 网间安全机制**

3GPP 定义了移动情况下的网间安全机制，主要问题是解决不同网络间的安全算法、KDF 以及密码计算、分配与管理。为了支持网间安全，UE 应当包含不同网络下的安全能力与加密算法列表,可以在所有接入网中进行附着请求,在 E-UTRAN 中发出 TAU(跟踪区域更新)请求,以及在 UTRAN/GERAN 中发出 RAU(路由区域更新)请求。另一方面,MME 和 eNodeB 需要配置加密算法优先级和 KDF 列表,与 eNodeB 建立 AS 安全连接后,MME 应将 UE 的安全能力发送给 eNodeB。下面分 4 种情况介绍 EPS 网间安全的处理过程。

(1) 连接模式下 E-UTRAN 内移动

在切换过程中,源 eNodeB 将 UE 安全能力发送给目的 eNodeB,由后者依据优先级列表选择安全算法,并通知 UE 和 MME。如果跨 MME 切换,则源 MME 与目的 MME 共享 UE 安全能力信息,后者基于优先级选择安全算法和 KDF,并在 TAU 接收消息中通知 UE。

(2) 空闲模式下 E-UTRAN 内移动

此时 UE 和网络使用 TAU/RAU 信令保证安全算法的同步。如果向运动 UE 发送数据,则 AS 层密钥需要重新计算。首先根据 $K_{ASME}$ 和 NAS 计数器计算 $K_{eNodeB}$,然后生成新的 $K_{RRCenc}$、$K_{RRCint}$ 及 $K_{UPenc}$。

(3) 连接模式下不同接入网间移动

在切换过程中,MME 和 SGSN 共享 UE 的目标接入网安全能力并选择安全算法,并且这些信息被发送到 eNodeB 或 RNC,同时 UE 和网络都需要重新计算密钥。

(4) 空闲模式下不同接入网间移动

这种情况有两种处理方法:第一种方法是在目标接入网中事先存储安全预案,根据预案,UE 和网络之间或者使用原来密钥,或者重新启动 AKA 机制;第二种方法是 UE 在 TAU/RAU 请求消息中发送 KSI/KSI$_{ASME}$ 或者源网信息,通过网络单元的信令交互建立安全环境。

### 19.6.2    WLAN 系统安全缺陷

IEEE 802.11 标准采用 WEP 协议作为安全算法,但错误使用 RC4 算法,使得 WLAN 系统在算法密钥、数据完整性与密钥管理分配方面存在严重缺陷。下面进行简要分析。

**1. 加密算法漏洞**

WEP 协议采用 RC4 对称加密算法,密钥长度为 40bit 或 128bit。序列加密的关键是避免密钥重复使用,WEP 采用 24bit 的初始向量(IV)变换密钥,防止重用。但由于 IV 向量是公开的,因此根据 IV 复用情况有可能检测出密钥。更为严重的是 IV 向量仅有 24bit,因此最大组合为 $2^{24}$,只要发送 5000 个数据包,约几分钟时间就会产生周期性重复,从而极大降低了 RC4 算法安全性,导致 WEP 安全性极差。

**2. 数据完整性缺陷**

WEP 协议采用 CRC-32 的校验和检查数据完整性,但这是一个错误方法。CRC-32 可以发现信道传输差错,但由于 CRC 和 RC4 都是线性变换,因此无法通过异或这种线性操作发现数据的篡改。因此 WEP 的完整性保护完全无效。

**3. 密钥管理局限**

WLAN 利用 AP 标识进行接入控制,理论上是一个不错的保护机制,它强制每一个客户端都必须拥有与接入点一致的 ESSID 标识。但是,如果无线网卡的 ESSID 设定为"ANY"(这是目前绝大多数无线网卡、无线 AP 的默认 ESSID 标识),就能自动搜寻在信号范围内所有的 AP 并试图建立连接,如此一来,无线网络的安全性形同虚设。

正是看到了安全方面的不足,IEEE 802.11 工作组开发了更安全的 802.11i 加密标准,该标准主要包含了 TKIP 和 AES 加密技术,以及新型认证协议 802.1x。我国提出的 WAPI(WLAN Authentication and Privacy Infrastructure)标准,具有比 802.11i 更好的安全性能。它采用公开密钥体制,在网络和终端之间进行双向身份认证,不仅防止非法移动终端(MT)接入 AP 访问网络并占用网络资源,还可以防止 MT 登录至非法 AP 而造成信息泄漏。2009 年 6 月,在日本东京召开的 ISO/IEC JTC1/SC6 会议上,WAPI 获得包括美、英、法在内的 10 余个与会成员体一致同意,正式成为无线局域网的国际标准,翻开了新的发展篇章。

### 19.6.3  WiMAX 系统的鉴权与加密

WiMAX 系统(IEEE 802.16d/e)安全机制的核心是 MAC 层中的安全子层,提供鉴权、安全密钥交换和加密功能,定义了加密封装协议、私用密钥管理(PKM)协议,提供多种信令和数据的加密算法和密钥,并提供用户和设备两种认证方式。另外,WiMAX 可以自由地选取更高层(如网络层、传输层、会话层等)上的安全机制,这些机制包括 IPSec 协议、传输层安全(TLS)协议和无线传输层安全(WTLS)协议。下面首先介绍 WiMAX 的安全技术,然后分析其局限性。

**1. WiMAX 的安全关键技术**

WiMAX 的安全技术主要包括三方面:数据加密、密钥管理与安全关联,下面分别简述。

(1)数据加密

目前,数据加密有 3 种方式:3-DES 算法、AES 算法和 RSA1024 算法。密钥在认证过程中分发,且动态更新。

(2)密钥管理协议

PKM 协议使用 X.509 数字证书、RSA 公钥算法以及健壮的加密算法来实现 BS 和 SS 之间的密钥交换。PKM 协议首先用公钥机制在 BS 和 SS 之间建立共享密钥(AK),然后进行 TEK(数据加密密钥)的安全交换。这种密钥分发的两层机制使得 TEK 的更新不需要重新计算公钥,减小了计算复杂度。

(3)安全关联

安全关联(Security Association,SA)是基站(BS)和移动站(SS)之间为安全通信而共享的信息集合,有 3 种形式:基本 SA、静态 SA 和动态 SA。每个可管理的 SS 在初始化过程中都会建立一个基本 SA;而静态 SA 由 BS 提供;动态 SA 根据特定服务流的初始化和终止而建立和删除。

**2. WiMAX 安全机制的问题**

目前,IEEE 802.16e 安全仍然有很多问题需要进一步改进,简要总结如下。

(1)IEEE 802.16e 中采用双向认证,IEEE 802.16d 采用单向认证,两种认证方式共存,增加了系统代价和实现复杂度,这些有待改进。

(2)要提高系统安全性,必须扩大安全子层,对管理信息进行加密,规范授权 SA,规范随机数发生器,改善密钥管理,实现与 WLAN 等的无线局域网的互操作安全机制,最后还要考虑与 2G、3G 系统共用 AAA 体系的过程。

(3)IEEE 802.16e 安全机制增加了多播建议,但也带来基站负担加重、更新及回应密钥请求效率低等问题,需要进一步改进。

### 19.6.4  5G NR 系统的信息安全

5G NR 系统的安全机制设计沿用了 LTE 的基本思路。但由于 5G 引入了三大场景,支持大规模 IoT 节点、D2D 通信、V2X 通信、SDN/NFV 等功能,因此在安全机制上带来了很多新的挑战。

5G 网络的安全机制与面临的技术挑战可以总结为 5 个方面。

(1)5G 接入与切换的安全保障

5G 网络支持海量用户与多种类型的移动设备安全接入网络。为此,与无线接入相关的安全技术包括多域条件下的超短时间鉴权与认证技术、异构网络安全通信，以及无缝安全漫游与切换技术等。

（2）IoT 安全保障

3GPP 组织已经设计了多种 IoT 标准，其中具有代表性的是两种标准：一种是 LTE 增强机器类通信（eMTC），另一种是 NB-IoT。目前，这两种 IoT 方案都可以接入 5G 网络，且定义了相应的安全保障机制。但仍然还有很多安全问题需要进一步探讨。例如，海量 IoT 设备并发安全接入、不同类型 IoT 设备的差异化安全接入、隐私保护与轻量级安全机制等。

（3）D2D 安全保障

设备直连（D2D）通信是 5G 新引入的通信方式，可以缩减基站负载，降低端到端时延，提高系统容量。D2D 带来了诸多技术便利与性能优势，但移动蜂窝网与无线自组织网混合组网，使得 5G 网络面临多种安全威胁与隐私泄露风险，还需要进一步研究。

（4）V2X 安全保障

5G V2X 具有多种技术优势，例如，大范围覆盖、预先部署的基础设施、确定的安全性与 QoS 保障，以及更稳健的灵活性。但是，还有一些安全机制需要进一步提高。例如，不同场景下的鉴权机制、1 对多 V2X 通信的广播消息安全保护、V2X 隐私保护等。

（5）网络切片安全保障

未来的 5G 网络会广泛采用 SDN 与 NFV 技术，网络结构将更为扁平化，需要对网络资源与中继节点资源进行可控与动态优化。在网络切片框架下，传统网络下的安全机制无法应对，需要在安全策略、可信网络管理等方面进一步改进。

# 19.7　本章小结

本章讨论移动通信中的信息安全问题。首先对移动通信的安全性威胁和引入安全措施的必要性及主要方法概要介绍。然后简要介绍了保密学基本原理：狭义/广义保密学、单/双密钥、序列（流）加密、分组（块）加密、公开密钥等。重点讨论了移动通信中的鉴权与加密方案，包含下列两大类型方案的共同点与不同点：GSM/GPRS/WCDMA 系列的鉴权与加密方案与措施；IS-95/CDMA2000 系列的鉴权与加密方案与措施。最后，简要介绍了 LTE/WiMAX/5G NR 等宽带移动通信系统的安全技术，并分析了 WLAN 的安全缺陷。

# 参 考 文 献

[19.1] W. Diffie and M. Hellman. New directions in cryptography. IEEE Trans. Inform. Theory, Vol. IT-22, Nov. 1976.

[19.2] X. J. Lai and J. Massey. A Proposal for a new block encryption standard. Proceedings of the workshop on the theory and application of cryptographic techniques on Advances in cryptology, pp. 389-404, 1991.

[19.3] R. L. Rivest, A. Shamir, and L. Adleman. A Method for Obtaining Digital Signatures and Public key Cryptosystems. Communications of the ACM, Vol. 21, No. 2, pp. 120-126, Feb. 1978.

[19.4] C. E. Shannon. Communication theory of secrecy systems. Bell Syst. Tech. J. , Vol. 28, pp. 656-715, Oct. 1949.

[19.5] X. Y. Wang et al. Collisions for Hash Functions MD4, MD5, HAVAL-128 and RIPEMD. Crypto 2004.

[19.6] 吴伟陵. 信息处理与编码（修订本）. 北京：人民邮电出版社，2003.

[19.7] D. R. Stinson. Cryptography Theory and Practice, (2nd). CRC Press LLC, 2002.

[19.8] M. Y. Rhee. CDMA Cellular Mobile Communications and Network Security. Prentice Hall, 1998.

[19.9] 杨义先，等. 现代密码新理论. 北京：科学出版社，2002.

[19.10] 3GPP TS 33. 102V8. 3. 0 3G Security: Security Architecture, 2009. 6.

[19.11] 3GPP TS 33. 105 V8. 0. 0 3G Security:Cryptographic Algorithm Requirements,2008. 12.

[19.12] 3GPP2 S. S0078,"Common Security Algorithms," v. 1. 0,Dec. 2002.

[19.13] 3GPP2 S. R0032,"Enhanced Subscriber Authentication and Enhanced Subscriber Privacy," v. 1. 0,Dec. 2000.

[19.14] 3GPP TS 33. 401 V9. 0. 0 3GPP System Architecture Evolution(SAE):Security Architecture,2009. 6.

[19.15] 3GPP TS 33. 402 V9. 0. 0 3GPP System Architecture Evolution(SAE):Security aspects of non-3GPP accesses,2009. 6.

[19.16] A. Biryukov,A. Shamir. Real time cryptanalysis of the alleged A5/1 on a PC. Preliminary draft,December 1999.

[19.17] A. Biryukov,A. Shamir,D. Wagner. Real time cryptanalysis of A5/1 on a PC. FSE 2000,LNCS No. 1978,Springer Verlag,Berlin,2000.

# 习 题

19.1 移动通信系统中为什么要引入信息安全技术？它与固网中的信息安全技术有何不同？应主要考虑哪一个接口上的信息安全？

19.2 移动通信系统中的信息安全技术主要包含哪两大类技术？它们各自解决什么问题？

19.3 什么是狭义保密系统？什么是广义保密系统？

19.4 什么是单钥制？什么是双钥制？试各举一两个例子加以说明。

19.5 序列加密的主要特点是什么？分组加密的主要特点又是什么？试问数据业务加密主要采用何种加密方式？话音业务加密主要采用何种加密方式？

19.6 若已知一序列加密系统如图 19.28 所示,其密码产生器如图 19.29 所示。

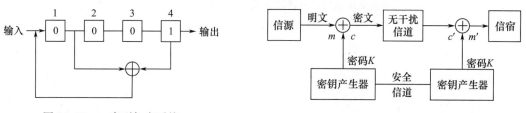

图 19.28 一序列加密系统　　　　　　图 19.29 密码产生器

若明文序列 $m=1010101010101010$,那么,

① 密钥序列 $K=$? 密文序列 $c=$? 解密后的明文序列 $m'=$?

② 若图 19.28 中抽头(模 2 加)位置从(4,1)改为(4,2),试问还能否产生 $m$ 序列伪随机密钥？

19.7 若已知下列分组加密方程组：

$$\begin{pmatrix} c_1 \\ c_2 \end{pmatrix} = \begin{pmatrix} 2 & 9 \\ 5 & 8 \end{pmatrix} \begin{pmatrix} m_1 \\ m_2 \end{pmatrix} \bmod 26$$

试求当明文 $m=$ data security(不计单字间空隙)时,加密后的密文 $c=$?

19.8 若已知一分组加密方式如图 19.30 所示,

① 制定对应真值表。

② 列出 $c_1 c_2 c_3$ 的模 2 加、解密方程组方程。

③ 列出 $m'_1 m'_2 m'_3$ 模 2 加、解密方程组方程。

④ 若能改变明文与密文之间的密钥连线即加密方式,试问它可组成多少种密钥？

19.9 若采用一个 RSA 体制的公开密钥,并设 $p_1=5,p_2=7$,明文 $a=0,b=1,c=2,d=3$。

试求：① 素数积 $n=$? 相应的欧拉常数 $\varphi(n)=$?

② 若选加密指数为 $e:1<e<\varphi(n)$,并取 $e=5$,求加密后的密文: $c_a c_b c_c c_d$。

③ 若选解密指数为 $d:(e,d)=1 \bmod \varphi(n)$。即 $de=\lambda\varphi(n)+1$,并取 $\lambda=1$,得 $d=(1\times\varphi(n)+1)/e=5$,求解密

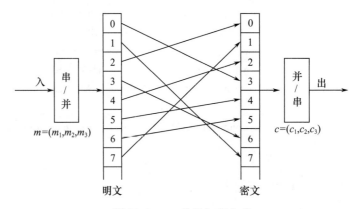

图 19.30　一分组加密方式

后的明文 $m'_a m'_b m'_c m'_d$。

19.10　在 GSM 中,鉴权分为哪两种类型? 其中,实现用户身份鉴权的基本原理是什么? 它与哪类密钥 $A_i$ 有关? 决定鉴权的基本参数是哪些?

19.11　在 GSM 中为什么要采用临时移动用户身份码(TMSI)? 它为什么要不断更新? 如何更新?

19.12　在 IS-95 的 CDMA 中,采用一组共享加密数据 SSD(128bit),并将它分为两半各占 64bit:SSD-A、SSD-B,试问它们的各自作用是什么? SSD 为什么要不断更新? 如何更新?

19.13　试比较 GSM 与 IS-95 中信息安全技术的主要相同点与不同点。

19.14　第三代(3G)移动通信中的信息安全比第二代(2G)移动通信中信息安全有哪些主要的改进?

19.15　第三代(3G)移动通信中的信息安全技术的主要特色是什么?

19.16　简述 LTE 系统的安全体系与密钥管理方案。

19.17　试说明 5G NR 系统面临的安全技术挑战。

# 第 20 章　移动网络规划、设计与优化

前面章节中重点介绍了移动通信系统的关键技术,网络层的协议与无线资源、移动性管理。这一章将介绍网络的覆盖、小区拓扑结构、频率与导频相位规划、小区与网络的容量、网络服务质量等一系列均涉及网络规划、设计与优化方面的问题。

在本章中,我们将介绍三个方面的内容。首先介绍引入网络规划、设计与优化的必要性及其主要内容。然后阐述网络规划、设计与优化的基本原理,包含从覆盖角度进行规划与设计的基本原理,从容量角度进行规划与设计的基本原理,系统级仿真主要方法及基本原理等。最后介绍3G、4G 多制式网络规划与优化的基本方法。

## 20.1　引　　言

移动通信系统面向整个服务区,为所有用户提供机动、灵活的移动通信业务。要实现它,仅依靠前面介绍的物理层的关键技术和网络层的协议是不够的,还必须有一个从宏观与整体上充分利用物理层与网络层软/硬件设备为用户服务的移动网络平台,以构成一个完整的移动网络系统。这个网络平台与系统的规划设计、优化就是本章要讨论的内容。

### 20.1.1　必要性与基本内容

构成一个完整的移动网络系统,第一步要根据对服务区的覆盖和容量的需求、质量的要求,服务区域类型与地形、地貌以及无线传播情况等,初步确定小区与基站的数量、基站设备配置和大致工程预算。

第二步,要完成对移动通信正式运营的网络进行工程设计与拓扑结构的确定。其主要依据是,从覆盖角度进行设计,确定基站(小区)数目,从容量角度进行设计,确定基站(小区)数量。根据小区区域类型及其地形、地貌选择并确定工程设计用的基站(小区)数目与位置,实际勘察地形,修改基站位置,再对基站的主要设计参量进行选择、调整、优化。

第三步对工程设计的反复调整与优化,将初步工程设计参数输入专用的仿真软件进行仿真,将其结果与初步工程设计结果进行比较,并进一步修改设计参数;根据无线资源管理(RRM)参数以及实测的网络性能,进一步仿真并反复修改工程设计,达到初步设计要求,交付正式运营使用。

经过一段时间的正式稳定经营,以及根据对运营网络的实际路测、网测和运行报表的进一步分析,找出问题所在,首先解决运营网络中的覆盖、容量和质量方面的主要问题,然后进一步挖掘现有网络的潜力,优化网络结构、改善覆盖、扩大容量、改善质量、提高效益。

### 20.1.2　移动通信中的频率规划

目前的移动通信网络是建立在蜂窝网的基础上的,而蜂窝网式结构又是基于无线电波传播特性而建立的。众所周知,无线电波随着传播距离的增大而逐步衰减,正是利用这一空间衰耗特性进行空间隔离,才能对移动通信中的载波频率或导频相位进行重复性使用,分别称为为频率规划和导频相位规划。前者已广泛应用于第一代与第二代的 TACS(AMPS)与 GSM 中,后者也已应用于第二代 IS-95 及第三代的几个主流体制如 WCDMA 和 CDMA2000 中。

正由于有了这一特点,在一个地点上使用的频率或导频相位,可以在离该地点足够远的另一地点重复使用。利用这一原理可以使移动通信系统覆盖很广的地区,比如一个地区、一个国家甚至全世界,从而可避免有限的无线频带、有限的地址码带来的频率拥挤与地址码拥挤问题,并能提供足够大的用户容量。

（1）频率复用

基于上述原理,在一个基站使用的频率,当另一个基站距离该基站足够远时,该基站所使用的频率可被重复利用。每个基站覆盖的一个区域在移动通信中称为小区(或蜂窝),小区半径的大小取决于用户的密集程度。在蜂窝网中,使用相同频率的小区称为同频小区。为了使信道在受同频干扰时不至于降低通信质量,同频小区间的距离要足够远。

（2）小区规划与小区覆盖的结构

在网络规划阶段,小区一般可看作一个理想的六边形蜂窝式结构,它可以不重叠无遗漏地覆盖服务区域;若信号是全面均匀传播的,且发、收之间没有障碍物,那么电波覆盖的小区应为圆形小区,显然它会产生重叠或遗漏。实际上,发、收之间不仅有障碍物,而且所处的地形、地貌也不相同,这时小区间是不规则的,如图 20.1 所示。

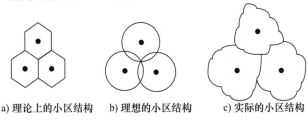

a) 理论上的小区结构　　b) 理想的小区结构　　c) 实际的小区结构

图 20.1　理论与实际小区的结构差异

（3）区群中的小区数目

在移动通信中,相邻小区不能用相同载频。为了确保同一载频信道小区间有足够的距离,小区(蜂窝)附近的若干个小区都不能采用相同载频的信道,由这些不同载频信道的小区组成一个区群,只有在不同区群间的小区才能进行载波频率的复用。

第 13 章已经给出,蜂窝结构区群中的小区数目应满足

$$N = a^2 + ab + b^2 \qquad (20.1.1)$$

其中,$a$、$b$ 为正整数,且其中有一个可以为 0,由此可以算出 $N$ 的可能取值。

蜂窝网络规划经常使用的区群结构如下。

① 9 蜂窝区群:3 个基站,每个基站 3 个扇区;

② 12 蜂窝区群:4 个基站,每个基站 3 个扇区;

③ 21 蜂窝区群:7 个基站,每个基站 3 个扇区。

**例 20.1**:下面给出 3 基站/9 小区模式的结构(见图 20.2)和信道分配的举例,其信道分配如表 20.1所示。

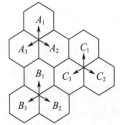

图 20.2　3 基站/9 小区模式

表 20.1　3 基站/9 小区模式中的信道分配

| 频率组 | $A_1$ | $B_1$ | $C_1$ | $A_2$ | $B_2$ | $C_2$ | $A_3$ | $B_3$ | $C_3$ |
|---|---|---|---|---|---|---|---|---|---|
| 信道 | 1 | 2 | 3 | 4 | 5 | 6 | 7 | 8 | 9 |
| | 10 | 11 | 12 | 13 | 14 | 15 | 16 | 17 | 18 |
| | 19 | 20 | 21 | 22 | 23 | 24 | 25 | 26 | 27 |

**例 20.2**：我国 800MHz 移动数据通信系统采用等间隔频率分配方案的 13 小区全向型，每个小区两个载频，且同一小区内相邻两个频率间隔为 390kHz，其结构如图 20.3 所示。

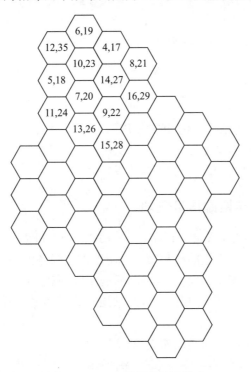

图 20.3　13 小区频率复用模式

**例 20.3**：我国 800MHz 移动数据通信系统采用的另一种每基站三扇区的 7 基站/21 扇区模式，其频率复用结构如图 20.4 所示。

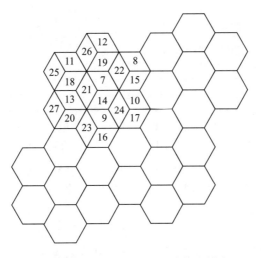

图 20.4　7 基站/21 扇区频率复用模式

365 ·

（4）蜂窝区群之间的复用距离

**例 20.4：**以图 20.4 所示的 7 基站/21 扇区模式为例，求区群之间的频率复用距离 $d_7$。

解：设区群面积为 $A_1$，基站蜂窝面积为 $A_2$，若以蜂窝为基本单位，相邻蜂窝间的距离为 $D$，则区群中的小区数（以蜂窝为基本单元）应为

$$N = \frac{A_1}{A_2} = \frac{d_7^2}{D^2} \qquad (20.1.2)$$

对于正六边形蜂窝，若其外接圆半径为 $r$，则有

$$D = \sqrt{3}\, r \qquad (20.1.3)$$

将式（20.1.3）代入式（20.1.2），求得

$$N = \frac{d_7^2}{(\sqrt{3}\, r)^2} \qquad (20.1.4)$$

即 $d_7 = \sqrt{3N}\, r$。

可见，区群内小区数目越多，同频率间的复用距离也就越大。将上述结论推广至一般情况，即若任一个小区群间的距离为 $d$，则有

$$d = \sqrt{3N}\, r \qquad (20.1.5)$$

### 20.1.3 CDMA 中导频偏移量规划

CDMA 不同于传统的 FDMA 和 TDMA。在 FDMA 和 TDMA 中，前面已介绍，可以利用电波信号的空间衰耗特性进行信道的载频频率复用以扩大服务的用户数量，并能有效解决无线频段受限问题。然而，在 CDMA 的同一区群中，所有小区（或扇区）采用的是同一载频频率，不同的仅是小区的导频偏移量（又称导频相位）。即，采用导频偏移量（相位）规划来代替常规的载频频率规划。

频率规划与导频偏移量规划的类比如表 20.2 所示。

表 20.2　频率规划与导频偏移量规划的类比

| | FDMA、TDMA 频率规则 | CDMA 导频偏移量规则 |
|---|---|---|
| 干扰类型与度量标准 | 同频干扰<br>频率复用距离<br>邻区频率干扰<br>频率隔离（防护）度 | 同相偏移干扰<br>相位复用距离<br>邻相偏移干扰<br>相位隔离（防护）度 |
| 理论分析方法与度量标准 | 概率统计分析方法<br>载干比 $C/I$（FDMA）、$E/I$ 与 $P_e$（TDMA） | 概率统计分析方法<br>$E/I$ 与 $P_e$ |
| 工程分析方法 | 在理论分析基础上的频率规划与设计 | 在理论分析基础上的导频偏移量规划与设计 |

**例 20.5：**以 IS-95 为例，分析导频相位规划中的主要参数。

在 IS-95 中，为了有效地区分基站，采用了 $m = 2^{15} - 1$ 的短 PN 序列码，为了便于整除，另加上一个 15 位全"0"码，共计有 $2^{15} = 32768$chip（码片）。在 IS-95 中，取相位隔离（防护）度为 64chip，其原因有：留足够多位的多径时延保护区，主要防止本小区（扇区）多径传播而引入时延（相位）模糊，相邻小区（扇区）间的导频偏移量也应留有足够的间隔。

在使用导频偏移量规划时，一定要防止远端使用同一导频偏移量的小区（扇区）所引入的混淆，主要靠距离等效偏移量足够大来保证。所谓距离等效偏移量，是指（在一定接收门限下）CDMA 中的码片周期及其在空中的等效距离。IS-95 码片周期与空中等效距离为

$$T_1 = \frac{1}{1.2288\text{Mcps}} = 0.8138\mu\text{s/chip} \tag{20.1.6}$$

$$d_1 = T_1 \times c(\text{光速}) = 0.8138\mu\text{s/chip} \times 299311\text{km} = 0.244\text{km/chip} \tag{20.1.7}$$

CDMA2000 系统

$$T_2 = \frac{1}{3.6842\text{Mcps}} = 0.271\mu\text{s/chip} \tag{20.1.8}$$

$$d_1 = 0.271\mu\text{s/chip} \times 2.99311\text{km} = 0.081\text{km/chip} \tag{20.1.9}$$

WCDMA 系统

$$T_3 = \frac{1}{3.84\text{Mcps}} = 0.26\mu\text{s/chip} \tag{20.1.10}$$

$$d_3 = 0.26\mu\text{s/chip} \times 299311\text{km} = 0.0778\text{km/chip} \tag{20.1.11}$$

IS-95 中 PN 码设计可用的相位偏移指数为

$$N_{\text{PN}} = \frac{2^{15}}{64} = \frac{32768}{64} = 512 \tag{20.1.12}$$

因此,在每一个 IS-95 的频点(占 1.25MHz 带宽)最大可提供的基站(全向天线)或扇区(三扇区)的地址码数目为 512 个。理论上,IS-95 中可使用的频点数为

$$N_1 = \frac{25\text{MHz}}{1.25\text{MHz}} = 20 \text{ 个} \tag{20.1.13}$$

实际上,要进一步考虑保护频带,则

$$N_2 = \frac{25\text{MHz}}{1.23 + 0.27} \approx 16.7 \text{ 个,取 16 个} \tag{20.1.14}$$

在我国,IS-95 只给出 10MHz 频段,则

$$\begin{cases} N_1' = \dfrac{2}{5} \times 20 = 8 \text{ 个} \\ N_2' = \dfrac{2}{5} \times 16 \approx 6 \text{ 个} \end{cases} \tag{20.1.15}$$

若不采用导频偏移量规划,最大可提供的小区地址码数目 $K$,理论上有

$$K_1 = N_{\text{PN}} \times N_1 = 512 \times 20 = 10240 \text{ 个} \tag{20.1.16}$$

实际上为

$$K_2 = N_{\text{PN}} \times N_2 = 512 \times 16 = 8192 \text{ 个} \tag{20.1.17}$$

在我国的具体情况:

$$K_1' = K_1 \times \frac{2}{5} = 10240 \times \frac{2}{5} = 4096 \text{ 个} \tag{20.1.18}$$

$$K_2' = K_2 \times \frac{2}{5} = 8192 \times \frac{2}{5} \approx 3276 \text{ 个} \tag{20.1.19}$$

可见,在我国若不使用导频偏移量规划,最多可使用的小区地址码数目为 3276 个。若每一个小区可提供 30 个(<55 个,理论上)码分用户,则不使导频规划最多可使用 98280 个码分用户。它比 GSM 用户不使用频率规划时最多能使用地址数 1000 个大约多 9 倍。

在导频偏移规划中,还需要再引入两个主要参数。

第一个参数是实际上可用于导频偏移规划的导频偏移指数,即实际上可使用的小区数 $N_{\text{PN}}$,它相当于在 FDMA/TDMA 的频率规划中的蜂窝群中的小区(或扇区)数目。

第二个参数是偏移量增量值 PILOT-INC,它是一个相对量,与第一个参量 $N_{PN}$ 之间的对应关系如表 20.3 所示。

表 20.3   $N_{PN}$ 与 PILOT-INC 对应关系表

| $N_{PN}$ | 512 | 256 | 170 | 128 | 102 | 85 | … | 51 | … |
|---|---|---|---|---|---|---|---|---|---|
| PILOT-INC | 1 | 2 | 3 | 4 | 5 | 6 | … | 10 | … |

理论分析指出,两个小区导频间产生干扰的概率与蜂窝小区群中实际使用的小区(扇区)数目 $N$ 有如下的关系:

$$p \leqslant \frac{1}{N^2}(上界) \tag{20.1.20}$$

如图 20.5 所示。当 $N=4$ 时,$p_4 \approx 0.06 = 6\%$,当 $N=10$ 时,$p_{10} \approx 0.1\%$。当取相位隔离度(防护度)为 64chip 时小区间的等效空间距离为 $D_i$。

对于 IS-95 与 CDMA2000-1X:

$$D_1 = 64 \times d_1 = 64\text{chip} \times 0.244\text{km/chip} = 15.6\text{km} \tag{20.1.21}$$

对于 CDMA2000-3X:

$$D_2 = 64 \times d_2 = 64\text{chip} \times 0.08\text{km/chip} = 5.18\text{km} \tag{20.1.22}$$

对于 WCDMA:

$$D_3 = 64 \times d_3 = 64\text{chip} \times 0.0778\text{km/chip} \approx 5\text{km} \tag{20.1.23}$$

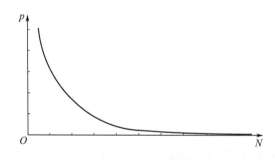

图 20.5   两个小区导频间产生干扰的概率与 $N$ 的关系

**例 20.6**:若取 PILOT-INC=10,实际所用的导频组数目为 $N_{PN}(10)=512/10 \approx 51$ 个。每个导频组偏移量为 $64 \times$ PILOT-INC $= 64 \times 10 = 640$chip,它的等效空间距离为(对 IS-95)$D_1' = 640$chip $\times$ 0.244km/chip $= 156$km。可见,它远远大于设计要求的小区间的等效空间距离 15.6km(IS-95 的 $D_1$)。

在实际工程中,应预留一些备用的导频偏移量以供一些特殊的基站(小区)如超高站使用,这样,可使用的导频组数 $N_{PN}$ 与实际在同一蜂窝区群中采用的导频组数且 $N$ 是不一样的。将这 51 个导频组划分为三组,每组 17 个,如表 20.4 所示。

表 20.4   51 个导频组的划分

| 第一组 | 1 2 3 4 5 6 7 8 9 10 11 12 13 | 14 15 16 17 |
|---|---|---|
| 第二组 | 18 19 20 21 22 23 24 25 26 27 28 29 30 | 31 32 33 34 |
| 第三组 | 35 36 37 38 39 40 41 42 43 44 45 46 47 | 48 49 50 51 |

在表 20.4 中,三个导频组中每组 17 个,取其中前 13 个为正式使用,后 4 个为备用。这里 $N=a^2+ab+b^2$,$a=3$,$b=1$,所以 $N=13$。若采用全向天线,则仅采用第一组即可,这时 $N=13$,后 4 个为备用。若采用三扇区天线,则三组都使用,仍以每组前 13 个正式使用,而后 4 个为备

用。这时每个小区内扇区间的导频组划分情况是,各组对应的列为同一小区。比如,1、18、35 为同一小区,2、19、36 为同一小区,等等,以此类推。

$N=13$ 所对应的小区覆盖的规划结构(以全向天线为例)如图 20.6 所示。其中,$D_{13}=\sqrt{3N}r=\sqrt{3\times13}r=\sqrt{39}\,r\approx6r$,$r$ 为小区半径,若取 $r=1$km,则有 $D_{13}=6r=6\times1$km$=6$km,等效于 $\dfrac{6}{0.244}=26$(chip)。结论:当激活导频搜索窗 srch-win 小于小区群间的距离一半,即 $\dfrac{d_{13}}{2}=\dfrac{1}{2}\times26$chip$=13$chip 时,系统不会出现因导频偏移量规划而引入导频间的干扰。

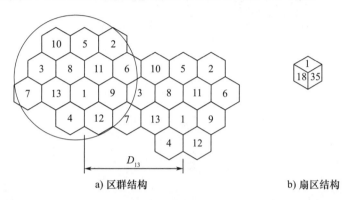

a) 区群结构        b) 扇区结构

图 20.6 蜂窝小区的区群结构及扇区结构

**例 20.7**:若取 PILOT-INC$=4$,这时可使用的导频组数目为 $N'_{\text{PN}}(4)=\dfrac{512}{4}=128$ 个。每个导频组的偏移量为 $64\times$PILOT-INC$=64\times4=256$chip,它的等效空间距离为 $D'_1=256$chip$\times0.244$km/chip$=62.46$km$\gg15.6$km。可见它们仍远大于设计要求的小区间等效空间距离 15.6km。

现将这 128 个可使用导频组划分为三组,每组 42 个,如表 20.5 所示。

表 20.5 128 个导频组的划分

| 第一组 | 1 2 3 4 … 36 37 | 38 39 … 41 42 |
|---|---|---|
| 第二组 | 43 44 45 46 … 73 74 | 75 76 … 83 84 |
| 第三组 | 85 86 87 88 … 110 111 | 112 113 … 127 128 |

根据 $N=a^2+ab+b^2$,选 $a=4,b=3$,则 $N=4^2+4\times3+3^2=37$,即选用 37 个小区为一蜂窝区群。若采用全向天线,则仅采用上述表格中第一组,并取 $N=37$,后面的 38~42 个备用。若采用三扇区天线,则上述表格中的三组都采用,仍取 $N=37$,即每组前 37 个采用,而后面均作为备用。这时每个小区内的扇区间的导频划分情况是,各组对应的列为同一小区,即 1、43、85、2、44、86,以此类推。$N=37$ 的蜂窝群的结构如图 20.7 所示。

其中,$D_{37}=\sqrt{3N}r=\sqrt{3\times37}r=11r$,而 $r$ 为小区半径,若取 $r=1$km,则有 $D_{37}=11r=11$km,它等效于 $\dfrac{11}{0.244\text{km/chip}}\approx43$chip。可见,当导频偏移量增量值 PILOT-INC 减小时,复用距离 $D_{37}>D_{13}$ 将增大。结论:当激活导频搜索窗小于小区的区群间等效距离 $D_{37}$ 的一半,即 $\dfrac{1}{2}D_{37}=\dfrac{1}{2}\times43$chip$=21.5$chip 时,系统中不会因导频偏移量规划而引入导频间的干扰。

上述两个例子中留用的后备导频组主要可用于:个别小区业务量过大,需增设或临时增设基站以分担其业务等特殊需求。

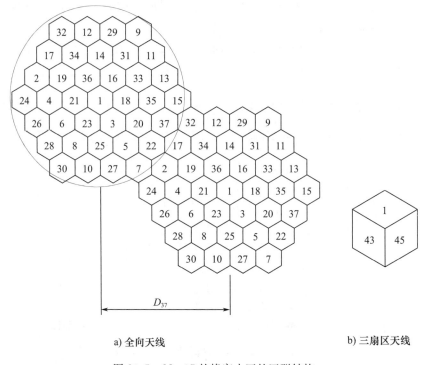

a) 全向天线                                      b) 三扇区天线

图 20.7   $N=37$ 的蜂窝小区的区群结构

# 20.2   网络规划、设计与优化的基本原理

## 20.2.1   规化、设计与优化三者之间的分工

### 1. 网络规划

网络规划一般是指在初始阶段对移动通信中网络工程的粗略估计与布局的考虑。规划阶段主要解决的问题是对移动网络工程的规模和投资进行初步估计,即根据对服务区的覆盖范围与业务量需求,初步估算包括服务区内基站站点数目、基站配置粗略估计、总体经营投资概算。

### 2. 网络设计

网络设计主要负责在初步规划的基础上对正式运营的不同制式移动通信蜂窝网进行工程设计,网络工程设计应与移动通信制式(是 TDMA、FDMA,还是 CDMA)以及一些具体设备生产厂家的技术性能密切相关。

具体移动网络工程设计一般又分为以下几个主要部分:无线(射频)网络规划设计,含基站、基站控制器部分;无线核心网络规划与设计,含 MSC、HLR、VLR、AUC、SMS 等部分;机房、供电、供水等土木建筑配套措施设计。本章仅介绍无线(射频)网络规划。网络设计过程中的调整、修改与优化一般称为设计优化或小优化。

### 3. 网络优化

规划、设计一般是在正式建网以前进行并完成的,而网络优化(又称大优化)则是在正式建网并经过一段时间正式运营后才进行的。网络优化是一项复杂的系统工程,涉及单小区的无线传输、多小区和整个移动交换网络的优化,以及根据业务需求的扩容等问题。

网络优化的基础条件,主要包括已正式运营的网络、大量且充分的实测数据与统计报表、专门用于数据分析与网络优化的软件支持系统,以及有一批训练有素的网优技术人员。

网络优化,主要由运营商为主体来完成。网络优化的主要目标是进一步提高容量,改进通信质量,完善覆盖性能以及挖掘设备与网络系统的潜力,提高运营效率,还要为网络扩容服务。网络规划、设计的总体功能框图如图20.8所示。

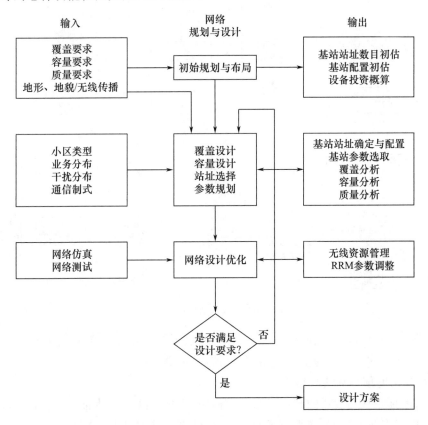

图20.8　网络规划、设计总体功能框图

## 20.2.2　网络规划与设计的基本原理

进行网络规划和设计,首先需要调研和分析服务区内的基础数据。例如,人口与面积,业务需求、业务分布以及现有各种通信手段使用状况,地形、地貌、道路与交通概况,干扰源分布,经济发展与文化、娱乐、旅游设施,以及对通信业务发展的预测等。

**1. 网络规划、设计的主要实现原理与方法**

从原理上,可以分别从覆盖、容量和质量三个不同角度独立进行规划与设计,再根据具体的环境与条件选取其中之一为主体。

实际上,由于通信质量与覆盖和容量是密切相关的,所以实际上的网络规划与设计归结为覆盖和容量两类方法,而将质量因素归入上述两类方法之中。无线网络规划与设计的核心问题是基站数目选取及其网络拓扑结构、基站参数的选取。

**2. 基站数目选取的原理**

基站数目选取的方法如图20.9所示,包括三类。

(1) 从覆盖角度预测基站数目 $N_1$

从覆盖角度预测基站数目的基本思路是,首先根据无线电波传播模型估算出传播损耗,然后将其值代入无线链路方程中,求得小区覆盖面积,再除以服务区的总覆盖面积即可求得基站数目 $N_1$。

无线电波传播模型目前已有很多类型,经常采用的有三类:Okumura-Hata 模型、WIN 模型和 COST231 模型,详细介绍可参见本书上册第 2 章有关内容。

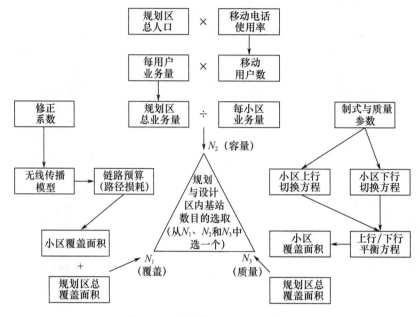

图 20.9　基站数目选取的三类方法

关于无线链路方程,可根据不同的移动通信制式、不同业务要求给出不同形式的无线链路方程。但从本质上看,均可归纳为上行链路和下行链路两类方程。

(2) 从容量角度预测基站数目 $N_2$

从容量角度预测基站数目的基本思路是,分别求出规划区内移动通信的总业务量(或等效总业务量,它适用于多业务类型)及每小区的业务量,两者相除即可求得基站数目 $N_2$。总业务量或等效总业务量的预测是通过调研服务区内的人口数量(含固定人口、流动人口)、移动手机使用率,以及每个用户的手机使用率和业务量来实现的。每小区用户数和业务量是与具体通信制式有关的设计要求值,它可通过计算或仿真求出。业务容量的预测也可以通过其他类似或等效的手段(比如频谱利用率)来进行。

(3) 从质量角度预测的基站数目 $N_3$

从质量角度预测基站数目的基本思路是,以不同制式下与不同业务类型下的质量参数为主体,求出上行/下行链路的切换方程,并加以平衡,求出小区在质量准则下的覆盖面积。将这个小区在质量准则下的覆盖面积除以规划区的总覆盖面积(这是设计要求值)即可求得 $N_3$ 值。再进一步根据切换阻塞率、掉话率等质量指标修正上述数据。

综合考虑从覆盖、容量和质量三个角度分别求得的 $N_1$、$N_2$ 和 $N_3$,然后按下列情况做出最后选择:在满负载情况下,取 $N_1$、$N_2$ 和 $N_3$ 中的最大者;在低负载情况下,取 $N_1$、$N_2$ 和 $N_3$ 中的最小者;一般情况下,取 $N_1$、$N_2$ 和 $N_3$ 中的中间值。

由于从覆盖和容量都必须进一步考虑到某些质量方面的需求,所以实际上往往没有必要从上述覆盖、容量和质量三个角度来求解,而是将质量要求融入覆盖和容量中,仅需从覆盖和容量两方面来求解。

# 20.3 从覆盖角度进行小区规划与设计

前面已指出,从覆盖角度进行小区规划中的核心问题是求解两个方程:一个是无线(电波)传播方程,利用它求解出电波传播的空间损耗;另一个是上行/下行链路传输方程及其平衡方程。下面分别予以介绍。

## 20.3.1 无线传播方程

无线传播方程有基于理论的和基于实际的两大类型。在移动网络规划中,更青睐基于实际的类型,它又可分为基于室外和基于室内两部分。

### 1. 自由空间传播模型

该模型描述了理想情况下的传播损耗,即发、收天线均为理想的全向天线,其增益为 1,且在理想的自由空间中传播,这样发送功率与接收功率之比即为自由空间传播的路径损耗。设 $P_T$ 为发射功率,$d$ 为发、收天线间的距离,$G_T$ 为发射天线增益,则在接收端收到的电波功率密度应为

$$D=\frac{P_T G_T}{4\pi d^2} \tag{20.3.1}$$

再设接收天线有效面积为 $A_R$(无方向),则有

$$A_R=\frac{\lambda^2}{4\pi}G_R \tag{20.3.2}$$

其中,$\lambda$ 为波长,单位为米(m);$G_R$ 为接收天线增益,接收到的功率应为

$$P_R=DA_R=\frac{P_T G_T}{4\pi d^2}\times\frac{\lambda^2}{4\pi}G_R=\left(\frac{\lambda}{4\pi d}\right)^2 P_T G_T G_R \tag{20.3.3}$$

自由空间中的路径损耗为

$$L_p=\frac{P_T}{P_R}=\left(\frac{4\pi d}{\lambda}\right)^2\times\frac{1}{G_T G_R} \tag{20.3.4}$$

则

$$L_p(\text{dB})=10\lg\left(\frac{4\pi d}{\lambda}\right)^2+10\lg\frac{1}{G_T\times G_R} \tag{20.3.5}$$

若不考虑收、发天线增益,即令 $G_T=G_R=1$,则有

$$L_p(\text{dB})=20\lg\frac{4\pi d}{\lambda} \tag{20.3.6}$$

或

$$L_p(\text{dB})=32.44+20\lg(f/\text{MHz})+20\lg(d/\text{km}) \tag{20.3.7}$$

### 2. 室外传播模型

实际移动通信环境中的情况比较复杂,无线传播的路径损耗不像式(20.3.6)中传播损耗仅与工作频率 $f$、传播距离 $d$ 有关,还与收发天线高度、具体地形、地貌等实际因素有关,这就是基于实际的经验公式,可广泛用于实际移动网络规划中。实际的室外传播模型很多,其中最具有代表性的三类模型已在第 2 章中的 2.2 节和 2.3 节详细介绍,这里不再赘述。

### 3. 室内传播模型

室内无线传播是一个比较新的领域,大约在 20 世纪 80 年代才开始研究。这一部分在第 2 章中未涉及,因此这里初步予以介绍。

室内无线传播从原理上看与室外无线传播是一样的,都是基于直射、反射、绕射与散射的。但是,由于室内与室外环境与条件有很大区别,其接收信号电平在很大程度上取决于建筑物内门的开关状态、天线的安装位置、房间的大小、建筑物的材料等。很多室内传播模型也远不如室外模型成熟、典型。下面仅介绍其中两个较简单的模型。

(1) Ericsson 多重断点模型

该模型是通过测试多层办公室建筑提炼出来的,有 4 个断点,并考虑了路径损耗的上、下边界,如图 20.10 所示。

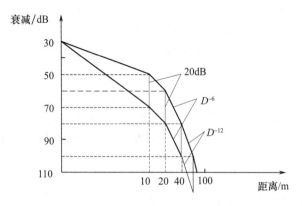

图 20.10　Ericsson 室内路径损耗模型

该模型中假定 $d_0 = 1\text{m}$ 处衰减为 30dB,它对于载频 $f = 900\text{MHz}$ 的单位增益天线是准确的。该模型没有考虑对数正态阴影部分。

(2) 衰减因子模型

建筑物内的传播模型包含建筑物类型影响和阻挡物引起的变化。该模型灵活性强,其预测路径损耗与测量值的标准偏差为 4dB,而对数距离模型的偏差高达 13dB,衰减因子模型中传播路径损耗为

$$P_L(d) = P_L(d_0) + 10 r_{\text{SF}} \lg\left(\frac{d}{d_0}\right) + \text{FAF} \tag{20.3.8}$$

其中,$r_{\text{SF}}$ 表示同层测试的指数值。如果同层存在很好的 $r_{\text{SF}}$ 估算结果,则不同楼层路径损耗可通过附加楼层衰减因子 FAF 获得,或者在式(20.3.8)中,FAF 由考虑多楼层影响的指数所代替。

$$P_L(d) = P_L(d_0) + 10 r_{\text{MF}} \lg\left(\frac{d}{d_0}\right) \tag{20.3.9}$$

其中,$r_{\text{MF}}$ 表示基于测试的多楼层路径损耗指数。

室内路径损耗等于自由空间损耗加上附加损耗因子,且随距离成指数增长,对于多层建筑物,有

$$P_L(d) = P_L(d_0) + 20 \lg\left(\frac{d}{d_0}\right) + \alpha d + \text{FAF} \tag{20.3.10}$$

其中,$\alpha$ 为信道衰减常数,单位为 dB/m。

## 20.3.2　上行/下行链路传输方程及其平衡方程

移动通信上行/下行链路预算模型如图 20.11 所示。

以上行/下行最大路径损耗为基准,建立链路预算方程如下。

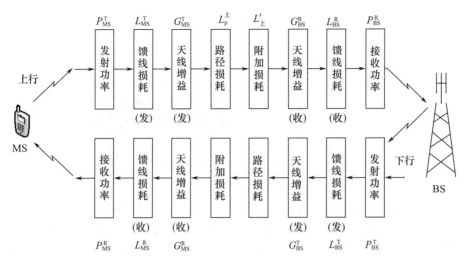

图 20.11　移动通信上行/下行链路预算模型

**1. 上行链路预算方程(移动台→基站)**

$$L_p^{\text{上}} = P_{\text{MS}}^{\text{T}} - L_{\text{MS}}^{\text{T}} + G_{\text{MS}}^{\text{T}} + G_{\text{BS}}^{\text{R}} - L_{\text{BS}}^{\text{R}} - L_{\text{上}}' - P_{\text{BS}}^{\text{R}} \tag{20.3.11}$$

其中,$L_p^{\text{上}}$ 为上行链路的无线传播损耗(dB),$P_{\text{MS}}^{\text{T}}$ 为移动台发射功率(dBm),$L_{\text{MS}}^{\text{T}}$ 为移动台(MS)发射端馈线损耗(dB)(它一般可忽略),$G_{\text{MS}}^{\text{T}}$ 为移动台发射天线增益(dBm),$G_{\text{BS}}^{\text{R}}$ 为基站(BS)接收天线增益(dBm),$L_{\text{BS}}^{\text{R}}$ 为基站接收端馈线损耗(dB),$L_{\text{上}}'$ 为上行附加损耗(含附加增益)(dB),$P_{\text{BS}}^{\text{R}}$ 为基站接收功率(dBm)。且有

$$P_{\text{BS}}^{\text{R}} \geqslant R_{\text{BS}}^{\text{th}} + M_{\text{F}} + M_{\text{S}} \tag{20.3.12}$$

其中,$R_{\text{BS}}^{\text{th}}$ 为基站接收的门限(dBm),$M_{\text{F}}$ 为快衰落余量(一般服从瑞利分布,dB),$M_{\text{S}}$ 为慢衰落余量(一般服从对数正态分布,dB)。

**2. 下行链路预算方程(基站→移动台)**

$$L_p^{\text{下}} = P_{\text{BS}}^{\text{T}} - L_{\text{BS}}^{\text{T}} + G_{\text{BS}}^{\text{T}} + G_{\text{MS}}^{\text{R}} - L_{\text{MS}}^{\text{R}} - L_{\text{下}}' - P_{\text{MS}}^{\text{R}} \tag{20.3.13}$$

其中,$L_p^{\text{下}}$ 为下行链路的无线传播损耗(dB),$P_{\text{BS}}^{\text{T}}$ 为基站发射功率(dBm),$L_{\text{BS}}^{\text{T}}$ 为基站发射端馈线损耗(dB),$G_{\text{BS}}^{\text{T}}$ 为基站发射天线增益(dBm),$G_{\text{MS}}^{\text{R}}$ 为移动台接收天线增益(dBm),$L_{\text{MS}}^{\text{R}}$ 为移动台接收端馈线损耗(dB)(一般可忽略),$L_{\text{上}}'$ 为下行附加损耗(含附加增益)(dB),$P_{\text{MS}}^{\text{R}}$ 为移动台接收功率(dBm)。且有

$$P_{\text{MS}}^{\text{R}} \geqslant R_{\text{MS}}^{\text{th}} + M_{\text{F}} + M_{\text{S}} \tag{20.3.14}$$

其中,$R_{\text{MS}}^{\text{th}}$ 为移动台接收的门限(dBm),$M_{\text{F}}$ 为快衰落余量(dB),$M_{\text{S}}$ 为慢衰落余量(dB)。

**3. 上行/下行链路平衡方程**

设 $L_p^{\text{上}} - L_p^{\text{下}} = B_{\text{f}}$,称 $B_{\text{f}}$ 为平衡因子,则有:$B_{\text{f}} \approx 0$,即 $L_p^{\text{上}} \approx L_p^{\text{下}}$,则上行/下行链路基本达到平衡;$B_{\text{f}} > 0$,即 $L_p^{\text{上}} > L_p^{\text{下}}$,则系统中上行链路受到限制;$B_{\text{f}} < 0$,即 $L_p^{\text{上}} < L_p^{\text{下}}$,则系统中下行链路受到限制。若进一步考虑到实际情况,允许上行/下行路径损耗有一定偏差 $\varepsilon \approx 1 \sim 2\text{dB}$,则有:$|B_{\text{f}}| \approx \varepsilon$,即 $L_p^{\text{上}} \approx L_p^{\text{下}}$,上行/下行基本平衡;$B_{\text{f}} > \varepsilon$,即 $L_p^{\text{上}} > L_p^{\text{下}}$,上行链路受限;$B_{\text{f}} < \varepsilon$,即 $L_p^{\text{上}} < L_p^{\text{下}}$,下行链路受限。

若以接收机门限为基准(参考点),则有

$$R^{\text{th}} = G_{\text{总}} - L_{\text{总}} \tag{20.3.15}$$

其中,$R^{\text{th}}$ 为接收机门限值(灵敏度),$G_{\text{总}}$ 为链路总增益,$L_{\text{总}}$ 为链路总损耗。

$$R_{BS}^{th} = G_{总}^{上} - L_{总}^{上}$$
$$= (P_{MS}^T + G_{MS}^T + G_{BS}^R) - (L_{MS}^T + L_{BS}^R + L_{上}' + L_p^{上} + M_F + M_S)$$
$$= P_{MS}^T + G_{MS}^T + G_{BS}^R - L_{MS}^T - L_{BS}^R - L_{上}' - L_p^{上} - M_F - M_S \tag{20.3.16}$$

下行链路:

$$R_{MS}^{th} = G_{总}^{下} - L_{总}^{下} = (P_{BS}^T + G_{BS}^T + G_{MS}^R) - (L_{BS}^T + L_{MS}^R + L_{下}' + L_p^{下} + M_F + M_S)$$
$$= P_{BS}^T + G_{BS}^T + G_{MS}^R - L_{BS}^T - L_{MS}^R - L_{下}' - L_p^{下} - M_F - M_S \tag{20.3.17}$$

# 20.4 从容量角度的规划与设计

前面我们已指出,决定移动通信技术的三类指标:有效性、可靠性与安全性。有效性属于数量指标,可靠性与安全性属于质量指标。而决定有效性即数量指标的主要是通信容量,提高通信容量是移动通信中的核心问题。本节主要研究从网络规划的角度来最大限度地提高移动通信的通信容量。

## 20.4.1 通信容量的概念

无线网络的容量我们已经在第 13 章给出了基本定义,下面分别从侧重于理论和侧重于实际两个方面介绍。

侧重于理论的容量概念,一般以单位带宽(时间或面积)的信息量为基础。对于话音业务,是话务量(Erl)/单位带宽/单位面积;对于数据业务,是数据量(bit)/单位带宽(时间或面积)。这类定义的容量概念适用于理论上的比较,但是实用上不大方便,因为信息量很难测量,特别是模拟话音。

侧重于实际的容量概念,一般以单位带宽(时间或面积)的信道(或用户)数为基础。对于话音业务,是话路数/单位带宽或者话路/单位带宽/单位面积;对于数据业务,是信道数/单位带宽。这类定义比较适合于实际应用,但是也有缺点,即对信道和话路的含义没有严格说明,这一点往往导致在对频谱效率分析时的分歧与混乱。为了弥补这一缺点,一种办法是规定信道有一定的信道容量,另一种办法是规定信道必须传送一定质量的话音。虽然存在上述缺点,但在工程上还是采用这类侧重于实际的容量概念,在小区规划中我们采用的就是这类定义。

当然,上述两类方法,在一定的条件下是可以互相转换的。

## 20.4.2 不同多址方式的蜂窝网通信容量

不同多址方式下蜂窝小区通信容量估算方式是不一样的。第一代移动通信(1G)采用 FDMA,第二代移动通信(2G)采用 TDMA(GSM)和 CDMA(IS-95),第三代移动通信(3G)主流三个制式均采用 CDMA。下面对它们分别进行介绍。

### 1. 1G FDMA 蜂窝网的通信容量

在 FDMA 蜂窝网中,采用空间频率再用技术以解决移动通信中频率资源有限与用户不断增长之间的矛盾,它是小区规划最核心的内容之一。在 FDMA 蜂窝网中,使用相同频率(段)的小区称为同频小区,同频小区之间的干扰称为同频段干扰。下面从同频段干扰入手分析小区的通信容量。

若设 $r$ 为小区六边形外接圆的半径,$d$ 为相邻两个同频段小区群之间的距离,由式(20.1.5)即 $d = \sqrt{3N}r$,得

$$\alpha = \frac{d}{r} = \sqrt{3N} \tag{20.4.1}$$

其中 $\alpha$ 被用作处理同频段干扰的一个主要参数。

同频段干扰可以分为两种类型:基站受到邻近同频段小区中移动台的干扰,移动台受到邻近同频段小区中基站的干扰。以上两类干扰的分布与分析方法完全类似,因此不必分别讨论,它们都可归结为同频段小区群内的载干比的分析。

同频段小区群的载干比公式为

$$\frac{C}{I} = \frac{P}{\sum_{i=1}^{6} I_i + n_0} \tag{20.4.2}$$

其中,$P$ 为信号功率,$n_0$ 为背景噪声功率(本地),由于它一般远小于同频段小区之间的干扰功率,因此可忽略不计。$I_i$ 为来自邻近小区的干扰功率,一般取运营(工作)小区四周近邻的 6 个小区,即 $I=1\sim6$。由电波传播理论

$$P = kr^{-3.5\sim-5.5} \tag{20.4.3}$$

$$I_i = kd_i^{-3.5\sim-5.5} \tag{20.4.4}$$

现将式(20.4.3)与式(20.4.4)代入式(20.4.2),并取指数为 4,近似取 $d_i \approx d$,则

$$\frac{C}{I} = \frac{kr^{-4}}{\sum_{i=1}^{6} kd_i^{-4} + n_0} \approx \frac{r^{-4}}{\sum_{i=1}^{6} d_i^{-4}} \approx \frac{1}{6}\left(\frac{r}{d}\right)^{-4} \tag{20.4.5}$$

若规定载干比门限为 $\left(\dfrac{C}{I}\right)_{th}$,则

$$\left(\frac{r}{d}\right)^{-4} \geqslant 6\left(\frac{C}{I}\right)_{th} \tag{20.4.6}$$

若 FDMA 系统中,总频段数为 $M$,则当总共可用的频带为 $W$,每个频段间隔为 $B$ 时,有

$$M = \frac{W}{B} \tag{20.4.7}$$

当区群(同频段小区群)中小区数 $N$ 确定后,每一个小区可用的频道数 $n$ 应为

$$n = \frac{W}{NB} \tag{20.4.8}$$

由式(20.4.1),有
$$(3N)^2 = \left(\frac{d}{r}\right)^4 \tag{20.4.9}$$

再利用式(20.4.6),则有
$$(3N)^2 \geqslant 6\left(\frac{C}{I}\right)_{th} \tag{20.4.10}$$

将式(20.4.10)代入式(20.4.8),每一小区内可用的频段数 $n$ 应为

$$n = \frac{W}{NB} \leqslant \frac{W}{B\sqrt{\frac{2}{3}\left(\frac{C}{I}\right)_{th}}} = \frac{M}{\sqrt{\frac{2}{3}\left(\frac{C}{I}\right)_{th}}} \tag{20.4.11}$$

这个公式说明,FDMA 的蜂窝系统中分配给每个小区的信道数 $n$,正比于可用的总带宽 $W$,反比于载干比的门限值 $\left(\dfrac{C}{I}\right)_{th}$。

**2. 2G TDMA 蜂窝网的通信容量**

在第 3 章多址技术中已指出 FDMA 与 TDMA 均属一维多址技术,其很多特性是相似的,在小区规划中都采用频率规划技术,即空间频率再用技术。所以从频率规划观点看,TDMA 蜂窝

系统的通信容量也可以采用式(20.4.11)进行计算。

对于 FDMA,式(20.4.11)中的 $B$ 即为信道的带宽;而 TDMA 中的 $B$ 为等效信道带宽即 $B_0/m$,其中 $B_0$ 为 TDMA 的频道宽度,每一个频道包含 $m$ 个时隙。这时,相应信道总数应为

$$M = W \bigg/ \frac{B_0}{m} = mW/B_0 \tag{20.4.12}$$

对于 TDMA,每一小区内可用的频道数

$$n = \frac{W}{NB} = \frac{W}{NB_0/m} = \frac{mW}{NB_0} \leqslant \frac{mW}{B_0 \sqrt{\frac{2}{3} \left( \frac{C}{I} \right)_{\text{th}}}} = \frac{M}{\sqrt{\frac{2}{3} \left( \frac{C}{I} \right)_{\text{th}}}} \tag{20.4.13}$$

显然,它与 FDMA 中求得的信道数 $n$,即式(20.4.11)中的 $n$ 是完全一致的。

**3. CDMA 蜂窝网的通信容量(以 IS-95 为例)**

(1) 反向链路小区容量分析

若在一个小区内的移动用户数为 $K$,每个用户的信号功率为 $P$,干扰功率为 $I$,对于具有自干扰系统的 CDMA,则有

$$I = (K-1)P \tag{20.4.14}$$

而接收机的信干比应为 $\dfrac{S}{I'} = \dfrac{P}{I+N}$,由于在 CDMA 中 $I \gg N$,则有

$$\frac{S}{I'} \approx \frac{P}{I} = \frac{1}{K-1} \tag{20.4.15}$$

所以,

$$K \approx \frac{I}{P} = \frac{I_0 F}{R E_{\text{b}}} = \frac{F/R}{E_{\text{b}}/I_0} \tag{20.4.16}$$

其中,$F$ 为扩频后的信号带宽,$R$ 为扩频前的信号速率,$E_{\text{b}}$ 为每比特的信号能量,$I_0$ 为干扰密度(即单位带宽内的干扰)。显然,上述公式表明,小区中的用户数正比于扩频增益 $F/R$,反比于门限信干比 $E_{\text{b}}/I_0$。

式(20.4.16)仅给出单小区情况下全向天线理想条件下的小区容量。而在多小区并考虑到一些实际情况时,应进一步考虑下列因素的影响。

关于其他小区对本小区的干扰,当采用三扇区时,干扰因子 $K_1 = \dfrac{1}{1+f} \approx 0.85$。关于话音激活的影响,一般取激活系数为 3/8,则激活增益接近 $G_{\text{U}} = 2.67$。扇区天线增益,对于三扇区,每个扇区为 $120°$,理论上对 CDMA 可提高容量 3 倍,若进一步考虑到实际情况,则扇区天线增益一般取 $G_{\text{A}} = 2.4$(大约损失 1dB)。进一步还需考虑到负载因子的影响,即 $K_2 \approx 40\% \sim 75\%$。另外,还要考虑功控精度的影响,即 $K_3 \approx 85\% \sim 90\%$(损失 1dB 多)。

这时小区内实际用户数大致为

$$K_{\text{反向}} = \frac{F/R}{E_{\text{b}}/I_0} \times K_1 \times G_{\text{U}} \times G_{\text{A}} \times K_2 \times K_3 \tag{20.4.17}$$

(2) 前(正)向链路小区容量分析

前向链路小区容量是基于小区分配给移动台的业务信道的功率。在一个小区内总功率分配如下:导频信道约占 20%,各类开销(如同步、寻呼等)约占 6%,可用于业务信道约占 74%。从

统计数据可求得平均每个业务信道的功率约为导频信道功率的 23%。进一步考虑到一些实际因素的影响,比如,话音激活增益 $G_U = 2.67$,切换开销的影响 $K_4 \approx \dfrac{1}{1.92}$,可以近似求得前向链路每小区平均容量为

$$K_{前向} = \frac{P_{业务}}{P_{导频}} \times 23\% \times G_U \times K_4 \tag{20.4.18}$$

其中,$P_{业务}$ 为业务信道占用小区总功率的百分比,$P_{导频}$ 为导频信道占用小区总功率的百分比。

(3) 平衡上行/下行链路用户数量

在 IS-95 中,下行(前向)链路采用同步相干检测,而上行(反向)链路为异步非相干检测,从链路质量上看,下行优于上行。

在 IS-95 中,下行为了实现同步相干检测需占用 20% 以上功率传送导频信号,且无用开销也远大于上行,因而占用有效用户的功率而影响小区用户的数量。

上述计算中,上行为最大容量,下行则为平均容量。在实际情况下,综合考虑,一般选用下行平均容量更为恰当。在实际规划、设计中,要以不同地区(如城区、郊区与农村地区等)、不同环境下业务量分布的统计数据为依据,求出不同地区的小区数量以及相应的业务配置。

**4. WCDMA 的容量规划与设计**

在第三(3G)代移动通信中,业务已从单一的话音业务拓宽至多种媒体(如话音、数据、图像等)乃至多媒体业务,既包含电路交换(CS)型也包含分组交换(PS)型,而且它们的 QoS 要求是不一样的。

为了引用统一尺度来考虑多种业务,可以将各种业务数据速率的总和作为衡量业务量的一个标准。

$$R_{总} = N \times N_B \times T \times R_{业务} \times \frac{1 + \dfrac{R_{信令}}{100} + \dfrac{R_{开销}}{100}}{3600} \tag{20.4.19}$$

其中,$R_{总}$ 为总数据率,$N$ 为用户数,其余参量为单用户参量,$N_B$ 为忙时呼叫次数(BHCA),$T$ 为持续时间,$R_{业务}$ 为业务数据速率,$R_{信令}$ 为承载信令数据速率,$R_{开销}$ 为重发所需的系统开销。

小区处理多种业务的能力可以通过频谱效率,即单个小区在 1MHz 频谱内所能提供的数据速率来体现。在 3G 中,各种业务的频谱效率是不一样的。根据各种业务的数据量在总数据量中所占比重以及各种业务的频谱效率,可以进一步求出平均频谱效率 $\overline{\eta}$ 为

$$\overline{\eta} = \sum_{i=1}^{N} \frac{\eta_i \times R_{业务}^i}{R_{总}}, \quad i = 1, 2, \cdots, N \tag{20.4.20}$$

其中,$\overline{\eta}$ 为平均频谱效率,$\eta_i (i = 1, 2, \cdots, N)$ 为不同业务的频谱效率,$R_{业务}^i (i = 1, 2, \cdots, N)$ 为不同业务的数据速率,$R_{总}$ 为总数据速率。

再根据小区配置情况以及一些实际因素(扇区因子、小区负载)影响,对 $\overline{\eta}$ 加以修正。最后,用修正后的平均频谱效率(小区频谱效率)除以总数据率,即可求得所需的基站数目。

# 20.5　网络设计的系统仿真

制定了初步的网络设计方案以后,通常采用计算机仿真方法进行验证与分析,并对一些关键

参数进行修改与优化。CDMA 网络性能是由诸多复杂因素决定的,这些因素一般分为三种类型。

- 基本上固定不变的因素:基站位置、基站天线方向角、基站最大发射功率。
- 可变因素:接纳控制算法、软切换算法、功控算法及调度算法等。
- 随机因素:系统负载、用户分布、用户业务、每个用户传播损耗等。

仿真时,采用的因素越多,仿真越精确,但复杂度也随之越高。因此,系统级仿真往往要在复杂度与精确度之间寻找合理的折中。

系统级仿真一般是采用两类主要方法。静态仿真又称为"快照法(抓拍法)",它像用一部照相机对一个系统的运行情况进行静态的多次快照式抓拍再进行统计分析;动态仿真又称为"时间驱动法",它是指对所分析系统在一定时间内的连续变化进行模拟的一种方法。

**1. 静态仿真基本原理**

静态仿真时,每间隔一段时间进行一次快照抓拍(Snapshot),这样每次抓拍是独立的。每次拍照中,移动台随机分布于服务区中,通过迭代方式计算功率、干扰等指标,并记录下该瞬间的服务质量。将多次独立抓拍的结果进行统计平均,其精度主要取决于抓拍的次数,次数过少,置信度就低,次数过多,复杂性又大大增加,因此必须适当选取抓拍次数。

抓拍快照的仿真基本步骤包括:

(1) 系统生成多个地理位置上服从随机均匀分布的移动台。

(2) 计算移动台与基站之间的路径损耗并考虑对数正态的阴影慢衰落的影响,生成链路传输矩阵。

(3) 根据链路传输矩阵,移动台采用适当的软切换算法选择基站(激活集合)。

(4) 启动一个静态功控过程,调整工作链路功率,使其满足目标载干比。

(5) 当所有链路都经过更新以后,调整移动台属性。若链路载干比低于接收机灵敏度,则该用户为不可用状态;若链路载干比低于接收机门限值,则该用户为故障状态;若链路载干比高于接收机门限值,则该用户为正常状态。

采用蒙特卡洛方法经过充分多的抓拍过程,就可以得到系统容量的统计数据。

**2. 动态仿真基本原理**

动态仿真仅对系统在一定时间内的连续变化进行仿真。比如,对于 CDMA2000 系统,其动态仿真时间步长为一个功控周期 1.25ms。一般情况下,在一个功控周期中已能足够精确地模拟系统中大部分的操作。

通常,时间驱动法需模拟移动台的业务到达过程,比如话音呼叫业务隔一定时间的到达,移动台的位置移动以及切换等动态过程。在整个动态模拟过程中,要及时统计各种业务的服务质量指标。

动态仿真与静态仿真相比具有如下优点:

(1) 可以更为精确地体现系统的动态特征。

(2) 可以较准确地模拟快速功率控制和切换过程。

(3) 可以更真实地模拟分组业务的到达模型以及交互特性。

(4) 可以反映突发式分组业务与话音业务之间的相互影响。

(5) 可以更好地分析、检验和改进各种复杂的无线资源管理算法。

动态仿真的主要缺点是运算量大、耗时长。动态仿真的主要流程如图 20.12 所示。

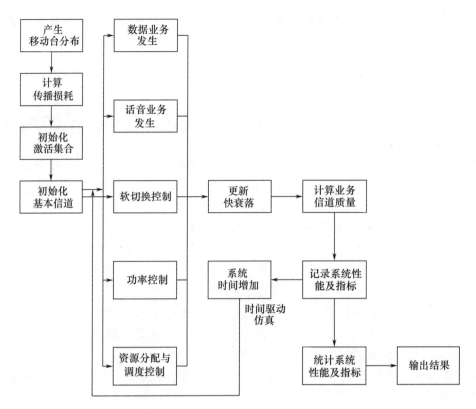

图 20.12　动态仿真主要流程

# 20.6　室内规划与设计

根据话务量统计分析,目前约有 80% 业务集中于室内,即室内通话的手机数量占据了一大半业务量。因此,移动通信的室内规划与设计应引起移动通信网络规划与设计者足够的重视。

## 20.6.1　室内网络规划的必要性与复杂性

室内是移动用户的高度集中区,也是通话业务的高发区。显然,移动通信手段是必不可少的。大型写字楼、政府办公大楼、会议室与会议大厅有着大量基本上固定的移动用户和相对稳定的移动业务量,商场、机场、车站、宾馆、饭店、餐厅以及娱乐场所和地下停车场有着大量流动但是统计稳定的移动用户和移动业务量。

室内环境比室外环境更为复杂,不同建筑物规模、材料、结构对移动通信电波传播有很强的屏蔽、吸收作用,且屏蔽吸收的程度又与建筑物规模、结构和材料类型密切相关,通信质量与建筑物高度、用户所处位置密切相关。

在高层建筑物上,受到基站天线高度的限制,往往由于覆盖不上而形成盲区或弱信号区域。在中等建筑物和中等楼层,由于用户可接收来自不同基站的信号而产生信号重叠,并易于产生频繁切换的乒乓效应。在地下室、地下停车场接收信号弱的场景,有时还存在盲区和阴影区,严重影响信号通信质量。

由于环境的复杂性、通信条件的恶劣性,需要利用网络规划来改进通信的覆盖、容量和质量。在覆盖方面,利用增设室内天线、加大功率、改进天线方向性等手段,消除覆盖范围内的盲区、阴影区、过覆盖区和弱信号区;在容量方面,通过增设微微小区与室内小区以满足高业务量的一些室内小区的需求;在质量方面,通过优化小区结构与设计,增设室内小区,提高通话质量,改善服务质量。

## 20.6.2 室内覆盖设计

室内覆盖针对室内移动用户群,用于改善室内移动通信环境。即,根据覆盖、容量和质量三方面的要求,通过网络的规划和设计使其得以满足。

从整体上看,合理的室内覆盖要全面考虑并平衡射频性能、用户要求、设备投资和工程上便于安装与维护等方面。室内覆盖有两种实现的基本方法:一种是通过加大室外信号功率来解决室内覆盖,另一种是增设室内信号分布系统来改善室内覆盖。

前一种方法需要在室内覆盖盲区设直放站,提高盲区以及弱信号区室外基站功率,增强电磁波穿透能力,改善针对室内弱信号区与盲区的室外天线的方向性,从而解决室内覆盖问题。后一种方法利用增设的室内天线分布系统将信号送至室内需要通信的每个角落,实现无缝隙覆盖。后一种方法比前一种方法更加有效,因此使用也更为广泛。

从功能上看,室内分布系统可分为两个大部分:信号接入系统,其作用是将信号引入室内;信号分配系统,其作用是将接入的信号分配并分布至室内每个需要通信的角落。

室内分布系统从信号接入的方式可分为两种:

(1) 无线接入。采用室外天线将附近宏蜂窝基站的信号,接收后经放大处理,再由室内天线分布至所需覆盖的位置。

(2) 有线接入。又可分为宏蜂窝与微蜂窝耦合,宏蜂窝接入方式在附近基站信道较空闲时采用,即由宏蜂窝引一路信号到室内设备,进行放大和分布,它与室外用户共用容量,一般用于低话务量区;另一种是微蜂窝方式,即将微蜂窝基站直接设在室内,它可增加网络信道资源,提高网络容量和质量,比较适合大范围室内覆盖。由于是单纯的专用微蜂窝基站,与外部基站基本上无关,它可直接接至 BSC,因此适合大容量、高质量室内小区。

有线接入的微蜂窝室内分布系统示意图如图 20.13 所示。

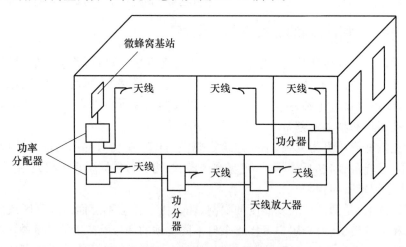

图 20.13 微蜂窝室内分布系统示意

室内分布系统按照采用的设备类型,可分为无源天馈系统和有源天馈系统两类。无源天馈系统主要由无源器件组成,设备性能稳定,安全性高,无噪声累积,成本低。信号通过耦合器、功分器和粗电缆(减少馈线损耗)传输线后,尽可能地平均分配给每一副天线,覆盖效果较好,但系统设计较为复杂,灵活性差,且当功率损耗较大时还需加天线放大器。

有源天馈系统主要使用有源器件,比如有源集线器、有源放大器、有源功分器以及有源天线等。信号通过各级衰耗后到达末端可放大以达到理想的强度,且增益可自动校验而无须手工调节,场强分布均匀可保证覆盖效果,但建设、维护较复杂,近端与远端所有器件设备均需电源,易损坏,系统安全性、稳定性较无源系统差。考虑到设备的安全性、稳定性以及工程造价,一般在实际工程中更多地采用无源系统。

室内分布系统按有线接入的布线可以分为同轴电缆、泄漏电缆和光纤三种类型。

(1)同轴电缆:它是最常用的传输线,性能稳定,造价便宜,使用频率范围广,安装方便,主要缺点是衰耗大,要采用多级放大器加以补偿,并引入噪声与互调,且需电源供给。由于造价低,安装方便,工程上采用较多。

(2)泄漏电缆:它不需要室内天线,在电缆通过的地方,通过信号泄漏完成覆盖,场强均匀且能克服驻波比,在使用频率范围内不受使用频段限制。主要缺点是造价高且对电缆性能要求高,由于成本高,一般用于地铁、隧道等狭长封闭环境。

(3)光纤:它损耗小,无须天线放大器,性能稳定可靠,不受距离限制。主要缺点是,无论在近端还是远端都需要增加光电转换设备,系统造价高,因此它适合于超大型建筑及相距较远的楼群。

### 20.6.3 室内分布系统需解决的主要问题及其解决方法

室内分布系统需要解决的主要问题包括信号盲区、"乒乓"效应和"孤岛"效应。

室内主要的信号盲区首先是各建筑物中的电梯间,其次是地下室和地下停车场,以及超过基站高度的一些高层建筑物。

一般高层建筑物中的大部分地区,特别是靠近窗户和靠近室外的地区,可以接收到室外的多个基站的信号,在其信号强度相差不大时,手机就可能在几个不同的小区(基站)之间来回切换,且话音质量很差。这就是所谓的切换"乒乓"效应。

形成"孤岛"效应的主要原因是个别基站覆盖太远,同时附近基站并无相邻小区的参数设置,使得该小区用户无法正常切换而形成"孤岛"。这种情况容易出现在办公楼高层区域,外界有很强的信号覆盖,但是由于各种干扰因素而无法登录任何小区。

针对以上三类问题,第一类采用室内分布系统就可以很好地解决。对后两类问题,仅改善室内分布系统还无法获得满意的结果,因为还涉及小区网络参数的调整与优化,甚至要对宏蜂窝的基站进行适当调整。

对于改善室内覆盖,在上述分类的基础上,一般可采用下列三类具体方式来实现:直放站、宏蜂窝与微蜂窝。前者属于无线接入,后两者则属于有线接入,它们各自的优缺点和适用场合分别如下所述。

(1)直放站。它的优点是简单、快捷、成本低,工程工作量小。缺点是为了减少基站容量而影响系统性能,且不能增加系统容量,直放站可能自激、干扰基站,增加了网络优化的难度。适用场合是低话务量、覆盖范围小的场合,比如小型旅店、地下停车场等。

(2)宏蜂窝。该方法的优点是投资少、实施简便。缺点包括覆盖范围不易控制,覆盖效果不佳。适用场合是低话务量、宿主基站离建筑物近的地方。

(3)微蜂窝。它的优点是增加网络资源,可提高网络容量和服务质量,不干扰室外宏蜂窝,也不受外部的干扰。缺点是投资成本比较高。适用场合是大范围室内覆盖、话务量密集地区。

### 20.6.4　室内覆盖系统的规划、设计的主要步骤

一旦网络运营者决定采用室内覆盖系统,则需按照下列步骤实施。

(1) 研究现有宏蜂窝网。首先探讨从室外覆盖来改善室内覆盖的可能性,但是,由于它一般不能增加系统容量,而且网络规划、设计者也不愿意改变原有室外网络来提供室内覆盖,因此很少使用,而更侧重于专门室内设计方案。

(2) 在决定采用专门室内覆盖系统时,应按下列步骤进行:收集必要的建筑物信息,室内区域楼层规划样图,含墙、建筑模式与结构,需覆盖的楼层之间的距离,墙体内、外材料类型,室内人口分布、设备数量及类型,覆盖环境外的建筑物和障碍物的有关信息,根据室内建筑的用途和类型(如写字楼、办公楼、商场、机场、车站、会议中心、宾馆等)预测、计算话务量、数据吞吐量。

估计建筑物内天线安放位置,它主要取决于室内覆盖区的移动用户数量与业务量,重点考虑室外基站覆盖的盲区与欠覆盖区,重点保证热点地区、移动通信话务量数据吞吐量大的地区。

天线主要分为全向型天线和定向型天线,要根据不同的目标与要求进行选择。

选择基站或直放站位置时主要根据楼层规划与结构,尽可能放置在建筑物中间位置,这样可减少馈线长度、减少馈线损耗。

可供选择的电缆有同轴电缆、泄漏电缆和光缆,而走线结构则与室内房屋结构有关。

功率链路预算主要计算移动台接收到的下行链路信号强度的最小值,若该值大于或等于设计目标值,则覆盖达到要求。

为了规划更准确,可有选择地对一些区域进行场强覆盖测试,测得建筑物室内天线信号传播的一些特征,这一点对于设计天线位置很重要。

(3) 确定室内天线位置的最优化方案。室内覆盖中最关键、最核心的问题是室内天线位置的定位与优化,目前最常用的有两种方案。

第一种方案是依据人工调整不同天线位置的测试结果选择最合适的天线位置。设计人员通过实地勘测,根据个人的经验和直觉选择天线安装位置和配置。用测试仪表在室内进行实际场强测试并将测试数据输入电脑进行分析,通过不断调整天线位置和相应的场强测试分析结构,进行比较,选定最合适的方案。

第二种方案是利用专用室内覆盖预测软件进行半自动化选择最优位置。首先将建筑物的结构、墙体材料等参数输入电脑的专用软件,将发射机及天线的位置和输出功率利用经验分配好,通过专用软件工具仿真来评估是否达到所要求的性能指标,若未达到,则修改发射机及天线的位置和输出功率,如此反复。与第一种方案相比较,它大大减轻了测试的工作量。

在第二种方案的基础上进一步改进,达到智能化和自动化的要求。比如,设计一种专用软件,根据不同的室内环境来实现自动化的天线位置分配和配置,取得最优的性能。

室内覆盖要解决的问题是,在给定室内环境下,以多少个天线、多大的功率以及安装在什么位置,才能取得最好的室内覆盖和最低费用代价。这是一个十分复杂的问题。

首先分析影响室内覆盖问题的重要因素:室内传播环境中的建筑物结构、墙体及门窗的材料,电波的衰落、多径的影响,室外信号对室内渗透造成的干扰,用户的分布、需求以及优先级等,以及由布线、维护和安全等问题造成的天线位置受限,天线配置参数(如天线高度、倾角、功率等)、电波对人体健康的危害,会不会泄漏到室外影响室外信号。在以上诸多因素中,重点考虑天线位置的优化。

其次分析天线优化的三个基本要素:变量、约束和目标函数。变量是优化求解过程中所选定

的基本参数,在天线位置优化中它就是天线位置这个变量。由于天线可安装在室内任何位置,因此从理论上看,它是一个连续量。为了简化,可将位置在一定精度范围内离散化。约束是指在优化过程中对变量取值施加的限制条件,比如,天线位置变量必须在上述有限精度范围内的有限个天线位置。目标函数是对可行方案进行衡量的函数,称为目标函数。对于基于CDMA的室内覆盖系统,目标函数是含前向、反向链路性能和天线成本在内的一个多目标函数。具体求解时可以对前向(下行)和反向(上行)分别求其优化解。

# 20.7 GSM 系统的网络优化

GSM系统的网络优化建立在网络规划与设计的基础上。进行网络优化应有一支素质较高的网络优化技术队伍,以及一个有一定基础的网络优化平台。

(1)硬件平台。首先是正在运营的含MS、BTS、BSC、MSC、VLR、HLR、AUC等在内的蜂窝结构网;其次是一定的路测仪器设备:数据链路DT测试车及设备,通信质量测试CQT的各类测试手机,专门提供$A_{bis}$、A接口GSM的专用信令分析仪表和No.7信令分析仪等。

(2)软件平台。含网管OMC报表收集、分析处理软件,各类优化分析支持软件,系统仿真软件,以及优化结果档案的分类、管理和查询系统。

GSM系统网络优化的目标是评估目前正在运营网络的现状,解决规划、设计中存在的遗留问题,找出运营中网络存在的主要问题,进一步挖掘现有网络的潜力,改善覆盖区域,增大用户容量,提高服务质量,建立一套科学评估网络的体系。

## 20.7.1 GSM 网络优化概述

GSM蜂窝网的优化大致可以分为三部分:

(1)单小区(无线系统)优化,它是主要部分,约占总体优化的60%。

(2)多小区(基站间)优化,约占总体优化的20%。

(3)网络(主要指交换分系统)优化,约占总体优化的20%。

**1. 单小区(无线系统)的优化**

单小区(无线系统)的优化包括:$U_m$接口(无线接口)无线测试数据分析与处理,天线参量优化,天线方向性、天线水平角的调整,天线俯仰角的调整,天线高度的调整,分集天线间的间隔调整(或极化分集性能调整),单小区基站参数的调整与优化,小区地理参数调整与优化,小区覆盖调整与优化,小区频点调整与优化,多(三)扇区间参数调整与优化。

**2. 多小区(基站间)参数调整与优化**

多小区(基站间)优化是指对属于同一个BSC、不同BTS之间的系统进行优化,包括基站位置、配置,天线的调整与优化,BTS与BSC间的$A_{bis}$接口信令分析与处理,BSC与BTS单基站无线分系统的优化配合,BSC频点选择与频率优化配置,基站告警收集与处理。

**3. 网络(交换)分系统的优化**

网络(交换)分系统的优化包括BSC与MSC间的A接口信令测试、分析、处理与优化,MSC与MSC交换局间的数据测试、分析、处理与优化,MSC与PSTN之间(即无线交换机与电信骨干网之间)的数据测试、分析、处理与优化。

## 20.7.2 GSM 系统网络测试

GSM系统的网络测试建立在网络规划、设计与评估的基础上,同时建立在正式运营且稳定可靠的现有 GSM 蜂窝网基础上。网络测试的重点是针对网络正式运营中和网络评估中发现的主要问题,确定网络优化的具体目标。网络测试的目的是进一步挖掘现有网络的潜力(在覆盖、容量、质量三方面)以实现网络优化的目标。

GSM 系统的网络测试框图如图 20.14 所示。

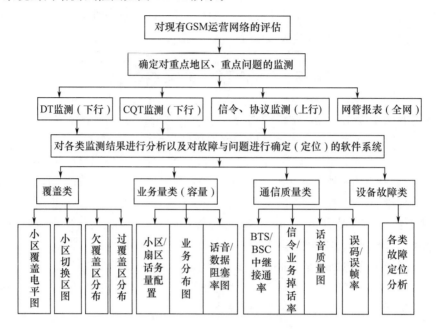

图 20.14　GSM 系统网络测试框图

GSM 系统网络测试可以分为三个层次:路测、信令测试与报表测试。

(1) 路测:主要在 $U_m$ 接口上对下行链路进行检测,路测为不定期测试,可以采用车载式进行数据链路测试(DT),包括通信质量测试(CQT)。

(2) 信令测试:信令测试为不定期测试,含 BTS/BSC 间的 $A_{bis}$ 接口信令测试,包括 BSC/MSC 间的 A 接口信令测试,以及 MSC/PSTN 间的 No.7 信令测试。

(3) 报表测试:网管报表是全网的系统监测报表,属正常运营的经常性统计报表,是日常正常运营网络性能监测、分析、评估的主要依据之一。

上述三项测试的具体测试项目包括:

(1) 路测的 DT 测试(含网络覆盖),确定无覆盖、欠覆盖和过覆盖区域。

(2) 通话质量测试,可采用 8 级接收质量标准,或者采用话音的 MOS 五级评分标准进行评估。

(3) 呼叫系统测试,包括正常通话、接入时间、接通率、掉话率、切换成功率、位置更新成功率 6 项内容。

(4) 路测的 CQT 测试,包含接通率、掉话率、单方通话率、话音断续率、回声及背景噪声、串话率。

(5) 信令测试,利用专用信令分析仪分别在 $A_{bis}$ 接口、A 接口以及 No.7 信令接口进行不定期监测与分析。

(6) 网管报表是从宏观上经常性监测整个蜂窝网运营现状的记录报表,它可分为:OMC-R,指无线接入网部分,含无线接入网各组成部分的设备告警监测、接口监测以及工作状态监测;OMC-T,指无线核心网部分,含对各组成部分的设备告警监测、接口监测以及工作状态监测。

### 20.7.3 GSM 系统的网络分析、仿真与优化

前面主要介绍了 GSM 系统网络优化的硬件平台,它以测试为核心,这里将介绍网络优化的软件平台,它以网络分析与仿真为核心。

**1. 后台分析处理软件**

后台分析处理软件可以对小区的地理分布、场强预测和小区覆盖进行分析,也可以对干扰分布、同/邻小区干扰进行分析,并能够进行质量预测、模型校正以及 OMC 性能统计分析。它应当具有对小区切换参数以及功率控制参数进行设置与分析的功能模块;频率配置优化、站址设置优化和天线参数优化的专门软件功能模块;对实测数据的掉话、切换、电平分布进行分析,对质量分布和网络优化进行分析的功能模块。还应包括对各次网优工作结果进行存档、分析、查询等的软件模块。

**2. 网络仿真平台的建立**

首先利用基础数据搭建网络仿真平台,它包括如下数据库。

(1) 地理信息库,含地形、地貌的三维数字地图。

(2) 信道模型库,含 AWGN、慢衰落以及空间、频率、时间三类选择衰落。

(3) 业务分布与干扰分布库。

(4) 基站与天线参数库。

(5) 频率频点数据库。

GSM 系统的网络仿真框图如图 20.15 所示。

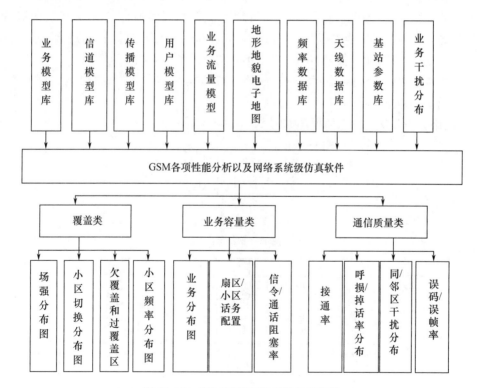

图 20.15　GSM 系统网络系统仿真框图

利用仿真平台,根据基础数据库进行系统仿真,主要给出下列几项结果:网络覆盖分布仿真结果与图形显示,网络话务及容量分布仿真结果与图形显示,网络通信质量仿真结果与图形显

示,特别是对有问题的小区,要采用明显的颜色加以区别。比较并分析仿真结果与实测结果,确定待优化的区域与待优化的问题。

**3. 网络优化实现描述**

网络优化可以分为硬件优化与软件优化两部分。

对硬件的优化包括设备故障告警、分析与排除。这里的硬件主要包含天线与馈线、基站及接口等。GSM 干扰分为系统内与系统外两类干扰。对系统内干扰,要不间断监测、统计空闲信道干扰与话音质量,确定同频与邻频干扰,并通过改变频率规划以及天线方向性加以克服。对系统外干扰,一般采用频谱仪(有扫频功能)监测并确定对本小区干扰大的频率及其强度、频谱宽度以及干扰源位置,采用调整天线方向性和改变频率规划加以克服。

对于天线系统优化,检查天线参数与设计参数是否相符,若不符则进行相应调整;再根据实测数据以及仿真结果的要求,对天线的方位角、俯仰角、高度、分集天线间距离等参数进一步调整与优化。

基站站址拓扑结构的调整与优化,主要是根据实测和对仿真结果的分析,针对无覆盖、欠覆盖和过覆盖区,以及话务量分布、通信质量等,对基站数量进行增补、对位置进行优化。

软件优化主要是对下列几部分进行优化。

(1)频率选取优化。根据实测干扰分布、话务容量分布、质量分布以及相应的仿真结果,对小区频率分配进行优化分析与处理。频率优化对频率被多次复用、业务量大的大型城市尤为重要。

(2)配置调整。GSM 系统的话务分布无论是在小区群间、小区间还是在不同时段,都存在着不平衡现象,这种业务分布的不平衡会引起相当多的地区设备能力空闲、频点资源浪费,同时又有一些地区设备能力和频点都很紧张。因此,小区群间、小区间的设备能力和频点资源一般不能采用平均分配的方式,而应根据实际的需求不断调整设备能力和频点资源。

(3)配置参数调整。包括无线和交换两部分的各种定时参数,主要根据 $A_{bis}$ 接口和 A 接口信令监测仪监测的数据确定。

GSM 网络分析与优化的总体框图如图 20.16 所示。

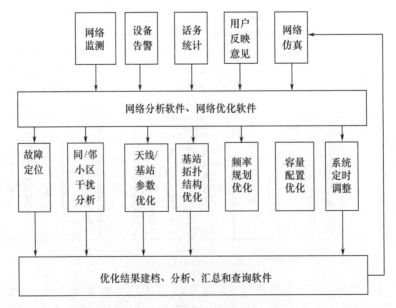

图 20.16 GSM 网络分析与网络优化的总体框图

## 20.8　3G 移动通信的网络规划与设计

### 20.8.1　基本要求与实现方法

一种移动通信体制的性能取决于物理层技术、网络层平台性质与协议以及网络规划层的拓扑结构,而且主要取决于后两者。2G 系统到 3G 系统的演进,从网络平台看,

$$2G \text{ 的 CS 平台} \Rightarrow 2.5G \langle {CS \atop PS} \rangle \text{两个平行平台} \Rightarrow 3G \langle {CS \atop PS} \rangle \text{两个增强性平台}$$

正在逐步向全 IP 的 PS 平台过渡。从网络拓扑结构看,

$$\langle {单一业务 \atop 单一层次} \rangle \text{蜂窝网} \Rightarrow \langle {多种业务 \atop 单一层次} \rangle \text{蜂窝网} \Rightarrow \langle {多种业务 \atop 多层次、重叠式} \rangle \text{立体蜂窝网}$$

3G 系统中的不同业务有不同的 QoS 要求。话音业务对实时性要求高,但对误码率要求不高,一般只需满足 $P_b \leqslant 10^{-3}$ 即可;数据业务大部分不要求实时性,但是对误码率要求较高,一般需满足 $P_b \leqslant 10^{-6}$。

在 2G 系统中,主要是以单一速率话音业务为依据进行网络规划,确定小区边界,即小区边界按 $P_b \leqslant 10^{-3}$ 考虑。而在 3G 系统中,则以多种业务、不同的 QoS 要求为依据,比如,话音业务为 $P_b \leqslant 10^{-3}$,图像业务为 $P_b \leqslant 10^{-5}$,数据业务为 $P_b \leqslant 10^{-6}$。

3G 网络规划的演进有下面两种方案。

(1) 过渡性方案

该方案以兼容性为主,主要考虑后向兼容 2G/2.5G 网络平台和网络拓扑结构,在基本不改变原有小区规划的拓扑结构的基础上,采取一些改进措施以保证对不同业务的 QoS 要求。下面以单小区为例给出具体改进的原理性示意,如图 20.17 所示。其中,小区以 $r = od$(按 $P_b \leqslant 10^{-3}$ 要求)为半径画出的覆盖圆,满足话音业务的要求;对于数据业务,由于其 QoS 要求 $P_b \leqslant 10^{-6}$,即以 $r = oa$ 为半径画其覆盖圆,这就是说,不同业务由于 QoS 要求不同,其小区大小是不一样的。为使数据业务在话音覆盖区 $r = od$ 范围内达到 $P_b \leqslant 10^{-6}$ 的要求,必须采用一些改进措施。

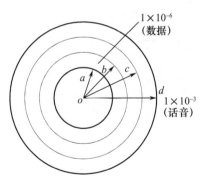

图 20.17　3G 中单小区条件下不同业务 QoS 要求的小区划分($P_b$)

在物理层,传输数据可以采用性能更为优良的编码与调制方式。比如,这时它可将覆盖区从 $r = oa$ 覆盖圆扩展至 $r = ob$ 覆盖圆。

在网络层,可以采用 ARQ 或 HARQ,将覆盖区从 $r = ob$ 覆盖圆扩至 $r = oc$ 覆盖圆。最后,还

可以采用功控技术,对数据业务适当加大功率,数据速率越高,加大的功率越大。

(2)采用多层次、重叠式立体网络规划方案

这是第三代(3G)移动通信系统的网络规划与设计的主要方案,可以达到较理想的目标。下面将重点介绍这类规划与设计方案。

### 20.8.2 多层次、重叠式立体网络规划

**1. 过渡性方案存在的主要问题**

过渡性方案不改变网络的拓扑结构,主要是从物理层以及网络层采用一些补救改进措施,如采用 ARQ 技术与功率控制技术等。若主要依靠 ARQ 技术,为了保证原有网络的拓扑结构和不同业务的 QoS,对数据业务等就有可能增大重传次数,将大为降低数据业务的传输效率。若主要依靠功率控制技术,虽然可以提高数据业务的传输效率,但是,要对不同速率数据业务(含话音)分配不同的功率,才能保持在原有网络拓扑结构中对不同速率、不同性质业务的 QoS 要求。这时也会带来一些新的问题。比如,不同类型业务、不同速率信息要采用不等强度的功率控制方案,将大大增加实时功控的难度,增大数据业务对话音业务的干扰。

以上分析表明,上述以兼容性为主的过渡性方案并非理想的规划与设计方案,只有进一步改变原有的网络拓扑结构,才能真正适应 3G 网络规划与设计的要求。

**2. 3G 网络规划与设计的特色与要求**

3G 主要的特色之一是增加了业务需求的动态随机性,即用户可以动态随机地选取自己想要的业务类型。3G 业务有多种速率和多种业务类型,包括多媒体业务。在 3G 系统中,要满足不同的通信环境如高速车载、低速步行和准静止的室内无缝隙的通信要求,同时要支持不同类型的业务,如话音、数据、图像乃至多媒体,3G 必须满足这些不同业务的不同 QoS 要求。

另外,3G 的网络规划与设计必须考虑后向兼容性,即要考虑从原有 2G/2.5G 网络规划与设计基础上的平滑过渡。新的网络规划、设计对原有的规划与设计应是补台而不是拆台。

**3. 多层次、重叠式立体网络结构**

3G 系统的多层次、重叠式立体网络结构如图 20.18 所示。

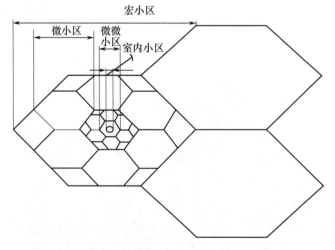

图 20.18　3G 系统多层次、重叠式立体网络结构示意图

由图可见,这种结构包含下列几个层次。

● 宏小区。一般指郊区与广大农村地区,适合高速移动车载环境下通信,包括话音与低速率数据业务。要求基站功率较大,以满足较大范围的小区覆盖。

● (一般)小区。一般指近郊区与市区,适合低速移动车载和步行环境下的通信,能够支持话音和低速率数据业务。其基站功率比宏小区稍小些,以满足中范围小区覆盖。

● 微小区。一般指繁华市区,适合步行和慢速车载环境下通信。既支持话音业务,也支持中低速率数据业务。基站功率比前两类稍小一些,以满足小范围小区覆盖。

● 微微小区。一般指室内小区,适合在准静态和静态条件下的室内通信。既适合话音业务,也适合中低速数据业务,更适合高速数据业务。基站功率一般比前三类小,因为仅需满足指定范围的微小范围室内通信。

上述网络结构实现时可采用两类不同方案:第一类是工作于同一频段的多层次小区方案,第二类是工作在不同频段上的多层次小区方案。

对于第一类方案,不同层次间的干扰采用导频相位规划来实现空间隔离。同一层次内不同业务间的干扰,主要采用功率控制技术来抑制。同一层次小区内的干扰主要依靠信道的正交性,比如码分正交性来抑制干扰。为了防止微小区内频繁切换和掉话,应设计较大的软切换区,但又不能太大,太大会影响小区用户效率。

对于第二类方案,WCDMA 每个层次要占用不同的 5MHz 带宽,而 CDMA2000 每个层次占用不同的 1.25MHz 带宽。层次间干扰主要依靠不同频段之间的频率隔离,层次内小区间的干扰主要依靠导频相位偏移规划来隔离。小区内不同用户、不同业务间的干扰,主要依靠信道正交性及功率控制来抑制。

多层次、重叠式立体网络中包括两类切换:水平切换和垂直切换。

在同一层次、同一类型、不同小区之间的切换称为水平方向切换,简称水平切换,是指在宏小区间、(一般)小区间、微小区间、微微小区间以及室内小区间同类业务的切换。其目的是保证服务区内业务实现无缝隙的不间断通信。

在不同层次、不同类型小区之间的切换称为垂直方向切换,简称为垂直切换,是指宏小区、(一般)小区、微小区、微微小区以及室内小区间的切换。其目的是适应不同环境、不同业务的通信需求。

**4. 多层次、重叠式立体网络规划的拓展**

上述网络规划的框架可以进一步扩展至由多种类型无线网络组成的广义网络中。在这个广义网络体系中,可以将移动蜂窝网结构进行上下扩展,上扩展至卫星通信网络,下扩展至家电网络。

最大的全球范围移动卫星通信系统包括全球星(Globalstar)系统、铱星(Iriduim)系统、海事卫星系统、Teledisc 系统等,以及无线广域网的各类蜂窝移动通信系统。

最小的无线网络系统,如室内家电网络,包括蓝牙系统、射频家电系统、红外连接系统,以及超宽带(UWB)系统、室内/外的传感器网络系统等。

# 20.9 多制式网络规划与设计

目前,我国无线通信网络呈现出多种不同制式网络共同覆盖的局面。例如,2G 网络(GSM)、3G 网络(WCDMA、TD-SCDMA、CDMA2000)、4G 网络(TD-LTE)、5G NR 和 WLAN 网络等。多网混合交叠覆盖的网络规划与优化是工程中的一大难题。

随着 3G、4G、5G 技术的出现,无线网络规划与优化技术也在发生变化,面临更多更严峻的挑战。例如在 GSM 系统中,网络覆盖只考虑静态覆盖,干扰分析只有载频间干扰,而业务则以话音业务为主。在 WCDMA 系统中,覆盖既与干扰相关,又与容量相关,属于动态覆盖,干扰分析主要考虑的是码道间干扰,业务类型更加复杂。而 4G/5G 需要考虑的因素更多,问题变得更为复杂。TD-LTE/NR 多样化的系统带宽和调制方式、不同的系统帧结构,以及 OFDM 和 MI-MO 技术的采用等,在网络规划与优化方面表现得更加复杂。

因此,在多制式移动通信系统中,一方面要解决系统间干扰,为用户提供高性能的 2G、3G、LTE 通信业务,另一方面,要尽可能地减小投资成本。因此,现实中十分有必要进行多制式网络规划与优化。

为了解决上述问题,作者所在的课题组采用通用化、模块化的设计方法,设计了多制式网络规划与优化软件平台;通过设计完善的地理信息管理功能和友好统一的人机交互界面,实现平台的高度兼容性和交互性。依据功能划分出的五个子系统构成整体系统架构,多制式网络规划与优化系统流程如图 20.19 所示。

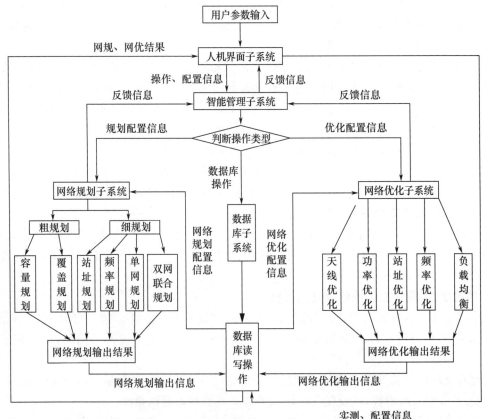

图 20.19　多制式网络规划与优化系统流程

## 20.9.1　网络规划子系统

无线网络规划是移动蜂窝网建设中极其重要的环节,与网络设计、工程实施存在着必然的紧密联系。规划在先,设计、工程施工在后,规划是基础,设计、工程施工是规划的细化和实现。一个细致、完善、考虑充分的无线规划,可以在充分利用网络投资的基础上,实现网络性能的最优化、容量的最大化、最有效的投入/产出,为未来的发展留有空间。

当前移动通信网络存在多种制式,由于各制式的工作原理不同,各制式无线网络的规划方法也存在着区别,但在某些单元上存在较大的相似性。因此,不同制式的规划既有相似部分,也有各自独特的部分。

**1. 功能结构**

针对不同制式移动网络的特点,网络规划子系统功能结构如图20.20所示。图中显示,网络规划子系统有初步规划和详细规划之分。在初步规划单元中,只需要根据待规划区域的无线传播环境和基本用户信息,对待规划区域进行网络估算,得到所需基站数目、站间距等参数,然后进行基站定位,确定基站站址后配置基站发射机参数,即可对待规划区域进行基本的覆盖预测。同时,初步规划还可以对邻小区关系、频率、PN/扰码等进行初始化。

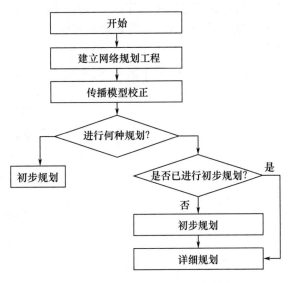

图20.20　网络规划子系统功能结构

初步规划只是对网络覆盖、容量性能进行初步估计,为了得到较为精确的网络性能,需要在初步规划的基础上对网络进行详细规划,详细规划在仿真验证的基础上,对基站站址、邻区分配方案、频率、PN/扰码分配方案进行评估,若不满足系统要求,则对各种方案进行调整,以期达到规划目标。

**2. 系统流程**

图20.21为网络规划子系统的整体流程。其中,粗规划单元完成网络初步规划,其流程如图20.22所示。通过在工程窗口中选择需要进行初步规划的区域,在进行站址定位之后,计算该区域的路径损耗矩阵,得到该区域的基本覆盖预测。基本覆盖预测中存在一些设置,如是否考虑阴影衰落余量、是否考虑室内穿透损耗,以及接收电平门限值等,进行基本覆盖预测后输出最佳服务小区图、信号强度覆盖图以及重叠小区覆盖图等。

细规划的流程如图20.23所示。如图所示,在细规划中,首先进行站址确定,分为站址定位和站址选择两种。其中,站址定位是对初始站址进行调整,包括加站、减站等操作。而站址选择则是在已有候选站址中选择合适站址作为规划基站站址。在站址确定后,首先根据基站间的相互干扰情况对邻区进行调整,然后确定频率、PN/扰码方案。在这些分配方案确定后,判断

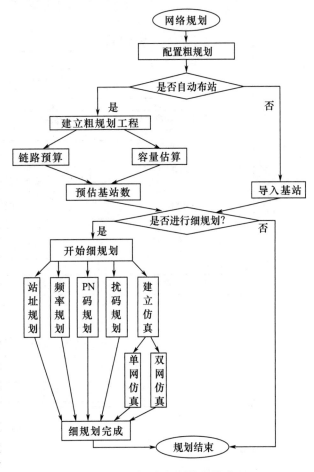

图20.21　网络规划子系统整体流程

系统干扰是否满足要求。若满足,则对系统容量、覆盖等进行仿真验证;若不满足,则收集不满足区域信息,对站址、邻区等方案进行调整,或者上报给智能管理系统,由智能管理系统决定进行何种调整。在进行仿真验证之后,得到系统的容量、覆盖等参数,判断其是否满足系统规划要求,若满足,本次规划结束,若不满足,则调整站址、邻区等方案,或者上报给智能管理系统。

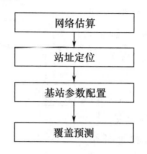

图 20.22  粗规划的流程图

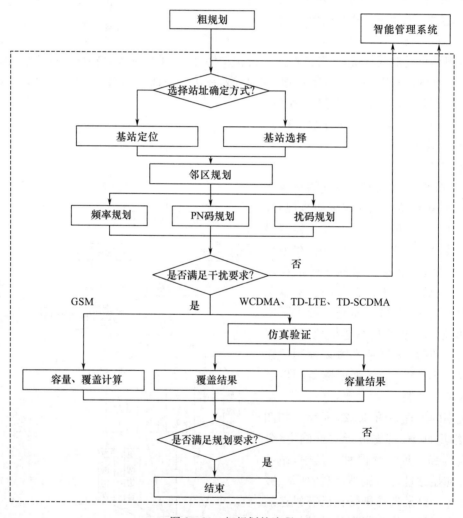

图 20.23  细规划的流程

## 3. 网络仿真流程

不同制式情况下细规划的主要区别在于流程中的仿真验证,不同制式的仿真验证各不相同,有的系统只需要性能估计而不需要进行仿真评估。需要进行仿真验证的系统,其仿真流程也各不相同。

网络仿真的总体流程如图 20.24 所示,其中,业务生成、网络拓扑生成、路径损耗计算、导频载干比计算以及选择最佳服务小区等,在各制式下均要进行,而功率控制、调度等,则需要根据制式的不同选择进行。如在 WCDMA(R99)、CDMA2000 中,只需要做功率控制即可,而在 HSPA、TD-SCDMA 中,则需要在功率控制之后进行调度,在 TD-LTE 中,则只需要进行调度。

另外,考虑到多制式网络共存,在相邻频段覆盖条件下,需要仿真网络间相互干扰对系统性能的影响。

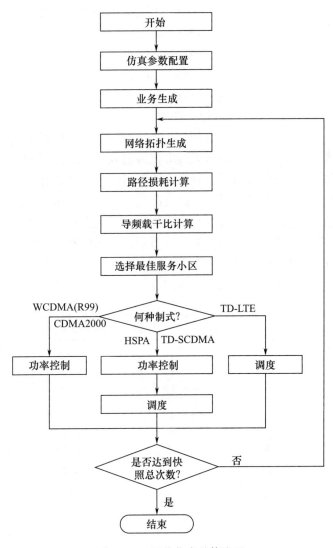

图 20.24　网络仿真总体流程

## 20.9.2　网络优化子系统

网络优化的目的是满足用户服务质量要求,保持良好的网络性能指标,如解决投诉问题、提升用户体验,减少导频污染、提高覆盖质量等。简而言之,网络优化就是根据搜集的网络设备的各项参数,在不影响其他区域的前提下提高目标区域性能的交互过程。网络优化是个不断改进的动态过程。

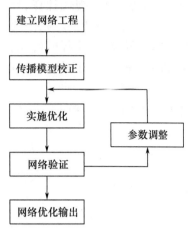

图 20.25　网络优化子系统流程

## 1. 系统流程

网络优化的主要目标就是追求无限趋近网络的最佳工作状态,尽可能通过网络性能的提高满足不断变化和发展的业务需求,这是一个长期的、不断循环的过程。网络优化一般是在现网的基础上对网络进行局部优化,其整体流程大致如图20.25 所示。

在整个优化流程中,最重要的是优化方案的选择及实施。对于不同制式的网络,其网络结构以及业务要求不同,优化侧重点不同,相应的优化方案也会有差别。优化的手段大致包括邻小区列表调整,频率、扰码的调整,扇区发射功率、天线优化(方位角、下倾角、高度),站址调整,等等。以上优化手段是按优化先后顺序安排的。

## 2. 优化算法

将邻小区调整和频率、扰码的调整合并到频率优化模块中,扇区发射功率调整独立成为功率优化,天线参数调整成为天线优化模块,站址调整单独成为站址优化模块。这样,对于不同制式的网络,优化流程归纳为频率优化、功率优化、天线优化、站址优化等模块。对于不同的优化方案,还要考虑使用多种优化算法来实现优化方案。

各种制式的优化流程包含的优化方案和优化算法主要是上述几种,不同制式网络的实现方式相差也不大。优化算法的具体流程如图 20.26 所示。如图所示,平台中主要选择了三种启发式优化算法,用于解决各个优化专题。其中,PSO 优化算法是粒子蜂群算法,ACO 优化算法是蚁群算法,SA 优化算法是模拟退火算法。

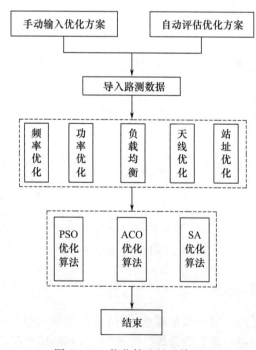

图 20.26　优化算法的具体流程

# 20.10 本章小结

本章讨论移动通信系统的网络规划、设计与优化。首先,介绍引入网络规划、设计与优化的必要性、分工与主要内容。其次,重点介绍网络规划、设计与优化的基本原理,包含从覆盖角度进行规划与设计的原理,电波传播方程、上行/下行链路传输方程及其平衡;从小区容量角度进行规划、设计;工程设计优化与系统级仿真主要方法、基本原理。再次,介绍了第三代(3G)移动通信中的网络规划与设计的基本方法。最后,重点介绍多制式网络规划与优化的基本过程与评估结果。

# 参 考 文 献

[20.1] H. Holma,A. Toskala 著,周胜等译. WCDMA 技术与系统设计. 北京:机械工业出版社,2002.

[20.2] V. K. Garg. IS-95 CDMA and CDMA2000 Cellular/PCS Systems Implementation. Prentice Hall,PTR,2000.

[20.3] K. I. Kim. Handbook of CDMA System Design,Engineering and Optimization. Prentice Hall,PTR,2000.

[20.4] T. Ojanpera,R. Prasad 著,邱玲等译. WCDMA:面向 IP 移动与移动因特网. 北京:人民邮电出版社,2003.

[20.5] S. Tabbane 著,李新付等译. 无线移动通信网络. 北京:电子工业出版社,2001.

[20.6] K. Pahlavan,P. Krishnamurthy 著,刘剑等译. 无线网络通信原理与应用. 北京:清华大学出版社,2002.

# 习 题

20.1 在移动通信中为什么要使用频率规划? 它的基本原理是什么?

20.2 在 GSM 中,常采用一种 4 基站/12 扇区的频率规划模型。试画出其网络拓扑结构图。若小区半径为$r=500m$,试求其同频小区群间的距离 $d_4$。

20.3 在 CDMA 中,为什么不直接采用频率规划而是采用导频偏移量(相位)规划? 它与 FDMA、TDMA 中的频率规划有哪些相同点与不同点?

20.4 在我国,若采用 IS-95 但不采用导频偏移量(相位)规划,最多允许多少个小区(或扇区)? 估计最多允许多少个用户?

20.5 在移动通信中,为什么要进行网络规划、设计与优化? 它们之间如何分工?

20.6 试阐述从覆盖角度进行规划与设计的基本原理。其中,无线传播方程与上行/下行链路方程有什么不同? 它们之间有什么关系?

20.7 试计算 GSM(900MHz)与 WCDMA(2000MHz)在自由空间中的路径损耗 $L_p$(dB)。哪个损耗大? 为什么?

20.8 对于 IS-95 CDMA 蜂窝小区,在上行链路中,其容量在理论上主要取决于哪些因素? 若考虑实际情况,应该进一步考虑哪些因素的影响?

20.9 对于 IS-95 下行链路,其容量主要取决于哪些因素?

20.10 对于 WCDMA 的小区容量规划,如何考虑多种媒体业务带来的影响? 试用公式进一步加以说明。

20.11 在小区规划与设计中,系统仿真的作用是什么? 在系统仿真中,一般采用哪两类方法? 它们各自的特点有哪些?

20.12 为什么要做室内规划与设计? 它与室外规划与设计有哪些共同点与不同点?

20.13 在室内规划中主要解决哪些问题? 试列出三个以上的问题并加以说明。

20.14 解决室内通信覆盖、容量和质量应主要采用哪些措施? 比较它们各自的优点和缺点。

20.15 在 WCDMA 网络规划的过渡性方案中,如何考虑后向兼容以及 3G 不同媒体业务的 QoS 要求?

20.16 多层次、重叠式立体网络规划的主要特点是什么? 什么是横向切换? 什么是纵向切换?

20.17 为什么要进行网络优化? 进行优化应具备哪些基本条件?

20.18 网络优化中进行网络测试的目的何在？以 GSM 为例,对于其上行/下行以及全网,分别要进行哪些测试?

20.19 试论述多制式网络规划与优化的必要性。